W0264191

EINFÜHRUNG IN DIE PHYSIK

VON

DR. MED. PH. BROEMSER
O. PROFESSOR FÜR PHYSIOLOGIE AN DER
UNIVERSITÄT BASEL

MIT 206 TEXT-ABBILDUNGEN

MÜNCHEN · VERLAG VON J. F. BERGMANN · 1925

173

ISBN-13:978-3-642-89575-3   e-ISBN-13:978-3-642-91431-7
DOI: 10.1007/978-3-642-91431-7

Vorwort.

Das Buch ist entstanden aus einer Reihe von Vorlesungen, die ich über die verschiedenen Gebiete der Physik im Laufe der letzten Jahre in München für Mediziner gehalten habe.

Beschreibungen bestimmter Apparate sind bei der Abfassung bewußt zurückgedrängt und ausschließlich schematische Darstellungen von Versuchsanordnungen gewählt. Der Hauptwert wurde darauf gelegt, die großen theoretischen Zusammenhänge im Lehrgebäude der Physik herauszuarbeiten und, ohne von den Hilfsmitteln der höheren Mathematik merklichen Gebrauch zu machen, den Wert auch einfacher mathematischer Überlegungen für die Erkenntnis physikalischer Vorgänge und die Anstellung und Beurteilung physikalischer Versuche zu zeigen.

Der Zweck des Buches sollte sein, physikalisch interessierten, jedoch nicht systematisch in Physik ausgebildeten Naturwissenschaftlern und Medizinern eine nicht zu umfangreiche Einführung in die Physik zu bieten, die aber doch so weit geht, daß sie sich mit dieser Grundlage ausgerüstet mit einiger Aussicht auf Erfolg an die physikalische Fachliteratur wagen können.

Basel, September 1925.

Broemser.

Vorwort

Inhalt.

Einleitung.

Die Erkenntnisse der exakten Naturwissenschaften gründen sich auf Experimente. Ein einwandfreies Experiment liegt dann vor, wenn man die Bedingungen, unter denen ein bestimmtes Ereignis eintritt, kennt und dieses Ereignis jedesmal, wenn die Bedingungen verwirklicht sind, eintritt. Zur eindeutigen Beschreibung der Vorbedingungen und des Resultates eines Experimentes ist es zweckmäßig, bestimmte Grundbegriffe zu definieren und diese Definitionen dauernd festzuhalten. Eine große Anzahl solcher Definitionen ist Gemeingut der ganzen Kulturwelt. Durch Suchen nach dem Gemeinsamen zahlreicher, vielleicht zunächst verschiedenartigster Experimente werden Grundprinzipien gefunden, die für ein größeres oder kleineres Gebiet des Naturgeschehens, im günstigsten Fall für das gesamte Naturgeschehen gültig sind. Derartige Grundprinzipien nennt man Naturgesetze. Durch logische Entwicklung auf Grund von Naturgesetzen werden Arbeitshypothesen und Theorien aufgestellt. Die mehr oder weniger weitgehende Bestätigung durch das Experiment entscheidet über den Wert der Arbeitshypothesen bzw. die Richtigkeit der Theorien.

Bei der dauernden Vergrößerung des Bestandes der Naturwissenschaften werden immer neue, zusammengehörige Gebiete abgegrenzt und mit besonderem Namen belegt. Die Hauptabteilungen der experimentellen Naturwissenschaften sind Physik und Chemie. Soweit es möglich ist, in wenigen Worten den Umfang der beiden Gebiete zu beschreiben, ist die Bezeichnung der Chemie als der Lehre vom Stoff, der Physik als der Lehre von der Kraft bzw. der Bewegung etwa zutreffend.

I. Abschnitt: Mechanik und Wärme.

1. Kapitel: Maßsystem, Bewegung und Kräfte.

a) Koordinatensystem, Geschwindigkeit und Beschleunigung.

Ein großer Teil der naturwissenschaftlichen Erkenntnisse wird und wurde durch Beobachtung und Analyse von Ereignissen gewonnen, die im Naturgeschehen vorkommen, ohne vom Menschen beabsichtigt oder vorsätzlich herbeigeführt zu sein. Es wird irgendein Naturvorgang, beispielsweise der Fall eines Steins, die Bewegung der Planeten usw. beobachtet und die Bedingungen, unter denen diese Ereignisse eintreten, analysiert. Beobachtungen qualitativer Art durch quantitative Feststellungen zu verbessern, ist schon in einfachen Fällen ein elementares Bedürfnis. Die einfachsten quantitativen Feststellungen bestehen im Zählen und Vergleichen einer Länge mit einem bestimmten festgelegten Maßstab. Die primitivsten Maßstäbe wurden vom menschlichen Körper gewonnen (Spanne, Elle, Fuß, Klafter). Das Bedürfnis nach einem stets gleichen, immer wieder kontrollierbaren Maßstab hat dazu geführt, eine in den Abmessungen unserer Erde festliegende Länge als Maßstab zu wählen. Das zur Zeit fast auf der ganzen Erde geltende Meter sollte ursprünglich der zehnmillionste Teil des Meridianquadranten von Paris sein. Tatsächlich ist das infolge ungenauer Messung des Quadranten nur näherungsweise der Fall. Trotzdem hat man die Länge des ursprünglich hergestellten und in Paris aufbewahrten Meterplatinstabes als Längeneinheit behalten. Genaue Kopien des Originalmeters befinden sich in verschiedenen Staatslaboratorien der großen Kulturstaaten. Zu wissenschaftlichen Zwecken wählt man allgemein den hundertsten Teil des Meters, den Zentimeter (cm), als Einheit.

Eine weitere fundamentale quantitative Feststellung ist die Messung der Zeit. Als Zeitmaß drängte sich die Dauer astronomischer Vorgänge (Tag, Monat, Jahr) ohne weiteres auf und wurde demnach von Anfang an als solches benutzt. Die wissenschaftliche Zeiteinheit ist die Sekunde. $1 \text{ sec.} = \frac{1}{60} \text{ min.} = \frac{1}{3600} \text{ Stunde} = \frac{1}{86\,400}$ mittlerer Sonnentag. Ein Jahr dauert 365,2424 Sonnentage bzw. 366,2424 Sterntage.

Um die Bewegung eines Körpers im Raum zu beschreiben, genügen Längen- und Zeitmessungen. Man bestimmt den Ort, an dem sich ein Körper befindet, nach Ablauf von 1, 2, 3 usw. von einem festgelegten Zeitpunkt an gemessenen Sekunden. Zur Bestimmung des Orts schafft man sich eine schematische Darstellung des Raums, indem man von einem festgelegten Punkt (0-Punkt des Koordinatensystems) 3 senkrecht zueinander stehende Gerade (x, y, z) zieht (Achsen des Koordinatensystems). Die Richtung der Achsen bezeichnet man auf der einen Seite des 0-Punktes mit +, auf der anderen mit —. Wählt man die +-Richtungen der Achsen so, daß eine auf dem kürzesten Weg erfolgende Drehung der + x-Achse in die Richtung der + y-Achse und eine Fortbewegung in der Richtung der + z-Achse zusammengehören wie Drehung und Fortbewegung einer

rechtsgängigen Schraube, so nennt man das Koordinatensystem ein Rechtskoordinatensystem (vgl. Abb. 1). Durch spiegelbildliche Darstellung des Rechtskoordinatensystems entsteht ein Linkskoordinatensystem. Wenn nichts Gegenteiliges besonders festgesetzt wird, wählt man allgemein ein Rechtssystem. Den Ort eines beliebigen Punktes P in diesem System bestimmt man, indem man die Längen der vom

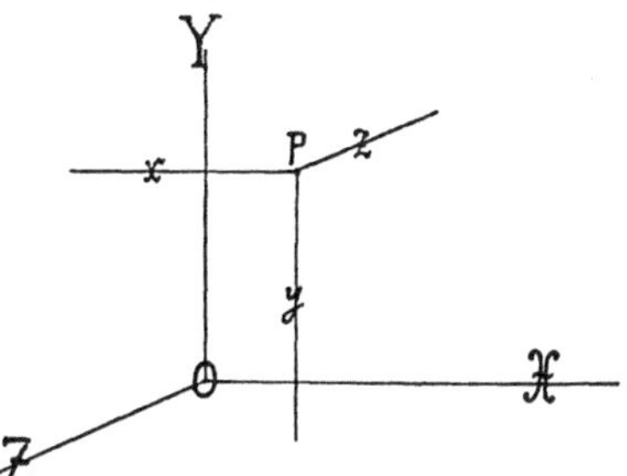

Abb. 1. Rechtskoordinatensystem.

Punkt P auf die drei, durch die Achsen festgelegten, aufeinander senkrecht stehenden, Ebenen gefällten Senkrechten x, y, z (Koordinaten des Punktes) mißt. Die Verbindungslinie der Orte, an denen sich ein Körper zu in unendlich kurzen Abständen aufeinander folgenden Zeitpunkten befindet, heißt die Bahn des Körpers. Die Bahn kann beschrieben werden durch Tabellen, Gleichungen, Kurven. Will man die Bahn eines Körpers durch eine Tabelle beschreiben, so gibt man für verschiedene, am besten in gleichen Zeitabständen voneinander liegende Zeiten die Koordinaten des Ortes an. Die Tabelle beschreibt die Bahn um so genauer, je kürzer das Zeitintervall zwischen den angegebenen Zeiten ist.

Kann man zwischen den Längen x, y, z eine Gleichung aufstellen, die zu jeder Zeit gültig ist, so ist diese Gleichung die exakteste Darstellung der Bahn.

Am anschaulichsten stellt man die Bahn dar, indem man sie in Form ihres wirklichen Verlaufs als Kurve in ein Raumkoordinatensystem einträgt.

Nach dem bisher Gesagten ist die allgemeinste Form der Bahn einer Bewegung eine Raumkurve, d. h. es ändern sich beim Fortschreiten von einem Zeitpunkt zum nächsten alle drei Koordinaten.

Besteht zwischen der Änderung von zwei Koordinaten eine lineare
Beziehung, z. B. z = a y, so erfolgt die Bewegung in einer Ebene.
Die Ebene ist bestimmt durch die gerade Linie in der y, z-Ebene,
die durch diese Beziehung beschrieben wird, und die x-Achse. Die
Bewegung in einer Ebene läßt sich beschreiben durch eine Gleichung
zwischen zwei Koordinaten, indem man als Achsen (x, y) eines ebenen
Koordinatensystems zwei aufeinander senkrecht stehende Linien in
dieser Ebene wählt. Ist diese Gleichung wiederum eine lineare Beziehung, z. B. y = b x, so ist die Bahn geradlinig. Zur Auseinandersetzung der Grundbegriffe der Bewegung werden wir uns zunächst
auf eine geradlinige Bewegung beschränken.

Die Bahn eines Körpers sei die in Abb. 2 dargestellte Linie. Wir
stellen fest, daß er sich nach
1, 2, 3 usw. Sekunden an
den mit 1, 2, 3 usw. bezeichneten Punkten befindet und
messen die Entfernungen

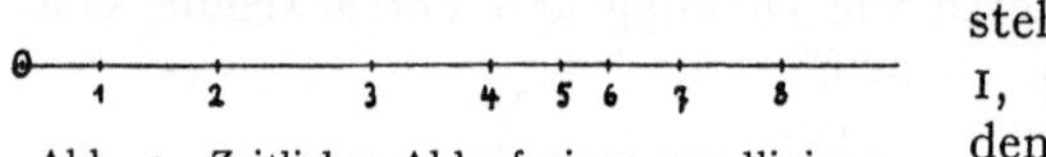

Abb. 2. Zeitlicher Ablauf einer geradlinigen
Bewegung.

von 0—1, 1—2 usw. Sind die Strecken alle gleich lang, so besagt
diese Feststellung, daß der Körper in jeder Sekunde den gleichen
Weg zurücklegt. Findet man, daß auch bei Messung der zurückgelegten Wege in beliebig kleinen Zeitabständen stets in gleicher Zeit
gleiche Strecken zurückgelegt werden, so nennen wir die Bewegung
gleichförmig. Die Geschwindigkeit v definieren wir als den in der
Zeiteinheit zurückgelegten Weg oder als den Quotienten aus dem
Weg s und der Zeit t.

$$v = \frac{s}{t} \quad \ldots \ldots \ldots \ldots \quad (1)$$

Bei einer gleichförmigen Bewegung ist die Geschwindigkeit
dauernd konstant.

In anderen Fällen findet man die in gleichen Zeitabschnitten zurückgelegten Strecken verschieden groß, die Bewegung ist ungleichförmig. Wir können durch Division des in einer bestimmten Zeit
zurückgelegten Wegs durch diese Zeit auch jetzt einen Geschwindig-
keitswert erhalten. Der Wert gibt die mittlere Geschwindigkeit
während der betrachteten Zeit an. Wählen wir die Zeit, innerhalb
der wir die zurückgelegte Strecke messen, immer kürzer und bilden
den Quotienten $\frac{s}{t}$, so können wir uns diese Maßnahme bis zu unendlich
kleinen Werten von s und t fortgesetzt denken. In dem Bruch aus
dem in einer unendlich kurzen Zeit d t zurückgelegten Weg d s und der
Zeit d t findet man die Geschwindigkeit zu einer bestimmten Zeit t.

$$v = \frac{ds}{dt} \quad \ldots \ldots \ldots \ldots \quad (2)$$

Den Bruch $\dfrac{ds}{dt}$ nennt man den ersten Differentialquotienten des Wegs nach der Zeit. Ganz allgemein ist danach die Geschwindigkeit definiert als der erste Differentialquotient des Weges nach der Zeit.

Von den ungleichförmigen Bewegungen besitzen zwei Arten eine besondere Wichtigkeit, nämlich die gleichförmig beschleunigte und die einfache schwingende Bewegung.

Nähme die Geschwindigkeit in zwei aufeinanderfolgenden gleichen Zeitabschnitten stets um den gleichen Betrag zu oder ab, so würde das in unserer Abb. 2 dadurch zum Ausdruck kommen, daß die als in aufeinanderfolgenden Sekunden zurückgelegt dargestellten Strecken stets um den gleichen Betrag länger oder kürzer werden. Die so charakterisierte Bewegung heißt gleichförmig beschleunigt. Die Geschwindigkeitsänderung in der Zeiteinheit bezeichnet man als Beschleunigung und gibt ihr das Vorzeichen +, wenn die Geschwindigkeit mit wachsender Zeit größer, das Vorzeichen —, wenn sie mit fortschreitender Zeit kleiner wird. Der letztere Fall wird auch als gleichförmig verzögerte Bewegung bezeichnet. Nimmt man an, daß eine gleichförmig beschleunigte Bewegung zur Zeit $t = 0$ mit der Geschwindigkeit 0 beginnt und die Beschleunigung $= b$ ist, so ist nach der vorhergegangenen Definition der Beschleunigung die Geschwindigkeit nach 1 sec. gleich b, nach 2 sec. gleich 2 b usw. nach t sec.:

$$v = bt \ . \ . \ . \ . \ . \ . \ . \ . \ . \ (3)$$

Der in der ersten Sekunde zurückgelegte Weg ist gleich der mittleren Geschwindigkeit während dieser Zeit, d. h. gleich der halben Summe aus Anfangs- und Endgeschwindigkeit $= \dfrac{0 + b}{2}$ multipliziert mit der Zeit 1, demnach $= \dfrac{b}{2}$. In gleicher Weise errechnet erhält man für den Weg innerhalb der ersten 2 Sekunden $\dfrac{2b}{2} \times 2$, innerhalb der ersten 3 Sekunden $\dfrac{3b}{2} \times 3$ usw. Man erkennt aus diesen Zahlen ohne weiteres, daß der in t Sekunden zurückgelegte Weg

$$s = \frac{1}{2} b t^2 \ . \ . \ . \ . \ . \ . \ . \ . \ (4)$$

beträgt.

Für eine gleichförmig beschleunigte Bewegung, die zur Zeit $t = 0$ mit der Geschwindigkeit v_0 beginnt, gilt, wie leicht ersichtlich:

$$v = v_0 + bt; \quad o = vt + \frac{1}{2} bt^2 \ , \ . \ . \ . \ . \ (5)$$

Als schwingende Bewegung bezeichnet man eine solche, bei der die Geschwindigkeit periodisch bis zu einem gewissen Maximum zu- und wieder bis zu 0 abnimmt. Beispielsweise wird eine derartige Bewegung ausgeführt von einem schwingenden Pendel. In unserer Abb. 2 würde sich eine solche Bewegung dadurch kennzeichnen, daß die in aufeinanderfolgenden gleichen Zeitabschnitten zurückgelegten Wege periodisch ab- und wieder zunehmen.

Anschaulich darstellen kann man eine geradlinige Bewegung in einem Längen-Zeitkoordinatensystem in Form einer Kurve. Man wählt zu diesem Zweck ein ebenes rechtwinkliges Koordinatensystem und trägt als Abszissen die seit einem festgelegten o-Punkt abgelaufenen Zeiten, als Ordinaten die Entfernungen des zu jedem Zeitpunkt

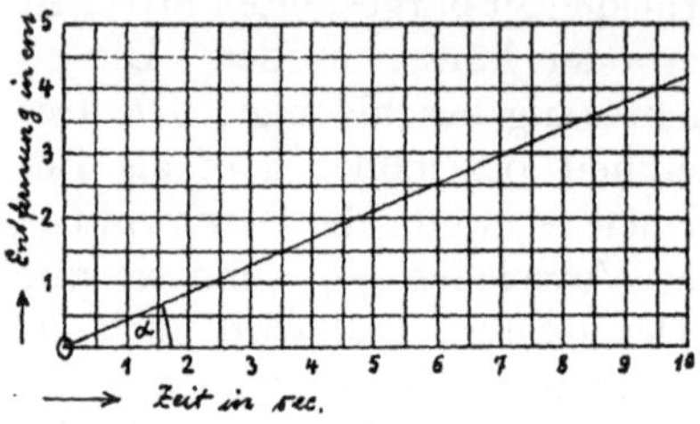

Abb. 3. Gleichförmige Bewegung in einem Zeit-Längenkoordinatensystem dargestellt.

erreichten Ortes vom festgelegten o-Punkt ein. Eine gleichförmige Bewegung wird bei dieser Darstellung als gerade Linie, die einen gewissen Winkel α mit der Abszisse bildet, in Erscheinung treten (Abb. 3).

Die als der Quotient $\dfrac{\text{Weg}}{\text{Zeit}}$ definierte konstante Geschwindigkeit v der gleichförmigen Bewegung ist offenbar gleich dem tg des Winkels α.

Eine gleichförmig beschleunigte Bewegung wird durch Abb. 4 dargestellt. Die Kurve ist, wie sich leicht nachweisen läßt, eine Parabel. Die Geschwindigkeit der Bewegung v an einem beliebigen Punkt ist gleich dem tg des Winkels, den die in dem betreffenden Punkt an die Kurve gezogene Tangente mit der Abszisse bildet. Die Beschleunigung ist gleich der Differenz der tg der Winkel, die zwei in verschiedenen Punkten angelegte Tangenten mit der Abszisse bilden,

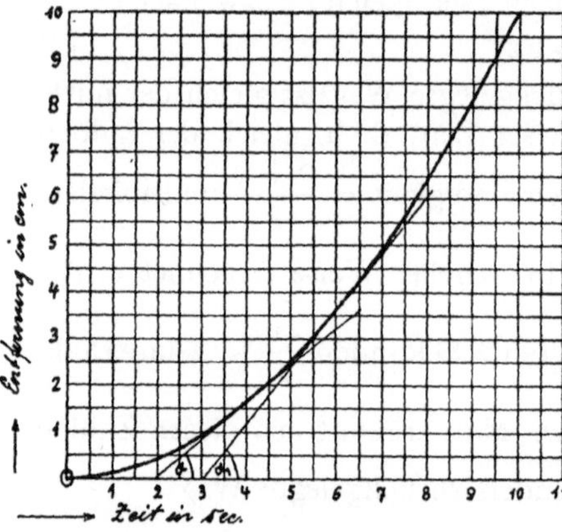

Abb. 4. Gleichförmig beschleunigte Bewegung in einem Zeit-Längenkoordinatensystem dargestellt.

dividiert durch die zwischen beiden Punkten liegende Zeit. Wie aus der Definition der gleichförmig beschleunigten Bewegung hervorgeht, ist dieser Quotient für jede beliebig gewählte Stelle der Kurve derselbe.

Eine einfache schwingende Bewegung, in ein Längen-Zeitsystem eingetragen, stellt eine Wellenlinie dar (Abb. 5). Die Geschwindigkeit v ist auch hier zu jedem Zeitpunkt durch den tg des Winkels α

gegeben; tg α_1 ist gleich dem negativen tg β. Das Vorzeichen bezeichnet die Richtung der Bewegung in bezug auf den als o-Punkt festgelegten Punkt. Die Festsetzung, welche Richtung als $+$ und $-$ bezeichnet wird, ist willkürlich. Die Beschleunigung ist bei einer schwingenden Bewegung nicht konstant. Sie kommt zum Ausdruck in der wechseln-

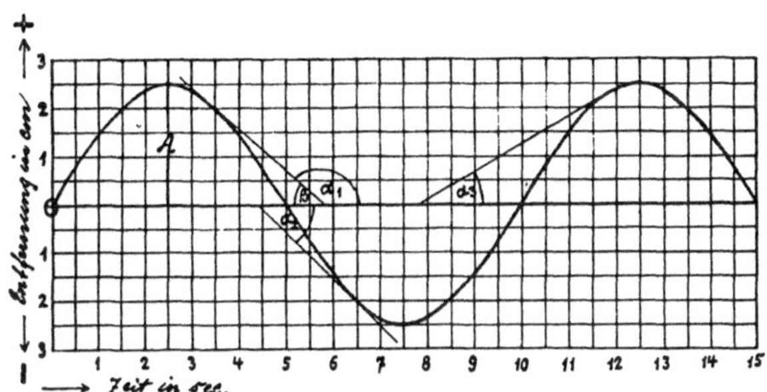

Abb. 5. Schwingende Bewegung als Zeit-Längenkurve.

den Krümmung der Kurve, d. h. sie ist dort am größten, wo die Kurve die stärkste Krümmung aufweist. Berechnet man die Beschleunigung, indem man ebenso wie bei der gleichförmig beschleunigten Bewegung an zwei beliebig gewählten Punkten Tangenten an die Kurve zieht und die Differenz tg α_2 — tg α_1 durch die zwischen beiden Punkten liegende Zeit dividiert, so erhält man die mittlere Beschleunigung während dieser Zeit. Um die Beschleunigung an einem bestimmten Punkt zu ermitteln, müßte man in gleicher Weise für zwei unendlich nahe aufeinanderfolgende Punkte verfahren, d. h. die unendlich kleine Differenz der tg der Winkel dv durch die unendlich kleine Zeit dt dividieren. Damit findet man für die Beschleunigung $b = \dfrac{dv}{dt}$ bzw. da die Geschwindigkeit $v = \dfrac{ds}{dt}$ ist:

$$b = \frac{d^2s}{dt^2} \quad . \quad . \quad . \quad . \quad . \quad . \quad . \quad . \quad (6)$$

Den Ausdruck $\dfrac{d^2s}{dt^2}$ bezeichnet man als den zweiten Differentialquotienten nach der Zeit. Die Beschleunigung ist demnach ganz allgemein definiert als der erste Differentialquotient der Geschwindigkeit nach der Zeit oder als der zweite Differentialquotient des Wegs nach der Zeit.

Eine einfache Schwingung wird analytisch dargestellt durch eine Sinus- oder Kosinusfunktion der Zeit. Die Zeit-Längenkurve (Abbildung 5) entspricht der Gleichung:

$$x = A \sin \omega t \quad . \quad . \quad . \quad . \quad . \quad . \quad . \quad (7)$$

Mit wachsender Zeit nimmt sin ωt von o bis $+1$ zu, wenn ωt von o bis $\dfrac{\pi}{2}$ wächst, nimmt dann wieder bis zu o ab mit dem Wachstum von ωt von $\dfrac{\pi}{2}$ bis π, wird dann negativ von 0 über $-$ 1 bis 0 während des Wachsens von ωt von π bis 2π. Wächst ωt über 2π, so wiederholt sich der ganze Zyklus, ebenso wieder, wenn ωt über 4π, 6π usw. wächst. Die Funktion $x = A \sin \omega t$ ist demnach periodisch. Der größte Wert, den x annehmen kann, ist $\pm$ A bei $\omega t =$ $\dfrac{\pi}{2}$, $\dfrac{3}{2}\pi$, $\dfrac{5}{2}\pi$ usw. Der Wert A wird als die Amplitude der Schwingung bezeichnet. Die Zeit, die verläuft, während ωt um 2π wächst, heißt die Schwingungsdauer T. Sie ist offenbar $= \dfrac{2\pi}{\omega}$. In unserer Abb. 5 ist: $T = 10$ sec, $\omega = \dfrac{2\pi}{10} = 0,628$. Der reziproke Wert der Schwingungsdauer $\dfrac{1}{T}$ wird Schwingungszahl genannt, da er die Anzahl der Schwingungen pro Sekunde angibt. Die Schwingungszahl ist um so höher, je höher ω ist. Nimmt man als Zeitmaß statt 1 Sekunde 2π Sekunden, so ist die Schwingungszahl in dieser Zeiteinheit ausgedrückt $= \omega$. Es ist demnach ω die Schwingungszahl in 2π Sekunden, oder die „Kreisfrequenz" der Schwingung.

Wählt man als analytische Darstellung einer Schwingung die Gleichung

$$x = A \cos \omega t \quad \dotfill \quad (8)$$

so durchläuft, wie man leicht sieht, diese Funktion genau die gleichen Werte wie Gleichung (7). Sie unterscheidet sich von ihr nur dadurch, daß bei $\omega t = 0$, π, 2π usw. der maximale Ausschlag $\pm$ A erreicht wird, während bei $\omega t = \dfrac{\pi}{2}$, $\dfrac{3}{2}\pi$, $\dfrac{5}{2}\pi$ usw. der Ausschlag $= 0$ wird. Die Kosinusschwingung ist demnach der Sinusschwingung in Abb. 5 gleich, nur ist die ganze Kurve um $^1/_4$ T nach links verschoben. Eine Verschiedenheit zweier Schwingungen, wie sie zwischen $\sin \omega t$ und $\cos \omega t$ besteht, die durch eine Verschiebung der Kurven gegeneinander in der Richtung der Zeitachse beseitigt werden kann, nennt man Phasendifferenz. Die Schwingungen $x = \sin \omega t$ und $x = \cos \omega t$ haben eine Phasendifferenz von $^1/_4$ Schwingungsdauer. Schwingungen beliebiger Phasendifferenz kann man analytisch darstellen durch einen Summanden, den man zu ωt hinzufügt, also durch die Gleichung:

$$x = A \sin (\omega t + \varphi) \quad \dotfill \quad (9)$$

Durch die Wahl von φ kann die Schwingung, ohne ihre Form zu verändern, in der Richtung der t-Achse beliebig verschoben werden.

Ist $\varphi = \dfrac{\pi}{2}$, so beträgt die Phasendifferenz $^1/_4$ Schwingungsdauer, bei $\varphi = \pi$ eine halbe Schwingungsdauer. Die zeitliche Phasenverschiebung der Schwingung $A \sin (\omega t + \varphi)$ gegenüber der Schwingung

A sin ω t beträgt $-\dfrac{\varphi}{\omega}$ Sekunden. Mißt man die Phasendifferenz mit der Schwingungsdauer als Maßstab, so findet man, daß sie $-\dfrac{\varphi}{2\pi}$ Schwingungsdauer beträgt.

Zur Untersuchung unbekannter Bewegungen wird die selbsttätige Aufzeichnung der Bewegung als Kurve in einem Längen-Zeit-Koordinatensystem außerordentlich häufig angewandt. Zieht man an einem sich geradlinig bewegenden Körper senkrecht zu seiner Bewegungsrichtung eine Fläche mit konstanter Geschwindigkeit vorbei und trägt dafür Sorge, daß der bewegte Körper seinen jeweiligen Ort auf der Fläche aufzeichnet, so erhält man die gewünschte Kurve. Die Abszissenlänge, die einer Zeiteinheit entspricht, ist gleich der Geschwindigkeit der Fläche.

Solche graphische Registrierung wird z. B. zur Aufzeichnung der Bewegung eines Barometers innerhalb längerer Zeiträume, eines Thermometers, einer auf eine Arterie aufgedrückten Pelotte (Pulskurven) und zu sehr zahlreichen ähnlichen Zwecken verwandt.

b) Kraft und Masse, Gravitation.

Zur Definition der Begriffe Kraft und Masse, die wir nunmehr in den Rahmen unserer Betrachtung einbeziehen wollen, dienen die Newtonschen Gesetze der Bewegung, auch Trägheitsgesetze genannt, die den Charakter von Axiomen tragen. Sie lauten:

1. Ein Körper, der jeglicher äußeren Einwirkung entzogen ist, beharrt in seinem derzeitigen Bewegungszustand (Ruhe oder gleichförmige Bewegung). Die Ursache einer Änderung des Bewegungszustandes wird als Kraft bezeichnet.

2. Die Änderung der Bewegung ist proportional der Kraft und hat die Richtung der Kraft.

Die Änderung der Bewegung haben wir als Beschleunigung bezeichnet. Sieht man von der Richtung der Kraft und Beschleunigung zunächst ab und beschränkt sich auf die Beziehung zwischen ihren Größen, so lautet der zweite Satz:

$$K = M \times b \quad \ldots \quad \ldots \quad \ldots \quad (10)$$

K = Kraft; b = Beschleunigung.

M bedeutet hierin zunächst nur einen für einen bestimmten Körper konstanten Proportionalitätsfaktor, den wir mit dem Wort „Masse" bezeichnen und demnach sagen:

Kraft = Masse $\times$ Beschleunigung.

Um zu Einheiten für die Masse und die Kraft zu gelangen, können wir in Gleichung (10) noch willkürlich einen Wert für die Masse oder für die Kraft wählen. Setzen wir einen von beiden Werten fest, so ist der andere, da die Einheit der Beschleunigung durch cm und sec bereits bestimmt ist, ebenfalls festgelegt. Setzt man als Einheit der Masse die Masse von 1 cm³ Wasser von $+4$ Grad Temperatur fest, so ist die Einheit der Kraft die, die dieser Masse die Beschleunigung 1 erteilt.

Man nennt diese Kraft 1 Dyne. Die Masse 1 cm³ Wasser heißt 1 Gramm (g). Um sich eine Vorstellung von der Größe dieser Einheiten zu machen, wählt man am besten einen einfachen, jedem geläufigen Fall einer gleichförmig beschleunigten Bewegung, nämlich den eines im Schwerefeld der Erde frei fallenden Körpers. Überläßt man einen beliebigen Körper in einer gewissen Entfernung von der Erdoberfläche sich selbst, so fällt er mit steigender Geschwindigkeit zur Erde. Die als Ursache der Beschleunigung anzusprechende Kraft finden wir in der Anziehungskraft der Erde, die ihrerseits ein Spezialfall der zwischen Massen beliebiger Art herrschenden Anziehungskraft, der Gravitation, ist. Die Gesetze der Gravitation wurden im Anschluß an astronomische Beobachtungen geklärt und zwar auf Grund der von Kepler für die Planetenbewegung aufgestellten Gesetze:

1. Der von der Sonne zum Planeten gezogene Radiusvektor bestreicht in gleichen Zeiten gleiche Flächen.

2. Die Bahn jedes Planeten ist eine Ellipse, in deren einem Brennpunkt die Sonne steht.

3. Die Quadrate der Umlaufzeiten verschiedener Planeten verhalten sich zueinander wie die Kuben der halben großen Achsen ihrer Bahnen.

Newton zeigte auf mathematisch analytischem Weg, daß sich diese Bewegungsgesetze theoretisch ergeben, wenn man annimmt, daß zwischen der Sonne und jedem Planeten eine Kraft wirksam ist, die proportional der Masse des Planeten und der Sonne und umgekehrt proportional dem Quadrat der Entfernung ihrer Massenmittelpunkte ist. Aus dem dritten Keplerschen Gesetz kann man errechnen, daß diese als Gravitation bezeichnete Kraft auf die Einheit der Masse und Entfernung berechnet für jeden Planeten dieselbe ist. Die Tatsache, daß sich zwei beliebige Körper auch auf unserer Erde mit der gleichen auf Einheit von Masse und Entfernung reduzierten Kraft anziehen, wurde durch besonders empfindliche Instrumente nachgewiesen. Zwei Körper von der Masse 1 g ziehen sich aus der Entfernung von 1 cm voneinander gegenseitig mit der Kraft $6{,}68 \times 10^{-8}$ Dynen an. Den Wert $6{,}68 \times 10^{-8}$ nennt man die Gravitationskonstante.

Zwei Massen m_1 und m_2, die sich in einer Entfernung r voneinander befinden, ziehen sich danach an mit einer Kraft:

$$p = f \frac{m_1 m_2}{r^2}$$

$$f = \text{Gravitationskonstante.}$$

m_2 erhält auf Grund dieser Kraft nach dem Trägheitsgesetz (Gleichung 10) eine Beschleunigung von:

$$b = f \frac{m_1}{r^2},$$

daß f in diesen beiden Beziehungen dauernd denselben Wert hat, wurde durch ausgedehnte Versuche mit den empfindlichsten Methoden erwiesen. Die aus dem Trägheitsgesetz und dem Gravitationsgesetz definierten Massenbegriffe, d. h. „träge" und „schwere" Masse sind demnach identisch.

Die Anziehungskraft der Erde müssen wir als Äußerung der allgemeinen Gravitation auffassen. Auf jeden Körper in der Nähe der Erdoberfläche wirkt demnach eine Kraft, die proportional der Masse der Erde und der des Körpers und umgekehrt proportional dem Quadrat des Erdradius ist. Da die Masse der Erde in allen Fällen und der Erdradius an einer bestimmten Stelle dauernd gleichgroß ist, so ist die Anziehungskraft nur abhängig von der Masse des angezogenen Körpers. Die Masse eines fallenden Körpers ändert sich nicht, die auf ihn wirkende Kraft bleibt daher während des Falles konstant. Nach dem zweiten Trägheitsgesetz muß demnach die Bewegung eines frei fallenden Körpers eine gleichförmig beschleunigte sein. Da die Beschleunigung nach Gleichung (10) direkt proportional der Kraft und umgekehrt proportional der Masse ist, so wird im vorliegenden Fall die Beschleunigung unabhängig von der Masse, d. h. alle Körper fallen gleichschnell. Die Tatsache kann auf verschiedene Art festgestellt werden, wenn wir dabei Maßnahmen treffen, die die Einwirkung anderer Kräfte als der Schwerkraft ausschließen (luftleerer Raum). Wir können die in bestimmten Zeiträumen durchfallenen Wege bestimmen und beispielsweise messen, daß der freifallende Körper in der ersten Sekunde nach Beginn des Falles 490,5 cm, in den ersten zwei Sekunden 1962 cm usw. durchfällt, d. h. daß die zurückgelegten Wege entsprechend der für eine gleichförmig beschleunigte Bewegung aufgestellten Gleichung (4) mit dem Quadrat der Zeit wachsen. Aus der gemessenen Fallhöhe und der Zeit kann man nach Gleichung (4) die Beschleunigung errechnen. Wir können auch die Bewegung des Körpers graphisch registrieren, in dem wir ihn, an einer mit konstanter Geschwindigkeit horizontal fortbewegten Fläche streifend, fallen lassen. Wir erhalten dann eine der umgekehrten Abb. 4 entsprechende Kurve und können an ihr sowohl die Konstanz der Beschleunigung als auch ihre Größe bestimmen. Sie wird für alle Körper gleich groß, und zwar zu 981 cm/sec^2 gefunden.

Die Kraft, die auf einen Körper auf Grund der Anziehungskraft der Erde wirkt, bezeichnet man als das Gewicht des Körpers. Da diese Kraft proportional der Masse des Körpers ist, können wir eine beliebige Masse mit der als Einheit festgesetzten Masse eines cm^3

Wasser vergleichen, indem wir das Gewicht des Körpers mit dem Gewicht eines cm³ Wasser vergleichen. Die Krafteinheit (1 Dyne) ist, wie oben erwähnt, definiert als die Kraft, die der Masse 1 g die Beschleunigung 1 erteilt. Das Gewicht eines Körpers erteilt seiner Masse eine Beschleunigung von 981. Das Gewicht eines Körpers in Dynen ausgedrückt beträgt demnach das 981 fache seiner Masse oder, was dasselbe sagt, 1 Dyne ist der 981. Teil des Gewichtes von 1 cm³ Wasser. Im bürgerlichen Leben wird fast allgemein das Gewicht von 1 cm³ Wasser als Einheit der Kraft benutzt und als Gramm bezeichnet. 1 Dyne entspricht dem Gewicht $^1/_{981}$ g. Setzt man als Einheit der Kraft das Gewichtsgramm fest, so ist durch Gleichung (10) die Masseneinheit festgelegt und gleich dem 981 fachen der Masse eines cm³ Wasser, d. h. annähernd gleich der Masse eines Liters.

Die drei Einheiten des Maßsystems, die wir an Hand der bisherigen Entwicklungen über die Bewegung und Kräfte willkürlich festgesetzt haben, sind:

$$
\begin{aligned}
&\text{für die Länge} \quad\ldots\ldots\ldots\ldots\quad 1 \text{ cm}\\
&\text{für die Zeit} \quad\ldots\ldots\ldots\ldots\quad 1 \text{ sec}\\
&\text{für die Masse} \quad\ldots\ldots\ldots\ldots\quad 1 \text{ g}
\end{aligned}
$$

Von diesen Einheiten lassen sich alle Maßeinheiten ableiten. Abgeleitete Einheiten sind entsprechend der der Ableitung zugrunde gelegten Beziehung Funktionen der Grundeinheiten. Die Abhängigkeit irgendeiner Einheit von den Grundeinheiten bezeichnet man als die Dimensionen der betreffenden Einheit. Beispielsweise ist die Dimension der Geschwindigkeit $\frac{\text{cm}}{\text{sec}}$, oder cm $\times$ sec^{-1}, da man die Einheit der Länge durch die Einheit der Zeit dividieren muß, um zur Einheit der Geschwindigkeit zu gelangen. Die Dimensionen der bisher abgeleiteten Einheiten sind: Fläche: cm²; Raum: cm³; Geschwindigkeit: cm $\times$ sec^{-1}; Beschleunigung: cm $\times$ sec^{-2}; Kraft: cm $\times$ g $\times$ sec^{-2}.

Die Bedeutung der Dimensionen verschiedener Einheiten ist eine sehr große; stellt man beispielsweise eine beliebige Gleichung zwischen zwei Größen auf, so kann sie nur richtig sein, wenn die Dimension auf beiden Seiten der Gleichung identisch ist; ebenso kann man nur Größen gleicher Art addieren. Es ist naturgemäß sinnlos, eine Fläche von einer Zeit zu subtrahieren, oder ein Volumen einer Kraft gleichzusetzen. Leitet man sämtliche Einheiten konsequent von den 3 Grundeinheiten ab, so besteht auch bei kompliziertester Rechnung kein Zweifel über die Einheit, in der das Resultat ausgedrückt ist, wenn man die Dimension des Resultates kennt.

Das auf den Einheiten cm, g, sec aufgebaute Maßsystem heißt das C-G-S-System und wird für wissenschaftliche Messungen fast ausschließlich verwendet.

In neuester Zeit hat Planck die Willkür in der Festsetzung der fundamentalen Einheiten dadurch zu beseitigen versucht, daß er die Naturkonstanten: Lichtgeschwindigkeit, Gravitationskonstante und ein noch später zu definierendes Energieelement gleich 1 setzt. Das auf diesen Naturkonstanten aufgebaute Maßsystem heißt das Gravit. Lichtgeschwindigkeit, Strahlungssystem.

2. Kapitel: Zusammensetzung und Zerlegung von Bewegungen und Kräften.

a) Vektoraddition.

Bei der Ableitung der Begriffe Bahn, Geschwindigkeit, Beschleunigung, Kraft und Masse haben wir uns darauf beschränkt, den Betrag dieser Größen in dem durch die Dimension festgelegten Maß anzugeben. Ein Teil dieser Größen ist jedoch durch die Angabe ihres Betrages noch keineswegs eindeutig beschrieben. Zur eindeutigen Beschreibung der geradlinigen Bahn eines bewegten Körpers genügt z. B. nicht die Angabe ihrer Länge, sondern es muß außerdem ihre Richtung bekannt sein. Ebenso bedarf man zur vollständigen Bestimmung einer Geschwindigkeit neben ihrer Größe ihrer Richtung. Größen, die zu ihrer Bestimmung neben dem Betrag der Angabe der Richtung bedürfen, heißen Vektoren nach ihrem einfachsten Vertreter, dem Radiusvektor, d. h. dem von einem festen Punkt zu einem bewegten gezogenen Fahrstrahl. Im Gegensatz dazu nennt man solche Größen, die durch Angabe ihres Betrags eindeutig bestimmt sind, skalare Größen, weil ihr Betrag an einer Skala abgemessen werden kann. In der Algebra und Analysis rechnet man ausschließlich mit Skalaren. Die Vektoreigenschaft einer Größe wird durch Anschreiben der betreffenden Größe in deutschen Buchstaben gekennzeichnet, während man für Skalare meist lateinische verwendet. Geometrisch stellt man einen Vektor durch eine Linie dar, deren Länge dem absoluten Betrag des Vektors entspricht und deren Richtung die Richtung des Vektors angibt. Die positive Richtung

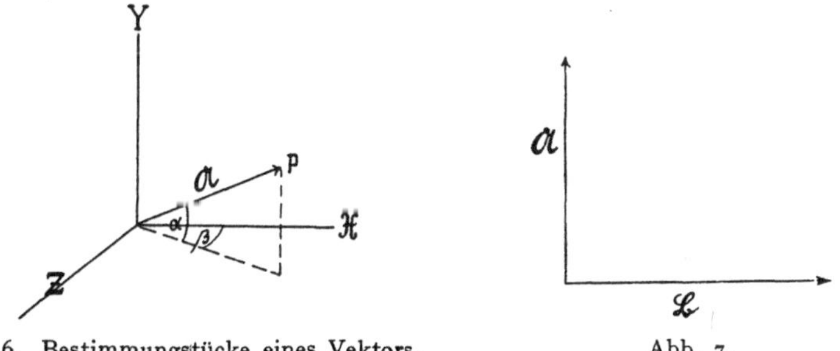

Abb. 6. Bestimmungstücke eines Vektors.　　　　Abb. 7.

wird durch eine Pfeilspitze gekennzeichnet. In einem dreiachsigen Rechtskoordinatensystem (Abb. 6) kann der Vektor $\mathfrak{A}$ eindeutig beschrieben werden durch Angabe des absoluten Betrags der Länge OP geschrieben $|\mathfrak{A}|$ oder A und der Angabe der zwei Winkel α und β. Zur Beschreibung eines Vektors ist demnach die Angabe von drei voneinander unabhängigen Größen notwendig.

Für das Rechnen mit Vektoren sind Regeln gültig, die von denen der Algebra abweichen. Die Summe von zwei Kräften ist z. B. nicht ohne weiteres gleich der algebraischen Summe ihrer absoluten Beträge. Die einfachsten Rechenregeln der Vektoranalysis definiert man am besten an Hand einfacher physikalischer Vorgänge, bei denen Vektoren addiert, subtrahiert und multipliziert werden.

Vektoren kann man einander nur gleichsetzen, wenn sie der Größe und Richtung nach übereinstimmen. Beispielsweise sind die Vektoren $\mathfrak{A}$ und $\mathfrak{B}$ in Abb. 7 nicht einander gleich, trotzdem $|\mathfrak{A}| = |\mathfrak{B}|$ ist.

Zur Definition der Vektorsumme wählen wir zunächst den Fall, daß die gesamte Bewegung eines Körpers durch zwei Bewegungen in verschiedener Richtung bedingt sei. Praktisch liegt ein solcher Fall beispielsweise vor, wenn ein Boot in querer Richtung über einen Fluß fährt. Die gesamte Bewegung des Bootes setzt sich zusammen aus der des Flusses und der Bewegung des Bootes gegenüber dem ruhend gedachten Fluß. Die Strömung erfolge in der Richtung OP_1 in Abb. 8. Der auf Grund der konstanten Strömungsgeschwindigkeit in einer bestimmten Zeit T zurückgelegte Weg wird dargestellt durch den Vektor $\mathfrak{A}$. Das Boot bewege sich gegenüber dem Fluß in der Richtung OP_2 mit gleichförmiger Geschwindigkeit. Der auf Grund seiner Eigengeschwindigkeit in der Zeit T zurückgelegte Weg sei $\mathfrak{B}$.

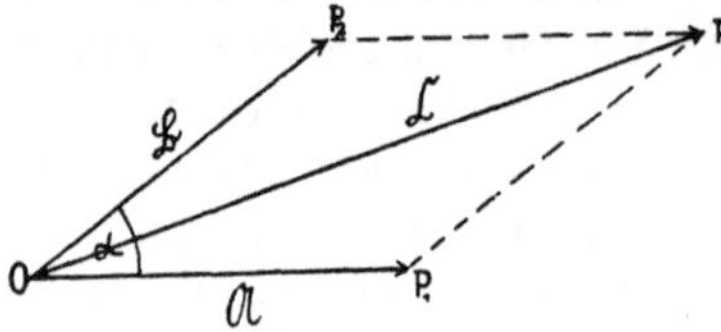

Abb. 8. Addition von Vektoren.

Tatsächlich befindet sich das Boot nach der Zeit T am Punkt P_3. Sein Weg wird nach Größe und Richtung dargestellt durch $\mathfrak{C}$. OP_3 ist die Diagonale des durch die Seiten OP_1 und OP_2 und den zwischen beiden Richtungen eingeschlossenen Winkel α bestimmten Parallelogramms. Man bezeichnet $\mathfrak{C}$ als die Vektorsumme von $\mathfrak{A}$ und $\mathfrak{B}$ und schreibt:

$$\mathfrak{A} + \mathfrak{B} = \mathfrak{C} \quad \ldots \ldots \ldots \quad (11)$$

Will man mehr als zwei Vektoren addieren, so addiert man in der angegebenen Art zunächst zwei Vektoren, den resultierenden Vektor zum dritten usw.

Das gewählte Beispiel wird gewöhnlich als das Parallelogramm der Wege bezeichnet. In gleicher Art kann man Geschwindigkeiten, Beschleunigungen und Kräfte durch Vektoren darstellen und addieren.

Z. B. mögen an einem Punkt o die Kräfte $\mathfrak{A}$, $\mathfrak{B}$ und $\mathfrak{C}$ angreifen. Die nach den vorher entwickelten Prinzipien durchgeführte Addition ergibt (Abb. 9):

$$\mathfrak{E} = \mathfrak{A} + \mathfrak{B} + \mathfrak{C} \quad \ldots \quad \ldots \quad \ldots \quad (12)$$

Wie man sich leicht überzeugen kann, ist es für das Resultat gleichgültig, in welcher Reihenfolge die Teiladditionen durchgeführt werden. Die Reihenfolge der Summanden in einer Vektorsumme ist ohne Einfluß auf das Resultat.

Unter Subtraktion eines Vektors versteht man die Addition eines gleichen entgegengesetzt gerichteten Vektors.

Haben zwei zu addierende Vektoren die gleiche Richtung, so geht die Vektoraddition in die algebraische Addition über.

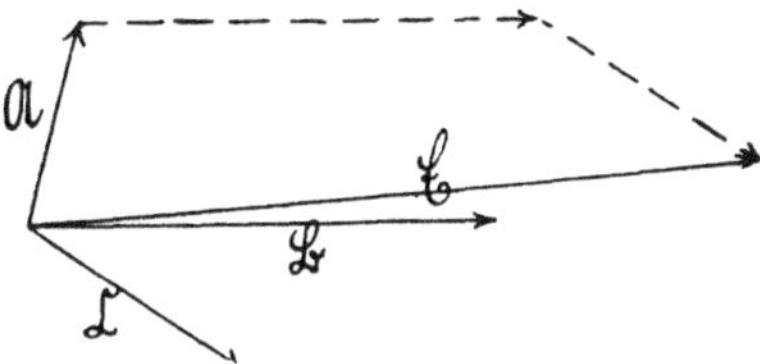

Abb. 9. Addition von mehreren Vektoren.

Ebenso wie man mehrere Vektoren zu einem zusammensetzen kann, kann man einen Vektor in eine beliebige Anzahl von Vektoren zerlegen. Beispielsweise (Abb. 10) habe ein Punkt die Geschwindigkeit $\mathfrak{A}$. Man kann dann an Stelle von $\mathfrak{A}$ jede beliebige Vektorsumme setzen, deren Resultat $\mathfrak{A}$ ist, z. B. $\mathfrak{B} + \mathfrak{C}$, d. h. wir können an Stelle der Tatsache, daß der Punkt die Geschwindigkeit $\mathfrak{A}$ hat, ohne weiteres annehmen, er habe die Geschwindigkeiten $\mathfrak{B}$ und $\mathfrak{C}$.

Bei der Multiplikation eines Vektors mit einer skalaren Größe ändert sich die Richtung des

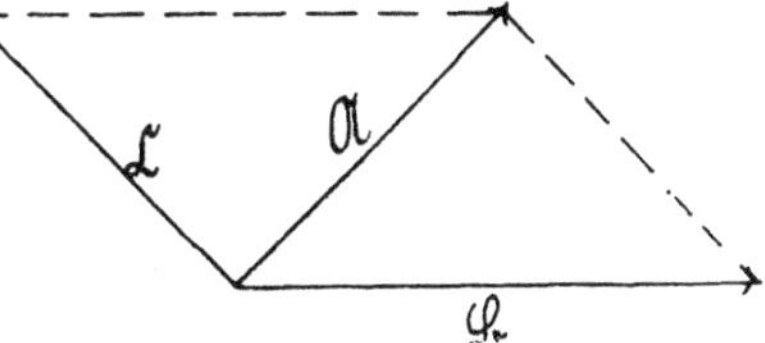

Abb. 10. Zerlegung eines Vektors.

Vektors nicht. Man kann daher einen beliebigen Vektor auch als ein Produkt aus einer Skalaren, die den absoluten Betrag desselben angibt und einem Vektor von der Länge 1 und der Richtung des Vektors anschreiben. Vektoren von der Länge 1 nennt man Einheitsvektoren und kennzeichnet sie durch einen horizontalen Strich oberhalb des Buchstabens. Der Einheitsvektor ist dimensionslos. Die Dimension (Weg, Kraft, Geschwindigkeit usw.) hat die skalare Größe.

b) Schiefer Wurf, Zentrifugalkraft.

Von den Prinzipien der Vektorrechnung ausgehend, seien nunmehr einige einfache physikalische Probleme behandelt. Zunächst die Bewegung eines unter einem bestimmten Winkel α gegen die Horizontale mit bekannter Geschwindigkeit weggeschleuderten Körpers. Die Anfangsgeschwindigkeit sei dargestellt durch den Vektor

$\mathfrak{B}_0$. Wir zerlegen $\mathfrak{B}_0$ in die aufeinander senkrecht stehenden Vektoren $\mathfrak{A}$ und $\mathfrak{B}$, von denen $\mathfrak{A}$ in die Richtung der Wirkung der

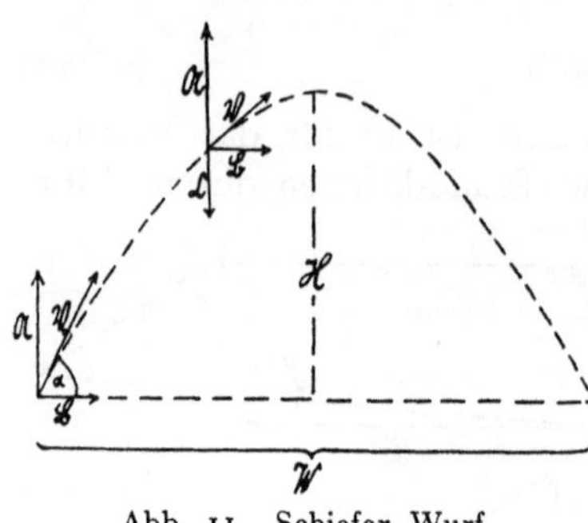

Schwerkraft fällt (Abb. 11). Das Vorzeichen des die Schwerkraft darstellenden Vektors ist gegenüber $\mathfrak{A}$ negativ, weil $\mathfrak{A}$ der durch die Schwerkraft erzeugten Geschwindigkeit entgegengesetzt gerichtet ist. Die Vektoren $\mathfrak{A}$ und $\mathfrak{B}$ behalten dauernd die gleiche Größe. Die durch die Schwerkraft hervorgerufene Geschwindigkeit sei zu einer bestimmten Zeit durch $\mathfrak{C}$ dargestellt. Die Geschwindigkeit $\mathfrak{B}$

Abb. 11. Schiefer Wurf.

des Körpers zur Zeit t ist danach definiert durch die Vektorsumme:

$$\mathfrak{B} = \mathfrak{A} + \mathfrak{B} + \mathfrak{C} \quad \ldots \ldots \ldots \quad (13)$$

$|\mathfrak{C}|$ ist nach Gleichung (3) $= gt$ ($g =$ Erdbeschleunigung $= 981$ cm/sec²) $|\mathfrak{A}|$ sei $= A$, $|\mathfrak{B}| = B$, $|\mathfrak{C}| = C$.

Nimmt man den Ausgangspunkt der Bewegung als o-Punkt und die Richtungen der Vektoren $\mathfrak{A}$ und $\mathfrak{B}$ als Achsen X und Y eines ebenen Koordinatensystems, so gibt A—C den Wert für die Geschwindigkeit in der y-Richtung, B den Wert der Geschwindigkeit in der x-Richtung an. Die Länge der Abszisse wird angegeben durch den in der Zeit t in der Richtung x zurückgelegten Weg:

$$x = Bt \quad \ldots \ldots \ldots \ldots \quad (14)$$

Der Wert der Ordinate durch die Größe des in der y-Richtung zurückgelegten Wegs:

$$y = At - \frac{1}{2}gt^2 \quad \ldots \ldots \ldots \quad (15)$$

Dadurch, daß man jede der beiden Gleichungen nach t ausrechnet und die für t gefundenen Werte einander gleichsetzt, findet man die Gleichung der Bahnkurve. Die Gleichung ist die einer Parabel.

Die häufig gestellten Fragen nach der Flughöhe und der Wurfweite lassen sich an der Hand der Gleichung (13, 14, 15) leicht beantworten. Den höchsten Punkt erreicht der Körper offenbar, wenn A — C = o, d. h. wenn A = gt oder $t = \dfrac{A}{g}$ ist. Die maximale Flughöhe entspricht dem Wert von y, den man durch Einsetzen dieses t-Wertes in Gleichung (15) erhält:

$$H = \frac{A^2}{2g} \quad \ldots \ldots \ldots \ldots \quad (16)$$

Als Wurfweite sei die bis zum Zeitpunkt der Rückkehr des Körpers in die Ausgangshöhe in horizontaler Richtung zurückgelegte Strecke definiert. Die Zeit dieser Rückkehr wird aus Gleichung (15) gefunden, wenn man $y = 0$ setzt: $t = \dfrac{2\,A}{g}$, d. h. der Körper kehrt nach weiterem Verlauf der gleichen Zeit, die er zum Erreichen des höchsten Punktes nötig hatte, in die Ausgangshöhe zurück. Durch Einsetzen des gefundenen t-Wertes in Gleichung (14) ergibt sich die Wurfweite:

$$W = \frac{2\,AB}{g} \quad \dots \quad \dots \quad \dots \quad (17)$$

Will man Flughöhe und Wurfweite als Funktion der Anfangsgeschwindigkeit $|\mathfrak{B}_0|$ darstellen, so setzt man: $A = |\mathfrak{B}_0|\,\sin\alpha$ und $B = |\mathfrak{B}_0|\,\cos\alpha$. Damit wird

$$H = \frac{|\mathfrak{B}_0|^2\sin^2\alpha}{2\,g}; \quad W = \frac{2\,|\mathfrak{B}_0|^2\sin\alpha\cos\alpha}{g} \quad \dots \quad (18)$$

d. h. sowohl Flughöhe als Wurfweite sind proportional dem Quadrat der Anfangsgeschwindigkeit.

In Wirklichkeit verläuft die Wurfkurve in der Luft infolge vorhandener Reibungskräfte nicht in Form einer gleichseitigen Parabel, sondern der abfallende Schenkel ist wesentlich kürzer und steiler als der aufsteigende.

Betrachten wir weiterhin den Fall eines auf einem Kreis vom Radius r um den Punkt 0 rotierenden Körpers (Abb. 12). Die Geschwindigkeit, mit der der Körper auf der Kreisbahn fortschreitet, sei dauernd konstant. Befindet sich der Körper im

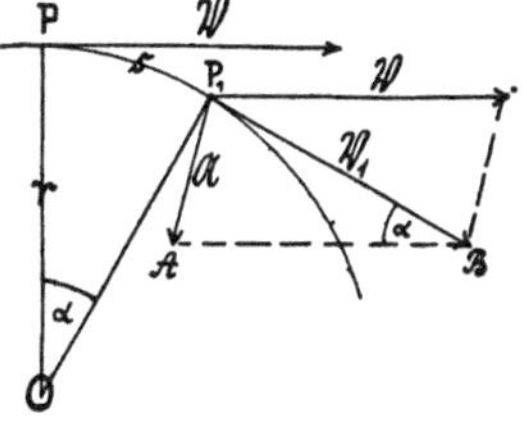

Abb. 12. Zentrifugalkraft.

Punkte P, so ist die Richtung der Geschwindigkeit die der Tangente an den Kreis im Punkt P. Die Geschwindigkeit wird dargestellt durch den Vektor $\mathfrak{B}$.

$$\mathfrak{B} = v\,\bar{\mathfrak{v}} \,. \quad \dots \quad \dots \quad \dots \quad (19)$$

v = absoluter Betrag der Geschwindigkeit. $\bar{\mathfrak{v}}$ = Einheitsvektor, der die Richtung angibt.

Nach einer bestimmten Zeit t befindet sich der Körper in P_1, seine Geschwindigkeit ist:

$$\mathfrak{B}_1 = v\,\bar{\mathfrak{v}}_1 \quad \dots \quad \dots \quad \dots \quad (20)$$

Die Länge des zurückgelegten Bogenstückes s ist nach Voraussetzung:

$$s = v\,t \quad \dots \quad \dots \quad \dots \quad \dots \quad (21)$$

Nach den Grundsätzen der Vektoraddition ist:

$$\mathfrak{B}_1 = \mathfrak{B} + \mathfrak{A} \quad \dots \quad \dots \quad \dots \quad (22)$$

Die Geschwindigkeit $\mathfrak{V}_1$ ist demnach um $\mathfrak{A}$ größer als $\mathfrak{V}$. Die Richtung des Vektors $\mathfrak{A}$ steht senkrecht auf der geraden Verbindungslinie PP_1, da BP_1 senkrecht zu OP_1 und $\sphericalangle AP_1B = \sphericalangle OP_1P$ ist. Als Beschleunigung haben wir früher (S. 4) definiert den Geschwindigkeitszuwachs während einer Zeit t, dividiert durch t. Die mittlere Beschleunigung $\mathfrak{V}$ unserer Bewegung während der Zeit t ist demnach:

$$\mathfrak{V} = \frac{\mathfrak{A}}{t}$$

oder nach Einführung der Einheitsvektoren $\bar{a}$ und $\bar{b}$

$$b\,\bar{b} = \frac{a\,\bar{a}}{t} \quad . \quad . \quad . \quad . \quad . \quad . \quad . \quad . \quad (23)$$

Die Richtung der Beschleunigung ist gleich der des Geschwindigkeitszuwachses $\mathfrak{A}$. Den Betrag a können wir nach bekannten Regeln der Geometrie aus dem gleichschenkligen Dreieck ABP_1 entnehmen:

$$a = 2\,v \sin\frac{\alpha}{2} \quad . \quad . \quad . \quad . \quad . \quad , \quad . \quad . \quad (24)$$

Nach Einsetzen dieses Wertes lautet Gleichung (23):

$$b\,\bar{b} = \frac{2\,v\,\bar{a}\,\sin\dfrac{\alpha}{2}}{t} \quad . \quad . \quad . \quad . \quad . \quad . \quad . \quad (25)$$

Läßt man t und damit s immer kleiner werden, so nähert sich der Wert $\sin\dfrac{\alpha}{2}$ immer mehr dem Winkel $\dfrac{\alpha}{2} = \dfrac{s}{2\,r}$, die Länge der Sehne PP_1 immer mehr der Länge des Bogens s. Für die unendlich kleine Zeit dt ist der Bogen $s = ds$, $\sin\dfrac{\alpha}{2} = \dfrac{ds}{2\,r}$ und $ds = v\,dt$, demnach:

$$b\,\bar{b} = \frac{v^2\,\bar{a}}{r} \quad . \quad . \quad . \quad . \quad . \quad . \quad . \quad (26)$$

Die durch den Einheitsvektor $\bar{a}$ angegebene Richtung steht senkrecht auf dem mit der Sehne PP_1 zusammenfallenden Bogenstück s, d. h. sie fällt in die Richtung des Radius r.

Wir schließen aus Gleichung (26): Eine auf einer Kreisbahn mit gleichförmiger Geschwindigkeit erfolgende Bewegung ist eine beschleunigte Bewegung. Die Beschleunigung hat die Richtung nach dem Kreismittelpunkt; ihr absoluter Betrag ist:

$$b = \frac{v^2}{r} \quad . \quad . \quad . \quad . \quad . \quad . \quad . \quad . \quad (27)$$

Nach dem zweiten Newtonschen Bewegungsgesetz tritt eine Beschleunigung nur auf als Folge einer Kraft. Die Beschleunigung ist proportional der Kraft und hat die Richtung der Kraft. Eine Bewegung auf kreisförmiger Bahn mit konstanter Geschwindigkeit ist demnach an das Vorhandensein einer Kraft gebunden, die in der

Richtung nach dem Mittelpunkt des Kreises wirkt und deren Betrag nach Gleichung (10):

$$c = m\,\frac{v^2}{r} \quad\ldots\ldots\ldots\ldots (28)$$

ist. (m = Masse des Körpers.)

Diese Kraft wird als Zentripetalkraft bezeichnet. Im allgemeinen spricht man von einer dieser gleichen Zentrifugalkraft, indem man als Ursache des mit der durch Gleichung (27) festgelegten Beschleunigung erfolgenden Wegfliegens eines Körpers vom Rotationsmittelpunkt im Augenblick des Wegfallens der Zentripetalkraft eine Kraft gleich der Zentripetalkraft fingiert und als Zentrifugalkraft bezeichnet.

3. Kapitel: Gleichgewicht von Kräften.

a) Vektorsumme gleich Null, Translation und Rotation, Schwerpunkt.

In vielen Fällen sehen wir einen Körper, von dem uns bekannt ist, daß eine oder mehrere Kräfte auf ihn einwirken, trotzdem in Ruhe verharren, z. B. einen an einem Seil aufgehängten Körper. Dieser Fall steht nur dann im Einkláng mit den Trägheitsgesetzen, wenn die Vektorsumme der auf den Körper einwirkenden Kräfte gleich Null ist. Es müssen daher mindestens zwei Kräfte auf einen Körper einwirken, der trotz Einwirkung einer Kraft in Ruhe bleibt. Beispielsweise bleibt der Massenpunkt P in Abb. 13, auf den die Kräfte $\mathfrak{A}$, $\mathfrak{B}$, $\mathfrak{C}$, $\mathfrak{D}$ einwirken, da deren nach den Regeln der Vektoraddition gezogene Summe gleich Null ist, in seinem derzeitigen Zustand der Ruhe oder gleichförmigen Bewegung.

Bisher haben wir einen bewegten Körper stets als einen Punkt, der eine bestimmte Masse besitzt, angenommen, d. h. wir haben vorausgesetzt, daß der Körper eine verschwindend kleine räumliche Ausdehnung hat. In zahlreichen Fällen genügt diese Vorstellung, um die Bewegung eines Körpers unter dem Einfluß von Kräften zu beschreiben. In anderen Fällen kann man jedoch von der Ausdehnung des betrachteten Körpers nicht absehen. Es ist zweckmäßig, sich in diesem Fall den Körper als eine Summme von Massenpunkten vorzustellen. Zur Betrachtung der Bewegung fester Körper im ganzen wird die Bewegungsmöglichkeit dieser Punkte gegenüber einem mit dem Körper fest verbundenen Koordinaten-

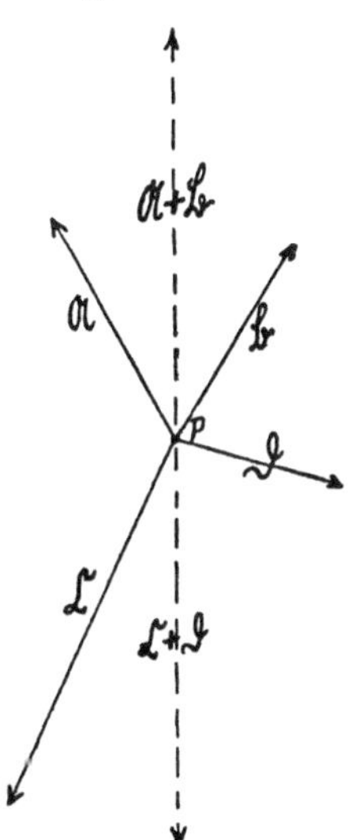

Abb. 13. Vektorsumme mehrerer Vektoren gleich Null.

system zweckmäßig als sehr klein, d. h. der Körper als starr angenommen. Von den sehr komplizierten Bewegungsmöglichkeiten
eines starren Körpers im Raum sind zwei Bewegungsarten von
besonderer Bedeutung, die als „Translation" und „Rotation" bezeichnet werden. Unter einer Translation versteht man eine Bewegung, bei der die geradlinigen Bahnen, die die einzelnen Punkte
des Körpers beschreiben, alle parallel sind. Unter Rotation um
eine Achse versteht man eine Bewegung, bei der eine Linie innerhalb oder außerhalb des Körpers mit diesem fest verbunden ihre
Lage beibehält und sämtliche Punkte des Körpers Kreise um auf
der Linie gelegene Punkte beschreiben. Bei der Rotation eines
Körpers um einen Punkt behält ein mit dem Körper fest verbundener
Punkt seine Lage und alle Punkte des Körpers bewegen sich auf
um das Rotationszentrum als Mittelpunkt beschriebenen Kugelflächen.

Eine Translation kann eindeutig beschrieben werden durch Angabe der Länge des Verschiebungsweges eines Punktes des Körpers
und der Richtung der Verschiebung; sie ist demnach ein Vektor.
Da nach der Definition der Translation Länge und Richtung der
Wege für alle Punkte des Körpers identisch sind, kann man den
sie darstellenden Vektor an jedem beliebigen Punkt des Körpers
anbringen. Einen solchen Vektor nennt man einen „freien" Vektor.

Lassen wir Kräfte an einem ausgedehnten Körper angreifen, so
ist es für die Wirkung nicht gleichgültig, an welchem Punkt die Kräfte
angreifen. Z. B. ist in dem durch Abb. 14 dargestellten Fall die Wir-
kung der Kräfte $\mathfrak{A}$ und $\mathfrak{B}$, wenn sie in den Punkten P_1 und P_2 angreifen, sehr verschieden von der Wir-
kung der gleichen in den Punkten P_3
und P_4 angreifenden Kräfte. Um die
Wirkung einer Kraft auf einen Körper
von merklicher Ausdehnung beurteilen
zu können, ist demnach die Angabe
ihres Angriffspunktes notwendig. Gelegentlich ist die Angabe des Angriffspunktes leicht, so z. B. wenn die Kraft
vermittels eines an einem bestimmten

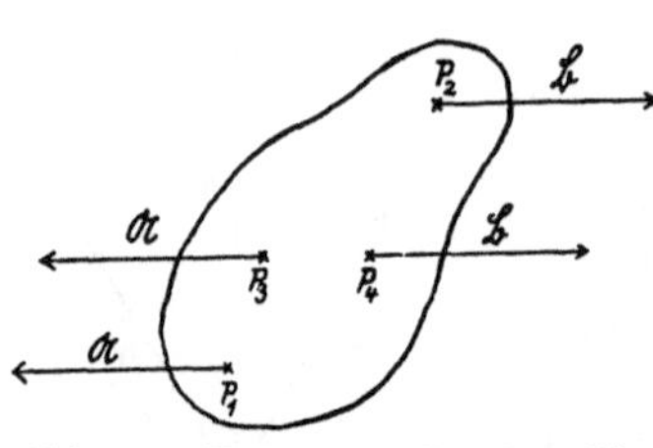

Abb. 14. Bedeutung des Angriffspunktes einer Kraft.

Punkt befestigten Seils an einem Körper angreift, in anderen Fällen
kann der Angriffspunkt aus der Wirkung der Kraft erschlossen werden.
Stellen wir von zwei ihrem Betrag nach gleich großen, in entgegengesetzter Richtung wirkenden Kräften fest, daß sie keine Bewegungs-
änderung des Körpers hervorrufen, wie es die in den Punkten P_3 und
P_4 angreifenden Kräfte $\mathfrak{A}$ und $\mathfrak{B}$ in Abb. 14 tun, so ergibt sich aus der
Abbildung ohne weiteres, daß die Angriffspunkte der beiden Kräfte
auf einer Linie, die ihrer gemeinsamen Richtung entspricht, liegen
müssen. Lassen wir die gleichen Kräfte in den Punkten P_1 und P_2

angreifen, so wird der Körper eine Rotation ausführen. Er wird zur Ruhe kommen in einer Lage, in der die Verbindungslinie $P_1 P_2$ mit der gemeinsamen Richtung von $\mathfrak{A}$ und $\mathfrak{B}$ zusammenfällt. Aus dieser Betrachtung können wir schließen, daß zwei Kräfte, die sich das Gleichgewicht halten, notwendigerweise gleich und entgegengesetzt gerichtet sind, und daß die Angriffspunkte beider Kräfte auf der ihrer gemeinsamen Richtung entsprechenden Linie liegen. Mittels dieses Schlusses können wir stets Angriffspunkt und Richtung der Schwerkraft bestimmen.

Ein Körper hänge an einem im Punkt P_1 befestigten Seil unter dem Einfluß der Schwerkraft in Ruhe in der in Abb. 15a angegebenen Lage. Wir schließen zunächst aus der Tatsache der Ruhe, trotzdem uns das Einwirken der Schwerkraft bekannt ist, daß das Seil auf den Körper eine der Schwerkraft gleiche und entgegengesetzte Kraft ausübt. Die Richtung der Schwerkraft fällt mit der Richtung des Seils zusammen. Ein an einem Faden aufgehängter Körper kann daher zur Bestimmung der Richtung der Schwerkraft dienen (Senkel). Der

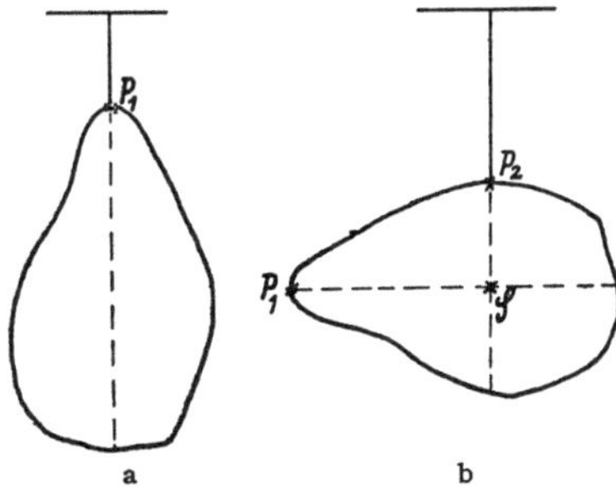

Abb. 15. Schwerpunkt.

Angriffspunkt der Schwerkraft muß auf der durch die Richtung des Seils festgelegten Linie liegen. Hängen wir den Körper am Punkt P_2 auf, so kommt er in einer anderen Lage (Abb. 15b) zur Ruhe. Der Angriffspunkt der Schwerkraft liegt notwendigerweise wiederum in der Seilrichtung. Der Schnittpunkt der beiden verlängerten Seilrichtungen ist demnach der Angriffspunkt der Schwerkraft. Er wird als Schwerpunkt bezeichnet.

Läßt man die der Schwerkraft das Gleichgewicht haltende Kraft im Schwerpunkte angreifen, so ist der Körper offenbar in jeder möglichen Lage in Ruhe (Unterstützungspunkt fällt mit dem Schwerpunkt zusammen), da die um den Unterstützungspunkt möglichen Rotationen des Körpers an dem Vektorbild der Kräfte nichts ändern. Ähnlich liegen die Verhältnisse dann, wenn wir eine Kugel, deren Schwerpunkt mit ihrem Mittelpunkt zusammenfällt, auf eine genau horizontale Ebene legen (Abb. 16a). Die Unterstützungskraft greift in diesem Fall an dem Berührungspunkt zwischen Kugel und Ebene an. Die beiden Kräfte sind gleich und entgegengesetzt gerichtet, die Verbindungslinie der Angriffspunkte fällt in die gemeinsame Richtung der Kräfte. Die möglichen Bewegungen der Kugel bestehen in Rotationen um O bei gleichzeitigen Translationen in den Richtungen der Ebene. Bei keiner dieser Bewegungen ändert sich etwas am Bild. Die Kugel ist in jeder Lage im Gleichgewicht.

Die in den beiden beschriebenen Fällen vorhandene Art des Gleichgewichts wird als indifferentes Gleichgewicht bezeichnet. Die Bedingungen, unter denen indifferentes Gleichgewicht besteht, sind verwirklicht, wenn keine der von der Ruhelage aus möglichen Be-

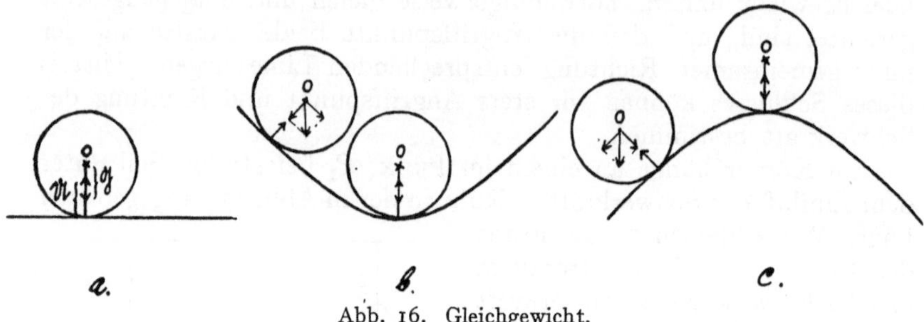

a.   b.   c.

Abb. 16. Gleichgewicht.

wegungen eines Körpers eine Veränderung der Höhenlage seines Schwerpunktes bewirkt. Legt man die gleiche Kugel in eine Schale, so bestehen die möglichen Bewegungen in Rollbewegungen auf der durch die Schale gegebenen Fläche. Die Kugel wird nur am tiefsten Punkt der Schale in Ruhe bleiben, da nur dort das Vektorbild die für Ruhe notwendigen Bedingungen erfüllt. In jeder anderen als der tiefsten Lage ist die Vektorsumme der angreifenden Kräfte nicht gleich Null, sondern gleich einer Kraft, die die Kugel auf der Schale zu bewegen bestrebt ist (Abb. 16 b). Die Kugel wird sich stets dem tiefsten Punkt zu bewegen und dort zur Ruhe kommen. Die dort erreichte Art des Gleichgewichts wird als stabil bezeichnet. Die Vorbedingungen für stabiles Gleichgewicht sind dann gegeben, wenn jede mögliche Bewegung eines Körpers aus seiner Ruhelage heraus zu einer Hebung des Schwerpunktes führt. Auch in dem durch Abb. 16c dargestellten Fall, bei dem die Kugel auf dem höchsten Punkt einer konvexen Fläche liegt, ist Gleichgewicht vorhanden. Jede von der Ruhelage aus mögliche Bewegung führt eine Senkung des Schwerpunktes und einen Zustand herbei, bei welchem die Summe der angreifenden Schwerkraft und Unterstützungskraft eine Richtung erhält, die die Kugel immer weiter von ihrer Gleichgewichtslage zu entfernen versucht. Das Gleichgewicht wird durch jede Verrückung der Kugel endgültig zerstört. Ein solches Gleichgewicht heißt labil.

b) Winkelgeschwindigkeit, Drehmoment, das äußere Vektorprodukt, einfache Maschinen, Rückstoß.

Hält man bei einem starren Körper einen Punkt unverrückbar fest, so bestehen die möglichen Bewegungen des Körpers in Rotationen um diesen Punkt. Jede an einem anderen als dem festgehaltenen Punkt angreifende Kraft, deren Richtung nicht durch den Rotationsmittelpunkt geht, wird eine Rotation hervorrufen. Eine Rotation wird zweckmäßig beschrieben durch Angabe der Winkelbewegung, den eine durch den Rotationsmittelpunkt gehende im rotierenden Körper festliegende Gerade ausführt. Als Winkelgeschwindigkeit bezeichnet man den in einer bestimmten Zeit zurückgelegten Winkel dividiert durch diese Zeit, bzw. entsprechend Gleichung (2) den Differentialquotienten $\dfrac{d\alpha}{dt}$, als Winkelbeschleunigung entsprechend Gleichung (6) den zweiten Differentialquotienten $\dfrac{d^2\alpha}{dt^2}$. Greifen an einem Körper, der Rotationen um einen Punkt ausführen kann, zwei Kräfte an, deren jede für sich eine Rotation hervorrufen würde, und der Körper bleibt trotzdem in Ruhe, so müssen wir schließen, daß die Wirkung der beiden Kräfte in bezug auf die Rotation gleich und entgegengesetzt ist. Die Bedingungen, unter denen dieser Zustand vorhanden ist, lassen sich leicht feststellen. Wählen wir den Fall eines starren Körpers von flächenhafter Ausdehnung, der um einen Punkt O (Abb. 17) drehbar ist und lassen in den P_1, P_2 die Kräfte $\mathfrak{P}$ und $\mathfrak{Q}$ angreifen. Sämtliche Richtungen mögen in der Zeichenebene liegen. Die Lage der Angriffspunkte in bezug auf den Rotationsmittelpunkt sei gegeben durch die Vektoren $\mathfrak{A}$ und $\mathfrak{B}$, die als Hebelarme bezeichnet werden. Die möglichen Bewegungen der Punkte P_1 und P_2 stehen

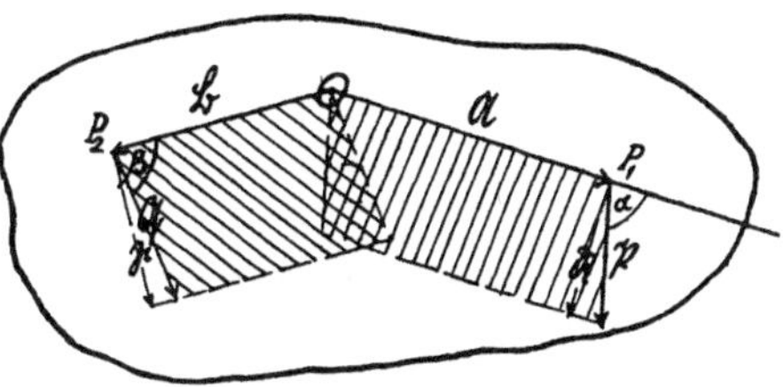

Abb. 17. Drehmoment.

senkrecht zu $\mathfrak{A}$ und $\mathfrak{B}$. Bewegungen in diesen Richtungen können hervorgerufen werden durch die Komponenten $\mathfrak{R}$ und $\mathfrak{S}$ der Kräfte $\mathfrak{P}$ und $\mathfrak{Q}$. Das Experiment ergibt, daß der Körper in Ruhe bleibt, wenn das Produkt der absoluten Beträge $|\mathfrak{R}| \times |\mathfrak{A}| = |\mathfrak{S}| \times |\mathfrak{B}|$ ist. Die Größe $|\mathfrak{R}|$ ist gegeben durch $|\mathfrak{P}|$ und den Winkel α, nämlich:

$$|\mathfrak{R}| = |\mathfrak{P}| \sin\alpha$$

ebenso:
$$|\mathfrak{S}| = |\mathfrak{Q}| \sin\beta \qquad \cdots \cdots \cdots \quad (29)$$

Die Produkte $|\mathfrak{A}| \times |\mathfrak{R}|$ bzw. $|\mathfrak{B}| \times |\mathfrak{S}|$ geben uns ein Maß für die Wirkung der Kräfte $\mathfrak{P}$ und $\mathfrak{Q}$ in bezug auf die Rotation. Die Größe der Produkte ist offenbar gleich dem Inhalt der Parallelogramme mit den Seiten $\mathfrak{A}$ und $\mathfrak{P}$ bzw. $\mathfrak{B}$ und $\mathfrak{Q}$. Die Wirkung einer Kraft in bezug auf die Rotation ist vollständig bekannt, wenn wir die Richtung der Achse, um die eine Kraft den Körper zu drehen bestrebt ist, und den Inhalt des durch die Vektordarstellung der Kraft und die Verbindungslinie Rotationszentrum-Angriffspunkt der

Kraft bestimmten Parallelogramms kennen. Die Achse, um die die Rotation erfolgt, steht senkrecht zu diesem Parallelogramm, der Rotationssinn ist durch die Richtung der Kraft in bezug auf den Hebelarm eindeutig bestimmt. Setzt man fest, daß man den Rotationssinn dadurch kennzeichnen will, daß man an der Achsenrichtung eine Pfeilspitze entweder in der einen oder in der entgegengesetzten Richtung anbringt, so kann man die Wirkung einer Kraft in bezug auf die Rotation durch Angabe einer Größe (Inhalt des Parallelogramms) und einer Richtung (Achse mit Pfeilspitze), d. h. durch einen Vektor vollständig beschreiben. Diesen Vektor nennt man das Drehmoment der Kraft. Das Drehmoment einer Kraft $\mathfrak{B}$ ist gegeben durch den Inhalt des von $\mathfrak{B}$ und dem Hebelarm $\mathfrak{A}$ gebildeten Parallelogramms und eine auf der Fläche des Parallelogramms senkrecht stehende Richtung. In Analogie mit dem Rechtskoordinatensystem bezeichnet man diese Richtung mit einer Pfeilspitze nach oben oder unten, wenn Hebelarm und Kraft in der Art zueinander stehen, wie es in Abb. 18a und 18b dargestellt ist. Nach den Regeln der Vektoranalysis bringt

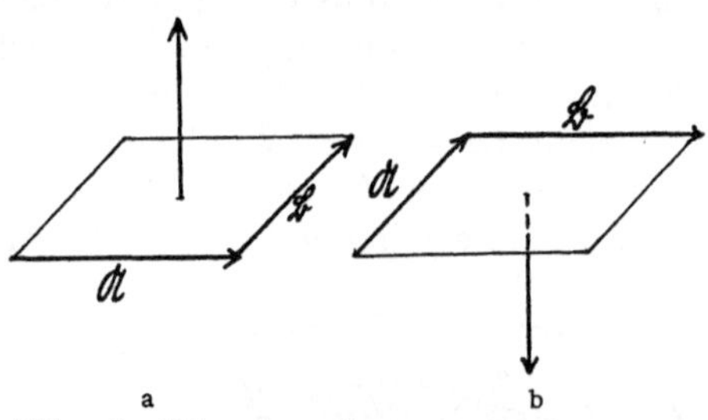

Abb. 18. Vektordarstellung des Drehmoments.

man die Bildung eines Drehmomentes aus Hebelarm und Kraft dadurch zum Ausdruck, daß man das Trägheitsmoment Θ als Produkt der Vektoren Hebelarm und Kraft anschreibt:

$$\Theta = [\mathfrak{A} \times \mathfrak{B}] \quad \cdot \quad \cdot \quad \cdot \quad \cdot \quad \cdot \quad \cdot \quad \cdot \quad (30)$$

Ein derartiges Produkt aus zwei Vektoren, daß seinerseits ein Vektor ist, dessen absoluter Betrag nach Gleichung (29) $= |\mathfrak{A}| \times |\mathfrak{B}| \sin \mathfrak{A}\mathfrak{B}$ beträgt, nennt man das äußere, oder vektorielle Vektorprodukt und kennzeichnet es durch Einschließen der Faktoren in eckige Klammern. Die Richtung des Vektorproduktes ergibt sich aus Abb. 18. Die Reihenfolge der Faktoren in Gleichung (30) ist danach nicht gleichgültig, sondern es ist

$$[\mathfrak{A} \times \mathfrak{B}] = - [\mathfrak{B} \times \mathfrak{A}] \quad \cdot \quad \cdot \quad \cdot \quad \cdot \quad \cdot \quad (31)$$

Die Gleichgewichtsbedingung für den Fall des Körpers in Abb. 17 ist demnach in Form einer Vektorgleichung anzuschreiben:

$$- [\mathfrak{B} \times \mathfrak{Q}] = [\mathfrak{A} \times \mathfrak{P}]$$

oder $\qquad [\mathfrak{A} \times \mathfrak{P}] = [\mathfrak{Q} \times \mathfrak{B}] \quad \cdot \quad \cdot \quad \cdot \quad \cdot \quad \cdot \quad \cdot \quad (32)$

Die einfachen Hebelgesetze sind ein spezieller Fall dieser allgemeinen Gleichung, indem unter der Voraussetzung das $\mathfrak{P}$ senkrecht zu $\mathfrak{A}$ und $\mathfrak{Q} \perp \mathfrak{B}$, Gleichung (32) übergeht in die algebraische Gleichung:

$$|\mathfrak{A}| \times |\mathfrak{P}| = |\mathfrak{Q}| \times |\mathfrak{B}|$$

oder in Worten: Gleichgewicht am Hebel ist vorhanden, wenn die Kräfte sich umgekehrt verhalten wie die Hebelarme. Der Hebel ist nach dieser Auseinandersetzung geeignet zur Kraftübersetzung, indem er es ermöglicht, durch Veränderung der Hebelarme sehr verschieden große Kräfte in Gleichgewicht miteinander zu bringen, d. h. durch eine bestimmte Kraft Kräfte sehr verschiedener Größe hervorzubringen.

Einrichtungen, die es gestatten, eine Kraftübertragung mit Änderung der Kraft in bezug auf ihre Größe oder ihrer Richtung zu bewirken, heißen einfache Maschinen. Außer dem Hebel rechnet man zu ihnen die Rolle, das Wellrad und ihre Abkömmlinge, die Flaschenzüge und die Kurbel, sowie die schiefe Ebene und deren Abkömmlinge, den Keil und die Schraube.

Nach dem bisher Dargestellten sind die Gleichgewichtsbedingungen für diese Maschinen leicht anzugeben. Sie seien kurz erwähnt.

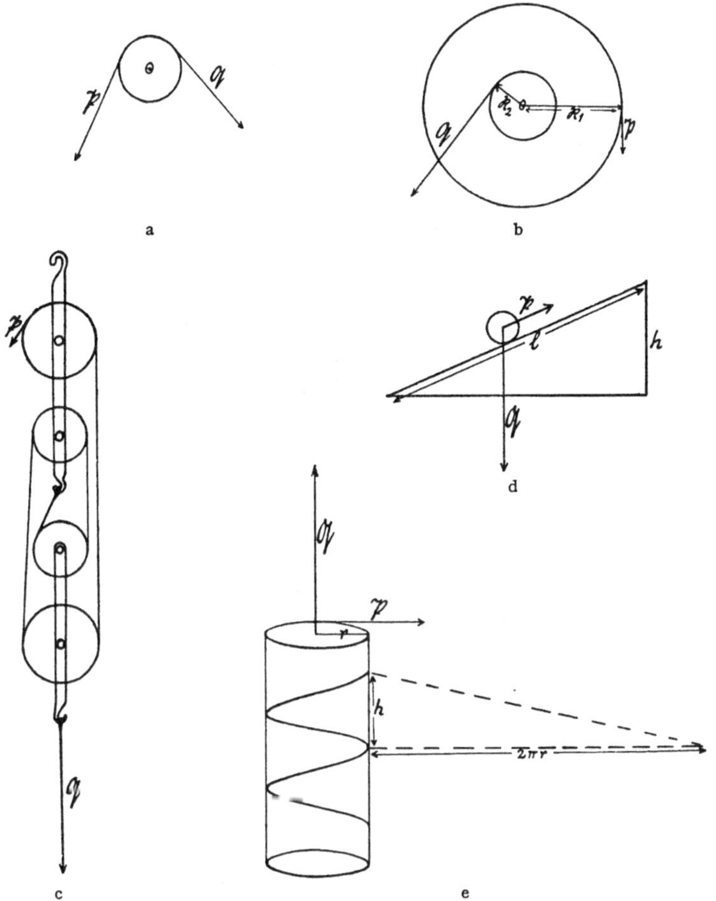

Abb. 19. a) Rolle. b) Wellrad. c) Flaschenzug. d) Schiefe Ebene. e) Schraube.

a) Rolle $|\mathfrak{P}| = |\mathfrak{Q}|$,

b) Wellrad $|\mathfrak{P}| \times |\mathfrak{R}_1| = |\mathfrak{Q}| \times |\mathfrak{R}_2|$,

c) Flaschenzug $|\mathfrak{P}| = \dfrac{|\mathfrak{Q}|}{n}$,

$$n = \text{Anzahl der Rollen}$$

d) Schiefe Ebene $\dfrac{|\mathfrak{P}|}{|\mathfrak{Q}|} = \dfrac{h}{l}$,

e) Schraube $\dfrac{|\mathfrak{P}|}{|\mathfrak{Q}|} = \dfrac{h}{2\pi r}$.

Es sei an dieser Stelle noch der Fall behandelt, daß zwischen zwei zur Zeit des Beginns der Krafteinwirkung ruhenden, sonst aber im Raume frei beweglichen Körpern eine Kraft wirkt, die die beiden Körper voneinander zu trennen bzw. sie einander zu nähern sucht. In diesem Fall wirkt auf beide Körper die gleiche Kraft, jedoch in entgegengesetzter Richtung. Beide Körper erhalten demnach eine Beschleunigung. Die Richtungen der Beschleunigungen sind einander entgegengesetzt, ihre Größen verhalten sich, da die Kraft gleich ist, zueinander umgekehrt wie die Massen der Körper. Man kann den Schwerpunkt eines aus zwei Körpern bestehenden Systems dadurch finden, daß man die Schwerpunkte beider Körper durch eine Gerade miteinander verbindet und die Gerade in zwei Teile teilt, deren Längen sich zueinander verhalten wie die Massen beider Körper. Die kürzere Teilstrecke liegt auf der Seite des Körpers größerer Masse, die längere auf der Seite des massenärmeren Körpers. Da die innerhalb einer bestimmten Zeit zurückgelegten Wege sich zueinander verhalten wie die Beschleunigungen und diese umgekehrt wie die Massen, so ergibt sich, daß der gemeinsame Schwerpunkt während der Bewegung seine Lage nicht ändert. Das gleiche läßt sich von einem System beliebig vieler Körper, auf welches Kräfte von außen nicht einwirken, zeigen. Wünscht man eine Verrückung des gemeinsamen Schwerpunktes, wie z. B. bei einem Geschütz, von dem man während des Abschusses die Beibehaltung seiner Lage fordert, so muß man Kräfte von außen auf das System einwirken lassen, d. h. den Rückstoß des Geschützes bremsen.

4. Kapitel: Elastizität.

a) Elastische Kraft.

Hängt man einen schweren Körper an einem Seil auf, so kommt er in bestimmter Lage zur Ruhe. Die der Schwerkraft das Gleichgewicht haltende ihr gleiche, aber entgegengesetzt gerichtete Kraft wird von dem haltenden Seil auf den Körper ausgeübt. Die Kraft wird in dem Seil geweckt durch eine Verlängerung des Seils, sie hat as Bestreben, die Verlängerung rückgängig zu machen. Kräfte, die wie in diesem Fall durch Verlängerung, durch Deformation in einem Körper geweckt werden und das Bestreben haben, die Deformation rückgängig zu machen, heißen elastische Kräfte. Stellt man die Verlängerung eines Fadens unter der Einwirkung verschiedener Kräfte fest, so findet man innerhalb eines gewissen Bereichs Proportionalität zwischen der Verlängerung und der elastischen Kraft. Die Verlängerung ist außer von der Kraft abhängig von Länge, Dicke und dem Material des Fadens. Wählt man Fäden bestimmter Ausmaße, z. B. von 1 cm² Querschnitt und 1 cm Länge, so kann man die elastische Kraft verschiedener Materialien miteinander vergleichen, indem man die Verlängerung aus ihnen hergestellter Fäden unter Einwirkung der gleichen Kraft feststellt. Die einwirkende Kraft, ausgedrückt in Dynen, dividiert durch die Verlängerung in Zentimeter, wählt man als Maß der elastischen Kraft eines Materials und bezeichnet den Quotienten

$$E = \frac{P}{l} \ . \qquad . \quad . \quad . \quad . \quad . \quad . \quad . \quad . \quad (33)$$

$$P = \text{Kraft}; \ l = \text{Verlängerung}$$

als Elastizitätsmodul des Materials. Die Dimension des Elastizitätsmoduls ist: cm^{-1}, g, sec^{-2}.

In der Technik wählt man statt der Fäden von 1 cm² Querschnitt und 1 cm Länge solche von 1 mm² Querschnitt und 1 m Länge. Da dort außerdem als Einheit der Kraft das Kilogramm verwandt wird, so ist der technische Elastizitätsmodul 98 100 000 mal kleiner als der in absolutem Maß ausgedrückte.

Der Elastizitätsmodul ist eine für ein bestimmtes Material charakteristische Konstante. Der reziproke Wert des Elastizitätsmoduls wird als Elastizitätskoeffizient bezeichnet. Die Proportionalität zwischen Verlängerung und Kraft besteht nur innerhalb eines bestimmten, für die verschiedenen Substanzen verschiedenen Bereichs. Wird dieser Bereich überschritten, so tritt an Stelle der vorübergehenden Deformation, die durch die elastische Kraft nach Aufhören der äußeren Krafteinwirkung rückgängig gemacht wird, eine bleibende Deformation, d. h. der belastete Faden bleibt auch nach der Entlastung länger als er vor der Belastung war, oder er reißt. Die Belastung, die das Reißen des Fadens bewirkt, ist bei gegebenen Abmessungen des Fadens ebenso wie der Elastizitätsmodul eine Materialkonstante und heißt Elastizitätsgrenze. Beobachtet man die Deformation des belasteten Fadens genauer, so kann man feststellen, daß gleichzeitig mit der Verlängerung des Fadens seine Querdimensionen verkleinert werden. Die Abnahme des Durchmessers setzt man in Beziehung zur Verlängerung. Für die Einheit der Länge und des Querschnitts des Fadens wird der Quotient aus der Abnahme des Durchmessers und der Verlängerung bestimmt und als Poissonsche Konstante bezeichnet. Diese Konstante wechselt für die verschiedenen Substanzen

nur in verhältnismäßig geringem Maß und liegt erfahrungsgemäß
zwischen 0,2 und 0,5. Sie ist für die Theorie der Elastizität von fundamentaler Wichtigkeit.

b) Schwingungen unter dem Einfluß elastischer Kräfte.

Ähnlich wie bei der einfachen Aufhängung eines schweren Körpers
an einem elastischen Faden liegen die Verhältnisse, wenn ein Körper
in beliebiger Art durch elastisches Material in einer Ruhelage festgehalten wird. Befestigt man beispielsweise eine Masse m an einer
mit einer bestimmten Kraft gespannten, zunächst als masselos gedachten Saite (Abb. 20), so wird die Masse durch die Elastizität der
Saite in einer bestimmten Ruhelage fest-
gehalten. Will man die Masse aus dieser
Ruhelage herausbringen, so muß man
eine Kraft P anwenden. Wir finden
zwischen der Entfernung der Masse aus
der Ruhelage und der zur Bewirkung
dieser Entfernung notwendigen Kraft

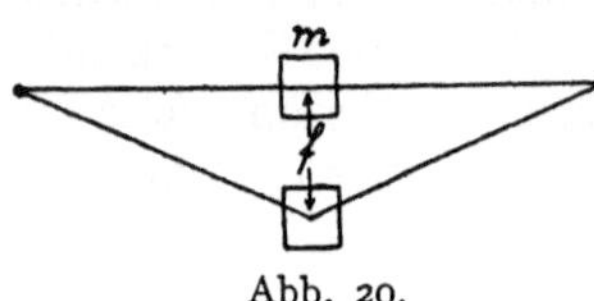

Abb. 20.

innerhalb eines gewissen Bereichs Proportionalität, wie zwischen
der Verlängerung und elastischen Kraft eines einfachen Fadens.
Man kann demnach für das beschriebene System analog mit Gleichung (33) anschreiben,

$$P = E \times f \qquad \qquad (34)$$

P = Kraft; f = Entfernung aus der Ruhelage

worin E eine dem Elastizitätsmodul entsprechende Konstante des
betreffenden Systems ist. Heben wir nunmehr die Kraftwirkung
auf und überlassen die Masse sich selbst, so erhält sie auf Grund der
elastischen Kraft eine Beschleunigung in der Richtung auf ihre Ruhelage. Zur Zeit des Erreichens der Ruhelage hat sie eine bestimmte
Geschwindigkeit erreicht. Nach dem Trägheitsgesetz sucht sie diese
Geschwindigkeit beizubehalten, d. h. sie überschreitet die Ruhelage
und weckt durch ihre neuerliche Entfernung aus derselben neuerlich
elastische Kräfte, die ihre Geschwindigkeit zu verringern bestrebt
sind. Die Bewegung geht über in eine verzögerte, die Geschwindigkeit
wird nach einer gewissen Zeit, in der die Masse einen Punkt jenseits
der Ruhelage erreicht hat, gleich Null. Von diesem Punkt an beginnt das Spiel in umgekehrter Richtung von neuem. Die Masse
wird demnach um ihre Ruhelage hin- und hergehende Bewegungen
ausführen, die bei der völligen Abwesenheit von Reibungskräften
bis in die Unendlichkeit fortdauern würden. Die Art der Bewegung
kann man durch experimentelle Beobachtung, z. B. durch graphische
Registrierung, feststellen. Man findet auf diese Weise vor allem, daß
die Dauer eines Hin- und Herganges unabhängig von der Größe des
Ausschlags dauernd gleich bleibt und daß die Form der Bewegung,
als Zeit-Längenkurve dargestellt, weitgehend mit der durch Abb. 5

dargestellten schwingenden Bewegung übereinstimmt. Der Theorie ist es gelungen, über solche Schwingungsvorgänge unter dem Einfluß elastischer Kräfte umfassenden Aufschluß zu geben. Besonders gelingt es stets, aus der Masse und der Elastizitätskonstante E in Gleichung (34) die Schwingungszahl anzugeben, und zwar steht die Dauer eines ganzen Hin- und Herganges oder die Schwingungsdauer T mit m und E in der einfachen Beziehung:

$$T = 2\pi \sqrt{\frac{m}{E}}$$

oder die Schwingungszahl $N = \dfrac{1}{2\pi} \sqrt{\dfrac{E}{m}}$. . . . . (35)

c) Pendelschwingungen.

Sehr ähnlich den Bewegungen einer Masse unter dem Einfluß elastischer Kräfte verlaufen die Bewegungen eines Pendels.

Hängt man eine Masse m an einem Faden von der Länge l auf, so ist ihre Ruhelage bestimmt durch die Richtung der Schwerkraft (Abb. 21). Bringt man bei gespanntem Faden die Masse in eine um die Länge f von der Ruhelage entfernte Lage und läßt sie los, so führt die Masse schwingende Bewegungen um die Ruhelage aus, von denen wir ebenfalls feststellen können, daß die Dauer eines Hin- und Herganges unabhängig von der Größe des Ausschlages konstant ist. Die Kraft, die die Masse in ihre Ruhelage zurücktreibt, findet man als Komponente der Schwerkraft senkrecht zur Seilrichtung, bestimmt durch die Richtung der Schwerkraft und den Winkel α. Die Schwerkraft der Masse m beträgt in absolutem Maß:

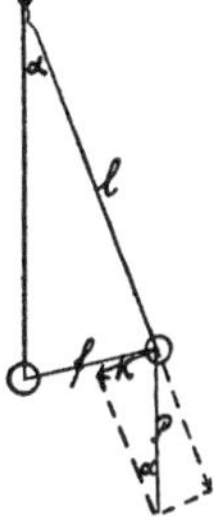

Abb. 21.
Pendel.

$$P = mg$$
$$g = \text{Erdbeschleunigung.}$$

Die Komponente dieser Kraft senkrecht zur Seilrichtung k ist
$$k = P \sin\alpha = mg \sin\alpha$$

Handelt es sich um einen kleinen Winkel α, so ist die Entfernung f der Masse von ihrer Ruhelage sehr nahe gleich der Länge des Kreisbogens, den die Masse bei der Bewegung beschreibt:
$$f = l\,\alpha.$$

Bildet man einen dem Elastizitätsmodul analogen Quotienten aus k und f, so findet man:

$$E = \frac{k}{f} = \frac{mg \sin\alpha}{l\,\alpha}$$

oder da für kleine Winkel $\alpha = \sin\alpha$

$$E = \frac{mg}{l} \quad . \quad . \quad . \quad . \quad . \quad . \quad . \quad . \quad (36)$$

d. h. der Begriff E ist unabhängig von der Entfernung f, was nichts
anderes bedeutet, als daß die zur Ruhelage zurücktreibende Kraft
ebenso wie .eine elastische Kraft proportional der Entfernung der
Masse aus der Ruhelage ist. Die Schwingungszahl kann daher nach
den für elastische Schwingungen mitgeteilten Prinzipien errechnet
werden durch Einsetzen des Wertes E in Gleichung (35):

$$T = 2\pi\sqrt{\frac{l}{g}}; \quad N = \frac{1}{2\pi}\sqrt{\frac{g}{l}} \quad \ldots \ldots \quad (37)$$

Die Schwingungszahl ist demnach nur abhängig von der Länge
des Pendels und der Erdbeschleunigung, unabhängig von der Masse.

Im allgemeinen bezeichnet man als die Schwingungsdauer eines
Pendels, abweichend von der Bezeichnung bei elastischen Schwingungen nur die Zeit, die von einer Umkehr des Pendels bis zur nächsten
verläuft, d. h. die Hälfte des nach Gleichung (37) errechneten Wertes.
Die Länge eines Pendels, das zu einer solchen Schwingung 1 sec bedarf, berechnet sich aus der Erdbeschleunigung g = 981 cm/sec² :

$$l = \frac{g}{\pi^2} = 99,4 \text{ cm.}$$

Pendelversuche können unter Benutzung von Gleichung (37)
offenbar, wenn die Erdbeschleunigung bekannt ist, zur Bestimmung
der Sekunde, oder wenn die Sekunde bekannt ist, zur Bestimmung
der Erdbeschleunigung dienen.

5. Kapitel: Arbeit und Energie, Impuls.

a) Begriff der Arbeit und Leistung.

Wirkt auf einen Körper eine Kraft ein, deren Wirkung nicht durch
andere Kräfte aufgehoben ist, so können Veränderungen der verschiedensten Art in Erscheinung treten. Bei starren Körpern verändert sich der Bewegungszustand entsprechend den Trägheitsgesetzen, bei nicht starren Körpern kann sich die Lage der einzelnen
Teile des Körpers in mannigfacher Weise verändern. In jedem Fall
tritt während der Einwirkung der Kraft eine Verschiebung ihres
Angriffspunktes ein. Wird dagegen die Wirkung der Kraft durch
eine andere Kraft aufgehoben, so kann der Zustand eines Systems
unendlich lange Zeit unverändert erhalten bleiben. Zur Beurteilung
der Wirkung einer Kraft ist daher außer ihrer Größe und Richtung
die bewirkte Verschiebung ihres Angriffspunktes von Wichtigkeit.
Dadurch, daß man das Augenmerk sowohl auf Größe und Richtung
der Kraft, als auch auf Größe und Richtung der Verschiebung lenkte,
ist man zur Definition der Arbeit gekommen. Ist die Richtung der
Kraft und der Verschiebung identisch, so ist es naheliegend, die Arbeit
sowohl proportional der Größe der Kraft als auch proportional der

Größe der Verschiebung, d. h. gleich dem Produkt aus Kraft und Verschiebung zu setzen. Als Einheit der Arbeit findet man danach im C, G, S-System das Produkt aus der Krafteinheit (Dyne) und der Längeneinheit (cm). Man nennt diese Einheit ein Erg. Die Dimension des Erg ist $cm^2 \times g \times sec^{-2}$. Im technischen Maßsystem wird die Einheit des Meterkilogramms viel gebraucht, die aus der Multiplikation von 1 kg Kraft mit 1 m Länge entsteht. Es läßt sich leicht errechnen, daß 1 Meterkilogramm gleich 981×10^5 Erg ist.

Der physikalische Begriff der Arbeit ist mit dem im täglichen Leben gebrauchten Arbeitsbegriff nur in einfachsten Fällen identisch, beispielsweise wenn ein Arbeiter eine bestimmte Last auf eine bestimmte Höhe hinaufbringt. Hier wie dort ist der Begriff der Arbeit unabhängig von der Zeit, d. h. die Arbeit ist die gleiche ohne Rücksicht darauf, in welcher Zeit sie geleistet wird. Die in der Zeiteinheit geleistete Arbeit ist das Maß der Leistung. Der Begriff der Leistung ist ebenfalls ein viel angewandter. Die Einheit der Leistung ist die in der Zeiteinheit geleistete Arbeitseinheit, d. h. $\dfrac{\text{Erg}}{\text{sec}}$, ihre Dimension ist cm^2, g, sec^{-3}. In der Technik wird als Einheit der Leistung die Pferdekraft benutzt, die einer Arbeit von 75 Meterkilogramm pro Sekunde entspricht.

b) Das skalare oder innere Vektorprodukt.

Ist die Richtung der Kraft und der Verschiebung nicht die gleiche, wie z. B., wenn die in Abb. 22 durch den Vektor $\mathfrak{A}$ dargestellte Kraft an einem zwangsläufig geführten Körper die Verschiebung $\mathfrak{B}$ hervorruft, so ist die Arbeit, die die Kraft leistet, die gleiche, die von der durch Projektion der Kraft in die Richtung der Verschiebung gewonnenen Komponente der Kraft geleistet wird. Der zweiten senkrecht zur Verschiebungsmöglichkeit stehenden Komponenten wird durch elastische Kräfte der Führung das Gleichgewicht gehalten und sie bleibt unwirksam.

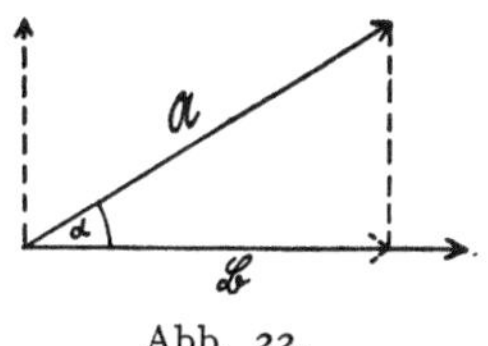

Abb. 22.

Die Größe einer Arbeit, bei der Kraft und Verschiebung nicht gleichgerichtet sind, erhält man demnach durch Multiplikation der Verschiebung mit der Projektion der Kraft in die Richtung der Verschiebung. In unserem Fall ist die Arbeit A:

$$A = |\mathfrak{B}| \times |\mathfrak{A}| \times \cos\alpha \quad \ldots \ldots \quad (38)$$

Die Bildung dieses Produktes schreibt man nach den Regeln der Vektoranalysis:

$$A = (\mathfrak{A} \times \mathfrak{B}) \quad \ldots \ldots \ldots \quad (39)$$

Das Produkt stellt eine skalare Größe dar, da zur Charakterisierung der Arbeit die Angabe einer Richtung nicht notwendig ist.

Es kann demnach durch Multiplikation von zwei Vektoren auch eine skalare Größe entstehen. Man nennt ein solches Produkt das innere oder skalare Produkt zweier Vektoren. Wie leicht aus Abb. 22 ersichtlich, ist die Reihenfolge der Faktoren in Gleichung (39) ohne Bedeutung für das Resultat, d. h. es ergibt dasselbe, wenn man die Größe der Kraft mit der Projektion der Verschiebung in die Richtung der Kraft multipliziert, demnach:

$$(\mathfrak{A} \times \mathfrak{B}) = (\mathfrak{B} \times \mathfrak{A}) \quad . \quad . \quad . \quad . \quad . \quad . \quad . \quad (40)$$

c) Erhaltung der Energie.

Durch Arbeitsleistung einer Kraft an einem System wird der Zustand des Systems verändert, wie beispielsweise beim Heben eines Gewichts, bei der Erteilung einer Geschwindigkeit oder dem Spannen einer Spiralfeder. Zahlreiche Körper sind auf Grund ihres Zustandes imstande, eine Arbeit zu leisten. So kann ein gehobener Körper beim Herabsinken sich selbst oder auch einem anderen Körper eine Geschwindigkeit erteilen, eine Spiralfeder kann bei der Entspannung einen Körper heben, ein Körper, der eine Geschwindigkeit hat, kann eine Feder spannen. Leistet ein Körper eine derartige Arbeit, so sehen wir, daß sein Zustand seinerseits eine Veränderung erleidet, die die umgekehrte Richtung der Veränderung hat, die er erfährt, während Arbeit auf den Körper getan wird. Dabei verliert der Arbeit leistende Körper einen Teil seiner Fähigkeit, Arbeit zu leisten, während er im Falle, daß Arbeit auf ihn getan wird, an Arbeitsfähigkeit gewinnt. Die Arbeitsfähigkeit eines Körpers ist eine beschränkte und mit dem Anfangszustand des arbeitenden Körpers ursächlich verknüpft. Das Arbeitsvermögen eines Körpers wird als Energie bezeichnet. Wird auf einen Körper Arbeit getan, so vermehrt sich die Energie, leistet ein Körper Arbeit, so vermindert sich die Energie des Körpers. Achtet man auf den Betrag der Energiezunahme, währenddem Arbeit auf einen Körper geleistet wird, so kann man feststellen, daß die Energie des Körpers genau um den Betrag der auf ihn geleisteten Arbeit zunimmt, während der Arbeit leistende Körper den Betrag der geleisteten Arbeit an Energie verliert. So hat z. B. ein auf einer bestimmten Höhe befindliches Gewicht die Fähigkeit, beim Herabsinken eine bestimmte Arbeit zu leisten, und der Betrag dieser Arbeit ist derselbe, der notwendig war, um das Gewicht auf die Ausgangshöhe zu heben. Der das Gewicht hebende Körper, z. B. eine gespannte Feder, verliert seinerseits den Betrag der geleisteten Arbeit an Arbeitsvermögen. Ein in Bewegung befindlicher Körper kann eine Feder spannen. Sein Arbeitsvermögen ist erschöpft, wenn seine Geschwindigkeit gleich Null geworden ist. Er hat dabei an die Feder soviel an Energie abgegeben, als Arbeit notwendig war, um ihm die ursprüngliche Geschwindigkeit zu erteilen. Die gespannte Feder hat um den gleichen Betrag an Energie gewonnen. Im Anschluß an ähnliche einfache Feststellungen ist man zu der Erkenntnis gekommen, daß die Energie eines äußeren Einflüssen entzogenen Systems von Körpern unabhängig von der Art der gegenseitigen Einwirkung eine unveränderliche Größe ist. Die Übertragung dieses Gedankens auf immer kompliziertere Systeme führt zu dem zuerst von Robert Mayer (1842) und kurz darauf von Helmholtz ausgesprochenen Gesetz von der Erhaltung der Energie, das besagt, daß bei allen Naturvorgängen die Summe der Energie aller aufeinander wirkenden Körper und schließlich die Summe der Energie der ganzen Welt eine konstante Größe ist. Auf die außerordentliche Bedeutung dieser universellen Wahrheit wird noch oft zurückzukommen sein, bei der Betrachtung des Arbeitsvermögens in all seinen verschiedenen Formen.

Die bisher besprochenen Energieformen lassen sich zwanglos in zwei Gruppen einordnen, deren charakteristische Repräsentanten einerseits die Energie eines auf einer bestimmten Höhe über dem Boden befindlichen Körpers, andererseits die eines sich mit einer bestimmten Geschwindigkeit bewegenden Körpers sind. Die Energie des gehobenen Körpers beruht auf seiner Höhenlage, die des bewegten Körpers auf seinem Bewegungszustand. Die erstere wird als potentielle Energie oder als Energie der Lage, die zweite als kinetische Energie oder Energie der Bewegung bezeichnet. Bei näherer Untersuchung der verschiedensten Arten des Arbeitsvermögens findet man, daß sich alle Energieformen in diesen beiden Gruppen unterbringen lassen, so z. B. ist chemische Energie als potentielle, Wärme als kinetische Energie aufzufassen. Die verschiedenen möglichen Energieumwandlungen bestehen stets in Überführung von kinetischer in potentielle oder von potentieller in kinetische Energie. Das Gesetz von der Erhaltung der Energie kann man daher formell auch ausdrücken: Die Summe von kinetischer und potentieller Energie eines abgeschlossenen Systems ist konstant.

d) Impuls, Stoßkraft.

Der Arbeitsbegriff ist dadurch entstanden, daß man außer Größe und Richtung der Kraft auch Größe und Richtung der Verschiebung beachtete. Von ähnlicher Bedeutung wie die Verschiebung ist für den Fall der Wirkung einer nicht aufgehobenen Kraft die Zeit, während der die Kraft einwirkt. Auf einen ruhenden Körper von der Masse m wirke beispielsweise die Kraft K. Nach Gleichung (10) erhält dann m eine in der Richtung mit K übereinstimmende Beschleunigung proportional der Kraft:

$$K = mb. \quad\quad\quad\quad\quad (41)$$

Nach einer Zeit t hat m nach Gleichung (3) eine Geschwindigkeit v:

$$v = b\,t \quad\quad\quad\quad\quad\quad\quad\quad (42)$$

Eliminiert man aus (41) und (42) b, so erhält man:

$$K = \frac{m\,v}{t} \text{ oder } K\,t = m\,v. \quad\quad\quad (43)$$

d. h. das Produkt aus Kraft und Zeit ist gleich dem Produkt aus Masse
und Geschwindigkeit. Das Produkt $m \times v$ wird als Bewegungsgröße oder als Impuls der Kraft bezeichnet. Man kann Gleichung (43)
auch ausdrücken: Eine bestimmte Kraft erteilt in einer bestimmten
Zeit einer beliebigen Masse eine bestimmte Bewegungsgröße, d. h.
wirkt dieselbe Kraft während der gleichen Zeit auf verschiedene
Körper, so ist nach dieser Einwirkung für beide Körper die Veränderung der Bewegungsgröße die gleiche. Die Bewegungsgröße ist
ein Vektor von der gleichen Richtung wie die Geschwindigkeit, da
die Masse eine skalare Größe ist.

Entwickelt man in ähnlicher Weise einen formellen Wert für die
kinetische Energie einer Masse m, die die Geschwindigkeit v hat,
indem man die Arbeit berechnet, die notwendig ist, um m die Geschwindigkeit v zu erteilen, so findet man:

$$K = m\,b$$

$$s = \frac{1}{2}\,b\,t^2 \quad\quad\quad\quad\quad\quad\quad (44)$$

$s =$ Weg, den ein gleichmäßig beschleunigter Körper in der Zeit t zurücklegt;
siehe Gleichung (4).

Daraus durch Multiplikation von K mit s die Arbeit A:

$$A = K\,s = \frac{1}{2}\,m\,b^2\,t^2$$

oder da $b\,t = v$ ist:

$$A = \frac{1}{2}\,m\,v^2 \quad\quad\quad\quad\quad\quad (45)$$

d. h. die kinetische Energie einer Masse ist gleich dem halben Produkt
aus ihrer Bewegungsgröße und ihrer Geschwindigkeit.

An einem einfachen Beispiel sei die physikalische Bedeutung
des Vorstehenden erörtert. Eine elastische Kugel von der Masse m_1
habe die Geschwindigkeit v und stoße auf eine zweite Kugel von der
Masse m_2, die sich in Ruhe befindet. Vom Moment der Berührung
an tritt eine Deformation der Kugeln ein, da sich ihre Mittelpunkte
infolge ihrer Geschwindigkeitsdifferenz noch· weiter nähern. Infolge der Deformation entsteht eine elastische Kraft, die die Mittelpunkte voneinander zu entfernen bestrebt ist. Diese Kraft vermindert v und erteilt m_2 eine Beschleunigung ·in der Richtung von v.
Nach einer bestimmten Zeit werden die Geschwindigkeiten der beiden

Kugeln gleich sein. Zu diesem Zeitpunkt hat die Deformation der Kugeln ein Maximum erreicht. Die elastische Kraft wirkt weiter, d. h. v wird weiterhin kleiner, die Geschwindigkeit von m_2 wächst weiter. Die Mittelpunkte der Kugeln entfernen sich wieder voneinander. Nach einer bestimmten weiteren Zeit ist die Deformation ausgeglichen, die Kugeln trennen sich wieder voneinander. Nach der Trennung hat m_1 die Geschwindigkeit x, m_2 die Geschwindigkeit y. Die Geschwindigkeit v hat sich um v—x vermindert, die Geschwindigkeit von m_2 ist von o auf y, d. h. um y gewachsen. Die Kraft, die die Verlangsamung von m_1 und die Beschleunigung von m_2 bewirkt, ist nicht während der ganzen Berührungsdauer konstant, sondern steigt zunächst mit steigender Deformation der Kugeln, um dann mit abnehmender Deformation wieder abzunehmen. Jedenfalls wirkt aber stets die gleiche Kraft während der gleichen Zeit auf beide Massen. Die an beiden Massen hervorgerufenen Änderungen der Bewegungsgrößen müssen infolgedessen (Gleichung 43) einander gleich sein:

$$m_1 (v - x) = m_2 y \quad . \quad . \quad . \quad . \quad . \quad . \quad (46)$$

Außerdem nach dem Gesetz von der Erhaltung der Energie: Die Summe der kinetischen Energien beider Massen am Ende des Vorgangs sind gleich der kinetischen Energie von m_1 zu Beginn des Vorgangs:

$$\frac{1}{2} m_1 x^2 + \frac{1}{2} m_2 y^2 = \frac{1}{2} m_1 v^2$$

bzw. $$m_1 (v^2 - x^2) = m_2 y^2 . \quad . \quad . \quad . \quad . \quad . \quad (47)$$

Durch Division von (47) durch (46) erhält man:

$$v + x = y \quad . \quad . \quad . \quad . \quad . \quad . \quad (48)$$

und danach aus (48) und (46):

$$x = \frac{v (m_1 - m_2)}{m_1 + m_2}$$

$$\phantom{x = \frac{v (m_1 - m_2)}{m_1 + m_2}} \quad . \quad . \quad . \quad . \quad . \quad (49)$$

$$y = \frac{2 m_1 v}{m_1 + m_2}$$

Nach Gleichung (49) kann man also die Geschwindigkeiten der Massen nach dem Stoß berechnen. Ist m_1 größer als m_2, so haben beide Massen nach dem Stoß eine Geschwindigkeit in der ursprünglichen Richtung von v. Ist m_2 größer als m_1, so hat nach dem Stoß m_1 eine Geschwindigkeit in der entgegengesetzten Richtung von m_2. Ist $m_1 = m_2$, so ist x = o; y = v, d. h. die eine Kugel hat ihre Geschwindigkeit an die andere abgegeben und ist dabei selbst zur Ruhe gekommen. Es macht keine Schwierigkeiten, eine allgemeinere gleichartige Ableitung durchzuführen für den Fall, daß m_2 vor dem Stoß nicht die Geschwindigkeit o, sondern eine bestimmte Anfangsgeschwindigkeit hat. Sind die Geschwindigkeiten nicht gleich gerichtet, so kommt man durch Zerlegung der Anfangsgeschwindigkeiten in Komponenten nach den Regeln der Vektorenrechnung und Ansatz nach den gleichen Prinzipien, ebenfalls zu einem eindeutigen Resultat. Die Richtigkeit der errechneten Resultate läßt sich experimentell leicht erweisen.

6. Kapitel: Aggregatzustände, Dichte.

Bei der Betrachtung der verschiedensten in der Natur vorkommenden Gegenstände stellt schon der primitive Beobachter leicht fest, daß merkliche Verschiedenheiten der Eigenschaften der einzelnen Körper bestehen. Faßt man Körper ähnlicher Eigenschaften zusammen, so entstehen drei Gruppen, die der festen, flüssigen und gasförmigen. Die Ähnlichkeit der in die gleiche Gruppe gehörenden Körper hat die Gelehrten des Altertums dazu veranlaßt, die gemeinsamen Eigenschaften dieser Gruppen als etwas für das Naturgeschehen Fundamentales aufzufassen. Diese Ansicht, wurde dadurch zum Ausdruck gebracht, daß Erde, Wasser, Luft als charakteristische Vertreter der drei Gruppen als „Elemente" bezeichnet wurden. Mit fortschreitender Naturforschung erkannte man, daß das Feste, Flüssige, Gasförmige nichts Elementares, sondern unter bestimmten Umständen jedem beliebigen Körper Zukommendes ist. Man bezeichnete daher das Fest-, Flüssig-, Gasförmigsein als Zustand und zwar als Aggregatzustand und stellte im Laufe der Zeit fest, daß jeder Körper durch geeignete Maßnahmen in alle drei Zustände übergeführt werden kann. Eine zwar nicht absolut richtige, aber sehr anschauliche Beschreibung der charakteristischen Eigenschaften der Aggregatzustände, gibt die viel angewandte Formulierung, daß feste Körper eine bestimmte Form und ein bestimmtes Volumen, flüssige Körper keine feste Form, jedoch ein bestimmtes Volumen, gasförmige aber weder eine bestimmte Form, noch ein bestimmtes Volumen haben. Tatsächlich hat kein Körper ein bestimmtes Volumen oder eine bestimmte Form, sondern beides ist von den äußeren Umständen abhängig. Man hat die Eigenschaften sog. idealer Flüssigkeiten und Gase physikalisch im Gegensatz zu denen fester Körper definiert. Dieser Idealzustand ist in keinem Fall vollständig erreicht. Immerhin kommen die Eigenschaften der wirklichen Flüssigkeiten und Gase denen der idealen in vieler Hinsicht sehr nahe. Flüssigkeiten und Gase unterscheiden sich von festen Körpern dadurch, daß durch Veränderung ihrer Form, d. h. durch Verrückung der einzelnen Teilchen gegeneinander, elastische Kräfte nicht geweckt werden. Zur Veränderung der Form sind bei ihnen demnach Kräfte, soweit sie nicht zur Überwindung von Reibung der einzelnen Teilchen gegeneinander oder zur Beschleunigung von Teilchen notwendig sind, nicht erforderlich. Von den Veränderungen, die durch Kräfte an

Flüssigkeiten und Gasen hervorgerufen werden können, kommen daher zunächst vor allem Veränderungen des Volumens in Betracht. Der Unterschied zwischen Flüssigkeiten und Gasen besteht hauptsächlich in dem außerordentlichen quantitativen Unterschied der Volumenveränderung bei Einwirkung von Kräften.

Untersucht man beliebige einzelne Teile eines Körpers, so findet man häufig, daß die Eigenschaften der untersuchten Teile nicht vollkommen gleichartig sind. Solche Körper nennt man inhomogen. Findet man die Eigenschaften aller Teile gleichartig, so nennt man den Körper homogen. Flüssige und gasförmige Körper, die sich innerlich in Ruhe befinden, sind durchweg homogen. Homogene Körper gleicher Form können sich voneinander unterscheiden durch die verschiedensten physikalischen Merkmale, z. B. Aggregatzustand, Farbe, Elastizität usw. Die Tatsache, daß Körper gleichen Volumens ein verschiedenes Gewicht haben können, ist den meisten Menschen durchaus geläufig, indem sie z. B. Blei oder Quecksilber als „schwer" gegenüber Holz und Wasser bezeichnen. Durch Vergleich der Gewichte gleicher Volumina verschiedener Körper ist man zur Definition des Begriffes des „spezifischen Gewichtes", oder der „spezifischen Masse" oder „Dichte" gelangt. Als Vergleichswert wählt man das Gewicht bzw. die Masse des Wassers bei $+ 4^0$ Celsius Temperatur und bezeichnet als Maß des spezifischen Gewichtes eines beliebigen Körpers die Zahl, die das Verhältnis zwischen dem Gewicht des Körpers und dem Gewicht eines gleichen Volumens Wasser angibt. Da das Gewicht proportional der Masse ist und wir als Masseneinheit die Masse von 1 cm^3 Wasser (g) definiert haben, so gibt diese Zahl auch die Masse von 1 cm^3 des betreffenden Körpers in Gramm an; sie wird demnach auch als spezifische Masse oder Dichte bezeichnet. Die Dichte ist die Masse der Volumeneinheit und hat die Dimension $g \times cm^{-3}$. Die Dichte kann bestimmt werden durch Abwägen eines genau bestimmten Volumens eines Körpers. Für Flüssigkeiten werden derartige Bestimmungen der Dichte in sog. Pyknometern häufig ausgeführt. Weitere Methoden zur Bestimmung der Dichte von festen, flüssigen und gasförmigen Körpern werden anderen Ortes besprochen werden.

7. Kapitel: Eigenschaften von Flüssigkeiten und Gasen.

a) Hydrostatik.

Die Eigenschaften von Flüssigkeiten und Gasen sind in vieler Hinsicht einfacher und leichter zu beschreiben als die fester Körper. Da durch Verschiebung der einzelnen Teile gegeneinander elastische Kräfte nicht geweckt werden, so ist die Art der Krafteinwirkung beschränkt auf eine Form, die man als „Druck" bezeichnet. Von den durch Kräfte hervorgerufenen Veränderungen wollen wir uns bei einer ersten Betrachtung beschränken auf Veränderungen des Volumens. Um den Begriff „Druck" zu definieren, wählen wir als Beispiel einen mit Flüssigkeit oder Gas gefüllten Zylinder, in dem ein dicht schließender Kolben verschieblich ist (Abb. 23). Durch Verschiebung des Kolbens durch eine Kraft (in Abb. 23 dargestellt

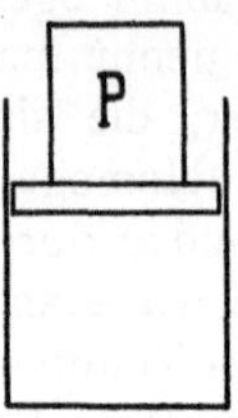

durch das Gewicht P einer Masse) kann man eine Veränderung des Volumens hervorrufen. Die Veränderung des Volumens weckt elastische Kräfte im Innern der Flüssigkeit bzw. des Gases, die darin zum Ausdruck kommen, daß sie an jeder Stelle auf die Wand des Zylinders Kräfte ausüben. Eine nicht senkrecht auf der Wand stehende Kraft wird eine Verschiebung der Flüssigkeits- bzw. Gasteilchen gegeneinander bewirken. Da

Abb. 23.

durch diese Verschiebung nach der Definition der Flüssigkeit bzw. des Gases elastische Kräfte nicht geweckt werden, wird die Verschiebung solange andauern, bis nicht auf der Wand senkrecht stehende „tangentiale" Kräfte nicht mehr vorhanden sind, d. h. bei ruhendem Zylinderinhalt stehen die Kräfte überall senkrecht auf der Wand. Es ist zweckmäßig, die Größe dieser Kräfte nicht im ganzen, sondern pro Flächeneinheit, d. h. pro cm² Wandfläche anzugeben. Die auf eine Fläche wirkende Kraft dividiert durch die Fläche bezeichnet man als den „Druck" auf die Fläche. Der in unserer Abb. 23 durch die Kraft P hervorgerufene Druck ist demnach $= \dfrac{P}{F}$ (F = Innenfläche des Kolbens). Die Dimension des Druckes ist $\mathrm{cm}^{-1} \times \mathrm{g} \times \mathrm{sec}^{-2}$. Das Fehlen tangentialer Kräfte besagt, daß in einer ruhenden Flüssigkeit bzw. einem ruhenden Gas, wenn wir von dem sofort zu besprechenden Einfluß der Schwerkraft auf die Flüssigkeit bzw. das Gas absehen, der Druck überall und an jedem Punkt in allen Richtungen gleich ist und stets auf der betrachteten Fläche senkrecht steht.

Aus der Tatsache des an allen Stellen gleichen Drucks folgt, daß man Flüssigkeiten in ausgezeichneter Form zu Kraftübersetzungen

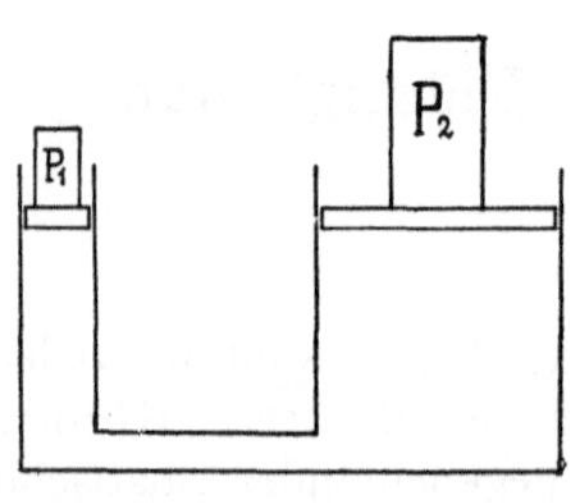

verwenden kann, indem man durch Krafteinwirkung auf eine kleine Fläche einen Druck erzeugt und andererseits die von diesem Druck auf eine große Fläche wirkende Kraft zu irgendwelchen Zwecken verwendet. Ein solcher Apparat zur Kraftübersetzung ist die hydraulische Presse. Sie wird schematisch dargestellt durch Abb. 24. In zwei Zylindern verschiedenen

Abb. 24. Hydraulische Presse. Durchmessers, die durch eine Röhre miteinander in Verbindung stehen und mit Flüssigkeit gefüllt sind, gehen dicht schließende Kolben, deren Flächen F_1 bzw. F_2 sind. Auf den kleineren Kolben (F_1) wirke die Kraft P_1, auf den größeren (F_2) die Kraft P_2. Gleichgewicht zwischen den Kräften herrscht, wenn die von ihnen hervorgebrachten Drucke gleich sind, d. h., wenn

$$\frac{P_1}{F_1} = \frac{P_2}{F_2} \qquad \ldots \ldots \ldots \quad (50)$$

ist. Man kann demnach durch die Kraft P_1 einer Kraft P_2 das Gleichgewicht halten, die um so vielmal größer ist als P_1, als die Fläche des größeren Kolbens größer ist als die des kleineren.

Befindet sich eine Flüssigkeit unter dem Einfluß der Schwerkraft in Ruhe, so bewirkt diese Kraft leicht zu ermittelnde Druckverhältnisse. Von einer Änderung der Dichte infolge verschiedenen Druckes kann bei Flüssigkeiten, da sie eine sehr geringe Kompressibilität besitzen, abgesehen werden. Bei Gasen bedingt die Änderung der Dichte in Abhängigkeit vom Druck wesentliche Abweichungen von der folgenden Entwicklung, die demnach nur für Flüssigkeiten gilt.

In einem zylindrischen Gefäß stehe Flüssigkeit bis zur Höhe H (Abb. 25). Durch das Gewicht des Wassers wird auf Boden und

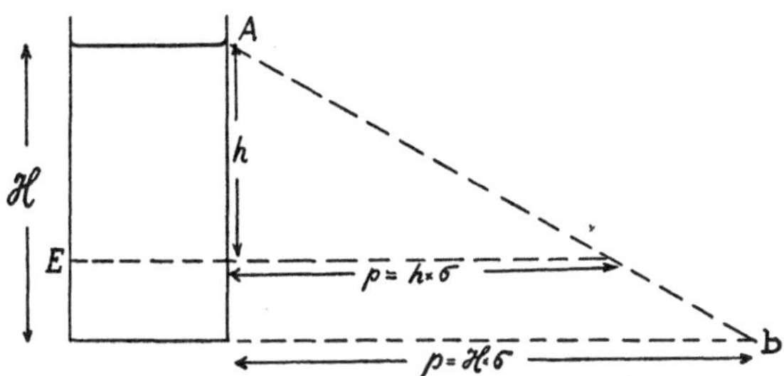

Abb. 25. Druck in einer Flüssigkeit unter dem Einfluß der Schwerkraft.

Wände ein Druck ausgeübt. Der Druck steht, wie vorher erörtert, auch in diesem Fall überall senkrecht auf der Wand, infolge der fehlenden tangentialen Kräfte. Aus dem Fehlen tangentialer Kräfte kann unmittelbar ein weiterer Schluß gezogen werden: Der Druck in einer horizontal durch die Flüssigkeit gezogenen Ebene ist überall gleich groß; die Oberfläche ist genau horizontal, dort herrscht der gleiche Druck wie in der umgebenden Atmosphäre. Danach ist nur noch die Frage nach der Größe des Druckes in einer beliebigen, z. B. in Abb. 25, durch den Punkt E gelegten horizontalen Ebene zu lösen. Der Druck in dieser Ebene ist, abgesehen von dem auf der Oberfläche lastenden Druck, der sich zu allen in dem Gefäß vorkommenden Drucken gleichartig addiert, gleich dem Gewicht der über dieser Fläche liegenden Flüssigkeitsmenge dividiert durch die Größe der

Fläche $\left(\text{Druck} = \dfrac{\text{Belastung}}{\text{Fläche}}\right)$. Dies Volumen der über der Fläche liegenden Flüssigkeit ist gleich der Fläche F multipliziert mit der Höhe der Flüssigkeitssäule h, ihr Gewicht $= \text{h} \times \text{F} \times \sigma \times \text{g}$ ($\sigma =$ Dichte, g = Erdbeschleunigung). Daraus folgt der Druck p:

$$p = \text{h}\,\sigma\,\text{g} \quad . \quad . \quad . \quad . \quad . \quad . \quad . \quad . \quad (51)$$

d. h. außer von der Dichte der Flüssigkeit und der Erdbeschleunigung ist der Druck nur abhängig von der Höhe der Flüssigkeitsäule. Trägt man die Größen der Drucke in den verschiedenen Ebenen als Strecken dargestellt auf die entsprechenden Wandstellen des Gefäßes auf und verbindet die Endpunkte der Strecken, so erhält man die Linie A B in Abb. 25. Die Steilheit der Linie A B, die die Druckzunahme mit der Höhe angibt, ist bei bestimmtem Maßstab nur abhängig von der Dichte der Flüssigkeit. Häufig gibt man Drucke statt in absolutem Maß $\left(\dfrac{\text{Dynen}}{\text{cm}^2}\right)$ in der Säulenhöhe einer bestimmten Flüssigkeit, z. B. in Zentimeter Wasser oder Quecksilber an. Der Druck in $\dfrac{\text{Dynen}}{\text{cm}^2}$ ergibt sich aus solchen Angaben nach Gleichung (51) durch Multiplizieren mit dem spezifischen Gewicht der Flüssigkeit und 981. Der Druck auf eine bestimmte Stelle der Wand des Gefäßes ist nach dem bisher Gesagten gleich dem Druck in der durch die Stelle gelegten horizontalen Ebene. Zu dem gleichen Resultat wie für Abb. 25 kommt man bei der Frage nach dem Druck in einer horizontalen Ebene, die durch ein beliebig geformtes Gefäß gelegt wird, d. h. in allen den durch Abb. 26 dargestellten Fällen ist an jeder Stelle der Ebene E der Druck p identisch $= \text{h}\,\sigma\,\text{g}$. Aus diesen Feststel-

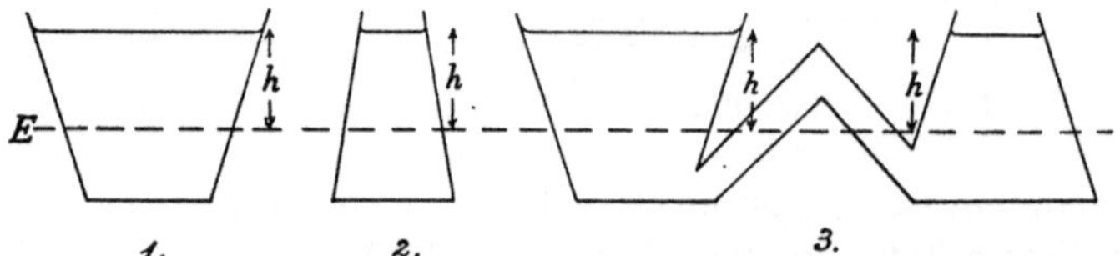

Abb. 26. Hydrostatisches Paradoxon.

lungen folgen die als hydrostatisches Paradoxon bezeichneten Versuche, die zeigen, daß der Bodendruck unabhängig von der Form des Gefäßes, demnach auch unabhängig von der über dem Boden stehenden Flüssigkeitsmenge und nur abhängig von der Höhe der über dem Boden stehenden Flüssigkeitssäule ist; ebenso ergibt sich daraus die bekannte Tatsache, daß in kommunizierenden Röhren die Flüssigkeit stets gleich hoch steht und die Wirkung des Hebers. In Abb. 27 ist der Druck an der Öffnung des Heberrohrs, wenn es ganz mit Flüssigkeit gefüllt ist, gleich $\text{h} \times \sigma \times \text{g}$, d. h. das Wasser strömt aus der Öffnung des Rohres unter dem gleichen Druck aus, wie aus einer Öffnung in der Wand bei E.

Betrachtet man weiterhin einen vollständig in Flüssigkeit untergetauchten zylindrischen Körper von der Grundfläche F und der Höhe 1 (Abb. 28) und fragt nach den auf ihn infolge des von der

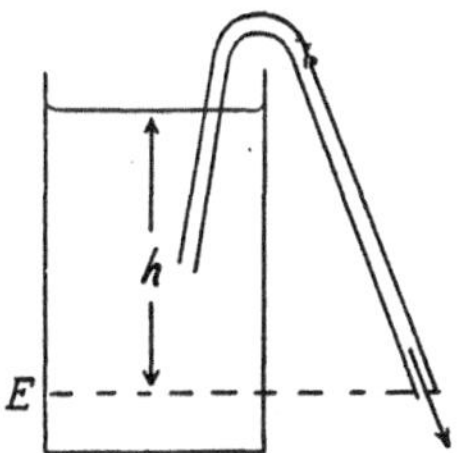

Abb. 27. Heber.

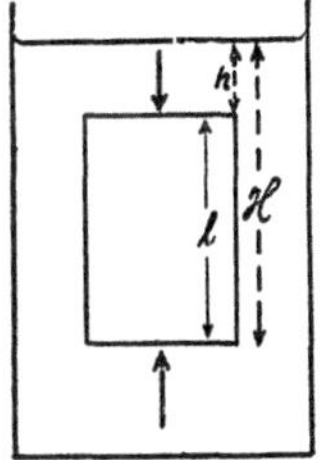

Abb. 28. Auftrieb.

Schwerkraft in der Flüssigkeit hervorgerufenen Druckes einwirkenden Kräften, so findet man, daß auf die obere Fläche ein Druck $p = h \sigma g$ nach unten, auf die untere Fläche ein Druck $H \sigma g$ nach oben wirkt. Die durch diese Drucke ausgeübten Kräfte sind $h \sigma g F$ bzw. $H \sigma g F$. Die beiden Kräfte sind gleich und entgegengesetzt gerichtet, subtrahieren sich daher algebraisch, demnach resultiert aus beiden eine Kraft P:

$$P = \sigma g F (H - h) = \sigma g F l \quad \ldots \ldots \quad (52)$$

F1 ist aber das Volumen des eingetauchten Körpers und $\sigma g F l$ das Gewicht eines gleichen Volumens Flüssigkeit. Es wirkt demnach auf den Körper eine Kraft senkrecht nach oben, ein „Auftrieb“ gleich dem Gewicht der von dem Körper verdrängten Flüssigkeitsmenge. Die auf die Seitenflächen des Körpers infolge des Flüssigkeitsdruckes einwirkenden Kräfte sind in jeder horizontalen Ebene gleich und entgegengesetzt, heben sich daher auf. Das gleiche läßt sich ohne weiteres für einen Körper beliebiger Form nachweisen. Denkt man sich einen solchen Körper in beliebig viele Teile von zylindrischer Form zerlegt, stellt für jeden Einzelteil die resultierende Kraft fest und addiert alle diese Kräfte, so erhält man als Resultat wiederum einen Auftrieb gleich dem Gewicht des verdrängten Flüssigkeitsvolumens. Dieses von Archimedes entdeckte und nach ihm benannte Prinzip kann zur Bestimmung der Dichte von festen und flüssigen Körpern dienen. Feste Körper kann man in Wasser (Dichte $= 1$) eintauchen und ihren Gewichtsverlust feststellen. Das Gewicht des nicht eingetauchten Körpers dividiert durch den Gewichtsverlust in Wasser ergibt das spezifische Gewicht. Die Dichte von Flüssigkeiten kann man bestimmen, indem man den Gewichtsverlust eines Körpers von bekanntem Volumen in der zu untersuchenden Flüssig keit bestimmt. Das Volumen des Körpers bestimmt man zweckmäßig durch Feststellung des Gewichtsverlustes in Wasser. Gewichtsverlust in der untersuchten Flüssigkeit dividiert durch den Gewichtsverlust in Wasser ergibt die Dichte (Westphalsche Wage).

Eine einfache schnelle Methode zur Bestimmung der Dichte ist die Untersuchung mittels der ebenfalls auf dem archimedischen Prinzip beruhenden Aräometer. Ein Körper von der Form, wie sie in Abb. 29 schematisch gezeichnet ist, ist in seinem Gewicht so bemessen, daß er in der zu untersuchenden Flüssigkeit nicht vollständig untertaucht. Der Schwerpunkt ist durch Belastung am unteren Ende möglich tief gelegt. Der Körper schwimmt dann in senkrechter Haltung in der Flüssigkeit. Er wird soweit eintauchen, daß sein Gewicht gleich dem Auftrieb, d. h. gleich dem Gewicht der verdrängten Flüssigkeitsmenge ist. In spezifisch leichteren Flüssigkeiten wird er daher tiefer als in spezifisch schwereren Flüssigkeiten eintauchen. Eine empirisch geaichte Skala an dem dünnen röhrenförmigen oberen Teil des Schwimmkörpers gibt unmittelbar Aufschluß über die Dichte der Flüssigkeit.

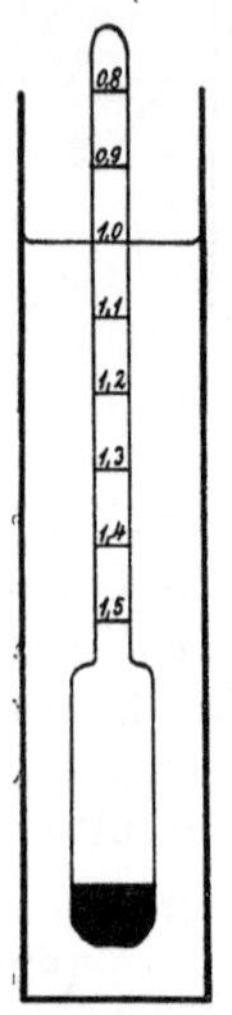

Abb. 29.
Aräometer.

Das Aräometer ist bereits ein Beispiel dafür, daß Körper, deren Dichte geringer als die einer Flüssigkeit ist, nicht vollständig in der Flüssigkeit untertauchen, sondern in einem Gleichgewichtszustand teilweise eingetaucht schwimmen. Die Bedingungen für das Gleichgewicht eines schwimmenden Körpers ergibt sich aus dem Vektorbild der angreifenden Kräfte: Schwerkraft und Auftrieb. Die Schwerkraft greift im Schwerpunkt des Körpers, der Auftrieb im Schwerpunkt der verdrängten Flüssigkeitsmasse an. Bei den Aräometern ist der Schwerpunkt durch Belastung so tief gelegt, daß er unter allen Umständen tiefer liegt als der Angriffspunkt des Auftriebs. Das Aräometer befindet sich daher stets im stabilen Gleichgewichtszustande. Die Möglichkeit stabilen Gleichgewichtes für schwimmende Körper ist aber unter Umständen auch dann noch gegeben, wenn der Schwerpunkt höher liegt als der Angriffspunkt des Auftriebs. Charakteristische Beispiele für solche in stabilem Gleichgewichtszustand befindliche schwimmende Körper sind die Schiffe. Das Vektorbild der an einem Schiffskörper bei verschiedener Lage angreifenden Kräfte gibt Abb. 30. Nr. 1 entspricht der Ruhelage des Körpers, Nr. 2 und 3 geben das Vektorbild bei verschiedenen Neigungen. Der Schwerpunkt des Körpers ist mit S, der Angriffspunkt des Auftriebs mit A bezeichnet. Wie aus der Abbildung hervorgeht, strebt der schwimmende Körper in der durch Nr. 2 dargestellten Lage infolge des von den Kräften bewirkten Drehmomentes der Ruhelage

(Nr. 1) zu. In der Lage Nr. 3 hat das in Erscheinung tretende Drehmoment die Tendenz, den Körper immer weiter von der Lage 1 zu entfernen, d. h. der Körper wird umkippen. Ob in einer bestimmten Lage ein Schiffskörper seiner ursprünglichen Ruhelage zustrebt,

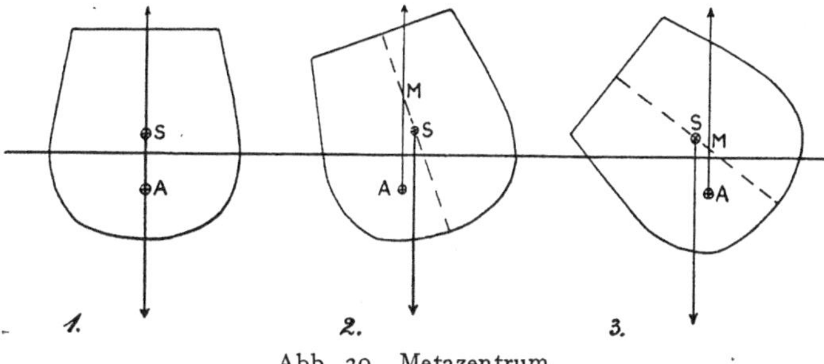

Abb. 30. Metazentrum.

d. h. sich aufrichtet oder umkippt, läßt sich aus der relativen Lage des Schwerpunktes zu dem Schnittpunkt zwischen der Richtung des Auftriebs und einer in der Ruhelage durch Schwerpunkt und Angriffspunkt des Auftriebs gelegten Linie beurteilen. Man nennt diesen in Abb. 30 mit M bezeichneten Schnittpunkt das „Metazentrum". Liegt das Metazentrum oberhalb des Schwerpunktes, so richtet sich der Körper auf, liegt das Metazentrum unterhalb des Schwerpunktes, so kippt er um. Innerhalb des Bereiches der möglichen Lagen, bei denen der Schwerpunkt unterhalb des Metazentrums liegt, herrscht stabiles Gleichgewicht.

b) Oberflächenspannung, Kapillarität.

Ein besonderes Interesse nehmen die Erscheinungen an der Oberfläche von Flüssigkeiten in Anspruch. Wie oben auseinandergesetzt, folgt aus dem Fehlen tangentialer Kräfte, daß die Oberfläche einer in einem Gefäß unter dem Einfluß der Schwerkraft ruhenden Flüssigkeit horizontal ist. Die Beobachtung zeigt, daß die Erscheinungen von diesem Grundsatz abweichen an den Stellen, wo die Flüssigkeitsoberfläche mit der Wand des Gefäßes in Berührung steht. Man kann leicht feststellen, daß es zwei charakteristische Fälle der Abweichung gibt, die beispielsweise bei dem Stand von Wasser bzw. Quecksilber in einem Glasgefäß verwirklicht sind. Die beiden vorkommenden Formen der Oberfläche in der Nähe der Glaswand zeigt Abb. 31. In enger Verbindung

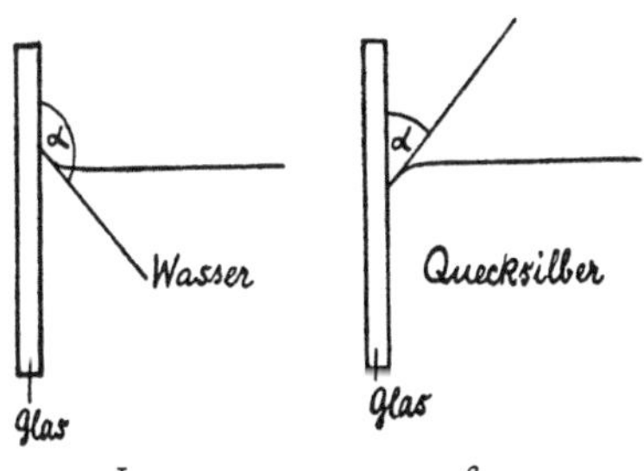

Abb. 31. Randwinkel einer Flüssigkeitsoberfläche.

mit diesen Abweichungen stehen die Erscheinungen veränderter
Dichte an der Oberfläche einer Flüssigkeit (siehe unten). Gemeinsam bewirken sie, daß Flüssigkeit in kommunizierenden Röhren
von denen eine kapillare Dimensionen besitzt, nicht gleichhoch
steht. Im Fall, daß die Oberflächenform der Abb. 31, 1 entspricht, steht die Flüssigkeit in einer Kapillare höher als in einer
weiten mit der Kapillare kommunizierenden Röhre, in den Fällen,
die das Verhalten von Abb. 31, 2 zeigen, tiefer. Oberflächenform und
Flüssigkeitsstand in den Kapillaren zeigt Abb. 32.

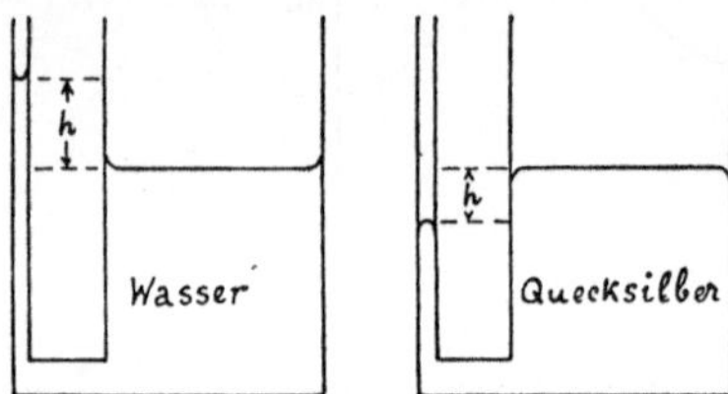

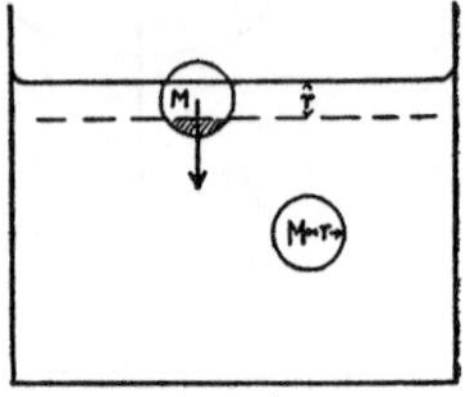

Abb. 32. Stand von Flüssigkeiten in   Abb. 33. Oberflächen-
        Kapillaren.   spannung.

Will man eine Erklärung für diese Beobachtung geben, so muß
man auf die Kräfte, die zwischen den einzelnen Molekülen wirksam
sind, und die besonderen Verhältnisse, die im Gefolge dieser Kräfte
an der Oberfläche einer Flüssigkeit herrschen, eingehen.

Zwischen zwei beliebigen Molekülen eines Stoffes wirken Anziehungskräfte (Kohäsion). Die Größe dieser Anziehungskräfte ist
umgekehrt proportional dem Quadrat der Entfernung der Moleküle
voneinander. Bei Gasen kann man annehmen, daß die Entfernungen
der Teilchen voneinander groß sind gegenüber der Ausdehnung der
Moleküle. Die gegenseitige Anziehungskraft der Moleküle kann daher
vernachlässigt werden. Bei zunehmender Annäherung der Moleküle
aneinander werden die Anziehungskräfte merklich. Die Verdichtung
eines Gases zu einer Flüssigkeit kann als Folge des Wirksamwerdens
der molekularen Anziehungskräfte aufgefaßt werden. In einer Flüssigkeit liegen daher die Moleküle so nahe beieinander, daß sich die direkt
benachbarten mit merklicher Kraft anziehen. Die Kräfte sind jedoch
nur in sehr geringer Entfernung (erheblich unter $^1/_{1000}$ mm) bemerkbar.
Betrachten wir die Kräfte, die auf Grund dieser Anziehung auf
ein Molekül M im Innern einer Flüssigkeit wirken (siehe Abb. 33),
so liegen alle Teilchen, deren Anziehungskräfte auf M wirken, innerhalb einer kleinen Kugel, deren Radius gleich der erwähnten kleinen
Entfernung ist, innerhalb der die Kräfte bemerkbar werden. Bezeichnen wir diese Kugel als „Wirkungssphäre", so ist die Resultierende aller auf M wirkender Kräfte, wenn M im Innern der Flüssigkeit liegt, infolge der Homogenität der ruhenden Flüssigkeit gleich

Null (Ruhebedingung). Befindet sich jedoch M innerhalb einer Schicht in der Nähe der Oberfläche, deren Dicke gleich dem Radius der Wirkungssphäre ist, so heben sich nicht alle auf M wirkenden Kräfte auf, sondern die außerhalb der Oberflächenschicht liegenden Teile der Wirkungssphäre sind nur auf einer Seite mit Flüssigkeitsteilchen besetzt. Den Anziehungskräften dieser in der Abb. 33 schraffiert gezeichneten Flüssigkeitsmenge stehen keine gleichen und entgegengesetzt gerichtete Kräfte entgegen. Die resultierende Anziehungskraft der schraffierten Flüssigkeit steht senkrecht zur Oberfläche und wirkt in der Pfeilrichtung. Alle innerhalb der Grenzschicht liegenden Teilchen werden daher mit einer Kraft senkrecht zur Oberfläche in der Richtung nach der Flüssigkeit gezogen. Diese Kraft verhindert die beliebige Ausdehnung der Flüssigkeit. Die Oberflächenschicht besitzt auf Grund dieser Kraft eine höhere Dichte als die Flüssigkeit im Innern, d. h. sie verhält sich wie ein dünnes Häutchen. Da die Kraft überall senkrecht zur Oberfläche steht, so hat die freie Oberfläche das Bestreben, sich möglichst zu verkleinern, d. h. eine allseitig von freier Oberfläche begrenzte Flüssigkeit, die dem Einfluß der Schwerkraft entzogen ist, wird Kugelform annehmen. Die spontan sich ausbildende Kugelform beobachten wir bei Tropfen, sie kann auch bei größeren Flüssigkeitsmengen im Plateauschen Versuch experimentell gezeigt werden, indem man Öl dem Einfluß der Schwerkraft dadurch entzieht, daß man es in einem Gemisch von Alkohol und Wasser gleicher Dichte schweben läßt.

Ebenso wie zwischen den Teilchen der Flüssigkeit besteht eine Anziehungskraft zwischen den Teilchen der Flüssigkeit und einem festen Körper, der von der Flüssigkeit berührt wird (Adhäsion). Die Anziehung eines Flüssigkeitsmoleküls durch den in der Nähe gelegenen festen Körper kann größer oder kleiner sein als durch die umgebende Flüssigkeit, d. h. die Adhäsion kann kleiner oder größer sein als die Kohäsion. Betrachten wir einen auf der Oberfläche eines festen Körpers liegenden Flüssigkeitstropfen, so wird er im ersten Fall von seiner Oberfläche zusammengehalten und als mehr oder minder kugelförmiger Tropfen auf der Oberfläche des festen Körpers liegen bleiben. Im zweiten Fall wird sich die Flüssigkeit auf dem festen Körper ausbreiten. Infolge der die Kohäsion übersteigenden Adhäsion ist es möglich, dünne Flüssigkeitsschichten, die beiderseits von freien Oberflächen begrenzt sind, zwischen festen Körpern auszuspannen, z. B. über einen Metallring oder über das Ende eines Metallrohrs. Bei diesen Häutchen tritt infolge der geringen Flüssigkeitsmasse der Einfluß der Schwerkraft zurück. Die Tendenz der freien Oberflächen, stets die kleinstmögliche Fläche einzunehmen, kann an solchen Häutchen gut demonstriert werden. Bläst man z. B. ein über ein Rohrende gespanntes Häutchen durch einen Druck auf, so erhält man reine Kugelform (Seifenblase). Läßt man das andere Rohrende nunmehr frei mit der Atmosphäre kommunizieren, so zieht sich die Seifenblase wieder zusammen. Für die Kraft, mit der das Zusammenziehen erfolgt, kann man einen Ausdruck gewinnen, indem man das Rohr mit einem Manometer in Verbindung bringt. Die Zusammenziehung wird dann bei einem bestimmten Druck zur Ruhe kommen. Man gibt die Kraft, mit der sich das Häutchen zusammenzieht, zweckmäßig pro Längeneinheit an. Es sei beispielsweise zwischen einem U-förmig gebogenen Draht und einem über die Schenkel des U-Drahtes gelegten frei beweglichen geraden Draht ein Flüssigkeitshäutchen ausgespannt (Abb. 34). Die Spannung des Flüssigkeitshäutchens sucht den freien Draht in der Richtung der kleinen Pfeile zu ziehen. Durch eine Kraft von P Dynen in entgegengesetzter Richtung kann man diesen Kräften das Gleichgewicht halten. Die Größe der Kraft P dividiert durch die Länge des freien Drahtes gibt die Kraft des von dem Häutchen bewirkten Zugs pro Längeneinheit an. Diese „Spannung" benannte Größe sei mit dem Buchstaben s bezeichnet. Die Beziehung der Spannung s einer Seifenblase zum Druck im Innern der Blase läßt sich leicht ermitteln. Denkt man sich die kugelförmige Blase durch eine durch den Mittelpunkt gehende Ebene in

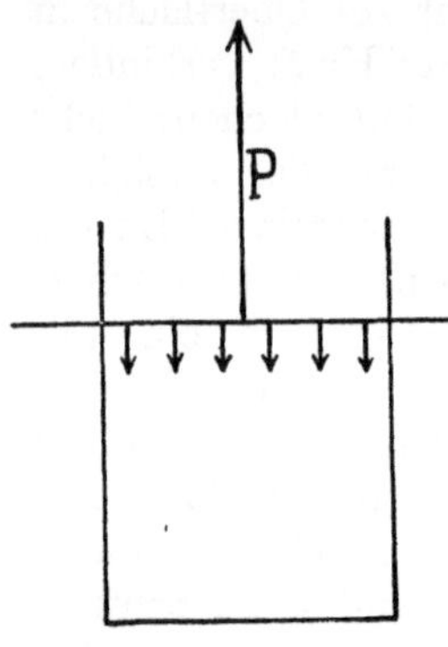

Abb. 34. Spannung eines Flüssigkeitshäutchens.

zwei Halbkugeln zerschnitten, so ist die Gesamtkraft, die auf dem Umfang des Schnittkreises senkrecht zur Schnittebene wirkt, gleich $2\pi r s$ (r = Radius der Kugel). Die beiden Kugelschalen ziehen sich mit dieser Kraft gegenseitig an. Auf Grund des im Innern der Kugel herrschenden Druckes p sucht eine Kraft $\pi r^2 p$ die Halbkugeln voneinander zu trennen. Gleichgewicht herrscht, wenn:

$$2\pi r s = \pi r^2 p \quad \ldots \ldots \ldots \ldots \quad (53)$$

ist. s ergibt sich infolgedessen aus dem beobachteten Druck und dem Radius der Kugel:

$$s = \frac{p r}{2} \quad \ldots \ldots \ldots \ldots \ldots \quad (54)$$

Mißt man die Dicke des Häutchens und bestimmt s experimentell, so findet man, daß die Spannung bei verschiedenen Dicken stets gleich, d. h. unabhängig von der Dicke ist. Diese Beobachtung ist dadurch zu erklären, daß nur die durch die Ausdehnung der Wirkungssphäre des Moleküls in ihrer Dicke bestimmten beiden Oberflächenschichten für die Spannung des Häutchens ausschlaggebend sind. Die Spannung des Häutchens ist infolgedessen, so lange es mehr als zweimal so dick ist als die Wirkungssphäre, unabhängig von der Dicke gleich der doppelten Spannung einer einfachen Oberflächenschicht.

Durch das Verhältnis der Kohäsion zur Adhäsion ist auch das in Abb. 31 dargestellte Verhalten der Oberfläche an der Berührungsstelle mit der Gefäßwand bestimmt. Es kommt zum Ausdruck in dem Winkel, unter dem die Oberfläche der Flüssigkeit zusammenstößt (Randwinkel). Überwiegt die Adhäsion über die Kohäsion, so ist der Randwinkel stumpf (Abb. 31, 1), beim Überwiegen der Kohäsion über die Adhäsion spitz (Abb. 31, 2).

Betrachtet man die Oberfläche in einer sehr engen Röhre (Kapillare), so findet man sie stets halbkugelförmig. Ist die Oberfläche konkav, so steht die Flüssigkeit in der Kapillare höher als in einem weiten kommunizierenden Gefäß (Abb. 32, 1); bei konvexer Oberfläche (Abb. 32, 2) ist der Flüssigkeitsstand in der Kapillare niedriger. Der Druck, der an der kapillaren Oberfläche herrscht, läßt sich aus der Niveaudifferenz ermitteln. Er beträgt in Abb. 32 $h\,\sigma\,g\,\dfrac{\text{Dyn}}{\text{cm}^2}$ (σ = Dichte der Flüssigkeit, g = Erdbeschleunigung). Diesem Druck wird das Gleichgewicht gehalten durch die Oberflächenspannung s der Oberflächenschicht. Die Oberflächenschicht haftet an dem ganzen Umfang der Kapillare, also auf eine Länge von $2\,\pi\,r$ cm (r = Radius der Kapillare). Die Kraft, mit der die Spannung s die Oberfläche nach oben oder unten zieht, ist demnach $= 2\,\pi\,rs$. Die entgegengesetzt wirkende Kraft des Druckes p ist gleich $p\,\pi\,r^2$. Die beiden Kräfte befinden sich im Gleichgewicht, demnach

$$2\,\pi\,rs = p\,\pi\,r^2$$

$$s = \frac{p\,r}{2} = \frac{h\,\sigma\,g\,r}{2} \quad \ldots \ldots \ldots \quad (55)$$

Man kann nach dieser Gleichung (55) aus der kapillaren Steighöhe bzw. Depression einer Flüssigkeit ihrer Dichte und dem Radius der Kapillare die Oberflächenspannung errechnen. Man findet durch solche Versuche für s stets den halben Wert der nach Gleichung (54) bestimmten Spannung eines freien Flüssigkeitshäutchens derselben Flüssigkeit. Die durch Messung der kapillaren Steighöhe bzw. Depression bestimmte Oberflächenspannung einer Flüssigkeit wird als die „Kapillaritätskonstante" der Flüssigkeit bezeichnet.

c) Hydrodynamik.

Bewegt sich eine Flüssigkeit unter dem Einfluß eines Druckes, strömt z. B. unter einem Druck p, der durch ein Gewicht P, das auf einem beweglichen Kolben lastet, hervorgerufen wird, Flüssigkeit aus einer Öffnung eines Zylinders (Abb. 35), so wird eine bestimmte Arbeit geleistet. Der Begriff der Arbeit wurde definiert als das skalare Produkt von Kraft und Verschiebung. Es möge sich innerhalb einer bestimmten Zeit der Kolben unter dem Einfluß von P um die Länge l verschieben. Die Verschiebung ist dann l, die Kraft ist P. Die Richtung beider Größen ist identisch, die Arbeit daher = Pl. Das Gewicht P bewirkt einen Druck $p = \dfrac{P}{Q}$ (Q = Querschnitt des Kolbens), demnach ist die Arbeit A:

$$A = p\,Q\,l.$$

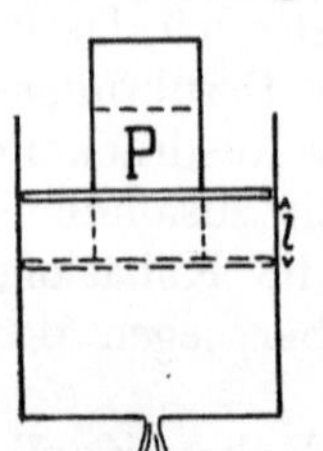

Abb. 35. Ausfluß einer Flüssigkeit aus einer Öffnung.

Ql ist aber das während der Verschiebung bewegte Flüssigkeitsvolumen. Die Arbeit, die bei der Förderung eines Volumens V bei einem Druck p geleistet wird, ist demnach gleich dem Produkt aus Druck und Volumen:

$$A = p \times V \quad \ldots \ldots \quad (56)$$

Wenn diese Beziehung bekannt ist, so kann man auf Grund des Gesetzes von der Erhaltung der Energie die Geschwindigkeit errechnen, mit der die Flüssigkeit in Abb. 35 aus der Öffnung ausströmt. Am Ende der Verschiebung muß die gesamte geleistete Arbeit in Form von kinetischer Energie des ausströmenden Wassers vorhanden sein, wenn der Kolbenquerschnitt so groß angenommen wird, daß die Geschwindigkeiten des Kolbens und der Flüssigkeit im Zylinder zu vernachlässigen sind. Die kinetische Energie eines mit der Geschwindigkeit v bewegten Flüssigkeitsvolumens V ist nach Gleichung (45):

$$A = \frac{1}{2}\,V\,\sigma\,v^2 . \quad \ldots \ldots \ldots \quad (57)$$

$\sigma = $ Dichte der Flüssigkeit.

Durch Gleichsetzen der beiden Arbeitswerte von Gleichung (56) und Gleichung (57) kommt:

$$p\,V = \frac{1}{2}\,V\,\sigma\,v^2$$

$$v = \sqrt{\frac{2\,p}{\sigma}} \quad \ldots \ldots \ldots \quad (58)$$

Drückt man p durch die Höhe einer Flüssigkeitssäule aus, so ist $p = h\,\sigma\,g$ und damit

$$v = \sqrt{2\,h\,g} \quad \ldots \ldots \ldots \quad (59)$$

$\sqrt{2\,h\,g}$ ist aber, wie man aus den Gleichungen (5) für eine gleichförmig beschleunigte Bewegung durch Elimination der Zeit aus den Gleichungen für die Geschwindigkeit und den zurückgelegten Weg ermitteln kann, die Geschwindigkeit, die ein Körper besitzt, der die Länge h mit einer beschleunigten Bewegung von der Beschleunigung g durchlaufen hat, d. h. der aus der Ruhe heraus die Höhe h in freiem Fall durchfallen hat. Die Flüssigkeit strömt also unter einem bestimmten Druck aus einer Öffnung mit einer Geschwindigkeit aus, als ob sie die den Druck angebende Höhe einer Flüssigkeitssäule in freiem Fall durchfallen hätte.

Hängt man ein mit Flüssigkeit gefülltes Gefäß, aus dem durch ein seitliches Loch am Boden Flüssigkeit ausfließt, drehbar auf (Abb. 36), so beobachtet man, daß während des Aus-strömens das Gefäß eine Neigung gegen die Vertikale einnimmt. Die Kraft, die diese Neigung hervorruft, ist die gleiche, die der ausströmenden Flüssigkeit die Ge-schwindigkeit erteilt. Man benutzt diese Kraft des Rück-stoßes der ausströmenden Flüssigkeit zum Betrieb von Maschinen. Eine solche Maschine ist das Segnersche Wasserrad, bei welchem am Boden eines um eine Achse drehbaren Gefäßes Röhren senkrecht zur Rotationsachse mit seitlichen Löchern angebracht sind. Die Aus-strömungsrichtung der Flüssigkeit ist so gewählt, daß der Rückstoß eine Drehung des Gefäßes um seine Achse

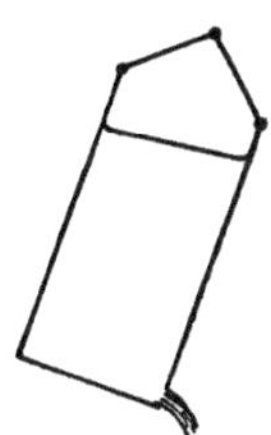

Abb. 36. Rück-wirkung einer ausströmenden Flüssigkeit.

bewirkt. Bei ausfließender Flüssigkeit gerät das Gefäß in Rotation. Die Kraft, mit der die Rotation erfolgt, ist abhängig von dem Druck, unter dem der Ausfluß erfolgt und der pro Zeiteinheit ausfließenden Flüssigkeitsmasse. Grundsätzlich ist der Rückstoß der ausströmenden Flüssigkeit identisch mit dem Rückstoß eines Geschützes beim Ab-schießen, d. h. er beruht auf der Tatsache, daß die Kraft, die der Flüssigkeit eine Geschwindigkeit gegenüber dem Gefäß erteilt, in

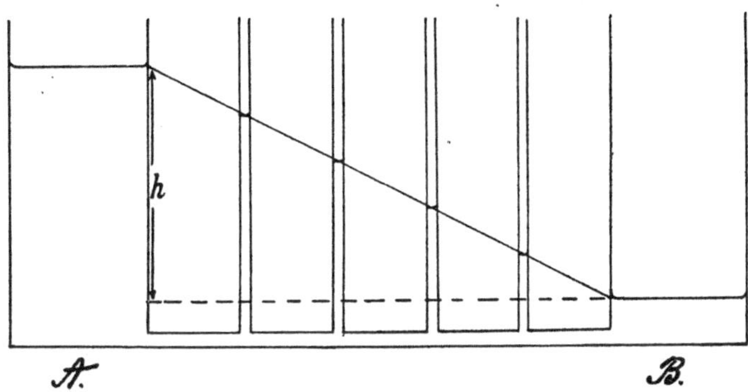

Abb. 37. Druckabfall in einer von Flüssigkeit durchströmten Röhre.

gleicher Größe und umgekehrter Richtung auf das Gefäß wirkt (vgl. S. 26).

Von besonderem Interesse sind die Flüssigkeitsbewegungen unter einem Druck in einem Röhrensystem. Betrachten wir den einfachen Fall, daß aus einem Gefäß, in dem Flüssigkeit steht, diese durch ein am Boden der Gefäße mündendes starres Rohr in ein anderes Gefäß überfließe, in dem die Höhe des Flüssigkeitsstandes geringer ist

(Abb. 37). Die Standhöhen der Flüssigkeit in beiden Gefäßen mögen während des Fließens durch irgendeine Vorrichtung dauernd auf den gleichen bestimmten Niveaus gehalten werden. Zwischen den Bodendrücken beider Gefäße und demnach zwischen den beiden Rohrenden herrscht eine Druckdifferenz $p = h \sigma g$. Unter dem Einfluß dieser Druckdifferenz fließt Flüssigkeit von A nach B. Stellt man die Geschwindigkeit der Flüssigkeitsströmung fest, nachdem die Strömung schon längere Zeit im Gang ist, so findet man sie gleichförmig. Aus der Tatsache, daß sich leere Hohlräume in der Flüssigkeit nicht ausbilden, folgt, daß bei diesem stationären Strömungszustand in der Zeiteinheit durch jeden Querschnitt der Röhre die gleiche Flüssigkeitsmenge hindurchfließt. Das pro Zeiteinheit durch den Querschnitt strömende Flüssigkeitsvolumen bezeichnet man als „Stromstärke". Sie sei mit dem Buchstaben i bezeichnet. Bestimmt man die Stromstärke bei sonst gleicher Anordnung, aber verschiedenen Druckdifferenzen (verschiedene h in Abb. 37), so findet man sie direkt proportional der Druckdifferenz. Bei der Strömung von A nach B geht ein Flüssigkeitsvolumen i pro Sekunde von einem höheren Druck zu einem niederen über. Dabei wird pro Sekunde eine Arbeit von pi geleistet. Diese Leistung wird, wenn man annimmt, daß die Geschwindigkeit der Flüssigkeit so klein ist, daß sie eine erhebliche kinetische Energie nicht besitzt, ausschließlich verbraucht zur Überwindung von Reibungswiderständen in der Röhre. Reibungswiderstände sind im allgemeinen Kräfte, die proportional der Geschwindigkeit sind. Die Reibungskräfte, die eine Röhre der Flüssigkeitsströmung entgegenstellt, werden durch einen Faktor charakterisiert, der „Widerstand" benannt wird und mit w bezeichnet sei. Der Widerstand einer Röhre ist um so größer, je länger und je dünner die Röhre ist.

Zwischen Widerstand und Länge der Röhre besteht direkte Proportionalität. Nicht so einfach ist die Beziehung zwischen Widerstand und Querschnitt einer Röhre, Poiseuille hat auf Grund theoretischer Überlegungen diese Abhängigkeit formuliert. In der Formel für den Widerstand tritt außer der Länge und dem Querschnitt der Röhre die „Zähigkeit" oder „Viskositätskonstante" der Flüssigkeit auf. Die Übereinstimmung der Formel mit den Versuchsergebnissen ist bei verhältnismäßig langsamen Strömungen befriedigend. Bei sehr raschen Strömungen treten Abweichungen von der Formel in Erscheinung und zwar bei um so geringeren Strömungsgeschwindigkeiten, je weiter die Röhre ist. Die Abweichungen oberhalb einer „kritischen" Geschwindigkeit können durch Wirbelbildung erklärt werden.

Stellt man Versuche bei gleicher Druckdifferenz und Röhren verschiedenen Widerstandes an, so findet man, daß die Stromstärke umgekehrt proportional der Konstanten w ist. Wir können daher die Beziehung zwischen der Druckdifferenz p, dem Widerstande w und der Stromstärke i anschreiben:

$$i = \frac{p}{w} \quad \ldots \ldots \ldots \ldots \quad (60)$$

Die Beziehung gilt für Rohrstücke beliebiger Länge, d. h. auch' für jeden Teil eines durchströmten Rohrs kann man die Stromstärke aus der Druckdifferenz und dem Widerstand errechnen. Im Falle der Strömung durch ein gleichweites Rohr, der von Abb. 37 dargestellt wird, muß danach der Druck in der Röhre linear von der Höhe im Gefäß A zur Höhe im Gefäß B absinken. Der Druckabfall entspricht der geraden Verbindungslinie der beiden Oberflächen. Von der Tatsache des linearen Druckabfalls kann man sich leicht durch den Stand der Flüssigkeit in Seitenröhren nicht kapillarer Dimensionen, wie sie in Abb. 37 eingezeichnet sind, überzeugen.

Wir sind nunmehr auch in der Lage, den Druckabfall in einem aus Rohrstücken verschiedenen Widerstandes zusammengesetzten Verbindungsweg anzugeben, z. B. in einem System entsprechend Ab-

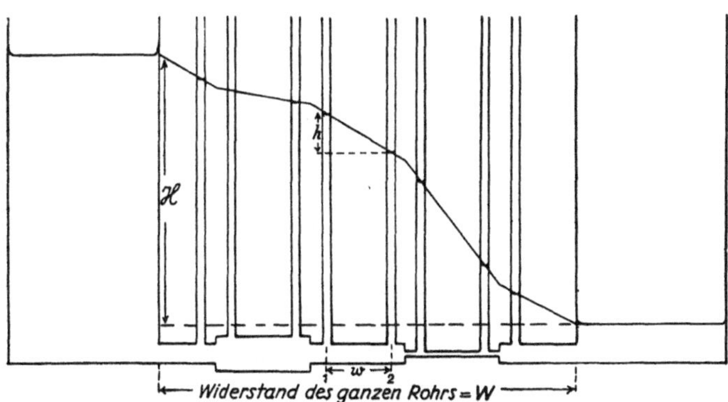

Abb. 38. Druckabfall bei Strömung einer Flüssigkeit durch ein Rohr mit wechselndem Querschnitt.

bildung 38. Es sei auch in diesem Falle angenommen, daß die Strömung so langsam sei, daß die kinetische Energie der Flüssigkeit zu vernachlässigen ist. Außerdem sei von dem Widerstand der Übergangsstellen beim Querschnittswechsel, der durch Wirbelbildung in komplizierter Form beeinflußt werden kann, abgesehen. Betrachtet man unter diesen Voraussetzungen z. B. die Druckdifferenz h zwischen zwei Stellen 1 und 2 des Röhrensystems, so gilt für das zwischenliegende Rohrstück Gleichung (60):

$$i = \frac{h}{w} \quad\quad\quad\quad\quad (61)$$

[w = Widerstand des Rohrstückes zwischen 1 und 2.]

Die Stromstärke ist, wie oben erörtert (S. 50), überall dieselbe, die Geschwindigkeit der Strömung in den Rohrstücken verschiedenen Querschnitts demnach umgekehrt proportional dem Querschnitt. Die Stromstärke kann aus der Druckdifferenz zwischen den Enden des ganzen Verbindungswegs H und dem Widerstand W der ganzen Röhre errechnet werden.

$$i = \frac{H}{W} \quad \ldots \ldots \ldots \ldots \quad (62)$$

Nach Einsetzen dieses Wertes in Gleichung (61) ergibt sich:

$$\frac{H}{W} = \frac{h}{w}; \quad h = \frac{Hw}{W} \quad \ldots \ldots \ldots \quad (63)$$

Teilt man die ganze Röhre durch Teilstriche in Stücke gleichen Widerstandes ein, so nimmt der Druck von Teilstrich zu Teilstrich um den gleichen Betrag ab, der Druckabfall pro Widerstandseinheit ist konstant. Als Einheit des Widerstandes wird man sinngemäß den Widerstand einer Röhre wählen, durch die bei einer zwischen ihren Enden herrschenden Druckdifferenz $1 \frac{\text{Dyne}}{\text{cm}^2}$ ein Strom von der Stromstärke $1 \frac{\text{cm}^3}{\text{sec}}$ fließt.

In Abb. 38 ist der gesamte Druckabfall in der Verbindungsröhre durch eine entsprechend dem Wechsel des Querschnitts mehrfach gebrochene Linie dargestellt. Das Verhalten des Druckes beim Querschnittswechsel erfährt eine wesentliche Änderung gegenüber dieser Darstellung, wenn die Geschwindigkeit der Flüssigkeit so groß ist, daß von der kinetischen Energie derselben nicht mehr abgesehen werden kann. Aus der Gleichheit der Stromstärke in jedem Querschnitt folgt nämlich, daß im engeren Rohrstück die Geschwindigkeit der Flüssigkeit größer ist als im weiteren. Die Veränderung der Geschwindigkeit bedeutet eine Abnahme bzw. Zunahme der kinetischen Energie. Der Verlust bzw. der Zuwachs an kinetischer Energie muß in einem gleichgroßen Zuwachs bzw. Verlust an potentieller Energie in Form von Druck in Erscheinung treten. Der auftretende Druck muß beim Übergang vom engen zum weiten Querschnitt eine Verzögerung, im umgekehrten Fall eine Beschleunigung hervorrufen, d. h. der Druck steigt im ersten Fall an, im zweiten Fall sinkt er ab. Bei einem plötzlichen Übergang von einem engen Querschnitt zu einem weiten herrscht daher an der Übergangsstelle ein niedrigerer Druck als im weiten Querschnitt. Auf diesem Prinzip beruht die Wirkung der Wasserstrahlluftpumpe und der bekannten Zerstäuber für Flüssigkeiten.

Die Wirkung der als Schiffsschraube bzw. Flugzeugpropeller benutzten Einrichtungen beruht auf der Trägheit der Flüssigkeit bzw. der Luft. Durch Drehung einer Schraubenebene wird eine Kraft erzeugt, die eine relative Verschiebung zwischen Flüssigkeit und Schraube zu bewirken bestrebt ist. Die Flüssigkeit bzw. die Luft erfährt eine Beschleunigung in der einen, die Schraube mit der an ihr befestigten Masse eine solche in entgegengesetzter Richtung.

Die Geschwindigkeiten verhalten sich zueinander wie die Massen der bewegten Körper ebenso wie beim Rückstoß (vgl. S. 26).

d) Luftdruck, Gasgesetze, Definition der Temperatur.

Füllt man in eine U-förmig gebogene Röhre zwei Flüssigkeiten verschiedener Dichte, die sich nicht miteinander mischen, z. B. Quecksilber und Wasser so ein, wie es in Abb. 39 dargestellt ist, so beobachtet man, daß der Flüssigkeitsstand in den beiden Schenkeln der Röhre durchaus nicht gleichhoch ist, sondern daß der Stand des Wassers den des Quecksilbers erheblich überragt. Auskunft über das Verhältnis der Standhöhen zueinander gibt eine einfache Überlegung. Zieht man durch die Trennungsfläche zwischen den beiden Flüssigkeiten eine Horizontale, so herrscht nach den S. 40 entwickelten Grundsätzen in dieser Horizontalen, d. h. an den Stellen A und B der gleiche Druck. Der Druck bei A läßt sich ermitteln aus der Höhe h_2 der über A liegenden Wassersäule. Er ist gleich $h_2 \sigma_2 g$ (σ_2 = Dichte des Wassers). Der Druck bei B ergibt sich aus der über B stehenden Quecksilbersäule von der Höhe h_1 zu $h_1 \sigma_1 g$ (σ_1 = Dichte des Quecksilbers). Aus der Gleichheit der beiden Drucke folgt:

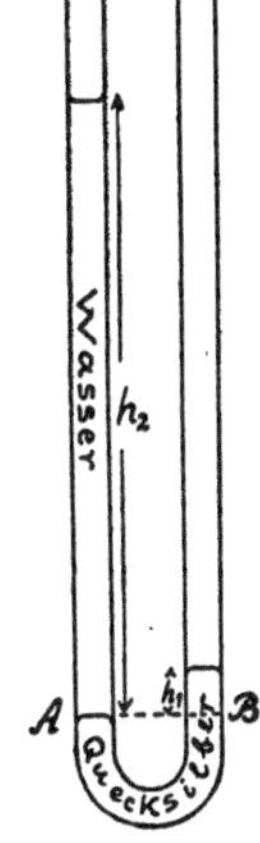

Abb. 39. Stand von Flüssigkeiten verschiedener Dichte in kommunizierenden Röhren.

$$h_1 \sigma_1 g = h_2 \sigma_2 g$$
$$\frac{h_1}{h_2} = \frac{\sigma_2}{\sigma_1} \quad . \quad . \quad . \quad . \quad . \quad . \quad (64)$$

d. h. die Höhen verhalten sich umgekehrt zueinander wie die Dichten. Durch Abmessen der Höhen h_1 und h_2 kann man daher, wenn die Dichte einer der beiden Flüssigkeiten bekannt ist, die andere bestimmen.

Über der ganzen Erdoberfläche steht ein Gasgemisch von sehr erheblicher Säulenhöhe, die Luft. Den Druck, den die Luftschicht auf Grund ihrer Schwere an der Erdoberfläche ausübt, kann in grundsätzlich ähnlicher Versuchsanordnung bestimmt werden. Man bedarf zu diesem Zweck nur einer Flüssigkeitssäule, die auf einer Oberfläche dem Luftdruck nicht ausgesetzt ist. Eine solche Flüssigkeitssäule herzustellen gelingt durch den sog. Toricellischen Versuch. Füllt man eine an einem Ende zugeschmolzene Glasröhre mit Flüssigkeit, z. B. Quecksilber, taucht sie mit vorübergehend geschlossener Öffnung umgekehrt in ein ebenfalls mit Quecksilber gefülltes Gefäß und gibt dann die Öffnung wieder frei, so sinkt die Quecksilbersäule in der Röhre so lange, bis der von ihr, in der Ebene der dem Luftdruck ausgesetzten Oberfläche, ausgeübte Druck gleich dem Luftdruck ist. Die vertikale Höhe der Quecksilbersäule (h in Abb. 40) gibt uns ein Maß für den herrschenden Luftdruck. In der Höhe des Meeresspiegels beträgt die beobachtete Höhe der Quecksilbersäule im Durchschnitt 76 cm. Dieser Quecksilbersäule entspricht ein Druck von $76 \times 13{,}6 \times 981$ ($13{,}6 =$ Dichte des Hg) $= 1{,}014 \times 10^6 \dfrac{\text{Dyn}}{\text{cm}^2}$. Dieser Druck ist sehr nahe gleich dem Druck von 1 kg Gewicht pro cm². Man verwendet deshalb häufig den mittleren Atmosphärendruck und zwar in einer geographischen Breite von 45^0 ($g = 980{,}66$ cm/sec²) bei 0^0, d. h. den Druck von $1{,}0133 \times 10^6 \dfrac{\text{Dyn}}{\text{cm}^2}$ als Einheit des Druckes und bezeichnet diese Einheit als eine „Atmosphäre". Eine Atmosphäre ist gleich dem Druck von $1{,}033$ kg pro cm². Instrumente, welche dazu dienen, den Luftdruck zu messen, nennt man Barometer. Instrumente, die vollkommen analog Abb. 40 eingerichtet sind, heißen „Quecksilbergefäßbarometer". Benutzt man eine U-Röhre analog Abb. 41, so spricht man von einem „Heberbarometer". Die in großer Anzahl zur Messung des Luftdrucks in Gebrauch befindlichen Anäroidbarometer bestehen aus einer luftleer gemachten Metallkapsel mit dünnen elastischen Wänden. Die elastische Wand wird je nach der Größe des Luftdrucks mehr oder weniger eingedrückt. Der Grad der Ausbauchung wird durch einen Übersetzungsmechanismus auf einen Zeiger übertragen. Die Zeigerangaben werden durch Vergleich mit einem Quecksilberbarometer empirisch geaicht.

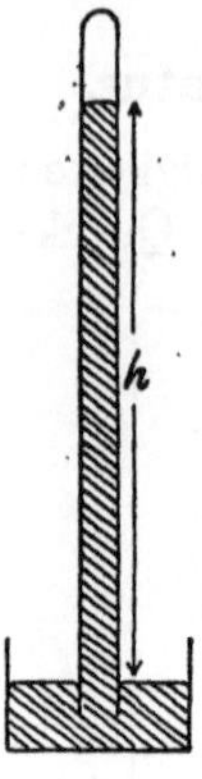

Abb. 40.
Toricellischer Versuch.

Abb. 41.
Heberbarometer.

Begibt man sich mit einem Barometer ausgerüstet von dem Niveau des Meeresspiegels in die Höhe, so kann man feststellen, daß der Luftdruck abnimmt, da die Höhe der über dem Barometer liegenden Luftsäule um die erklommene Höhe abnimmt. Die Abnahme des Luftdrucks ist jedoch nicht direkt proportional der erreichten Höhe, da die Dichte der Luft so stark vom Druck abhängig ist, daß man von ihren Änderungen nicht wie bei Flüssigkeitssäulen absehen kann. Das Gesetz der Abnahme des Luftdrucks mit der Höhe wird im Anschluß an die Behandlung der Gasgesetze abgeleitet werden.

Die Veränderungen des Volumens der Gase in ihrer Abhängigkeit von Druck und Temperatur sind, da sie weit mehr als bei den Flüssigkeiten im Vordergrund der Erscheinungen stehen, sehr eingehend untersucht worden. Eine Betrachtung über den Begriff „Temperatur" sei der Darstellung dieser Abhängigkeiten vorausgeschickt.

Der Begriff der Temperatur geht ursprünglich von der Fähigkeit der menschlichen Hautsinnesorgane aus, einen Körper als mehr oder weniger warm bzw. kalt zu erkennen. Eine Anzahl Körper, die verschieden warm sind, kann man auf Grund des Gefühls in eine Reihe ordnen, die von kalt zu heiß fortschreitet. Vor allem sind wir aber durch unsere Sinnesorgane befähigt, verschiedene Körper durch unmittelbaren Vergleich als gleichwarm zu erkennen. Andererseits ist es schwer, Vergleiche zwischen der Warmheit verschiedener Körper anzustellen, wenn eine merkliche Zeit zwischen den beiden Beobachtungen liegt. Dem Bedürfnis nach einer objektiven Feststellung der Warmheit eines Gegenstandes genügt unsere Sinneswahrnehmung durchaus nicht. Um sich einen Maßstab für den Warmheitsgrad zu verschaffen, verwandte man daher die Feststellung, daß die gleiche Masse der großen Mehrzahl der Stoffe ein größeres Volumen besitzt, wenn sie wärmer ist und die Beobachtung, daß zwei verschieden warme Körper, wenn sie in unmittelbare Berührung miteinander gebracht werden, nach einiger Zeit gleich warm werden. Man benutzt die Volumenänderung einer Flüssigkeit, z. B. des Quecksilbers, als Maß für die Warmheit eines Stoffes, indem man eine bestimmte Menge Quecksilber mit dem betreffenden Stoff, dessen Warmheit man bestimmen will, längere Zeit in Berührung bringt, und das Volumen des Quecksilbers feststellt, nachdem es mit dem zu messenden Stoff gleichwarm geworden ist. Apparate, die diese Feststellung leicht ermöglichen, nennt man Thermometer. Ein Quecksilberthermometer besteht aus einem mit Quecksilber gefüllten Gefäß, das in eine enge Röhre ausläuft. Die Volumenänderungen des Quecksilbers können an dem Stand der Quecksilbersäule in der Röhre abgelesen werden. Taucht man ein solches Thermometer in schmelzendes Eis unter normalem Luftdruck, so kann man beobachten, daß die Einstellung des Volumens stets mit großer Genauigkeit dieselbe ist. Man besitzt also im schmelzenden Eis einen Stoff, der stets die gleiche Warmheit besitzt. Ebenso zeigt ein Thermometer, das in den Dampf von siedendem Wasser (bei einem Luftdruck von 76 cm Hg) eingetaucht wird, stets die gleiche Einstellung. Man wählt daher diese beiden „Temperaturgrade" als Fixpunkte, da sie leicht zu reproduzieren sind. Den Zwischenraum zwischen den beiden Einstellungen teilt man willkürlich in volumengleiche Abschnitte und zwar bei der Skala nach Celsius in 100, bei der Skala nach Réaumur in 80, bei der nach Fahrenheit in 180 Teile. Bei den Thermometerskalen nach Celsius und Réaumur ist die „Schmelztemperatur" des Eises mit 0, bei Fahrenheit mit $+$ 32 bezeichnet. Den Unterschied in der Warmheit, der sich durch eine Verschiedenheit der Thermometereinstellung um einen Teilstrich kundgibt, nennt man eine Temperaturdifferenz von einem „Grad". Die Gradeinteilung verlängert man beliebig über den Schmelzpunkt und Siedepunkt hinaus. Temperaturen, die tiefer als der Schmelzpunkt des Eises, bzw. bei Fahrenheit tiefer als 32 Grad unter dem Schmelzpunkt liegen, werden mit negativem, solche, die höher liegen, mit positivem Vorzeichen versehen. Bei wissenschaftlichen Feststellungen wird ausschließlich die Gradeinteilung nach Celsius angewandt.

Mit Hilfe des Quecksilberthermometers kann man jedem Körper eine Zahl (die Temperatur) zuordnen, die eine Auskunft über den Grad der Warmheit des Körpers gibt. Sicher feststellen können wir den Temperaturgrad des schmelzenden Eises und des siedenden Wassers. Daß man als gleiche Temperaturdifferenz einen Unterschied in der Warmheit bezeichnet, die die gleiche Volumenveränderung des Quecksilbers bewirkt, ist willkürlich. Man könnte ebensogut eine andere thermometrische Substanz als Quecksilber wählen und die Temperatur nach der Volumenänderung dieser Substanz definieren. Eine solche Definition braucht nicht identisch mit der nach dem Quecksilber zu sein und ist es auch tatsächlich nicht. Wege, die zu einer möglichst zweckmäßigen Definition des Temperaturgrades führen, werden später besprochen. Bis auf weiteres verstehen wir unter der Temperaturdifferenz von einem Grad (1^0) eine solche, die charakterisiert ist durch eine Volumenveränderung des Quecksilbers um $^1/_{100}$ der Volumenveränderung, die es zwischen den Temperaturgraden des schmelzenden Eises und des siedenden Wassers bei einem Luftdruck von 76 cm Quecksilber erfährt.

Die Abhängigkeit des Volumens eines Gases vom Druck bei konstanter Temperatur ist durch das Gesetz von Boyle-Mariotte gegeben, das besagt: Das Volumen eines Gases ist bei gleicher Temperatur umgekehrt proportional dem Druck. Der Nachweis der Richtigkeit des Gesetzes läßt sich beispielsweise führen vermittels einer U-Röhre, an der man einen Schenkel durch einen Hahn abschließen kann (Abb. 42). Bringt man in den abschließbaren Schenkel ein bei gleichweiter Röhre mit bekanntem Querschnitt an der Röhrenlänge ablesbares Volumen eines Gases und schließt es am Ende der Röhre durch den Hahn in der Biegung des Rohrs durch Quecksilber ab, so steht es bei gleichem Niveau der Quecksilberoberflächen (Abb. 42, 1) unter dem Druck der Atmosphäre, den man an einem Barometer ablesen kann. Füllt man nunmehr Quecksilber in den offenen Schenkel des Rohrs, so verringert sich das Volumen des Gases, während sich zwischen den beiden Quecksilberoberflächen eine Niveaudifferenz ausbildet, welche die Druckzunahme angibt. Der Druck, unter dem das Gas bei einer Höhe h der Quecksilbersäule steht, ist gleich dem Barometerstand plus h σ g. Ist z. B. bei einem Barometerstand von 76 cm Hg h = 76 cm, so ist das Volumen des Gases

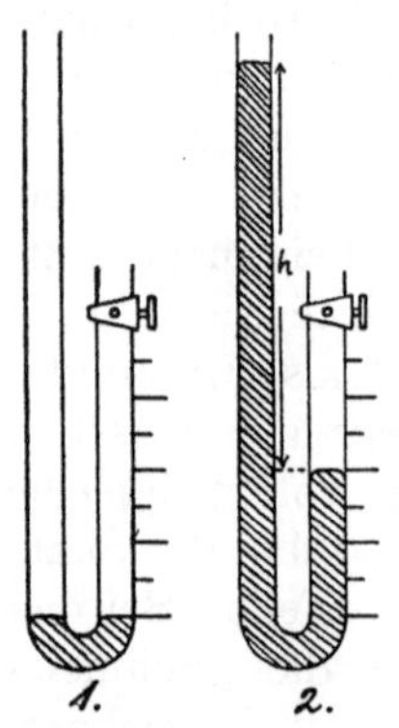

Abb. 42. Gesetz von Boyle-Mariotte.

auf die Hälfte gesunken (Abb. 42, 2). Ordnet man die bei verschiedenen Drucken beobachteten Volumina mit den zugehörigen Drucken in eine Tabelle ein, so findet man, daß das Boyle-Mariottesche Gesetz für jedes beliebige Gas mit großer Genauigkeit erfüllt ist, d. h. stets verhält sich das Volumen v_1 einer bestimmten Gasmenge bei einem Druck p_1 zu dem Volumen v_2 derselben Gasmenge bei einem Druck p_2 wie p_2 zu p_1. Wir schreiben daher an:

$$\frac{v_1}{v_2} = \frac{p_2}{p_1}$$

oder:

$$v_1 \times p_1 = v_2 \times p_2 \quad . \quad . \quad . \quad . \quad . \quad . \quad (65)$$

Man kann demnach das Boyle-Mariottesche Gesetz auch ausdrücken: Das Produkt aus Druck und Volumen einer Gasmenge ist bei gleicher Temperatur konstant. Die formelle Fassung lautet dann:

$$p \times v = K \quad . \quad . \quad . \quad . \quad . \quad . \quad . \quad (66)$$
$$K = \text{Kon tante.}$$

Bestimmt man das Produkt $p \times v$ der gleichen Gasmenge bei verschiedenen Temperaturen, so erhält man einen verschiedenen Wert für K. Die Abhängigkeit von K von der Temperatur kann aus dem Gay-Lussacschen Gesetz entnommen werden, welches besagt: Ein unter konstantem Druck erwärmtes Gasvolumen vergrößert sich bei der Erwärmung um 1 Grad Celsius stets um den gleichen Betrag und zwar um $^1/_{273}$ des Volumens, den die betreffende Gasmenge bei 0 Grad einnehmen würde. Die experimentelle Prüfung dieser Abhängigkeit kann z. B. geschehen durch Erwärmung eines Gases in einem durch einen Kolben abgeschlossenen Zylinder. Der konstante Druck wird gewährleistet durch ein konstantes auf dem Kolben ruhendes Gewicht. Ebenso kann man ein Gas bei konstantem Volumen erwärmen und an einem angeschlossenen Manometer die Druckänderungen ablesen. Man findet dann, daß die Erwärmung um 1 Grad den Druck um $^1/_{273}$ des Druckes erhöht, den das betreffende Gasvolumen bei 0 Grad hat. Mathematisch gefaßt lautet die durch das Gay-Lussacsche Gesetz gegebene Beziehung zwischen dem Volumen v einer Gasmenge bei der Temperatur t (Celsius) und dem Volumen v_0 bei der Temperatur 0:

$$v = v_0 \left(1 + \frac{1}{273} t\right) \quad \text{Druck konstant} \quad . \quad (67)$$

Als Beziehung zwischen dem Druck p bei der Temperatur t und dem Druck p_0 bei der Temperatur 0 gilt entsprechend:

$$p = p_0 \left(1 + \frac{1}{273} t\right) \quad \text{Volumen konstant} \quad . \quad (68)$$

Daß man die Volumenänderung bzw. Druckänderung in Beziehung zu dem Volumen bzw. dem Druck bei 0 Grad setzt, ist willkürlich und nur durch Zweckmäßigkeitsgründe gegeben. Der Bruch $^1/_{273}$ wird meist durch den Buchstaben α bezeichnet. Die gesamten im Boyle-Mariotteschen und Gay-Lussacschen Gesetz zum Ausdruck kommenden Abhängigkeiten kann man anschaulich graphisch darstellen.

Trägt man die Drucke als Abszissen, die nach Gleichung (66) zugehörigen Volumina als Ordinaten in ein rechtwinkeliges Koordinatensystem ein, so erhält man in der Verbindungslinie der eingetragenen Punkte eine gleichseitige Hyperbel, deren Verlauf durch die Konstante K bestimmt ist. Würde man z. B. den Druck bestimmen, den 2,016 g Wasserstoff, die bei 0 Grad in einem Volumen von 1 cm³ eingeschlossen sind, ausüben, so fände man $22,71 \times 10^9 \; \dfrac{\text{Dynen}}{\text{cm}^2}$ oder 22 410 Atmosphären. Die Konstante K betrüge demnach $22,71 \times 10^9$ und der Verlauf der das Boyle-Mariottesche Gesetz bei 0 Grad darstellenden Hyperbel entspräche der dick ausgezogenen Kurve in Abb. 43. Aus der Kurve kann zu jedem Druck das zugehörige Volumen von 2,016 g Wasserstoff von 0^0 in cm³ abgelesen werden. Nach dem Gay-Lussacschen Gesetz wird durch Erwärmung um 1^0 bei konstantem Druck das Volumen um $^1/_{273}$, bei konstantem Volumen der Druck um $^1/_{273}$ des aus der Kurve abzulesenden Betrags geändert. Man findet daher die für $+ 1^0$ geltende Darstellung des Boyle-Mariotteschen Gesetzes, indem man entweder bei unveränderten Abszissen alle Ordinaten, oder bei unveränderten Ordinaten

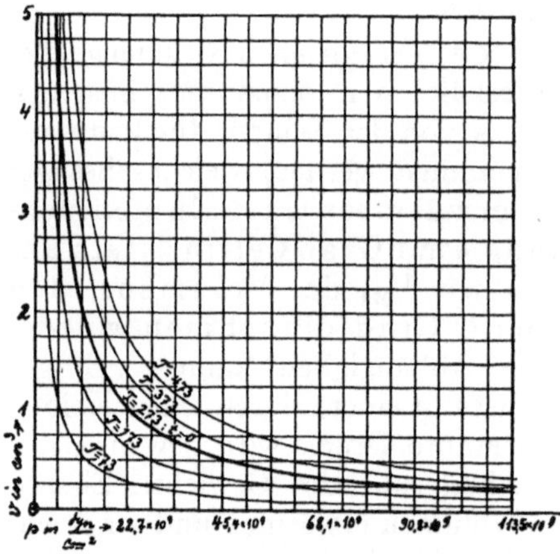

Abb. 43. Graphische Darstellung der Gasgesetze.

alle Abszissen um $^1/_{273}$ ihrer Länge vergrößert. Beide Maßnahmen führen zu dem gleichen Ergebnis, nämlich einer gleichseitigen Hyperbel, deren Konstante um $^1/_{273}$ größer ist als die Konstante der für 0 Grad geltenden Kurve. Man kann daher die gesamten durch das Boyle-Mariottesche und Gay-Lussacsche Gesetz ausgedrückten Abhängigkeiten darstellen durch eine Anzahl von Hyperbeln, die den einzelnen Temperaturgraden entsprechen. Da bei Zunahme der Temperatur um 1^0 das Produkt $p \times v$ (die Konstante K) um $^1/_{273}$ seines Betrags bei 0 Grad zunimmt, so lautet die Beziehung zwischen dem Druck p und dem Volumen v eines Gases bei der Temperatur t und dem Druck p_0 und Volumen v_0 bei 0 Grad:

$$p \times v = p_0 \times v_0 \left(1 + \frac{1}{273} t\right)$$

Die Gleichung erhält eine besonders einfache Form, wenn man sie in folgender Art umformt:

$$p \times v = p_0 v_0 \frac{273 + t}{273} \quad \cdots \quad \cdots \quad (69)$$

.und für den Wert $273 + t$ eine neue Bezeichnung, nämlich T ein-führt. Sie lautet dann:

$$p \times v = \frac{p_0 \times v_0 \, T}{273} \quad \cdots \quad \cdots \quad (70)$$

In Abb. 43 sind die Kurven für die Temperaturen $t = + 100$ $(T = 373)$; $t = + 200$ $(T = 473)$; $t = - 100$ $(T = 173)$; $t = - 200$ $(T = 73)$ eingetragen.

Die Einführung von $T = t + 273$ bedeutet nichts anderes, als daß man eine Temperaturzählung von einem 273 Grad tiefer als der Schmelzpunkt des Eises liegenden Nullpunkte wählt. Man bezeichnet diesen bei $- 273$ Grad Celsius liegenden Nullpunkt als den „absoluten Nullpunkt" und T als die „absolute Temperatur". Die Darstellung des Boyle-Mariotteschen Gesetzes bei dieser Temperatur fällt mit den Koordinatenachsen der Abb. 43 zusammen.

Abb. 43 stellt die Abhängigkeit zwischen Druck, Volumen und Temperatur in absoluten Werten für 2,016 g Wasserstoff dar. Wie schon betont, gelten die beiden Gasgesetze für alle Gase. Die Zu-standsänderungen einer Menge eines beliebigen anderen Gases wird durch die gleichen Hyperbelscharen beschrieben, wenn die Menge so gewählt ist, daß sie bei einem bestimmten Druck und einer be-stimmten Temperatur das aus der Abbildung zu entnehmende Vo-lumen besitzt; d. h. stimmen die Volumina und Drucke zweier Gase bei einer Temperatur überein, so stimmen die gesamten Zustands-änderungen der beiden Gase überein. Von großer Wichtigkeit ist es, festzustellen, welche Mengen der verschiedenen Gase in dieser Art einander entsprechen. Um die Gasmengen anzugeben, die in ihrem Verhalten mit dem Verhalten von 2,016 g Wasserstoff überein-stimmen, geht man zweckmäßig von der Dichte der Gase aus. In unserem Beispiel (Abb. 43) besitzt der Wasserstoff, da wir von einem Volumen von 1 cm³ ausgingen, bei 0 Grad Temperatur und 22,71 $\times 10^9 \dfrac{\mathrm{Dyn}}{\mathrm{cm^2}}$ Druck eine Dichte von 2,016. Ein cm³ Sauerstoff wird unter gleichen Umständen eine andere Dichte besitzen, ein cm³ Stickstoff wieder eine andere usf. Bei Änderungen des Druckes und der Temperatur werden sich die Dichten der Gase umgekehrt pro-portional dem Volumen ändern. Da jedoch diese Änderungen für alle Gase gleichartig vor sich gehen, wird das Verhältnis der Dichten der einzelnen Gase zueinander ungeändert bleiben. Man kann aus diesem Grund das Verhältnis der Dichten der einander entsprechen-den Gasmengen angeben, indem man die Masse der verschiedenen

Gase bei beliebigen, jedoch untereinander gleichen Drucken, Voluminas und Temperaturen durch Wägen bestimmt. Man findet dann, daß sich z. B. die Dichten einander entsprechender Mengen von Wasserstoff, Sauerstoff, Stickstoff zueinander verhalten wie 1 : 15,87 : 13,9. Wählt man willkürlich für Sauerstoff die Zahl 32, so findet man als Verhältniszahlen für:

$$\text{Wasserstoff} \ldots \ldots \ldots \ldots \quad 2{,}016$$
$$\text{Sauerstoff} \ldots \ldots \ldots \ldots \quad 32{,}0$$
$$\text{Stickstoff} \ldots \ldots \ldots \ldots \quad 28{,}02$$

Die Zahlen geben die Dichten einander entsprechender Gasmengen im Verhältnis zu dem willkürlich mit 32 bezeichneten Sauerstoff an. Diese Zahlen werden als die „Molargewichte" der Gase bezeichnet. Bestimmt man die Molargewichte aller Gase in gleicher Weise, so findet man, daß sie identisch sind mit den Molekulargewichten, die bekanntlich die Massen der Moleküle im Verhältnis zur willkürlich zu 32 festgesetzten Masse eines Sauerstoffmoleküls angeben.

Man kann mit Avogadro für das Verhältnis der Gewichte eine verständliche Erklärung geben durch die Hypothese, daß bei gleicher Temperatur und gleichem Druck gleiche Volumina verschiedener Gase gleich viele Moleküle enthalten.

Als ein Mol eines Gases bezeichnet man die Anzahl von Grammen eines Stoffes, die gleich dem Molekulargewicht ist. Unsere Darstellung in Abb. 43 entspricht den Zustandsänderungen von 1 Mol eines beliebigen Gases. Der Druck von 1 Mol jeden Gases bei 0 Grad und 1 cm³ Volumen ist, wie experimentell festgestellt werden kann, gleich $22{,}71 \times 10^9 \ \dfrac{\text{Dyn}}{\text{cm}^2}$. Das Produkt $p_0 \times v_0$ beträgt demnach für 1 Mol : $22{,}71 \times 10^9$ Dyn $\times$ cm. Für N-Mole ist das Produkt N-mal so groß. Benennt man daher die Menge eines Gases nach der Anzahl der Mole N, so erhält man für die Abhängigkeit zwischen Druck, Temperatur und Volumen jeden Gases die gleiche Gleichung, die durch Einsetzen von $p_0 \times v_0 = N \times 22{,}71 \times 10^9$ in Gleichung (70) entsteht:

$$p \times v = \frac{N \times 22{,}71 \times 10^9}{273} T$$

oder wenn man $\dfrac{22{,}71 \times 10^9}{273} = R$ setzt:

$$p \times v = N R T \qquad \ldots \ldots \ldots \quad (71)$$

R ist $= 8{,}315 \times 10^7$ und wird als die Gaskonstante bezeichnet. Häufig wird die ganze hier durchgeführte Berechnung für 1 Mol im Liter ausgeführt und der Druck in Atmosphären angegeben. Der Druck eines Moles Gas in einem Liter Volumen bei 0 Grad beträgt 22,41 Atmosphären. Die Gaskonstante ergibt sich bei Anwendung dieser Einheiten zu 0,08206.

Befinden sich in einem Raum mehrere Gase, so kann man den Gesamtdruck angeben, den die Gase ausüben, indem man aus der Anzahl der von jedem Gas vorhandenen Mole den Druck errechnet, den jedes Gas für sich allein ausüben würde, wenn es in der gleichen Menge allein in dem betreffenden Volumen vorhanden wäre, und die einzelnen Drucke addiert. Die Drucke der einzelnen Gase nennt man die Partiardrucke und nennt den Satz, der besagt: Der Gesamtdruck eines Gasgemisches ist gleich der Summe der Partiardrucke, das „Daltonsche Gesetz".

Ein anschauliches Bild, welches die Gleichartigkeit der Erscheinungen bei den Gasen, wie sie in den Gasgesetzen zum Ausdruck kommt, erklärt, gibt die kinetische Gastheorie. Man stellt sich vor, daß in einem Gas die einzelnen Moleküle sich in lebhafter Bewegung befinden. Die Moleküle befinden sich dabei in einem im Verhältnis zu ihrer Größe als groß angenommenen Abstand voneinander und stoßen bei ihrer Bewegung dauernd aneinander und an die Wände, so daß ihre Bewegung eine zickzackförmige ist. Der Druck, den das Gas auf die Wände ausübt, ist hervorgerufen durch die Summe der Stöße, die die Wand von den herumfliegenden Molekülen erfährt. Die Lebhaftigkeit der Molekülbewegung ist ein Ausdruck für die Temperatur des Gases. Je höher die Temperatur, desto größer ist die Geschwindigkeit, desto höher der Druck. Je kleiner bei gleicher Molekülzahl das Volumen ist, desto zahlreicher sind die Stöße pro cm^2 Wandfläche in der Zeiteinheit, desto höher ist der Druck. Der Druck als Folge der gehäuften Stöße muß demnach von der Anzahl der Moleküle, der Masse des einzelnen Molekels und seiner Geschwindigkeit abhängen. Man kann durch theoretische Erwägungen zu der Erkenntnis gelangen, daß der Zahlenwert des Druckes $\left(\dfrac{\mathrm{Dyn}}{\mathrm{cm}^2}\right)$ gleich $^2/_3$ des Zahlenwertes der kinetischen Energie der in der Volumeneinheit (cm^3) vorhandenen Moleküle, d. h. $= {}^1/_3\,\mathrm{M\,N\,v}^2$ (hierin: N = Zahl der Mole, M = Masse eines Mols und v = der mittl. Geschwindigkeit eines Moleküls) ist. Bei gleichem Druck und gleichem Volumen ist demnach bei gleicher Temperatur die mittlere kinetische Energie eines einzelnen Moleküls jeden beliebigen Gases gleich. Die mittlere Geschwindigkeit eines schwereren Moleküls ist jedoch unter gleichen Bedingungen kleiner als die eines leichteren und zwar verhalten sich die Geschwindigkeiten, wie sich leicht aus Gleichung (45) ableiten läßt, umgekehrt wie die Quadratwurzeln aus den Molekulargewichten zueinander. Durch gaskinetische Überlegungen kann man im übrigen zu einer tatsächlichen Feststellung der Zahl der in einem Mol vorhandenen Moleküle gelangen. Die Anzahl der in einem Mol vorhandenen Moleküle beträgt danach 0,606 × 10^{24}. Man bezeichnet diese Zahl als die „Loschmidtsche Zahl".

Auf die lebhafte Bewegung der Moleküle kann auch die Erscheinung zurückgeführt werden, die als Diffusion der Gase bezeichnet wird. Zwei Gase in denselben Raum gebracht, vermischen sich, auch wenn sie sehr verschiedene Dichten besitzen und bei gleicher Temperatur und gleichem Druck vorsichtig das dichtere unter das weniger dichte geschichtet wird, alsbald innig miteinander. Ebenso erfolgt ein Austausch durch poröse Wandungen, wie z. B. durch eine Tonwand hindurch. Als Ursache des Vermischens bzw. des Austauschs kann man die lebhaften ungeordneten Bewegungen der Moleküle angeben und bei der Diffusion durch poröse Wände eine Erscheinung beobachten, die als unmittelbarer Ausdruck für die Größe der Moleküle anzusprechen ist. Trennt man z. B. Stickstoff und Wasserstoff, die bei gleicher Temperatur unter gleichem Druck stehen, durch eine Tonwand, so tritt in der Zeiteinheit wesentlich mehr Wasserstoff durch die Wand in den Stickstoff ein, als Stickstoff in den Wasserstoff. Das kleinere Molekül diffundiert rascher. Die schnellere Diffusion des Wasserstoffs wird dadurch sinnfällig, daß im Raum, in dem ursprünglich nur Stickstoff enthalten war, der Druck alsbald steigt, im ursprünglich nur Wasserstoff enthaltenden Raum dagegen sinkt.

Zwischen der durch die Volumenänderung des Quecksilbers definierten Temperaturskala und der durch das Gay-Lussacsche Gesetz definierten Abhängigkeit bestehen geringe Abweichungen, d. h. tatsächlich entspricht nicht überall der Temperaturdifferenz von einem durch Quecksilberthermometer bestimmten Grad genau eine Volumenänderung von $\dfrac{v_0}{273}$ eines Gases bei konstantem Druck. Da die Volumenänderungen der Gase untereinander vollständig übereinstimmen und in einem viel weiteren Bereich als die des Quecksilbers beobachtet werden können, hat man daher später von dem Quecksilber als Definitionssubstanz für die Temperatur abgesehen und angenommen, daß tatsächlich nicht der Ausdehnungskoeffizient des Quecksilbers, sondern der der Gase konstant sei. Als Temperaturdifferenz 1 Grad bezeichnet man nach der Gasthermometerskala diejenige, die bei konstantem Druck eine Änderung eines Gasvolumens um $^1/_{273}$ des Volumens der betreffenden Gasmenge bei 0 Grad hervorruft. Hat man die Beziehung der Quecksilberthermometerskala oder eines sonstigen Flüssigkeitsthermometers zur Gasskala einmal festgestellt, so kann man nachträglich die Flüssigkeitsthermometer nach der Gasskala eichen. Wie später noch zu erörtern, gibt es tatsächlich kein Gas, dessen Verhalten bei allen vorkommenden Temperaturen gleichartig ist. Man hat jedoch, wie schon erwähnt, die Eigenschaften eines „idealen" oder „vollkommenen" Gases definiert, und die Temperaturskala nach dem Verhalten eines solchen Gases festgesetzt. Diese Skala ist die zurzeit allgemein angewandte; sie kann aus thermodynamischen Betrachtungen erschlossen werden und heißt die „thermodynamische Temperaturskala". Die Angaben der nach einem wirklichen Gas festgelegten Gasskala weichen in einem weiten Bereich mittlerer Temperaturen nur unmerklich, die der ursprünglichen Skala des Quecksilberthermometers in einem engeren mittleren Bereich nur wenig von den der thermodynamischen Skala ab.

Auf Grund der Kenntnis der Gasgesetze kann man nunmehr auch nähere Angaben machen über die Abnahme des Luftdrucks mit der Höhe. In einer dünnen Luftschicht zwischen den beiden Punkten 1 und 2 herrsche der mittlere Luftdruck p_1; in einer benachbarten um die kleine Länge h höher gelegenen Schicht gleicher Dicke herrscht ein etwas geringerer mittlerer Luftdruck p_2 (vgl. Abb. 44). Die Differenz der beiden Drucke ist gleich dem von einer Säule von der Höhe h ausgeübten Druck, also:

$$p_2 - p_1 = - h \sigma g \quad \ldots \quad (72)$$

σ, die Dichte eines Gases bei einem Drucke p kann errechnet werden: Die Masse von N-Molen eines Gases ist gleich dem N-fachen des Molekulargewichtes M des betreffenden Gases. Das Volumen v derselben Gasmenge ergibt sich als Gleichung (71), $v = \dfrac{NRT}{p}$. Die Dichte ist gleich dem Quotienten $\dfrac{\text{Masse}}{\text{Volumen}}$, daher

$$\sigma = \frac{Mp}{RT}$$

oder wenn man $\dfrac{M}{RT}$ vorläufig als Konstante gleich C setzt:

$$\sigma = Cp \quad \ldots \quad (73)$$

Ist p nun der mittlere Druck in der Umgebung des Punktes 2 von Abb. 44, so lautet Gleichung (72) nach Einführung des Wertes für σ

$$p_2 - p_1 = - Chpg$$

oder

$$\frac{p_2 - p_1}{h} = - Cgp \quad \ldots \quad \ldots \quad (74)$$

Läßt man die Höhendifferenz h sehr klein werden, so wird $p_1 - p_2$ ebenfalls sehr klein, das Verhältnis $\dfrac{p_1 - p_2}{h}$ wird zum ersten Differentialquotienten des Druckes nach der Höhe, den man, wie oben S. 5 erörtert, anschreibt als $\dfrac{dp}{dh}$. Wir finden daher:

$$\frac{dp}{dh} = - Cgp \quad \ldots \quad \ldots \quad (75)$$

Abb. 44.
Luftdruck.

C und g sind Konstanten, p und h Variable. Gleichung (75) ist eine Gleichung zwischen dem ersten Differentialquotienten und einer der beiden Variablen. Eine solche Gleichung nennt man eine Differentialgleichung. Die Beziehung, die zwischen den Variablen besteht, kann man nach den Lehren der Integralrechnung aus Gleichung (75) entnehmen, und es ergibt sich aus:

$$- C\,g\,d\,h = \frac{d\,p}{p}$$

durch Integration:

$$- C\,g\,h = l\,p + B.$$

$l\,p$ = logarithmus naturalis p, B bedeutet eine Konstante, die dadurch bestimmt ist, daß für h = 0, p = p_0, d. h. gleich dem Barometerstand an der Erdoberfläche ist. Daher
$$B = - l\,p_0.$$

Wir erhalten somit:

$$h = \frac{l\,p_0 - l\,p}{C\,g} = \frac{1}{C\,g}\,l\,\frac{p_0}{p} \quad \ldots \ldots \ldots \quad (76)$$

Führt man statt der absoluten Temperatur die Temperatur nach Celsius ein und bestimmt die Zahlenwerte, so findet man für atmosphärische Luft, wobei man gleichzeitig die natürlichen Logarithmen durch Briggische ersetzt:

$$h = 18\,400\,(1 + 0{,}004\,t)\,\log\frac{p_0}{p} \quad \ldots \ldots \quad (77)$$

Die Abweichung, die zwischen dieser Formel (77) und der aus Gleichung (76) unter Benutzung der früher angegebenen Zahlen zu errechnenden besteht, beruht darauf, daß man für die atmosphärische Luft eine starke Beimengung von Wasserdampf annehmen muß.

Der Luftdruck nimmt demnach als logarithmische Funktion der Höhe ab. Abweichungen von diesem Gesetz sind bedingt durch die Änderung der Schwere mit der Höhe, die Änderung der Temperatur mit der Höhe und den verschiedenen Sättigungsgraden der Luft mit Wasserdampf. Alle diese Abweichungen sind verhältnismäßig klein, so daß man aus dem Barometerstand nach Gleichung (77) stets mit verhältnismäßig großer Genauigkeit die Höhe ermitteln kann. Die Feststellung der Höhe durch Bestimmung des Barometerstandes wird praktisch außerordentlich häufig benutzt, besonders dann, wenn es sich um dauernde Kontrolle rascher Änderungen der Höhe handelt, wie es z. B. beim Fluge wünschenswert ist.

e) Luftpumpen.

Apparate, die dazu dienen, die Luft in einem Raum zu verdünnen, heißen Luftpumpen. Eine Möglichkeit, einen luftleeren Raum herzustellen, haben wir bereits beim Torricellischen Versuch kennen gelernt. Man kann diesen Versuch dazu verwenden, die Luft in einem beliebigen Raum bis zu einem hohen Grade zu verdünnen, indem man den zu evakuierenden Raum immer wieder mit einem Torricellischen Vakuum in Verbindung bringt. Diese Aufgabe erfüllen die Quecksilberluftpumpen, von denen zahlreiche verschiedene Konstruktionen angegeben wurden. Ein Beispiel einer solchen Pumpe zeigt Abb. 45. Durch Heben oder Senken des mit Quecksilber gefüllten Gefäßes A kann das Gefäß B gefüllt oder entleert werden. Hebt man A hoch, so füllt sich B. Die in B vorhandene Luft wird durch die Röhre D, die in ein mit Quecksilber gefülltes Gefäß eintaucht, ausgetrieben. Man hebt A so lange, bis die Luft vollständig aus B vertrieben ist, und B sowie die Röhre D gänzlich mit Quecksilber angefüllt ist. Senkt man nunmehr A, so wird sich, wenn die Niveaudifferenz zwischen der Quecksilberoberfläche in A und der Röhrenrundung zwischen D und B größer wird, als dem Atmosphärendruck entspricht, ein Torricellisches Vakuum in D und B ausbilden. Bei weiterem Senken von A wird die Oberfläche in B unter die Verzweigungsstelle von E nach F sinken. Damit tritt das Vakuum in Verbindung mit dem zu evakuierenden Raum R, die dort vorhandene Luft dehnt sich auf das Volumen R + A aus. Neuerliches Heben von A schließt R wieder von B ab und treibt die in B eingedrungene Luft durch D aus; das neuerliche Senken bewirkt in B ein neues Vakuum, das wiederum mit R in Verbindung tritt. Mehrmals wiederholtes Heben und Senken verdünnt die Luft in R immer mehr. Um die Verdünnung bei einem Barometerstand von 76 cm Hg bis in die Nähe des Nulldruckes treiben zu können, müssen die Röhren D, E, F länger als 76 cm sein.

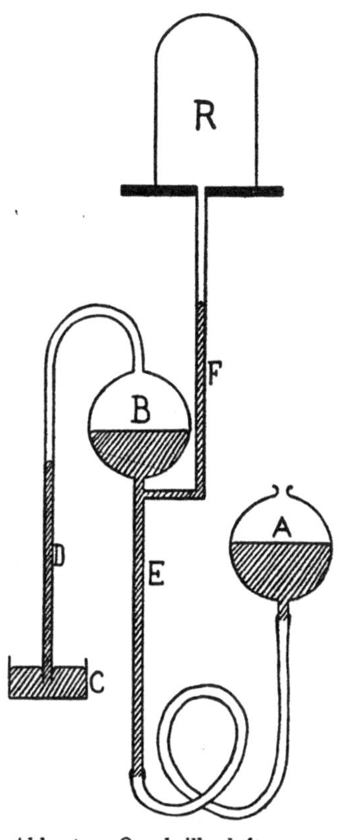

Abb. 45. Quecksilberluftpumpe.

Die ersten zur Herstellung von luftverdünnten Räumen benutzten Instrumente waren die Kolbenluftpumpen, deren Konstruktion grundsätzlich durch Abb. 46 veranschaulicht wird. In einem Zylinder Z gleitet ein luftdicht schließender Kolben. Der Inhalt des Zylinders kann durch die Ventile a und b entweder mit der atmosphärischen Luft oder mit R in Verbindung gebracht werden. Wird der Kolben gesenkt, so ist b geschlossen, die in ihm enthaltene Luft strömt durch das geöffnete Ventil a in die Atmosphäre ab. Wird der Kolben nunmehr gehoben, so schließt sich a und öffnet sich b. Die in R befindliche Luft dehnt sich über ein größeres Volumen aus (R + Z). Wiederholtes Heben und Senken des Kolbens verdünnt die Luft in R immer mehr, jedoch erreicht die Verdünnung eine Grenze, die davon abhängt, wie vollkommen die Unterfläche des Kolbens auf den Boden

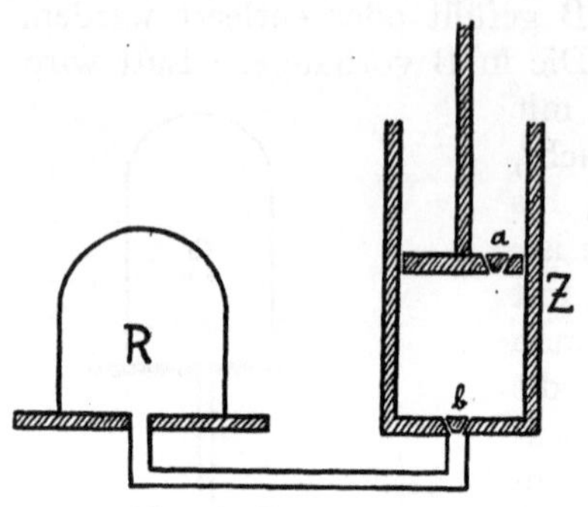

Abb. 46. Kolbenluftpumpe.

des Zylinders paßt. Die beiden Flächen werden niemals vollkommen ohne Zwischenraum aufeinander liegen, sondern auch bei der tiefsten Stellung des Kolbens bleibt noch ein gewisser Rest von Luft unter Atmosphärendruck im Zylinder (schädlicher Raum), der die Verdünnung über einen bestimmten Grad hinaus verhindert.

Die vorher beschriebene Quecksilberluftpumpe hat keinen schädlichen Raum; die Luftverdünnung kann daher mit ihr bis zu einem wesentlich höheren Grad getrieben werden, als mit einer Kolbenluftpumpe.

f) Osmotischer Druck, Dampfdruck.

In enger Beziehung zu dem Verhalten der Gase steht das Verhalten verdünnter Lösungen. Schichtet man z. B. über eine konzentrierte Rohrzuckerlösung reines Wasser, was infolge der größeren Dichte der Rohrzuckerlösung leicht gelingt, und läßt diesen Ansatz längere Zeit ruhig stehen, so findet man, daß Rohrzucker aus der Lösung in das Wasser eindringt. Mit fortschreitender Zeit tritt eine immer innigere Vermischung der Zuckerlösung mit dem Wasser ein, und schließlich kann man nach Verlauf einiger Tage feststellen, daß eine vollständige Vermischung der beiden Flüssigkeiten eingetreten ist, d. h. das Gefäß enthält eine überall gleich konzentrierte verdünnte Zuckerlösung.

Diese Erscheinung ist entschieden sehr ähnlich der S. 62 beschriebenen Diffusion der Gase und wird ebenso wie diese als Diffusion bezeichnet. Auch bei der Diffusion gelöster Stoffe kann man beobachten, daß die Diffusionsgeschwindigkeit für verschiedene Stoffe verschieden groß ist, und man kann hier wie dort die Diffusionsgeschwindigkeit für den Ausdruck der Molekulargröße ansehen und annehmen, daß das kleinere Molekül rascher diffundiert. Als einen unmittelbaren Beweis für die verschiedene Größe der Moleküle kann die leicht zu beobachtende Tatsache betrachtet werden, daß verschiedene feste Stoffe für Moleküle bestimmter Gattung durchlässig, für andere undurchlässig sind. Besonders häufig findet man, daß gewisse Membranen für Wasser durchlässig sind, während sie für zahlreiche wasserlösliche Stoffe so gut wie undurchlässig sind. Diese Eigenschaft haben z. B. viele tierische Membranen; in ausgezeichneter Form besitzt sie unter anderem ein durch Zusammenbringen von Kupfersulphat und Ferrozyankalium entstehender Niederschlag von Ferrozyankupfer. Ein ähnliches Verhalten gegenüber Gasen zeigt z. B. Palladium, das für Wasserstoff durchlässig, dagegen für verschiedene andere Gase, z. B. Stickstoff, undurchlässig ist.

Wände oder Membranen mit solchen Eigenschaften nennt man „halbdurchlässig" oder „semipermeabel". Trennt man in einer der oben beschriebenen ähnlichen Versuchsanordnung eine Lösung durch eine semipermeable Wand von reinem Lösungsmittel, so kann der gelöste Stoff nicht in das reine Lösungsmittel hineindiffundieren, wohl aber Lösungsmittel in die Lösung. Tatsächlich tritt bei einer solchen Versuchsanordnung Lösungsmittel durch die halbdurchlässige Wand in die Lösung über, die Lösung verdünnt sich. Man bezeichnet diesen Vorgang als „Osmose". Der Übertritt von Lösungsmittel in die Lösung geschieht mit einer bestimmten Kraft, die durch den Pfefferschen Versuch bestimmt werden kann. Eine Skizze der Versuchsanordnung zeigt Abb. 47. In ein Gefäß A mit reinem Lösungsmittel sei ein zweites B mit halbdurchlässigen Wänden eingetaucht, das eine Lösung eines beliebigen Stoffs im gleichen Lösungsmittel enthält. Das Gefäß B sei abgeschlossen und münde in ein enges Steigrohr. Überläßt man die Anordnung sich selbst, so beobachtet man, daß die Flüssigkeit in dem Steigrohr zu steigen beginnt, entsprechend dem Übertritt von Lösungsmittel in die Lösung. Nach einiger Zeit kommt die Flüssigkeit in einer bestimmten Höhe h über der Flüssigkeitsoberfläche von A zum Stillstand. Im Innern des Gefäßes B herrscht nunmehr ein um $h\,\sigma\,g$ ($\sigma =$ Dichte der Lösung) höherer Druck als im Gefäß A. Diesem Druck wird das Gleichgewicht gehalten durch eine Kraft, die das Lösungsmittel von A nach B zu treiben sucht. Man wird die Größe dieser Kraft, die als das Verdünnungsbestreben der Lösung bezeichnet werden kann, daher

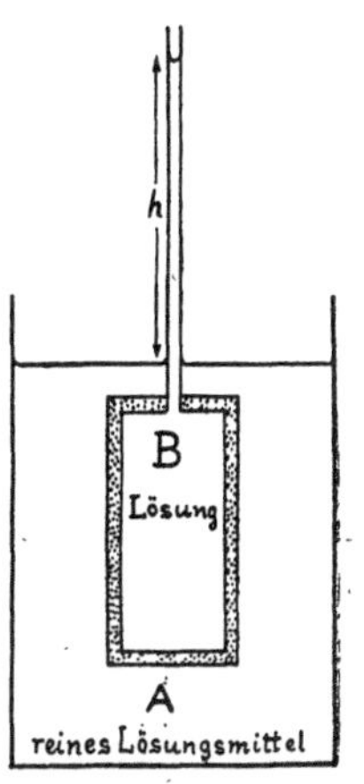

Abb. 47. Pfefferscher Versuch.

zweckmäßig auch in Form eines Druckes, d. h. als Kraft pro Flächeneinheit angeben, und diesen Druck gleich $h\,\sigma\,g$ setzen. Man nennt diesen Druck den „osmotischen Druck" der Lösung. Ist das Steigrohr sehr eng, so daß zu seiner Füllung bis zur Höhe h eine im Verhältnis zum Inhalt von B kleine Flüssigkeitsmenge notwendig ist, so wird das Eindringen des Lösungsmittels die Konzentration der Lösung nicht verändern. Durch Füllung von B mit Lösungen verschiedener Stoffe verschiedener Konzentration und Beobachten der Höhe h kann der osmotische Druck für Lösungen der verschiedensten Art unter den verschiedensten Bedingungen ermittelt werden.

Das Experiment ergibt nun, daß bei gleicher Temperatur für Lösungen des gleichen Stoffes der osmotische Druck direkt proportional der Konzentration. der Lösung ist.

Vergleicht man die Gewichtsmengen verschiedener Stoffe, die in dem gleichen Volumen des Lösungsmittels gelöst den gleichen osmotischen Druck haben, so findet man, daß bei gleicher Temperatur die Gewichtsmengen sich zueinander verhalten wie die Molekulargewichte. Eine Abweichung von diesem Verhältnis ergibt sich nur bei Elektrolyten, d. h. bei Basen, Säuren und Salzen, und zwar ist der osmotische Druck von Elektrolytlösungen meist etwa doppelt so groß, als man nach ihrer molekularen Konzentration erwarten sollte.

Richtet man das Augenmerk auf die Abhängigkeit des osmotischen Druckes vom Volumen, das der gelöste Stoff einnimmt, so erkennt man, daß die beobachtete Abhängigkeit des osmotischen Druckes von der Konzentration dasselbe aussagt wie das Boyle-Mariottesche Gesetz über die Abhängigkeit des Volumens eines Gases vom Druck, nämlich daß der osmotische Druck umgekehrt proportional dem vom gelösten Stoff eingenommenen Volumen ist.

Die zweite erwähnte Feststellung ist, wenn wir zunächst von der Ausnahme der Elektrolyte absehen, identisch mit der Feststellung bei Gasen, die zur Avogadroschen Hypothese geführt hat, und lautet: Äquimolekulare Lösungen haben gleichen osmotischen Druck.

Bestimmt man die Abhängigkeit des osmotischen Druckes der gleichen Lösung von der Temperatur, so findet man auch hier übereinstimmend mit dem Gay-Lussacschen Gesetz, daß der osmotische Druck bei Zunahme der Temperatur um 1 Grad um $^{1}/_{273}$ des Druckes derselben Lösung bei 0 Grad zunimmt.

Um eine vollständige Analogie zwischen dem osmotischen Druck und dem Verhalten der Gase zu gewinnen, bedarf es nunmehr nur noch der Feststellung der absoluten Größe des osmotischen Drucks einer Lösung bestimmter molekularer Konzentration. S. 60 wurde berichtet, daß ein Mol eines Gases in 1 cm³ Volumen bei 0 Grad einen Druck von $22{,}71 \times 10^9 \frac{\text{Dynen}}{\text{cm}^2}$, bzw. daß ein Mol in einem Liter einen Druck von 22,41 Atmosphären ausübt. Für eine Lösung von 1 Mol eines Stoffes in einem Liter Wasser bei 0 Grad findet man durchaus übereinstimmend mit dieser Zahl den osmotischen Druck von 22,41

Atmosphären, d. h. 1 Mol in einem cm³ gelöst, würde einen osmotischen Druck von $22{,}71 \times 10^9 \frac{\text{Dynen}}{\text{cm}^2}$ besitzen.

Da die Beobachtungen für den osmotischen Druck so vollkommen mit denen bei den Gasen übereinstimmen, so gelten für ihn alle oben im Anschluß an die Darlegung der Gasgesetze durchgeführten Rechnungen. Man kommt daher zu der mit Gleichung (71) identischen Gleichung für den osmotischen Druck p von N-Molen eines beliebigen, in einem Volumen v gelösten Stoffes:

$$p \times v = NRT \quad \ldots \quad \ldots \quad \ldots \quad (78)$$

R = Gaskonstante, T = absolute Temperatur.

Bringt man v auf die rechte Seite, und setzt für $\frac{N}{v}$ den Buchstaben C, der die molare Konzentration der Lösung bedeutet, so findet man damit den osmotischen Druck jeder Lösung abhängig von der Konzentration und der absoluten Temperatur:

$$p = CRT \quad \ldots \quad \ldots \quad \ldots \quad 79)$$

R hat bei Angabe der Konzentration in $\frac{\text{Mol}}{\text{cm}^3}$ den Wert $8{,}315 \times 10^7$; p wird dann in $\frac{\text{Dynen}}{\text{cm}^2}$ gefunden. Gibt man die Konzentration in Mol pro Liter an, und wünscht den Druck p in Atmosphären zu erfahren, so ist R = 0,08206 zu setzen.

Die Berechnung des osmotischen Druckes einer Lösung aus ihrer molaren Konzentration nach Gleichung (79) ist danach gegeben. Häufig besteht jedoch das Bedürfnis, den osmotischen Druck einer Lösung unbekannter Konzentration zu bestimmen. Die Möglichkeit einer solchen Bestimmung gibt der Pfeffersche Versuch. Wesentlich einfacher und sicherer gelingt jedoch die Bestimmung auf Grund des Zusammenhangs der molaren Konzentration einer Lösung mit ihrem Gefrierpunkt, der durch das Verhalten des Dampfdrucks bestimmt ist.

Füllt man bei einer bestimmten Temperatur einen abgeschlossenen Raum teilweise mit einer Flüssigkeit, so wird Flüssigkeit in den Raum hinein verdunsten, und zwar so lange, bis der Raum mit Dampf der betreffenden Flüssigkeit gesättigt ist. Der Partiardruck, den der Dampf im Zustand der Sättigung ausübt, ist der Dampfdruck der Flüssigkeit; seine Größe ist nur abhängig von der Temperatur, unabhängig von den sonst noch im Raum vorhandenen Gasen. Für Wasser in flüssigem Aggregatzustand werden bei verschiedenen Temperaturen folgende Dampfdrucke gefunden:

Temperatur in Grad Celsius	Dampfdruck in Dynen $\overline{cm^2}$
0	6 120
20	23 400
50	123 200
100	1 014 000

Man erkennt aus der Tabelle den starken Anstieg des Dampfdruckes mit der Temperatur und die Tatsache, daß bei 100 Grad der Dampfdruck gleich dem Atmosphärendruck wird. Diese Gleichheit ist der Grund, daß bei dieser Temperatur die als Sieden bezeichnete Entwicklung von Dampfblasen im Innern des Wassers einsetzt. Ähnliche Beobachtungen, wie bei Flüssigkeiten kann man bei festen Körpern machen. Bringt man z. B. ein Stück Eis bei bestimmter Temperatur in einen abgeschlossenen Raum, so wird auch das Eis verdampfen, bis der Raum mit Wasserdampf gesättigt ist, und man bezeichnet den bei der Sättigung beobachteten Partiardruck des Wasserdampfes als den Dampfdruck des Eises bei der betreffenden Temperatur. Der Dampfdruck des Eises steigt ebenfalls stark mit der Temperatur; die Abhängigkeit ist jedoch verschieden von der Abhängigkeit des Dampfdruckes flüssigen Wassers von der Temperatur.

Überlegt man, was aus der Verschiedenheit des Dampfdruckes desselben Stoffes in festem und flüssigem Aggregatzustand folgt, für den Fall, daß bei der gleichen Temperatur sowohl fester wie flüssiger Stoff im gleichen Raum vorhanden ist, so findet man, daß dann, wenn der Dampfdruck des festen Aggregatzustandes höher ist als der des flüssigen, der gesamte Stoff in den flüssigen Zustand übergeht, während dann, wenn der Dampfdruck der Flüssigkeit höher ist, der gesamte Stoff fest wird. Bei der Temperatur des Gefrierpunktes ist erfahrungsgemäß fester und flüssiger Aggregatzustand nebeneinander existenzfähig; der Dampfdruck der beiden Aggregatzustände muß demnach im Gefrierpunkt der gleiche sein. Aus dieser Überlegung ergibt sich, daß man aus der Abhängigkeit des Dampfdrucks des flüssigen und festen Aggregatzustandes eines Stoffes nicht nur, wie schon vorher erwähnt, seinen Siedepunkt, sondern auch seinen Gefrierpunkt ermitteln kann.

Es sei beispielsweise in Abb. 48 F S die experimentell bestimmte Temperaturabhängigkeit des Dampfdrucks des flüssigen Wassers, O F die Temperaturabhängigkeit des Dampfdrucks des Eises. Der Siedepunkt S der Flüssigkeit ist bestimmt durch das Überschneiden des konstanten Atmosphärendruckes A durch die Dampfdruckkurve; der Gefrierpunkt F durch den Schnittpunkt der Kurven F S und O F. Untersucht man den Dampfdruck einer Lösung, so kann man feststellen, daß derselbe die gleiche Abhängigkeit von der Temperatur zeigt, wie der des Lösungsmittels, im ganzen jedoch niedriger ist, d. h. er folgt einer unterhalb F S

verlaufenden Kurve, wie sie durch die gestrichelte Linie $F_1 S_1$ in Abb. 48 angedeutet ist. Der Gefrierpunkt der Lösung ist bedingt durch den Schnittpunkt dieser Kurve mit O F, der bei F_1 liegt. F_1 ist gegenüber F nach links verschoben, d. h. der Gefrierpunkt der Lösung ist gegenüber dem Gefrierpunkt des reinen Lösungsmittels erniedrigt, während der Siedepunkt bei S_1, d. h. bei einer höheren Temperatur als der des reinen Lösungsmittels liegt.

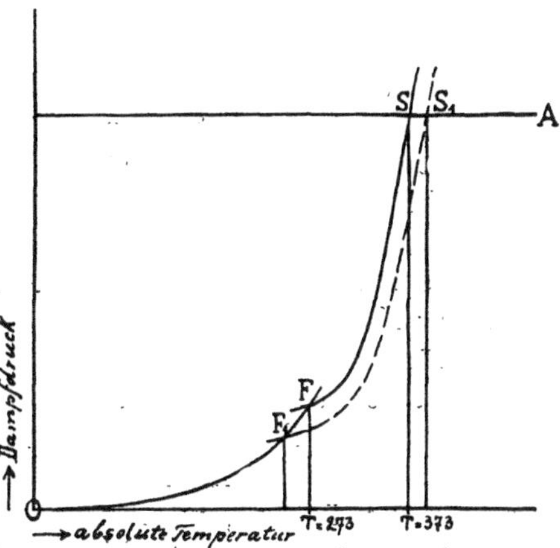

Abb. 48. Beziehung zwischen dem Dampfdruck und dem Gefrier- bzw. Siede-Punkt.

Genaue Bestimmungen der Gefrierpunktserniedrigung verschiedener Stoffe haben ergeben, daß die Gefrierpunktserniedrigung proportional der Konzentration ist, und daß äquimolekulare Lösungen verschiedener Stoffe im gleichen Lösungsmittel die gleiche Gefrierpunktserniedrigung zeigen. Auch hier machen die Elektrolyte eine Ausnahme, indem ihre Lösungen eine etwa doppelt so große Gefrierpunktserniedrigung aufweisen, als man nach der molekularen Konzentration erwarten sollte.

Man kann danach durch die Bestimmung des Gefrierpunktes die molekulare Konzentration bzw. den osmotischen Druck einer Lösung ermitteln. Die Gefrierpunktserniedrigung einer Lösung von einem Mol eines Stoffes in einem Liter Wasser beträgt nach experimentellen Bestimmungen 1,84 Grad. Die Gefrierpunktserniedrigung von 1,84 Grad entspricht demnach einem osmotischen Druck von 22,41 Atmosphären oder von 22,71 $\times$ 10⁶ Dynen pro cm² bei 0 Grad. Einer Gefrierpunktserniedrigung von einem Grad entspricht ein osmotischer Druck von 12,17 Atmosphären oder von 12,34 $\times$ 10⁶ $\dfrac{\text{Dynen}}{\text{cm}^2}$. Die Anzahl der in einem cm³ gelösten Mole errechnet man aus der Gefrierpunktserniedrigung durch Division durch 1840.

Es ist naheliegend für den osmotischen Druck bzw. den Dampfdruck der kinetischen Gastheorie ähnliche Vorstellungen zu entwickeln. Nimmt man an, daß ebenso wie die Moleküle eines Gases, die Moleküle einer Flüssigkeit dauernd in lebhafter Bewegung begriffen sind, und daß die mittlere Geschwindigkeit der Molekularbewegung ihren Ausdruck in der Temperatur findet, so ergibt sich der Zusammenhang zwischen den Gasgesetzen, dem Dampfdruck und dem osmotischen Druck zwanglos. Denkt man sich unter diesen Voraussetzungen eine halbdurchlässige Membran als ein Sieb, dessen Maschenweite so groß ist, daß die kleineren Moleküle des Lösungsmittels das Sieb ohne weiteres passieren können, während die größeren Moleküle des gelösten Stoffes zurückgehalten werden, so wird der gelöste Stoff auf die Membran einen Druck ausüben, der mit dem Gasdruck einer gleichgroßen Anzahl von Molekülen übereinstimmen würde, wenn die kinetische Energie der Moleküle des gelösten Stoffes mit der des Gases übereinstimmte. Die zahlenmäßige Übereinstimmung der Konstante des osmotischen Druckes mit der Gaskonstante spricht für die Richtigkeit dieser Annahme. Der Druck des gelösten Stoffes sucht die Membran in der Richtung nach dem Lösungsmittel zu verschieben. Daß sich das Lösungsmittel auch bei festgehaltener Membran durch dieselbe hindurch in die Lösung hinein verschiebt, erscheint verständlich, wenn man das Augenmerk auf die Moleküle des Lösungsmittels richtet. Von der Seite des reinen Lösungsmittels werden in der Zeiteinheit in dem Verhältnis mehr Moleküle an die Membran heranfliegen und durch sie hindurchtreten, als von der Seite der Lösung, wenn auf beiden Seiten der 'Druck gleich ist, in welchem in der Lösung Moleküle des Lösungsmittels durch Moleküle des gelösten Stoffes ersetzt sind. Der Übertritt kommt zum Stillstand, wenn der Druck in der Lösung um so viel höher ist als im Lösungsmittel, daß gleichviel Moleküle des Lösungsmittels in der Zeiteinheit von der Lösung zum Lösungsmittel übertreten, wie in umgekehrter Richtung. Die Druckdifferenz entspricht dem Gasdruck einer Molekülzahl gleich der des gelösten Stoffs.

Ähnlich ist die Erscheinung des Dampfdruckes zu erklären. Wenn die mittlere Geschwindigkeit der Moleküle eine gewisse, durch die Temperatur definierte Größe besitzt, so ist die tatsächliche Geschwindigkeit der einzelnen Moleküle teilweise größer, teilweise kleiner als diese Größe, was aus dem häufigen Aneinanderstoßen der Moleküle verständlich erscheint. Ein gewisser Prozentsatz der Moleküle in der Nähe der Flüssigkeitsoberfläche wird eine so große Geschwindigkeit haben, daß er aus der Anziehungssphäre der umgebenden Moleküle, d. h. aus der Oberfläche herausgeschleudert wird. Die Zahl der pro Zeiteinheit herausgeschleuderten Moleküle wird um so größer sein, je höher die mittlere Geschwindigkeit, d. h. je höher die Temperatur ist. Das Herausschleudern der Moleküle aus der Oberfläche der Flüssigkeit bedeutet den Übergang eines Teils der Flüssigkeit in gasförmigen Aggregatzustand; die Flüssigkeit verdampft. Befindet sich in dem Raum über der Flüssigkeitsoberfläche der gleiche Stoff in gasförmigem Zustand unter einem gewissen Partiardruck, so werden Moleküle dieses Grades, nach der kinetischen Vorstellung des Gasdrucks, an die Flüssigkeitsoberfläche heranfliegen und in sie eintreten, ein Teil des Dampfes kondensiert, d. h geht in flüssigen Zustand über. Die Flüssigkeit wird weder ab- noch zunehmen, weder verdampfen, noch kondensieren, d. h. es wird ein Gleichgewicht zwischen Dampf und Flüssigkeit herrschen, wenn in der Zeiteinheit gleichviel Moleküle in die Oberfläche eintreten, wie herausgeschleudert werden. Das ist der Fall, wenn der Dampfdruck der Flüssigkeit gleich dem Partiardruck des über der Flüssigkeit stehenden Dampfes ist. Daß der Dampfdruck einer Lösung geringer ist als der des reinen Lösungsmittels, ergibt sich daraus, daß in der Lösung ein Teil der Moleküle durch Moleküle des gelösten Stoffes ersetzt ist, so daß in der Zeiteinheit um so weniger Moleküle des Lösungsmittels aus der Oberfläche herausgeschleudert werden, je mehr gelöster Stoff im Lösungsmittel vorhanden, d. h. je höher die Konzentration ist.

Die Ausnahme der Elektrolyte erklärt sich aus ihrer auch in anderer Hinsicht wichtigen Eigenschaft, sich in Lösung mehr oder weniger vollkommen in zwei Teile zu spalten, zu „dissoziieren". Es verhält sich dann ein Molekül eines Elektrolyten wie zwei gesonderte Moleküle und übt dementsprechend den doppelten osmotischen Druck aus. Aus der Abweichung des osmotischen Drucks einer Elektrolytlösung von dem aus der molekularen Konzentration errechneten, kann man einen Schluß auf den Prozentsatz der zerfallenen Moleküle, d. h. auf den „Dissoziationsgrad" ziehen. Stark verdünnte Elektrolytlösungen haben stets einen genau doppelt so hohen osmotischen Druck, wie äquimolekulare Lösungen eines Nichtelektrolyten, d. h. in stark verdünnten Lösungen sind alle Elektrolyte vollkommen dissoziiert.

Auch bei Gasen werden unter Umständen, besonders bei sehr hoher Temperatur, Abweichungen von den Gasgesetzen beobachtet, die dafür sprechen, daß sich ein gewisser Teil der Moleküle in zwei Teile gespalten hat. Man nennt diese teilweise Spaltung ebenfalls Dissoziation und führt sie darauf zurück, daß bei sehr hohen Molekulargeschwindigkeiten die Moleküle öfters so heftig aufeinander stoßen, daß sie in mehrere Teile zerfallen. Da gleichzeitig dauernd zerfallene Moleküle, die sich mit geringerer Geschwindigkeit begegnen, wieder zu ganzen zusammentreten, bildet sich ein Gleichgewichtszustand aus, der den Dissoziationsgrad charakterisiert, in dem pro Zeiteinheit ebenso viele Moleküle zerfallen wie zusammentreten. Der Dissoziationsgrad der Gase steigt, wie nach dieser Vorstellung zu erwarten, mit der Temperatur und mit der Verminderung des Druckes.

8. Kapitel: Ausbreitung der Wärme.

a) Wärmeleitung.

Bei der Definition der Temperatur wurde die Beobachtung erwähnt (S. 55), daß zwei verschieden warme Körper, die sich berühren, nach einiger Zeit gleich warm werden, und daß dieser Vorgang dadurch zu erklären ist, daß Wärme von einem zum anderen Körper übergeht. Der Austausch von Wärme zwischen zwei Körpern bzw. zwischen zwei Stellen desselben Körpers ist, wie dort erörtert, ursächlich an das Bestehen einer Temperaturdifferenz geknüpft; der Übergang kann in verschiedener Art vor sich gehen, und zwar lassen sich vor allem zwei charakteristische Arten des Wärmeübergangs unterscheiden, als deren Repräsentanten man z. B. das Erwärmen eines Körpers durch Einbringen in eine Flamme und die Erwärmung eines Gegenstandes im Sonnenschein nennen kann. Der Eindruck ist unmittelbar gegeben, daß im ersten Fall Wärme direkt von den heißen Gasen der Flamme auf den Gegenstand übergeht, im zweiten Fall durch Vermittlung der Sonnenstrahlen übertragen wird. Man bezeichnet die beiden Arten der Wärmeübertragung als Wärmeleitung und Wärmestrahlung.

Von Wärmeleitung spricht man nicht nur beim Wärmeübergang bei unmittelbarer Berührung zweier Körper, sondern auch dann, wenn sich Wärme innerhalb desselben Körpers ausbreitet. Erhitzt man beispielsweise einen Eisendraht an einem Ende durch Einbringen in eine Flamme, so kann nach einiger Zeit durch Berührung mit der Hand bzw. einem Thermometer festgestellt werden, daß keineswegs nur die direkt erhitzte Stelle des Drahtes, sondern der ganze Draht, selbst in großer Entfernung von der ursprünglich erwärmten Stelle, wärmer geworden ist. Wiederholt man den gleichen Versuch mit einem Glasstab, so stellt man fest, daß sich die Erwärmung in der gleichen Zeit in viel geringerem Maße ausbreitet. Die Fähigkeit, die Wärme weiterzuleiten, ist danach anscheinend für verschiedene Stoffe verschieden. Man unterscheidet gute und schlechte Wärmeleiter. Eine Angabe über die Wärmeleitfähigkeit eines Stoffes kann auf Grund der Feststellung gemacht werden, innerhalb welcher Zeit eine Stelle, die sich in einer bestimmten Entfernung von einem auf eine bestimmte Temperatur erwärmten Ort befindet, eine bestimmte Temperaturerhöhung zeigt, bzw. wie groß an dieser Stelle die Temperaturerhöhung innerhalb einer bestimmten Zeit ist. Als gute Wärmeleiter erweisen sich Metalle, schlechtere sind z. B. Holz, Glas und Gummi, ganz schlechte Flüssigkeiten und Gase, mit Ausnahme der flüssigen Metalle. Absolut unfähig, Wärme durch Leitung zu übertragen, ist der luftleere Raum.

b) Wärmestrahlung.

Grundsätzlich verschieden von der Wärmeübertragung durch Leitung ist die durch Strahlung. Sie erfolgt auch durch den luftleeren Raum; während sich die Wärme durch Leitung sehr langsam ausbreitet (es dauert z. B. selbst bei einem Metalldraht mehrere Minuten, bis in einer Entfernung von einigen Dezimetern von einer direkt erwärmten Stelle eine merkliche Erwärmung auftritt), pflanzt sich die Wärme durch Strahlung mit sehr großer Geschwindigkeit durch den Raum fort. Daß Lichtstrahlen stets Wärme übertragen, läßt sich leicht feststellen; es wäre daher naheliegend anzunehmen, daß Wärmestrahlen und Lichtstrahlen identisch seien. Diese Annahme ist insofern zutreffend, als Lichtstrahlen, die nicht gleichzeitig Wärmestrahlen sind, nicht beobachtet werden. Andererseits findet man aber Übertragung von Wärme durch Strahlung, ohne daß Lichterscheinungen wahrgenommen werden. Eingehender können die Beziehungen zwischen Licht- und Wärmestrahlen erst in der Diskussion über die Natur des Lichts besprochen werden; vorläufig soll nur zwischen leuchtenden und dunklen Wärmestrahlen unterschieden werden. Man kann für diese zwei Strahlenarten auch gewisse Unterschiede anderer Art feststellen; so findet man z. B., daß manche durchsichtige Körper, wie z. B. Glas für leuchtende Wärmestrahlen leicht durchlässig sind, während sie für dunkle fast undurchlässig sind.

Die Erwärmung eines Körpers durch Wärmestrahlen ist, außer von der Art und Stärke der Strahlung, in erheblichem Maße von gewissen Eigenschaften des bestrahlten Körpers abhängig. Bringt man z. B. zwei sonst gleichartige Gegenstände, von denen einer eine glatte, der andere eine rauhe Oberfläche hat, in die gleiche Wärmestrahlung, so findet man, daß die Temperaturerhöhung des Körpers mit rauher Oberfläche bedeutend rascher vor sich geht, als die des Körpers mit glatter Oberfläche; ebenso erwärmt sich ein schwarzer Gegenstand in der gleichen Strahlung rascher, als ein sonst gleichartiger mit weißer Oberfläche. Die Aufnahme von Wärme aus einer Wärmestrahlung nennt man Absorption, die Fähigkeit aus einer Wärmestrahlung Wärme aufzunehmen, Absorptionsvermögen. Das Absorptionsvermögen ist danach abhängig von Form und Farbe der Oberfläche. Für Wärmestrahlen durchlässige Körper haben ein geringes Absorptionsvermögen.

Beobachtet man die Ausstrahlung zweier sonst gleicher Gegenstände gleicher Temperatur mit verschiedenartiger Oberfläche, so findet man, daß die Ausstrahlung in gleicher Art von der Form und Farbe abhängig ist, wie das Absorptionsvermögen, d. h. rauhe Oberflächen strahlen stärker als glatte, dunkle Oberflächen stärker als helle.

Aus der für leuchtende und dunkle Wärmestrahlung verschiedenen Durchlässigkeit bestimmter Stoffe folgen gewisse praktisch wichtige

Erscheinungen. Bringt man z. B. in einem Glaskasten einen stark absorbierenden Körper in den Sonnenschein, so passieren die leuchtenden
Wärmestrahlen das Glas ungehindert und erwärmen den Körper.
Der erwärmte Körper sendet seinerseits dunkle Wärmestrahlen aus,
die das Glas nicht durchdringen können. Infolgedessen steigt die
Temperatur im Innern des Glaskastens auf einen viel höheren Grad
als in der Umgebung. Auf diesem Prinzip beruht die in Treibhäusern
auftretende Temperatursteigerung.

c) Wärmeströmung.

In Gasen und Flüssigkeiten beobachtet man außer der Wärmeausbreitung durch Leitung und Strahlung noch einen Vorgang, der
zur verhältnismäßig raschen Ausbreitung der Wärme eines warmen
Körpers führen kann. Die in der Nähe des Körpers befindliche
Flüssigkeits- bzw. Gasmenge wird durch Leitung erwärmt. Infolge
der Temperaturerhöhung steigt ihr Volumen, ihre Dichte nimmt ab,
sie steigt in die Höhe und neue noch nicht erwärmte Mengen können
in unmittelbare Berührung mit dem warmen Körper kommen; diese
werden ihrerseits erwärmt, steigen in die Höhe und werden durch neue
ersetzt. Es entwickelt sich eine lebhafte Strömung in dem Gas bzw.
der Flüssigkeit, die eine allgemeine Erwärmung bewirkt, indem die
Wärme von dem erwärmten Stoff mitgeführt wird.

9. Kapitel: Ausdehnung fester und flüssiger Stoffe mit der Temperatur, Änderung des Aggregatzustandes.

a) Temperaturkoeffizient.

Die Abhängigkeit des Volumens und Drucks der Gase von der
Temperatur ist im Kapite 7 dieses Abschnittes behandelt. Dort
wurde auch bei der Definition der Temperatur erwähnt, daß das
Volumen der Flüssigkeiten mit steigender Temperatur zunimmt.
Man kann durch Bestimmung des Volumens einer bestimmten Masse
Flüssigkeit bei verschiedener Temperatur zu einer Darstellung des
Volumens als Funktion der Temperatur gelangen. Die Dichte einer
Flüssigkeit ändert sich umgekehrt wie das Volumen. Die Bestimmung
der Abhängigkeit des Volumens von der Temperatur bedeutet daher
nichts anderes als die Bestimmung der Abhängigkeit der Dichte von
der Temperatur. Jede der früher besprochenen Methoden zur Bestimmung der Dichte kann daher dazu dienen, die Veränderung des
Volumens mit der Temperatur festzustellen. Untersucht man derart verschiedene Flüssigkeiten, so findet man meistens, daß das
Volumen der Flüssigkeiten mit der Temperatur zunimmt, ihre Dichte
demnach mit der Temperatur abnimmt. Als Ausdehnungskoeffizient

bezeichnet man den Bruch, der angibt, um welchen Teil des Volumens, das die Flüssigkeit bei o Grad besitzt, ihr Volumen bei der Erwärmung um ein Grad zunimmt. Für die meisten Flüssigkeiten, mit Ausnahme des Quecksilbers, dessen Temperaturkoeffizient verhältnismäßig konstant ist, nimmt der Ausdehnungskoeffizient mit der Temperatur zu. Vollständig von dem gewöhnlichen Verhalten weicht das Verhalten des Wassers ab. Untersucht man die Abhängigkeit der Dichte des Wassers von der Temperatur, so findet man, daß die Dichte nicht dauernd mit der Temperatur abnimmt, sondern ein bestimmtes Maximum, und zwar bei + 4 Grad hat; oberhalb dieser Temperatur nimmt die Dichte, wie bei anderen Flüssigkeiten mit der Temperatur ab, unterhalb nimmt sie, in direktem Gegensatz zu den sonst beobachteten Erscheinungen, mit sinkender Temperatur ab. Die Dichte des Wassers in der Nähe des Dichtigkeitsmaximums als Funktion der Temperatur zeigt Abb. 49. Die Abnahme zu beiden Seiten des Maximums ist in diesem Bereich annähernd symmetrisch.

Die Abhängigkeit der Ausdehnung fester Körper von der Temperatur ist, da bei diesen nicht nur Veränderungen des Volumens, sondern auch Veränderungen der Form in Frage kommen, komplizierter als bei Flüssigkeiten. Bezüglich der Volumveränderung kann man einen

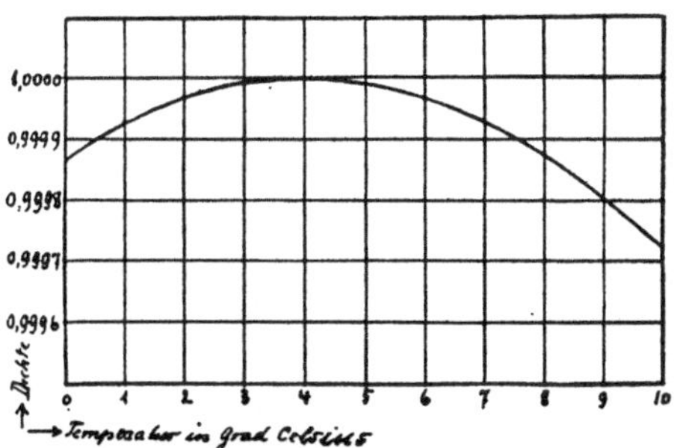

Abb. 49. Dichtigkeitsmaximum des Wassers bei + 4 Grad.

kubischen Ausdehnungskoeffizienten bestimmen, der ebenso wie der Ausdehnungskoeffizient der Flüssigkeiten angibt, um den wievielsten Teil des Volumens bei o Grad das Volumen bei der Erwärmung um einen Grad zunimmt.

Die Volumenzunahme geht bei festen Körpern einher mit einer Veränderung der linearen Dimensionen. Als linearen Ausdehnungskoeffizienten bezeichnet man die Zahl, die angibt, um den wievielten Teil der Länge, die eine Linie bei o Grad hat, die Linie bei der Temperaturerhöhung um einen Grad verlängert wird. Der lineare Ausdehnungskoeffizient eines festen Körpers ist im allgemeinen ein Drittel seines kubischen.

Die Ausdehnungskoeffizienten der verschiedenen Stoffe unterscheiden sich merklich voneinander; bei Kristallen sind die linearen Ausdehnungskoeffizienten nicht in allen Richtungen gleich; bei manchen, besonders organischen Stoffen, wie z. B. dem Gummi, ist die Ausdehnung mit der Temperatur sehr kompliziert. Bei einem Gummifaden ist der lineare Ausdehnungskoeffizient in der Richtung seiner größeren Dimension negativ, d. h. der Faden zieht sich bei der Erwärmung zusammen, während sein Volumen zunimmt.

b) Abhängigkeit des Siede- und Gefrierpunktes vom Druck.

Wie schon bei der Definition der Thermometerfixpunkte erörtert wurde, gehen bei bestimmtem Druck und bestimmter Temperatur alle Stoffe in flüssigen, festen oder gasförmigen Zustand über. Die Temperatur, bei der der Übergang eines Stoffes vom flüssigen zum festen Zustand bzw. vom festen zum flüssigen erfolgt, heißt der Gefrier- oder Schmelzpunkt, die, bei der der Übergang vom flüssigen in den gasförmigen Zustand nicht nur an der Oberfläche, sondern auch im Innern der Flüssigkeit erfolgt, der Siedepunkt des betreffenden Stoffes. Der flüssige, feste und gasförmige Zustand eines Stoffes wird häufig auch als die flüssige, feste und gasförmige Phase des Stoffes bezeichnet.

Die Abhängigkeit des Siedepunktes vom Atmosphärendruck wurde bereits S. 71 behandelt. Dort wurde gesagt, daß der Siedepunkt dadurch bestimmt ist, daß der Dampfdruck der Flüssigkeit gleich dem äußeren Druck ist. Das Sieden ist ein sehr lebhafter Übergang in gasförmigen Zustand, bei dem der Übergang in die gasförmige Phase auch im Innern der Flüssigkeit durch Ausbildung von Gasblasen vor sich geht. Naturgemäß ist die Möglichkeit der Ausbildung von Gasblasen nur dann gegeben, wenn der Dampfdruck gleich dem Druck ist, unter dem die Flüssigkeit steht. Ist der äußere Druck geringer, so wird das Sieden schon bei einer tieferen Temperatur eintreten, bei höherem Außendruck erst bei höherer Temperatur. Die quantitative Abhängigkeit des Siedepunktes vom Druck kann aus der Abhängigkeit des Dampfdruckes von der Temperatur (vgl. Abb. 48) bestimmt werden. Die tatsächliche Veränderlichkeit des Siedepunktes des Wassers vom Druck, also z. B. vom Barometerstand, kann experimentell leicht festgestellt werden.

In ähnlicher Art, wie der Siedepunkt vom Druck abhängt, ändert sich die Lage des Gefrierpunktes mit dem Druck. Bei den meisten Stoffen ist die Dichte des festen Aggregatzustandes größer als die des flüssigen gleicher Temperatur. Ein höherer Druck verringert das Volumen der Flüssigkeit; der Übergang in den festen Zustand wird daher schon bei einer höheren Temperatur erfolgen, der Gefrierpunkt ist erhöht. Im Gegensatz zu dem Verhalten der meisten Stoffe steht das Verhalten des Wassers, dessen Volumen beim Gefrieren zunimmt, d. h. dessen Dichte beim Übergang in den festen Zustand abnimmt. Höherer Druck erniedrigt daher den Gefrierpunkt des Wassers, man kann Eis von einer Temperatur unter o Grad durch Druck zum Schmelzen bringen. Auf dieser Tatsache beruht die als „Regelation" bezeichnete Erscheinung, daß man Eisstücke durch

Druck miteinander verschweißen kann. Drückt man zwei Eisstücke aneinander, so wird an der Stelle des Aneinanderdrückens durch höheren Druck das Eis verflüssigt. Hebt man nunmehr den Druck auf, so gefriert das Wasser an dieser Stelle wieder und verschmilzt die beiden Stücke zu einem einzigen.

Der Gefrierpunkt ist, wie oben erörtert, durch die Gleichheit des Dampfdruckes der flüssigen und festen Phase bestimmt. Die Abhängigkeit des Gefrierpunktes vom Druck ist in diesem Sinne dadurch zu erklären, daß der Dampfdruck der festen und flüssigen Phase, wenn auch in geringem Maße, vom Druck im Innern des festen bzw. flüssigen Zustandes abhängig ist.

Der Übergang der verschiedenen Phasen ineinander geht nach dem bisher gesagten unter den verschiedensten Bedingungen, die durch Druck und Temperatur charakterisiert sind, vor sich. Bei bestimmten Temperaturen und Drucken können zwei Phasen desselben Stoffes dauernd gleichzeitig existenzfähig sein, so z. B. können unter dem entsprechenden Dampfdruck bei Temperaturen unter 0 Grad Eis und Wasserdampf, bei Temperaturen zwischen 0 und 100 Grad flüssiges Wasser und Wasserdampf dauernd im Gleichgewicht sein. An einem ganz bestimmten Punkt (für Wasser bei 0,0075 Grad und dem dieser Temperatur entsprechenden Dampfdruck von 6120 $\dfrac{\text{Dynen}}{\text{cm}^2}$ oder 0,006 Atmosphären) können alle drei Phasen miteinander im Gleichgewicht sein. Nimmt man an, daß in einem Raum nur der gleiche Stoff vorhanden ist, so daß dann, wenn gasförmige Phase vorhanden ist, der Dampfdruck gleich dem Gesamtdruck ist, so kann man sich eine Übersicht über die gesamten Möglichkeiten des Gleichgewichts und des Übergangs durch eine graphische Darstellung verschaffen, in der als Abszissen die Temperaturen, als Ordinaten die Drucke eingetragen sind, und an jeder Stelle der Fläche angegeben ist, welche Phase an diesem Punkt existenzfähig ist (Abb. 50).

T stellt den sog. Tripelpunkt dar, an dem alle drei Phasen koexistent sind. Längs der Linie A T sind Eis und Wasserdampf, längs B T Wasser und Wasserdampf, längs C T Eis und flüssiges Wasser im Gleichgewicht. Wird bei einem Zustand, der durch einen auf A T liegenden Punkt

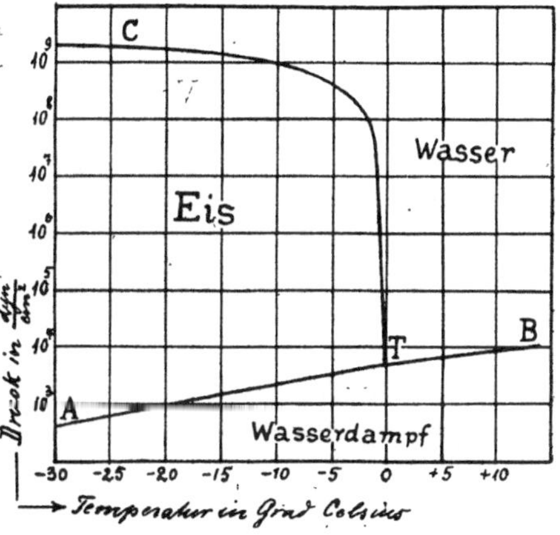

Abb. 50. Phasendiagramm des Wassers.

charakterisiert ist, der Druck oder die Temperatur geändert, so geht Eis unmittelbar in Wasserdampf bzw. Wasserdampf unmittelbar in Eis über, das Eis verdampft bzw. der Wasserdampf sublimiert. A T heißt deshalb die Sublimationskurve. Aus analogen Gründen heißt C T die Schmelzkurve, da sie Punkte umfaßt, bei denen eine Änderung der Bedingungen Schmelzen bzw. Erstarren hervorruft; B T heißt die Dampfdruckkurve; dort bewirkt die Änderung des Druckes oder der Temperatur verdampfen bzw. kondensieren des Wassers. Die Ausnahme des Wassers gegenüber den meisten anderen Stoffen besteht in dem Verlauf der Kurve CT, die bei anderen Stoffen nach rechts abgebogen verläuft.

Die Ausnahmen des Wassers in der Nähe des Tripelpunktes sind von erheblicher Bedeutung für das Naturgeschehen, in dem das Wasser eine überragende Rolle spielt. Die geringere Dichte des Eises bewirkt das Schwimmen des Eises auf dem Wasser und verhindert dadurch das rasche Erstarren großer Wassermengen zu Eis. Infolge der maximalen Dichte des Wassers bei 4 Grad geht die Wärmeausbreitung nur bis zu einem Temperaturgrad von 4 Grad durch Wärmeströmung vor sich, bei stärkerer Abkühlung bleibt das kältere Wasser an der Oberfläche und die Wärmeabgabe der tieferen Schichten kann nur noch durch die viel langsamere Wärmeleitung vor sich gehen.

c) Darstellung der Zustandsänderung durch Isothermen.

Für die weiteren Erörterungen sei stets angenommen, daß sich in einem Raum ausschließlich ein bestimmter Stoff befinde; außerdem bestehe die Möglichkeit, die Größe des Raums nach Belieben zu verändern, wie es z. B. durch Verschieben eines Kolbens in einem Zylinder geschehen kann.

Betrachtet man zunächst den Fall, daß bei einer bestimmten Temperatur nur Dampf vorhanden ist, und verändert durch Verschieben des Kolbens das Volumen, so besteht zwischen Druck und Volumen die Beziehung des Boyle-Mariotteschen Gesetzes. Gelangt der Druck in die Nähe des Dampfdruckes der Flüssigkeit bei der betreffenden Temperatur, so beobachtet man Abweichungen vom Boyle-Mariotteschen Gesetz, die mit wachsendem Druck immer größer werden. Wird der Druck gleich dem Dampfdruck der Flüssigkeit, d. h. ist der Dampf gesättigt, so tritt bei weiterer Verkleinerung des Volumens eine Drucksteigerung nicht mehr ein, sondern entsprechend der Volumenverkleinerung tritt in immer größerem Umfang Dampf in flüssigen Zustand über, der Dampf kondensiert. Bei weiter fortschreitender Verkleinerung des Volumens bleibt der Druck so lange konstant, bis sämtlicher Dampf in die flüssige Phase übergegangen ist. Weitere Kompression erhöht nunmehr wieder den Druck. Die Drucksteigerung , abhängig von der Volumenverkleinerung, ist jedoch jetzt viel stärker, da es sich um eine Flüssigkeit handelt, deren Kompressibilität, wie schon S. 36 erwähnt, viel geringer ist als die des Gases. Die gesamte Abhängigkeit des Volumens vom Druck kann für eine bestimmte Temperatur durch eine Kurve graphisch dargestellt werden, wenn man die Volumina als Abszissen, die Drucke als Ordinaten in ein rechtwinkliges Koordinatensystem einträgt. Eine solche Darstellung, schematisch durchgeführt, zeigt Abb. 51. A B C D gibt die Abhängigkeit des Drucks vom Volumen bei einer bestimmten Temperatur. Man nennt eine solche Kurve eine „Isotherme". Die Linie A B entspricht bis auf den Endteil in der Nähe von B der Darstellung des Boyle-Mariotteschen Gesetzes. Der Punkt B ist gegeben durch den Dampfdruck der Flüssigkeit bei der betreffenden Temperatur. Im Verlauf des horizontalen Teils B C kondensiert der Dampf zu Flüssigkeit. In C ist sämtlicher Dampf in Flüssigkeit übergegangen. C D entspricht der Druckzunahme in der Flüssigkeit abhängig vom Volumen; um die Kurve C D überhaupt in dem gewählten Maßstab darstellen zu können, ist die Steilheit von C D wesentlich gemildert gezeichnet; in Wirklichkeit verläuft sie, wegen der geringen Kompressibilität

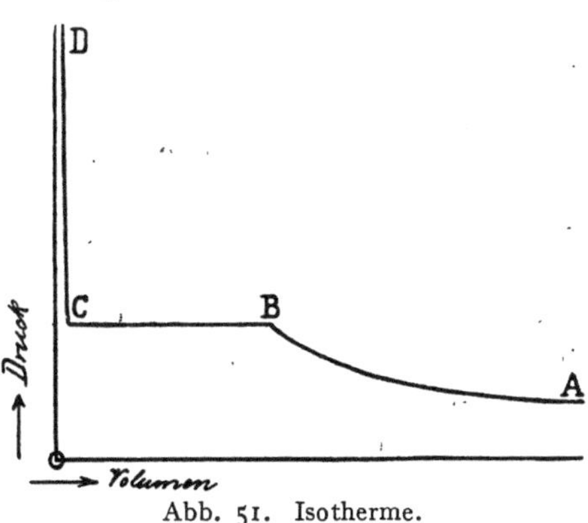

Abb. 51. Isotherme.

der Flüssigkeit viel steiler. Steigerte man den Druck immer weiter, so könnte bei vielen Stoffen der weitere Kurvenverlauf auch den Übergang von flüssiger in feste Phase darstellen. Man fände möglicherweise bei einem bestimmten Druck neuerlich eine horizontale Strecke der Isotherme, d. h. es ginge mit der Veränderung des Volumens eine Drucksteigerung nicht einher, sondern die Volumenverkleinerung käme in dem Übergang der Flüssigkeit in die feste Phase zum Ausdruck. Die Erscheinungen sind jedoch beim Übergang vom flüssigen in festen Zustand keineswegs so einheitlich wie beim Übergang von flüssig zu gasförmig. Aus diesem Grunde ist auch der Verlauf der Isothermen an jener Stelle noch bei weitem nicht so genau bekannt wie an dieser. Vor allem macht das Wasser eine Ausnahme, dessen Volumen beim Erstarren zunimmt. Hier müßten die Isothermen innerhalb eines gewissen Gebietes einen sinkenden Verlauf haben, d. h. es müßte einer Volumenabnahme eine Druckabnahme entsprechen, ein Verhalten, das tatsächlich nicht verwirklicht werden kann.

d) van der Waals sche Theorie, Überhitzen, Unterkühlen, kritische Temperatur.

Die Kenntnis der Isothermen eines Stoffes ist von großem theoretischem und praktischem Interesse. Auf Grund kinetischer Vorstellungen, ähnlich wie sie bei den Erörterungen über den Gasdruck, Dampfdruck und osmotischen Druck erwähnt wurden, kann man sich den Übergang verschiedener Phasen ineinander mechanisch als Folge der Wärmebewegung und der gegenseitigen Anziehung der Moleküle vorstellen. Die Abweichungen des Verhaltens des Dampfes vom Boyle-Mariotteschen Gesetz in der Nähe der Sättigung können dadurch erklärt werden, daß man annimmt, daß die Moleküle durch fortschreitendes Zusammendrücken soweit einander genähert werden, daß ihre gegenseitige Anziehung wirksam wird. Wird die Annäherung so groß, daß die Anziehung gleich oder größer als die durch die lebhafte Wärmebewegung hervorgerufene Abstoßung wird, so erfolgt der Übergang in den flüssigen Aggregatzustand. Die weitere Verringerung des Volumens geht dann ohne Zunahme des Druckes vor sich. Haben nun ihrerseits die Moleküle eine gewisse Ausdehnung, so muß, nachdem sie sich durch Übergang in den flüssigen Zustand erheblich einander genähert haben, die Kompressibilität sehr klein werden, da das Eigenvolumen der Moleküle nicht mehr gegenüber dem Volumen, das der Stoff im ganzen einnimmt, vernachlässigt werden kann, wie es bei den Gasen der Fall ist.

Van der Waals hat auf Grund solcher Überlegungen theoretisch die Zustandsänderungen eines Stoffes abhängig vom Druck und der Temperatur bearbeitet, und ist zu einer Gleichung gekommen, die das tatsächliche Verhalten im wesentlichen richtig beschreibt. Eine Darstellung der Ableitung der Gleichung ist im Rahmen dieses Buches nicht möglich. Die von der Gleichung beschriebenen Isothermen eines Gases, und zwar der Kohlensäure zeigt Abb. 52. Der Verlauf der Isothermen bei mittlerer Temperatur entspricht, bis auf den mittleren horizontalen Teil, dem an Hand von Abb. 50 als empirisch gefunden beschriebenen. An Stelle des mittleren horizontalen Teils ist jedoch ein kontinuierlicher Verlauf mit einem Maximum E und einem Minimum D getreten. Tatsächlich folgt die Zustandsänderung nicht dieser Kurve, sondern sie bricht bei einem Punkt C von ihr ab, geht längs einer Horizontalen über B nach A und folgt erst von hier aus wieder dem in Abb. 52 dargestellten Kurvenverlauf. Die durch die Teile C E und A D charakterisierten Zustände lassen sich jedoch unter Umständen tatsächlich verwirklichen. Erhitzt man eine Flüssigkeit unter einem bestimmten Druck vorsichtig, so kann man gelegentlich beobachten, daß ein Sieden bei einer Temperatur, die dem Siedepunkt bei dem betreffenden Druck entspricht, noch nicht eintritt. Man nennt eine solche Flüssig-

keit eine überhitzte. Trägt man Druck und Volumen der überhitzten
Flüssigkeit in Abb. 52 ein, so findet man, daß der gefundene Punkt
auf dem Teil A D der der Temperatur entsprechenden Isothermen
liegt. In ähnlicher Art kann man Gase unterkühlen bzw. Dämpfe
übersättigen und so die Strecke C E der Isothermen experimentell
bestätigen. Das Stück E D, bei dem zunehmenden Druck ein zu-
nehmendes Volumen entspricht, d. h. bei dem eine negative Kompressibilität vorhanden sein müßte,
ist nicht darstellbar und hat
daher keine tatsächliche physikalische Bedeutung.

Der Zustand einer über-
hitzten Flüssigkeit bzw. eines
übersättigten Dampfes ist
sehr labil. Hat man z. B.
den Punkt c der Kurve durch
Übersättigung eines Dampfes
erreicht, so genügt unter
Umständen die geringste Stö-
rung, z. B. leichtes Klopfen
an dem Behälter, um einen
plötzlichen Übergang des gesamten Gases in Flüssigkeit,
d. h. ein Springen des Zustandes auf den Punkt a zu
veranlassen. In gleicher Art
genügt eine geringe mechanische Veranlassung, um eine
überhitzte Flüssigkeit explo-
sionsartig im ganzen in Gas
zu überführen.

Der Überhitzung bzw.
Übersättigung analoge Er-
scheinungen kann man in der
Nähe des Schmelzpunktes

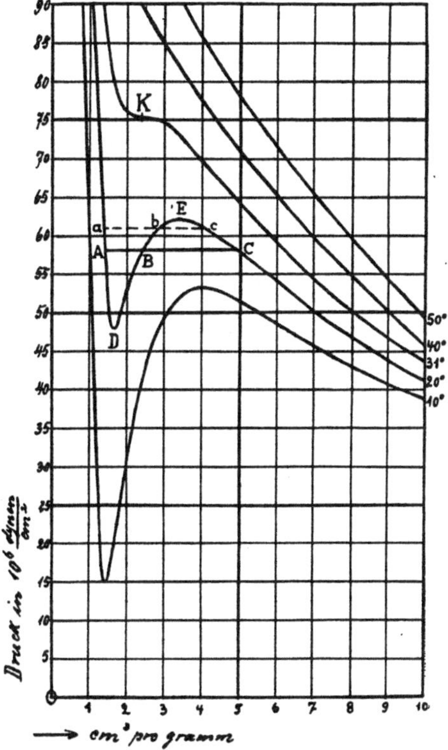

Abb. 52. Isothermen der Kohlensäure.

beobachten; hier kann man Flüssigkeiten unterkühlen, d. h. die Temperatur unter den Schmelzpunkt sinken lassen, ohne daß Erstarren der
Flüssigkeit eintritt. Die Überhitzung eines festen Körpers über den
Schmelzpunkt hinaus, ohne daß Schmelzen eintritt, wird im allgemeinen nicht beobachtet. Kinetisch erscheint das Fehlen dieser
Erscheinung dadurch verständlich, daß man annimmt, das Schmelzen
eines Stoffes trete dann ein, wenn die Wärmebewegungen der Moleküle größer werden, als der Molekularabstand beträgt.

Es bleibt noch zu erörtern, an welcher Stelle der theoretischen
Isothermen die Horizontale, die den normalen Übergang darstellt,

durch die Kurve zu ziehen ist. Aus energetischen Überlegungen hat man gefolgert, daß die Horizontale die Kurve so durchschneiden muß, daß das Flächenstück B C E gleich der Fläche A B D ist. Die experimentelle Prüfung hat die Richtigkeit dieser Überlegung erwiesen.

Geht man mit der Darstellung der Isothermen zu immer höheren Temperaturen über, so sieht man, daß der mittlere S-förmige Teil der Kurven, der die Zustandsänderung der Flüssigkeit von der des Gases trennt, sich immer mehr ausgleicht, und schließlich verschwindet. Die letzte Isotherme, die in Abb. 52 als Rest der S-förmigen Krümmung noch ein kurzes horizontales Stück aufweist, ist an ihrem Wendepunkt mit K bezeichnet. Physikalisch bedeutet das Verschwinden des horizontalen Teils der Isothermen, daß der Unterschied zwischen dem Verhalten der Flüssigkeit und dem des Gases sich immer mehr verwischt, d. h. daß ein Unterschied zwischen Flüssigkeit und Gas schließlich, wenn das horizontale Stück vollständig verschwunden ist, nicht mehr besteht. Es gibt in diesem Temperaturbereich nur noch einen einheitlichen Zustand, der nach seinen Eigenschaften als gasförmig anzusprechen ist. Die Bestimmung der Isothermen, die als letzte einen horizontalen Teil aufweist, ist daher von Bedeutung, denn diese Bestimmung sagt aus, daß oberhalb der dieser Isothermen entsprechenden Temperatur eine Verflüssigung des Gases durch Druck nicht mehr möglich ist. Für die Kohlensäure liegt diese als „kritische" bezeichnete Temperatur, wie aus Abb. 52 hervorgeht, bei 31 Grad; für andere Stoffe liegt die kritische Temperatur bei anderen Temperaturgraden, so für Wasser etwa bei 400 Grad. Sehr tief ist die kritische Temperatur von Sauerstoff (—118 Grad) und Wasserstoff (—238 Grad). In der tiefen Lage der kritischen Temperatur dieser Gase liegt es begründet, daß man sie erst dann verflüssigen konnte, als man imstande war, so tiefe Temperaturen herzustellen.

e) Isotherme und adiabatische Zustandsänderungen.

Ändert man das Volumen eines Gases, indem man z. B. einen Kolben in einem gasgefüllten Zylinder verschiebt, so ändert sich die Temperatur des Gases, und zwar erwärmt sich das Gas bei Volumenverringerung und kühlt sich bei Volumenvergrößerung ab. Um die Temperaturveränderung bei Volumenveränderung genau zu bestimmen, wäre es notwendig, das Gas in einen Raum mit wärmeundurchlässigen Wänden, die den Temperaturausgleich mit der Umgebung verhindern, einzuschließen. Einen Vorgang, der sich ohne Aufnahme und Abgabe von Wärme abspielt, nennt man „adiabatisch". Zustandsänderungen, die dauernd unter gleicher Temperatur vor sich gehen, heißen isotherm; isotherme Vorgänge können sowohl unter Wärmeaufnahme aus der Umgebung, als auch unter Wärmeabgabe an die Umgebung vor sich gehen. Adiabatisch wären also z. B. alle

Vorgänge innerhalb eines durch wärmeundurchlässige Wände isolierten Raumes. Praktisch können jedoch alle raschen Zustandsänderungen als adiabatisch während der Zeit der Änderung aufgefaßt werden, wenn ein merklicher Wärmeaustausch innerhalb der kurzen Zeit nicht möglich ist.

Auf dieser Tatsache beruht das pneumatische Feuerzeug, das aus einem abgeschlossenen luftgefüllten Zylinder besteht, in dem ein Kolben bewegt werden kann. Drückt man den Kolben rasch herunter, so steigt die Temperatur der komprimierten Luft so stark, daß sie die Entzündungstemperatur eines im Zylinder vorhandenen Stücks Zunders überschreitet, und der Zunder zur Entzündung kommt.

Die Abkühlung bei plötzlicher Ausdehnung von Gasen wird häufig zur Herstellung tiefer Temperaturen benutzt. Läßt man z. B. Kohlensäure, die unter hohem Druck in einer Bombe eingeschlossen ist, frei in die Atmosphäre ausströmen, so kühlt sie sich bei der plötzlichen Ausdehnung evtl. bis unter ihren Siedepunkt ab.

Kinetisch betrachtet erscheint die Temperaturänderung mit der Änderung des Volumens dadurch verständlich, daß die gegen den bewegten Kolben anprallenden Moleküle mit größerer Geschwindigkeit von dem Kolben zurückfliegen, als sie ankommen, wenn der Kolben das Gas komprimiert, da sie durch die Bewegung des Kolbens eine Zusatzgeschwindigkeit erhalten, dagegen an Geschwindigkeit verlieren, wenn der Kolben sich im Sinne einer Volumenvergrößerung bewegt. Im ersten Fall nimmt die Temperatur zu, im zweiten ab. Auf die energetischen Verhältnisse bei ähnlichen Vorgängen wird noch später zurückzukommen sein.

10. Kapitel: Wärmemenge.

a) Definition der Kalorie.

Die Temperatur eines Stoffes wird durch Wärmeaufnahme bzw. -abgabe verändert. Um den Umfang einer Wärmeaufnahme bzw. -abgabe quantitativ zu ermitteln, genügt jedoch die Feststellung der Temperaturdifferenz nicht; es ist zu einer solchen Bestimmung ein Maß der Wärmemenge notwendig. Das Bedürfnis nach einem solchen Maß geht schon aus einfachen Beobachtungen hervor, die man bei der Erwärmung verschiedener Stoffe macht. Bringt man z. B. das gleiche Gefäß, das in zwei verschiedenen Fällen gleichgroße Mengen verschiedener Flüssigkeiten der gleichen Temperatur enthält, in gleicher Art in die gleiche Flamme, so ist anzunehmen, daß von der Flamme in der gleichen Zeit an die Flüssigkeiten gleiche Wärmemengen abgegeben werden. Der in der gleichen Zeit an beiden Flüssigkeiten beobachtete Temperaturanstieg ist jedoch keineswegs der gleiche, d. h. also die der gleichen Menge verschiedener Flüssigkeiten zugeführte gleiche Wärmemenge bewirkt verschiedene Temperaturanstiege. Um die einem Körper zugeführte bzw. ihm entzogene Wärmemenge angeben zu können, ist demnach zum mindesten außer der Bestimmung der bewirkten Temperaturdifferenz, noch die Angabe der Menge und einer Materialkonstanten des beobachteten Stoffes nötig. Als empirische Wärmeeinheit kann die definiert werden, die, einer bestimmten Menge einer bestimmten Definitionssubstanz zugeführt, eine bestimmte Temperaturerhöhung hervorruft. Als Definitionssubstanz ist das Wasser gewählt worden, und als Einheit der Wärmemenge diejenige, die einem Gramm Wasser zugeführt, eine Temperaturerhöhung von einem Grad bewirkt. Man nennt diese Einheit eine Kalorie. Genauere Beobachtungen haben zu der Feststellung geführt, daß nicht bei allen Temperaturen die gleiche Wärmemenge die gleiche Temperaturdifferenz hervorruft; es war deshalb zur Definition der Kalorie noch die Angabe einer bestimmten Temperatur notwendig, bei der die Temperaturdifferenz erzeugt wird, und zwar hat man als Kalorie diejenige Wärmemenge definiert, die einem Gramm Wasser von 15 Grad zugeführt, eine Temperaturerhöhung des Wassers auf 16 Grad bewirkt. Häufig wird auch die mittlere Kalorie als Einheit benutzt, die den hundertsten Teil derjenigen Wärmemenge ausmacht, die zur Erwärmung eines Grammes Wasser von 0 Grad auf 100 Grad notwendig ist. Die 15 Grad-Kalorie und die mittlere Kalorie unterscheiden sich nur wenig voneinander. In der Technik wird meist die sog. große Kalorie als Einheit verwandt, die 1000 mal so groß ist wie die soeben definierte, d. h. die von dem Kilogramm als Definitionsmenge ausgeht.

b) Spezifische Wärme.

Die Eigenschaft, daß verschiedene Körper durch die gleiche Wärmemenge verschiedene Temperaturänderungen erfahren, kann nunmehr derart charakterisiert werden, daß man als Wärmekapazität eines Körpers die Anzahl der Kalorien bezeichnet, die eine Temperaturerhöhung des Körpers um einen Grad bewirkt. Gibt man die Wärmekapazität der Masseneinheit eines Stoffes an, so bedeutet das die Angabe einer Materialkonstanten, die als „spezifische Wärme" bezeichnet wird. Unter der spezifischen Wärme eines Stoffes wird demnach die Kalorienzahl verstanden, die der Masseneinheit des betreffenden Stoffes zugeführt eine Temperaturerhöhung um einen Grad erzeugt. Die spezifische Wärme des Wassers ist nach der Definition der Wärmeeinheit gleich 1.

Es ist naheliegend anzunehmen, daß ein Körper ebensoviel Kalorien abgibt, wenn er eine bestimmte Temperaturerniedrigung erfährt, als man ihm zuführen muß, um eine Temperaturerhöhung gleicher Größe zu erzielen. Die Wärmemenge, die ein Körper aufnimmt oder abgibt, kann gemessen werden, indem man ihn Wärme an eine abgewogene Menge Wasser abgeben, oder aus ihr aufnehmen läßt, und die Temperaturänderungen des Wassers bestimmt. Apparate, welche zu solchen Messungen dienen, heißen Kalorimeter. Ein einfaches Kalorimeter besteht aus einem Gefäß mit abgewogener Wassermenge, in die ein empfindliches Thermometer eintaucht; das Wasser ist durch möglichst wärmeundurchlässige Wände des Gefäßes gegen Wärmeaustausch mit der Umgebung tunlichst geschützt. Bringt man in ein solches Kalorimeter einen Gegenstand mit einer von der Temperatur des Kalorimeterwassers verschiedenen Temperatur, so wird nach einiger Zeit die Temperatur des Gegenstandes gleich der des Wassers. Ist der Gegenstand wärmer als das Wasser, so kühlt er sich ab, während das Wasser sich erwärmt; das Wasser nimmt Wärme auf, die der Gegenstand abgibt. Ist der Gegenstand kälter als das Wasser, so vollzieht sich der Wärmeaustausch in umgekehrter Richtung, d. h. das Wasser gibt Wärme ab, die der Gegenstand aufnimmt. Angenommen das Kalorimeter enthalte m_1 Gramm Wasser von der Temperatur t_1, der eingebrachte Gegenstand habe die Masse m_2 von der Temperatur t_2. Einige Zeit nach dem Einbringen haben Wasser und Gegenstand die gemeinsame Temperatur t. Nach der Definition der Kalorie hat dann das Wasser $m_1 (t-t_1)$ Kalorien aufgenommen. Die gleiche Kalorienzahl hat der Gegenstand abgegeben. Bezeichnet man die spezifische Wärme des Gegenstandes mit c, so ist diese Wärmemenge gleich $m_2 c (t_2 - t)$. Es ergibt sich demnach die Gleichung:

$$m_1(t - t_1) = m_2 c(t_2 - t)$$

und daraus die spezifische Wärme c des Gegenstandes:

$$c = \frac{m_1 (t - t_1)}{m_2 (t_2 - t)} \qquad \cdots \cdots \cdots \quad (80)$$

Nach Gleichung (80) kann auf Grund einer Kalorimeterbestimmung die spezifische Wärme eines Stoffes bestimmt werden. Ist der Stoff nicht in Wasser löslich, so kann man ihn unmittelbar in das Wasser eintauchen, der Temperaturausgleich geht dann verhältnismäßig sehr rasch vor sich. Ebenso kann die spezifische Wärme einer Flüssigkeit dadurch gemessen werden, daß man eine abgewogene Menge der Flüssigkeit mit einer abgewogenen Menge Wasser von anderer Temperatur mischt, und die Temperatur des Gemisches bestimmt. Für die spezifische Wärme ergibt sich dann, wie leicht ersichtlich, die gleiche durch Gleichung (80) ausgedrückte Beziehung zu den Mengen der gemischten Stoffe und den beobachteten Temperaturen. Die Bestimmung der spezifischen Wärme einer Flüssigkeit durch Mischung mit Wasser setzt voraus, daß die Mischung ohne Wärmeentwicklung vor sich geht, was, wie später noch zu berichten, nicht immer der Fall ist. Zur Bestimmung der spezifischen Wärme von wasserlöslichen Stoffen, sowie bei Kalorimeterbestimmungen, die nicht auf die Beobachtung der Temperatur nach völligem Ausgleich hinauslaufen, sondern bei denen die Temperaturveränderungen des Kalorimeterwassers und des zu untersuchenden Stoffes für sich beobachtet werden sollen, wird ins Innere des Kalorimeterwassers ein abgeschlossener Raum eingebracht, dessen Innentemperatur gesondert festgestellt werden kann.

Der zeitliche Ablauf des Temperaturausgleichs zwischen zwei verschieden temperierten Körpern kann experimentell ermittelt oder auf Grund des Satzes berechnet werden, daß die in einer kurzen Zeit übergehende Wärmemenge proportional der während der Zeit bestehenden Temperaturdifferenz ist. Da die Temperaturdifferenz infolge des Wärmeübergangs immer kleiner wird, nimmt die in der Zeiteinheit übergehende Wärmemenge mit fortschreitender Zeit ab. Besonders einfach sind die Verhältnisse dann, wenn die Wärmekapazität des einen der beiden Körper sehr groß ist, wie es z. B. der Fall ist, wenn ein Körper seine Temperatur der des umgebenden Luftraums angleicht. Die Temperatur der Atmosphäre wird dann durch die Wärme-Aufnahme bzw. -Abgabe nicht merklich verändert. Die Temperatur des Körpers wird allmählich gleich der der Atmosphäre, und zwar verändert sich die Temperatur als logarithmische Funktion der seit Beginn des Ausgleichs verflossenen Zeit.

c) Wärmebedarf bei Änderung des Aggregatzustandes.

Durch Kalorimeterbestimmung ist es unter anderem möglich festzustellen, wieviel Wärme einer bestimmten Menge Eis von o Grad zugeführt werden muß, um es in flüssiges Wasser von o Grad zu verwandeln. Man findet bei dieser Bestimmung, daß eine sehr erhebliche Wärmemenge notwendig ist, um diese Änderung des Aggregatzustandes herbeizuführen. Man bezeichnet die Wärmemenge, die nötig ist, um ein Gramm Eis von o Grad in Wasser von o Grad zu verwandeln, als die „Schmelzwärme" des Wassers; sie beträgt 79,2 Kalorien.

Sobald man diese Zahl kennt, können Wärmemengen dadurch bestimmt werden, daß man feststellt, wieviel Eis durch sie geschmolzen wird. Nach diesem Prinzip arbeitende Meßinstrumente heißen „Eiskalorimeter".

Die Schmelzwärme der verschiedenen Stoffe ist sehr verschieden, die des Wassers relativ sehr hoch. Die spezifische Wärme des Wassers ist absolut die höchste, die zur Beobachtung kommt, d. h. alle festen oder flüssigen Stoffe haben eine spezifische Wärme unter 1.

Ebenso wie zum Schmelzen eines Stoffes eine bestimmte Schmelzwärme notwendig ist, erfordert die Überführung einer Flüssigkeit in Dampf gleicher Temperatur eine beträchtliche Wärmezufuhr; dieselbe beträgt für 1 g Wasser bei 100 Grad 537 Kalorien.

Kondensiert Dampf zu Flüssigkeit bzw. gefriert Wasser zu Eis, so wird die der Schmelzwärme bzw. Verdampfungswärme entsprechende Wärmemenge frei, d. h. von dem kondensierenden Dampf bzw. gefrierenden Wasser abgegeben. Die reichliche Wärmeaufnahme beim Verdampfen kommt zum Ausdruck in der besonders bei Flüssigkeiten hohen Dampfdrucks leicht zu beobachtenden Verdunstungskälte.

Es ist noch zu erwähnen, daß beim Lösen von festen oder gasförmigen Körpern in Flüssigkeiten bzw. von Flüssigkeiten ineinander, in vielen Fällen Wärme aufgenommen, in anderen abgegeben wird. Man bezeichnet diese Wärme als Lösungswärme und gibt ihr, je nachdem sie aufgenommen oder abgegeben wird, ein positives oder negatives Vorzeichen. Die Richtung der Lösungswärme hängt zusammen mit der Abhängigkeit der Löslichkeit eines Stoffes von der Temperatur. Stoffe, deren Löslichkeit mit der Temperatur steigt, haben eine positive Lösungswärme, d. h. sie nehmen bei der Lösung Wärme auf; ist die Löslichkeit von der Temperatur unabhängig bzw. sinkt sie mit der Temperatur, so ist die Lösungswärme gleich Null bzw. negativ.

d) Spezifische Wärme und Atomgewicht.

Von besonderem Interesse ist der als Dulong-Petitscher Satz bezeichnete Zusammenhang zwischen dem Atomgewicht und der spezifischen Wärme. Bildet man nämlich für beliebige Stoffe das Produkt aus spezifischer Wärme und Atomgewicht, so erhält man auffallend gleichartige Zahlen, die in der Nähe von 6 liegen. Für verschiedene Elemente sind diese Produkte in der folgenden Tabelle angeführt:

Substanz	Atomgewicht A	spez. Wärme bei 18^0 c	$A \times c$
Al	27,1	0,214	5,8
Cu	63,6	0,091	5,79
Ag	107,93	0,055	5,94
Pb	206,9	0,031	6,41
Pt	194,8	0,032	6,25

Was diese Feststellung besagt, geht aus einer einfachen Überlegung über die Wärmemenge, die man einem Atom eines Stoffes zuführen muß, um eine Temperaturerhöhung um einen Grad zu bewirken, hervor. Angenommen die Masse m eines Stoffes bestehe aus n-Atomen; die absolute Masse eines Atoms betrage p Gramm, so ist np = m. Die spezifische Wärme des Stoffes sei c, die Wärme, die einem Atom zugeführt, eine Temperaturerhöhung um einen Grad hervorruft, sei gleich a. Um der Masse m die gleiche Temperaturerhöhung zu er-

teilen, muß ihr das n-fache von a zugeführt werden, d. h. die Wärmemenge a n. Die spezifische Wärme eines Stoffes ist als die Wärmemenge, die der Masseneinheit zugeführt, die Temperaturerhöhung
1 Grad erzeugt, definiert, demnach ist c gleich dem m ten Teil von a × n:

$$c = \frac{a\,n}{m} \cdot \quad \ldots \quad \ldots \quad \ldots \quad (81)$$

setzt man in Gleichung (81) den Wert für m gleich n p ein, so kommt:

$$c = \frac{a}{p} \text{ oder } a = c\,p \quad \ldots \quad \ldots \quad (82)$$

d. h. das Produkt aus spezifischer Wärme und Atomgewicht ist gleich
der Wärmemenge, die einem Atom zugeführt werden muß, um eine
Temperaturerhöhung von einem Grad hervorzurufen. Man bezeichnet
diese Wärmemenge als die „Atomwärme" des betreffenden Stoffes.
Der Satz von Dulong und Petit sagt daher aus, daß die Atomwärme
aller Stoffe die gleiche ist.

Wollte man die Atomwärme tatsächlich in Kalorien erfahren, so
müßte man die absoluten Atomgewichte in Gramm zur Bildung des
Produktes verwenden. Die in der Tabelle mit den üblichen, nach dem
zu 16 gesetzten Sauerstoff orientierten, Atomgewichten berechneten
Produkte geben die Atomwärmen für ein Grammatom in Kalorien an.

Die Abweichungen vom Dulong-Petitschen Satz sind in vielen
Fällen beträchtlich, werden jedoch im allgemeinen bei höheren
Temperaturen geringer. Bei zusammengesetzten Stoffen erhält man
meistens die gleichen Atomwärmen, wenn man das Produkt mit
dem mittleren Atomgewicht der Bestandteile berechnet. Die kinetische Erklärung der Abweichungen und ihre theoretische Berechnung liegt außerhalb des Rahmens dieses Buches.

e) Spezifische Wärme der Gase.

Bei der Behandlung der spezifischen Wärme der festen und flüssigen Körper wurde davon abgesehen, die Bedingungen, unter denen
die spezifische Wärme bestimmt wird, näher zu präzisieren. Es
ergeben sich nämlich auch hier Verschiedenheiten, je nachdem man
die Bestimmung bei konstantem Druck oder bei konstantem Volumen
ausführt. Eine Messung, wie sie ohne besondere Vorkehrungen im
Kalorimeter oder mittels der Mischungsmethode erfolgt, ergibt die
spezifische Wärme bei konstantem Druck. Die Unterschiede zwischen
der spezifischen Wärme fester und flüssiger Körper bei konstantem
Druck und konstantem Volumen sind jedoch klein. Sehr merkbar ist
aber dieser Unterschied bei Gasen. Es ist aus diesem Grund bei
Gasen zur Angabe der spezifischen Wärme stets die Zusatzangabe
„bei konstantem Druck" oder „bei konstantem Volumen" notwendig.
Die spezifische Wärme bei konstantem Druck wird allgemein mit

dem Buchstaben c_p, die bei konstantem Volumen mit c_v bezeichnet. Die Bestimmung von c_p ist verhältnismäßig leicht dadurch möglich, daß man Gas von bestimmter Temperatur durch eine Spiralröhre im Kalorimeterwasser strömen läßt, und die durchgeströmte Menge und Temperaturänderung des Gases und des Kalorimeterwassers bestimmt. Nicht so leicht ist die direkte Bestimmung der spezifischen Wärme bei konstantem Volumen, da die zu beobachtenden Mengen stets sehr klein sind. Es ist jedoch verhältnismäßig leicht das Verhältnis $\dfrac{c_p}{c_v}$ durch ganz andere Beziehungen zu bestimmen, indem man adiabatische Zustandsänderungen des betreffenden Gases beobachtet. Als Beispiel einer solchen Bestimmung sei die Berechnung des Verhältnisses $\dfrac{c_p}{c_v}$ aus der Schallgeschwindigkeit erwähnt. Die Schallgeschwindigkeit in einem Gase steht nämlich in einfacher Beziehung zum Druck, der Dichte und dem Verhältnis $\dfrac{c_p}{c_v}$, wie sich aus Berechnungen mit den Mitteln der höheren Methematik ergibt, und zwar ist die Schallgeschwindigkeit u:

$$u = \sqrt{\frac{c_p}{c_v} \times \frac{p}{\sigma}} \quad \cdots \cdots \cdots \quad (83)$$

Hierin bedeutet p den Druck, unter dem das Gas steht in $\dfrac{\text{Dynen}}{\text{cm}^2}$ und σ die Dichte des Gases.

Wenn die Gasdruckschwankungen des Schalls isotherme Vorgänge wären, würde Gleichung (83) lauten $u = \sqrt{\dfrac{p}{\sigma}}$. Tatsächlich gehen aber die den Schallphänomenen entsprechenden Schwankungen des Gasdruckes so rasch vor sich, daß eine Wärmeabgabe an die Umgebung nicht möglich ist, d. h. es handelt sich um adiabatische Vorgänge. Das Gas erwärmt sich bei der Kompression und kühlt sich bei der Ausdehnung ab. Die Druckänderungen sind daher größer als der Volumänderung nach dem Boyle-Mariotteschen Gesetz entsprechen würde. Diese Vergrößerung ruft eine Vergrößerung der Schallgeschwindigkeit hervor, die in Gleichung (83) durch den Faktor $\sqrt{\dfrac{c_p}{c_v}}$ zum Ausdruck kommt. Die Schallgeschwindigkeit in Gasen kann mit verhältnismäßig großer Genauigkeit gemessen werden. In Luft bei 0 Grad beträgt sie 33200 $\dfrac{\text{cm}}{\text{sec}}$. Da die Dichte eines Gases umgekehrt proportional dem Volumen ist, das eine Gasmenge annimmt, dieses aber umgekehrt proportional dem Druck ist, so ändert sich das Verhältnis $\dfrac{p}{\sigma}$ nicht mit dem Druck, d. h. die

Schallgeschwindigkeit ist von der absoluten Höhe des Druckes unabhängig. $\frac{p}{\sigma}$ ergibt sich für atmosphärische Luft zu $7,84 \times 10^8$.

Damit wird nach Gleichung (83) $\frac{c_p}{c_v} = 1,406$.

In der physikalischen Chemie wird häufig nicht mit der spezifischen Wärme der Gase, sondern mit ihrer Atomwärme bzw. Molekularwärme gearbeitet. Diese ist, wie Gleichung (82) aussagt, gleich dem Produkt aus spezifischer Wärme und Atom- bzw. Molekulargewicht. Es werden dort die Bezeichnungen c_p und c_v auch für die entsprechenden Atom- bzw. Molekularwärmen verwandt.

11. Kapitel: Thermodynamik.

a) Wärme als Energie.

Aus den kinetischen Erklärungen, die für die verschiedensten Vorgänge unter dem Einfluß der Wärme gegeben wurden, geht hervor, daß die Wärme als eine besondere Form der Energie, und zwar als kinetische Energie der Atome bzw. Moleküle aufgefaßt werden muß. Die kinetische Betrachtungsweise sucht über diese Energie im mechanischen Sinne Aufschluß zu geben, indem sie die Bewegungen der kleinsten Teilchen analysiert. Außerordentlich erfolgreich war und ist noch eine andere Betrachtungsweise, die den Energieumsatz bei thermischen Vorgängen erörtert. Von fundamentaler Bedeutung für derartige Betrachtungen ist das Gesetz der Erhaltung der Energie. Dasselbe sagt bekanntlich aus, daß in einem abgeschlossenen System die Summe der Energie dauernd konstant ist. Wenn Wärme eine Energieform ist, muß daher, wenn Wärme in einem System verschwindet, Energie anderer Erscheinungsform auftreten; verschwindet Energie anderer Form, so muß Wärme gleichen Energiebetrags erscheinen. Die Tatsache, daß infolge einer Arbeitsleistung Wärme auftritt, ist häufig zu beobachten; von den zahlreichen Fällen seien beispielsweise erwähnt, die Erwärmung zweier aneinander geriebener Körper und das Entstehen von Wärme beim Aufschlagen eines fallenden Körpers auf eine Unterlage, die ihn nicht elastisch zurückwirft. Der Körper verliert dabei seine kinetische Energie, und es tritt an der Aufschlagstelle eine Temperaturerhöhung auf.

b) Das mechanische Wärmeäquivalent.

Von grundsätzlicher Wichtigkeit ist es zu erfahren, welche Wärmemenge einer bestimmten Energiemenge, z. B. einem Erg entspricht, oder welche Energiemenge einer Kalorie entspricht. Zum Zweck dieser Feststellung kann man z. B. ein fallendes Gewicht durch Überwindung eines Reibungswiderstandes eine bestimmte Arbeit leisten lassen und die entsprechende Wärmemenge in einem Kalorimeter messen; auf diese Art gewinnt man dann eine zahlenmäßige Beziehung zwischen Wärmeeinheit und Arbeitseinheit. Eine andere zweckmäßige Bestimmung dieser Beziehung ergibt sich aus dem Unterschied der spezifischen Wärme eines Gases bei konstantem Druck und konstantem Volumen. Die Wärmemenge, die man einer bestimmten Gasmenge zuführen muß, um eine bestimmte Temperaturerhöhung zu bewirken, ist, wenn man das Volumen des Gases konstant erhält, merklich kleiner, als wenn man sich das Gas unter konstantem Druck ausdehnen läßt. Der Unterschied, der zwischen den beiden Fällen der Erwärmung besteht, ist der, daß das Gas unter konstantem Druck, bei der Ausdehnung nach dem Gay-Lussacschen Gesetz, eine äußere Arbeit leistet. Nimmt man z. B. an, daß das Gas sich in einem Zylinder befinde mit beweglichem Kolben, der um die Konstanz des Druckes zu gewährleisten mit einem bestimmten Gewicht belastet ist, so wird der Kolben um einen bestimmten Betrag verschoben. Es ist naheliegend anzunehmen, daß die zu leistende Arbeit die Ursache dafür ist, daß dem Gas zur Erzeugung des gleichen Temperaturzuwachses mehr Wärme zugeführt werden muß, als in dem Fall, in dem keine äußere Arbeit zu verrichten ist (Erwärmung bei konstantem Volumen), und daß die äußere Arbeit der mehr zugeführten Wärme entspricht. Die Arbeit, die geleistet wird, wenn ein Volumen v gegen einen Druck p verschoben wird, ist gleich pv. Nimmt man an, daß 1 g atmosphärische Luft beim Atmosphärendruck p von 0 auf 1 Grad erwärmt wird, so dehnt sich die Luft um $\dfrac{1}{273}$ ihres

Volumens v_0 aus. Die Arbeit, die dabei geleistet wird, ist gleich $\dfrac{p\,v_0}{273}$. Die Wärmemenge, die der Luft bei dieser Erwärmung mehr zugeführt wird, als bei der Erwärmung von 1 g Luft von 0 auf 1 Grad bei konstantem Volumen, ist gleich der Differenz der spezifischen Wärmen $c_p - c_v$. Bezeichnet man die gesuchte Anzahl Arbeitseinheiten, die einer Wärmeeinheit entspricht, mit E, so besteht nach dem Gesagten die Gleichung:

$$E\,(c_p - c_v) = \frac{p\,v_0}{273}$$

oder:

$$E = \frac{p\,v_0}{273\,(c_p - c_v)} \quad \cdot \quad \cdot \quad \cdot \quad \cdot \quad (84)$$

Verhältnismäßig genau bekannt ist die spezifische Wärme der Luft bei konstantem Druck $c_p = 0{,}2377$, die Dichte σ der Luft beim Druck einer Atmosphäre $\left(p = 1{,}0133 \times 10^6 \dfrac{\text{Dynen}}{\text{cm}^2} \right)$ und 0 Grad Temperatur:

$\sigma = 0{,}001293$. Das Verhältnis $\dfrac{c_p}{c_v}$ wurde oben aus der Schallgeschwindigkeit zu 1,406 gefunden; c_v ist danach gleich $\dfrac{c_p}{1,046} = 0{,}1691$; $c_p - c_v$ wird zu 0,0686. Das Volumen v_0 eines Grammes Luft ist gleich $\dfrac{1}{\sigma} = \dfrac{1}{0{,}001293} = 773{,}4$ cm³. Setzt man diese Zahlen in Gleichung (84) ein, so findet man:

$$E = \frac{1{,}0133 \times 10^6 \times 773{,}4}{273 \times 0{,}0686} = 418{,}5 \times 10^5$$

Eine Kalorie entspricht demnach einer Energie von $418{,}5 \times 10^5$ Erg. Man bezeichnet die Zahl E als das mechanische Wärmeäquivalent. Drückt man die Energie in Meterkilogramm aus, so findet man als mechanisches Wärmeäquivalent 0,427, d. h. eine Kalorie ist gleich 0,427 mkg. In der Technik, in der als Arbeitseinheit häufig das Meterkilogramm benutzt wird, verwendet man als Wärmeeinheit meist die große oder Kilogramm-Kalorie. Die große Kalorie ist, wie leicht erkenntlich, gleich 427 mkg. Bestimmungen des mechanischen Wärmeäquivalentes durch Feststellung der bei einer bestimmten Reibungsarbeit auftretenden Wärme haben gleichartige Zahlen ergeben.

c) Mittlere Geschwindigkeit der Atome und Atomabstand, Loschmidtsche Zahl.

Nachdem das mechanische Wärmeäquivalent bekannt ist, kann man sich quantitative Vorstellungen von den vermutlichen Geschwindigkeiten der Moleküle bzw. Atome bei der lebhaft hin- und hergehenden Wärmebewegung machen. Die Geschwindigkeit der hin- und hergehenden kleinsten Teilchen darf man sich naturgemäß nicht als unter sich gleich vorstellen, sondern man muß annehmen, daß stets schneller und langsamer bewegte Teilchen vorhanden sind; jedoch werden sie bei einer bestimmten Temperatur eine bestimmte mittlere Geschwindigkeit haben. Angenommen die Geschwindigkeit eines kleinsten Teilchens sei v, seine Masse m, so ist seine kinetische Energie gleich $\frac{1}{2} mv^2$. Da die Größe der kinetischen Energie von der Richtung der Bewegung unabhängig ist, hat der gesamte Stoff infolge der Wärmebewegung eine ebenso große innere kinetische Energie, als ob er sich im ganzen mit einer Geschwindigkeit, die der mittleren Geschwindigkeit der einzelnen Teilchen entspricht, bewegte. Bei höherer Temperatur ist die Wärmebewegung lebhafter als bei niederer. Um die Geschwindigkeit um einen Betrag zu erhöhen, der einer Temperaturerhöhung um 1 Grad entspricht, muß einem Gramm eines Stoffes eine Wärmemenge gleich der spezifischen Wärme c zugeführt werden. Dieser Wärmemenge entspricht eine Energie von $E c$. Die zugeführte Energie ist nach dem Gesetz von der

Erhaltung der Energie gleich der Zunahme der kinetischen Energie der Wärmebewegung. Bei einem Gramm eines Stoffes ist die kinetische Energie der Wärmebewegung gleich $\frac{1}{2} v^2$, wenn v die mittlere Geschwindigkeit der kleinsten Teilchen ist. Die Geschwindigkeit der kleinsten Teilchen verändere sich bei der Zunahme der Temperatur um einen Grad von v_1 auf v_2. Die Zunahme der Energie beträgt dann $\frac{1}{2}(v^2_2 - v_1^2)$. Die Zunahme ist gleich der zugeführten Energiemenge daher:

$$\tfrac{1}{2}(v^2_2 - v_1^2) = Ec \quad . \quad . \quad . \quad . \quad . \quad . \quad (85)$$

E = mechanisches Wärmeäquivalent.

Aus der spezifischen Wärme kann man nach Gleichung (85) ein Urteil über die Änderung der mittleren Geschwindigkeit der Wärmebewegung gewinnen. Die Geschwindigkeiten müssen bei tieferer Temperatur absolut immer kleiner werden; die Differenz $v_2^2 - v_1^2$ wird daher bei tiefer Temperatur vermutlich ebenfalls immer kleiner, und schließlich, wenn die Wärmebewegungen ganz aufhören, zu Null werden. Die durch Gleichung (85) ausgedrückte Beziehung weist in Verbindung mit dieser Überlegung darauf hin, daß die spezifische Wärme jeden Stoffes bei tiefer Temperatur vermutlich immer kleiner und schließlich zu Null wird. Die Richtigkeit dieser Vermutung wurde für feste Stoffe durch umfangreiche Experimente bewiesen. Durch die Feststellung, bei welcher Temperatur die spezifische Wärme eines Stoffes zu Null wird, kennt man den Temperaturgrad, bei dem die Wärmebewegungen des betreffenden Stoffes zu 0 werden; indem man dann die gesamte Energiezufuhr bestimmt, die notwendig ist, um den betreffenden Stoff von diesem Punkt aus bis zu einer bestimmten Temperatur zu erwärmen, kann man angeben, wie groß absolut genommen die mittlere Geschwindigkeit der kleinsten Teilchen des betreffenden Stoffes bei einer bestimmten Temperatur ist.

Aus Beobachtungen der Diffusionsgeschwindigkeit bzw. der Wärmeleitung kann, wenn die mittlere Geschwindigkeit der kleinsten Teilchen bekannt ist, auf den tatsächlichen Abstand der Moleküle voneinander geschlossen werden. Die Wärmeleitung, d. h. die Mitteilung der Wärmebewegung an benachbarte Moleküle, wird bei gleicher Geschwindigkeit der Bewegung um so rascher vor sich gehen, je näher die Moleküle beieinander liegen; andererseits wird die Diffusion von Flüssigkeiten und Gasen um so langsamer vor sich gehen, je näher die Moleküle beieinander liegen, da dann die Zusammenstöße häufiger sind, und dadurch die Teilchen verhindert werden, in kurzer Zeit große Strecken in gerader Richtung zurückzulegen. Aus einer quantitativen Angabe über den mittleren Abstand der Moleküle voneinander kommt man ohne weiteres zu einer Angabe der tatsächlich in einem bestimmten Volumen vorhandenen Anzahl von Molekülen; aus dieser und der Dichte des Stoffes findet man die tatsächliche

Masse eines Moleküls, und damit schließlich die Anzahl der in einem Mol tatsächlich vorhandenen Moleküle. Diese sog. „Loschmidtsche" oder „Avogadrosche" Zahl beträgt $0{,}606 \times 10^{24}$. Die absolute Masse eines Wasserstoffatoms wird etwa zu $1{,}65 \times 10^{-24}$ Gramm gefunden. Die Richtigkeit dieser Zahlen wurde durch ganz andersartige Messungen auf dem Gebiet elektrischer Erscheinungen bestätigt, und dadurch ihre Genauigkeit verbessert.

d) Ausdehnung eines Gases ohne Arbeit.

Vom Standpunkt der Äquivalenz der Wärme mit mechanischer Arbeit ist nunmehr auch die Abkühlung, d. h. das Verschwinden von Wärme bei der Ausdehnung, und das Auftreten von Wärme bei der Kompression eines Gases erklärlich. Dehnt sich ein Gas um ein bestimmtes Volumen aus, so leistet es dabei eine äußere Arbeit. Das Äquivalent der geleisteten Arbeit muß dem Gas an Wärme verloren gehen, das Gas kühlt sich ab. Um ein Gas auf ein geringeres Volumen zu komprimieren, muß eine bestimmte Arbeit auf das Gas getan werden; eine der geleisteten Arbeit entsprechende Wärmemenge wird dem Gas zugeführt, das Gas erwärmt sich. Daß die Erwärmung bzw. Abkühlung tatsächlich die Folge der auf das Gas bzw. von dem Gas geleisteten Arbeit ist, geht daraus hervor, daß die Abkühlung ausbleibt, wenn ein Gas sich ohne die Leistung äußerer Arbeit ausdehnt. Das ist möglich, wenn es sich gegen den Druck 0, d. h. in einen luftleeren Raum hinein ausdehnt. Verbindet man z. B. zwei Gefäße, deren Anordnung in Abb. 53 skizziert ist, von denen das eine A vorher mit einem Gas unter bestimmtem Druck gefüllt, das andere B luftleer gepumpt ist, durch Drehen des Hahnes H miteinander, so breitet sich das Gas auf B aus, ohne daß es eine äußere Arbeit leistet. Bringt man während dieses Vorganges die beiden Gefäße in ein Kalorimeter, so kann man feststellen, daß keinerlei Änderungen der Temperatur des Kalorimeterwassers in Erscheinung tritt, die Ausdehnung des Gases ist demnach ohne Aufnahme oder Abgabe von Wärme vor sich gegangen.

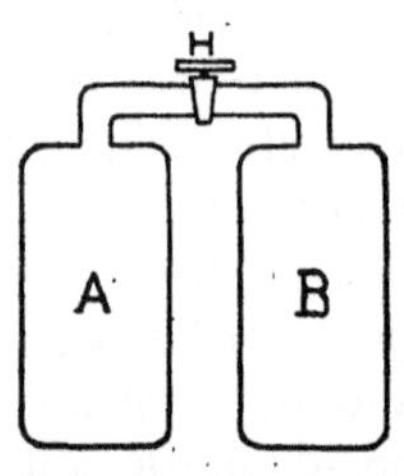

Abb. 53. Ausdehnung eines Gases ohne Arbeitsleistung.

Die Kompression eines Gases ist nicht möglich, ohne daß Arbeit auf das Gas getan wird; bei der Kompression wird daher stets Wärme auftreten.

e) Umsetzung von Wärme in mechanische Arbeit, Gleichgewichtszustände, freie Energie, isotherme Kreisprozesse.

Weitaus der größte Teil der auf der Erde zur Verfügung stehenden Energie wird der Erde in Form von Wärme durch Wärmestrahlung von der Sonne zugeführt. Von der zugeführten Energie wird ein Teil von den Menschen zu Arbeitsleistungen verwandt, und zwar vor allem die von den Pflanzen unter dem Einfluß der Sonnenstrahlen im Laufe langer Zeit aufgespeicherte chemische Energie, die uns in Form von Brennmaterial zur Verfügung steht. Die Verbrennungswärme des Materials ist der Ausdruck für die ihm innewohnende potentielle Energie. Um diese Energie zu Arbeitsleistungen zu verwenden, muß die Verbrennungswärme in Energie anderer Art übergeführt werden. Maschinen, die Wärme in mechanische Arbeit umsetzen, sind daher von großer Bedeutung.

Wie schon mehrfach erwähnt, strebt jedes sich selbst überlassene System einem Zustand gleicher Temperatur zu. Außer dem Temperaturausgleich gehen unter Umständen noch andere Veränderungen vor sich, die großenteils schon behandelt wurden, so z. B. gleicht sich in einem Gas, wenn Dichtigkeitsverschiedenheiten vorhanden sind, die Dichte aus, eine Flüssigkeit verdampft, wenn der Druck des darüber stehenden Dampfes geringer ist als der Dampfdruck der Flüssigkeit bzw. es kondensiert Dampf im umgekehrten Fall. Schließlich kommt jedoch äußerlich das sich selbst überlassene System in Ruhe, d. h. man kann keine sichtbaren Veränderungen mehr feststellen. Man bezeichnet solche Zustände, die durch gleiche Temperatur und das Fehlen sichtbarer Veränderungen charakterisiert sind, als Gleichgewichtszustände. Der Ausdruck Gleichgewicht wurde schon mehrfach für diese Zustände angewandt, z. B. bei der Behandlung der Existenz mehrerer Phasen desselben Stoffes bei einer bestimmten Temperatur. Es sind diese Gleichgewichte jedoch grundsätzlich verschieden von den bei der Behandlung mechanischer Vorgänge besprochenen Gleichgewichten. Dort war als Gleichgewicht ein Zustand bezeichnet worden, bei dem tatsächlich keine Bewegungen stattfinden. Bei den hier zu besprechenden Gleichgewichten sind dagegen die lebhaften Wärmebewegungen der kleinsten Teilchen ebenso vorhanden, wie in den nicht als Gleichgewicht bezeichneten Zuständen. Das Fehlen sichtbarer Veränderungen im System ist nicht durch das Fehlen jeder Bewegung bedingt, sondern dadurch, daß verschiedene Veränderungen in verschiedener Richtung in einem solchen Umfang vor sich gehen, daß der gesamte Zustand nicht geändert wird. Ein solcher Fall liegt z. B. vor, wenn in einem Raum Flüssigkeit und Dampf vorhanden ist, und in der gleichen Zeit ebensoviel Dampf kondensiert, als Flüssigkeit verdampft. Die Unmöglichkeit, die dabei vorhandenen Bewegungen zu beobachten, liegt in der Kleinheit der Bewegungen begründet.

Ist ein Gleichgewichtszustand erreicht, so gehen ohne äußere Einwirkung keine Veränderungen mehr in dem System vor sich, vor allem geschieht es niemals, daß ein Vorgang, der zu einem Gleichgewicht geführt hat, von selbst rückgängig wird, also daß z. B. eine Temperaturdifferenz, die sich ausgeglichen hat, von selbst wieder entsteht.

Ein sehr häufig beobachteter Vorgang ist der Übergang von mechanischer Energie in Wärme, wie z. B. bei der Reibung zweier Körper aneinander, oder der Erwärmung eines Gases bei der Kompression. Der umgekehrte Vorgang des Übergangs von Wärme in mechanische Energie wird viel seltener beobachtet, und es bedurfte einer langen Forschungstätigkeit, um Bedingungen, unter denen eine solche Umsetzung vorkommt, zu ermitteln, und Maschinen zu bauen, die einen derartigen Umsatz bewerkstelligen.

Zunächst ist die Frage, welchen Teil des gesamten Energieinhaltes eines Systems man in mechanische Arbeit überführen kann, von praktischem Interesse. Daß die gesamte Energie nicht stets restlos überführt werden kann, lehrt mannigfache Erfahrung; als Beispiel seien die Verhältnisse bei einem System erörtert, das aus einer bestimmten Gasmenge und einem Wärmereservoir besteht. Durch das Wärmereservoir sollen die Zustandsänderungen des Gases als auf isotherme Vorgänge beschränkt gedacht sein. Wenn das Gas ein bestimmtes Volumen besitzt, so kann es sich auf ein bestimmtes sehr großes Volumen ausdehnen, und dabei äußere Arbeit leisten. Der Arbeitsleistung entsprechend wird dem Wärmereservoir Wärme entzogen. Hat die gleiche Gasmenge ursprünglich ein größeres Volumen, so kann sie bei der Ausdehnung auf das gleiche sehr große Volumen nur eine geringere Arbeit leisten. Die Fähigkeit des Gases Arbeit zu leisten, ist demnach unter sonst gleichen Bedingungen von dem Volumen des Gases abhängig, denn der Energieinhalt des Systems ist in den beiden Fällen, wenn die Ausgangstemperatur die gleiche ist, gleichgroß. Der Unterschied zwischen den beiden Fällen besteht darin, daß im zweiten Fall ein geringerer Teil des Energieinhaltes des Systems in mechanische Arbeit umgesetzt werden kann. Der Teil der gesamten Energie eines Systems, der in Arbeit umgesetzt werden kann, wird als die „freie" Energie des Systems bezeichnet. Die freie Energie einer Gasmenge ist nach dem Gesagten um so größer, je kleiner das Volumen der Gasmenge ist.

Leistet ein System äußere Arbeit, so verliert es an freier Energie und zwar den der geleisteten Arbeit entsprechenden Betrag. Andererseits muß, um die freie Energie eines Systems zu erhöhen, eine Arbeit gleich der Zunahme der freien Energie auf das System getan werden. Die beiden Sätze ergeben sich aus dem soeben angeführten Beispiel; dehnt sich das Gas aus und leistet dabei Arbeit, so verliert es den entsprechenden Betrag an freier Energie; komprimiert man es, um seine frei Energie zu erhöhen, so muß eine entsprechende Arbeit auf es getan werden.

Die Erfahrung ergibt, daß die freie Energie eines Systems unter Umständen auch geringer wird, ohne daß eine äußere Arbeit geleistet wird, z. B. bei der obenerwähnten Ausdehnung eines Gases in einen luftleeren Raum hinein, bei der das Volumen des Gases größer, die freie Energie damit kleiner wird, ohne daß eine Arbeit geleistet wird. Ganz allgemein kann man feststellen, daß die freie Energie eines Systems stets dann abnimmt, wenn das System einem Gleichgewichtszustand zustrebt, und im Gleichgewichtszustand zu einem Minimum wird.

Schon im 9. Kapitel wurden die Zustandsmöglichkeiten einer bestimmten Gasmenge graphisch dargestellt, indem das Volumen als Funktion des Druckes in ein Koordinatensystem eingetragen wurde. Die Darstellung beschränkte sich dabei auf isotherme Vorgänge, d. h. es wurde die Abhängigkeit des Volumens vom Druck für eine bestimmte dauernd konstante Temperatur aufgezeichnet, und die entstehende Kurve als Isotherme bezeich-net; die durch Punkte der Iso-thermen beschriebenen Zu-stände sind Gleichgewichts-zustände.

In Abb. 54 möge die Kurve A B eine Isotherme eines Gases sein. Wir fragen nun nach der Arbeit, die das Gas beim iso-thermen Übergang aus dem durch den Punkt A charakte-risierten Zustand in den durch B bestimmten leisten kann, bzw. welche Arbeit bei diesem Übergang auf es getan werden muß. Dabei sei angenommen,

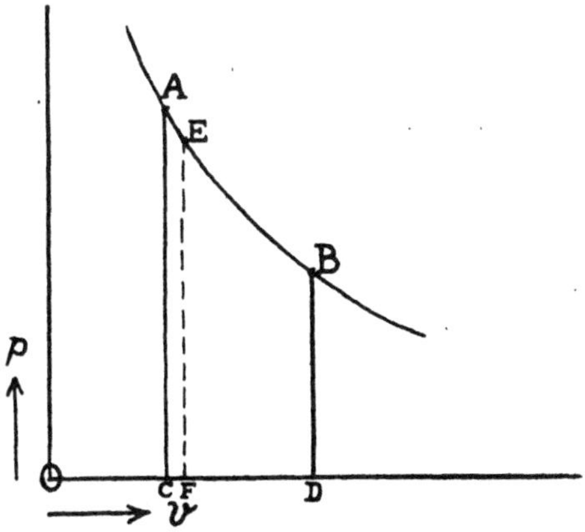

Abb. 54. Isotherme Zustandsänderung eines Gases.

daß der Zustand in jedem Zeitpunkt der Änderung einem zwischen A und B gelegenen Punkte entspricht, und daß die Zustandsänderung diese Punkte in der Reihenfolge, wie sie auf der Kurve von A nach B aufeinanderfolgen, durchläuft. Die ganze Zustandsänderung besteht dann aus einer Aufeinanderfolge von Gleichgewichtszuständen, die allmählich ineinander übergehen. Ein solcher Vorgang ist nur denk-bar, wenn die Veränderung sehr langsam fortschreitet. Dehnt sich das Gas aus, so leistet es Arbeit. Soll dieser Vorgang isotherm vor sich gehen, so ist Wärmezufuhr im Betrag der geleisteten Arbeit von seiten eines Reservoirs notwendig. Im umgekehrten Fall bei der Kompression muß Arbeit auf das Gas getan, daher Wärme an ein Reservoir abgegeben werden. Isotherme Vorgänge sind demnach an das Vorhandensein eines Reservoirs gebunden. Der Betrag der Arbeit, die bei der Zustandsänderung des Gases von ihm geleistet wird bzw. auf es zu tun ist, läßt sich aus Abb. 54 ohne weiteres ab-lesen. Dehnt sich das Gas z. B. von dem Punkt A entsprechenden

7*

Volumen und Druck um das kleine Volumen dv, das der Strecke C F entspricht, aus, so leistet es die kleine Arbeit p × dv . p × dv wird dargestellt durch den Inhalt des kleinen Flächenstücks A C F E. Durchläuft das Gas die ganzen Zustandsänderungen von A nach B, so ergibt sich die gesamte Arbeit aus der Summe aller Flächenstücke, die der jeweiligen kleinen Zustandsänderung beim Fortschreiten von einem Punkt der Kurve zu einem benachbarten entsprechen, d. h. die gesamte vom Gas geleistete Arbeit wird durch den Inhalt des Flächenstückes A B C D dargestellt. Läßt man das Gas die umgekehrte Zustandsänderung von B nach A durchlaufen, so muß die gleiche durch das Flächenstück A B C D dargestellte Arbeit auf das Gas getan werden. Der Prozeß verläuft in der einen Richtung genau umgekehrt wie in der anderen. Man bezeichnet einen derartigen Prozeß, der aus einer Aufeinanderfolge von Gleichgewichtszuständen besteht, als einen umkehrbaren Prozeß. Läßt man die beschriebene Zustandsänderung zunächst in der einen, sodann in der umgekehrten Richtung vor sich gehen, so daß am Ende des ganzen Vorganges der Zustand der gleiche ist, wie zu Beginn, d. h. durchläuft der Vorgang die Kurve von A nach B und zurück nach A, so ist die Summe der vom Gas geleisteten Arbeit gleich 0, da beim Fortschreiten von A nach B dieselbe Arbeit geleistet wird, die beim Fortschreiten von B nach A auf das Gas getan werden muß.

Bei einem Gas ist eine isotherme Zustandsänderung, die mit dem gleichen Zustand endet, mit dem sie begonnen hat, nur als Hin- und Hergang auf einer Isothermen denkbar. Feste Körper haben viel kompliziertere Möglichkeiten der Zustandsänderung. Bei ihnen kann man sich isotherme Vorgänge vorstellen, die mit dem gleichen Zustand enden, mit dem sie begonnen haben, die einen Kreislauf von Veränderungen darstellen; solche Prozesse nennt man Kreisprozesse. Beispielsweise kann man sich vorstellen, daß ein Draht zunächst durch Einwirken eines Zuges gedehnt, dann torquiert werde; danach kann zuerst die Dehnung und sodann die Torsion aufgehoben werden. Der ganze Vorgang kann isotherm verlaufen, wenn ein Wärmereservoir zur Verfügung steht und aus einer Aufeinanderfolge von Gleichgewichtszuständen bestehen, wenn die Zustandsänderungen genügend langsam vor sich gehen. Während der ersten beiden Änderungen muß eine Arbeit auf den Draht getan werden, bei den letzten beiden kann der Draht eine Arbeit verrichten. Während der Zustandsänderungen wird zeitweise Wärme aus dem Reservoir aufgenommen, zeitweise an das Reservoir abgegeben. Der Prozeß kann, wie ohne weiteres verständlich, auch in der umgekehrten Richtung ablaufen; er erfüllt also alle Bedingungen eines umkehrbaren isothermen Kreisprozesses. Die Erfahrung lehrt nun, daß bei einem solchen umkehrbaren isothermen Kreisprozeß die gesamte Arbeit stets gleich 0 ist. Diese Erfahrung ist nicht identisch mit der im Gesetz von der Erhaltung der Energie ausgedrückten, da ja während des Vorgangs Energie in Form von Wärme aus dem Reservoir aufgenommen bzw. an es abgegeben wird. Das Gesetz von der Erhaltung der Energie sagt nur aus, daß bei einer Zustandsänderung, die mit dem gleichen Zutsand endet, mit dem sie begonnen hat, ohne Zufuhr von Wärme, d. h. also bei einem adiabatischen Kreisprozeß, keine Arbeit geleistet werden kann.

f) Kalorische Maschinen, Carnotscher Kreisprozeß, Wirkungsgrad, Entropie.

Erfahrungsgemäß gelingt es durch Kreisprozesse Wärme in mechanische Arbeit umzusetzen, wenn der den Kreisprozeß durchmachende Körper im Verlauf des Vorgangs zwei verschiedene Temperaturen annimmt. Als Beispiele von Maschinen, die eine solche Umsetzung bewerkstelligen, seien der Heißluftmotor, die Dampfmaschine und der Explosionsmotor erwähnt.

Der Heißluftmotor besteht, schematisch dargestellt (vgl. Abb. 55), aus einem luftgefüllten Kessel A, der durch eine Röhre r mit dem Zylinder Z in Verbindung steht, in dem ein dichtschließender Kolben K gleitet. Zwischen den beiden Hälften des Kessels wird

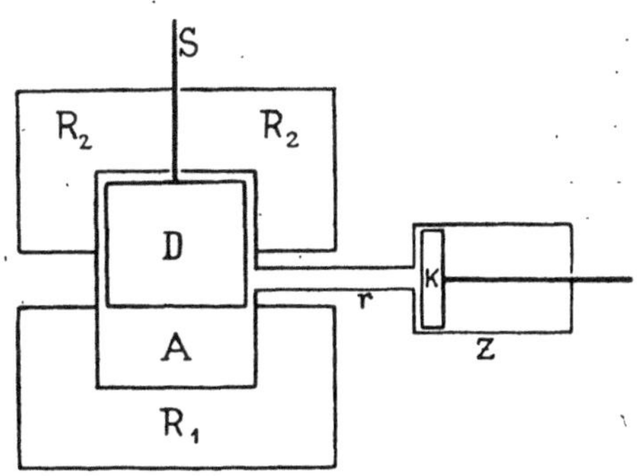

Abb. 55. Heißluftmotor.

dauernd eine bestimmte Temperaturdifferenz unterhalten; in unserer Abbildung ist das dadurch angedeutet, daß der Kessel mit den beiden Enden in Reservoire (R_1 bzw. R_2) eintaucht, deren Wärmekapazität als relativ sehr groß gedacht ist. R_1 besitzt dauernd die höhere Temperatur T_1, R_2 die niedrigere T_2. Im Kessel ist außerdem noch ein den Kesselraum mehr als zur Hälfte einnehmender Körper D vorhanden, der sich durch eine Stange S im Kessel verschieben läßt. Die Wände des Körpers D schließen nicht dicht an die Kesselwände an, sondern die Luft kann durch die Zwischenräume hin- und herströmen. D wird als der „Verdränger" bezeichnet. Verschiebt man D von einem zum anderen Ende des Kessels, so verdrängt man die in dem Kessel vorhandene Luft durch die Verschiebung in der umgekehrten Richtung. Angenommen, es sei zu irgendeiner Zeit die Stellung die in Abb. 55 angegebene, und zwar sei der Verdränger soeben in die gezeichnete Stellung geschoben worden; die Luft habe vorher längere Zeit auf der niedrig temperierten Seite des Kessels gestanden, und daher die

Temperatur des Reservoirs R_2. Die Luft erwärmt sich nun durch Aufnahme von Wärme aus R_1, ihr Druck steigt. Ist der Kolben K beweglich, so kann er sich verschieben und dabei Arbeit leisten. Nachdem der Kolben am Ende des Zylinders angekommen ist, bewegt man den Verdränger nach unten und drängt die erwärmte Luft an das kühl gehaltene Ende des Kessels; sie kühlt sich ab, ihr Druck nimmt ab. Wirkt eine äußere Kraft auf den Kolben, so kann diese den Kolben zurückschieben und das Volumen der Luft wieder auf das Ausgangsvolumen verringern; dabei muß Arbeit von außen **auf** die Luft getan werden. Verschiebt man, nach Abkühlung der Luft, den Verdränger wiederum, so ist die Lage wie zu Beginn, d. h. die Luft hat einen Kreislauf von Veränderungen durchlaufen, während dessen innerhalb einer bestimmten Zeit Arbeit von der Luft auf den Kolben getan wurde, nämlich während der Ausdehnung der Luft, innerhalb eines anderen Zeitabschnittes von dem Kolben Arbeit auf die Luft getan wurde, nämlich bei der Kompression der Luft. Der Apparat kann bei der Ausdehnung des Gases mehr Arbeit leisten, als zur Kompression notwendig ist, da die Ausdehnung bei einer höheren Temperatur, d. h. einem höheren Gasdruck erfolgt, als die Kompression, d. h. er kann im Verlauf des ganzen Kreislaufs der Veränderungen eine positive Arbeit auf den Kolben tun. Im Verlauf des ganzen Vorgangs ist eine der geleisteten Arbeit entsprechende Wärmemenge aus R_1 entnommen worden und verschwunden. Eine andere bestimmte Wärmemenge ist von R_1 auf R_2 übergegangen. Verbindet man den Kolben mit einem Schwungrad und bringt eine geeignete Verbindung zwischen der Achse des Schwungrades und der Stange des Verdrängers an, so kann man bewerkstelligen, daß die Verschiebung des Verdrängers automatisch bei den entsprechenden Stellungen des Kolbens erfolgt. Der Kreisprozeß wiederholt sich dann immer wieder, und die Einrichtung kann dazu verwandt werden, dauernd eine bestimmte äußere Arbeit zu verrichten.

Die Dampfmaschine (Abb. 56) besteht schematisch aus einem Zylinder Z mit Kolben K und zwei Wasserbehältern W_1 und W_2, die zum Teil mit Wasser gefüllt sind, das auf bestimmten verschiedenen Temperaturen T_1 und T_2 gehalten wird. Die Wasserbehälter können nach Belieben durch Abschlußvorrichtungen (in Abb. 56 als Hähne gezeichnet) mit Z in Verbindung gebracht, oder von Z abgeschlossen werden. W_1 habe eine höhere Temperatur als W_2. W_1 wird als der Dampfkessel,

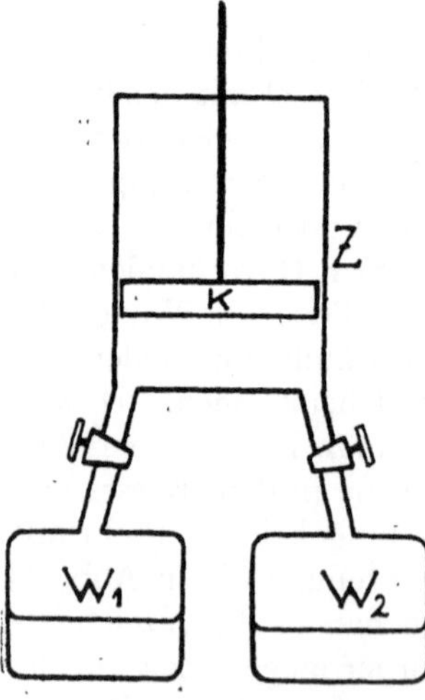

Abb. 56. Dampfmaschine.

W_2 als der Kondensator bezeichnet. In W_1 herrscht dann ein höherer Dampfdruck als in W_2. Infolge der Differenz der Dampfdrucke kann die Einrichtung im ganzen eine positive Arbeit nach außen tun, wenn der Zylinder während des Aufwärtsgehens des Kolbens mit W_1, während des Abwärtsgehens mit W_2 in Verbindung steht. Die Betätigung der Hähne kann automatisch durch die Bewegung des Kolbens bzw. durch die Achse eines mit ihm verbundenen Schwungrades geschehen (Schieberkasten). Während der Aufwärtsbewegung verdampft Wasser in W_1, während der Abwärtsbewegung kondensiert Wasserdampf in W_2. Es wird bei diesem Vorgang ein bestimmter Betrag Wärme in Arbeit umgewandelt, ein anderer Teil der aus W_1 entnommenen Wärme geht auf W_2 über. Sorgt man dafür, daß das in W_2 kondensierte Wasser wieder zur Füllung von W_1 verwandt wird, so kann man die Maschine dauernd mit dem gleichen Wasser betreiben, das dann ähnlich, wie die Luft im Heißluftmotor, einen immer wiederholten Kreisprozeß durchmacht. Bei den unter hohen Drucken arbeitenden Hochdruckmaschinen wird an Stelle eines Kondensators die äußere Atmosphäre benutzt, d. h. der Zylinder wird beim Heruntergehen des Kolbens statt mit einem besonderen Kondensator mit dem atmosphärischen Luftraum in Verbindung gebracht.

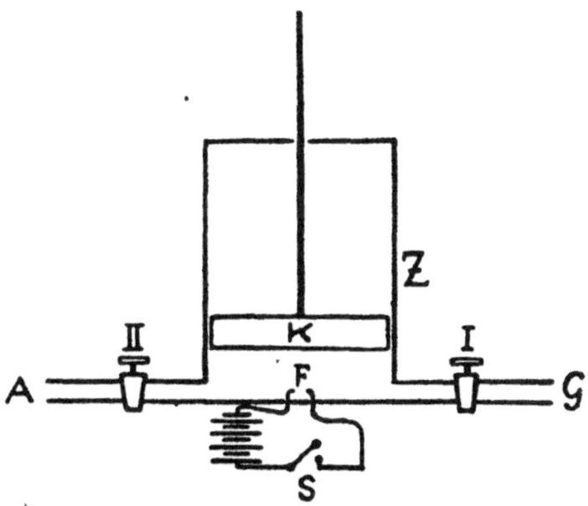

Abb. 57. Explosionsmotor.

Bei den Explosionsmotoren wird das plötzliche Entstehen hoher Temperaturen bei der durch örtliche Entzündung auszulösenden explosionsartigen Verbrennung eines mit Luft innig vermischten Gases zum Betrieb der Maschine verwendet. Die verschiedenen Vorgänge, die notwendig sind, um geeignete Bedingungen zur Leistung mechanischer Arbeit zu schaffen, sind am besten an dem sog. Viertaktmotor zu erörtern (s. Abb. 57). Dem Zylinder Z kann durch die Röhre G eine Mischung eines brennbaren Gases mit Luft zugeführt werden. Das Gas wird in einer besonderen Vorrichtung, dem Vergaser, erzeugt. Die Gas-Luft-Mischung steht nur unter geringem Druck. Durch ein Rohr A kann der Zylinder in Verbindung mit der atmosphärischen Luft gebracht werden. Die Röhren G und A können durch Hähne (I und II) geöffnet und geschlossen werden. Angenommen Hahn I sei offen, II geschlossen und der Kolben K bewege sich auf Grund der Wirkung einer äußeren Kraft nach oben, so strömt

Gas-Luft-Mischung in den Zylinder. Nachdem der Kolben am Ende
von Z angekommen ist, wird I geschlossen. Drückt man nunmehr
den Kolben nach unten, so wird das im Zylinder vorhandene Gasgemisch unter Erhöhung seines Druckes auf ein kleines Volumen
komprimiert. Bei der Kompression muß ebenso wie beim Ansaugen
des Gas-Luft-Gemisches Arbeit auf das Gas getan werden. Hat der
Kolben seinen tiefsten Stand erreicht, so wird die chemische Vereini-
gung des Gases mit dem Sauerstoff der Luft, durch Erzeugung eines
elektrischen Funkens zwischen zwei Drahtenden bei F, eingeleitet,
indem der Stromschlüssel S geschlossen wird. Infolge der innigen
Mischung der Luft mit dem Gas erfolgt diese Verbrennung außerordentlich rasch unter Entwicklung sehr hoher Temperaturen. Dadurch entsteht in Z ein hoher Gasdruck; bewegt sich unter diesem
Druck der Kolben, so kann dabei beträchtliche Arbeit geleistet werden.
Ist der Kolben am Ende von Z angekommen, so ist Z mit dem Verbrennungsprodukt angefüllt. Durch Öffnen von II und Bewegung
des Kolbens nach unten wird das Verbrennungsprodukt in die Atmosphäre ausgetrieben. Nach Schluß von II und Öffnen von I kann
der Vorgang erneut beginnen. Man bezeichnet die Bewegung des
Kolbens von einem Ende des Zylinders zum anderen als einen Takt des
Motors. Der ganze beschriebene Vorgang erfolgt dann in 4 Takten:
1. Ansaugen, 2. Kompression, 3. Explosion, 4. Auspuff. Nur beim
dritten Takt wird Arbeit vom Gas auf den Kolben getan; bei den
anderen drei Takten muß Arbeit auf das Gas getan werden. Diese
Arbeit kann durch ein Schwungrad, das einen Teil der beim Arbeits-
takt geleisteten Arbeit als kinetische Energie aufnimmt, getan
werden. Die Betätigung der Hähne geschieht automatisch.

Die bei den beschriebenen drei Maschinen vor sich gehenden
Zustandsänderungen sind sehr kompliziert; man hat daher grundsätzlich ähnliche, jedoch einfachere Vorgänge erdacht, und an ihnen
Erwägungen über den Umsatz von Wärme in mechanische Arbeit
bei Kreisprozessen angestellt. Wenn auch diese idealen Vorgänge
praktisch nicht zu verwirklichen sind, gibt ihre Erörterung doch über
viele wichtige Fragen Aufschluß.

Als Beispiel eines Kreisprozesses, bei dem Wärme in mechanische
Arbeit umgesetzt wird, sei wiederum eine Zustandsänderung eines
Gases gewählt. Sowohl bei dem Heißluftmotor als auch bei der
Dampfmaschine nimmt der den Kreisprozeß durchmachende Körper
im Verlauf der Zustandsänderung zwei verschiedene Temperaturen
an; dementsprechend soll das Gas im Verlauf des gedachten Kreisprozesses zwei verschiedene Temperaturen annehmen. Von den
Zustandsänderungen, die ein Gas erfahren kann, waren isotherme
und adiabatische Vorgänge schon mehrfach Gegenstand der Erörterung.
Durch Isothermen wurden isothermische Zustandsänderungen bei
bestimmten Temperaturen schon verschiedentlich graphisch dar-

gestellt; adiabatische Zustandsänderungen können in gleicher Art graphisch dargestellt werden, wenn man zueinander gehörige Drucke und Volumina als Ordinaten und Abszissen in ein rechtwinkliges Koordinatensystem einträgt. Bei der Zeichnung solcher adiabatischer Kurven oder „Adiabaten" in das gleiche Koordinatensystem mit den Isothermen, muß der Verlauf der Adiabaten steiler sein als der der Isothermen, da der gleichen adiabatischen Ausdehnung eines Gases bei einer bestimmten Ausgangstemperatur eine stärkere Druckverminderung entspricht als der isothermen Ausdehnung derselben Gasmenge. Die Adiabaten schneiden infolgedessen die Isothermen. In Abb. 58 seien A B und C D Stücke zweier Isothermen, die die Zustandsänderungen eines Gases bei den Temperaturen T_1 und T_2 beschreiben. A C sei die graphische Darstellung eines adiabatischen Übergangs von der Temperatur T_1 nach T_2, B D die Darstellung eines anderen adiabatischen Überganges des Gases von der einen zur anderen Temperatur. Die adiabatischen Übergänge können ebenso, wie die isothermen, in der einen wie in der anderen Richtung durchlaufen werden. Die Übergänge von B nach D und A nach C entsprechen adiabatischen Ausdehnungen des Gases, die umgekehrten Wege adiabatischen Kompressionen.

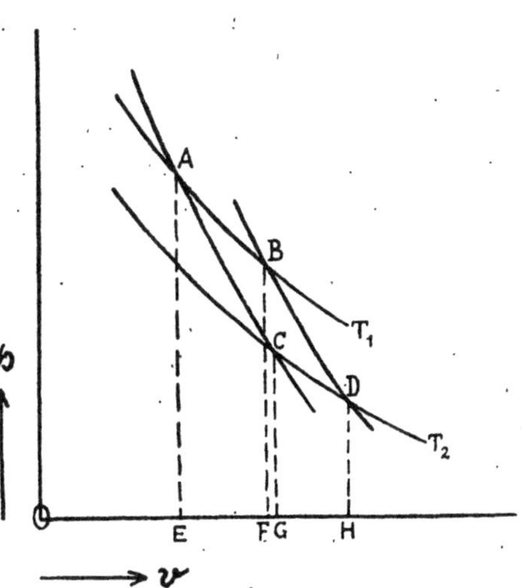

Abb. 58. Carnotscher Kreisprozeß.

Man kann sich einen Kreisprozeß des Gases vorstellen, der darin besteht, daß sich das Gas zunächst isotherm vom Zustand A zum Zustand B ausdehnt, danach adiabatisch vom Zustand B zum Zustand D ausdehnt, sodann isotherm bis C komprimiert wird, und schließlich durch eine adiabatische Kompression in den Zustand A zurückkehrt. Der ganze Vorgang stellt einen Kreisprozeß vor, der aus zwei isothermen und zwei adiabatischen Zustandsänderungen zusammengesetzt ist. Man nennt einen solchen Kreisprozeß einen „Carnotschen". Der Kreisprozeß ist umkehrbar, wenn die isothermen Änderungen so langsam vor sich gehen, daß sie aus einer Aufeinanderfolge von allmählich ineinander übergehenden Gleichgewichtszuständen bestehen. Zu einer isothermen Zustandsänderung ist, wie oben erörtert, ein Wärmereservoir von der betreffenden Temperatur notwendig. Um den beschriebenen Kreisprozeß zu verwirklichen, bedarf es daher zweier Reservoire R_1 und R_2 von den Temperaturen T_1 und T_2. Das entsprechende Reservoir muß man sich an den Punkten B und C im Moment des Beginns der adiabatischen Änderung entfernt, und das andere erst dann mit dem Gas in Verbindung gebracht denken, wenn das Gas adiabatisch die neue Temperatur erreicht hat. Die bei dem Kreisprozeß vom Gas bzw. auf das Gas geleistete Arbeit kann ebenso wie bei dem an Hand der Abb. 54 beschriebenen isothermen Vorgang, für jeden einzelnen der 4 Übergänge aus Abb. 58 abgelesen werden. Während des Übergangs von A nach B leistet das Gas Arbeit entsprechend dem Inhalt der Fläche A B F E, beim Übergang von B nach D leistet es ebenfalls Arbeit, von einem durch die Fläche B D H F dargestellten Betrag. Beim Übergang von D nach C und von C nach A muß Arbeit auf das Gas getan werden; der Betrag dieser Arbeiten wird angegeben durch den Inhalt der Flächen C D H G und C A E G. Rechnet man die gesamten Arbeiten zusammen, indem man sinngemäß den vom Gas geleisteten Arbeiten ein positives, den auf das Gas zu tuenden ein negatives Vorzeichen gibt, so erhält man als Resultat der während des ganzen Vorgangs geleisteten Arbeit:

$$\mathrm{A\,B\,F\,E + B\,D\,H\,F - D\,C\,G\,H - C\,A\,E\,G = A\,B\,D\,C,}$$

d. h. wird der Kreisprozeß in der Richtung A B D C A durchlaufen, so leistet das Gas im ganzen eine positive äußere Arbeit, deren Größe durch die Fläche A B D C dargestellt wird.

Bezüglich des während des Prozesses vor sich gehenden Wärmeaustauschs findet man folgendes: Beim Übergang von A nach B wird dem sich isotherm ausdehnenden Gas vom Reservoir R_1 Wärme in einer der Arbeit äquivalenten Menge zugeführt; die zugeführte Menge sei Q_1. Die Übergänge B D und C A gehen nach der Definition der adiabatischen Vorgänge ohne Wärmeaustausch vor sich. Bei der isothermen Zustandsänderung von D nach C wird von dem Gas eine bestimmte Wärmemenge, die der auf es zu leistenden Arbeit entspricht, an das Reservoir R_2 abgegeben; sie sei Q_2. Im ganzen wird demnach dem Reservoir R_1 die Wärmemenge Q_1 entnommen; davon wird der Betrag Q_2 dem Reservoir R_2 zugeführt, und die Differenz $Q_1 - Q_2$ wird in Arbeit umgesetzt. Unter keinen Umständen gelingt es, durch einen Kreisprozeß die gesamte dem Reservoir R_1 entnommene Wärmemenge in Arbeit umzusetzen, sondern stets wird ein Teil dieser Wärme an R_2 wieder abgegeben. Der Bruch W:

$$W = \frac{Q_1 - Q_2}{Q_1} \qquad \ldots \ldots \ldots \quad (86)$$

gibt an, welcher Teil der R_1 entnommenen Wärme in Arbeit umgesetzt wird. Man nennt W den Wirkungsgrad des Kreisprozesses. Für den beschriebenen Carnotschen Kreisprozeß mit einem Gas läßt sich unschwer aus dem Verhältnis der den Arbeitsleistungen und damit den Flächen A B F E und C D H G entsprechenden Wärmemengen errechnen, daß:

$$\frac{Q_1}{Q_2} = \frac{T_1}{T_2} \quad\quad\quad\quad\quad (87)$$

Setzt man aus Gleichung (87) $Q_1 = \dfrac{T_1 Q_2}{T_2}$ in Gleichung (86) ein, so findet man für den Wirkungsgrad:

$$W = \frac{T_1 - T_2}{T_1} \quad\quad\quad\quad (88)$$

Aus Gleichung (88) geht hervor, daß der Wirkungsgrad eines Kreisprozesses proportional der Temperaturdifferenz der zur Verfügung stehenden Wärmereservoire ist.

Läßt man den Kreisprozeß in der umgekehrten Richtung A C D B A durchlaufen, so gehen alle Veränderungen umgekehrt vor sich. Man muß, um diesen Kreislauf zu bewirken, eine Arbeit entsprechend der Fläche A B C D auf das Gas tun; dabei wird die Wärmemenge Q_2 dem Reservoir R_2 entzogen und nach R_1 übergeführt; außerdem wird die der Arbeit äquivalente Wärmemenge durch die Arbeit erzeugt und in R_1 gefunden. Der in der Richtung A C D B A ablaufende Kreisprozeß kann demnach dazu dienen, Wärme von einem Reservoir tieferer Temperatur in ein solches höherer zu pumpen. Dieser Transport ist nur möglich, wenn gleichzeitig Arbeit geleistet wird, die allerdings ebenfalls in Form von Wärme in dem Reservoir höherer Temperatur in Erscheinung tritt.

Tatsächlich lassen sich alle Maschinen, die auf Grund eines Kreisprozesses Arbeit leisten können, also z. B. die Dampfmaschine mit geringen Abänderungen dazu benutzen, um, durch Leistung von Arbeit auf die Maschine, Wärme auf höhere Temperatur zu pumpen bzw. einem Reservoir Wärme zu entziehen. Im letzteren Fall spricht man von einer Kältemaschine.

Es läßt sich erweisen, daß zwei Carnotsche Kreisprozesse, gleichgültig von welchen Körpern sie durchlaufen werden, stets den gleichen Wirkungsgrad haben, wenn die Temperaturen der zur Verfügung stehenden Reservoire die gleichen sind, d. h. daß der Wirkungsgrad in jedem Fall gleich dem zunächst nur für ein Gas abgeleiteten, in Gleichung (88) angeschriebenen, Wert ist.

Die bei den beschriebenen Wärmekraftmaschinen ablaufenden Kreisprozesse haben vieles mit dem behandelten Carnotschen Kreisprozeß eines Gases gemeinsam. Der gesamte Prozeß ist jedoch nicht umkehrbar, da er nicht aus einer Aufeinanderfolge von Gleichgewichtszuständen besteht. Für den Wirkungsgrad eines nicht umkehrbaren Kreisprozesses ergibt sich theoretisch und experimentell, daß er stets kleiner ist als der Wirkungsgrad des mit Reservoiren gleicher Temperaturen arbeitenden umkehrbaren Kreisprozesses, im übrigen aber auch um so größer ist, je größer die Temperaturdifferenz T_1—T_2 gewählt wird. Für die Praxis ergibt sich daraus die Anweisung, Wärmekraftmaschinen so zu konstruieren, daß der ablaufende Kreisprozeß einem umkehrbaren möglichst nahe kommt, und von den beiden Temperaturen T_1 möglichst hoch, T_2 möglichst niedrig zu wählen.

Die freie Energie bei einem System, in welchem ein umkehrbarer Kreisprozeß abläuft, verringert sich dann, wenn äußere Arbeit geleistet wird bzw. nimmt zu, wenn Arbeit auf das System getan wird. Die Unmöglichkeit, sämtliche dem Reservoir höherer Temperatur entnommene Wärme in mechanische Arbeit umzusetzen, ist nur der Ausdruck dafür, daß nicht der gesamte Energieinhalt des Systems aus freier Energie besteht. Die verschiedene Verwendbarkeit des Energieinhaltes eines Systems kommt in der Formel für den Wirkungsgrad zum Ausdruck, die besagt, daß die freie Energie eines Systems mit zwei verschiedenen Temperaturen um so größer ist, je größer der Unterschied der beiden Temperaturen ist.

Formell kann man also von jedem System aussagen, daß sein gesamter Energieinhalt besteht aus der Summe der freien Energie und eines nicht in mechanische Arbeit umzusetzenden Energiebetrages, d. h. wenn man die Gesamtenergie mit U, die freie Energie mit f und den nicht umsetzbaren Energieanteil mit e bezeichnet, kann man die Gleichung aufstellen:

$$U = f + e \qquad \ldots \qquad \ldots \qquad (89)$$

Aus theoretischen Gründen ist es zweckmäßig e als das Produkt aus einem für ein bestimmtes System in einem bestimmten Zustand bestimmten Faktor S und der absoluten Temperatur anzugeben, demnach:

$$U = f + ST \qquad \ldots \qquad \ldots \qquad (90)$$

Der Faktor S charakterisiert den nicht in mechanische Arbeit umwandelbaren Energieanteil der gesamten Energie des Systems; er wird als die „Entropie" des Systems bezeichnet. Es läßt sich zeigen, daß bei beliebigen nicht umkehrbaren Zustandsänderungen, ebenso wie bei Veränderungen, die einen Gleichgewichtszustand herbeizuführen bestrebt sind, die Entropie eines abgeschlossenen Systems stets zunimmt. Diese Aussage bedeutet, daß die allgemeine Richtung der Veränderungen in einem beliebig ausgedehnten System, also schließlich in der ganzen Welt, eine solche ist, daß immer mehr freie Energie, zugunsten eines immer weiter fortschreitenden allgemeinen Temperaturausgleichs, verloren geht.

II. Abschnitt: Wellenlehre, Akustik.

1. Kapitel: Schwingungen.

a) Schwingungen einer elastisch aufgehängten Masse.

Die Erscheinung, daß Massen, die durch elastische Kräfte in einer Ruhelage festgehalten werden, dann, wenn sie aus ihrer Ruhelage herausgebracht und sich selbst überlassen werden, Schwingungen um die Ruhelage ausführen, wurde bereits im 4. Kapitel des I. Abschnitts besprochen. Einige der dort schon behandelten Tatsachen seien hier nochmals kurz erwähnt.

In einfachen Fällen ist die Größe der die Masse in ihrer Ruhelage zurücktreibenden Kraft proportional der Entfernung der Masse aus der Ruhelage, die als Elongation bezeichnet wird. In diesen Fällen ist die Schwingungsdauer einer Schwingung unabhängig von der Größe des Ausschlags konstant. Die Proportionalität zwischen der Kraft und der Elongation bedeutet, daß man einen konstanten Faktor E für jeden Fall einer elastisch festgehaltenen Masse angeben kann, der gleich dem Quotienten $\dfrac{\text{Kraft}}{\text{Elongation}}$ ist. Die Schwingungszahl N einer solchen Masse m kann nach der einfachen Formel:

$$N = \frac{1}{2\,\pi}\sqrt{\frac{E}{m}} \qquad \ldots \ldots \ldots \ldots \quad (91)$$

berechnet werden.

Die Schwingungen eines Pendels verlaufen den Schwingungen einer elastisch aufgehängten Masse analog, solange es sich um kleine Ausschläge handelt.

Der zeitliche Ablauf einer Schwingung ist eine Sinusfunktion der Zeit; die graphische Darstellung einer Schwingung in einem Koordinatensystem mit den Elongationen als Ordinaten und den Zeiten als Abszissen ergibt eine Sinuskurve, von denen ein Beispiel in Abb. 5 behandelt wurde.

Als Amplitude einer Schwingung bezeichnet man den maximalen Betrag, den die Elongation im Verlauf des ganzen Bewegungsvorgangs annimmt.

Der Begriff der Phase und Phasendifferenz wurde schon mehrfach erörtert und wird als bekannt vorausgesetzt.

Ändert sich die Amplitude einer Schwingung im Verlauf der Zeit nicht, so nennt man eine solche Schwingung ungedämpft. Die meisten Schwingungen kommen einmal angestoßen, nachdem sie mehr oder weniger zahlreiche Hin- und Her-Gänge ausgeführt haben, zur Ruhe, indem die Amplitude der Schwingungen allmählich immer kleiner und schließlich zu Null wird. Man bezeichnet Schwingungen, deren Amplituden mit der Zeit kleiner werden, als gedämpfte Schwingungen.

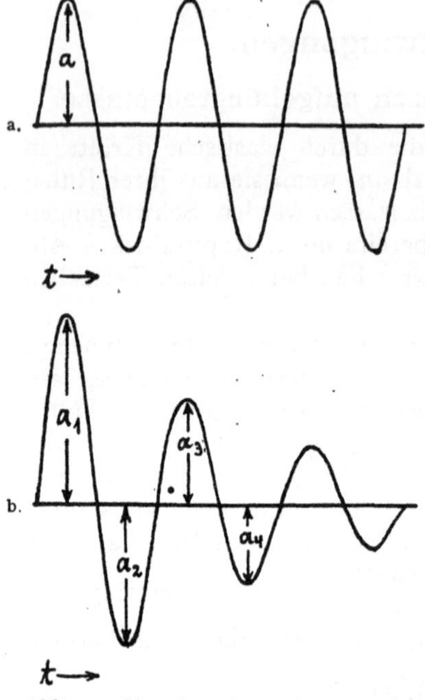

Abb. 59. Ungedämpfte und gedämpfte Schwingung.

Die Dämpfung kommt meist dadurch zustande, daß die von der schwingenden Masse repräsentierte Energie, die in dauerndem Wechsel von potentieller zu kinetischer und kinetischer zu potentieller übergeht, allmählich durch Reibung in Wärme übergeführt wird.

Graphische Darstellungen einer ungedämpften und einer gedämpften Schwingung zeigt Abb. 59a u. b.

Die Abnahme der Amplitude bei einer gedämpften Schwingung erfolgt meist in der Art, daß das Verhältnis aufeinander folgender Schwingungsausschläge konstant bleibt, d. h. also daß in Abb. 59b $\dfrac{a_1}{a_2} = \dfrac{a_2}{a_3} = \dfrac{a_3}{a_4}$ usw. ist. Die Konstanz des Verhältnisses $\dfrac{a_n}{a_{n+1}}$ besagt, daß log a_n — log a_{n+1} eine Konstante ist. Man bezeichnet die Differenz der Logarithmen zweier aufeinanderfolgender Schwingungsausschläge als das „logarithmische Dekrement" der gedämpften Schwingung.

b) Schwingungen von Saiten, Stäben, Platten, Membranen.

Körper, die tatsächlich Schwingungen ausführen, entsprechen dem Schema der elastisch aufgehängten Masse nur in seltenen Fällen. Der Ablauf wirklich beobachteter Schwingungsvorgänge stimmt jedoch grundsätzlich weitgehend mit dem für das einfache Schema mitgeteilten Schwingungsablauf überein. In vielen Fällen kann man mit den Mitteln der höheren Mathematik die genaueren Vorgänge bei der Bewegung schwingungsfähiger Gegenstände bis in viele spezielle Einzelheiten analysieren. Nur die wichtigsten der gewonnenen Resultate können hier, unter Verzicht auf die Darlegung des Weges, der zu ihnen geführt hat, besprochen werden.

Gegenstände, von denen man leicht beobachten kann, daß sie befähigt sind Schwingungen auszuführen, sind außer Pendeln vor allem Saiten, Stäbe, Platten und Membranen.

Unter Saiten versteht man elastische Fäden, die durch Zug gespannt sind, so daß sie auf Grund ihrer Spannung einer bestimmten Ruhelage zustreben. Ändert man die Lage der in der Ruhelage befindlichen Saite, indem man vorübergehend eine Kraft an irgendeinem Punkte der Saite angreifen läßt, und überläßt danach die Saite sich selbst, so führt sie in ihrer ganzen Ausdehnung Schwingungen aus, die allmählich abklingen und schließlich wieder mit der Ruhelage enden. Die Schwingungen, die die Saite ausführt, können nach der Art des Anstoßes verschieden sein; von den mannigfachen Schwingungsformen werden bei geeigneter Art des Anstoßes bestimmte ausgezeichnete Schwingungsformen besonders leicht ausgelöst. Um sie zu beschreiben, betrachten wir die Bewegung der einzelnen Punkte einer Saite, deren Ruhelage durch die Gerade A B in Abb. 60 dargestellt sei. Man beobachtet im einfachsten Fall (Abb. 60a), daß alle Punkte der Saite sich zu jedem Zeitpunkt in der gleichen Richtung bewegen, und daß alle Punkte gleichzeitig in gleicher Richtung die Nulllage passieren. Die Ausschläge der Saite sind im Mittelpunkt der Saite maximal und nehmen nach den Befestigungspunkten A und B hin ab. Die augenblickliche Lage der Saite zu irgendeinem Zeitpunkt eines Hin- und Her-Gangs entspricht einer Linie ähnlichen Verlaufs, wie sie in Abb. 60a zwischen den ausgezogenen Grenzlagen gestrichelt

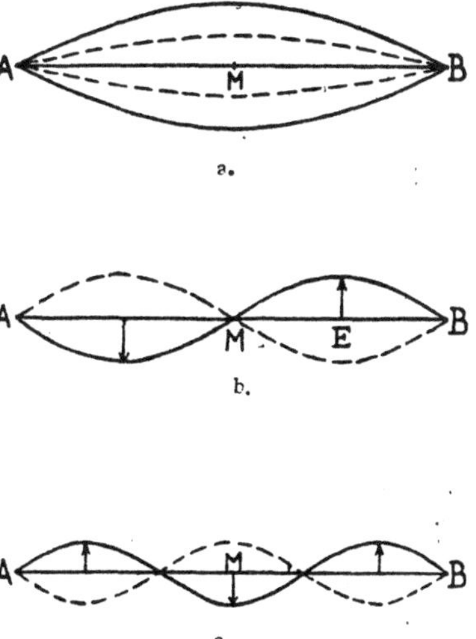

Abb. 60. Schwingungen einer Saite im ganzen und in einzelnen Teilen.

eingetragen sind. Eine dieser Zeichnung entsprechende Schwingung kommt dann zur Beobachtung, wenn die Saite in der Mitte am Punkt M angeschlagen wird. Die Schwingungsdauer T der Saite läßt sich aus der Spannung der Saite, d. h. der Kraft, mit der sie auf Grund ihrer Dehnung auf die Befestigungspunkte wirkt S, ihrer Länge l und der Masse eines Stückes von 1 cm Länge m berechnen nach der Gleichung:

$$T = 2\,l\,\sqrt{\frac{m}{S}} \quad \ldots \ldots \ldots \quad (92)$$

Die Schwingungszahl N ist gleich dem reziproken Wert von T, d. h.

$$N = \frac{1}{2\,l}\,\sqrt{\frac{m}{S}} \quad \ldots \ldots \ldots \quad (93)$$

Schlägt man die Saite am Punkte E (vgl. Abb. 60b) an, und hält während des Anschlags die Mitte der Saite bei M für kurze Zeit fest, so beobachtet man eine andere Schwingungsform, deren Grenzlagen in Abb. 60b eingetragen sind. Die Saite schwingt in diesem Fall in zwei Hälften, während die Mitte M dauernd in Ruhe bleibt. Die Schwingungen der beiden Hälften der Saiten sind untereinander vollkommen gleichartig, jedoch ist die Bewegungsrichtung der Punkte der einen Hälfte stets der der Punkte der anderen Hälfte entgegengesetzt gerichtet, d. h. die sonst gleichartigen Schwingungen der beiden Hälften haben eine Phasendifferenz von $^1/_2$ Schwingungsdauer gegeneinander.

Durch geeignete Wahl des Anschlagpunktes, evtl. unterstützt durch vorübergehendes Festhalten bestimmter Punkte, kann man eine Schwingungsform entsprechend Abb. 60c erhalten, bei der die Saite in 3 Teile geteilt schwingt, während 2 Punkte der Saite in Ruhe bleiben; ebenso gelingt die Auslösung einer Schwingung der Saite in 4, 5, 6 usw. Teilen.

Schwingt eine Saite nach Abb. 60a, so sagt man, sie schwingt in ihrer Grundschwingung; schwingt sie in 2, 3, 4 usw. Teilen, so gibt man an, daß sie in ihrer 1., 2., 3. usw. Oberschwingung schwingt. Die bei der Schwingung in mehreren Teilen in Ruhe bleibenden Punkte nennt man „Knotenpunkte“, die zwischen den Knotenpunkten liegenden Stellen maximaler Ausschläge „Schwingungsbäuche“. Die Schwingungszahl der Oberschwingungen ergibt sich aus der Formel für die Grundschwingung leicht; man kann nämlich die Knotenpunkte festhalten, ohne daß die Schwingungsform der Saite geändert wird; die Schwingungszahl der ersten Oberschwingung ist daher dieselbe, wie die einer gleichartigen Saite von halber Länge, d. h. sie ist doppelt so hoch wie die der Grundschwingung. Ebenso entspricht die Schwingungszahl der 2., 3. usw. Oberschwingung der Schwingungszahl der Grundschwingung einer Saite von $^1/_3$, $^1/_4$ usw. der Länge der Saite. Die unendlich zahlreichen möglichen Schwingungszahlen der Saite werden demnach durch Gleichung (92) angegeben, wenn man an Stelle von $1\,\dfrac{1}{n}$ und für n der Reihe nach sämtliche ganze Zahlen von 1 bis ∞ setzt.

Die reine Auslösung der Grundschwingung oder einer Oberschwingung gelingt immer nur unter besonderen Vorsichtsmaßregeln. Schlägt man eine Saite ohne besondere Vorsichtsmaßregeln an, so werden stets die Grundschwingung und mehrere Oberschwingungen ausgelöst. Die Bewegung jeden Punktes der Saite ergibt sich dann durch Summation der Bewegungen, die er auf Grund der einzelnen Schwingungsformen ausführen würde, d. h. man erhält den Ort jeden Punktes zu einer bestimmten Zeit durch algebraische Summation der Elongationen, die er als Folge der gesondert gedachten Schwingungsformen haben würde. Je nach dem Ort der Auslösung herrschen bei der

Gesamtbewegung die Grundschwingung oder bestimmte Oberschwingungen vor.

Stäbe aus elastischem Material zeigen ähnliche Schwingungsformen wie Saiten, wenn sie an beiden Enden eingespannt sind. Spannt man einen Stab nur an einem Ende ein, biegt ihn aus der Ruhelage und läßt ihn los, so führt er Schwingungen aus zwischen zwei Grenzlagen etwa derart, wie sie in Abb. 61a dargestellt sind. Auch solche Stäbe können in Oberschwingungen schwingen, indem sich Knotenpunkte und Schwingungsbäuche ausbilden, wie es Abb. 61b zeigt. Läßt man beide Enden eines Stabes frei und hält zwei geeignet gewählte Punkte fest, so kann man Schwingungsformen ähnlich Abb. 61c beobachten. Stabschwingungen entsprechend Abb. 61 nennt man „transversale" Schwingungen. Die Kräfte, die den Stab bei diesen Schwingungen in seine Ruhelage zurücktreiben, sind die elastischen Kräfte, die durch die Verbiegung des Stabes geweckt werden. Die Schwingungszahl der Grundschwingung derartiger Stäbe ist außer von dem Elastizitätsmodul des Materials von der Dicke und Länge des Stabes abhängig, und zwar ist die Schwingungszahl dicker, kurzer Stäbe höher als die dünner langer.

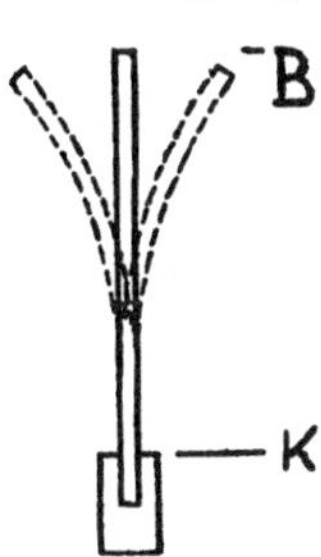

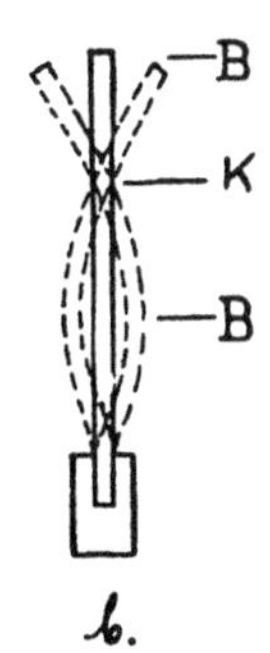

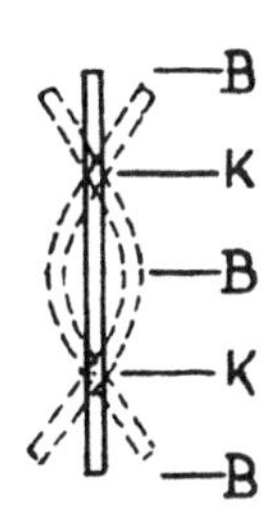

Abb. 61. Transversalschwingungen eines Stabes.

Eine grundsätzlich andere Schwingungsart kann man bei Stäben dadurch hervorrufen, daß man, ohne sie zu verbiegen, die Ruhelage der einzelnen Teile dadurch stört, daß man den Stab in der Längsrichtung zusammendrückt oder ausdehnt. Abb. 62a stelle den Längsschnitt eines Stabes, der am Ende K eingespannt, und zum Zweck der Auslösung von Schwingungen, durch Einwirkung einer Kraft am Ende B, in seiner Längsrichtung vorübergehend zusammengedrückt wurde, vor. Die Verschiebung der einzelnen Punkte gegenüber der Ruhelage ist verschieden, je nach der Lage der Punkte. Am freien Ende B sind die Verschiebungen am größten, am festen Ende ist die Verschiebung gleich 0. Hebt man nach dem Zusammendrücken die Kraftwirkung auf, so führen die einzelnen Punkte Schwingungen um ihre Ruhelage aus. Am freien Ende sind die Ausschläge am größten, am festen Ende gleich 0. Die in Abb. 62 angebrachten Doppelpfeile sollen nach Länge und Richtung die maximalen Verschiebungen der bezeichneten Punkte angeben. Sämtliche Punkte bewegen sich zu gleicher Zeit in gleicher Richtung. Auch in diesem Fall bezeichnet man den Ort, an dem keine Bewegungen stattfinden, als Knoten, den Ort maximaler Ausschläge als Bauch. Schwingungen, bei denen sich, wie in diesem Fall, die einzelnen Punkte in der Längsrichtung des Stabes bewegen, bezeichnet man als „longitudinale" Schwingungen, im Gegensatz zu den vorher beschriebenen Transversalschwingungen, bei denen sich die einzelnen Punkte des Stabes senkrecht zu seiner Längsrichtung bewegen.

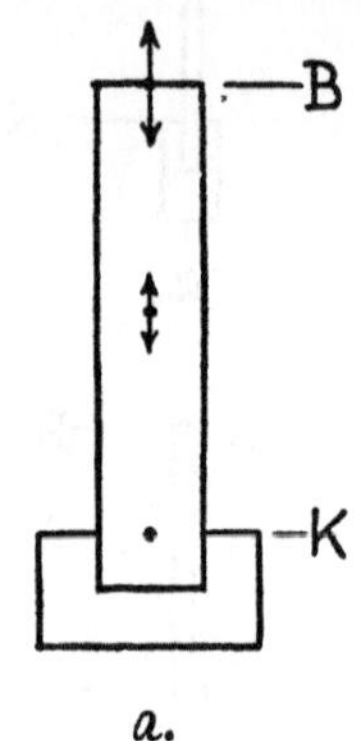

a.

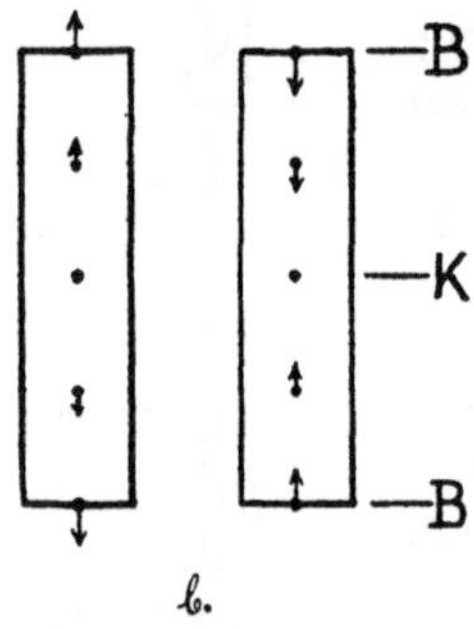

b.

Abb. 62. Longitudinalschwingungen eines Stabes.

Longitudinale Schwingungen von Stäben kann man leicht auslösen, indem man sie in der Längsrichtung reibt. Hält man einen Stab in der Mitte fest und reibt an einem der freien Enden, so bildet sich an der festgehaltenen Stelle ein Knoten, an jedem freien Ende ein Schwingungsbauch aus. Die Schwingungen der beiden Hälften sind vollständig symmetrisch; die Bewegung zweier zur Mitte symmetrisch liegender Punkte ist zu jedem Zeitpunkt gleichgroß, jedoch entgegengesetzt gerichtet, wie es durch die Pfeile in Abb. 62b angedeutet ist. Longitudinale Schwingungen von Stäben in mehreren Teilen mit 2 oder mehr Knotenpunkten können durch Wahl geeigneter Erregungs- und Befestigungspunkte veranlaßt werden.

Die möglichen Schwingungszahlen der longitudinalen Schwingungen eines Stabes sind ebenso wie die einer schwingenden Saite unendlich zahlreich; sie stehen zu der Grundschwingungszahl in dem gleichen zahlenmäßigen Verhältnis, wie die Schwingungszahlen einer Saite zu ihrer Grundschwingungszahl, d. h. die Schwingungszahlen der Oberschwingungen sind das 2-, 3-, 4- usw. -fache der Grundschwingungszahl. Die Schwingungszahl der Grundschwingung N ergibt sich aus der Länge des Stabes l, dem Elastizitätsmodul E und der Dichte σ des Materials, und zwar ist:

$$N = \frac{1}{4\,l} \sqrt{\frac{E}{\sigma}} \quad \ldots \ldots \ldots \ldots \quad (94)$$

Setzt man an Stelle von l $^1/_2$ l, $^1/_3$ l, $^1/_4$ l usw., so findet man die Schwingungszahlen der Oberschwingungen.

Die Schwingungszahlen longitudinaler Stabschwingungen sind nach Gleichung (94) unabhängig von der Dicke des Stabes; diese Tatsache erscheint verständlich, da man sich einen dickeren Stab aus mehreren gleichartig schwingenden dünneren zusammengesetzt denken kann.

Unter Platten versteht man dünne Schichten elastischen Materials. Wird eine Platte an einem Punkte oder in einer Linie festgehalten, verbogen und losgelassen, so führt sie Schwingungen aus; die die einzelnen Punkte in die Ruhelage zurücktreibenden Kräfte werden durch die Biegung geweckt. Je nach der Form der Platte und der Art der Befestigung sind die Schwingungen nach Form und Schwingungszahl verschieden. Es bilden sich Linien aus, in denen keine Bewegungen stattfinden, sog. Knotenlinien, und Stellen maximaler Ausschläge. Bestreut man eine Platte während der Schwingungen mit leichtem Pulver, so sammelt sich das Pulver an den Knotenlinien an, und man kann aus der Anordnung des Pulvers auf die Schwingungsform schließen. Kreisrunde Platten, die am Rande eingespannt sind, haben eine bestimmte, durch den Radius des Kreises, Dicke der Platte, Elastizitätsmodul und Dichte des Materials festgelegte Grundschwingungszahl; Oberschwingungen können entstehen, indem sich mit dem Rand konzentrische Kreise als Knotenlinien ausbilden.

Unter Membranen versteht man dünne Schichten gespannten elastischen Materials. Bringt man solche Membranen durch Durchbauchung aus ihrer Ruhelage, so treten elastische Kräfte auf, die die Ruhelage wieder herzustellen bestrebt sind. Läßt man sie los, so entstehen Schwingungen, die sich von denen der Platten etwa in der gleichen Art unterscheiden, wie die Schwingungen einer Saite von den Transversalschwingungen eines Stabes, der an beiden Enden festgehalten wird. Bei Saiten und Membranen bestehen die wirksamen Kräfte in Zugspannungen; die durch Verbiegung geweckten elastischen Kräfte können diesen gegenüber vernachlässigt werden, während bei Stäben und Platten die Zugspannungen zurücktreten gegenüber den durch die Biegung geweckten Kräften.

c) Schwingungen von Luftmassen und Flüssigkeitssäulen.

Luftmassen können Schwingungen ausführen, deren Auslösung noch später zu besprechen sein wird. Die Schwingungen einer Luftsäule in einer Röhre, deren Länge im Verhältnis zu ihrer Querdimension groß ist, sind durchaus vergleichbar mit longitudinalen Schwingungen eines Stabes; ebenso wie dort sind Schwingungen in einzelnen Teilen mit Knoten und Bäuchen möglich, und zwar bildet sich am offenen Ende einer Röhre, wie am freien Ende eines Stabes ein Bauch, am geschlossenen Ende der Röhre, wie am festgehaltenen Stabende ein Knoten aus. Die Schwingungszahlen solcher Luftsäulen können nach Gleichung (94) berechnet werden. An Stelle des Elastizitätsmoduls tritt dann das Produkt aus dem Luftdruck und dem Verhältnis der spezifischen Wärmen bei konstantem Druck und konstantem

Volumen $\frac{c_p}{c_v}$. Die Multiplikation des Druckes mit dem Quotienten $\frac{c_p}{c_v}$ bringt zum Ausdruck, daß die Schwingungsvorgänge adiabatisch vor sich gehen (vgl. S. 91). Man findet somit die Grundschwingungszahl N einer an einem Ende offenen luftgefüllten Röhre von der Länge l:

$$N = \frac{1}{4\,l} \sqrt{\frac{p}{\sigma} \times \frac{c_p}{c_v}} \quad \ldots \ldots \ldots \quad (95)$$

σ = Dichte der Luft.

Für Luftmassen anderer Form ist die Berechnung der Schwingungszahlen weniger einfach, jedoch haben sie auch stets eine Grundschwingungszahl und es können unter Umständen durch Ausbildung von Knoten und Bäuchen Oberschwingungen entstehen. Besonders wenig Neigung zur Ausbildung von Oberschwingungen zeigen kugelförmige Luftmassen.

Flüssigkeitssäulen in Röhren verhalten sich analog festen Stäben, d. h. sie können longitudinale Schwingungen mit Knoten und Bäuchen ausführen. Ihre Schwingungszahlen sind durch die Länge der Säule, Volumenelastizitätsmodul und Dichte der Flüssigkeit bestimmt. Flüssigkeitssäulen können jedoch unter geeigneten Umständen auch ähnlich festen, durch elastische Kräfte in einer Ruhelage festgehaltenen, Massen schwingen. Zum Beispiel sind die Bedingungen zum Auftreten solcher Schwingungen gegeben bei einer Flüssigkeit, die in einer U-förmig gebogenen Röhre unter dem Einfluß der Schwerkraft in einer Ruhelage im Gleichgewicht ist. Bringt man die Flüssigkeit vorübergehend aus ihrer Gleichgewichtslage, so werden ähnlich, wie bei einem Pendel, infolge der Schwerkraft, Kräfte wirksam, die die Ruhelage wieder herzustellen bestrebt und in ihrer Wirkung elastischen Kräften vergleichbar sind. Die Flüssigkeit schwingt daher im ganzen um die Ruhelage.

d) Gleichzeitige Schwingungen in verschiedenen Richtungen.

Die meisten schwingungsfähigen Körper sind, wie erwähnt, befähigt, ihre Grundschwingung und die verschiedensten Oberschwingungen gleichzeitig auszuführen; die Bewegung eines Punktes des in mehreren Schwingungen schwingenden Körpers, kann durch algebraische Summation der ihm auf Grund jeder einzelnen Schwingung gleichzeitig zukommenden Elongationen ermittelt werden. Die einzelnen Schwingungen, aus denen sich die Gesamtbewegung zusammensetzt, erfolgen in diesen Fällen in der gleichen Richtung. In vielen Fällen besitzt jedoch ein Punkt eines schwingungsfähigen Körpers eine Schwingungsmöglichkeit in verschiedenen Richtungen. Als Beispiel mag ein Punkt eines Stabes dienen, der fähig ist longitudinale und transversale Schwingungen auszuführen. Es ist durchaus möglich, daß die beiden Schwingungsarten gleichzeitig bestehen. Untersucht man die Gesamtbewegung eines beide Schwingungen gleichzeitig ausführenden Stabes näher, so findet man, daß jeder Punkt zwei Schwingungsbewegungen gleichzeitig ausführt, deren Bewegungsrichtungen aufeinander senkrecht stehen, und zwar die eine in der Längsrichtung des Stabes, die andere senkrecht hierzu. Obwohl es unter Umständen auch möglich ist, daß ein Punkt zwei Schwingungen in nicht zueinander senkrecht stehenden Richtungen ausführt, so ist doch der Fall, daß die Schwingungsrichtungen aufeinander senkrecht stehen, weitaus der häufigere. Da dieser Fall außerdem von besonderem theoretischen Interesse ist, wollen wir uns auf die Erörterung diesen Falles beschränken.

Angenommen die Ruhelage eines schwingenden Punktes sei 0 in Abb. 63a und der Punkt führe gleichzeitig zwei Schwingungen in den

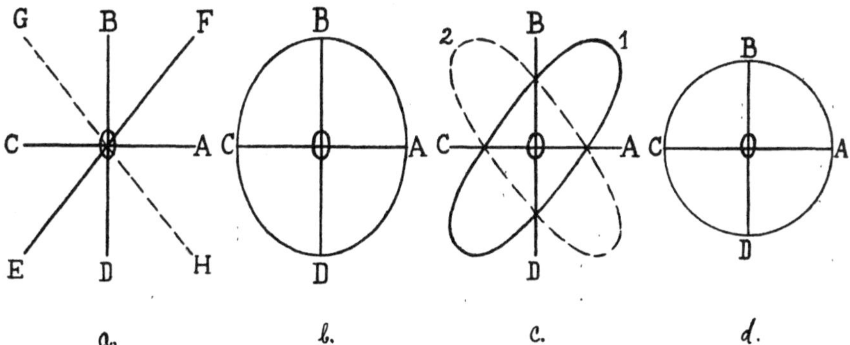

Abb. 63. Bahnen eines in zwei senkrecht zueinander stehenden Richtungen schwingenden Punktes.

Richtungen A C und B D aus. Zwei aufeinander senkrecht stehende Richtungen liegen stets in einer Ebene, die durch die beiden Richtungen bestimmt ist; in unserem Fall sei diese Ebene die Ebene der Zeichnung. Zunächst sei angenommen, daß die beiden Schwingungen dieselbe Schwingungszahl besitzen. Die Gesamtbewegung des Punktes läßt sich konstruktiv ermitteln, indem man für jeden Zeitpunkt den Ort auf A C feststellt, an dem sich der Punkt befinden würde, wenn er die Schwingung in der Richtung A C allein ausführen würde, sodann den Ort bestimmt, an dem er sich auf B D befände, wenn er ausschließlich die Schwingung in dieser Richtung ausführte. Der tatsächliche Ort, an dem sich dann der schwingende Punkt zu dem betreffenden Zeitpunkt befindet, ist der Schnittpunkt der in den beiden auf A C und B D gefundenen Orten errichteten Senkrechten. Führt man solche Konstruktionen für mehrere Zeitpunkte innerhalb einer ganzen Schwingungsperiode aus, so findet man in der Verbindungslinie der verschiedenen gefundenen Punkte die Bahn, die der schwingende Punkt im Verlauf einer ganzen Schwingung zurücklegt. Die Gestalt dieser Bahn ist verschieden, je nach der Phasendifferenz der beiden Schwingungen.

Um die Phasengleichheit bzw. Phasendifferenz der beiden Schwingungen zu definieren, müssen zwei bestimmte Bewegungsrichtungen von O aus gerechnet als einander entsprechend festgesetzt werden. In der Analogie zu der Annahme der positiven Achsenrichtungen eines Rechtskoordinatensystems seien die Richtungen von O nach A und die von O nach B als einander entsprechend angenommen. Schwingende Bewegungen, die im gleichen Zeitpunkt in der Richtung nach A und nach B den Punkt O passieren, sind nach dieser Annahme als phasengleich definiert. Die Bahn eines Punktes, der zwei phasengleiche Schwingungen in diesen Richtungen mit den Amplituden O A und O B ausführt, entspricht der in Abb. 63a eingetragenen Geraden E F, d. h. der Summe der Diagonalen der Rechtecke O A F B und O C E D. Ebenso erhält man eine gerade Linie G H als die Bahn eines Punktes, wenn die beiden ihm zukommenden Schwingungen um eine halbe Schwingungsdauer differieren, d. h. der Punkt O von beiden Schwingungsbewegungen gleichzeitig, aber in verschiedener Richtung passiert wird. In jedem anderen Fall ist die Bahn des Punktes eine Ellipse. Abb. 63b zeigt die entstehende Bahnform, wenn die Phasendifferenz $^1/_4$ Schwingungsdauer beträgt. Folgt die Schwingung D B in einem Zeitabstand von $^1/_4$ Schwingungsdauer hinter der Schwingung C A, so wird die Bahn im umgekehrten Sinne des Uhrzeigers, folgt C A um $^1/_4$ Schwingungsdauer hinter D B, so wird die gleiche Bahn im Sinne des Uhrzeigers durchlaufen. Mit Rücksicht auf die Definition der zueinander gehörenden Richtungen kann man die erste der beiden genannten Phasendifferenzen als eine solche von $^1/_4$, die zweite eine solche von $^3/_4$ Schwingungsdauer bezeichnen. In Abb. 63c sind die Bahnen, die sich bei Phasendifferenzen von $^1/_8$ bzw. $^7/_8$ (1) und von $^3/_8$ bzw. $^5/_8$ (2) Schwingungsdauer ergeben, eingetragen. Man erkennt, daß bei zwei Werten der Phasendifferenz, die sich zu einer vollen Schwingungsdauer ergänzen, die gleichen Bahnen, jedoch in verschiedener Umlaufsrichtung durchlaufen werden. Sind die Amplituden der beiden senkrecht aufeinander stehenden Schwingungen einander gleich, ihre Phasendifferenz gleich $^1/_4$ bzw. $^3/_4$ Schwingungsdauer, so ist die Bahn des Punktes ein Kreis (Abb. 63d). Aus einer genaueren Betrachtung dieses Spezialfalls geht hervor, daß der schwingende Punkt sich auf der Kreisbahn mit gleichförmiger Geschwindigkeit fortbewegt.

Wie sich durch verschiedene Konstruktionen ermitteln läßt, können alle die verschiedenen Bahnformen, die in Abb. 63 dargestellt sind, auch durch Zusammenwirkung zweier Schwingungen in zwei beliebigen anderen, in der gleichen Ebene liegenden, aufeinander senkrecht stehenden, Richtungen entstehen, wenn nur der Ruhe-

punkt O, um den die Schwingungen erfolgen, derselbe ist. Wenn
man daher eine geradlinige, elliptische oder kreisförmige Bahn eines
schwingenden Punktes beobachtet, kann man aus der Bahnform
allein keinen eindeutigen Schluß auf die Richtungen der Schwingungen,
aus denen die Bewegung tatsächlich zusammengesetzt ist, ziehen,
sondern es besteht die Möglichkeit, daß die Bewegung aus zwei
beliebigen aufeinander senkrecht stehenden, in der Ebene der beobachteten Bahn liegenden Schwingungen gleicher Schwingungszahl
zusammengesetzt ist. Rein formell kann man daher auch jede
Schwingung zerlegen in zwei aufeinander senkrecht stehende
Schwingungen mit entsprechenden Amplituden und Phasen; es
kommt jedoch auch in bestimmten Fällen tatsächlich vor, daß
eine Schwingung in zwei zueinander senkrecht stehende Schwingungen zerlegt wird.

Haben zwei zueinander senkrecht stehende Schwingungen nicht
die gleiche Schwingungszahl, so wird die Bahnkurve komplizierter.
Man kann solche Bahnkurven unmittelbar beobachten; es gelingt
durch Anbringen eines Spiegels an einem
schwingenden Körper, die Bewegungen
eines Punktes des Körpers einem Lichtstrahl mitzuteilen. Läßt man einen Lichtstrahl auf einen Spiegel, der an einem
schwingenden Körper angebracht ist,
fallen und den von dort reflektierten
Lichtstrahl auf einen zweiten Spiegel,
der an einem Körper angebracht ist,
der eine zu der des ersten senkrecht
stehende Schwingung ausführt, und ent-

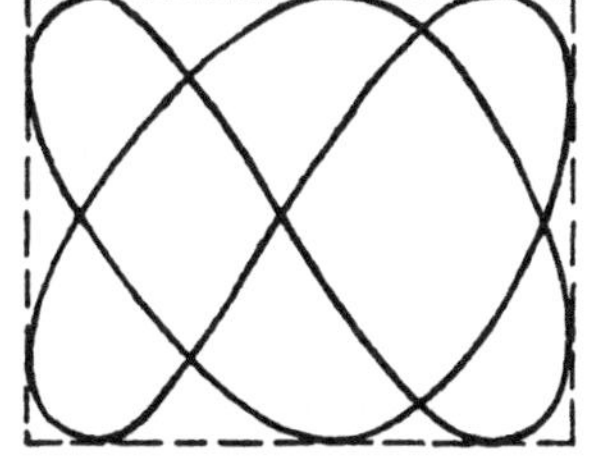

Abb. 64. Lissajousche Figur.

wirft mittels des über die beiden Spiegel geleiteten Lichtstrahls einen
Lichtpunkt auf einem Schirm, so führt dieser Lichtpunkt eine Be-
wegung aus, die sich aus zwei senkrecht zueinander stehenden
Schwingungen zusammensetzt. Da die Empfindung, die eine Lichterscheinung vermittels des Sehorgans beim Menschen auslöst, auch
nach dem tatsächlichen Verschwinden der Lichterscheinung noch
merkliche Zeit andauert, so werden sämtliche Punkte der von dem
Lichtpunkt durchlaufenden Bahn gleichzeitig gesehen, d. h. die
Bahn wird als geschlossene Lichtlinie wahrgenommen (Lissajousche
Figuren). Sämtliche in Abb. 63 dargestellten Bahnkurven, sowie
alle sonst bei gleichartiger Anordnung möglichen Kurven können
so unmittelbar sinnfällig gemacht werden. Als Beispiel einer Lissajou-
schen Figur, die durch Zusammensetzung zweier senkrecht zueinander stehender Schwingungen, deren Schwingungszahlen sich
zueinander verhalten, wie 2 zu 3, entstanden ist, diene Abb. 64.

2. Kapitel: Fortpflanzung von Schwingungen, Wellen.

a) Erzwungene Schwingungen, Resonanz, gekoppelte Schwingungen, Mitschwingungen.

Eine in der Natur vorkommende freie Schwingung eines schwingungsfähigen Körpers ist niemals vollkommen ungedämpft; die durch einen einmaligen Anstoß ausgelöste Eigenschwingung kommt je nach dem Dämpfungsgrad nach längerer oder kürzerer Zeit zur Ruhe. Eine schwingende Bewegung kann außer durch einen einmaligen Anstoß auch durch Einwirken einer periodischen Kraft hervorgerufen werden; diese Art von Schwingungen nennt man „erzwungene" Schwingungen. Es sei zunächst angenommen, daß die eine Schwingung eines schwingungsfähigen Körpers erzwingende periodische Kraft, die als „erregende" Schwingung bezeichnet wird, eine ungedämpfte Sinus- oder Kosinus-Funktion der Zeit sei. Will man den Ablauf der erzwungenen Schwingung beschreiben, so ist es zweckmäßig, vor allem das Augenmerk auf die Schwingungszahlen der erregenden Schwingung und der Eigenschwingung des schwingungsfähigen Körpers, an dem die Schwingung erzwungen wird, zu richten. Von dem Verhältnis, in dem diese Schwingungszahlen zueinander stehen, ist nämlich die Art der erzwungenen Schwingung vor allem abhängig.

Läßt man eine erregende Schwingung bestimmter Schwingungszahl auf einen schwingungsfähigen Körper bestimmter Eigenschwingungszahl einwirken, so kann man zu Beginn der Einwirkung feststellen, daß die erzwungene Schwingung sich aus zwei Schwingungen zusammensetzt, von denen die eine die Schwingungszahl der erregenden, die andere die der Eigenschwingung besitzt; nach einiger Zeit, deren Länge von der Dämpfung der Eigenschwingung abhängt, verschwindet jedoch die Eigenschwingung und die erzwungene Schwingung besteht nunmehr nur noch aus einer Schwingung von der Schwingungszahl der erregenden Schwingung. Die Amplitude dieser übrig bleibenden erzwungenen Schwingung ist in erheblichem Umfang vom Verhältnis der Größe der Eigenschwingungszahl zur Schwingungszahl der erregenden Schwingung abhängig. Man stellt diese Abhängigkeit meist in Form einer Kurve nach dem Schema der Abb. 65 dar.

N sei die Eigenschwingungszahl des erregten Körpers; auf diesen sollen erregende Schwingungen stets gleicher Amplitude, jedoch verschiedener Schwingungszahlen n einwirken. Die Amplitude der erzwungenen Schwingung ist als Funktion der Schwingungszahl n in Abb. 65 eingetragen.

Steigt die Schwingungszahl n, mit einem gegenüber N sehr kleinen Wert beginnend, an, so bleibt die Amplitude der erzwungenen

Schwingung zunächst konstant; bei der Annäherung von n an N beginnt sie jedoch plötzlich sehr stark zu wachsen, erreicht ein Maximum wenn n = N und sinkt, wenn n größer als N wird, rasch bis zu sehr kleinen Werten ab. Den Fall der Übereinstimmung der Schwingungszahlen der erregenden Schwingung und der Eigenschwingung, der durch die maximale Amplitude der erzwungenen Schwingung ausgezeichnet ist, nennt man den Fall der „Resonanz"; eine Kurvendarstellung nach Art der Abb. 65 bezeichnet man als Resonanzkurve. Aus dem Gesagten geht hervor, daß ein schwingungsfähiger Körper vor allem dann von einer erregenden Schwingung in lebhafte erzwungene Schwingungen versetzt wird, wenn er mit der erregenden Schwingung resoniert, d. h. wenn seine Eigenschwingungszahl gleich der Schwingungszahl der erregenden Schwingung ist.

Untersucht man die Phasenbeziehungen zwischen der erregenden und der erzwungenen Schwingung, so findet man, daß die erzwungene Schwingung stets hinter der erregenden hereilt, und zwar mit einer Phasendifferenz von höchstens $^1/_2$ Schwingungsdauer der erregenden Schwingung. Die Größe der Phasendifferenz ist abhängig von der Dämpfung der Eigenschwingung und dem Verhältnis $\frac{n}{N}$. Für den Fall der Resonanz ist sie unabhängig von der Dämpfung stets gleich $^1/_4$ Schwingungsdauer.

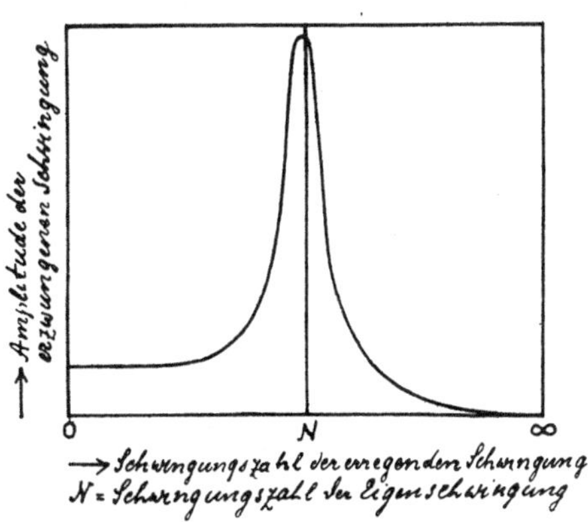

Abb. 65. Resonanzkurve.

In dem beschriebenen Fall wurde angenommen, daß die erregende Schwingung ohne Änderung der Amplitude, d. h. als ungedämpfte Schwingung verlaufe. Da die erregende Schwingung die erzwungene erregt und unterhält, muß jene dauernd Energie an diese abgeben; zunächst empfängt die erregte Schwingung von der Erregenden Energie so lange, bis die erzwungene Schwingung die durch die Resonanzkurve angegebene Amplitude erreicht hat, sodann wird die Amplitude der erzwungenen Schwingung dauernd auf dieser Größe gehalten; auch während dieses Dauerzustandes muß der erzwungenen Schwingung Energie zugeführt werden, und zwar von dem Betrag, der dem Energieverlust durch Reibung entspricht. Dieser Energiebedarf ist demnach abhängig von der Dämpfung der Eigenschwingung des erregten Körpers. Die dauernde Energielieferung der erregenden Schwingung ist nur möglich, wenn sie selbst durch eine Energiequelle unterhalten wird.

In vielen Fällen ist jedoch die erregende Schwingung selbst die durch einen einfachen Anstoß erregte Eigenschwingung eines schwingungsfähigen Körpers. Der Energieinhalt einer Eigenschwingung ist ein beschränkter; seine Größe ist durch die Energie, die dem Körper bei dem Anstoß mitgeteilt wurde, bestimmt. Im Fall, daß die erregende Schwingung eine freie Eigenschwingung ist, folgt aus diesen Verhältnissen, daß die Energie der erregenden Schwingung in gleichem Umfang abnimmt, wie die erzwungene Schwingung Energie aufnimmt, d. h. die Amplitude der erregenden Schwingung nimmt mit dem Anwachsen der Amplitude der erzwungenen Schwingung ab. In bestimmten Fällen, nämlich im Resonanzfall, kann der Verlauf der gesamten Erscheinung so sein, daß nach einiger Zeit die erregende Schwingung ihre gesamte Energie an die erzwungene abgegeben hat, d. h. die erregende Schwingung ist zur Ruhe gekommen, während die erzwungene die der Energiezufuhr entsprechende maxi-

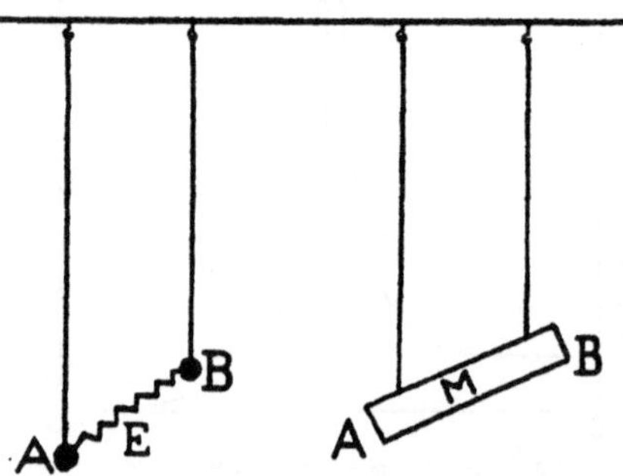

Abb. 66. Gekoppelte Schwingungen.

male Amplitude erreicht hat. Der Vorgang ist aber mit diesem Zustand nicht beendet, sondern es kehren sich nunmehr die Verhältnisse um; die vorher erregte Schwingung wird nunmehr zur erregenden, die vorher erregende nunmehr zur erregten. In dieser Art kann bei geringer Dämpfung beider Schwingungen die Energie zwischen zwei schwingungsfähigen Körpern mehrmals hin- und herwandern, bis sie schließlich durch Reibungsverlust vollständig in Wärme übergegangen ist und beide schwingende Körper wieder zur Ruhe gekommen sind.

In solchen Fällen verliert die Unterscheidung der erregenden und erregten Schwingung ihren Sinn und es ist zweckmäßiger, die ganze Erscheinung als einen einheitlichen Schwingungsvorgang eines aus mehreren Einzelteilen bestehenden Systems zu betrachten. Man bezeichnet die Schwingungsvorgänge solcher zusammengesetzter Systeme als „gekoppelte" Schwingungen. Die Koppelung der einzelnen Teile kann verschiedener Art sein. Zwei Beispiele gekoppelter Systeme zeigt Abb. 66.

Im Fall der Abb. 66a sind zwei Pendel durch eine Spiralfeder miteinander verbunden, im Fall der Abb. 66b hängt an den beiden Pendelfäden eine gemeinsame Masse M. In jedem Fall besitzt das System zwei bis zu einem gewissen Grade voneinander unabhängige schwingungsfähige Teile; der Punkt A kann in beiden Fällen bei festgehaltenem Punkt B Schwingungen ausführen und umgekehrt. Die

Fähigkeit bestimmter Teile eines gekoppelten Systems Schwingungen auszuführen, auch dann, wenn die übrigen Teile des Systems festgehalten werden, nennt man einen Freiheitsgrad des Systems und unterscheidet demnach Systeme von einem oder mehreren Freiheitsgraden. Systeme von einem Freiheitsgrade sind solche, die dem einfachen Schema des von elastischen Kräften in einer Ruhelage festgehaltenen Massenpunkt entsprechen. Systeme von mehreren Freiheitsgraden sind gekoppelte Systeme.

Die Art der Koppelung der einzelnen Teile eines Systems untereinander kann verschiedener Art sein. In Abb. 66a besteht sie in dem beiden Teilen des gekoppelten Systems gemeinsamen elastischen Faktor E, in Abb. 66b in der Gemeinsamkeit der Masse M. Außerdem können verschiedenen Teilen eines Systems gemeinsame Reibungsfaktoren zukommen. Man unterscheidet daher „elastische", „Trägheits-" und „Reibungs"-Koppelung.

Bei der Beschreibung der Schwingungsmöglichkeiten eines gekoppelten Systems geht man am besten von den Schwingungszahlen der Teilsysteme aus; als die Schwingung eines Teilsystems bezeichnet man diejenige, die noch möglich ist, wenn die Schwingungsmöglichkeiten der übrigen Teile durch Festhalten verhindert sind. Nach dem Gesagten ist es verständlich, daß so viele Teilsysteme gesondert schwingen können, als das ganze System Freiheitsgrade besitzt. Die Teilsysteme können mehr oder weniger fest miteinander gekoppelt sein; der Umfang der Koppelung ist vom Verhältnis der Größe der gemeinsamen elastischen, Massen- oder Reibungs-Faktoren zu den elastischen, Massen- oder Reibungs-Faktoren, die jedem Teilsystem allein zukommen, abhängig. Je loser die Koppelung ist, desto näher steht die Eigenschwingungszahl der Teilsysteme der Eigenschwingungszahl der einfachen Systeme, die beim vollständigen Entfernen der gemeinsamen Faktoren entstehen.

Die Schwingungsmöglichkeiten von Systemen von mehr. als einem Freiheitsgrad sind außerordentlich kompliziert; die Vielfältigkeit der Schwingungsmöglichkeit wächst mit der Zunahme der Zahl der Freiheitsgrade rapid. Es sei daher nur erwähnt, daß einem gekoppelten System so viele Schwingungszahlen zukommen, als es Freiheitsgrade besitzt. Systeme von zwei Freiheitsgraden haben demnach zwei Schwingungszahlen, von denen die geringere stets kleiner als die kleinste der Eigenschwingungszahlen der Teilsysteme, die größere stets größer als die größte der beiden Schwingungszahlen der Teilsysteme ist.

Bei Systemen, die aus Einzelsystemen mit nur geringer Koppelung bestehen, betrachtet man häufig die einzelnen Systeme unter Vernachlässigung der Koppelungsfaktoren als einfache Systeme und benennt die aus der Koppelung folgenden Erscheinungen als Mitschwingungen. Man beobachtet bei diesen Mitschwingungen, ebenso wie bei den erzwungenen Schwingungen, das Phänomen der Resonanz, d. h. das besonders lebhafte Mitschwingen eines schwingungsfähigen Systems mit einem anderen gleicher Eigenschwingungszahl. Genau genommen beeinflußt aber auch in diesen Fällen die Schwingungszahl des einen Teilsystems die des anderen, wie es z. B. in charakteristischer Form bei dem später zu besprechenden Königschen Resonanzphänomen zu beobachten ist.

b) Entstehung von Wellen, Fortpflanzungsgeschwindigkeit und Wellenlänge, longitudinale und transversale Wellen.

Im folgenden sei ein System von unendlich vielen Freiheitsgraden betrachtet, das durch elastische Koppelung von unendlich vielen, in einer Linie nebeneinander liegenden Massenteilchen gleicher Größe entsteht, wenn sich die elastische Koppelung darauf beschränkt, daß jede Masse nur mit den beiden ihr benachbarten durch einen elastischen Faktor verbunden ist. Es entsteht dann ein System von unendlicher Länge. Ein Ausschnitt aus einem solchen System ist in Abb. 67 schematisch gezeichnet. Denkt man sich in diesem System die Massen unendlich klein, die elastischen Verbindungen unendlich kurz, so entsteht ein Bild, das etwa dem einer unendlich langen gespannten Saite entspricht.

Angenommen auf die Masse 1 der Abb. 67 wirke eine Kraft, die eine Sinusfunktion der Zeit sei, d. h. eine erregende Schwingung von der Schwingungszahl N. Die Masse führt dann eine erzwungene Schwingung von der Schwingungszahl N aus. Die Amplitude der erzwungenen Schwingung sei A, so daß die obere Grenzlage der Masse 1 dem gestrichelt gezeichneten Rechteck entspräche. Die Schwingung der Masse 1 erregt, infolge der Koppelung an 2, eine Schwingung gleicher Schwingungszahl an dieser Masse; Masse 2 erregt wiederum Masse 3 usf. Die Schwingungen aller Massen haben die gleiche Schwingungszahl und Amplitude, jedoch hat die Schwingung jeder folgenden Masse gegenüber der der vorhergehenden eine Phasendifferenz, sie eilt hinter der Schwingung der vorhergehenden Masse her. Berücksichtigt man zunächst den Beginn der Bewegung jeder Masse, so erkennt man, daß jede folgende Masse später mit der Bewegung beginnt als die vorhergehende; die Bewegung breitet sich, von der Masse 1 ausgehend, auf sämtliche Massen aus, jedoch erfolgt der Beginn der Bewegung jeder Masse um so später, je größer ihre Entfernung von 1, d. h. je größer x ist. Man kann daher sagen, daß sich der Beginn der Bewegung, von der Masse 1 ausgehend, in der Richtung x mit einer bestimmten Fortpflanzungsgeschwindigkeit fortpflanzt. Die Fortpflanzungsgeschwindigkeit ist um so größer, je geringer die Phasendifferenz zwischen den Schwingungen der einzelnen Massen unter sonst gleichen Umständen ist. Diese Phasen-

differenz ist um so kleiner, die Fortpflanzungsgeschwindigkeit um
so größer, je fester die Koppelung zwischen den einzelnen Massen ist.
Besteht die Schwingung der Masse 1 sehr lange Zeit hindurch, so
schwingen sämtliche Massen des unendlich langen Systems in der
gleichen Schwingungszahl und Amplitude; die Phasendifferenz
zwischen den einzelnen Schwingungen besteht jedoch weiter. Die
Lage, in der sich die einzelnen Massen zu einem bestimmten Zeitpunkt
befinden, kann bestimmt werden, wenn die Phasendifferenz zwischen
den Schwingungen zweier benachbarter Massen bekannt ist. In
Abb. 67 ist angenommen, daß sie $\frac{1}{8}$ Schwingungsdauer der Schwingung
beträgt. Ist in diesem Fall Masse 1 gerade an ihrem höchsten Punkt
angelangt, so befinden sich die anderen Massenteilchen in Lagen,
die gestrichelt eingetragen sind. Die Richtung und Größe der ihnen
in dem betrachteten Zeitpunkt zukommenden Geschwindigkeit ist
durch die eingetragenen Vektoren angedeutet. Man erkennt, daß
die Massenteilchen eine bestimmte räumliche Anordnung besitzen;

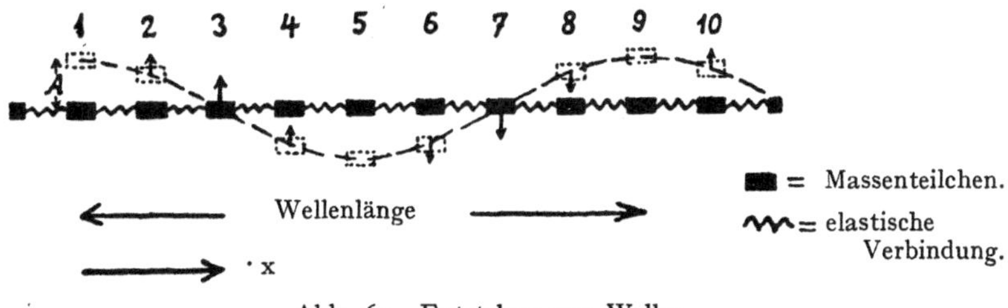

Abb. 67. Entstehen von Wellen.

die Verbindungslinie ihrer Lagen ist eine Kurve, von der es sich
nachweisen läßt, daß sie eine Sinus- bzw. Kosinus-Funktion der
Länge x darstellt. Zeichnet man die Lage der einzelnen Teilchen
zu einem etwas späteren Zeitpunkt, so erhält man eine gleichartige
Verbindungslinie ihrer Lagen, die nur im ganzen um einen bestimmten
Betrag in der Richtung x verschoben ist. Beobachtet man den Vorgang, der sich während mehrfacher Hin- und Hergänge der einzelnen
Teilchen auf dem ganzen System abspielt, so gewinnt man den Eindruck, als ob sich die gleiche Verbindungskurve der Lagen der Massenteilchen mit einer bestimmten Geschwindigkeit in der Richtung x
fortbewege. Die Geschwindigkeit, mit der die Kurve fortschreitet,
ist, da sie durch die Summe der Phasenverschiedenheiten der einzelnen
Schwingungen voneinander in gleicher Art zusammengesetzt ist,
dieselbe, wie die, mit der sich der Beginn der Bewegung der einzelnen
Massen in der Richtung x fortgepflanzt hat.

Man bezeichnet den beschriebenen Vorgang als „Welle", nach den
Wellen, die man bei der Fortpflanzung einer Gleichgewichtsstörung

an der Oberfläche einer Flüssigkeit beobachtet, welche der beschriebenen Erscheinungen ähnlich verlaufen.

Die nähere Betrachtung der Lage der einzelnen Massenteilchen zu einem bestimmten Zeitpunkt läßt erkennen, daß zwei Massen, die einen bestimmten Abstand voneinander haben, so z. B. Masse 1 und 9,2 und 10 die gleiche Lage und Geschwindigkeit relativ zur Ruhelage besitzen. Diese Gleichheit des Bewegungszustandes bleibt dauernd gewahrt und besteht für zwei beliebige Massen, die den gleichen Abstand voneinander haben. Man bezeichnet diesen Abstand als die Wellenlänge der Welle. Zwei Massen, die in einem Abstand von $^1/_2$ Wellenlänge voneinander stehen (1 und 5,2 und 6 usw.), besitzen stets die gleiche aber entgegengesetzte Entfernung von der Ruhelage, oder in dem Fall, daß sie gerade die Ruhelage passieren (3 und 7), die gleiche Lage, aber die entgegengesetzte Geschwindigkeit.

Die Wellenlänge ist bei gleicher Schwingungszahl offenbar um so größer, je höher die Fortpflanzungsgeschwindigkeit der Welle, bei gleicher Fortpflanzungsgeschwindigkeit um so größer, je kleiner die Schwingungszahl ist; zwischen der Wellenlänge λ der Schwingungszahl der sich in Wellenform fortpflanzenden Schwingung N und der Fortpflanzungsgeschwindigkeit v der Welle besteht demnach die einfache Beziehung:

$$\lambda = \frac{v}{N} \quad \cdot \quad \cdot \quad \cdot \quad \cdot \quad \cdot \quad \cdot \quad \cdot \quad (96)$$

oder: $\qquad\qquad\qquad N\lambda = v.$

Die Richtigkeit der Gleichung (96) geht unmittelbar aus der Betrachtung der Abb. 67 hervor, wenn man berücksichtigt, daß zwischen den Massen, deren Entfernung voneinander gerade eine Wellenlänge beträgt, eine Phasendifferenz von gerade einer Schwingungsdauer besteht, und der Abstand einer Wellenlänge λ von der Welle mit der Geschwindigkeit v in der Zeit $\dfrac{\lambda}{v}$ zurückgelegt wird.

Die Welle ist bei dem gewählten Beispiel dadurch entstanden, daß einzelne Massenteilchen, die miteinander in Verbindung stehen, schwingende Bewegungen ausführen, und zwar wurde angenommen, daß die Bewegungen der einzelnen Teilchen in Richtungen erfolgen, die auf der Fortpflanzungsrichtung der Welle senkrecht stehen. Die in Abb. 67 skizzierte Anordnung läßt aber außer den Bewegungen in senkrecht zur Richtung x stehenden Richtungen auch Schwingungen der einzelnen Teilchen in der x-Richtung zu. Erteilt man z. B. der Masse 1 eine erzwungene Schwingung in der x-Richtung, so wird sich auch diese Schwingung in ähnlicher Art, wie vorher angenommen, mit einer gewissen Verspätung auf Masse 2 übertragen, die dann auch in der x-Richtung schwingt. Durch weitere Fortpflanzung der auf Masse 2 übertragenen Schwingung auf die folgenden Massen entsteht ein sehr ähnlicher Vorgang, wie er vorher beschrieben wurde. Für die Lage der einzelnen Teilchen zu einem bestimmten Zeitpunkt lassen sich sehr ähnliche Aussagen machen, wie vorher und man kann, ebenso wie vorher, als Wellenlänge den Abstand bezeichnen, der zwei Teilchen gleicher Entfernung von der Ruhelage und gleichen Bewegungszustandes voneinander trennt. Auch die Aussagen über die Bewegungszustände zweier Teilchen, die in einem Abstand von $\frac{1}{2}$ Wellenlänge voneinander stehen, werden gleichlautend, wie bei der vorher beschriebenen Welle. Sogar die graphische Darstellung der durch die Bewegung der einzelnen Teilchen in der Richtung der Fortpflanzung entstehenden Welle kann durch eine Kurve geschehen, die mit der Verbindungslinie der Lage der einzelnen Teilchen in Abb. 67 übereinstimmt, wenn man definiert, daß die Entfernung eines jeden Teilchens durch eine am Ort seiner Ruhelage senkrecht zur Fortpflanzungsrichtung aufgetragene Ordinate von der Länge der Entfernung des Teilchens aus der Ruhelage dargestellt, und die Richtung der Entfernung des Teilchens, je nach dem sie im Sinne der positiven oder negativen x besteht, durch eine Ordinate oberhalb oder unterhalb der Fortpflanzungsrichtung gekennzeichnet werden soll. Der wesentliche Unterschied zwischen den beiden beschriebenen Wellenarten besteht also nur in der Richtung der Schwingungsbewegung der einzelnen Teilchen relativ zur Richtung der Fortpflanzung der Welle. In dem zuerst beschriebenen Fall steht die Richtung der Bewegung der einzelnen Teilchen senkrecht zur Fortpflanzungsrichtung der Welle. Solche Wellen bezeichnet man als transversale Wellen.

Im zweiten Fall erfolgt die Bewegung der einzelnen Teilchen in der Richtung des Fortschreitens der Welle; diese Wellen heißen longitudinale Wellen.

In dem in Abb. 67 skizzierten System können sowohl transversale als auch longitudinale Wellen entstehen.

Die Art der Oberflächenwellen von Flüssigkeiten kann man bestimmen, indem man auf der Flüssigkeit kleine Teichen schwimmen läßt, die den Bewegungen der Stellen der Oberfläche, in denen sie sich befinden, folgen, und die Bewegung dieser Teilchen unmittelbar beobachtet. Die Fortpflanzung der Oberflächenwellen erfolgt in der Ebene der Oberfläche, und zwar von einem Punkt aus gleichmäßig in allen Richtungen, so daß die Wellenerscheinung in konzentrischen Ringen um den Ort der Erregung besteht; der Radius der Ringe vergrößert sich mit einer Geschwindigkeit, die der Fortpflanzungsgeschwindigkeit der Welle entspricht. Beobachtet man die Bewegungen der einzelnen Oberflächenelemente beim Fortschreiten einer Oberflächenwelle, so findet man, daß die Bewegung der Teilchen, sowohl in der für eine transversale, als auch für eine longitudinale Welle charakteristischen Richtung erfolgt; und zwar beschreiben

die einzelnen Teilchen Kreise, deren Ebenen in der Fortpflanzungsrichtung der Welle liegen. Die Bahnen der einzelnen Teilchen einer
Oberflächenwelle sind in Abb. 68 schematisch wiedergegeben. Die
Lagen der sämtlichen Teilchen zu einem bestimmten Zeitpunkt
sind markiert und durch eine Verbindungslinie miteinander verbunden. Die von dieser Wellenlinie dargestellte, für die Form der
Oberflächenwellen charakteristische Form, die von der Form einer
Sinusfunktion der Länge durch die relativ spitzen Wellenberge und
breiten Wellentäler unterschieden ist, ist deutlich zu erkennen.

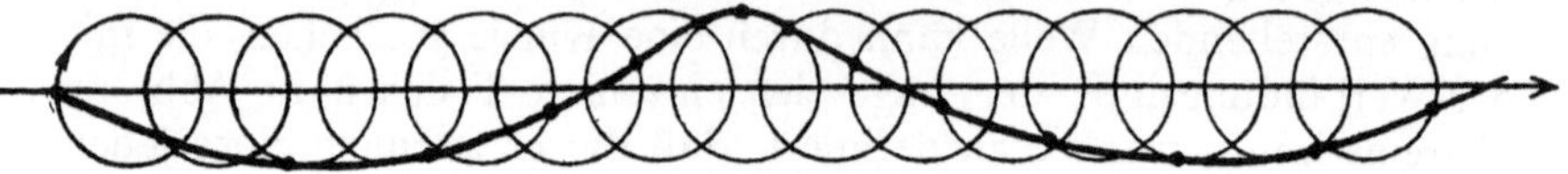

Abb. 68. Wasserwelle.

Weiterhin sei noch die Form einer Welle beschrieben, die sich aus
Schwingungen der einzelnen Teilchen in zwei aufeinander und auf
der Richtung der Fortpflanzung senkrecht stehenden Richtungen
zusammensetzt. Das einzelne Teilchen beschreibt in diesem Fall,
nach dem S. 117 Gesagten eine Ellipse, die unter Umständen in einen
Kreis übergehen kann. Die Ebene der Ellipse bzw. des Kreises steht
senkrecht zur Fortpflanzungsrichtung. In einem bestimmten Zeitpunkt liegen die einzelnen Teilchen auf einer Schraubenlinie von
elliptischem oder kreisförmigem Querschnitt und die Fortpflanzung
der Welle macht den Eindruck, als ob sich diese Schraubenlinie durch

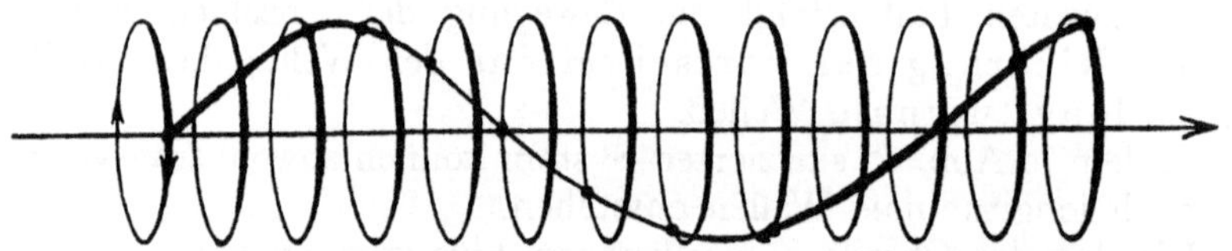

Abb. 69. Transversale Welle mit elliptischen Bahnen der einzelnen Teilchen.

Drehen fortbewege. In Abb. 69 ist der Versuch gemacht, die Bahnen
der einzelnen Teilchen und ihre räumliche Anordnung zu einem bestimmten Zeitpunkt zur Darstellung zu bringen.

Fragt man nach der Möglichkeit, bei tatsächlich beobachteten
Wellen festzustellen, ob es sich um transversale oder longitudinale
Wellen handelt, so ist diese Frage leicht zu beantworten, wenn die
Bewegung der einzelnen Teilchen so langsam erfolgt, das die Beobachtung ihrer Bewegungen unmittelbar möglich ist, wird aber
wesentlich schwieriger, wenn es sich um hohe Schwingungszahlen
handelt. Ganz allgemein kann man jedoch aussagen, daß bei einem
einzelnen transversalen Wellenzug die räumliche Anordnung der

einzelnen Teilchen dauernd eine Ebene definiert, die „Wellenebene",
in der die Fortpflanzungsrichtung liegt und die durch die Richtung
des Fortschreitens der Welle und die Richtung der Bewegungen der
einzelnen Teilchen bestimmt ist. Dreht man den Wellenzug um seine
Fortpflanzungsrichtung, was bei verschiedenen Wellenarten tatsächlich
möglich ist, so dreht man die Wellenebene. Die verschiedene Lage
der Wellenebene kann sich unter Umständen durch Änderung gewisser
Erscheinungen dokumentieren. Dreht man hingegen einen longitudinalen Wellenzug um die Richtung seines Fortschreitens, so ändert
sich nichts, da der Wellenzug rund herum symmetrisch ist. Beobachtet man demnach beim Drehen eines einzelnen Wellenzugs
um seine Fortpflanzungsrichtung irgendeine Änderung, so kann
man mit Sicherheit darauf schließen, daß es sich um eine transversale Welle handelt.

Schwieriger werden solche Untersuchungen, wenn es sich um
Wellenzüge nach dem Schema der Abb. 69 oder um ein Bündel zahlreicher Wellenzüge handelt, wie es meist der Fall ist. In diesen Fällen
gelingt es jedoch unter Umständen, sämtliche Schwingungsbewegungen in Schwingungen in zwei senkrecht zueinander stehenden
Richtungen zu zerlegen, die beiden Richtungen voneinander zu
trennen und an jedem der beiden hierdurch entstehenden Wellenzüge bzw. der beiden entstehenden Wellenzugbündel durch Drehung
derselben um ihre Fortpflanzungsrichtung ihre transversale Natur
zu erweisen.

c) Interferenz von Wellen, Schwebungen.

Bei weitaus der Mehrzahl der in der Natur vorkommenden Wellen ist
die Fortpflanzungsgeschwindigkeit unabhängig von der Schwingungszahl der erregenden Schwingung. Dementsprechend verhalten sich
nach Gleichung (96) die Wellenlängen sonst gleichartiger Wellen
umgekehrt zueinander, wie die Schwingungszahlen der sie erregenden
Schwingungen, d. h. die Wellenlänge ist ein unmittelbares Maß der
Schwingungsdauer. Pflanzen sich zwei oder mehrere gleichartige
Wellen gleichzeitig in der gleichen Richtung fort, so sind demnach
die räumlichen Beziehungen zwischen den verschiedenen Wellen
auf der ganzen Strecke der Fortpflanzung dauernd die gleichen;
das bedeutet, daß auch die zeitlichen Beziehungen zwischen den
Schwingungen, die ein Teilchen auf Grund mehrerer gleichzeitig
bestehender Wellen ausführt, für alle Teilchen dieselben sind.

Man bezeichnet das gleichzeitige Fortschreiten mehrerer Wellen
auf einer Linie als die „Interferenz" mehrerer Wellen. Die Lage,
die ein Teilchen zu einem bestimmten Zeitpunkt einnimmt, ergibt
sich aus der algebraischen Summation der Lagen, die es zu dem
betreffenden Zeitpunkt auf Grund jeder der einzelnen ihm zu-

kommenden Schwingungen einnehmen würde. Man kann diese
Summation entweder an den Elongation-Zeit-Kurven eines einzelnen Teilchens, oder an den Kurven der räumlichen Anordnung
aller Teilchen zu einem bestimmten Zeitpunkt vornehmen. Da, wie
früher erwähnt, aus der Fortpflanzung einer einfachen Schwingung,
d. h. einer Sinusfunktion der Zeit, eine räumliche Anordnung der
Teilchen entsteht, die zu jedem Zeitpunkt eine Sinusfunktion der
Länge ist, so ist die sich aus der Interferenz mehrerer Wellen ergebende
Elongation-Zeit-Kurve identisch mit der räumlichen Anordnung

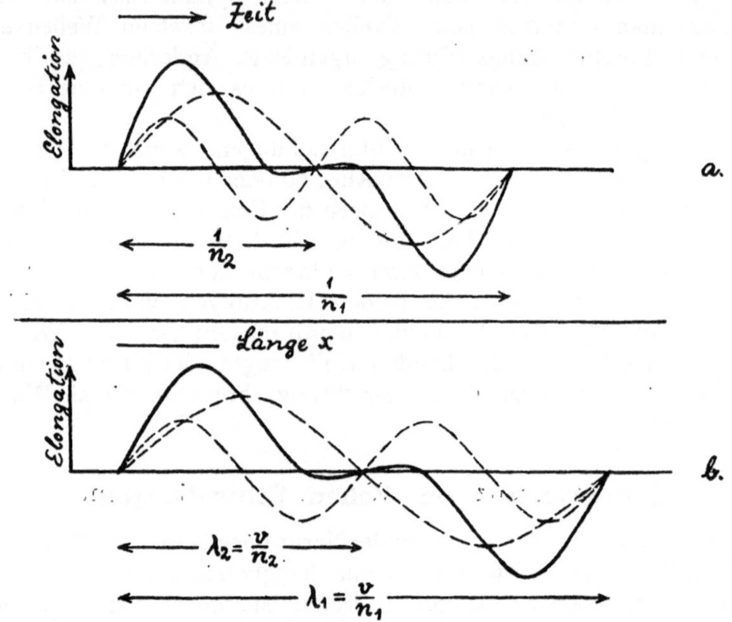

Abb. 70. Zeit-Längenkurve eines schwingenden Teilchens und Wellenform der
entstehenden Welle.

sämtlicher Teilchen zu einem bestimmten Zeitpunkt, d. h. identisch
mit der Wellenform.

Interferieren z. B. zwei Wellen, die von zwei Schwingungen erregt
werden, deren Schwingungszahlen n_1 und n_2 sich zueinander verhalten
wie 1 : 2, so ist der zeitliche Ablauf der Bewegung eines Teilchens,
wenn man gleichzeitig über die Amplituden und Phasen der beiden
Schwingungen bestimmte Annahmen macht, gegeben durch eine
Kurve analog Abb. 70a. Ist die Fortpflanzungsgeschwindigkeit der
Wellen gleich v, so wird die räumliche Anordnung der einzelnen
Teilchen zu einem bestimmten Zeitpunkt beschrieben durch die
Abb. 70b. Die Summation kann an beiden Kurven vorgenommen
werden, und ergibt als Resultat die übereinstimmenden ausgezogenen

Kurven. Das Verhältnis der Maßstäbe, in denen die Abszissen abgemessen sind, ist durch Gleichung (96) bestimmt, d. h. durch die Beziehung Wellenlänge $= \dfrac{\text{Fortpflanzungsgeschwindigkeit}}{\text{Schwingungszahl}}$.

Nach dieser Darstellung ist es verständlich, daß alle Aussagen, die man über das Zusammensetzen der Bewegung eines Körpers unter dem Einfluß mehrerer Schwingungen machen kann, ebenso für die Interferenz mehrerer Wellen Geltung haben; ebenso ist es verständlich, wenn man die zeitlichen Verhältnisse verschiedener Schwingungen auf die räumlichen Verhältnisse verschiedener interferierender Wellen überträgt, und von einer räumlich definierten Phasendifferenz der Wellen spricht. Die Phasendifferenz zweier Schwingungen wird meistens in Bruchteilen einer Schwingungsdauer angegeben; analog gibt man die räumliche Phasendifferenz zweier Wellen meist in Bruchteilen einer Wellenlänge an. Interferieren z. B. zwei Wellen, die durch zwei Schwingungen gleicher Schwingungszahl und einer Phasendifferenz von $^{1}/_{4}$ Schwingungsdauer erregt werden, so haben die entstehenden Wellen eine Phasendifferenz von $^{1}/_{4}$ Wellenlänge.

Im Anschluß an diese Erörterungen sei nur noch kurz das Resultat, das sich aus der Interferenz zweier einfacher Wellen, deren Wellenlängen und Phasen in bestimmten, besonders wichtigen Beziehungen zueinander stehen, ergibt, an der Hand der Abb. 71 und 72 besprochen.

Abb. 71 beschreibt die Interferenz zweier Wellen gleicher Wellenlänge und verschiedener Amplitude, für die Fälle, daß die Phasendifferenz 0, oder $^{1}/_{2}$ Wellenlänge, oder schließlich einen beliebigen anderen Betrag ausmache. Es folgt aus diesen Darstellungen:

1. Abb. 71a zeigt das Interferenzbild zweier Wellen gleicher Wellenlänge, deren Amplituden verschieden, deren Phasen um eine halbe Wellenlänge voneinander unterschieden sind. Aus der Interferenz ergibt sich eine Welle, deren Amplitude gleich der Differenz der Amplituden der beiden interferierenden Wellen ist, deren Phase mit der Phase der Welle mit der größeren Amplitude übereinstimmt. Sind die Amplituden der beiden interferierenden Wellen einander gleich, so vernichten sich die beiden Wellen gegenseitig.

2. Abb. 71b. Interferieren zwei Wellen gleicher Wellenlänge mit gleicher Phase, so entsteht eine Welle gleicher Wellenlänge, deren Amplitude gleich der Summe der Amplituden der beiden Wellen ist.

3. Aus der Interferenz zweier einfacher Wellen gleicher Wellenlänge beliebiger Amplituden und Phasen entsteht unter allen Umständen eine einfache Welle gleicher Wellenlänge, deren Amplitude und Phase durch die Amplituden und Phasen der interferierenden Wellen bestimmt ist.

Eine Wellenform, die aus der Interferenz von zwei Wellen entsteht, deren Wellenlängen sich zueinander verhalten wie $1:2$, ist bereits in Abb. 70 dargestellt. Haben dieselben Wellen andere Phasen, so entsteht ein anderes Interferenzbild, das konstruktiv leicht ermittelt werden kann.

Eine Interferenzerscheinung von erheblicher praktischer Bedeutung zeigt Abb. 72. Hier wurde angenommen, daß die Wellenlängen zweier interferierender Wellen nur wenig voneinander unterschieden sind. Die Summation dieser beiden Wellen vollzieht sich innerhalb des Bereichs einer Wellenlänge im wesentlichen nach den in Abb. 71 zum

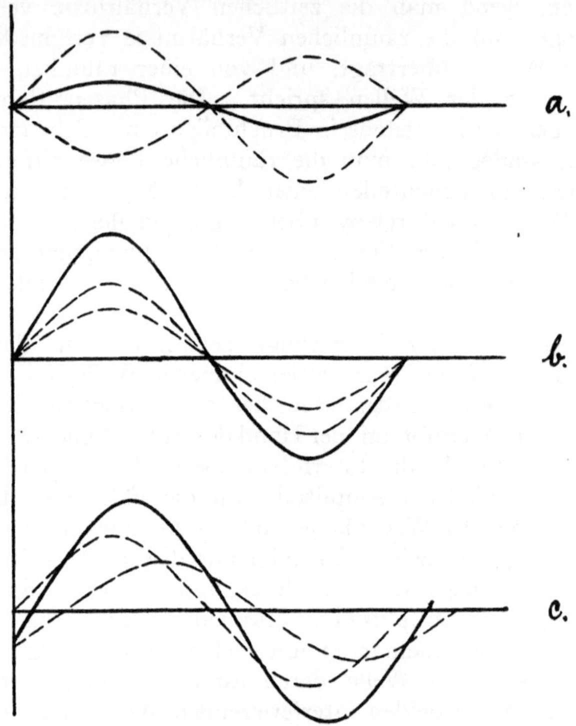

Abb. 71. Interferenz von Wellen gleicher Wellenlänge.

Ausdruck kommenden Grundsätzen, da die Wellenlängen nahezu gleich sind, jedoch kommen im Verlauf der ganzen Welle sämtliche möglichen Phasendifferenzen vor, da sich die Phasen infolge des Unterschiedes in der Wellenlänge allmählich gegeneinander verschieben. Als Resultat der Interferenz findet man daher periodische Verstärkungen und Abschwächungen der gesamten Welle. Man bezeichnet diese Erscheinung, deren Entstehen an Hand der Abb. 72 zu verfolgen ist, als „Schwebungen".

Der Abstand zweier Orte maximaler Ausschläge ist der gleiche, wie der zweier Orte minimaler Ausschläge; er ist in Abb. 72 mit s bezeichnet. Der räumlichen Periode von der Länge s entspricht analog Gleichung (96) eine zeitliche Periodendauer von der Größe $T = \dfrac{s}{v}$, worin v die Fortpflanzungsgeschwindigkeit der Wellen bedeutet, oder eine Periodenzahl pro Sekunde gleich $\dfrac{1}{T} = \dfrac{v}{s}$. Die Periodenzahl $\dfrac{1}{T}$, oder die Schwebungsfrequenz kann aus den Schwingungszahlen der interferierenden Wellen angegeben werden. Die Schwingungszahlen seien n_1 und n_2, die Wellenlängen dementsprechend $\lambda_1 = \dfrac{v}{n_1}$ und $\lambda_2 = \dfrac{v}{n_2}$. Der Fall, daß sich die beiden Wellen maximal verstärken, tritt ein, wenn ihre Phasen gleich sind, der Fall maximaler Abschwächung, wenn ihre Phasen um $^1/_2$ Wellenlänge verschieden sind. Das nächste Maximum der Schwebung wird erreicht, wenn die Phasen wiederum einander gleich sind, oder was dasselbe sagt, wenn die Phasendifferenz eine ganze Wellenlänge beträgt. Die Phasendifferenz der beiden Wellen wächst beim Fortschreiten um

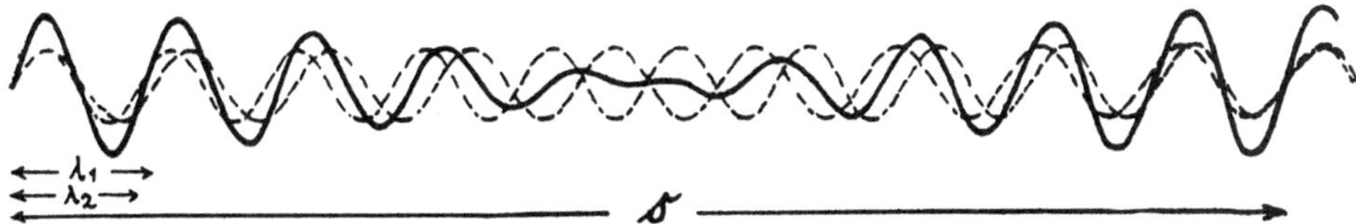

Abb. 72. Schwebungen.

eine Wellenlänge, jedesmal um $\lambda_1 - \lambda_2 = \dfrac{v}{n_1} - \dfrac{v}{n_2}$. Die Phasendifferenz der Wellen wird gleich einer ganzen Wellenlänge, wenn die Wellen um z Wellenlängen fortgeschritten sind; die Zahl z ist demnach bestimmt durch die Angabe, daß $z\,(\lambda_1 - \lambda_2) = \lambda_1$ bzw. $= \lambda_2$ sein muß.

Daraus:
$$z = \frac{\lambda_1}{\lambda_1 - \lambda_2} \text{ bzw. } = \frac{\lambda_2}{\lambda_1 - \lambda_2} \quad \cdots \cdots \quad (97)$$

Der Abstand s zwischen den beiden Maximas der Schwebung beträgt aber $z\,\lambda_2$ bzw. $z\,\lambda_1$, demnach:
$$s = \frac{\lambda_1\,\lambda_2}{\lambda_1 - \lambda_2} \quad \cdots \cdots \quad (98)$$

Führt man in Gleichung (98) die Werte $\lambda_1 = \dfrac{v}{n_1}$ und $\lambda_2 = \dfrac{v}{n_2}$ ein, so erhält man:
$$s = \frac{v}{n_2 - n_1}$$

oder da $\dfrac{1}{T} = \dfrac{v}{s}$ ist:
$$\frac{1}{T} = n_2 - n_1 \quad \cdots \cdots \quad (99)$$

$\dfrac{1}{T}$ ist die Zahl der pro Sekunde auftretenden Schwebungen, oder die Schwebungsfrequenz. Die Schwebungsfrequenz ist demnach gleich der Differenz der Schwingungszahlen, aus denen sich die Schwebung zusammensetzt.

d) Reflexion von Wellen, stehende Wellen.

Bisher wurde die Interferenz von Wellen besprochen, die sich in gleicher Richtung fortbewegen. Unter Umständen beobachtet man jedoch auch die Interferenz mehrerer Wellen, die auf der gleichen Linie, aber in entgegengesetzter Richtung fortschreiten. Solche Verhältnisse treten vor allem dann ein, wenn Wellen an irgendeiner Stelle ihres Fortschreitens reflektiert werden. Reflexion von Wellen wird an solchen Stellen beobachtet, an denen die Fortpflanzungsbedingungen für die Welle sich plötzlich ändern, z. B. also an der Grenze zweier verschiedener Medien, die an sich beide zur Fortpflanzung der betreffenden Welle, jedoch unter verschiedenen Bedingungen, geeignet sein können. An einer solchen Grenze entsteht unter Umständen beim Ankommen einer Welle eine Welle gleicher Wellenlänge, die in umgekehrter Richtung wie die ankommende fortschreitet. Die Änderung, die die Welle beim Übergang auf ein anderes Medium erfährt, besteht in den meisten Fällen vor allem in einer Änderung der Fortpflanzungsgeschwindigkeit; so können z. B. Wellen bestimmter Art sowohl in Luft als auch in festen Körpern, jedoch mit sehr verschiedener Fortpflanzungsgeschwindigkeit, fortschreiten. Nur in den seltensten Fällen geht, wenn eine Welle an einer Grenzfläche zwischen festen und gasförmigen Stoffen anlangt, die gesamte Wellenenergie von dem einen zum anderen Stoff über, ein größerer oder kleinerer Teil der Energie vermag die Grenzfläche nicht zu passieren, sondern läuft in Form einer rückläufigen Welle den Weg, auf dem sie angekommen ist, oder einen anderen Weg, dessen Richtung durch die Richtung der Ankunft und die Lage der Grenzfläche bestimmt ist, zurück. Wird die gesamte ankommende Wellenenergie reflektiert, so spricht man von totaler, wird nur ein Teil reflektiert, während der Rest auf das neue Medium übergeht, von teilweiser oder partieller Reflexion.

Die Phase der reflektierten Welle ist verschieden, je nachdem die Reflexion beim Übergang von einem weniger dichten zu einem dichteren Medium oder in der umgekehrten Richtung erfolgt; im folgenden wird das weniger dichte Medium auch häufig als das „dünnere" bezeichnet.

Im Falle totaler Reflexion einer Welle in einer der Ankunftsrichtung entgegengesetzten Richtung entsteht eine eigenartige Wellenerscheinung, die sich von der Erscheinung einer fortschreitenden

Welle charakteristisch unterscheidet und die an Hand der Abb. 73 beschrieben werden soll.

Angenommen in der Abb. 73 schreite in der Richtung + x eine Welle fort, die an der Fläche A auf ein anderes Medium stößt und dort total in der Richtung — x reflektiert wird. Die Reflexion erfolgt erfahrungsgemäß immer derart, daß dem, als Ausgangspunkt der rückläufigen Welle aufzufassenden, an der Trennungsebene A gelegenen Teilchen eine Schwingung auf Grund der rückläufigen Welle

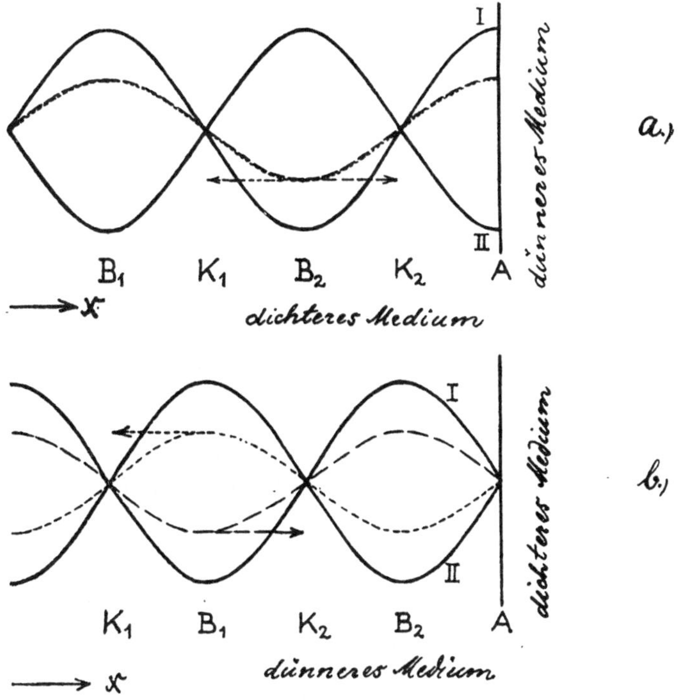

Abb. 73. Stehende Wellen.

zukommt, die, wenn es sich um einen Übergang vom dichteren aufs dünnere Medium handelt, die gleiche Phase hat, wie die Schwingung, die ihm auf Grund der ankommenden Welle zukommt, d. h. das Teilchen führt eine Schwingung doppelt so großer Amplitude aus, als es ausführen würde, wenn sich die Welle ungestört über A hinaus fortpflanzen würde (Abb. 73a). Im umgekehrten Fall, bei der totalen Reflexion einer Welle innerhalb eines dünneren Mediums an der Grenzfläche zu einem dichteren, erhält das Grenzteilchen eine Schwingung auf Grund der rückläufigen Welle, die eine Phasendifferenz von $\frac{1}{2}$ Schwingungsdauer gegen die von der ankommenden Welle ausgelöste Schwingung besitzt, d. h. die beiden Schwingungen vernichten sich gegenseitig, das Grenzteilchen bleibt in Ruhe(Abb.73b). Die Kurve der Lagen der einzelnen Teilchen (ausgezogene Kurve) setzt sich zusammen aus der Wellenform der ankommenden (— — —) und der Wellenform der reflektierten (......) Welle. Konstruiert man die Kurven der Lagen für verschiedene aufeinanderfolgende Zeitpunkte, indem man die beiden Kurven immer um den gleichen, der Zeitdifferenz der betrachteten Zeitpunkte entsprechenden Betrag in den Fortpflanzungsrichtungen verschiebt und algebraisch summiert, so findet man, daß die Punkte K_1 und K_2 dauernd in Ruhe bleiben; die Welle bleibt anscheinend stehen und pendelt zwischen den Grenzlagen I und II hin und her. Die einzelnen Teilchen auf der ganzen Strecke führen, wie aus der Konstruktion hervorgeht, einfache Schwingungen verschiedener Amplitude jedoch gleicher Phase aus. Die Amplituden der schwingenden Teilchen sind maximal an den Orten B_1, B_2, minimal an den Orten K_1, K_2. Man bezeichnet eine solche Wellenerscheinung als eine „stehende" Welle, die Punkte K_1, K_2 als „Knotenpunkte" und die Orte B_1, B_2 als „Wellenbäuche". Bei einer stehenden Welle haben demnach die Schwingungen aller Teilchen die gleiche Phase und verschiedene Amplitude, während bei einer fortschreitenden Welle die Schwingungen aller Teilchen gleiche Amplitude, jedoch verschiedene Phasen besitzen.

Der Abstand zwischen benachbarten Knoten bzw. benachbarten Bäuchen beträgt, wie aus der Abbildung ersichtlich, $1/2$ Wellenlänge, der Abstand zwischen einem Knoten und einem benachbarten Bauch $1/4$ Wellenlänge der fortschreitenden Welle, aus der die stehende entstanden ist.

Die Wellenform, die aus der Reflexion am dichteren Medium entsteht, ist, wie man sieht, mit der durch Reflexion am dünneren entstandenen durchaus gleichartig, nur mit dem Unterschied, daß Knoten und Bäuche ihre Plätze vertauscht haben, d. h. in dem einen Fall entsteht an der Reflexionsfläche ein Bauch, im anderen ein Knoten.

Die im Kapitel 1 (s. S. 111 ff.) beschriebenen Schwingungen von Saiten, Stäben, Platten können als stehende Wellen aufgefaßt werden; ihre Schwingungsform ist mit der Bewegungsart einer Reihe von Teilchen in einer stehenden Welle identisch. Die Länge der gesamten stehenden Welle bei diesen schwingenden Körpern, kann in bestimmten Fällen, so z. B. bei der Grundschwingung eines an einem Ende eingeklemmten Stabes nur $1/4$ Wellenlänge betragen. Das freie Ende eines schwingenden Körpers entspricht einem Grenzübergang vom dichteren zum dünneren Medium, das befestigte Ende dem Übergang vom dünneren zum dichteren; es entsteht daher am freien Ende ein Bauch, am befestigten ein Knoten.

e) Dopplereffekt I. Ordnung; Kugelwellen.

An die bisherigen Erörterungen seien noch einige wichtige Bemerkungen angeschlossen. Die erste betrifft die Veränderung der

Beobachtung, die dann eintritt, wenn der Beobachter sich relativ zu dem Medium, in dem die Welle fortschreitet, in der Fortpflanzungsrichtung der Welle oder entgegen der Fortpflanzungsrichtung bewegt; der Ort der Wellenerregung ist dabei als gegenüber dem Medium ruhend gedacht. Hat der Beobachter eine der Wellenfortpflanzung gleichgerichtete Geschwindigkeit, so kommen pro Sekunde bei dem Beobachter weniger Wellenberge bzw. -täler an, als wenn er sich in Ruhe gegenüber dem Medium befände. Zählt er die pro Sekunde bei ihm ankommenden Wellenberge, so bestimmt er eine Zahl, die geringer ist als die Schwingungszahl der erregenden Schwingung; hätte er z. B. die gleiche Geschwindigkeit, wie die, mit der die Welle fortschreitet, so befände er sich dauernd einem Ort gegenüber, der durch den gleichen Bewegungszustand der Teilchen charakterisiert ist, und könnte demnach von dem Bestehen der Welle überhaupt nichts wahrnehmen. Im umgekehrten Fall, nämlich dann, wenn ein Beobachter eine Geschwindigkeit in einer der Fortpflanzungsrichtung entgegengesetzten Richtung hat, wird er eine gegenüber der Schwingungszahl der erregenden Schwingung zu hohe Schwin- . gungszahl beobachten.

Den gleichen Erfolg einer scheinbaren Abnahme bzw. Zunahme der Schwingungszahl wird man beobachten, wenn der Ort der Wellenerregung, also z. B. ein schwingender Körper, der eine Welle in einem Medium erregt, sich relativ zum Medium mit einer bestimmten Geschwindigkeit bewegt, während der Beobachter relativ zum Medium in Ruhe bleibt.

Man bezeichnet die scheinbare Veränderung der Schwingungszahl infolge einer relativen Bewegung der Wellenquelle oder des Beobachters zum Medium als „Dopplereffekt“, und zwar im Gegensatz zu dem in neuerer Zeit als Folge der Relativitätstheorie geforderten Dopplereffekt II. Ordnung als Dopplereffekt I. Ordnung. Die Größe der scheinbaren Zu- bzw. Abnahme der Schwingungszahl durch Dopplereffekt kann leicht angegeben werden, wenn die Relativgeschwindigkeit des Beobachters bzw. der Wellenquelle und die Fortpflanzungsgeschwindigkeit der Welle bekannt ist.

Weiterhin sei noch darauf hingewiesen, daß für den Fall, daß ein schwingendes Teilchen im Innern eines nach allen Seiten gleichmäßig ausgedehnten homogenen Mediums eine Welle erzeugt, diese unter der Voraussetzung, daß die Fortpflanzungsbedingungen nach allen Seiten gleichartig sind, naturgemäß nach allen Seiten gleichartig fortschreitet. Teilchen gleichen Bewegungszustandes werden daher stets auf einer Kugelschale liegen. Man bezeichnet eine solche Welle, die von einem relativ kleinen Erregungsort nach allen Seiten ausgeht, daher als Kugelwelle.

3. Kapitel: Schallwellen.

a) Tönende Körper, Substrat der Schallfortpflanzung, Sirene, Tonhöhe und Tonstärke, Hörgrenzen, musikalische Klänge und Geräusche.

Der Mensch besitzt im Ohr ein Sinnesorgan, das ihm Wahrnehmungen vermittelt, die als Schall bezeichnet werden. Man unterscheidet vermittels dieses Sinnesorgans Töne, Geräusche, Klänge und kann Angaben über Tonhöhen, Unterschiede von Tonhöhen, Tonstärke und Klangfarbe machen. Akustische Wahrnehmungen werden außerdem noch je nach dem von Lust- oder Unlustgefühlen begleitet.

Beobachtungen einfachster Art geben darüber Aufschluß, daß Schallwahrnehmungen ursächlich mit dem Vorhandensein von schwingenden Körpern verbunden sind, und daß im allgemeinen die Luft das Medium ist, das die Verbindung zwischen dem schwingenden Körper und unserem Ohr, d. h. die Übermittlung der Schallwahrnehmung bewirkt. Bringt man z. B. eine tönende Glocke unter den Rezipienten einer Luftpumpe und evakuiert, so wird mit fortschreitender Evakuierung die Schallwahrnehmung immer geringer und erlischt endlich gänzlich, wenn durch freies Aufhängen der Glocke im Innern des Rezipienten dafür Sorge getragen ist, daß der schwingende Körper seine Schwingungen nicht auf andere Körper überträgt, die noch unmittelbar mit der Luft außerhalb des Rezipienten in Berührung stehen.

Schwingende Körper, die Schallerscheinungen erzeugen, nennt man „tönende" Körper; man kann leicht feststellen, daß alle früher beschriebenen schwingungsfähigen Körper (Saiten, Stäbe, Platten, Membranen, Flüssigkeitssäulen und Gassäulen) unter Umständen tönen können. Die Erklärung, daß die tönenden Körper in der Luft Wellen erzeugen, die bei ihrer Ankunft am Ohr Schallwahrnehmungen auslösen, ist naheliegend. Die Entscheidung, ob es sich um longitudinale oder transversale Wellen handelt, kann schon aus der Überlegung gefällt werden, daß Gassäulen, die wir als Erzeuger und Überträger des Schalls kennen, nur longitudinale Schwingungen ausführen können (s. S. 116); da die Bewegungen schwingender Körper als stehende Wellen aufzufassen sind, die durch Reflexion gleichartiger fortschreitender Wellen entstehen, so können in Gasmassen fortschreitende Wellen nur longitudinaler Natur sein.

Die einfachsten Feststellungen über die den Qualitäten der Tonwahrnehmungen zugrunde liegenden physikalischen Erscheinungen können mittels eines Instrumentes, dessen Konstruktion mancherlei Aussagen über die Art der erzeugten Wellen gestattet, der Sirene, gemacht werden. Die Sirene (s. Abb. 74) besteht in ihrer einfachsten Form aus einer rotierenden Scheibe, die am Rande, in gleichen Abständen voneinander, zahlreiche Löcher besitzt, auf welche vermittels eines Rohrs ein kontinuierlicher Luftstrom geblasen wird. Beim Rotieren der Scheibe entstehen aus diesem kontinuierlichen Luftstrom periodische Luftstöße, da der Luftstrom durch die Zwischenräume zwischen den Löchern periodisch unterbrochen und wieder durch die Löcher freigegeben wird. Eine nähere Untersuchung der infolge dieser Stöße entstehenden Luftdruckschwankungen hat gezeigt, daß sie im wesentlichen einer einfachen Schwingung entsprechen, d. h. als eine Sinusfunktion

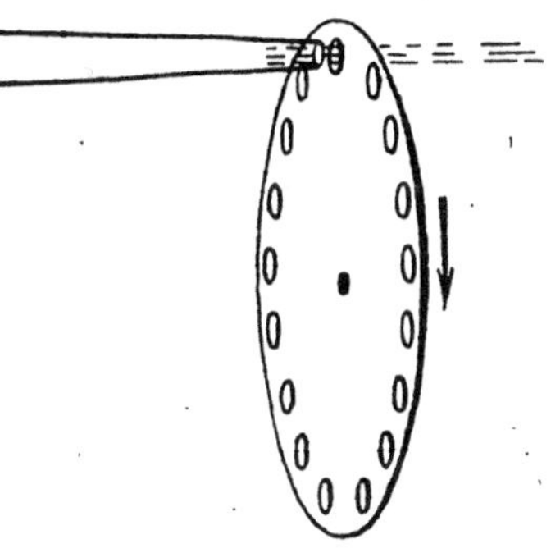

Abb. 74. Sirene.

der Zeit aufgefaßt werden können. Die Schwingungszahl der entstehenden Schwingung ist gegeben durch die Zahl der pro Sekunde an der Mündung der Röhre vorbeilaufenden Löcher, d. h. sie ist gleich dem Produkt aus der Zahl der in der Scheibe vorhandenen Löcher und der Umlaufszahl der Scheibe.

Läßt man in einer solchen Anordnung, während ein kontinuierlicher Luftstrom unveränderter Stärke auf die Scheibe geblasen wird, die Scheibe mit steigender Geschwindigkeit rotieren, so entsteht bei einer gewissen Umlaufszahl zunächst ein sehr tiefer Ton. Mit weiterer Steigerung der Umlaufszahl steigt die Tonhöhe dieses Tones. Die Höhe eines Tones ist danach der Ausdruck für die Schwingungszahl des tönenden Körpers. Schwingungszahlen unterhalb von etwa 16 pro Sekunde lösen keine Schallwahrnehmungen aus. Steigert man die Umlaufzahl immer mehr, so wird der Ton immer höher, um schließlich wieder zu verschwinden; Schwingungszahlen von mehr als etwa 20000—50000 werden nicht mehr als Ton wahrgenommen. Man kann aus solchen Versuchen schließen: Die physikalische Ursache der Tonwahrnehmungen sind longitudinale Druckwellen mit Schwingungszahlen von 16 bis etwa 30000 Schwingungen pro Sekunde; die Tonhöhe der Tonwahrnehmung ist durch die Höhe der Schwingungszahl bestimmt.

Die Grenzschwingungszahlen, unterhalb und oberhalb derer Schallwahrnehmungen nicht mehr entstehen, nennt man die untere bzw. obere Hörgrenze; die untere Hörgrenze ist mit ziemlicher Sicherheit zu bestimmen, bei der oberen Hörgrenze sind die Angaben unsicherer, da es schwer ist sehr hohe Töne großer Lautstärke zu erzeugen.

Läßt man an einer Sirene die Umlaufszahl der Scheibe konstant und verstärkt die Intensität des auf die Scheibe geblasenen Luftstroms, so wird die Tonhöhe nicht verändert, es ändert sich jedoch die Lautstärke. Da eine Änderung der Intensität des Luftstroms eine Änderung der Amplitude der erzeugten Welle bedeutet, schließt man aus diesem Versuch, daß die Lautstärke eines Tons von der Amplitude der Welle abhängt.

Musikalische Klänge setzen sich aus Tönen zusammen; es handelt sich bei ihnen demnach um die Interferenz mehrerer einfacher Wellen verschiedener Schwingungszahl. Der Zusammenklang mehrerer Töne wird je nachdem als mehr oder weniger schön empfunden; es hat sich gezeigt, daß diese Empfindungen im Zusammenhang stehen mit dem Verhältnis, in dem die Schwingungszahlen der zusammenklingenden Töne stehen. Es soll hier auf die theoretischen Unterlagen der musikalischen Klänge nicht näher eingegangen, sondern nur die Schwingungszahlen der musikalischen Töne angegeben werden. Bestimmte Töne werden in der Musiklehre mit bestimmten Buchstaben bezeichnet. Die folgende Tabelle enthält diese Bezeichnungen und die diesen Bezeichnungen entsprechenden Schwingungszahlen, und zwar bei einer Stimmung nach der sog. „chromatischen Skala" nach dem System der sog. „gleichschwebenden Temperatur". Der Ausgangsnormalton ist a′, der sog. Kammerton a mit der Schwingungszahl 440.

	C_2	C_1	C	c	c^1	c^2	c^3
C	16,35	32,70	65,41	130,3	261,7	523,3	1046,5
Cis	17,32	34,65	69,30	138,6	277,2	544,4	1108,8
D	18,35	36,71	73,42	146,8	293,7	587,4	1174,8
Dis	19,44	38,89	77,79	155,6	311,2	622,3	1244,6
E	20,60	41,20	82,41	164,8	329,7	659,3	1318,6
F	21,82	43,65	87,31	174,6	349,2	698,5	1397,0
Fis	23,12	46,25	92,50	185,0	370,0	740,0	1480,0
G	24,50	49,00	98,00	196,0	392,0	784,0	1568,0
Gis	25,95	51,91	103,8	207,6	415,3	830,6	1661,2
A	27,50	55,00	110,0	220,0	440,0	880,0	1760,0
Ais	29,13	58,27	116,5	233,1	466,2	932,3	1864,6
H	30,86	61,73	123,5	246,9	493,9	987,7	1975,5

Es geht aus der Tabelle hervor, daß die Oktave eines Tones die doppelte Schwingungszahl hat wie der Ton, und daß man zwei Tönen, deren Schwingungszahl in dem gleichen bestimmten Verhältnis zueinander stehen, ohne Rücksicht auf die absolute Tonhöhe, als durch das gleiche Tonintervall voneinander unterschieden empfindet.

Untersucht man den einem Geräusch zugrunde liegenden physikalischen Vorgang, so findet man, daß eine Mischung sehr vieler einfacher Töne, zwischen deren Schwingungszahlen einfache zahlenmäßige Beziehungen nicht bestehen, stets einen geräuschartigen Eindruck macht, ebenso wie eine unregelmäßige Folge von Stößen unregelmäßigen Ablaufs. Der Unterschied zwischen Geräuschen und Tönen bzw. Klängen ist jedoch keineswegs scharf zu ziehen. Als Knall werden sehr kurze, nur aus einem Stoß, oder wenigen aufeinanderfolgende Druckschwankungen bestehende Wellen empfunden.

b) Fortpflanzungsgeschwindigkeit des Schalls, Messung von Wellenlängen stehender Wellen.

Erfahrungsgemäß sind außer Gasmassen auch Flüssigkeiten und feste Körper zur Weiterleitung der Schallwellen befähigt. In allen diesen Fällen handelt es sich um die gleiche Wellenart, d. h. um longitudinale Wellen; die Fortpflanzungsgeschwindigkeit des Schalls in den verschiedenen Medien ist jedoch sehr verschieden.

Es läßt sich auf Grund von Überlegungen, die die Bewegungen der einzelnen Teilchen bei der Fortpflanzung der Wellen, und die bei diesen Bewegungen auftretenden elastischen und Trägheits-Kräfte berücksichtigen, eine Differentialgleichung ansetzen, aus der sich die Fortpflanzungsgeschwindigkeit des Schalls als Funktion des Elastizitätsmoduls und der Dichte des Mediums ergibt, und zwar findet man die Schallgeschwindigkeit:

$$v = \sqrt{\frac{E}{\sigma}} \qquad \ldots \ldots \ldots \quad (100)$$

E = Elastizitätsmodul, σ = Dichte.

Gleichung (100) ist im Prinzip identisch mit der in Gleichung (94) angegebenen Formel für die Schwingungszahl der longitudinalen Grundschwingung eines an einem Ende eingeklemmten, am anderen Ende freien Stabes; dort wurde diese Schwingungszahl $N = \dfrac{1}{4\,l}\sqrt{\dfrac{E}{\sigma}}$ angegeben. Berücksichtigt man, daß die Länge des Stabes l, wenn man die Stabschwingung als longitudinale stehende Welle auffaßt, nichts anderes ist, als $^1/_4$ Wellenlänge, und daß nach Gleichung (96) $v = N\,\lambda$ ist, so folgt aus Gleichung (94) ohne weiteres die Gleichung (100).

Die Fortpflanzungsgeschwindigkeit des Schalls in Gasen findet man analog der für die Schwingungszahl einer an einem Ende offenen, am anderen Ende geschlossenen Rohre aufgestellten Gleichung (95).

$$v = \sqrt{\frac{p}{\sigma} \times \frac{c_p}{c_v}} \qquad \ldots \ldots \ldots \quad (101)$$

p = Druck, σ = Dichte.

$\dfrac{c_p}{c_v}$ ist das schon mehrfach erwähnte Verhältnis der spezifischen
Wärmen des Gases bei gleichem Druck und gleichem Volumen (s.
S. 91). Der Faktor $\dfrac{c_p}{c_v}$ ist der Ausdruck dafür, daß Schallphäno-
mene in Gasen adiabatisch vor sich gehen; da infolgedessen gleichzeitig mit der Kompression das Gas eine Erwärmung erfährt, ist der für
die Schallfortpflanzung maßgebende Elastizitätsmodul des Gases
höher, als sich aus seiner isothermen Kompressibilität ergibt, und
zwar um das $\dfrac{c_p}{c_v}$-fache.

Aus Gleichung (101) können einige wichtige Schlüsse gezogen
werden. Es folgt zunächst aus ihr, daß die Schallgeschwindigkeit
in Gasen unabhängig vom Druck ist, da nach dem Boyle-Mariotteschen Gesetz das Volumen umgekehrt proportional dem Druck ist;
der Wert der Dichte ist demnach umgekehrt proportional dem Druck,
und der Quotient $\dfrac{p}{\sigma}$ unabhängig von der Größe von p. Für die
Luftatmosphäre ist demnach die Schallgeschwindigkeit
unabhängig vom Barometerstand. Andererseits geht aus
Gleichung (101) hervor, daß die Schallgeschwindigkeit von der Temperatur abhängt, da das Volumen eines Gases bei konstantem Druck
nach dem Gay-Lussacschen Gesetz mit zunehmender Temperatur
steigt, die Dichte demnach mit zunehmender Temperatur abnimmt.
Will man die Unabhängigkeit der Schallgeschwindigkeit vom Druck
und ihre Abhängigkeit von der Temperatur in Gleichung (101) zum
Ausdruck bringen, so geht man am besten von der Dichte des Gases σ_0
unter einem Druck p_0 von 76 cm Hg oder $1{,}013 \times 10^6 \dfrac{\text{dyn}}{\text{cm}^2}$ bei einer
Temperatur von 0 Grad Celsius aus. Die Dichte des Gases bei einem
beliebigen Druck p und einer beliebigen Temperatur t ist dann:

$$\sigma = \sigma_0 \frac{p}{p_0\,(1 + a\,t)} \qquad \ldots \ldots \ldots \quad (102)$$

$a =$ Ausdehnungskoeffizient der Gase.

Gleichung (101) geht nach Einführung von Gleichung (102) über in:

$$v = \sqrt{\frac{p_0}{\sigma_0}\,(1 + a\,t)\,\frac{c_p}{c_v}} \qquad \ldots \ldots \ldots \quad (103)$$

Für Luft ist $\sigma_0 = 0{,}00129$. Führt man den Zahlenwert des Atmosphärendruckes und diesen Wert in Gleichung (103) ein, so findet
man für die Schallgeschwindigkeit in Luft:

$$v = \sqrt{7{,}85 \times 10^8\,(1 + a\,t)\,\frac{c_p}{c_v}} \qquad \ldots \ldots \quad (104)$$

Gleichung (104) kann, nachdem man sich davon überzeugt hat, daß
der von ihr angegebene Wert mit der beobachteten Schallgeschwindig-

keit im wesentlichen übereinstimmt, nun dazu dienen, auf dem Weg über die genaue Messung der Schallgeschwindigkeit den Wert $\dfrac{c_p}{c_v}$ zu bestimmen.

Außerdem sei noch darauf hingewiesen, daß man durch Bestimmung der Schallgeschwindigkeit in Flüssigkeiten bzw. festen Körpern nach Gleichung (100) zu einer Bestimmung der Kompressibilität bzw. des Elastizitätsmoduls gelangen kann.

Die genaue Messung der Schallgeschwindigkeit ist nach den verschiedensten Methoden möglich. Entsprechend der Wichtigkeit dieser Bestimmungen liegen zahlreiche experimentelle Messungen vor. Die in Luft gemessenen, auf 0 Grad reduzierten, Geschwindigkeiten weichen nicht sehr erheblich voneinander ab. Der mit den verschiedensten Bestimmungen am besten übereinstimmende Wert beträgt:

$$332 \ \frac{m}{sec} \ \text{oder} \ 33\,200 \ \frac{cm}{sec}.$$

Der Zahl 33 200 entspricht die schon früher angegebene Größe $\dfrac{c_p}{c_v} = 1{,}406$.

Von den Methoden der Messung der Schallgeschwindigkeit sei nur einiges erwähnt.

Zunächst kann die Schallgeschwindigkeit unmittelbar beobachtet werden, indem man an einer vom Aufenthaltsorte des Beobachters aus sichtbaren Stelle, durch eine sichtbare Maßnahme (z. B. das Anschlagen einer Glocke mit einem Hammer) einen Schall auslöst und die Zeit beobachtet, die vom Zeitpunkt der Beobachtung der Maßnahme bis zum Eintreffen des Schalles beim Beobachter verstreicht. Die Fortpflanzungsgeschwindigkeit ergibt sich aus einer solchen Beobachtung aus der Division der Entfernung des Beobachters vom Orte der Schallerzeugung durch die bestimmte Zeit. Der Zeitpunkt des Eintreffens eines Schalls an einem bestimmten Ort kann, durch graphische Registrierung einer durch die Schallwelle ausgelösten Schwingung eines schwingungsfähigen Körpers auf einer bewegten Schreibfläche, mit großer Genauigkeit bestimmt werden.

Die Messung der Fortpflanzungsgeschwindigkeit des Schalls in festen Körpern wird am sichersten durch Beobachtung der Schwingungszahl der longitudinalen Grundschwingung eines Stabes bekannter Länge gemessen. Wie erörtert ergibt sich dann die Schallgeschwindigkeit aus der Multiplikation der 4fachen freien Länge des Stabes mit der gefundenen Schwingungszahl.

Die letztere Art der Bestimmung der Schallgeschwindigkeit beruht auf der Messung von Schwingungszahl und Wellenlänge einer stehenden Welle. Auch in Luft kann man unter geeigneten Versuchsbedingungen die Wellenlängen stehender Wellen messen. Läßt man eine Welle in eine an einem Ende geschlossene Röhre eindringen, so bildet sich in der Röhre eine stehende Welle mit Knoten und Bäuchen aus. Befindet sich in der Röhre eine geringe Menge eines leichten Pulvers, so wird das Pulver von den Bewegungen der Luft mit in Bewegung versetzt; es kommt an den Wellenbäuchen zu einer sichtbaren Bewegung des Pulvers, während es an den Knoten in Ruhe bleibt. Nach dem Aufhören der Welle bleibt dann das Pulver in einer Anordnung liegen, die es gestattet, auch noch nachträglich den Ort der Knoten und Bäuche zu bestimmen; an den Knoten hat sich das Pulver angesammelt, an den Bäuchen ist es zerstreut. Das Erzeugen einer gut erkenntlichen stehenden Welle in der Röhre gelingt nur einwandfrei, wenn die Schwingungszahl der Welle übereinstimmt mit einer Oberschwingung der Grundschwingung der Röhre, d. h. für den Fall der Verwendung einer an einem Ende offenen Röhre dann, wenn die gesamte Röhrenlänge ein ungerades Vielfaches eines Viertels der Wellenlänge ist, für den Fall einer an beiden Enden offenen Röhre dann, wenn die gesamte Röhrenlänge ein ganzzahliges Vielfaches der halben Wellenlänge ist. Ist die Röhrenlänge veränderlich, indem z. B. der Abschluß durch einen verschieblichen Kolben bewirkt ist, so kann man durch Verschiebung des Kolbens während der Einwirkung der zu untersuchenden Welle, die Röhrenlänge feststellen, bei der eine eindeutige Ausbildung von Knoten und Bäuchen zustande kommt. Man bezeichnet solche Röhren als „Kundtsche“ Röhren. An einer mit einer Welle erregten Kundtschen Röhre kann man die Abstände der Knoten und Bäuche voneinander unmittelbar messen und so die Wellenlänge bestimmen. Nimmt man die Schallgeschwindigkeit als bekannt an, so kann man demnach eine Kundtsche Röhre zur Messung der Schwingungszahl einer Welle benutzen; ist die Schwingungszahl der Welle bestimmt, so dient sie zur Messung der Schallgeschwindigkeit. Wichtig ist bei diesen Versuchen, daß man nicht zu enge Röhren wählt, da in sehr engen Röhren die Schallgeschwindigkeit durch die Reibung der Luft an der Röhrenwand eine merkliche Veränderung erfährt.

c) Messung von Schwingungszahlen, Registrierung von Schallphänomenen.

Die Bestimmung der Schwingungszahl eines schwingenden Körpers kann unmittelbar durch graphische Registrierung erfolgen, indem man eine leichte Schreibspitze an einer Stelle des schwingenden Körpers anbringt, und diese Schreibspitze ihre Bewegungen auf einer mit bekannter Geschwindigkeit bewegten berußten Fläche aufzeichnen läßt. Verwendet man an Stelle der Schreibspitze einen kleinen Spiegel, so kann man von diesem einen Lichtstrahl reflektieren lassen, der die Bewegungen des Spiegels auf einer bewegten photographischen Platte aufschreibt. Die durch solche graphische Registrierungen gewonnenen Kurven geben nicht nur über die Schwingungszahl einer einfachen Schwingung, sondern bei komplizierteren Schwingungsvorgängen über alle Einzelheiten des Schwingungsvorgangs Auskunft.

Es gelingt auch die Form einer Schallwelle durch graphische Registrierung zu bestimmen, indem man einen schwingungsfähigen Körper, so z. B. eine Membran oder eine Platte dem Einfluß der Welle aussetzt, und die entstehenden Bewegungen der Membran oder Platte mechanisch oder photographisch registriert. Man muß nur dafür Sorge tragen, daß der Eigenton der Membran oder Platte möglichst hoch ist, da die Bewegungen eines schwingungsfähigen Körpers nur dann einer einwirkenden periodischen Kraft richtig folgen, wenn die Schwingungszahl des schwingenden Körpers merklich höher ist, als die Schwingungszahlen aller in der periodischen Krafteinwirkung vorkommenden Schwingungen.

Weitverbreitete Apparate, die zur graphischen Registrierung von Schallwellen dienen, sind der Phonograph und das Grammophon, bei welchen die Bewegungen einer schwingungsfähigen Platte unter dem Einfluß von Schallwellen, durch Vermittlung eines mit einer Spitze versehenen Hebels, auf einer aus weichem Material bestehenden bewegten Fläche eingeritzt werden. Läßt man später den Stift in der von ihm unter der Einwirkung eines Schallphänomens geschriebenen Rinne schleifen, während sich die Fläche mit gleicher Geschwindigkeit, wie bei der Aufnahme bewegt, so führt der Stift und damit die Schallplatte ähnliche Bewegungen aus, wie sie unter dem Einfluß der Schallwelle ausgeführt wurden. Die Platte erzeugt infolgedessen nun ihrerseits eine Schallwelle, die im wesentlichen mit der früher aufgezeichneten übereinstimmt, d. h. der Apparat kann die aufgenommene Schallwelle reproduzieren. Meist wird die in weichem Material hergestellte Aufnahme nicht unmittelbar zur Reproduktion des Schallphänomens verwandt, sondern eine Kopie der Originalaufnahme in härterem Material hergestellt und diese zur Schallreproduktion benutzt.

Die optische Registrierung der Bewegungen schallregistrierender Platten und Membranen mittels kleiner auf die Platten oder Membranen aufgeklebter Spiegel findet vor allem zu wissenschaftlichen Untersuchungen über die Form bestimmter Schallwellen Verwendung.

d) Musikinstrumente, Schwebungen bei Tönen, Resonanzerscheinungen, Dopplereffekt.

Um bestimmte einfache Töne herzustellen, benutzt man schwingende Stäbe in der Form der sog. Stimmgabeln. Eine Stimmgabel besteht aus einem U-förmig gebogenen Metallstab etwa von der in Abb. 75 skizzierten Form, der auf einem Stiel befestigt ist. Angeschlagen führt eine Stimmgabel transversale Schwingungen zwischen Grenzlagen etwa der Form, wie sie in der Abbildung punktiert eingetragen sind, aus; an den Stellen K_1 und K_2 bilden sich Knoten, an den Enden der Zinken und zwischen den beiden Knoten auf dem gebogenen Teil entstehen Bäuche; der Stiel der Stimmgabel bewegt sich daher bei den Schwingungen im ganzen in seiner Längsrichtung. Die Schwingungszahl einer Stimmgabel ist, wie die der Transversalschwingungen eines Stabes, von der Dicke und Länge der Stäbe abhängig. Stimmgabelschwingungen entsprechen im allgemeinen reinen, nur schwach gedämpften Sinusschwingungen; Obertöne kommen so gut wie nicht zur Beobachtung. Der von einer frei in der Hand gehaltenen Stimmgabel nach dem Anschlagen gelieferte Ton ist ziemlich leise; setzt man den Stiel auf einen schwingungsfähigen Körper, z. B. eine Holzplatte auf, so wird der Ton merklich lauter. Koppelt man die Stimmgabel mit dem Stiel an einen schwingungsfähigen Körper, dessen Eigenschwingungszahl mit der der Stimmgabel übereinstimmt, so ist die Verstärkung des Stimmgabeltons besonders auffällig (Resonanzerscheinung). Man benutzt diese Tatsache zur Erzeugung lauter Stimmgabeltöne, indem man Stimmgabeln auf Holzkästen mit gleichem Eigenton befestigt (Resonanzkasten).

Abb. 75.
Stimmgabel.

Zahlreiche Musikinstrumente besitzen schwingende Saiten zur Tonerzeugung. Die Saiten werden durch Anschlagen, Streichen oder Zupfen in Schwingungen versetzt. Die Tonhöhe wird durch geeignete Bemessung der Spannung auf die gewünschte Höhe gebracht; verschiedene Tonhöhen können von den gleichen Saiten geliefert werden, wenn man bei unveränderter Spannung die Länge der Saiten ändert. Saiten, die besonders tiefe Töne hervorbringen sollen, werden häufig zur Vermehrung der Masse mit Metalldraht umsponnen. Bei allen Saiteninstrumenten schwingen die Saiten, je nach dem Ort und der Methode der Erregung der Schwingungen, in ihren Grundtönen und mehreren Obertönen. Die für ein bestimmtes Instrument charakteristische Klangfarbe ist vor allem durch die Zahl und relative Stärke der gleichzeitig mit dem Grundton schwingenden Obertöne bedingt.

Von den zahlreichen Blasinstrumenten, bei denen Luftsäulen bestimmter Eigenschwingungszahl in Schwingungen versetzt werden, sind die Orgelpfeifen von besonderem Interesse, da es sich bei ihnen um einfache zylindrische Luftsäulen handelt, deren Tonhöhe aus der Länge der Pfeife und der Schallgeschwindigkeit angegeben werden kann. Die Konstruktion der Orgelpfeifen (Lippenpfeifen) ist grundsätzlich einfach; sie bestehen aus zylindrischen Röhren oder Röhren quadratischen Querschnitts, die am oberen Ende entweder offen (offene Pfeifen) oder geschlossen (gedackte Pfeifen) sind. Am unteren Ende befindet sich die Anblasevorrichtung, die aus einem Spalt besteht, durch den ein Luftstrom auf eine scharfe Kante der frei endenden Röhrenwand geblasen wird in der Art, wie es in Abb. 76, die eine offene und eine gedeckte Pfeife darstellt, skizziert ist.

Das Entstehen von Schwingungen der in der Röhre befindlichen Luftsäule unter dem Einfluß des Luftstroms kann man sich vorstellen, wenn man annimmt, daß zunächst ein Teil des Luftstroms in die Pfeife eindringt und dort eine Druckzunahme hervorruft; unter dem Einfluß dieser Druckzunahme wird der Luftstrom nach außen ab-

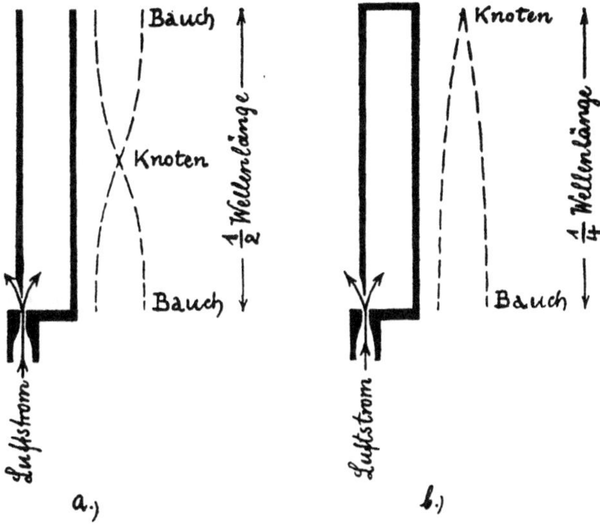

Abb. 76. Offene und gedackte Pfeife und Wellenbilder der in diesen Pfeifen entstehenden stehenden Wellen.

gelenkt; hierdurch entsteht in der Pfeife eine Druckverminderung, die ein neues Umschlagen des Luftstroms nach dem Innern der Pfeife auslöst. Der Luftstrom schlägt daher abwechselnd nach innen und außen um, etwa zwischen den beiden mit Pfeilspitzen ausgezeichneten Grenzlagen in Abb. 76. Der Rhythmus des Hin- und Hergangs des Luftstroms ist bedingt durch die Eigenschwingungszahl der Luftsäule in der Pfeife. In der Pfeife entsteht am unteren Ende, an dem das Anblasen erfolgt, ein Wellenbauch; ist die Pfeife am oberen Ende offen, so bildet sich an diesem Ende ebenfalls ein Bauch aus; in der Mitte der Pfeife muß daher ein Knoten auftreten, d. h. es entsteht das Wellenbild der Abb. 76a, die Pfeife enthält demnach $^{1}/_{2}$ Wellenlänge der stehenden Welle; ihre Tonhöhe N ergibt sich aus der Schallgeschwindigkeit v und der Länge der Pfeife l:

$$N = \frac{v}{2\,l} \quad . \quad . \quad . \quad . \quad . \quad . \quad . \quad . \quad (105)$$

Ist die Pfeife am oberen Ende geschlossen, so entsteht dort ein
Knoten. Da am unteren Ende auch in diesem Fall ein Bauch ent-
steht, enthält die gedeckte Pfeife $^1/_4$ Wellenlänge der stehenden
Welle entsprechend Abb. 76b. Ihre Tonhöhe ist:

$$N = \frac{v}{4l} \quad \ldots \ldots \ldots \ldots \quad (106)$$

d. h. die gedackte Pfeife gibt einen um eine Oktave tiefer liegenden
Ton, als die gleichlange offene.

Resonanzerscheinungen können bei Tönen leicht und deutlich
beobachtet werden. Befindet sich z. B. in der Nähe einer schwingenden
Saite eine andere, die auf den gleichen Ton abgestimmt ist, so erregt
der von der ersten erzeugte Ton deutlich die zweite zu Mitschwingungen. Eine Stimmgabel in der Nähe eines auf den gleichen Ton
abgestimmten kugelförmigen Luftraums (Kugelresonator) bewirkt ein
lautes Mittönen des Resonators.

Schwebungen in der Form eines periodischen An- und Abschwellens
eines Tons werden beim gleichzeitigen Erklingen zweier nahezu gleich-
hoher Töne sehr ausgesprochen beobachtet. Man benutzt das Auftreten von Schwebungen zum Erzeugen „tremolierender" Orgeln,
indem man bei solchen Instrumenten stets gleichzeitig zwei nahezu
gleich gestimmte Orgelpfeifen anbläst.

Das sog. Königsche Resonanzphänomen gibt, wie schon erwähnt,
darüber Auskunft, daß es sich bei allen Resonanzerscheinungen, die
von frei schwingenden Körpern ausgelöst werden, um die Schwingungen gekoppelter Systeme handelt. Man beobachtet nämlich,
wenn man einen Luftresonator veränderlichen Eigentons (Röhre,
deren Länge durch Verschieben eines Stempels verändert werden kann)
durch eine Stimmgabel anregt und den Eigenton des Resonators
allmählich, von einem weit unterhalb des Stimmgabeltons liegenden
Ton ausgehend, steigert, daß zunächst die Stimmgabel ihren Eigenton angibt; steigt jedoch der Ton des Resonators bis in die Nähe des
Stimmgabeltons, so erfährt der von der Stimmgabel erzeugte Ton eine
Erhöhung, die bei weiterer Annäherung des Resonatortons immer
größer wird, um dann, wenn der Resonatorton den Stimmton der
Stimmgabel überschreitet, ziemlich plötzlich in einen tiefer als der
eigentliche Stimmton liegenden Ton umzuschlagen. Die Tonhöhe
des Resonators beeinflußt also den Ton der Stimmgabel, d. h. es handelt
sich bei der ganzen Erscheinung um die freien Schwingungen eines
gekoppelten Systems, dessen Schwingungszahlen von den Konstanten
des ganzen Systems abhängig ist.

Weiterhin läßt sich bei Schallwellen, infolge der relativ geringen
Schallgeschwindigkeit, der Dopplereffekt (s. S. 137) leicht beobachten.
Bewegt man sich z. B. mit mäßiger Geschwindigkeit (Eisenbahn,
Automobil) auf eine Schallquelle zu, an ihr vorbei und entfernt sich

wieder von ihr, so beobachtet man ein deutliches Umschlagen der Tonhöhe des Schalls von einem höheren Ton auf einen tieferen beim Passieren der Schallquelle. Der Wechsel in der Tonhöhe ist um so größer, je größer die Geschwindigkeit ist, mit der man sich fortbewegt. Die Änderung der Tonhöhe ist durch Dopplereffekt hervorgebracht; bei der Annäherung an die Schallquelle ist die Relativbewegung des Beobachters zur Schallquelle der Richtung der Schallfortpflanzung entgegengerichtet, der Ton demnach erhöht, bei der Entfernung von der Schallquelle erfolgt die Relativbewegung in der Richtung der Fortpflanzung des Schalls, der Ton ist demnach durch Dopplereffekt erniedrigt.

e) Physiologische Akustik.

Außer den erwähnten Leistungen des menschlichen Ohrs, das uns Empfindungen vermittelt, die es gestatten, Geräusche und Klänge wahrzunehmen und Tonhöhe, Tonstärke und Klangfarbe verschiedener Töne zu unterscheiden, besitzt das Gehörorgan noch andere Fähigkeiten, auf Grund deren es uns möglich ist, Vermutungen über seine physikalische Einrichtung anzustellen. Die physikalischen Vorgänge, die zu den erwähnten Empfindungen führen, wurden in den vorhergehenden Kapiteln besprochen. Weiterhin besitzen wir die vor allem zu erwähnende Fähigkeit, einen aus zahlreichen einfachen Tönen zusammengesetzten Klang zu analysieren, d. h. wir können, bei einiger Übung sogar mit sehr großer Genauigkeit, angeben, aus welchen Tönen ein Klang zusammengesetzt ist. Ein Apparat, der eine objektive Analyse eines Klanges ermöglicht, besteht aus einer Reihe von Resonatoren, die auf eine kontinuierliche Reihe von Tonhöhen abgestimmt sind. Wirkt auf eine solche Resonatorenreihe ein Tongemisch, so werden vor allem die Resonatoren ansprechen, deren Eigentöne mit den in dem Tongemisch vorhandenen Tönen übereinstimmen. Durch Feststellen der auf ein Tongemisch ansprechenden Resonatoren ist demnach eine Analyse des Tongemisches möglich. Da eine solche Reihe von Resonatoren auch die anderen vom Gehörorgan vollbrachten Leistungen objektiv nachzuahmen gestattet, indem die Stärke des Ansprechens eines bestimmten Resonators ein Maß für die Lautstärke des betreffenden Tons, und der Bereich, in dem die Feststellungen von Tonhöhe und Tonstärke möglich ist, durch die Eigentöne der auf den höchsten und tiefsten Ton abgestimmten Resonatoren bestimmt ist (obere und untere Hörgrenze), so liegt es nahe, im Ohr nach einer Reihe von Resonatoren zu suchen.

Die anatomische Untersuchung zeigt nun, daß das Ohr aus verschiedenen Abschnitten besteht, dem äußeren, mittleren und inneren Ohr, von denen die beiden ersten, wie aus ihrer Konstruktion hervorgeht, dazu dienen, unter dem Einfluß von Schallwellen in Schwingungen zu geraten und diese Schwingungen auf das innere Ohr zu übertragen. Das innere Ohr oder Labyrinth ist, wie aus den verschiedensten Beobachtungen hervorgeht, der Ort, an dem die Schwingungen Nervenerregungen auslösen, deren Übermittlung an das Gehirn die Schallwahrnehmung veranlassen.

Ein schematisches Bild des gesamten Gehörorgans zeigt Abb. 77. Der äußere Gehörgang ist abgeschlossen durch eine dünne Membran, das Trommelfell, in die der Stiel eines hammerförmigen Knöchelchens eingewachsen ist; mit dem freien Kopf steht dieses Knöchelchen mit einem zweiten, dem sog. Amboß in gelenkiger Verbindung, dieses wiederum mit einem dritten Knöchelchen, dem Steigbügel. Der Steigbügel ist mit einer ovalen Platte in eine Öffnung des Labyrinthes beweglich eingelassen. Sämtliche Knöchelchen sind durch Bänder elastisch untereinander und mit der knöchernen Wand verbunden; sie liegen gemeinsam in einem luftgefüllten Raum, der Paukenhöhle, die durch die Tuba Eustachii mit dem Munde in Verbindung steht. Das Labyrinth besteht aus der Schnecke und den halbkreisförmigen Bogengängen. Die Bogengänge haben eine mit den Gehörwahrnehmungen nicht in unmittelbarer Verbindung

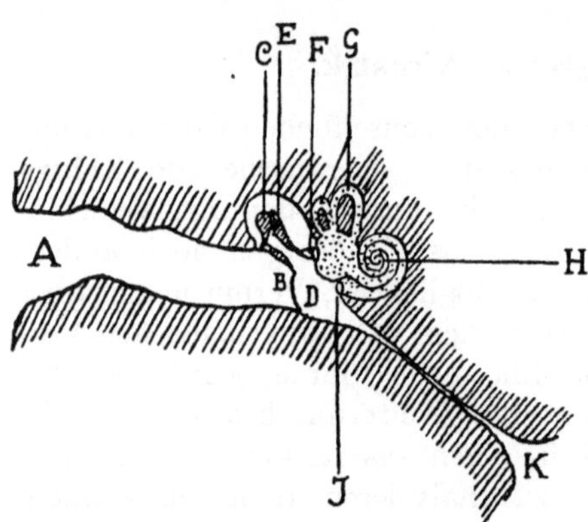

Abb. 77. Schematische Darstellung des Gehörorgans.

A = Äußerer Gehörgang.　F = Steigbügel.
B = Trommelfell.　　　　G = Bogengänge.
C = Hammer.　　　　　　H = Schnecke.
D = Paukenhöhle.　　　　J = Rundes Fenster.
E = Amboß.　　　　　　　K = Tuba Eustachi.

stehende Funktion, die der Erhaltung des Körpergleichgewichtes dient; sie können daher bei der Diskussion des Gehörorgans unberücksichtigt bleiben. Die Schnecke ist ein schneckenförmig aufgewundener, mit Flüssigkeit gefüllter Kanal, der seiner ganzen Länge nach durch eine membranöse Scheidewand in zwei Hälften geteilt ist. Die dadurch entstehenden zwei Kanäle sind am unteren Ende gegen die Paukenhöhle abgeschlossen, und zwar der eine durch die Steigbügelplatte, der andere durch eine Membran im sog. runden Fenster; an der Spitze der Schnecke stehen die beiden Kanäle durch ein kleines Loch in der Scheidewand miteinander in Verbindung.

Das System Trommelfell-Gehörknöchelchen-Schnecke ist im ganzen ein schwingungsfähiges System mehrerer Freiheitsgrade, dessen tiefste Schwingungszahl etwa in der Höhe von 1000 Schwingungen pro Sekunde liegt. Die höheren Schwingungszahlen des Systems treten gegenüber der tiefsten Schwingungszahl stark in den Hintergrund. Sämtliche Eigenschwingungen des Ohrs sind stark gedämpft, jedoch nicht aperiodisch; angestoßen führt das Gesamtsystem 2 bis 3 Schwingungen um die Gleichgewichtslage aus, bei denen die Amplituden bis zu 0 abnehmen. Unter dem Einfluß von Schallwellen, die in den äußeren Gehörgang eintreten, gerät das ganze System in Mitschwingungen, die ebenso, wie die durch einmaligen Anstoß ausgelösten Eigenschwingungen, am frischen Leichenohr und am Ohr des lebenden Menschen mittels kleiner auf die Gehörknöchelchen oder auf das Trommelfell aufgeklebter Spiegelchen beobachtet und graphisch registriert werden können.

Die Stärke der Mitschwingungen des Ohrs ist wie bei jedem anderen mechanischen System abhängig von dem Verhältnis der Schwingungszahlen der einwirkenden Welle zu den Eigenschwingungszahlen des Systems; man kann die Amplituden der Mitschwingungen des Ohrs als Funktion der Schwingungszahl der einwirkenden Töne ebenso wie für jedes andere System in Form eine Resonanzkurve angeben. Die Form der Resonanzkurve ist in erheblichem Maße die Ursache für die verschiedene Empfindlichkeit des Ohrs für Töne verschiedener Tonhöhe.

Beim Fehlen des Trommelfells und der Gehörknöchelchen, Hammer und Amboß erlischt die Gehörwahrnehmung keineswegs vollständig, sondern es bleibt vor allem die Wahrnehmung der höheren Töne erhalten; es können demnach die für die Gehörwahrnehmungen ausschlaggebenden Schwingungen im Innern des Labyrinths auch auf anderem Weg, als durch Übertragung der Schwingungen des Trommelfells durch die Gehörknöchelchen, angeregt werden; es geschieht diese Anregung vor allem durch unmittelbare Übertragung der Schallwellen auf die Knochen des Schädels, die ihrerseits die Schwingungen des Labyrinthwassers veranlassen.

Die im Innern des Ohrs als vorhanden vermutete Resonatorenreihe muß in der Schnecke gesucht werden. Der Ort, an dem die schallwahrnehmenden Nerven erregt werden, ist, wie aus anatomischen und physiologischen Versuchen hervorgeht, die Scheidewand zwischen den beiden Schneckenkanälen, die in ihrem Innern wiederum einen Kanal besitzt, in welchem ein kompliziertes Organ vorhanden ist, dessen Einrichtung die Auslösung von Nervenerregung durch schwingende Bewegungen der Scheidewand verständlich erscheinen läßt. Die ganze Scheidewand gerät beim Vorhandensein von Schwingungen im Labyrinthwasser in Mitschwingungen. Man kann sich sehr wohl vorstellen, daß die verschiedenen Teile der Scheidewand auf verschiedene Töne resonieren, und demnach bei einer bestimmten Tonhöhe eines einwirkenden Tons vor allem ein bestimmtes örtlich begrenztes Stück der Scheidewand, dessen Lage durch die Tonhöhe gegeben ist, in Mitschwingungen gerät und die dort gelegenen Nervenenden in Erregung versetzt. Untersuchungen an Tieren und Menschen haben gezeigt, daß die Wahrnehmung der tiefen Töne an die Spitze der Schnecke, die der hohen Töne an die Basis der Schnecke verlegt werden muß; es bestehen demnach auch Anhaltspunkte für die örtliche Verteilung der Resonatoren in der Schnecke.

Zum Schluß diesen Kapitels sei noch auf die eigenartige Erscheinung der Kombinationstöne hingewiesen.

Erklingen gleichzeitig zwei Töne, deren Schwingungszahlen um eine Zahl differieren, die merklich über der unteren Tongrenze liegt, so wird gleichzeitig mit den beiden Primärtönen ein Ton gehört, dessen Tonhöhe einer Schwingungszahl gleich der Differenz der Schwingungszahl der beiden Primärtöne entspricht; bei guter Aufmerksamkeit hört man außerdem noch einen weiteren Ton, dessen Tonhöhe einer Schwingungszahl gleich der Summe der Schwingungszahlen der Primärtöne entspricht. Man bezeichnet diese Töne als den „Differenzton" und den „Summationston", gemeinsam als „Kombinationstöne". Durch analytische Betrachtungen und Versuche konnte gezeigt werden, daß diese Töne keine subjektiven Wahrnehmungen sind, sondern bei der Erregung von Mitschwingungen eines schwingungsfähigen Körpers durch zwei Töne, unter bestimmten physikalischen Bedingungen, objektiv entstehen. Die notwendigen physikalischen Bedingungen sind bei vielen schwingungsfähigen Körpern und im Ohr verwirklicht, so daß Kombinationstöne sowohl außerhalb des Ohrs, als auch im Ohr entstehen können. Entstehen die Kombinationstöne schon außerhalb des Ohrs, d. h. sind sie bereits in der dem Ohr zugeleiteten Schallwelle objektiv vorhanden, so werden sie als „objektiv", entstehen sie erst im Ohr, so werden sie als „subjektiv" bezeichnet.

III. Abschnitt: Fortpflanzung, Reflexion und Brechung des Lichts.

1. Kapitel: Reflexion des Lichts.

a) Geradlinige Fortpflanzung des Lichts.

Licht nennt man ursprünglich die vom menschlichen Auge wahrgenommene Naturerscheinung. Erst in neuerer Zeit, nachdem erkannt wurde, daß das sichtbare Licht nur ein kleiner Teil einer großen Reihe physikalisch gleichartiger Vorgänge ist, wurde diese Definition verwischt und auch nicht sichtbare Strahlen als Licht bezeichnet.

Eine große Zahl der optischen Erscheinungen wird zweckmäßig beschrieben unter der Voraussetzung geradliniger Fortpflanzung des

Lichtes; man beobachtet nämlich, daß in einem homogenen Medium Licht auf geraden Linien, den Lichtstrahlen, fortschreitet. Lichtstrahlen gehen von jedem leuchtenden Punkt und von jedem Punkt eines sichtbaren Körpers aus, und zwar unter gleichen Bedingungen gleichartig nach allen Seiten; sie sind die physikalische Ursache der Sichtbarkeit eines Körpers. Beobachtet werden stets Bündel von Lichtstrahlen. Man unterscheidet parallele, konvergierende und divergierende Strahlenbündel; in einem parallelen Bündel laufen die Lichtstrahlen alle einander parallel; ein divergierendes Bündel entsteht, wenn Strahlen von einem Punkte tatsächlich oder scheinbar ausgehen, von einem konvergierenden Bündel spricht man, wenn sämtliche Strahlen des Bündels nach einem Punkte hin gerichtet sind. Divergierende und konvergierende Bündel unterscheiden sich nach der Definition nur durch die Richtung, die den Strahlen zugeschrieben wird, und zwar wird als Richtung der Lichtstrahlen die von der Lichtquelle weg führende bezeichnet. Konvergierende und divergierende Bündel werden häufig gemeinsam mit dem Namen homozentrische Bündel benannt.

b) Entstehen von Bildern, ebene Spiegel.

Treffen Lichtstrahlen, die in einem beliebigen Medium bestehen, auf die glatte Grenzfläche eines anderen Mediums, so werden sie vollständig oder teilweise reflektiert, d. h. sie dringen entweder gar nicht oder nur zum Teil in das neue Medium ein, während die in dem ursprünglichen Medium verbleibenden Lichtstrahlen eine Richtungsänderung erfahren. Die Richtungsänderung der Strahlen bei der Reflexion wird am besten in Beziehung zum Einfallslot, d. h. einer an der Stelle des Auftreffens der Lichtstrahlen auf der reflektierenden Fläche errichteten Senkrechten gebracht. Einfallslot und einfallender Strahl definieren gemeinsam eine Ebene, die Einfallsebene, die nur für den Fall senkrechten Auftreffens des Lichtstrahls in eine gerade Linie übergeht, die mit dem Einfallslot übereinstimmt. Das Gesetz der Reflexion lautet: Der reflektierte Lichtstrahl liegt in der Einfallsebene und bildet mit dem Einfallslot denselben Winkel, wie der einfallende Strahl. Der Winkel zwischen dem einfallenden Strahl und dem Einfallslot heißt der „Einfallswinkel", der zwischen dem Einfallslot und dem ausfallenden Strahl der „Ausfallswinkel" oder „Reflexionswinkel".

Abb. 78 zeigt die Reflexion eines von einem Lichtpunkt L ausgehenden divergierenden Strahlenbündels an einer ebenen Fläche S; es ist dabei nur der Verlauf zweier in der Ebene der Zeichnung liegender Strahlen $L A$ und $L A_1$ gezeichnet. Die beiden Strahlen werden nach dem Reflexionsgesetz so reflektiert, daß $a = a_1$ und $\beta = \beta_1$ ist; nach der Reflexion haben die Strahlen demnach die

Richtungen AR und $A_1 R_1$. Verlängert man AR und $A_1 R_1$ über die reflektierende Ebene hinaus, so schneiden sie sich im Punkte L_1. L_1 liegt auf der von L auf S gefällten und über S hinaus verlängerten Senkrechten ebenso weit hinter S, wie L vor S liegt. Von jedem beliebigen Strahl des von L ausgehenden Bündels läßt sich zeigen, daß er nach der Reflexion eine Richtung besitzt, deren Verlängerung durch L_1 geht; beobachtet man daher das reflektierte Bündel im ganzen, so ist sein Verlauf mit dem eines Bündels identisch, das vom Punkte L_1 ausgeht; ein Beobachter, der sich vor der reflektierenden Fläche in dem reflektierten Strahlenbündel befindet und in der Richtung nach L_1 sieht, beobachtet dort einen leuchtenden Punkt. Man bezeichnet den scheinbar in L_1 vorhandenen leuchtenden Punkt als ein Bild des leuchtenden Punktes L, und zwar als ein „virtuelles" Bild. Ganz allgemein kann man in Analogie zu dem beschriebenen Fall aussagen, daß virtuelle Bilder eines Punktes an allen Stellen ent-

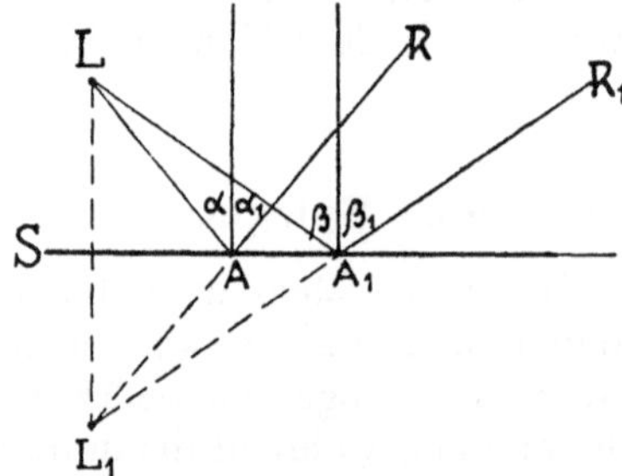

Abb. 78. Reflexion an einer ebenen Fläche.

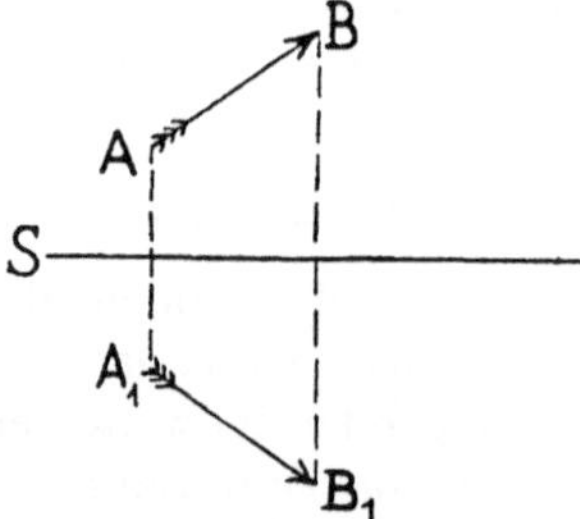

Abb. 79. Von einem ebenen Spiegel entworfenes Bild eines Gegenstandes.

stehen, an denen sich die von dem Punkt ausgehenden Strahlen wiederum zu schneiden scheinen; später werden Maßnahmen besprochen, durch die es gelingt, die Richtung der von einem Punkt ausgehenden Strahlen so zu beeinflussen, daß sie sich tatsächlich wieder in einem Punkte schneiden; dieser Schnittpunkt verhält sich bezüglich der von ihm ausgehenden Strahlen ebenso wie ein leuchtender Punkt. Einen solchen tatsächlichen Schnittpunkt von Strahlen nennt man ebenfalls ein Bild des ursprünglichen Punktes, jedoch im Gegensatz zu dem vorher beschriebenen virtuellen ein „reelles" Bild. Eine reflektierende Fläche ist ein Spiegel. Befindet sich vor dem Spiegel ein sichtbarer Gegenstand, so kann man diesen Gegenstand als eine große Anzahl leuchtender Punkte ansehen und für jeden Punkt das durch die Reflexion entstehende Bild konstruieren; man erhält dann ein virtuelles Bild des ganzen Gegenstandes. Das Bild scheint in gleicher Entfernung hinter der Spiegelfläche zu liegen, wie der Gegenstand vor derselben. Die Konstruktion eines von einem ebenen

Spiegel entworfenen Bildes ist in Abb. 79 durchgeführt; wie ersichtlich ist das Bild ebenso groß wie der Gegenstand. Die Lagen des Gegenstandes und des von ihm entworfenen virtuellen Bildes sind relativ zur Spiegelebene symmetrisch.

Außerdem sei noch darauf hingewiesen, daß bei der Reflexion an einem ebenen Spiegel aus einem parallelen Strahlenbündel, wie sich ohne weiteres aus der Konstruktion ergibt, nach der Reflexion ebenfalls ein paralleles Strahlenbündel entsteht.

Praktisch sämtliche einfallende Lichtstrahlen reflektierende Spiegel sind polierte Metallflächen und mit Metall belegte glatte Glasflächen.

c) Kugelspiegel.

Bei verschiedenen optischen Versuchen und Instrumenten werden spiegelnde Kugelflächen benutzt. Art, Größe und Ort der von Kugelspiegeln entworfenen Bilder lassen sich auf Grund des Reflexionsgesetzes theoretisch ableiten, wenn man in Übereinstimmung mit der Beobachtung annimmt, daß die Reflexion eines auf einen bestimmten Punkt einer Kugelfläche auffallenden Strahls ebenso erfolgt, wie an einer die Kugelfläche in diesem Punkte tangierenden Ebene, d. h. bezüglich

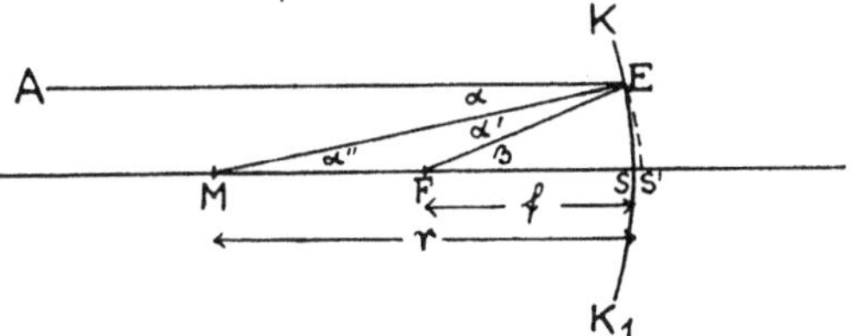

Abb. 80. Brennpunkt eines Hohlspiegels.

des am Einfallspunkt auf der Kugelfläche errichteten Einfallslotes dem Gesetz Einfallswinkel = Reflexionswinkel folgt.

Kugelspiegel sind Kugelkalotten; ist die konkave Innenseite der Kalotte die spiegelnde Fläche, so nennt man den Spiegel einen „Konkav-" oder „Hohl-Spiegel", wird die äußere konvexe Seite der Kalotte als Spiegel verwandt, so spricht man von einem „Konvex-Spiegel". Weiterhin sei angenommen, daß die benutzten Spiegelflächen stets nur einen kleinen Teil der zugehörigen Kugel ausmachen, und daß die Einfallswinkel der Lichtstrahlen stets klein sind; unter diesen Voraussetzungen ergeben sich für die Leistungen der Kugelspiegel einfache Regeln.

In Abb. 80 sei $K\,K_1$ der Durchschnitt durch einen Konkavspiegel; M sei der Mittelpunkt der Kugelkalotte oder der „Krümmungsmittelpunkt". Die Verbindungslinie von M mit dem Mittelpunkt S des Hohlspiegels, der als Scheitel des Spiegels bezeichnet sei, wird die „Achse" des Spiegels genannt.

Zunächst sei der Verlauf, den ein parallel mit der Achse auf den Spiegel fallender Strahl nach der Reflexion nimmt, konstruiert. Das Einfallslot für den einfallenden Strahl A E ist die in E auf der Kugelfläche errichtete Senkrechte, d. h. der von E nach dem Krümmungsmittelpunkt gezogene Radius. Die Verbindungslinie E M bildet mit der Achse den Winkel α''. Nach dem Reflexionsgesetz wird A E so reflektiert, daß $\alpha = \alpha'$ ist. Der reflektierte Strahl schneidet die Achse bei F und bildet mit ihr den Winkel β; α'' ist gleich α; der Winkel β ist als Außenwinkel am Dreieck M E F gleich der Summe der gegenüberliegenden Innenwinkel, demnach:

$$\beta = 2\,\alpha \quad . \quad . \quad . \quad . \quad . \quad . \quad . \quad . \quad (107)$$

Die Größe eines Winkels ist gleich dem zugehörigen Kreisbogen dividiert durch den Radius, d. h. $\alpha'' = \dfrac{E\,S}{r}$, $\beta = \dfrac{E\,S'}{F\,S'}$ (E S' ist der um F mit F E als Radius beschriebene Kreisbogen). Demnach nach Gleichung (107):

$$\frac{E\,S'}{F\,S'} = 2\,\frac{E\,S}{r} \quad . \quad . \quad . \quad . \quad . \quad . \quad (108)$$

Handelt es sich bei dem Hohlspiegel um einen kleinen Teil der ganzen Kugel, so sind die Winkel α und β klein, E S nahezu gleich E S' und F S nahezu gleich F S'. Nimmt man die nahezu einander gleichen Werte als einander gleich an, so ergibt sich aus Gleichung (108):

$$\frac{1}{F\,S} = \frac{1}{f} = \frac{2}{r}$$

$$\text{oder:} \quad f = \frac{r}{2} \quad . \quad . \quad . \quad . \quad . \quad . \quad (109)$$

d. h. der reflektierte Strahl schneidet die Achse in einem Punkt F, der in der Mitte zwischen dem Krümmungsmittelpunkt und dem Scheitel des Hohlspiegels liegt. Jeder andere parallel mit der Achse einfallende Strahl geht durch den gleichen Punkt F, d. h. aus dem parallelen Lichtbündel, das in der Richtung der Achse auf den Spiegel fällt, wird ein nach dem Punkt F konvergierendes. Man nennt den Punkt F den Brennpunkt, die Länge f die Brennweite des Spiegels.

Konstruiert man den Verlauf eines von einem Punkt A auf der Achse des Hohlspiegels ausgehenden Lichtstrahls, so erhält man das Bild der Abb. 81. Ein beliebiger von A ausgehender Strahl wird so reflektiert, daß er die Achse in einem Punkt B schneidet. Aus einfachen geometrischen Regeln folgt:

$$\gamma = \alpha + \beta$$
$$\delta = \alpha + \gamma$$

durch Subtraktion: $\delta - \gamma = \gamma - \beta$ oder $\beta + \delta = 2\,\gamma$. (110)

Unter den gleichen Voraussetzungen wie vorher ist $\beta = \dfrac{E\,S}{a}$; $\delta = \dfrac{E\,S}{b}$ und $\gamma = \dfrac{E\,S}{r}$, demnach aus Gleichung (110):

$$\frac{1}{a} + \frac{1}{b} = \frac{2}{r}$$

oder da nach Gleichung (109) $\dfrac{2}{r} = \dfrac{1}{f}$ ist:

$$\frac{1}{a} + \frac{1}{b} = \frac{1}{f} \quad \ldots \ldots \ldots \quad (111)$$

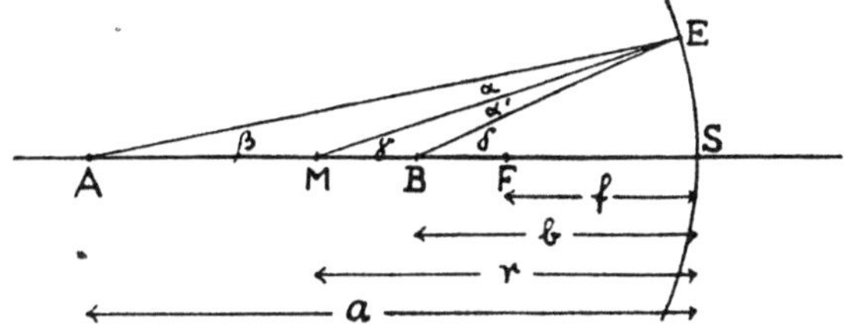

Abb. 81. Abbildung eines Punktes durch einen Hohlspiegel.

Jeder beliebige andere Strahl, der von A ausgehend von dem Hohlspiegel reflektiert wird, geht in gleicher Weise durch den Punkt B,
d. h. in B entsteht ein reelles Bild des Punktes A. Für einen in der
Nähe von A seitwärts der Achse liegenden Punkt läßt sich durch
Konstruktion zeigen, daß von ihm ein reelles Bild in der Nähe von B
entsteht. Von einem bei A befindlichen Gegenstand entsteht demnach ein reelles Bild in der Nähe von B. Lage und Größe dieses
Bildes läßt sich konstruktiv ermitteln und formell angeben.

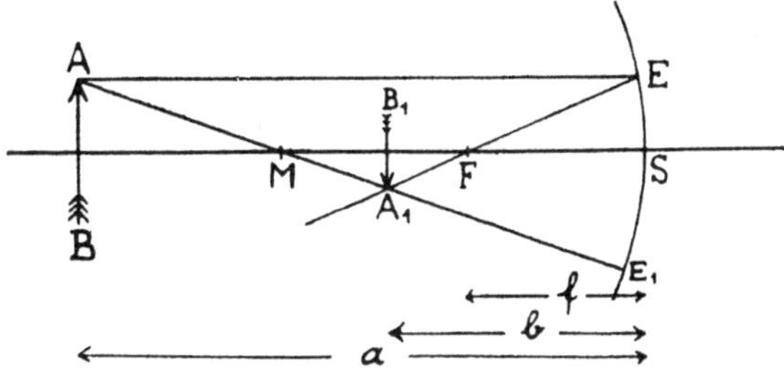

Abb. 82. Abbildung eines Gegenstandes durch einen Hohlspiegel.

In Abb. 82 sei A B ein Gegenstand, der sich außerhalb des Krüm-
mungsmittelpunktes M des Hohlspiegels befinde; um Lage und Größe
des von dem Hohlspiegel entworfenen Bildes zu konstruieren, verfolgt
man zunächst die von einem Punkt des Gegenstandes, also z. B. von
A ausgehenden Strahlen. Sämtliche von A ausgehenden Strahlen
schneiden sich nach dem vorher Gesagten in einem Punkte; wenn
man daher den Schnittpunkt zweier von A ausgehender Strahlen
kennt, so kennt man den Schnittpunkt aller von A ausgehenden
Strahlen, d. h. den Ort des von A entworfenen reellen Bildes. Von

zwei der von A ausgehenden Strahlen kann der Verlauf leicht angegeben werden: der von A ausgehende, parallel mit der Achse auf den Hohlspiegel fallende Strahl wird nach der Definition des Brennpunktes so reflektiert, daß er durch den Brennpunkt geht; der von A durch den Krümmungsmittelpunkt M gehende Strahl fällt senkrecht auf die Spiegelfläche und wird, da seine Einfallsrichtung mit dem Einfallslot übereinstimmt, in sich selbst zurückgeworfen. Die Strahlen AE und $A E_1$ haben daher nach der Reflexion die Richtungen E F und E_1 M, sie schneiden sich in A_1. In A_1 entsteht demnach ein reelles Bild von A. Konstruiert man gleichartig den Ort des vom Punkte B entstehenden Bildes, so findet man B_1. Die Verbindung $A_1 B_1$ stellt das Bild des ganzen Gegenstandes vor; es ist, wie aus der Abbildung ersichtlich, reell, verkleinert und umgekehrt und liegt zwischen M und F. Formell ist der Ort des Bildes durch Gleichung (111) gegeben, die ja den Ort des Bildes des auf der Achse liegenden Punktes des Gegenstandes angibt.

Rückt man mit dem Gegenstand näher an M heran, so rückt das Bild ebenfalls an M heran und wird größer. Ist der Gegenstand in M angekommen, so ist das Bild ebenfalls in M angelangt, da in Gleichung (111) a = 2 f, b demnach gleich 2 f ist. Das Bild ist in diesem Fall gleichgroß wie der Gegenstand, umgekehrt und reell. Will man das Bild eines zwischen M und F liegenden Gegenstandes konstruieren, so verfährt man genau umgekehrt wie bei Abb. 82, d. h. man verfolgt die Wege zweier von einem Punkte des Gegenstandes ausgehender Strahlen, von denen der eine durch den Brennpunkt, der andere durch den Krümmungsmittelpunkt geht; der erstere wird so reflektiert, daß er parallel mit der Achse läuft, der zweite ändert seine Richtung nicht. Man erhält demnach genau das gleiche Konstruktionsbild wie in Abb. 82, nur haben Gegenstand und Bild ihren Platz vertauscht; das Bild ist umgekehrt, vergrößert und reell und liegt außerhalb von M. Die Lage des Bildes ist ebenfalls durch Gleichung (111) gegeben. Objektentfernung a und Bildentfernung b können in Gleichung (111) formell ohne weiteres vertauscht werden, da sie vollkommen gleichartig in dieser Gleichung auftreten. Die durch die Konstruktion der Abb. 82 und Gleichung (111) gefundene Beziehung besteht demnach zwischen der Lage und Größe des Bildes und des Gegenstandes, ohne Rücksicht darauf, welches von den beiden das Bild und welches der Gegenstand ist; durch die Beziehung der Gleichung (111) werden nur zwei Ebenen miteinander in Beziehung gebracht, von denen man aussagen kann, daß ein in der einen Ebene vorhandener Gegenstand in der anderen abgebildet wird. Man bezeichnet zwei Ebenen, die in einer solchen Beziehung zueinander stehen, als „konjugierte" Ebenen und macht von diesem Begriff in der Abbildungslehre auch sonst vielfach Gebrauch.

Bringt man den Gegenstand über F hinaus, zwischen F und S, so ergibt eine analog Abb. 82 durchgeführte Konstruktion kein tatsächliches Schneiden der reflektierten Strahlen mehr, sondern die von einem Punkt ausgehenden Strahlen haben nach der Reflexion eine Richtung, als kämen sie von einem Punkte, der hinter der Spiegelfläche liegt; das entstehende Bild ist nicht mehr reell und umgekehrt, sondern virtuell und aufrecht. Gleichung (111) gibt auch dann noch die Beziehung zwischen den Entfernungen des Objekts und des Bildes von S und der Brennweite f richtig an, nur findet man für den Bildabstand einen negativen Wert; das negative Vorzeichen ist der Ausdruck dafür, daß das virtuelle Bild hinter der Spiegelfläche liegt.

Für einen Konvexspiegel lassen sich sämtliche Ableitungen analog durchführen. Man findet dabei, daß parallel mit der Achse einfallende Strahlen so reflektiert werden, als gingen sie von einem hinter der Spiegelfläche auf der Achse liegenden Punkte aus. Man bezeichnet auch diesen Punkt als Brennpunkt, aber im Gegensatz zu dem reellen Brennpunkt eines Hohlspiegels als virtuellen Brennpunkt. Legt man der Brennweite, die ebenfalls gleich dem halben Krümmungsradius der Spiegelfläche ist, sinngemäß das negative Vorzeichen bei, so gibt Gleichung (111) die Beziehung zwischen Bildentfernung, Objektentfernung und Brennweite auch für Konvexspiegel an. Die Bildentfernung wird, da man für die Objektentfernung keinen negativen Wert wählen kann, unter allen Umständen negativ, d. h. Konvexspiegel entwerfen unter allen Umständen virtuelle Bilder, und zwar sind die Bilder aufrecht und verkleinert.

Beträgt die spiegelnde Fläche eines Kugelspiegels einen großen Teil der zugehörigen Kugel, d. h. kommt seine Größe dem einer Halbkugel nahe, so gelten die abgeleiteten Regeln nicht mehr, da die angenommenen Vereinfachungen nicht mehr zulässig sind. Man kann jedoch auch ausgedehnte Konvex- und Konkav-Spiegel konstruieren, die einen bestimmten Brennpunkt besitzen, und bezüglich der von ihnen entworfenen Bilder sich ebenso verhalten, wie die beschriebenen Kugelspiegel. Als spiegelnde Fläche muß man dann an Stelle einer Kugelfläche ein Paraboloid verwenden, das durch Rotation einer gleichseitigen Parabel um ihre Achse entsteht. Die Achse des entstehenden sphärischen Spiegels ist mit der Parabelachse identisch.

2. Kapitel: Brechung des Lichts.

a) Brechungsgesetz, totale Reflexion.

Fällt ein Lichtstrahlenbündel auf eine Grenzfläche zwischen zwei durchsichtigen Medien, so werden nur in bestimmten Fällen die Strahlen vollständig reflektiert, in den meisten Fällen wird ein Teil der Lichtstrahlen reflektiert, ein anderer Teil tritt von dem einen in das andere Medium über. Das von einem Medium in ein anderes übertretende

Strahlenbündel erfährt jedoch an der Grenzfläche eine Richtungsänderung, die als Brechung des Lichtes bezeichnet wird. Die Richtungsänderung wird ähnlich wie die Richtungsänderung bei der
Reflexion durch Angabe der Winkel, den die Lichtstrahlen vor und
nach der Brechung mit dem Einfallslot bilden, beschrieben. In
Abb. 83 sei A E ein dünnes paralleles Strahlenbündel, das bei E auf
eine ebene Grenzfläche S zwischen zwei Medien falle; bei E entsteht
dann ein reflektiertes Bündel (E R), das dem Reflexionsgesetz folgt,
und ein Bündel, das in dem neuen Medium dem eingetragenen Weg
folgt. Die Richtung der einfallenden Strahlen ist durch den Winkel α
gegeben. Von den gebrochenen Strahlen kann man zunächst feststellen,
daß sie ebenso wie die reflektierten in der Einfallsebene liegen; ihre
Richtung in dieser Ebene ist gegeben durch den Winkel β zwischen
dem Einfallslot und den gebrochenen Strahlen. β wird als Brechungs-

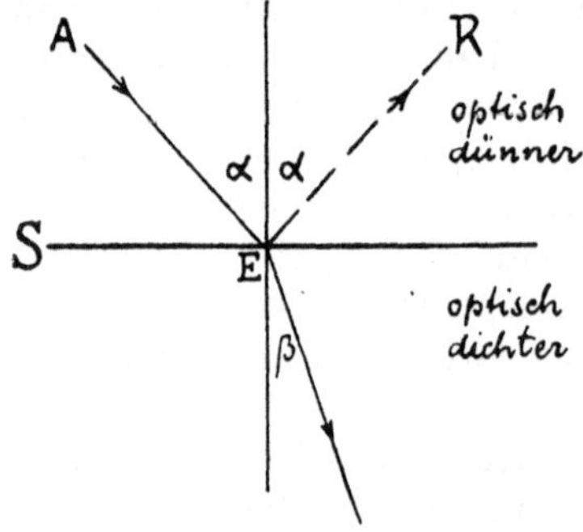

Abb. 83. Brechung des Lichts.

winkel bezeichnet. In manchen Fällen
ist β größer als α, in anderen kleiner
als α. Handelt es sich bei dem einfallenden Strahlenbündel um weißes
Licht, so kann man außerdem beobachten, daß in dem gebrochenen
Strahlenbündel Farben auftreten;
von dieser als „Farbenzerstreuung"
bezeichneten Erscheinung, die später
(s. Kap. 4) noch eingehend behandelt
wird, soll zunächst abgesehen werden.
Die Art der bei der Brechung
entstehenden Richtungsänderung
$(\alpha > \beta$ oder $\alpha < \beta)$ ist von den optischen Konstanten der beiden
Medien abhängig. Das verschiedene optische Verhalten verschiedener
Medien sei dadurch charakterisiert, daß man jedem durchsichtigen
Medium eine bestimmte „optische Dichte" zuschreibt. Man unterscheidet dann eine Brechung beim Übergang vom optisch weniger
dichten zum dichteren Medium und eine Brechung beim Übergang
vom optisch dichteren zum optisch dünneren Medium. Im ersten
Fall erfolgt die Brechung so wie es in Abb. 83 dargestellt ist $(\alpha > \beta)$,
im zweiten Fall wird der Strahlengang so verändert, daß der Brechungswinkel größer als der Einfallswinkel ist. Der Strahlenverlauf in zwei
aneinander grenzenden Medien ist unabhängig von der Richtung, in
der die Strahlen die Medien durchlaufen, d. h. läßt man z. B. in dem
in Abb. 83 dargestellten Fall ein Strahlenbündel von unten ausgehend in der eingetragenen Richtung auf die Grenzfläche auftreffen,
so nehmen die gebrochenen Strahlen nach dem Übertritt in das
optisch dünnere Medium den Weg E A.
Die Erscheinung der Brechung ist erklärlich, wenn man den Lichtstrahlen eine bestimmte Fortpflanzungsgeschwindigkeit zuschreibt und

annimmt, daß die optische Dichte nichts anderes sei als ein Maß für die Lichtgeschwindigkeit in dem betreffenden Medium. Daß das Licht eine meßbare Fortpflanzungsgeschwindigkeit besitzt, wird mit der Beschreibung einiger Methoden der Messung dieser Geschwindigkeit zusammen im 5. Kapitel dieses Abschnittes erörtert.

Das Verhalten eines Strahlenbündels beim Übergang von einem Medium zu einem anderen geringerer Fortpflanzungsgeschwindigkeit oder größerer optischer Dichte sei an Hand der Abb. 84 erklärt. Dabei ist es zunächst gleichgültig, ob man sich einen Lichtstrahl als eine Reihe von Teilchen vorstellt, die mit Lichtgeschwindigkeit von der Lichtquelle ausgeschleudert werden, oder als einen sich fortpflanzenden, von der Lichtquelle erregten Bewegungszustand (Welle); es bedarf nur der Annahme, daß die Fortpflanzung des Strahlenbündels stets senkrecht zu den Ebenen erfolgt, in denen sich gleichzeitig von der Lichtquelle ausgeschleuderte Teilchen befinden bzw. senkrecht zu den Ebenen, in denen zu gleicher Zeit von der Lichtquelle ausgegangene Bewegungszustände herrschen. In einem parallelen Strahlenbündel ist jede Ebene senkrecht zur Strahlenrichtung eine solche Ebene, die als eine „Frontebene" des Strahlenbündels bezeichnet sei. Die Fortpflanzung des Strahlenbündels kann dann, ohne daß man sich konkrete Vorstellungen über die der Fortpflanzung zugrunde liegenden Vorgänge zu machen braucht, als das Fortschreiten einer Reihe von in unendlich kurzen Abständen aufeinander folgenden Fronten beschrieben werden.

Angenommen in Abb. 84 seien A B und $A_1 B_1$ die ein in einem Medium M_1 fortschreitendes Strahlenbündel begrenzenden Strahlen. Durchschnitte von Fronten dieses parallelen Strahlenbündels sind dann AA_1 und BB_1. BB_1 stellt eine Front dar, die mit ihrem Ende B gerade an der Oberfläche S eines neuen Mediums M_2 angekommen ist. Die Fortpflanzungsgeschwindigkeit des Lichtes im Medium M_1 sei v_1, M_2 sei ein optisch dichteres Medium, in dem das Licht die Geschwindigkeit v_2 besitze. v_1 ist größer als v_2. Die Front tritt nun zunächst mit dem Ende B in M_2 ein und pflanzt sich hier mit der Geschwindigkeit v_2 fort, während der Rest der Front sich noch in M_1 befindet und dort mit der größeren Geschwindigkeit v_1 fortschreitet. Nacheinander treten die zwischen B und B_1 liegenden Punkte der Front in M_2 ein, zuletzt der Punkt B_1. Während der Punkt B_1 den Weg $B_1 C_1$ zurück-

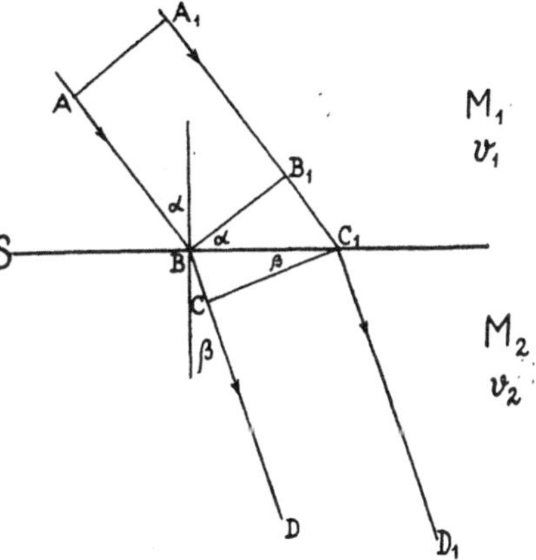

Abb. 84. Ableitung des Brechungsgesetzes.

legte, haben sämtliche andere Punkte der Front Wege durchmessen, die kürzer als $B_1 C_1$ sind, den kürzesten Weg hat der Punkt B, der sich schon während der ganzen Zeit in M_2 befand, zurückgelegt. Die Front hat demnach während der betrachteten Zeit eine Schwenkung ausgeführt, da jeder näher an B_1 gelegene Punkt jedem näher an B gelegenen vorausgeeilt ist. Die Richtung der Front im Zeitpunkt, in dem der Punkt B_1 auch in M_2 übertritt, sei $C C_1$. Die Fortpflanzung des Strahlenbündels erfolgt nach der Ausgangsannahme senkrecht zur Frontrichtung, d. h. nach dem Eintreten der ganzen Front in M_2 in der Richtung senkrecht zu CC_1. Die das Bündel nunmehr begrenzenden Strahlen sind $C D$ und $C_1 D_1$. Die Strecken $B C$ und $B_1 C_1$ sind die während des Eintretens der Front in M_2 von den Enden der Front zurückgelegten Wege. Da die beiden Strecken in der gleichen Zeit und die eine $(B C)$ vollständig im Medium M_2, die andere $(B_1 C_1)$ ganz im Medium M_1 zurückgelegt wurden, so müssen sie sich zueinander verhalten wie die Geschwindigkeiten des Lichtes in den beiden Medien, demnach:

$$\frac{B_1 C_1}{B C} = \frac{v_1}{v_2} \quad \ldots \quad \ldots \quad \ldots \quad (112)$$

Die Winkel in den rechtwinkligen Dreiecken $BB_1 C_1$ und $B CC_1$ bei B bzw. bei C_1 sind gleich den Winkeln α und β, die den Einfallswinkel und den Brechungswinkel darstellen (Winkel, deren Schenkel aufeinander senkrecht stehen, sind einander gleich). Aus den rechtwinkligen Dreiecken folgt:

$$B_1 C_1 = B C_1 \sin \alpha$$
$$B \ C \ = B C_1 \sin \beta$$
$$\overline{}$$
$$\frac{B_1 C_1}{B C} = \frac{\sin \alpha}{\sin \beta}$$

und nach Einführung von Gleichung (112):

$$\frac{v_1}{v_2} = \frac{\sin \alpha}{\sin \beta} \quad \ldots \quad \ldots \quad \ldots \quad (113)$$

Das Verhältnis der Fortpflanzungsgeschwindigkeiten $\frac{v_1}{v_2}$ muß bei bestimmten Medien immer dasselbe sein; aus Gleichung (113) ist demnach zu folgern, daß ein Lichtstrahlenbündel beim Übergang von einem bestimmten Medium zu einem anderen bestimmten Medium derart gebrochen wird, daß das Verhältnis zwischen dem Sinus des Einfallswinkels und dem Sinus des Brechungswinkels ohne Rücksicht auf die absolute Größe der Winkel einen konstanten, durch die Eigenschaften der beiden Medien gegebenen Betrag ausmacht. Die Beobachtung bestätigt die Richtigkeit dieser Schlußfolgerung und damit die Richtigkeit der der Ableitung der Gleichung (113) zugrunde gelegten Überlegungen eindeutig.

Das Medium absolut geringster optischer Dichte ist der luftleere Raum, d. h. jedes andere Medium ist gegenüber dem luftleeren Raum das optisch dichtere; in jedem anderen Medium ist demnach die Fortpflanzungsgeschwindigkeit des Lichtes geringer als im luftleeren Raum.

Bestimmt man das Verhältnis $\dfrac{\text{Sinus des Einfallswinkels}}{\text{Sinus des Brechungswinkels}}$ bei einem Übergang vom luftleeren Raum zu einem bestimmten Medium, so erhält man demnach eine Zahl, die stets größer als 1 ist. Man bezeichnet diese Zahl, die eine Materialkonstante des betreffenden Mediums ist, als den „Brechungsindex" des Mediums. Der Brechungsindex eines Materials gibt nach dem Vorstehenden das Verhältnis zwischen der Lichtgeschwindigkeit im luftleeren Raum und der Lichtgeschwindigkeit in dem betreffenden Material an. Ist die Lichtgeschwindigkeit im luftleeren Raum c, so ist sie in einem Material mit dem Brechungsindex n gleich $\dfrac{c}{n}$.

Der Brechungsindex der atmosphärischen Luft ist nur wenig von 1 unterschieden; er beträgt bei einer Temperatur von 0 Grad und einem Druck von 760 mm Hg etwa 1,0003. Der Brechungsindex ist abhängig von der Temperatur, und zwar nimmt er mit der Temperatur ab; da die Lichtgeschwindigkeit im luftleeren Raum von der Temperatur unabhängig ist, beruht diese Änderung auf einer Änderung der Lichtgeschwindigkeit mit der Temperatur in den Materialien.

Das Verhältnis $\dfrac{\sin \alpha}{\sin \beta}$ beim Übergang zwischen zwei beliebigen Materialien läßt sich angeben, wenn die Brechungsindizes der beiden Materialien bekannt sind. Angenommen der Brechungsindex des Mediums M_1 sei n_1, der des Mediums M_2 n_2, so gilt für einen Übergang eines Strahlenbündels von M_1 zu M_2:

$$\frac{\sin \alpha}{\sin \beta} = \frac{n_2}{n_1} \qquad \ldots \qquad \ldots \qquad (114)$$

Aus der Konstanz des Verhältnisses $\dfrac{\sin \alpha}{\sin \beta}$ folgt, daß an der Grenze zwischen zwei Medien der Eintritt eines Strahlenbündels vom dichteren ins dünnere nur dann möglich ist, wenn der Einfallswinkel eine bestimmte Größe nicht überschreitet. Angenommen in Abb. 85 sei S die Grenzfläche zwischen dem Medium M_1 und M_2. Die den Medien zukommenden Brechungsindizes seien n_1 und n_2; n_1 sei größer als n_2. $\dfrac{n_2}{n_1}$ ist demnach ein echter Bruch. Ein unter dem Winkel α auf S auftreffendes Strahlenbündel A E wird in der Richtung E B derart gebrochen, daß $\dfrac{\sin \alpha}{\sin \beta} = \dfrac{n_2}{n_1}$ ist. Es falle nun ein anderes Strahlenbündel A_1 E unter dem Winkel ϱ ein, dessen Größe so gewählt sei, daß

$$\sin \varrho \geqq \frac{n_2}{n_1} \quad \ldots \quad \ldots \quad \ldots \quad (115)$$

ist. Der Sinus des zu diesem Einfallswinkel gehörigen Brechungs-winkels x müßte so groß sein, daß $\frac{\sin \varrho}{\sin x} = \frac{n_2}{n_1}$, d. h. $\sin x \geqq 1$ wäre. Sin x = 1 bedeutet, daß x = 90 Grad ist, d. h. für diesen Fall würde der gebrochene Strahl in die Fläche S fallen; $\sin x > 1$ ist eine un-mögliche Beziehung, da der größte Wert, den der Sinus eines Winkels annehmen kann, 1 ist; einen Winkel, der die Bedingung $\sin x > 1$ erfüllt, gibt es nicht. Für den Fall eines Einfallwinkels, der der

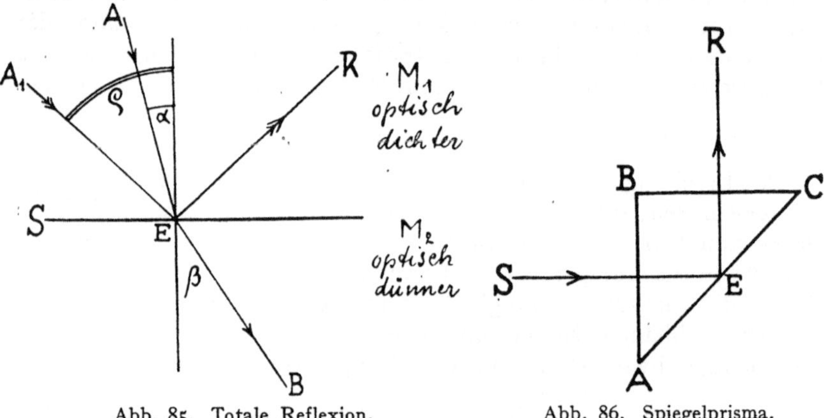

Abb. 85. Totale Reflexion.   Abb. 86. Spiegelprisma.

Gleichung (115) entspricht, ist demnach ein das Brechungsgesetz erfüllendes gebrochenes Strahlenbündel nicht vorhanden; es tritt in diesem Fall überhaupt kein Teil des einfallenden Strahlenbündels in das dünnere Medium ein, sondern die gesamten Strahlen werden in der Richtung E R reflektiert. Die Beobachtung bestätigt die Richtigkeit dieser Behauptung, und man verwendet die Erscheinung dieser totalen Reflexion zur Konstruktion vollkommenster Spiegel. Die Wirkung eines solchen Spiegels, den man als „Spiegelprisma" bezeichnet, zeigt Abb. 86.

In Abb. 86 sei A B C ein Querschnitt durch ein Glasprisma; er entspricht einem gleichseitigen ·rechtwinkligen Dreieck. Das Glas-prisma sei allseitig von atmosphärischer Luft umgeben. In der Rich-tung S E falle ein Strahlenbündel senkrecht auf die Fläche A B des Prismas. Beim Eintritt der Strahlen in das Prisma erfahren diese, da ihre Richtung mit der Richtung des Einfallslotes übereinstimmt, keinerlei Ablenkung. Bei E treffen die Strahlen unter einem Ein-fallswinkel von 45 Grad auf die Grenzfläche zwischen Glas und Luft. Der Brechungsindex des Glases hat ungefähr den Wert 1,6, der der

Luft ist, wie gesagt, sehr nahe gleich 1. Der Einfallswinkel, oberhalb dessen totale Reflexion eintritt, ist demnach ein Winkel, dessen Sinus gleich $\frac{1}{1,6} = 0,625$ ist; dieser Winkel beträgt etwa $38^0\ 40'$. Der Einfallswinkel von 45 Grad ist größer als dieser Grenzwinkel; die unter 45 Grad bei E einfallenden Strahlen werden demnach total reflektiert und treffen senkrecht auf die Fläche B C; dort treten sie ohne eine Ablenkung zu erfahren wieder aus dem Prisma aus. Das Prisma wirkt wie ein im Winkel von 45 Grad gegen die Strahlen gestellter ebener Spiegel. Die Spiegelwirkung des Prismas geht naturgemäß verloren, wenn es von einem Medium eines so hohen Brechungsindex umgeben ist, daß der Quotient aus den Brechungsindizes des umgebenden Mediums und des Glases den Wert von sin 45^0 überschreitet.

Die Ablenkung, die ein Strahlenbündel beim Durchgang durch eine ebene Platte mit einander parallelen Grenzflächen, eine sog. „planparallele" Platte, erfährt, wenn die Platte allseits von demselben Medium umgeben ist, ist in Abb. 87 dargestellt. Auf die Platte mit den Grenzflächen S_1 und S_2 falle ein Strahlenbündel unter dem Einfallswinkel α_1. Die Platte sei von einem

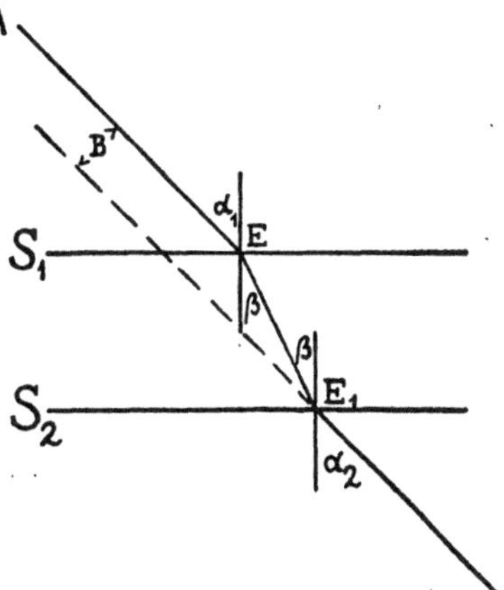

Abb. 87. Verschiebung eines Strahlenbündels beim Durchgang durch eine planparallele Platte.

Medium geringeren Brechungsindexes, als er ihrem Material zukommt, umgeben. Nach dem Brechungsgesetz werden die Strahlen A E an S_1 so gebrochen, daß der Brechungswinkel β kleiner ist als der Einfallswinkel α_1. Die gebrochenen Strahlen fallen nun unter dem Einfallswinkel β auf S_2 und werden dort so gebrochen, daß der Brechungswinkel α_2 größer ist als der Einfallswinkel β. Aus dem Brechungsgesetz kann angesetzt werden, wenn der Brechungsindex des Plattenmaterials n, der des umgebenden Mediums gleich 1 ist:

$$\frac{\sin \alpha_1}{\sin \beta} = n$$

$$\frac{\sin \beta}{\sin \alpha_2} = \frac{1}{n}.$$

Daraus folgt $\alpha_1 = \alpha_2$. Die Strahlen werden demnach bei dem Durchgang durch die planparallele Platte lediglich parallel mit sich selbst um einen bestimmten Betrag B verschoben.

b) Brechung an Kugelflächen, Linsen.

Auf der Brechung des Lichtes beruhen die Leistungen weitaus der Mehrzahl der Apparate, die zur Erzeugung von Bildern verwandt werden. Bei diesen Apparaten wird fast ausschließlich die Brechung beim Übergang von Luft zu Glas oder umgekehrt benutzt. Glas eignet sich, infolge seiner Eigenschaften besonders gut zu optischen Instrumenten, da es sämtliche Lichtstrahlen mit nur geringem Verlust durchläßt, einen hohen Brechungsindex besitzt und die Herstellung glatter Oberflächen gestattet. Außerdem sind die optischen Eigenschaften der verschiedenen Glassorten so weit voneinander unterschieden, daß es in großem Umfang möglich ist, durch Auswahl des Glases einen bestimmten gewünschten Brechungseffekt zu erzielen. Die Wirkung aller durch Brechung abbildender Apparate beruht auf den bei der Brechung an Kugelflächen beobachteten Erscheinungen.

Bei der Ableitung der Regeln, die sich für die Brechung an Kugelflächen ergeben, sei ebenso wie bei der Theorie der Kugelspiegel angenommen, daß die brechenden Kugelflächen nur kleine Ausschnitte aus ganzen Kugeln seien, und daß die Strahlen unter kleinen Einfallswinkeln auf die Flächen auftreffen. Die Mitte einer brechenden Kugelkalotte sei ebenso wie bei den Kugelspiegeln als der Scheitel der Kugelfläche, die Verbindungslinie zwischen Scheitel und Krümmungsmittelpunkt der Fläche als die Achse des optischen Systems bezeichnet.

Abb. 88 zeigt den Verlauf eines parallel mit der Achse auf eine Kugelfläche zwischen Luft und Glas auffallenden Strahlenbündels. Die kugelige Oberfläche des Glases ist in diesem Fall konvex gewählt. In Abb. 88a fallen die Strahlen von der Seite der Luft auf die brechende Fläche, bei Abb. 88b von der Seite des Glases. In beiden Fällen werden die parallel einfallenden Strahlen, wie sich aus der Konstruktion und der entsprechenden Rechnung ergibt, so gebrochen, daß sie sich in einem Punkte hinter der brechenden Fläche schneiden. In Abb. 88a ist dieser auf der Achse gelegene Punkt F_1, in Abb. 88b F_2. Die Entfernungen $F_1 S$ und $F_2 S$, die f_1 und f_2 genannt werden, können angegeben werden, wenn der Radius r der Kugelfläche und der Brechungsindex des Glases bekannt ist.

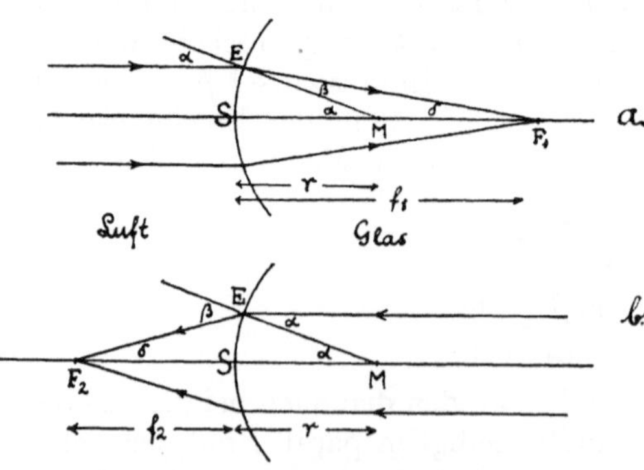

Abb. 88. Brechung an einer Kugelfläche. System mit reellen Brennpunkten.

Da als zweites Medium in den behandelten Fällen Luft angenommen wird, wird der Brechungsindex diesen Mediums zu 1 angenommen.

Aus Abb. 88a folgt:

$$\alpha = \beta + \delta \quad . \quad . \quad . \quad . \quad . \quad . \quad . \quad . \quad (116)$$

Nach dem Brechungsgesetz ist $\dfrac{\sin\alpha}{\sin\beta} = n$, oder da es sich bei α und β um kleine Winkel handelt, $\dfrac{\alpha}{\beta} = n$, demnach $\beta = \dfrac{\alpha}{n}$ und damit nach Gleichung (116):

$$\alpha = \frac{\alpha}{n} + \delta$$

$$\alpha \left(1 - \frac{1}{n} \right) = \delta \quad . \quad . \quad . \quad . \quad . \quad . \quad (117)$$

Unter den gleichen Vereinfachungen, wie sie bei der Theorie der Kugelspiegel angenommen wurden, ist $\alpha = \dfrac{E\,S}{r}$ und $\delta = \dfrac{E\,S}{f_1}$. Nach Einsetzen dieser Werte in Gleichung (11) folgt:

$$\frac{1}{r} \left(1 - \frac{1}{n} \right) = \frac{1}{f}$$

$$\text{oder: } f_1 = \frac{n\,r}{n-1} \quad . \quad . \quad . \quad . \quad . \quad . \quad (118)$$

Aus Abb. 88b ergibt sich analog:

$$\beta = \alpha + \delta$$

$$\text{daraus, da } \frac{\alpha}{\beta} = \frac{1}{n}\text{: } \alpha\,(n-1) = \delta \quad . \quad . \quad . \quad . \quad (119)$$

Weiterhin, wie vorher: $\alpha = \dfrac{E\,S}{r}$; $\delta = \dfrac{E\,S}{f_2}$ und damit aus Gleichung (119):

$$f_2 = \frac{r}{n-1} \quad . \quad . \quad . \quad . \quad . \quad . \quad . \quad (120)$$

Die für f_1 und f_2 in Gleichung (118) und (120) gefundenen Werte sind unabhängig von dem Abstand des parallel mit der Achse einfallenden Strahls von der Achse, d. h. wie schon vorher erwähnt, daß alle in der Luft der Achse parallelen Strahlen im Glas einen solchen Verlauf nehmen, daß sie sich in F_1 schneiden, alle im Glas der Achse parallelen Strahlen in der Luft so verlaufen, daß sie sich im Punkte F_2 schneiden. F_1 und F_2 nennt man die Brennpunkte, f_1 und f_2 die Brennweiten des Systems. Die Brennpunkte sind, da sich in ihnen die Strahlen tatsächlich schneiden, beide reell. Von einem parallelen Strahlenbündel, das nicht in der Richtung der Achse einfällt, läßt sich zeigen, daß es so gebrochen wird, daß sich seine sämtlichen Strahlen in einem Punkte schneiden, der auf einer in F_1 bzw. F_2

zur Achse senkrecht stehenden Ebene liegt; diese Ebenen heißen die „Brennebenen" des Systems.

Abb. 89 zeigt den Strahlengang eines in der Richtung der Achse einfallenden parallelen Strahlenbündels für den Fall, daß die Glasoberfläche konkav ist. Es ergeben sich in diesem Fall zwei virtuelle

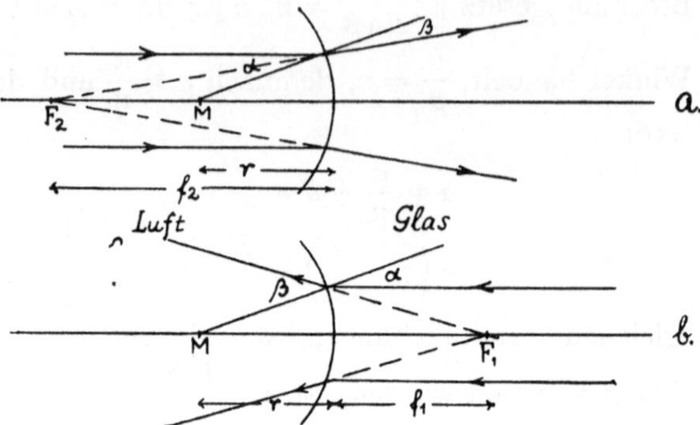

Abb. 89. Brechung an einer Kugelfläche. System mit virtuellen Brennpunkten.

Brennpunkte F_1 und F_2: ihre Entfernung von S f_1 und f_2 werden durch analoge Ableitung gefunden:

$$f_1 = \frac{r}{n-1}; \quad f_2 = \frac{nr}{n-1} \quad \ldots \ldots \ldots \quad (121)$$

Das bezüglich der Brennebenen des Systems von Abb. 88 Gesagte gilt in gleicher Weise für das System der Abb. 89.

Um die Lage der von einem Gegenstand entworfenen Bilder kennen zu lernen, sei der Verlauf eines Strahls, der von einem auf der Achse des Systems der Abb. 88 gelegenen Punkt ausgeht, dargestellt; das System ist zu diesem Zweck in Abb. 90 erneut skizziert.

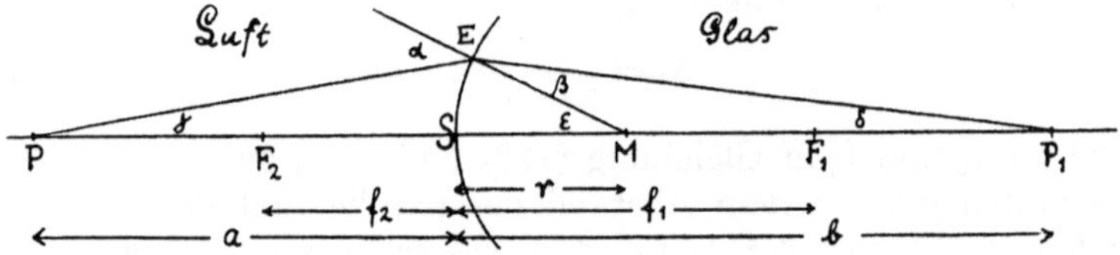

Abb. 90. Brechung an einer Kugelfläche. Bild eines auf der Achse liegenden Punktes.

Der vom Punkt P ausgehende Strahl P E wird bei E so gebrochen, daß das Verhältnis zwischen Einfallswinkel und Brechungswinkel dem Brechungsgesetz gehorcht. Der gebrochene Strahl schneidet die Achse im Punkt P_1. Zwischen den verschiedenen in die Abbildung eingetragenen Winkeln bestehen folgende Gleichungen:

$$a = \gamma + \varepsilon$$
$$\varepsilon = \beta + \delta$$

Nach dem Brechungsgesetz: $\alpha = n\,\beta$

demnach: $\quad n\,(\varepsilon - d) = \gamma + \varepsilon$ oder $\varepsilon\,(n-1) = \gamma + n\,\delta$

Unter den bekannten vereinfachenden Voraussetzungen ist: $\varepsilon = \dfrac{E\,S}{r}$;

$\delta = \dfrac{E\,S}{b}$; $\gamma = \dfrac{E\,S}{a}$

daher:

$$\left.\begin{aligned} \frac{n-1}{r} &= \frac{1}{a} + \frac{n}{b} \\[2mm] \frac{n-1}{n\,r} &= \frac{1}{n\,a} + \frac{1}{b} \end{aligned}\right\} \quad \ldots \ldots \quad (122)$$

oder durch Division durch n:

Nach Gleichung (118) und (120) ist aber $\dfrac{n-1}{r} = \dfrac{1}{f_2}$ und $\dfrac{n-1}{n\,r} = \dfrac{1}{f_1}$

$$\left.\begin{aligned} \text{demnach:}\quad \frac{1}{f_2} &= \frac{1}{a} + \frac{n}{b} \\[2mm] \text{oder:}\quad \frac{1}{f_1} &= \frac{1}{n\,a} + \frac{1}{b} \end{aligned}\right\} \quad \ldots \ldots \quad (123)$$

Die Lage des Schnittpunktes P_1 ist unabhängig von der Größe des Einfallswinkels, d. h. alle von dem Punkt P ausgehenden Strahlen schneiden sich in P_1; P_1 ist ein reelles Bild von P. Von einem Punkte der seitwärts von P, auf einer in P auf der Achse senkrecht stehenden Ebene gelegen ist, läßt sich zeigen, daß alle von ihm ausgehenden Strahlen sich in einem Punkte schneiden, der auf einer in P_1 senkrecht zur Achse stehenden Ebene liegt. Die in P und P_1 senkrecht zur Achse stehenden Ebenen sind konjugierte Ebenen; ein in der einen Ebene vorhandener Gegenstand wird in der anderen abgebildet. Gleichung (123) gibt die Beziehung zwischen Objektstand, Bildabstand und den Brennweiten.

Die Gleichungen, die sich für die Berechnung beim Übergang zwischen zwei Medien mit den Brechungsindices n_1 und n_2 ergeben, können aus den Gleichungen (118), (120), (121), (123) gefunden werden, indem man an Stelle von n den Quotienten $\dfrac{n_2}{n_1}$ einführt.

Ein optisches System entsprechend Abb. 88 mit reellen Brennpunkten entwirft nach den vorstehenden Entwicklungen Bilder, deren Ort und Art man konstruktiv ermitteln kann. Von zwei von einem Punkte ausgehenden Strahlen kennt man den Verlauf; da sich alle von einem Punkt ausgehenden Strahlen wieder in einem Punkt treffen, ist der Schnittpunkt dieser beiden Strahlen der Bildpunkt des betreffenden Punktes. Die beiden von einem Punkt ausgehenden Strahlen bekannten Verlaufs sind der von dem Punkt parallel mit der Achse gezogene Strahl, der durch den entsprechenden Brennpunkt geht, und der durch den Krümmungsmittelpunkt der brechenden Fläche gehende Strahl, der keinerlei Ablenkung erfährt. Die Konstruktion eines Bildes nach diesen Grundsätzen zeigt Abb. 91, die wohl ohne Kommentar verständlich ist. Die Beziehung zwischen den Entfernungen a, b und den Brennweiten gibt formell Gleichung (123).

Ein System nach Abb. 88 mit reellen Brennpunkten entwirft von Gegenständen, die sich, vom Scheitel der brechenden Kugelfläche aus gerechnet, außerhalb eines Brennpunktes befinden, stets reelle umgekehrte Bilder; Objekt und reelles Bild befinden sich in diesem Fall stets zu beiden Seiten der brechenden Fläche. Einer Ebene außerhalb der doppelten Brennweite auf der einen Seite der brechenden Fläche ist eine Ebene zwischen einfacher und doppelter Brennweite auf der anderen Seite konjugiert. Zwei Ebenen, die sich auf beiden Seiten der brechenden Fläche in der Entfernung der doppelten auf ihren Seiten liegenden Brennweiten befinden, sind konjugiert. Von einem Gegenstand, der näher am Scheitel der brechenden Fläche liegt,

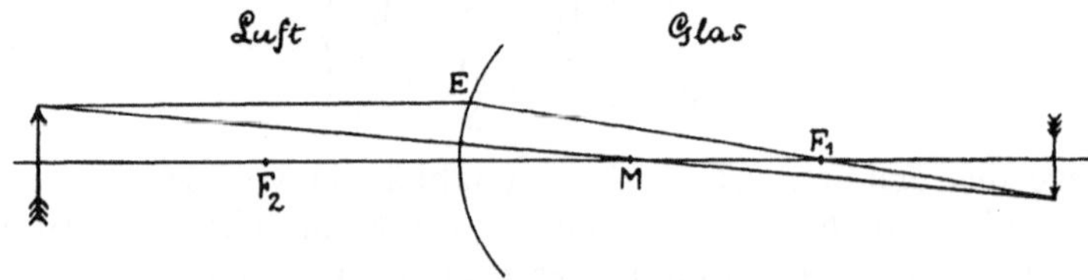

Abb. 91. Konstruktion des von einem System mit reellen Brennpunkten entworfenen Bildes.

als der auf seiner Seite liegende Brennpunkt, entsteht ein virtuelles, vergrößertes, aufrechtes Bild. In Gleichung (123) kommt das Entstehen eines virtuellen Bildes dadurch zum Ausdruck, daß in diesem Fall das Vorzeichen der Bildentfernung negativ wird.

Für ein System, das der Abb. 89 entspricht, lassen sich den Gleichungen (123) entsprechende Gleichungen ableiten, die mit ihnen identisch werden, wenn man die Entfernung der virtuellen Brennpunkte dieses Systemes durch die Angabe negativer Brennweiten charakterisiert. Ein solches System entwirft stets virtuelle, aufrechte, verkleinerte Bilder, die auf derselben Seite der brechenden Fläche liegen, wie der Gegenstand.

Die Analogie zwischen den für solche einfache Systeme geltenden Abbildungsregeln und denen, die für die Kugelspiegel gefunden wurden, ist offensichtlich, und zwar entsprechen den Hohlspiegeln die Systeme mit reellen Brennpunkten (Abb. 88), den Konvexspiegeln die Systeme mit virtuellen Brennpunkten (Abb. 89).

Die Konstruktionselemente, die bei allen optischen Apparaten immer wieder verwandt werden, sind durchsichtige, meist aus Glas bestehende Scheiben, die von 2 Kugelflächen oder von einer Kugelfläche und einer Ebene begrenzt sind; man nennt diese Scheiben „Linsen“. Je nach der Art der Begrenzungsflächen unterscheidet man bikonvexe (1), plankonvexe (2), konkavkonvexe (3), bikonkave (4), plankonkave (5), und konvexkonkave (6) Linsen. Durchschnitte der genannten Linsenform sind in Abb. 92 skizziert und mit den den Namen in Klammer beigefügten Nummern bezeichnet. Eine konkavkonvexe (3) Linse unterscheidet sich von einer konvexkonkaven (6) dadurch, daß bei der ersten die Krümmung der konvexen Fläche stärker ist als die der konkaven; bei der zweiten übertrifft die Krümmung der konkaven Fläche die der konvexen. Die Verbindungslinie der Krümmungsmittelpunkte der die Linse begrenzenden Flächen nennt man die Achse der Linse; bei den auf einer Seite von einer Ebene begrenzten Linsen ist die Achse die vom Krümmungsmittelpunkt der Kugelfläche auf die Ebene gefällte Senkrechte.

Die Wirkung der Linsen auf die sie treffenden Strahlen setzt sich zusammen aus der Brechung beim Eintritt in die Linse und beim Austritt aus der Linse; man kann daher den Strahlendurchgang durch eine Linse durch Kombination zweier der vorher beschriebenen Fälle der Brechung an einer Kugelfläche ermitteln. Führt man die Konstruktion des Strahlenverlaufs eines auf die verschiedenen Linsen parallel mit ihrer Achse einfallenden Strahlenbündels durch, so findet man, daß sich die erwähnten Linsen in zwei Gruppen unterteilen lassen, die den Gruppen a und b in Abb. 92 entsprechen. Bei den Linsen der Gruppe a wird aus einem parallelen Bündel vor der Brechung ein konvergierendes nach der Brechung, bei den Linsen der Gruppe b wird aus einem parallelen Bündel durch die Brechung ein divergierendes; die Linsen der Gruppe a werden „Sammellinsen" die der Gruppe b „Zerstreuungslinsen" genannt.

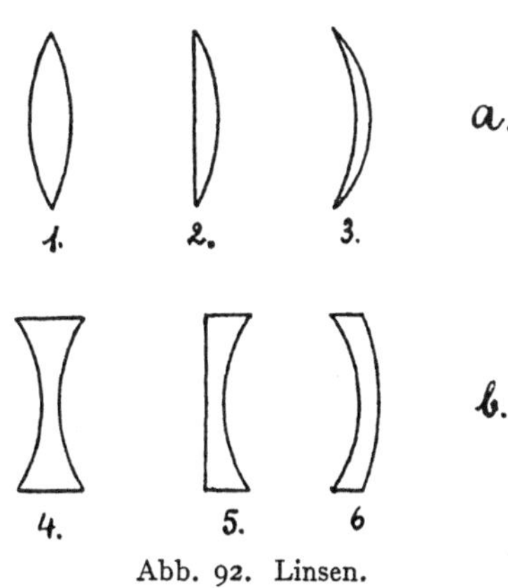

Abb. 92. Linsen.

In der Aussage über die Veränderung eines parallelen Strahlenbündels durch Sammellinsen und Zerstreuungslinsen ist schon die Aussage enthalten, daß alle Linsen Brennpunkte und zwar Sammellinsen reelle, Zerstreuungslinsen virtuelle haben. Die Entfernung der Brennpunkte bzw. der durch die Brennpunkte senkrecht zur Achse gelegten Brennebenen von den Linsenflächen kann aus Gleichung (118), (120), (121) ermittelt werden, indem man aus der von diesen Gleichungen in Betracht kommenden zunächst die Lage des Brennpunktes, den die eine brechende Fläche für sich allein haben würde, ermittelt und den Ort dieses Brennpunktes in die für die zweite Fläche aufgestellte Gleichung (123) als Ort des Objektes einführt; der dann für das Bild dieses Objektpunktes gefundene Ort ist der Brennpunkt der ganzen Linse. Führt man die Rechnung für einen

Strahlendurchgang in der einen und in der entgegengesetzten Richtung aus, so findet man die Lage der beiden Brennpunkte. Meist sind die Linsen im Verhältnis zu den gefundenen Brennweiten so dünn, daß von dem Abstand der Scheitelpunkte der beiden gekrümmten Flächen voneinander abgesehen werden kann; die Brennweite ist dann die Entfernung zwischen Brennpunkt und Linse, ohne daß dabei näher definiert ist, ob diese Entfernung von einem Punkt im Innern oder an der Oberfläche der Linse gemessen ist. Mit dieser Vereinfachung ergibt sich für die beiden Brennweiten einer beiderseits von demselben Medium umgebenen Linse der gleiche Wert; die Linse hat demnach zwei Brennpunkte, die zu beiden Seiten der Linse liegen, jedoch nur eine einheitliche Brennweite. Die Brennweite einer beiderseits von Luft umgebenen Linse, die aus dem Material von dem Brechungsindex n besteht und von den Kugelflächen mit den Radien r_1 und r_2 begrenzt ist, errechnet sich zu:

$$f = (n - 1)\left(\frac{1}{r_1} + \frac{1}{r_2}\right) \quad \dots \quad \dots \quad (124)$$

Gleichung (124) gilt sowohl für Sammellinsen, als auch für Zerstreuungslinsen, wenn man dem Radius einer konvexen Fläche das positive, einer konkaven Fläche das negative Vorzeichen gibt. Für Sammellinsen wird dann die Brennweite positiv, für Zerstreuungslinsen negativ gefunden; das negative Vorzeichen der Brennweite ist der Ausdruck dafür, daß die Brennpunkte virtuell sind.

Um die von einer Linse entworfenen Bilder konstruieren und die Beziehungen zwischen Objektabstand, Bildabstand und Brennweite feststellen zu können, ist es zweckmäßig, den Gang derjenigen Strahlen zu kennen, die durch einen bestimmten Punkt der Linse gehen. Zur Definition dieses Punktes sei in Abb. 93 eine von den zwei Flächen mit den Krümmungsmittelpunkten M_1 und M_2 begrenzte Linse im Querschnitt gezeichnet. Zieht

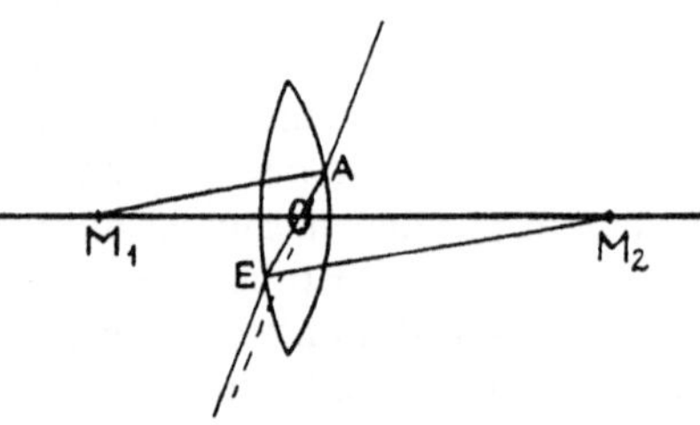

Abb. 93. Optischer Mittelpunkt einer Linse.

man von M_1 und M_2 zwei zueinander parallele Radien der Kugelflächen $M_2 E$ und $M_1 A$, so sind die die Kugelflächen an den Punkten A und E tangierenden Ebenen einander parallel, da die auf den Flächen in diesen Punkten senkrecht stehenden Radien einander parallel sind. Ein bei E in die Linse eintretender, bei A austretender Strahl, der in der Linse dem Weg E A folgt, verhält sich demnach so, wie ein Strahl, der eine planparallele Platte passiert, d. h. er wird ohne Richtungsänderung um einen bestimmten Betrag parallel mit sich selbst verschoben. Der Schnittpunkt o der Verbindungslinie E A mit der Achse der Linse heißt der optische Mittelpunkt der Linse; es läßt sich nämlich zeigen, daß alle Verbindungslinien zweier in gleicher Art gewonnener Punkte der Kugelflächen durch o gehen. Jeder innerhalb der Linse durch o gehende Strahl wird demnach in der gleichen Richtung, in der er in die Linse eingetreten ist, um einen bestimmten Betrag parallel mit sich selbst verschoben, wieder aus der Linse austreten. Ist die Linse dünn, so ist die Parallelverschiebung so gering, daß man von ihr absehen und aussagen kann: Jeder nach dem optischen Mittelpunkt einer Linse gerichtete Strahl durchläuft die Linse, ohne eine Ablenkung zu erfahren.

Der optische Mittelpunkt von bikonvexen und bikonkaven Linsen liegt im Innern der Linsen, bei gleicher Krümmung beider Flächen in der Mitte der Linsendicke; bei plankonkaven und plankonvexen Linsen ist der optische Mittelpunkt der Schnittpunkt der Kugelflächen mit der Achse, bei konvexkonkaven und konkavkonvexen Linsen findet man den optischen Mittelpunkt außerhalb

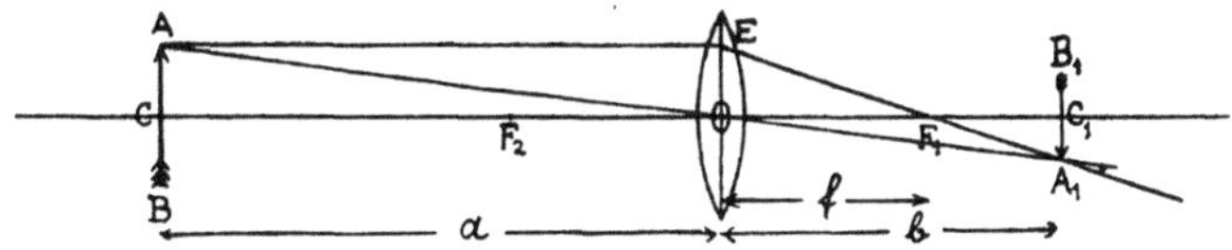

Abb. 94. Abbildung durch eine Linse.

der Linsen auf der Seite der stärkeren Krümmung. Bei allen dünnen Linsen liegt jedoch der optische Mittelpunkt sehr nahe den Linsenflächen. Da bei der durch Gleichung (124) angegebenen Brennweite ein bestimmter Punkt der Linse, von der aus die Brennweite gemessen wird, nicht fixiert wurde, kann man diese Angabe auch auf den optischen Mittelpunkt beziehen und als Brennweite einer Linse den Abstand der Brennpunkte von dem optischen Mittelpunkt definieren.

Die Konstruktion der von einer Linse entworfenen Bilder ist, wenn man das für einfache optische Systeme von der Abbildung seitwärts der Achse gelegener Punkte als auch für Linsen gültig ansieht, ohne weiteres möglich, wenn die Brennweite und der optische Mittelpunkt der Linse bekannt ist.

Abb. 94 stelle den Querschnitt einer bikonvexen Linse mit der Brennweite f und dem optischen Mittelpunkt o vor. Es soll die Abbildung des Gegenstandes A C B konstruiert werden. Bekannt ist, daß ein parallel mit der Achse einfallender Strahl so gebrochen wird, daß er durch den Brennpunkt geht, und daß ein nach dem optischen Mittelpunkt gerichteter Strahl die Linse ungebrochen passiert. Zieht man von einem Punkte A des Gegenstandes eine Parallele zur Achse, so folgen die auf diese Linie einfallenden Strahlen nach der Brechung der Linie E F$_1$; ein in der Richtung A O einfallender Strahl passiert die Linse ohne Ablenkung; auf die Darstellung des Strahlengangs in der Linse kann wegen ihrer relativ geringen Dicke verzichtet und die Zeichnung so durchgeführt werden, als ob die Strahlen nur einmal, und zwar an einer durch den optischen Mittelpunkt senkrecht zur Achse gelegten Ebene gebrochen würden. Der Schnittpunkt der Strahlen $E\,F_1$ und $A\,O$ bei A_1 ist ein reeller Bildpunkt von A. Lage und Größe des Bildes wird durch eine gleichartig für den Punkt B durchgeführte Konstruktion ermittelt; sie ist durch $A_1\,C_1\,B_1$ gegeben.

Aus den ähnlichen Dreiecken $C_1\,A_1\,O$ und $C\,A\,O$ folgt:

$$\frac{C_1\,A_1}{C\,A} = \frac{b}{a} \quad\ldots\ldots\ldots \quad (125)$$

Aus den ähnlichen Dreiecken $C_1\,A_1\,F_1$ und $O\,E\,F_1$ folgt:

$$\frac{C_1\,A_1}{O\,E} = \frac{b-f}{f} \quad\ldots\ldots\ldots \quad (126)$$

$O\,E$ ist gleich $C\,A$, demnach aus Gleichung (125) und (126):

$$\frac{b}{a} = \frac{b-f}{f}$$

woraus folgt:

$$\frac{1}{a} + \frac{1}{b} = \frac{1}{f} \quad\ldots\ldots\ldots \quad (127)$$

Gleichung (127) gibt die Beziehung zwischen Bildentfernung, Objektentfernung und Brennweite, sie heißt die „Linsenformel". Die Linsenformel ist, wie ersichtlich, identisch mit der gleichen Beziehung für Kugelspiegel in Gleichung (111), Gleichung (127) und gilt sowohl für Sammellinsen, als auch für Zerstreuungslinsen, wenn man der Brennweite einer Sammellinse das positive, der der Zerstreuungslinsen das negative Vorzeichen beilegt. Ergibt sich bei einer bestimmten Objektentfernung a ein positiver Wert für b, so ist das Bild umgekehrt und reell und liegt auf der anderen Seite der Linse wie der Gegenstand, wird b negativ, so ist das Bild aufrecht und virtuell und liegt auf der gleichen Seite der Linse wie der Gegenstand. Die Größen von Bild und Objekt verhalten sich nach Gleichung (125) zueinander wie ihre Abstände von der Linse. Art und Größe der von einem beliebigen Gegenstand unter den verschiedenen Bedingungen entworfenen Bilder können nach dem Gesagten angegeben werden, es ergeben sich dabei für Sammellinsen analoge Regeln wie für Hohlspiegel, für Zerstreuungslinsen analoge Regeln wie für Konvexspiegel.

Den reziproken Wert der Brennweite einer Linse $\left(\frac{1}{f}\right)$ nennt man die Brechkraft der Linse. Als Einheit der Brechkraft hat man die einer Linse von 1 m Brennweite gewählt und als 1 „Dioptrie" bezeichnet. Es ist demnach z. B. die Brechkraft einer Linse von 15 cm Brennweite gleich $\frac{1}{0{,}15} = 6{,}67$ Dioptrien.

c) Sphärische und chromatische Aberration. Aplanatische und achromatische Systeme.

Aus der Theorie der Linsen wurde ebenso wie aus den gleichartigen Entwicklungen über die Kugelspiegel gefolgert, daß ein beliebiges paralleles Strahlenbündel, das auf das optische System fällt, so gebrochen wird, daß alle Strahlen sich in einem Punkte einer Ebene, die als Brennebene bezeichnet wurde, schneiden. Weiterhin wurde geschlossen, daß Strahlen, die von Punkten ausgehen, die in einer Ebene senkrecht zur Achse des Systems liegen, sich wiederum in Punkten schneiden, die gemeinsam in einer anderen Ebene senkrecht zur Achse liegen; zwei solche zusammengehörige Ebenen wurden als konjugierte Ebenen bezeichnet. Diese Folgerungen sind, wie mehrfach erwähnt, nur annähernd richtig, da sie unter vereinfachenden Voraussetzungen gezogen wurden, die nur dann zulässig sind, wenn die Einfallswinkel sämtlicher einfallender Strahlen klein sind. Tatsächlich sind die vereinfachenden Voraussetzungen nie vollständig erfüllt, demnach auch die Folgerungen nie vollständig richtig. Von den von einem Punkt ausgehenden Strahlen schneiden sich tatsächlich die durch die Rand-

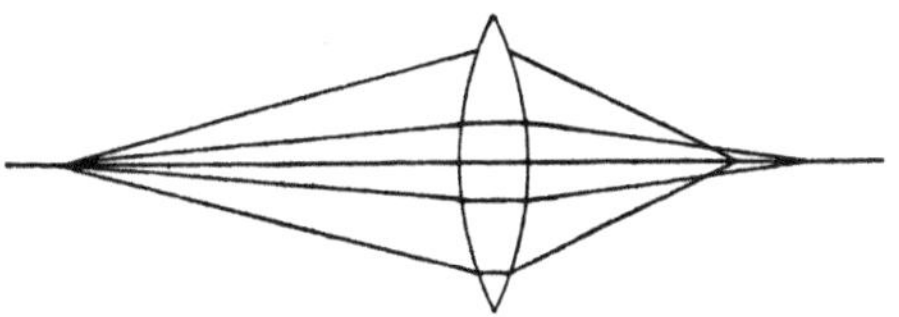

Abb. 95. Sphärische Aberration.

partien der Linse gehenden Strahlen in einem Punkte, der näher an der Linse liegt als der Schnittpunkt der die mittleren Teile der Linse passierenden Strahlen; dieses Verhalten ist in übertriebenem Maßstab in Abb. 95 dargestellt.

Die Schärfe eines von einem Gegenstand entworfenen Bildes ist um so größer, je genauer sich die von einem Punkt ausgehenden Strahlen wieder in einem Punkt schneiden. Das verschiedene Verhalten der durch den Rand und die Mitte der Linse gehenden Strahlen, das als „sphärische Aberration" bezeichnet wird, gibt demnach Veranlassung zu einer gewissen Unschärfe des von einer Linse entworfenen Bildes. Man kann allerdings die spärliche Aberration zum größten Teil dadurch unwirksam machen, daß man vor die Linse eine Blende setzt, die nur die auf den mittleren Teil der Linse fallenden Strahlen passieren läßt; wie später erörtert (s. Kap. 4b) beeinträchtigt eine solche Blende jedoch die Helligkeit des Bildes erheblich. Um scharfe und zugleich helle Bilder zu erzielen, muß man daher zu andersartigen Maßnahmen greifen, um die sphärische Aberration zu beseitigen.

Durch Kombination mehrerer hintereinander gesetzter Linsen ist es möglich, denselben Brechungseffekt zu erzielen, wie mit einer einzelnen Linse, und zwar erhält man die Brechkraft einer solchen Linsenkombination durch Addition der Brechkraft der verschiedenen das System darstellenden Linsen; man kann jedoch die Linsenkombination so wählen, daß die sphärische Aberration der Kombination viel kleiner ist als diejenige einer einzelnen Linse mit derselben Brechkraft.

Linsenkombinationen, die in ihrer Gesamtheit eine möglichst kleine sphärische Aberration zeigen, nennt man „aplanatische" Systeme.

Auch die Annahme, daß die in einer Ebene senkrecht zur Achse liegenden Punkte alle in einer anderen Ebene, die senkrecht zur Achse liegt, abgebildet werden, ist nur bis zu einem gewissen Grade richtig. Je weiter Objekt- und Bildpunkt von der Achse entfernt sind, desto weniger ist die Angabe zutreffend. Auch dieses Abweichen der tatsächlichen Erscheinungen von den theoretisch erörterten gibt Anlaß zu einer gewissen Unschärfe der von Linsen entworfenen Bilder, besonders in den Randpartien. Es gelingt jedoch auch diesen Übelstand durch Kombination mehrerer Linsen weitgehend zu beseitigen.

Weiterhin wird die Schärfe der Bilder durch die schon früher erwähnte, bei der Brechung beobachtete Farbenzerstreuung beeinträchtigt. Weißes Licht wird durch die Brechung in eine Reihe von Strahlen zerlegt, die einen farbigen Eindruck machen. Die verschiedenfarbigen Strahlen erscheinen gegenüber dem einfallenden weißen Lichtstrahl verschieden stark gebrochen, und zwar sehen die Strahlen, die am wenigsten gebrochen werden, rot aus, diejenigen, die die stärkste Brechung erfahren, violett. Zwischen den roten und violetten Strahlen liegen andersfarbige Strahlen. Nimmt man an, daß das weiße Licht aus einer Mischung verschiedenfarbiger Strahlen besteht, so kann man die Farbenzerstreuung sinngemäß durch die Angabe beschreiben, daß die optischen Materialien verschiedene Brechungsindizes für die verschiedenen Farben besitzen, und die Stärke der Farbenzerstreuung durch die Angabe eines für rotes und eines für violettes Licht geltenden Brechungsindex charakterisieren. Die Brechkraft einer Linse ist abhängig von der Größe des Brechungsindex; da für die verschiedenfarbigen Lichtstrahlen verschiedene Brechungsindizes gelten, ist die Brechkraft einer Linse verschieden für die verschiedenen Farben; es entsteht daher von einem weißes Licht aussendenden Punkt nicht ein einzelner Bildpunkt, sondern eine Reihe von verschiedenfarbigen Bildpunkten. Diese als „chromatische Aberration" bezeichnete Erscheinung gibt ebenfalls Anlaß zu einer gewissen Unschärfe der von Linsen entworfenen Bilder. Auch die chromatische Aberration kann durch Kombination verschiedener Linsen aus verschiedenem Glas beseitigt werden. Das Prinzip dieser Korrektur beruht darauf, daß der Unterschied der Brechungsindizes für die verschiedenen Farben keineswegs pro-

spiel besitzt das bleihaltige Flintglas allerdings für alle Farben
einen etwas höheren Brechungsindex als das bleifreie Crownglas,
das Verhältnis zwischen den für rotes Licht geltenden Brechungsindizes des Flint- und Crown-Glases ist jedoch viel kleiner als das
Verhältnis zwischen den Brechungsindizes für violettes Licht, d. h.
die Farbenzerstreuung durch Flintglas ist relativ viel höher als die
des Crownglases. Man kann aus diesem Grunde eine Kombination
aus einer Zerstreuungslinse aus Flintglas und einer Sammellinse aus
Crownglas angeben, bei der sich die Farbenzerstreuung der beiden
Linsen, nicht aber die Brechkraft der beiden Linsen aufhebt, d. h.
die Kombination wirkt wie eine Sammellinse ohne Farbenzerstreuung.

Linsenkombinationen, bei denen die Farbenzersteuung kompen-
siert ist, heißen „achromatische" Systeme.

In den verschiedenen optischen Apparaten verwendet man an Stelle
einfacher Linsen meist sowohl aplanatische als auch achromatische
Linsensysteme. Die verschiedenen Linsen eines Systems sind stets
„zentriert", d. h. so angeordnet, daß ihre Achsen zusammenfallen;
außerdem sind die brechenden Flächen aufeinanderfolgender Flächen
meist so geschliffen, daß sie ineinander passen, d. h. z. B. auf eine
konvexe Fläche folgt eine konkave mit dem gleichen Krümmungsradius und umgekehrt.

Ein aus mehreren Linsen zusammengesetztes System wirkt in
seiner Gesamtheit entweder wie eine Sammellinse oder wie eine
Zerstreuungslinse, d. h. es hat entweder reelle oder virtuelle Brennpunkte. Die Summe der Dicken der sämtlichen in einem System
vereinigten Linsen kann bei zusammengesetzten Systemen in der
Regel nicht mehr vernachlässigt werden; es ist infolgedessen nicht
mehr möglich, für ein solches System einen optischen Mittelpunkt,
durch den die Strahlen ungebrochen hindurchgehen, anzugeben;
ebensowenig kann man an Stelle der verschiedenen in dem System
eintretenden Brechungen eine einzige an einer bestimmten Ebene
setzen, ohne in merklichen Widerspruch mit der Wirklichkeit zu
geraten. Man kann jedoch die an jeder einzelnen Fläche eintretende Brechung nach dem Brechungsgesetz konstruieren und so
den Verlauf eines beliebigen Strahls beim Durchgang durch das
ganze System verfolgen. Über die Eigenschaften eines kombinierten Systems gibt die Konstruktion des Verlaufs mehrerer
parallel mit der Achse einfallender Strahlen Auskunft. Diese
Strahlen treten, wenn es sich z. B. um ein Sammelsystem handelt,
in einer derartigen Richtung aus, daß sie sich reell in einem Brennpunkt des Systems schneiden. In Abb. 96 treffe z. B. ein Strahl
parallel mit der Achse bei A auf das auf 3 ineinanderpassenden Linsen
zusammengesetzte System auf. Durch Konstruktion nach dem
Brechungsgesetz ermittelt man die Richtung des austretenden Strahls
E F$_2$; in gleicher Art werde für den bei A$_1$ eintretenden Strahl die

Austrittsrichtung $E_1 F_2$ festgestellt; F_2 ist danach ein Brennpunkt des Systems. Verlängert man die eintretenden parallelen und die austretenden, nach dem Brennpunkt gerichteten Strahlen, so schneiden sie sich in den Punkten B_2 und C_2, von denen sich zeigen läßt, daß sie auf einer senkrecht zur Achse stehenden Ebene $B_2 H_2$ liegen. Läßt man in umgekehrter Richtung zwei Strahlen parallel mit der Achse auf das System fallen, so findet man aus der Konstruktion (in Abb. 96 unterhalb der Achse durchgeführt) analog den Brennpunkt F_1 und die Ebene $B_1 H_1$.

Die bei H_1 und H_2 senkrecht auf der Achse stehenden Ebenen werden die „Hauptebenen" des Systems genannt. Es läßt sich nun allgemein zeigen, daß jeder Strahl, der vor dem Eintritt in das System eine Richtung nach einem beliebigen Punkt P der ersten Hauptebene besitzt, nach dem Austritt aus dem System so verläuft, als käme er von einem Punkt der zweiten Hauptebene, der dadurch erhalten wird, daß man durch P eine Parallele zur Achse des Systems zieht.

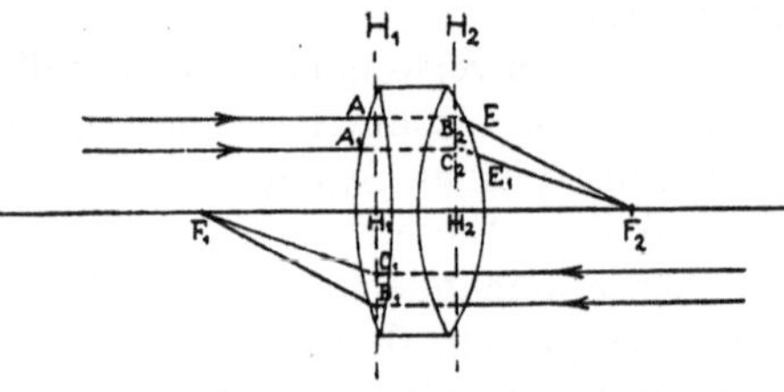

Abb. 96. Hauptebenen und Brennpunkte eines kombinierten optischen Systems.

Als Brennweiten des Systems werden die Abstände der Brennpunkte von den zugehörigen Hauptebenen bezeichnet, also z. B. in Abb. 96 die Entfernungen $F_1 H_1$ und $F_2 H_2$. Die Schnittpunkte der Hauptebenen mit der Achse nennt man die „Hauptpunkte" des Systems. Die beiden Brennweiten eines Systems, das allseitig von dem gleichen Medium umgeben ist, sind einander gleich.

Kennt man von einem System die Lage der beiden Brennpunkte und der beiden Hauptebenen, so kann man das von einem Gegenstand entworfene Bild konstruieren. Ein Beispiel einer solchen Konstruktion ist in Abb. 97 durchgeführt.

Die Hauptebenen des Systems seien H_1 und H_2, die Brennpunkte F_1 und F_2. Auf die Darstellung der brechenden Flächen kann, wenn man die Hauptebenen und Brennpunkte kennt, verzichtet werden. Es soll das Bild des Gegenstandes A B konstruiert werden; man zieht zu diesem Zweck von einem Punkt A des Gegenstandes einen Strahl parallel mit der Achse, der H_1 in C_1 trifft und einen Strahl durch F_1, der H_1 in D_1 trifft. Die vor der ersten Brechung nach C_1 und D_1 gerichteten Strahlen müssen nach der letzten Brechung, entsprechend der Definition der Hauptebenen, so austreten, als kämen sie von den Punkten C_2 und D_2 der zweiten Hauptebene. Außerdem muß der parallel mit der Achse einfallende Strahl nach der Brechung durch den Brennpunkt F_2 gehen, der vom Brennpunkt F_1 kommende

Strahl nach der letzten Brechung parallel mit der Achse austreten. Die beiden eintretenden Strahlen $A C_1$ und $A F_1 D_1$ haben demnach nach dem Austritt aus dem System die Richtungen $C_2 A_1$ und $D_2 A_1$; sie schneiden sich in A_1. A_1 ist ein reeller Bildpunkt von A. Durch gleichartige Konstruktion erhält man den Bildpunkt von B in B_1 und so Größe und Lage des von A B entworfenen Bildes.

Aus der Konstruktion kann nun noch ein Schluß auf den Verlauf eines bestimmten Strahls, der von A ausgeht, gezogen werden. Um diesen Strahl zu ermitteln, ziehe man $C_1 P$ parallel mit $C_2 A_1$ und verbinde den gefundenen Punkt P mit A. Die Verbindungslinie schneidet die erste Hauptebene in E_1, die Achse in K_1. Da A_1 ein Bildpunkt von A sein soll, muß jeder von A ausgehende Strahl, also auch der auf der Linie $A K_1$ einfallende, nach der Brechung durch A_1 gehen.

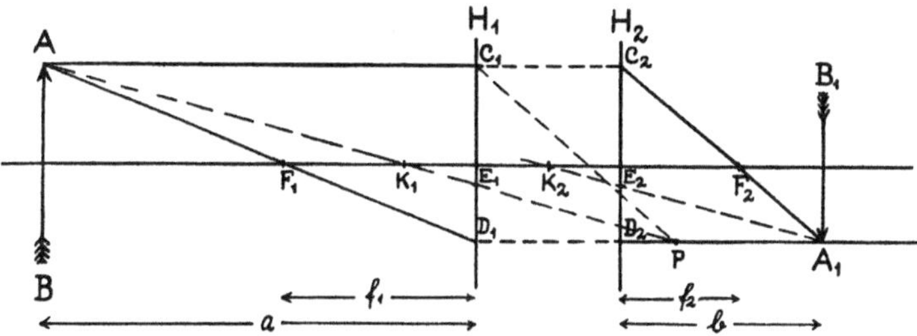

Abb. 97. Konstruktion des von einem kombinierten System entworfenen Bildes. Hauptebenen, Brennpunkte und Knotenpunkte.

Nach der Definition der Hauptebenen muß der bei E_1 auf die erste Hauptebene fallende Strahl so austreten, als käme er von E_2. Die Verbindungslinie $E_2 A_1$ ist demnach die Richtung des austretenden Strahls, der in der Richtung A K eintritt. $E_2 A_1$ schneidet die Achse des Systems in K_2. Aus einfachen geometrischen Beziehungen ergibt sich, daß $E_2 A_1$ parallel mit $A K_1$ ist, und daß die Längen $K_1 K_2 =$ $H_1 H_2$, $F_1 K_1 = f_2$ und $F_2 K_2 = f_1$ sind. Die Punkte K_1 und K_2 heißen die „Knotenpunkte" des Systems; ihre Eigenschaften sind durch die Angabe bestimmt, daß ein vor der ersten Brechung nach dem ersten Knotenpunkt gerichteter Strahl nach der letzten Brechung, parallel mit sich selbst verschoben, aus dem zweiten Knotenpunkt auszutreten scheint.

Bezeichnet man als Objektabstand a und Bildabstand b die Abstände von der ersten und zweiten Hauptebene, so findet man die Beziehungen zwischen a, b und den Brennweiten f_1 und f_2:

$$a f_1 + b f_2 = a b \qquad \qquad (128)$$

die für den Fall, daß $f_1 = f_2$ ist, wieder in die Linsenformel Gleichung (127)

$$\frac{1}{a} + \frac{1}{b} = \frac{1}{f}$$

übergeht.

3. Kapitel: Optische Instrumente.

a) Einfache Sammelsysteme.

Bei den verschiedenen optischen Instrumenten wird von den verschiedenartigsten kombinierten Systemen, vor allem von Sammelsystemen, gelegentlich aber auch von Zertreuungssystemen, Gebrauch gemacht. Grundsätzlich kann man an Stelle eines kombinierten achromatischen und aplanatischen Systems stets eine einfache Sammellinse gleicher Brechkraft setzen. Das betreffende Instrument hat dann die durch chromatische und sphärische Aberration bedingten Fehler. Bei der folgenden kurzen Darstellung der Konstruktionsprinzipien der wichtigsten optischen Instrumente ist an Stelle eines kombinierten Sammelsystems stets eine einfache Sammellinse, an Stelle eines Zerstreuungssystems eine Zerstreuungslinse gezeichnet. Je nach den Anforderungen, die an die Leistung der einzelnen Apparate gestellt werden, sind in den tatsächlich benutzten Instrumenten diese Linsen durch mehr oder weniger vollständig korrigierte Systeme ersetzt.

Von einfachen Sammelsystemen wird Gebrauch gemacht in der Form der Lupe und der photographischen Objektive. Von einem Gegenstand, der näher an einem Sammelsystem liegt, als der Brennpunkt, entwirft das Sammelsystem ein aufrechtes, vituelles, vergrößertes Bild. Betrachtet man dieses Bild unmittelbar, so benutzt man das Sammelsystem als Lupe.

Die von Sammelsystemen entworfenen reellen Bilder können infolge der chemischen Veränderung, die gewisse Silbersalze unter dem Einfluß des Lichts erfahren, fixiert werden. Sammelsysteme finden daher vielfach als photographische Objektive Verwendung.

Außerdem werden sie zum gleichen Zweck, d. h. zum Entwerfen reeller Bilder in den Projektionsapparaten benutzt, und zwar werden sowohl Bilder, die auf durchsichtigen Glasplatten oder Zelluloidfolien (Diapositive) fixiert sind, in der Durchsicht, als auch hell beleuchtete Bilder in der Aufsicht projiziert (Diaskopie und Episkopie).

b) Auge als optisches System.

Ein kompliziertes optisches Sammelsystem, das reelle, umgekehrte, verkleinerte Bilder entwirft, ist das menschliche Auge. Seine Konstruktion ist von besonderem Interesse, da es schließlich dasjenige System ist, dessen Bilder dem Menschen unmittelbar zum Bewußtsein kommen. Einen Querschnitt durch ein menschliches Auge stellt Abb. 98 dar.

Die vordere Fläche des Auges ist eine kugelförmig gekrümmte durchsichtige Haut, die Hornhaut; hinter der Hornhaut befindet sich

ein Raum von der Form einer Konkavkonvexlinse, die sog. vordere
Kammer, die mit Flüssigkeit gefüllt ist. An diese anschließend liegt
eine bikonvexe durchsichtige Linse aus elastischem Material; unter
dem Einfluß bestimmter Muskeln ändert die Linse unter Umständen
ihre Form derart, daß die Krümmung ihrer Grenzflächen beträchtlich zu- oder abnimmt. An die Linse anschließend ist der Rest des
kugeligen Augapfels mit einer durchsichtigen Gallerte, dem sog.
Glaskörper ausgefüllt. Die den Augapfel einhüllende „Lederhaut"
ist auf ihrer Innenfläche mit einer Schicht schwarzen Pigments überzogen, so daß Licht nur auf dem Weg durch die Hornhaut in das Auge
einfallen kann. Die Pigmentschicht bedeckt
auch die Rückseite der Regenbogenhaut oder
Iris, einer gefärbten Haut, die vor der Linse
liegt und in der Mitte ein kreisrundes Loch,
die Pupille, besitzt. Die Größe der Pupille
kann durch die Wirkung bestimmter Muskeln
verändert werden, und zwar tritt die Veränderung der Pupillengröße automatisch, je
nach der Stärke der Belichtung des Auges
ein; bei starker Beleuchtung wird die Pupille
eng, bei schwacher weit. Die Pupille vertritt
beim Auge die Stelle einer Blende veränder-
licher Größe.

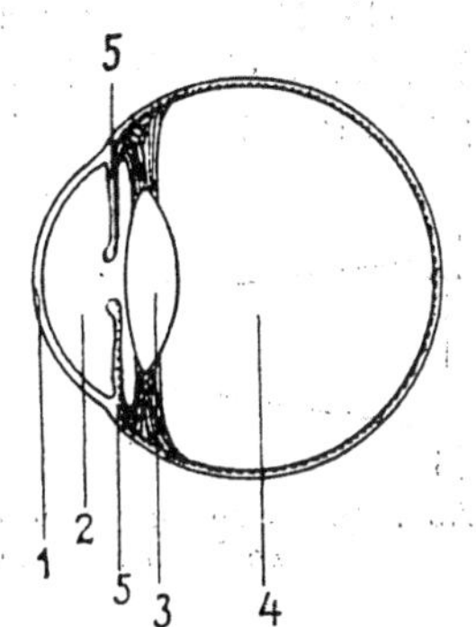

Abb. 98. Menschliches Auge.
1 = Hornhaut, 2 = vordere
Kammer, 3 = Linse, 4 =
Glaskörper, 5 = Iris oder
Regenbogenhaut.

Der Brechungsindex des Kammerwassers
ist fast genau gleich dem des Glaskörpers
(1,34), der der Linse ist wesentlich höher
(1,43). Das Auge ist demnach ein kom-
biniertes optisches System, das, da das erste Medium (Luft) und das
letzte Medium (Glaskörper) nicht gleichartig sind, zwei Brennweiten,
zwei Hauptebenen und zwei Knotenpunkte besitzt. Die Veränderung
der Krümmung der Linsenflächen bewirkt eine Veränderung der
Brechkraft des Systems. Die Fähigkeit des Auges, seine Brechkraft
zu verändern, heißt „Akkommodation". Infolge der Akkommodation
ist das Auge in der Lage, auf der mit Nervenendigungen durchsetzten
Netzhaut, die die Innenfläche des Augapfels auskleidet, scharfe Bilder
von Gegenständen zu entwerfen, die sich in verschiedener Entfernung
vom Auge befinden; die Einstellung geschieht automatisch, und zwar
wird immer derjenige Gegenstand, auf den die Aufmerksamkeit
gerichtet wird, scharf eingestellt. Die Akkommodation wird mit
zunehmendem Alter immer geringer und erlischt etwa im 50. Lebens-
jahr vollständig. Die sphärische und chromatische Aberration ist
beim Auge nicht korrigiert, beide Arten der Aberration können unter
geeigneten Versuchsbedingungen beobachtet werden. Die sphärische
Aberration ist durch die Blendenwirkung der Pupille eingeschränkt
und daher um so geringer, je enger die Pupille ist.

Die beiden Knotenpunkte des Auges liegen ebenso wie die beiden
Hauptebenen sehr nahe beieinander, so daß man ohne in merkliche
Differenz mit der Wirklichkeit zu geraten, das System als ein solches
mit einem Knotenpunkt und einer Hauptebene behandeln kann.
Der an Stelle der beiden Knotenpunkte gesetzte Knotenpunkt liegt
etwa 7,2 mm, die die beiden Hauptebenen ersetzende eine Haupt-
ebene etwa 2,2 mm hinter dem Hornhautscheitel; die Brennpunkte
liegen 12,8 mm vor bzw. 22,2 mm hinter dem Hornhautscheitel.
Knotenpunkte und Hauptebene verrücken sich bei der durch die
Akkommodation veranlaßten Änderung der Brechkraft nicht merklich.

Die Bedeutung des Knotenpunktes eines Systems, das nur einen
Knotenpunkt besitzt, ist die daß jeder nach dem Knotenpunkt
gerichtete Strahl das System ungebrochen passiert. Man kann daher
die Größe des von einem
Gegenstand auf der Netzhaut
entworfenen Bildes nach dem
Muster der Abb. 99 kon-
struieren, indem man von verschiedenen Punkten A und B
des Gegenstandes durch den
Knotenpunkt K Strahlen
zieht. $A_1 B_1$ ist dann das auf

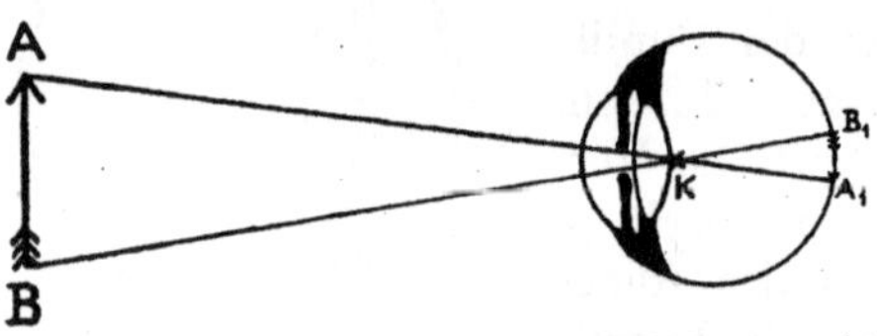

Abb. 99. Größe des von einem Objekt entworfenen Netzhautbildes.

der Netzhaut entstehende Bild von A B. Die Größe von $A_1 B_1$ ist
proportional der Größe des Winkels $A_1 K B_1$, der dem Winkel $A K B$
entspricht. Den Winkel $A K B$ nennt man den Winkel, „unter dem
der Gegenstand AB gesehen wird“. Die scheinbare Größe eines betrachteten Gegenstandes ist proportional der Größe des Netzhautbildes; als scheinbare Größe eines Gegenstandes wird daher die Größe
des Winkels, unter dem der Gegenstand gesehen wird, bezeichnet.

c) Mikroskop.

Mittels einer Lupe kann man von kleinen Gegenständen Netzhaut-
bilder von wesentlich bedeutenderer Größe erzeugen, als sie beim
direkten Betrachten des Gegenstandes entstehen. Die scheinbare
Größe des mit einer Lupe betrachteten Gegenstandes ist abhängig
von der Größe des von der Lupe entworfenen virtuellen Bildes und
von dem Abstand, den dieses Bild vom Auge hat. Man wählt den
Abstand eines zu betrachtenden Bildes vom Auge oder die „Sehweite“
meist zu etwa 25 cm, da in dieser Entfernung die mühelose Betrachtung
des Bildes am besten möglich ist. Als Vergrößerung V der Lupe
bezeichnet man dann das Verhältnis zwischen der scheinbaren Größe
des in der Entfernung von 25 cm betrachteten Bildes und des in
gleicher Entfernung mit dem unbewaffneten Ange gesehenen Gegenstandes. Ist o die tatsächliche Länge einer die Größe des Objektes

charakterisierenden Linie und B die tatsächliche Länge derselben Linie des von der Lupe entworfenen virtuellen Bildes, so verhalten sich nach Gleichung (125):

$$\frac{B}{O} = \frac{b}{a} \qquad \ldots \qquad (129)$$

worin b den Bildabstand und a den Objektabstand von der Linse bedeutet. Zwischen a, b und der Brennweite f der Linse besteht die Linsenformel, d. h. es ist $\frac{1}{a} + \frac{1}{b} = \frac{1}{f}$, woraus sich, da bei virtuellen Bildern b negativ ist, für unseren Fall ergibt:

$$\frac{b}{a} = \frac{b}{f} + 1 \qquad \ldots \qquad (130)$$

Aus Gleichung (129) und (130):

$$\frac{B}{O} = \frac{b}{f} + 1 \qquad \ldots \qquad (131)$$

Die tatsächliche Größe des von einer Lupe entworfenen virtuellen Bildes ist demnach um so größer, je näher der Gegenstand an der Lupe liegt und je kürzer die Brennweite der Lupe ist.

Die scheinbaren Längen der Bildgröße und Objektgröße beschreibenden Linien ist gleich den Quotienten aus den tatsächlichen Längen B und O und der gewählten Sehweite von 25 cm, d. h. gleich $\frac{B}{25}$ bzw. $\frac{O}{25}$. Die scheinbare Vergrößerung V ist gleich dem Quotienten aus den beiden scheinbaren Größen. Bringt man die Lupe unmittelbar ans Auge, so wird die Entfernung des Auges vom Bild gleich der Entfernung des Bildes von der Lupe, d. h. b wird gleich der Sehweite 25 cm. Die Vergrößerung V der Lupe wird damit:

$$V = \frac{25}{f} + 1 \qquad \ldots \qquad (132)$$

Die Vergrößerung ist demnach um so größer, je kürzer die Brennweite der Lupe ist.

Wesentlich stärkere Vergrößerungen als mit einer einfachen Lupe erreicht man, wenn man von einem Gegenstand zunächst durch ein starkes Sammelsystem ein reelles, umgekehrtes, vergrößertes Bild entwirft und dieses mit einer Lupe betrachtet. Ein zu diesem Zweck aus einem starken Sammelsystem und einer Lupe zusammengesetztes Instrument nennt man ein Mikroskop. Die Art der entstehenden Bilder ist in Abb. 100 skizziert. Das reelle Bild des Gegenstandes A B ist $A_1 B_1$, das virtuelle in einer Sehweite von 25 cm betrachtete $A_2 B_2$. Das Sammelsystem 1 heißt das Objektiv, das Sammelsystem 2 das Okular des Mikroskops. Die Konstruktion des Mikroskops erfordert besonders sorgfältige Korrektur der die Schärfe der Bilder beein-

trächtigenden Aberrationen, da bei kleinen, sehr nahe an einem
kurzbrennweitigen Objektiv gelegenen Gegenständen, von kleinen

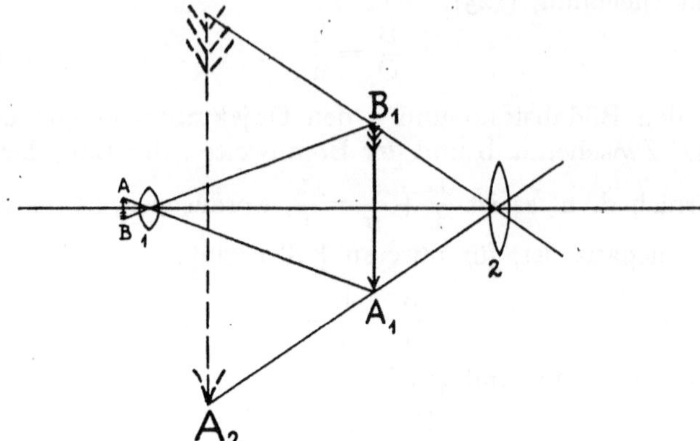

Abb. 100. Mikroskop. 1 = Objektiv, 2 = Okular.

Einfallswinkeln gar keine Rede mehr sein kann, sondern sehr große
Einfallswinkel in Frage kommen.

d) Fernrohre und Scheinwerfer.

Fernrohre sind Apparate, die zur Betrachtung weit entfernter
Gegenstände verwandt werden. Die aus Linsen zusammengesetzten
Fernrohre besitzen stets ein Objektiv und ein Okular; ihre Konstruk-
tionsprinzipien und die von ihnen entworfenen Bilder sind in den
Abb. 101 und 102 skizziert. Reelle Bilder sind in diesen Abbildungen

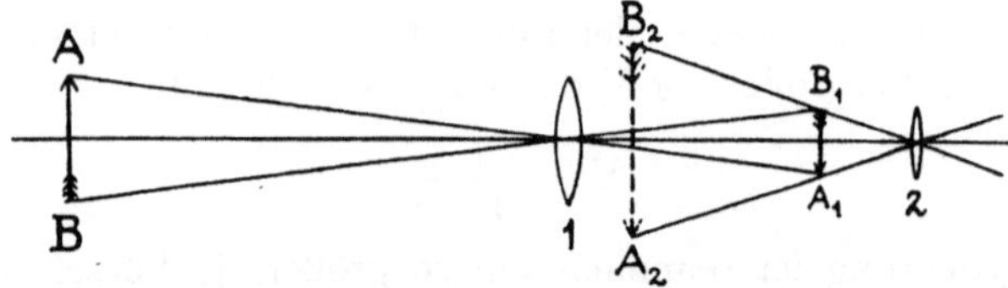

Abb. 101. Astronomisches Fernrohr. 1 = Objektiv, 2 = Okular.

stets ausgezeichnet, virtuelle gestrichelt angegeben. Die Abbildungen
dürften nach dem bisher Gesagten ohne weiteren Komentar verständlich sein.

Abb. 101 stellt die Abbildung durch ein astronomisches Fernrohr
vor; dasselbe entwirft, wie ersichtlich, umgekehrte Bilder.

Das terrestrische Fernrohr, das aufrechte Bilder gibt, unterscheidet sich von dem astronomischen dadurch, daß ein weiteres
Sammelsystem, das zwischen Objektiv und Okular steht, von dem
ersten reellen umgekehrten Bild zunächst ein reelles aufrechtes Bild
entwirft, und erst dieses mit dem Okular als Lupe betrachtet wird.

Das Galileische Fernrohr entwirft aufrechte Bilder. Das Okular ist bei diesem Instrument ein Zerstreuungssystem, das so aufgestellt ist, daß die vom Objektiv kommenden konvergierenden Strahlen sich

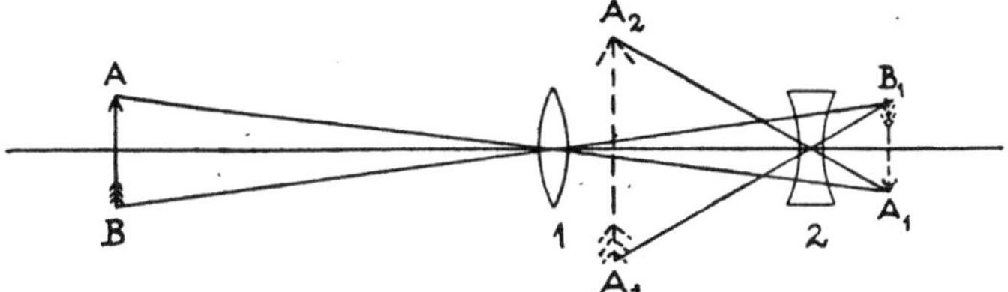

Abb. 102. Galileisches Fernrohr. 1 = Objektiv, 2 = Okular.

nicht zu einem reellen Bild, das in der Abb. 102 bei $A_1 B_1$ entstehen würde, vereinigen, sondern vorher durch das zerstreuende Okular divergierend gemacht werden; dadurch entsteht das virtuelle Bild $A_2 B_2$.

Als Fernrohr, das an Stelle eines Sammelsystems als Objektiv einen Hohlspiegel besitzt, sei in Abb. 103 das Spiegelteleskop skizziert. Durch einen Hohlspiegel H wird ein reelles Bild des Objektes A B ent-

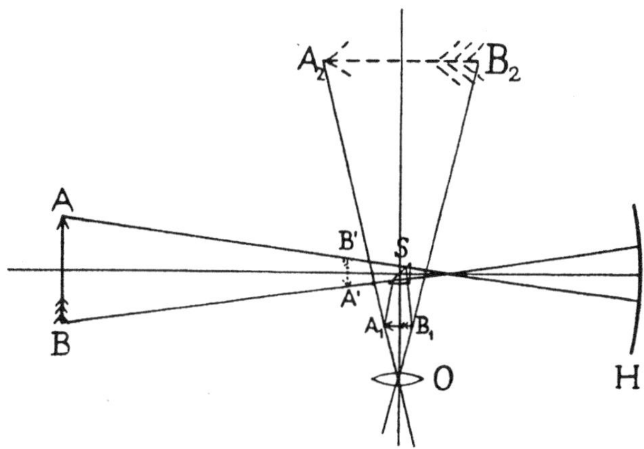

Abb. 103. Spiegelteleskop. H = Hohlspiegel, O = Okular, S = Spiegelprisma.

worfen, das eigentlich bei $A' B'$ entstehen würde. Da das Bild an dieser Stelle der Betrachtung durch ein Okular nur schwer zugänglich wäre, ist ein kleines Spiegelprisma S so in die vom Spiegel zurückkehrenden Strahlen gestellt, daß das reelle Bild bei $A_1 B_1$ entsteht. Durch die Lupe o wird dann das Bild $A_1 B_1$ betrachtet und erscheint als virtuelles Bild bei $A_2 B_2$.

Die als Scheinwerfer bezeichneten Apparate bestehen aus einem Hohlspiegel oder einer Sammellinse. Befindet sich im oder nahe beim Brennpunkte des Hohlspiegels oder der Sammellinse eine kleine helle Lichtquelle, so entsteht ein paralleles oder schwach divergierendes bzw. konvergierendes Strahlenbündel, das durch Drehungen des Apparates nach beliebigen Orten gerichtet werden kann und die örtlich begrenzte helle Beleuchtung bestimmter Gegenstände selbst in großen Entfernungen gestattet.

4. Kapitel: Helligkeit.

a) Photometrie.

Von dem Worte Helligkeit wurde schon mehrfach Gebrauch gemacht, ohne daß näher auf diesen Begriff eingegangen wurde. Im bürgerlichen Leben wird das Wort Helligkeit für verschiedene an sich nicht identische Begriffe verwandt. Physikalische Messungen setzen wohl definierte Begriffe voraus. Die bei der Messung von Helligkeiten, die als „Photometrie" bezeichnet wird, angewandten Begriffe seien daher zunächst erörtert.

Man kann sich vorstellen, daß von einer bestimmten Lichtquelle pro Sekunde eine bestimmte „Lichtmenge" ausgesandt wird; diese Lichtmenge sei das Maß der „Lichtstärke" der Lichtquelle. Denkt man sich eine relativ kleine (punktförmige) Lichtquelle im Zentrum einer Kugel, so wird die gesamte von der Lichtquelle ausgesandte Lichtmenge auf die Innenfläche der Kugeloberfläche auftreffen. Die Innenseite der Kugelfläche wird dadurch beleuchtet, und zwar, wenn die Lichtquelle gleichmäßig nach allen Seiten strahlt, überall gleichartig. Als Maß der „Beleuchtung" einer Fläche wird die in der Zeiteinheit auf die Flächeneinheit auftreffende Lichtmenge gewählt. Angenommen eine Lichtquelle von der Lichtstärke J sende pro Sekunde eine Lichtmenge $M = K\,J$ aus, wobei K eine Konstante bedeutet, die die von der Lichtquelle 1 ausgesandte Lichtmenge angibt, so trifft auf die Flächeneinheit der Kugel vom Radius r pro Sekunde die Lichtmenge B; B ist demnach:

$$B = \frac{K\,J}{4\,\pi\,r^2} \quad \ldots \ldots \ldots \quad (133)$$

Die Beziehung zwischen der Lichtstärke der Lichtquelle, der Beleuchtung der Kugelfläche und der vorläufig noch nicht festgestellten Konstanten K ist in dieser Gleichung (133) festgelegt.

Unter der Voraussetzung, daß die Lichtquelle Licht nach allen Seiten hin gleichmäßig und auf gradlinigen Bahnen aussendet, treffen auf gleich große Flächenstücke derselben Kugel pro Zeiteinheit gleiche Lichtmengen. Die Beleuchtung zweier verschiedener Kugelflächen von verschiedenen Radien unter sonst gleichen Bedingungen verhalten sich zueinander umgekehrt wie die Oberflächen der Kugeln, d. h. umgekehrt wie das Quadrat ihrer Radien. Unter sonst gleichen Umständen wird daher auf ein Flächenstück einer Kugel vom Radius r stets dieselbe Lichtmenge auftreffen, wenn das Verhältnis

$$\frac{\text{Flächeninhalt des Flächenstücks}}{\text{Quadrat des Radius}}$$

dasselbe ist. Die Flächengröße eines Flächenstücks einer Kugel sei f, der Radius der Kugel r. Das Verhältnis $\frac{f}{r^2}$ nennt man den dem betreffenden Flächenstück entsprechenden „räumlichen" Winkel; eine nach allen Seiten gleichmäßig Licht aussendende Lichtquelle sendet demnach in den gleichen räumlichen Winkel in der Zeiteinheit gleiche Lichtmengen. Die Einheit des räumlichen Winkels besitzt z. B. ein aus einer Kugel ausgeschnittener Kegel, dessen Grundfläche f in der Kugelfläche, dessen Spitze im Mittelpunkt der Kugel liegt, und für den das Verhältnis $\frac{f}{r}$ gleich 1 ist, an seiner Spitze. Eine volle Kugel hat in ihrem Mittelpunkt den räumlichen Winkel 4π. Eine Lichtquelle von der Stärke J sendet in den räumlichen Winkel 4π die gesamte von ihr ausgestrahlte Lichtmenge J K, in die Einheit des räumlichen Winkels die Lichtmenge m, die demnach gefunden wird:

$$m = \frac{K\,J}{4\,\pi} \quad . \quad . \quad . \quad . \quad . \quad . \quad . \quad (134)$$

Der Begriff der Lichtmenge wurde eingeführt, ohne daß dabei eine meßbare Größe definiert wurde; ihre Einheit kann daher willkürlich definiert werden, oder was dasselbe heißt, die Konstante K kann willkürlich festgesetzt werden. Man hat K so gewählt, daß sowohl der in Gleichung (133) für die Beleuchtung aufgestellte Wert für $r = 1$, als auch der in Gleichung (134) für die in die Einheit des räumlichen Winkels entsandte Lichtmenge gleich der Lichtstärke der Lichtquelle wird, d. h. es ist $K = 4\pi$ gesetzt. Damit wird die Beleuchtung einer Kugel vom Radius r durch eine zentrale Lichtquelle gleich $\frac{J}{r^2}$. Auf ein Flächenstück der Kugel vom Flächeninhalt f entsendet die Lichtquelle in der Zeiteinheit die Lichtmenge $\frac{J\,f}{r^2}$. Da $\frac{f}{r^2}$ der dem Flächenstück f entsprechende räumliche Winkel ist, ist J gleich der von der Lichtquelle in die Einheit des räumlichen Winkels entsandten Lichtmenge. Die gesamte von einer Lichtquelle von der Lichtstärke J ausgesandte Lichtmenge ist pro Sekunde gleich 4π J. Den Wert 4π J bezeichnet man als den von der Lichtquelle ausgesandten „Lichtstrom". Eine Lichtquelle von der Lichtstärke J sendet demnach im ganzen den Lichtstrom Φ aus:

$$\Phi = 4\,\pi\,J \quad . \quad . \quad . \quad . \quad . \quad . \quad . \quad (135)$$

Auf ein Flächenstück von der Größe f entsendet sie den Lichtstrom φ:

$$\varphi = \frac{J\,f}{r^2} \quad . \quad . \quad . \quad . \quad . \quad . \quad . \quad (136)$$

Das über ein Stück einer zentrisch um die Lichtquelle gelegten Kugelfläche Ausgesagte gilt naturgemäß für jedes Flächenstück, das senkrecht auf einer von der Lichtquelle ausgehenden Linie steht, d. h. senkrecht beleuchtet wird.

Es bestehen nach diesen Auseinandersetzungen folgende Definitionen:

Eine nach allen Seiten gleichmäßig leuchtende Lichtquelle von der Lichtstärke 1 sendet den in den räumlichen Winkel 1 den Lichtstrom 1, bzw. pro Sekunde die Lichtmenge 1; sie bewirkt auf einer senkrecht beleuchteten Fläche im Abstand 1 die Beleuchtung 1.

Die praktisch verwandten Einheiten werden abgeleitet von einer willkürlich festgesetzten Einheit der Lichtstärke, und zwar hat man als Normallichtstärke die Lichtstärke einer bestimmten Lichtquelle gewählt. In Deutschland ist diese Normallichtquelle eine mit Isoamylazetat gespeiste Lampe bestimmter Abmessungen, die sog. „Hefnerkerze“. Als Längeneinheit wird in der Photometrie meist das Meter verwandt. Legt man den Ableitungen diese Ausgangseinheit der Lichtstärke und das Meter als Längeneinheit zugrunde, so ergeben sich die Einheiten der Beleuchtung, die den Namen „Lux“ führt und die Einheit des Lichtstroms, die „Lumen“ heißt. Die Einheit der Lichtmenge ist dann eine „Lumensekunde“. Will man ausdrücken, daß eine Fläche eine bestimmte Zeit lang eine Beleuchtung bestimmter Stärke erfährt, so sagt man, die Fläche erfährt eine „Belichtung“ gleich dem Produkt aus Beleuchtung und Zeit.

Die meisten Lichtquellen leuchten nicht gleichmäßig nach allen Richtungen. Durch Angabe des von ihnen nach den verschiedenen Richtungen in die Einheit des räumlichen Winkels entsandten Lichtstroms kann die Lichtstärke in den verschiedenen Richtungen beschrieben werden. Der gesamte von einer ungleichmäßig leuchtenden Lichtquelle ausgesandte Lichtstrom dividiert durch 4π heißt die mittlere Lichtstärke der Lichtquelle.

Die praktisch verwandten Lichtquellen sind außerdem nicht punktförmig, sondern haben eine gewisse Ausdehnung. Jeder Punkt einer flächenhaft ausgedehnten Lichtquelle sendet Licht in die Umgebung aus; jeder Punkt einer von einer solchen Lichtquelle beleuchteten Fläche erhält daher Licht von jedem Punkt der Lichtquelle.

Besitzt eine leuchtende Fläche von der Ausdehnung F eine Lichtstärke J, so nennt man den Quotienten $\frac{J}{F}$ die „Flächenhelle“ oder den „Glanz“ der leuchtenden Fläche. Der Glanz der verschiedenen als Lichtquellen verwandten leuchtenden Flächen ist sehr verschieden; so z. B. ist der Glanz des positiven Kraters einer brennenden Bogenlampe etwa 1000 mal so groß wie der eines Gasglühlichtstrumpfes.

Die Photometrie vergleicht Lichtquellen miteinander, indem sie die Beleuchtung zweier Flächen, die durch zwei verschiedene Lichtquellen beleuchtet werden, miteinander vergleicht; zwei sonst einander gleichartige Flächen erscheinen gleichhell, wenn sie die gleiche Beleuchtung erfahren; die Photometrie geht daher von der Feststellung der gleichen Helligkeit zweier beleuchteter Flächen aus. Apparate, die solche Vergleiche gestatten, heißen „Photometer". Zwei einfache Photometer seien im folgenden kurz beschrieben.

Das Fettfleckphotometer besteht aus einem Papierschirm, der auf beiden Seiten von zwei Lichtquellen senkrecht beleuchtet wird; auf dem Papierschirm befindet sich ein Fettfleck. Wird ein solcher Schirm auf beiden Seiten gleich beleuchtet, so verschwindet der Fettfleck; die Erscheinung ist dadurch bedingt, daß der Fettfleck lichtdurchlässig ist, und daher bei ungleichstarker Beleuchtung von beiden Seiten, von der Seite der geringeren Beleuchtung gesehen, heller aussieht als die weniger lichtdurchlässige Umgebung des Flecks; von der Seite der stärkeren Beleuchtung gesehen erscheint er dunkler als die Umgebung. Verschiebt man daher den Schirm zwischen zwei Lichtquellen so lange, bis der Fettfleck nicht mehr sichtbar ist, so ist der Schirm auf beiden Seiten gleichstark beleuchtet. Angenommen, die Lichtstärken der Lichtquellen seien J_1 und J_2, ihre Entfernungen vom Schirm beim Unsichtbarwerden des Fettflecks r_1 und r_2, so verhält sich entsprechend Gleichung (133):

$$\frac{J_1}{J_2} = \frac{r_1^2}{r_2^2} \quad \cdot \quad \cdot \quad \cdot \quad \cdot \quad \cdot \quad \cdot \quad (137)$$

Kennt man die Lichtstärke der einen Lichtquelle und mißt die Abstände r_1 und r_2, so kann man nach Gleichung (137) die Lichtstärke der anderen Lichtquelle ausrechnen.

Auf dem gleichen Prinzip beruht der „Photometerwürfel". Seine Konstruktion und Anwendung zum Vergleich von Lichtquellen ist schematisch in Abb. 104 skizziert.

Zwei rechtwinklige Spiegelprismen P_1 und P_2, von denen das eine (P_2) in der in der Figur angedeuteten Art abgeschliffen ist, sind mit ihren Spiegelflächen so aneinandergedrückt, daß keine Luftschicht zwischen den Spiegelflächen liegt. Im Bereich der Aneinanderpressung (zwischen den Punkten 1 und 2) tritt daher keine totale Reflexion ein, sondern ein senkrecht auf eine Prismenfläche auftreffender Lichtstrahl durchdringt den Würfel, der von den beiden Prismen gebildet wird, unabgelenkt; wirksam bleibt jedoch der Rest der Spiegelfläche des Prismas P_1, der den abgeschliffenen Teilen des Prismas P_2 gegenüberliegt (zwischen den Punkten 1 und 3 bzw. 2 und 4). Stellt man zwei Spiegel S_1 und S_2 symmetrisch zu dem Photometerwürfel und einem auf beiden Seiten von zwei verschiedenen Lichtquellen L_1 und L_2 beleuchteten Schirm $F_1 F_2$ in der Art auf, wie es in Abb. 104 angegeben ist, und richtet den Blick senkrecht auf die Fläche A des Photometerwürfels, so sieht man zwischen den Punkten 1 und 2, entsprechend dem angedeuteten Strahlengang $F_2 S_2 A$ die Fläche F_2, zwischen den Punkten 1 und 3 bzw. 2 und 4 die Fläche F_1. Ist die Spiegelfläche des Prismas P_2 so abgeschliffen, daß die Berührungsfläche der Prismen kreisförmig ist, so sieht man in einem kreisförmigen Ausschnitt der Fläche F_1 einen Teil der Fläche F_2 und kann so die Helligkeit der beiden Flächen unmittelbar nebeneinander vergleichen. Sind die beiden

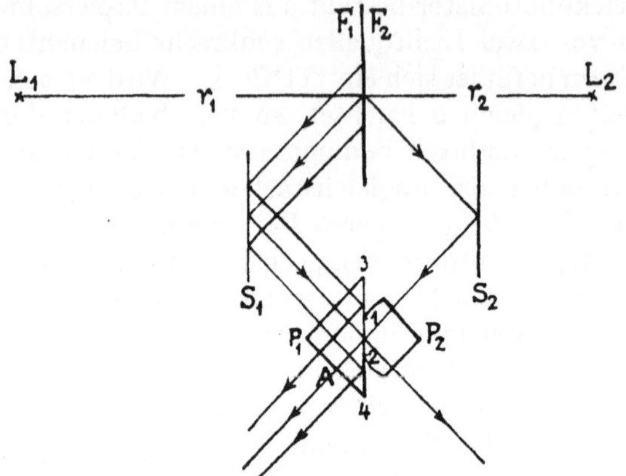

Abb. 104. Photometerwürfel.

Flächen gleichhell beleuchtet, so sieht man nur eine einzige gleichmäßig helle Fläche. Durch Verschieben der ganzen Anordnung zwischen den beiden in festem Abstand voneinander aufgestellten Lichtquellen bzw. durch Verschieben einer Lichtquelle gegenüber der im übrigen fest aufgestellten Anordnung kann man diesen Fall herstellen, und sodann wieder aus den Entfernungen r_1 und r_2 auf die relative Lichtstärke der beiden Lichtquellen nach Gleichung (137) schließen.

b) Objektive und subjektive Helligkeit von Bildern.

Die Helligkeit einer beleuchteten Fläche ist abhängig von der pro Flächeneinheit und Sekunde unter dem Einfluß der Beleuchtung von der Fläche zurückgestrahlten Lichtmenge. Beleuchtete, nicht glatte Oberflächen von Gegenständen werfen die auffallenden Strahlen zum größeren oder kleineren Teil zurück, jedoch nicht nach dem Reflexionsgesetz, sondern in allen möglichen Richtungen. Man nennt diese, auf den kleinen Unebenheiten einer reflektierenden Fläche beruhende Art der Reflexion „diffuse" Reflexion. Eine diffus reflektierende Fläche kann als Lichtquelle betrachtet werden; das objektive Maß ihrer Flächenhelle ist wie bei Lichtquellen anderer Art die Lichtstärke pro Flächeneinheit: unter sonst gleichen Umständen ist dieser Glanz der beleuchteten Fläche proportional der pro Flächen- und Zeit-Einheit auf sie auftreffenden Lichtmenge, oder was dasselbe heißt proportional dem pro Flächeneinheit auf sie auftreffenden Lichtstrom.

Der subjektive Eindruck der Helligkeit einer betrachteten Fläche ist nicht ohne weiteres proportional der objektiven. Flächenhelligkeit, jedoch wird eine Fläche objektiv höheren Glanzes gegenüber einer solchen geringeren Glanzes als heller wahrgenommen, und die subjektive Wahrnehmung gleicher Helligkeit gibt Auskunft darüber, daß auch die objektive Flächenhelligkeit gleich ist, was bei der Beschreibung der Photometrie schon stillschweigend vorausgesetzt wurde. Es ist naheliegend anzunehmen, daß die subjektive Wahrnehmung der Helligkeit ein Ausdruck für den pro Flächeneinheit eines Netzhautbildes auf die Netzhaut treffenden Lichtstrom ist, und das zwei gleichhell erscheinende Flächen Netzhautbildern gleicher objektiver Flächenhelligkeit entsprechen.

Der von einer leuchtenden Fläche ausgesandte, ins Auge gelangende Lichtstrom ist proportional dem räumlichen Winkel $\frac{\pi\,p^2}{4\,a^2}$, worin p der Durchmesser der Pupille, $\frac{1}{4}\,\pi\,p^2$ demnach die Flächengröße des Pupillenloches und a der Abstand der leuchtenden Fläche vom Auge ist; außerdem ist der ins Auge gelangende Lichtstrom proportional der Lichtstärke der leuchtenden Fläche, d. h. dem Produkt aus ihrem Glanz G und ihrer Größe F. Für den Gesamtlichtstrom L, der ins Auge dringt, kann demnach angesetzt werden:

$$L = \frac{F\,G\,\pi\,p^2}{4\,a^2} \quad\ldots\ldots\ldots\quad (138)$$

Der pro Flächeneinheit des entstehenden Netzhautbildes auf die Netzhaut auftreffende Lichtstrom H ist gleich dem Quotienten aus dem Gesamtlichtstrom L und der Flächengröße des Netzhautbildes N. Es kann demnach angesetzt werden:

$$H = \frac{L}{N} = \frac{F\,G\,\pi\,p^2}{4\,N\,a^2} \quad\ldots\ldots\ldots\quad (139)$$

Die Flächengrößen der leuchtenden Fläche und des Netzhautbildes verhalten sich, da sich zwei gleichartige lineare Dimensionen des Objektes und des Bildes zueinander verhalten, wie Objektabstand a und Bildabstand b vom Knotenpunkt des Auges, wie $\frac{a^2}{b^2}$. In Gleichung (139) kann daher $\frac{F}{N} = \frac{a^2}{b^2}$ gesetzt werden, wodurch man erhält:

$$H = \frac{G\,\pi\,p^2}{4\,b^2} \quad\ldots\ldots\ldots\quad (140)$$

Da b, wie schon erwähnt, beim Auge infolge der Akkommodation ohne Rücksicht auf die Objektentfernung konstant ist, ist der pro Flächeneinheit des Netzhautbildes auf die Netzhaut fallende Lichtstrom unabhängig von der Entfernung der leuchtenden Fläche vom Auge; die gleiche Fläche erscheint daher in jeder beliebigen Entfernung vom Auge als gleich hell.

Die für das Netzhautbild abgeleitete Gleichung (140) gilt unverändert für das in einem photographischen Apparat auf der photographischen Platte oder der Mattscheibe entworfene reelle Bild. Die Helligkeit des entstehenden Bildes ist unter sonst gleichen Umständen abhängig von dem in Gleichung (140) ausgedrückten Lichtstrom, der pro Flächeneinheit des entstehenden Bildes auf die Platte fällt; sie nimmt entsprechend Gleichung (140) mit dem Quadrat des Blendendurchmessers zu. Eine Konstanz des Bildabstandes b liegt allerdings bei photographischen Apparaten nicht vor, sondern b ist durch den Objektabstand a und die Brennweite f nach der Linsenformel bestimmt. Nur wenn a groß gegenüber f ist, ist b ohne Rücksicht auf die Größe von a nahezu gleich f. Für weit entfernte Gegenstände ist demnach die Helligkeit des Bildes ebenfalls unabhängig von der Entfernung des Gegenstandes und nur abhängig von seinem Glanz und proportional dem Quadrat des Verhältnisses $\frac{p}{f}$. Objektive, für die das Verhältnis $\frac{\text{Blendendurchmesser}}{\text{Brennweite}}$ dasselbe ist, entwerfen von weit entfernten Gegenständen unter sonst gleichen Umständen gleichhelle Bilder. Die Blendenöffnungen photographischer Objektive wird aus diesem Grund meist in Bruchteilen der Brennweite angegeben.

Die optischen Instrumente, vor allem die Fernrohre und die Mikroskope haben sich von den einfachen, im vorhergehenden Kapitel beschriebenen Apparaten ausgehend, durch langdauernde und umfangreiche theoretische und praktische Arbeit zahlreicher Forscher zu immer komplizierteren Apparaten entwickelt. Die Güte der Abbildung und die Helligkeit der Bilder ist im Laufe dieser Entwicklung immer besser geworden. Auch nur einen Teil des Werdegangs der heute verwandten Apparate darzustellen, ist an dieser Stelle unmöglich; es sollen daher nur einige kurze Hinweise über die Helligkeit der durch optische Instrumente gesehenen Bilder gegeben werden.

Ohne Rücksicht auf den Strahlenverlauf im Innern eines optischen Apparates kann man aussagen, daß der gesamte Lichtstrom, der in das Objektiv eintritt, wenn man von den Verlusten, die das Licht beim Durchgang durch die Linsen erfährt, absieht, aus dem Okular wieder austritt. Das aus dem Okular austretende Strahlenbüschel ist nie ein paralleles, sondern hat in kurzem Abstand hinter dem Okular eine engste Stelle, um von da aus zu divergieren; die engste Stelle, die der „Okularkreis" oder die „Öffnungspupille" genannt wird, ist der geeignetste Ort, an den die Pupille des Auges gebracht werden muß, um den Eintritt eines möglichst starken Lichtstroms in das Auge zu erzielen. Ist die Öffnungspupille des Instrumentes kleiner als die Pupille des Auges, so tritt der gesamte durch das Instrument gehende Lichtstrom in das Auge. Der in das Instrument eintretende Lichtstrom ist um so größer, je größer die Blendenöffnung des Objektives ist. Über die subjektive Helligkeit des beobachteten Bildes kann eine Aussage gemacht werden, wenn die Größe des Netzhautbildes und die Stärke des in das Auge eintretenden Lichtstroms bekannt ist.

Die Bedeutung des Okularkreises eines optischen Instrumentes kann leicht ermittelt werden. Richtet man das Instrument auf eine gleichmäßig erleuchtete Fläche und bringt dicht vor das Objektiv eine Blende, so beobachtet man, daß an der Stelle des Okularkreises ein reelles Bild dieser Blende entsteht. Der Okularkreis des Instrumentes ist demnach ein reelles Bild der Objektivblende oder wenn das Objektiv keine Blende besitzt, der Objektivfassung. Es läßt sich nun durch Überlegungen ähnlich denen, die zu dem Schluß geführt haben, daß die subjektive Helligkeit des Bildes einer beleuchteten Fläche unabhängig ist von der Entfernung, aus der die Fläche betrachtet wird, zeigen, daß die scheinbare Helligkeit des durch ein optisches Instrument betrachteten Bildes so lange unabhängig ist von der Vergrößerung des Instrumentes, als der Okularkreis die ganze Pupille des Auges ausfüllt.

Bei starken Mikroskopen ist es nur dann möglich den Okularkreis so groß wie die Pupille des Auges zu machen, wenn der von der Objektivblende umfaßte räumliche Winkel, der einen Punkt des betrachteten Gegenstandes an der Spitze hat, sehr groß ist; man bezeichnet diesen Winkel als die „Öffnung" des Objektivs und verwendet bei starken Mikroskopobjektiven Öffnungen von mehr als 100 Grad. Von kleinen Einfallswinkeln der Lichtstrahlen kann bei einer solchen Öffnung natürlich keine Rede mehr sein.

5. Kapitel: Farbenzerstreuung bei der Brechung des Lichts, Spektrum.

a) Spektralapparat.

Wie schon mehrfach erwähnt, wird weißes Licht bei der Brechung an einer Grenzfläche zwischen zwei Medien verschiedener optischer Dichte in Strahlen verschiedener Farben zerstreut. Die Farbenzerstreuung wurde beschrieben durch die Angabe verschiedener Brechungsindizes eines Stoffes für die verschiedenen Farben. Will man die Farbenzerstreuung besonders auffallend machen, so wählt man zweckmäßig ein Prisma dreieckiger Grundfläche aus einem Stoff mit hohem Brechungsindex, durch das man ein Bündel weißer Lichtstrahlen hindurchgehen läßt. Die Art des möglichen Strahlendurchgangs durch ein solches Prisma ist in Abb. 105 im Grundriß skizziert.

Ein Strahlenbündel weißen Lichts fällt auf die Seite A B des Prismas A B C bei E und wird dort beim Eintritt gebrochen und zerstreut; es passiert das Prisma und tritt bei V unter erneuter Brechung wieder aus dem Prisma aus. Die Kante A, an der die beiden Ebenen des Prismas, an denen der Eintritt und Austritt der Strahlen erfolgt, zusammenstoßen, heißt die „brechende Kante" des Prismas. Die Ablenkung der Lichtstrahlen erfolgt, infolge der Form des Prismas,

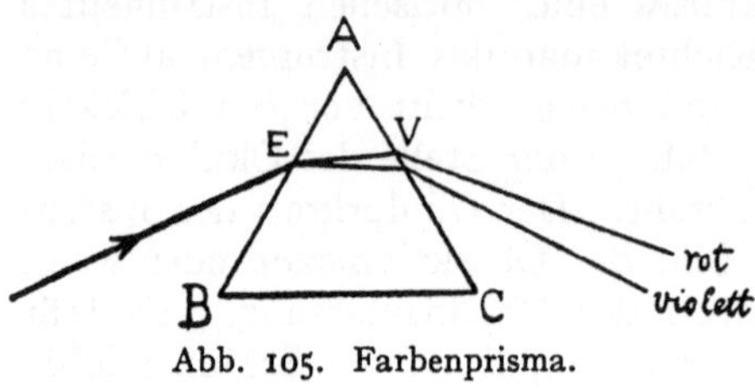

Abb. 105. Farbenprisma.

bei beiden Brechungen in derselben Richtung, d. h. die Brechung beim Austritt verstärkt die durch die Brechung beim Eintritt erzeugte Ablenkung der Strahlen von ihrem ursprünglichen Weg und dementsprechend die Farbenzerstreuung. Fängt man die gebrochenen Strahlen auf einem Schirm auf, so entsteht ein aus den verschiedensten ineinander übergehenden Farben zusammengesetzter Streifen auf dem Schirm; man nennt einen solchen farbigen Streifen ein „Spektrum". Am wenigsten abgelenkt werden die Strahlen von roter Farbe, auf sie folgen orange, gelb, grün, hellblau, dunkelblau und schließlich die am stärksten abgelenkten violetten Strahlen.

Apparate, die zum Entwerfen von Spektren dienen, heißen Spektralapparate. Die grundsätzliche Einrichtung eines Spektralapparates zeigt Abb. 106. Von einem hellbeleuchteten Spalt S wird

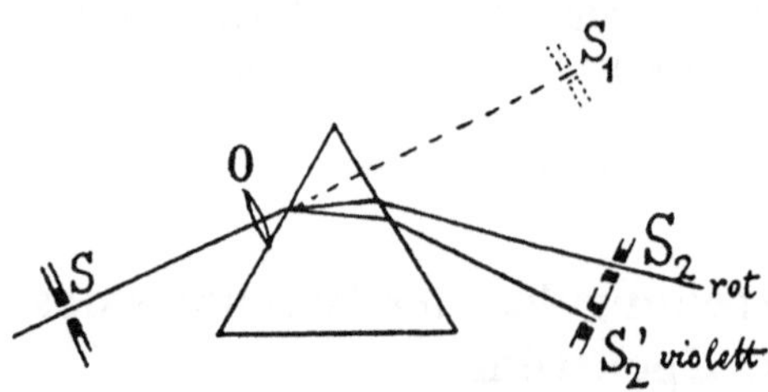

Abb. 106. Spektralapparat.

durch ein Objektiv o ein reelles Bild entworfen, das beim Fehlen des Prismas bei S_1 entstehen würde; in den Strahlengang ist das Prisma so eingeschoben, daß die Strahlen in der bekannten Richtung gebrochen werden. Wäre der Spalt mit einem Licht beleuchtet, das durch die Brechung nicht zerstreut würde, so entstände ein reelles Bild des Spaltes an einer Stelle zwischen S_2 und S_2'; ist der Spalt mit Licht, das aus verschiedenen Farben zusammengesetzt ist, beleuchtet, so entsteht eine Anzahl Spaltbilder in den verschiedenen Farben und zwar an verschiedenen Orten zwischen S_2 und S_2', da die Brechung für die verschiedenen Farben verschieden stark ist; S_2 und S_2' sind die Orte, an denen das rote und das violette Spaltbild entsteht. Die verschiedenfarbigen Spaltbilder überdecken sich zum Teil, so daß bei Verwendung weißen Lichts zwischen S_2 und S_2' ein kontinuierliches Farbband entsteht, in welchem die verschiedenen

Farben kontinuierlich ineinander übergehen. Die Spaltbilder überdecken sich um so weniger, je enger der Spalt ist, d. h. die im Spektrum beobachteten Farben entsprechen um so genauer den im weißen Licht tatsächlich vorhandenen Farben, das Spektrum ist um so reiner, je enger der Spalt ist. Die Ablenkung und Zerstreuung der Lichtstrahlen ist verschieden, je nach dem Einfallswinkel der Lichtstrahlen; man wählt zweckmäßig eine solche Stellung des Prismas, daß der mittlere Ausfallswinkel der gebrochenen Strahlen gleich dem Einfallswinkel der einfallenden Strahlen ist. Bei dieser Stellung des Prismas ist die Gesamtablenkung der Strahlen ein Minimum. Das zwischen S_2 und S_2' entstehende Spektrum kann entweder auf einem Schirm aufgefangen, oder durch ein Okular betrachtet werden.

Durch Verwendung zweier Prismen aus Crown- und Flint-Glas ist es infolge der im Verhältnis zur Größe des Brechungsindex stärkeren Farbenzerstreuung des Flintglases möglich, eine Kombination herzustellen, bei der die Ablenkung der mittleren Strahlen des Spektrums gerade beseitigt, die Farbenzerstreuung aber nicht vollkommen aufgehoben ist. Solche „geradsichtige" Prismen können daher zum Entwerfen eines Spektrums ohne merkliche Ablenkung der Strahlen dienen.

b) Spektralfarben und subjektive Farben, Mischung von Farben.

Beleuchtet man den Spalt eines Spektralapparates mit weißem Licht, so erhält man als Spektrum, wie gesagt, ein kontinuierliches Farbband. Bei der Beleuchtung des Spaltes mit farbigem Licht erhält man unter Umständen ein gleichartiges Farbband, in dem nur einige Farben fehlen, unter anderen Umständen nur wenige oder eine einzige Farbe, die an den Stellen beobachtet werden, an denen die gleichen Farben im kontinuierlichen Spektrum liegen. Niemals erhält man bei der spektralen Zerlegung irgendeines Lichtes andere Farben als die, die auch im kontinuierlichen Spektrum, das aus dem weißen Licht eines glühenden festen oder flüssigen Körpers entsteht, vorhanden sind. Man muß daraus schließen, daß alles Licht zusammengesetzt ist aus den im Spektrum des weißen Lichts vorhandenen Farben. Die im Spektrum weißen Lichtes beobachteten Farben erschöpfen jedoch die sämtlichen subjektiv wahrzunehmenden Farbtöne keineswegs; es werden unzählige Farben gesehen, die im Spektrum nicht vorhanden sind. Von diesen Farben läßt sich jedoch zeigen, daß sie durch Mischung von Spektralfarben hergestellt werden können. Die Mischung zweier oder mehrerer Spektralfarben kann in der Art vorgenommen werden, daß an der Stelle des nach Abb. 106 entworfenen reellen Spektrums ein Schirm angebracht wird mit schlitzförmigen Löchern, durch die nur bestimmte Farben hindurchgehen können. Für die Farben, die durch die Schlitzblenden gehen, kann man nun die Farbenzerstreuung durch geeignete optische Apparate wieder rückgängig machen, so daß Lichtflecke auf einem weiteren Schirm entstehen, die von den gemischten ausgeblendeten Strahlen beleuchtet sind. Durch solche Mischung zweier oder mehrerer Spektralfarben können sämtliche vorkommende Farben hervorgebracht werden.

Bei Mischversuchen zeigt sich nun, daß häufig aus der Mischung zweier oder mehrerer Spektralfarben eine Farbe hervorgeht, die subjektiv durchaus einen gleichartigen Eindruck, wie eine bestimmte Spektralfarbe oder wie eine aus ganz anderen Farben gemischte Farbe, macht. Die subjektive Empfindung gibt demnach keinen eindeutigen Aufschluß über die Spektralfarben, aus denen das betreffende Licht zusammengesetzt ist. Die Stellung einer Spektralfarbe im Spektrum gibt, wie später (V. Abschn. 1. Kap.) erörtert, Aufschluß über bestimmte physikalische Qualitäten des betreffenden Lichts, die subjektiv wahrgenommenen Farben aber sind Empfindungen, deren Eigenart durch die Einrichtung des menschlichen Sinnesorgans bedingt ist. Die Einrichtung des Sinnesorgans ist derart, daß physikalisch verschiedene Einwirkungen gleichartige Empfindungen auslösen können.

Schneidet man aus einem aus weißem Licht entstandenen Spektrum eine oder mehrere Farben aus und mischt sowohl die ausgeschnittenen als auch die übrigbleibenden, so erhält man zwei Farben, die in der Beziehung zueinander stehen, daß sie gemeinsam sämtliche Spektralfarben enthalten; mischt man sie daher miteinander, so entsteht weiß. Zwei Farben, aus deren Mischung weiß entsteht, heißen „Komplementärfarben". Es gibt unendlich viele Paare von Komplementärfarben; die bekanntesten sind Rot-Grün und Blau-Gelb. In ähnlicher Weise können zahlreiche Gruppen von 3 verschiedenen Farben gefunden werden, aus deren Mischung weiß entsteht. Es läßt sich nun zeigen, daß, wenn man aus 3 Farben durch Mischung weiß herstellen kann, man auch durch Mischung verschiedener Lichtmengen derselben Farben alle möglichen Farbtöne mischen kann. Diese Tatsache hat zur Ausbildung der verschiedenen Verfahren zur Herstellung von Bildern in natürlichen Farben (Dreifarbendruck, Dreifarbenphotographie) geführt.

c) Absorptionsspektren, Fraunhofersche Linien, Emissionsspektren.

Bringt man einen durchsichtigen gefärbten Körper zwischen eine weiße Lichtquelle und den Spalt eines Spektralapparates, so beobachtet man, daß in dem kontinuierlichen Spektrum des weißen Lichtes eine oder mehrere Farben fehlen, d. h. das Farbband des Spektrums ist durch einen oder mehrere dunkle Streifen unterbrochen. Ein solches Spektrum nennt man das „Absorptionsspektrum" des gefärbten Körpers. Die Farbe des gefärbten Körpers kommt dadurch zustande, daß der Körper die den Absorptionsstreifen im Spektrum entsprechenden Farben nicht durchläßt, während die anderen Farben den Körper ungehindert durchdringen. Ähnliches beobachtet man bei der spektralen Zerlegung des von einem undurchsichtigen gefärbten Körper reflektierten Lichtes; der Körper wirft bestimmte Farben zurück, während er die anderen in sich aufnimmt. Von den Strahlen, die beim Durchgang durch einen gefärbten Körper oder beim Auftreffen auf einen gefärbten Körper zurückgehalten werden, sagt man, sie werden von dem Körper absorbiert. Die absorbierten Lichtstrahlen verschwinden; an ihrer Stelle beobachtet man eine Erwärmung des absorbierenden Körpers.

In seltenen Fällen kann man feststellen, daß ein Körper bestimmte Farben durchläßt, andere reflektiert. Solche Körper haben im durchfallenden Licht eine andere Farbe als im auffallenden; wird dabei keine Farbe absorbiert, sondern reflektiert der Körper alle Strahlen, die er nicht durchläßt, so ist die im auffallenden Licht beobachtete Farbe zu der im durchfallenden Licht gesehenen komplementär.

Außer beim Durchgang von Licht durch einen gefärbten Körper bzw. bei der Reflexion durch einen solchen, entsteht farbiges Licht, wenn Gase zum Glühen gebracht werden. Entwirft man das Spektrum des von einem glühenden Gas ausgesandten farbigen Lichtes, so findet man, daß dieses Spektrum nur aus einigen Linien, unter Umständen sogar nur aus einer einzigen farbigen Linie besteht; man nennt aus diesem Grund ein derartiges Spektrum ein „Linienspektrum". Spektren, die aus dem von glühenden Körpern ausgesandten Licht entstehen, nennt man die „Emissionsspektren" der betreffenden Körper. Die Emissionsspektren glühender fester und flüssiger Körper sind stets kontinuierliche Spektren, die Emissionsspektren glühender Gase stets Linienspektren.

Die Linienspektren glühender Gase sind charakteristisch für die Natur der Gase, und zwar sind die verschiedenen chemischen Elemente durch ganz bestimmte, für die betreffenden Elemente charakteristische, Emissionsspektren ausgezeichnet. Das zu einem bestimmten Element gehörende Emissionsspektrum tritt unter allen Umständen, gleichgültig in welcher Verbindung das Element in einem glühenden Gas vorhanden ist, auf; durch Beobachtung des Emissionsspektrums eines glühenden Gases kann daher die elementare Zusammensetzung des Gases ermittelt werden (Spektralanalyse).

Ein sehr häufig entworfenes Emissionsspektrum ist das dem Natrium eigentümliche; es wird erzeugt, indem man zur Beleuchtung des Spaltes eines Spektralapparates eine nichtleuchtende Flamme, in die Kochsalz eingebracht ist, verwendet. Die Flamme erhält durch

Einbringen des Kochsalzes eine charakteristische gelbe Farbe. Das Spektrum dieses Natriumlichtes besteht aus einer sehr eindrucksvollen gelben Linie, der sog. Natriumlinie. Das Natriumlicht besteht demnach nur aus einer einzigen Spektralfarbe.

Untersucht man die Absorptionsspektren von Gasen, so findet man, daß Gase auch bestimmte Strahlen absorbieren; man kann diese Tatsache sogar am glühenden Gas nachweisen, wenn man das weiße Licht einer sehr intensiven Lichtquelle durch eine glühendes Gas schickt und sodann spektral zerlegt. Es entsteht dann ein helles kontinuierliches Spektrum, das an den Stellen, an denen die Licht-linien des Emissionsspektrums des glühenden Gases beobachtet werden, dunkle Linien erkennen läßt. Das Gas absorbiert dem-nach genau dieselben Farben, die es in glühendem Zustande aussendet.

Das Spektrum des von der Sonne ausgesandten Lichtes ist ein mit dem Spektrum glühender fester oder flüssiger Körper überein-stimmendes kontinuierliches. Bei genauer Betrachtung findet man jedoch, daß das Spektrum von feinen Linien, den „Fraunhoferschen Linien“ durchsetzt ist. Die Fraunhoferschen Linien liegen an be-stimmten Stellen des Spektrums und zwar an Stellen, die den Linien-spektren der verschiedensten Elemente zukommen. Man muß daraus schließen, daß die Fraunhoferschen Linien die Absorptionsspektren von Gasen sind, die die verschiedenen Elemente enthalten, die diesen Absorptionsspektren entsprechen. Das Sonnenlicht passiert, ehe es auf der Erde beobachtet werden kann, die Atmosphäre der Sonne und die der Erde; die Fraunhoferschen Linien geben daher Auskunft über die in diesen beiden Atmosphären vorhandenen Elemente. Da man die in der Erdatmosphäre enthaltenen Elemente kennt, geben die Fraunhoferschen Linien Auskunft über die elementare Zusammensetzung der Sonnenatmosphäre. Ähnliche Auskunft erhält man über die Zusammensetzung der Atmosphäre der verschiedensten Weltkörper aus der spektralen Zerlegung des von ihnen ausgesandten Lichts.

d) Ultrarote und ultraviolette Strahlen.

Der Mangel an Licht ruft beim Menschen die Empfindung schwarz hervor; ein vollkommen schwarzer Körper ist ein solcher, der weder Licht reflektiert, noch durchläßt, sondern sämtliches auf ihn auf-treffende Licht absorbiert. Daß an Stelle der absorbierten Licht-strahlen Wärme auftritt, wurde schon erwähnt. Das Auftreten von Wärme bei der Absorption kann dadurch erwiesen werden, daß man die Temperatur eines lichtabsorbierenden Körpers unter dem Einfluß einer Bestrahlung bestimmt. In einfachster Form geschieht das, indem man die Quecksilberkugel eines Thermometers mit Ruß schwärzt und dieses Thermometer in die verschiedenen Farben des Spektrums bringt. Man findet dabei, daß das Thermometer in allen Farben eine Temperaturerhöhung erfährt. Die bei der Absorption des Lichts entstehende Wärme ist der Ausdruck dafür, daß die Lichtstrahlen eine gewisse Energie darstellen, und daß diese Energie durch die Absorption in Wärme übergeführt wird.

Verwendet man zum Entwerfen eines Spektrums Linsen und Prisma aus Steinsalz statt aus Glas und untersucht mit dem geschwärzten Thermometer die dunklen Stellen, die an das Rot des Spektrums anschließen, so kann man feststellen, daß das Thermometer auch noch außerhalb des Rot steigt, und zwar sogar auffallend stark; man findet einen ganzen dunklen Bereich im Anschluß an das Rot, in welchem diese Beobachtung zu machen ist. Man schließt daraus, daß außerhalb des Rot noch unsichtbare Strahlen vorhanden sind und nennt diese Strahlen, die noch weniger gebrochen werden, als die roten, „ultrarote" Strahlen. Die ultraroten Strahlen sind identisch mit den schon früher erwähnten (s. S. 75) dunklen Wärmestrahlen. Wie dort schon erörtert, ist Glas für dunkle Wärmestrahlen undurchlässig. Man kann sie aus diesem Grund nur dann im Spektrum beobachten, wenn man zum Entwerfen des Spektrums kein Glas, sondern einen für dunkle Wärmestrahlen durchlässigen Stoff verwendet.

Weiterhin kann man beobachten, daß sich auch auf der anderen Seite des Spektrums, im Dunkeln jenseits des Violett Vorgänge abspielen, die auf das Vorhandensein von Strahlen auch in diesem Bereich schließen lassen. Um die Beobachtungen in vollem Umfang machen zu können, muß man in der Einrichtung zum Entwerfen des Spektrums ebenfalls kein Glas, sondern Quarz verwenden.

Wie schon früher erwähnt, erfahren gewisse Silbersalze unter dem Einfluß von Licht gewisse Veränderungen, die es ermöglichen, sog. photographische Schichten herzustellen. Eine jenseits des Violett des Spektrums im Dunkel aufgestellte photographische Schicht erfährt, wie man leicht feststellen kann, dieselben Veränderungen, wie wenn sie der Einwirkung sichtbarer Lichstrahlen ausgesetzt ist, ja es wird sogar an diesen Stellen eine bedeutend stärkere Veränderung der photographischen Schicht beobachtet, als bei gleichlanger Beleuchtung mit einer der sichtbaren Spektralfarben. Es sind demnach anscheinend jenseits des Violett noch unsichtbare Strahlen besonders starker photographischer Wirksamkeit vorhanden, die stärker als Violett gebrochen werden; sie heißen „ultraviolette" Strahlen. Der Nachweis der ultravioletten Strahlen kann außer durch ihre photographische Wirksamkeit durch „Fluoreszenz" erbracht werden. Unter Fluoreszenz versteht man das Aufleuchten gewisser Stoffe bei Bestrahlung; das Aufleuchten erfolgt meist in einem grünlichen oder bläulichen Licht, und zwar ist die Farbe des Aufleuchtens unabhängig von der Farbe des die Fluoreszenz erregenden

Lichts; zahlreiche Stoffe, unter anderem verschiedene Sulfide, fluoreszieren. Fluoreszierende Stoffe leuchten nun nicht nur im Bereich des sichtbaren Spektrums, sondern auch im Bereich des Ultravioletten sehr lebhaft auf und verkünden dadurch die Anwesenheit der sonst unsichtbaren Strahlen. Glas ist für den größten Teil der ultravioletten Strahlen undurchlässig, so daß man, um den tatsächlichen Umfang des Ultravioletten im Spektrum kennen zu lernen, Quarz-Prismen und Linsen verwenden muß.

Die ultraroten, sichtbaren und ultravioletten Strahlen müssen als ein kontinuierliches Spektrum an sich gleichartiger Strahlen betrachtet werden, unter denen kein andersartiger Unterschied besteht als zwischen den einzelnen Spektralfarben. Die sichtbaren Strahlen sind aus diesem Spektrum durch die Eigenschaften des menschlichen Sinnesorgans, das nur einen kleinen Teil des viel größeren Spektrums wahrnimmt, hervorgehoben. Die Ausdehnung des ultravioletten Spektrums beträgt ein Mehrfaches des sichtbaren Spektrums, die Ausdehnung des ultraroten Spektrums ist verhältnismäßig klein.

6. Kapitel: Messung der Fortpflanzungsgeschwindigkeit des Lichts.

a) Astronomische Messung.

Die erste Bestimmung der Fortpflanzungsgeschwindigkeit des Lichts wurde auf Grund astronomischer Beobachtungen an den Monden des Jupiter durchgeführt. Der große Planet Jupiter hat bekanntlich mehrere Monde, von denen 4 leicht zu sehen sind. An einem dieser Monde wurde folgende Beobachtung gemacht: Der Jupitermond tritt bei jedem seiner Umläufe in den vom Jupiter geworfenen Schatten ein und wird dadurch verdunkelt; nachdem er den Schatten durchlaufen hat, wird er beim Austritt aus dem Schatten wieder erleuchtet. Der Zeitpunkt der Verdunkelung und des Wiederaufleuchtens kann festgestellt werden. Die Dauer der Verdunkelung ist durch die Breite des Jupiterschattens und die Umlaufzeit des Mondes gegeben. Zu gewissen Jahreszeiten entfernt sich der Jupiter von der Erde, zu anderen Zeiten nähern sich die beiden Planeten einander. Es wurde nun festgestellt, daß zu den Zeiten, in denen die Entfernung Erde-Jupiter im Wachsen begriffen ist, die beobachtete Verdunkelung des Jupitermondes länger dauert, als seiner Aufenthaltsdauer im Jupiterschatten entspricht. Bewegen sich Jupiter und Erde aufeinander zu, so beobachtet man im Gegenteil eine zu kurz dauernde Verdunkelung des Mondes. Der erste Beobachter dieser auffallenden Erscheinung erklärte sie durch die Annahme einer bestimmten Fortpflanzungsgeschwindigkeit des Lichtes und folgerte aus der Annahme, daß die Verdunkelung und das Wiederaufleuchten des Mondes nicht zur Zeit der tatsächlichen Verdunkelung und Wiedererhellung des Mondes, sondern um die Länge der Zeit später gesehen wird, die das Licht zum Zurücklegen der Entfernung Erde-Jupiter notwendig hat. Vergrößert sich diese Entfernung während der Zeit der Verdunkelung, so ist die Zeitdifferenz zwischen der wirklichen Wiederbeleuchtung und ihrer Beobachtung größer, als die Zeitdifferenz zwischen der Zeit der tatsächlichen Verdunkelung und ihrer Beobachtung, d. h. der Mond bleibt anscheinend zu lange im Jupiterschatten. Aus der gleichartigen Überlegung folgt, daß der Jupitermond anscheinend zu kurze Zeit verdunkelt wird, wenn sich während der Beschattung die Entfernung Erde-Jupiter vermindert.

In einem bestimmten Fall wurde beobachtet, daß der Jupitermond 14 Sekunden zu spät aus dem Jupiterschatten austrat. Die Entfernung Jupiter-Erde hatte sich während der Beschattung des Mondes um 4 200 000 km vergrößert; das Licht müßte danach zum Zurücklegen von 4 200 000 km 14 Sekunden notwendig haben, was einer Fortpflanzungsgeschwindigkeit von 300 000 km pro Sekunde oder von $3 \times 10^{10} \frac{\mathrm{cm}}{\mathrm{sec}}$ entspräche. Die so bestimmte Größe der Lichtgeschwindigkeit wurde dann später vielfach durch Messungen auf der Erde bestätigt.

b) Terrestrische Messung.

Die Messung der Lichtgeschwindigkeit auf der Erde stößt auf größere Schwierigkeiten, da hier nur verhältnismäßig kleine Entfernungen zur Verfügung stehen, und es sich daher um die Messung sehr kurzer Zeiten handelt. Es ist jedoch gelungen, auch dieser

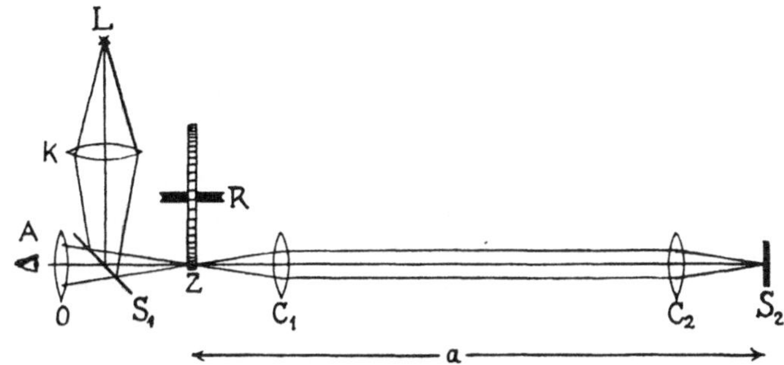

Abb. 107. Terrestrische Messung der Lichtgeschwindigkeit.

Schwierigkeit Herr zu werden. Nur eine der angewandten Methoden der Messung sei an Hand der Abb. 107 erörtert.

Von der kleinen Lichtquelle L wird vermittels der Linse K und des unbelegten Spiegels S_1 ein reelles Bild bei Z entworfen. An der Stelle Z ist ein am Rande ausgezahntes Rad, das um die Achse R drehbar ist, so aufgestellt, daß das Bild der Lichtquelle beim Rotieren des Rades abwechselnd auf die Zähne des Rades und durch die Lücken zwischen den Zähnen fällt. Durch Rotation des Rades wird daher der Gang der Lichtstrahlen rhythmisch unterbrochen und wieder frei gegeben. Die hinter dem Zahnrad aufgestellte Linse C_1 macht die Lichtstrahlen parallel; sie fallen in der großen Entfernung a auf eine Linse C_2, in deren Brennpunkt der Spiegel S_2 senkrecht zur Achse der Linse und der Richtung der parallel auf die Linse auffallenden Strahlen steht. S_2 reflektiert die ankommenden Strahlen, die denselben Weg zurücklaufen, auf dem sie angekommen sind; sie werden durch C_2 parallel gemacht, durch C_1 zu einem reellen Bild bei Z vereinigt, treffen bei ihrem weiteren Fortschreiten wieder auf den Spiegel S_1 und werden von diesem, da er unbelegt ist, nur zum Teil reflektiert, zum Teil ohne Ablenkung durchgelassen. Die reflektierten Lichtstrahlen vereinigen sich wieder in der Lichtquelle zu einem reellen Bild, die durchgelassenen fallen durch das Okular O in das Auge des Beobachters bei A. Der Beobachter sieht demnach ein Bild der Lichtquelle, und zwar dasjenige, das bei Z von den zurückkehrenden Strahlen gebildet wird.

Rotiert nun während der Beobachtung das Rad, so werden kurzdauernde Lichtpulse in rhythmischer Folge von Z ausgesandt, die den Weg von Z nach S_2 und zurück bis in das Auge des Beobachters durchlaufen; das von den zurückkommenden Strahlen bei Z entworfene Bild wird im Rhythmus der ausgesandten Pulse entstehen und wieder verschwinden. Ist die Aufeinanderfolge der Bilder eine sehr rasche, d. h. rotiert das Rad schnell, so verschmelzen die einzelnen Lichteindrücke für den Beobachter zu einem dauernden Lichteindruck, der aber immer noch aus einzelnen aufeinanderfolgenden Lichtblitzen besteht. Jedes einzelne Aufleuchten des beobachteten Bildes tritt aber um eine kurze Zeit später ein, als der das Aufleuchten hervorbringende Lichtpuls von Z ausgeht, und zwar um den Betrag der Zeit später, die das Licht zum Zurücklegen der doppelten Strecke a benötigt. In dieser Zeit hat sich das rotierende Zahnrad um einen bestimmten Betrag gedreht; hat es während dieser Zeit gerade eine Winkeldrehung ausgeführt, die dem Abstand eines Zahnes von der nächsten Lücke entspricht so entsteht das Bild, das aus den zurückkehrenden Strahlen entsteht, nicht in der Lücke, sondern auf dem nächstfolgenden Zahn, d. h. die zurückkehrenden Strahlen werden von den Zähnen des Zahnrades aufgehalten, für den Beobachter verschwindet das Bild. Rotiert das Zahnrad mit der doppelten Umlaufsgeschwindigkeit, so fallen die beim Hinweg durch eine Lücke fallenden Lichtstrahlen beim Rückweg auf die nächste Lücke des Zahnrades, d. h. das Bild erscheint wieder für den Beobachter. Die Zeit, innerhalb der sich das Rad um den dem Abstand zweier Zähne voneinander entsprechenden Winkel dreht, kann aus der Zahl der Umläufe des Rades pro Sekunde berechnet werden.

In einem konkreten Fall war die Entfernung a gleich 3000 m. Das Zahnrad hatte 500 Zähne. Machte das Rad pro Sekunde 50 Umdrehungen, so verschwand das Bild der Lichtquelle, um bei 100 Umdrehungen des Rades wieder in voller Stärke zu erscheinen. Das Rad brauchte im ersten Fall zu einer Umdrehung $\frac{1}{50}''$, im zweiten Fall $\frac{1}{100}''$. Der Abstand zwischen einem Zahn und der darauf folgenden Lücke entsprach daher im ersten Fall ebenso wie der Abstand zweier aufeinanderfolgender Lücken im zweiten Fall einer Zeit von $\frac{1}{50\,000}$ Sekunde. In der Zeit $\frac{1}{50\,000}''$ wurde die Strecke 3000 m zweimal, d. h. im ganzen 6000 m vom Licht zurückgelegt. Aus diesen Zahlen ergibt sich die Lichtgeschwindigkeit v:

$$v = \frac{6000\,\text{m}}{\frac{1}{50\,000}''} = 300\,000\,000\,\frac{\text{m}}{\text{sec}} = 3 \times 10^{10}\,\frac{\text{cm}}{\text{sec}}$$

d. h. ein Wert, der mit dem aus den astronomischen Beobachtungen errechneten vollkommen übereinstimmt.

IV. Abschnitt: Elektrizitätslehre und Magnetismus.

1. Kapitel: Elektrostatik.

a) Reibungselektrizität, elektrische Ladung, dielektrische Elastizität.

Durch Reibung kann man verschiedene Stoffe , als deren Repräsentanten wir Glas und Siegellack nennen wollen, in einen eigenartigen Zustand versetzen, der dadurch charakterisiert ist, daß die geriebenen Gegenstände andere lebhaft anziehen oder abstoßen und daß bei der Annäherung der Hand, oder eines anderen Gegenstandes unter einem knisternden Geräusch kleine Fünkchen zwischen dem geriebenen Stoff und dem angenäherten Gegenstand entstehen. Man bezeichnet diesen Zustand als „elektrisch".

Wählt man gewisse Vorsichtsmaßregeln, indem man z. B. einen Gegenstand auf einem Glas- oder Hartgummifuß frei aufstellt oder an einem trockenen Seidenfaden frei aufhängt, so gerät er bei der Berührung mit einem durch Reiben elektrisch gemachten Körper bzw. bei dem Überspringen der Fünckchen zwischen den einander genäherten Körpern in den gleichen etwas schwächeren elektrischen Zustand, während der elektrische Zustand des ursprünglich elektrisch gemachten Körpers etwas an Stärke einbüßt. Der Eindruck, daß bei diesem Vorgang irgend etwas, das in dem geriebenen Glas oder Siegellack vorhanden ist oder fehlt, zwischen den Gegenständen ausgetauscht wird, und daß dieser Austausch den elektrischen Zustand des zweiten Körpers hervorruft, ist zwingend. Das, was von dem einen Körper zum anderen übergeht, bezeichnet man als Elektrizität. Man kann sich die Elektrizität zunächst als etwas Stoffliches, einer Flüssigkeit Ähnliches vorstellen und das Übergehende als „elektrisches Fluidum" bezeichnen.

Einen in elektrischem Zustand befindlichen Körper nennt man „geladen". Versucht man den elektrischen Zustand eines geladenen Körpers auf einen ungeladenen zu übertragen durch Verbindung der beiden Körper vermittels eines Fadens, Stabs oder Drahts, so findet man, daß diese Möglichkeit unter Umständen besteht, unter anderen nicht. Der elektrische Zustand kann übertragen werden z. B. durch einen Metalldraht oder durch einen nassen Faden, während die Übertragung durch einen Glasstab, einen Hartgummistab oder einen trockenen Seidenfaden nicht gelingt. Man unterscheidet danach Stoffe, die die Elektrizität leiten (Leiter) und solche, die die Elektrizität nicht leiten (Isolatoren). Leiter sind beispielsweise Metalle, flüssiges Wasser und der menschliche Körper, Isolatoren sind Glas, Hartgummi, Seide, Paraffin, Schwefel, Schellack und Gase. Zahlreiche Stoffe sind imstande, den elektrischen Zustand innerhalb eines merklichen Zeitraumes zu übertragen, solche nennt man schlechte Leiter. Hierzu gehören z. B. Holz und Papier.

Ein leitender Körper, der ausschließlich von Isolatoren umgeben ist, heißt „isoliert". Nur ein isolierter Leiter behält seinen elektrischen Zustand. Da selbst den sog. Isolatoren meist eine gewisse, wenn auch geringe, Leitfähigkeit zukommt, ist es sehr schwer, einen Körper lange Zeit geladen zu erhalten. Wenn wir in der Folge von einem geladenen Körper sprechen, so nehmen wir, wenn nichts anderes bemerkt wird, an, daß er isoliert ist. Die Verbindung eines geladenen Körpers durch einen Leiter mit der Erde, also z. B. die Berührung des geladenen Körpers mit der Hand bewirkt den sofortigen Verlust der elektrischen Ladung.

Prüft man die anziehende bzw. abstoßende Wirkung zweier geladener Körper aufeinander, so findet man, daß zwei durch Berührung mit einem mit Amalgam bestrichenen Leder geriebenen Glasstab ebenso, wie zwei durch Berührung mit einem mit einem Katzenfell geriebenen Siegellackstab geladene Körper sich gegenseitig abstoßen, während der mit „Glaselektrizität" geladene Körper den mit „Siegellackelektrizität" geladenen anzieht. Die Verschiedenheit des sonst aus zahlreichen Gründen als gleichartig anzunehmenden elektrischen Verhaltens von Glas und Siegellack soll dadurch charakterisiert werden, daß wir der Glaselektrizität das Vorzeichen +, der

Siegellackelektrizität das Vorzeichen — erteilen. Die beschriebene Beobachtung lautet dann: Gleichnamige Elektrizitäten stoßen sich ab, ungleichnamige ziehen sich an. Die anziehende bzw. abstoßende Kraft kann als Maß der Ladung verwendet werden, d. h. man kann z. B. willkürlich definieren: Die Ladung eins besitzt ein kleiner Körper, der in der Entfernung 1 cm einen anderen kleinen Körper gleicher Ladung mit der Kraft eins abstößt oder anzieht. Die Gleichheit der Ladungen zweier Körper kann durch die Beobachtung festgestellt werden, daß sie auf den gleichen geladenen Körper mit der gleichen Kraft wirken.

Die elektrische Ladung eines Leiters breitet sich über den ganzen Leiter aus. Besteht ein Leiter aus zwei gegeneinander beweglichen Stücken, so nehmen nach der Ladung die Stücke infolge der ab-stoßenden Kraft der Ladung, beim Fehlen sonstiger Kräfte eine Lage ein, in der sie möglichst weit von-einander entfernt sind. Auf dieser Beobachtung beruht das Elektro-skop. Es besteht aus zwei mitein-ander gelenkig verbundenen Blätt-chen aus leitender Substanz (Gold- oder Aluminium-Folie), die an einem isolierten Stab senkrecht aufgehängt sind. Lädt man den Stab, so weichen die Blättchen auseinander, und zwar so weit, bis die abstoßende Kraft auf Grund der Ladung mit der Schwerkraft, die die Blättchen

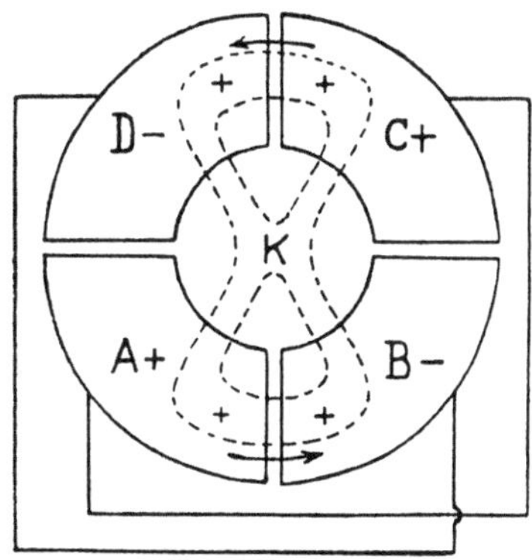

Abb. 108. Quadrantelektrometer.

in die senkrechte Lage zurückzubringen strebt, im Gleichgewicht ist. Die Größe des Winkels, den die Blättchen miteinander bilden, ist ein Maß für die Größe der abstoßenden Kraft und somit der Größe der Ladung.

Ein dem Elektroskop an Empfindlichkeit wesentlich überlegenes Instrument zur Messung elektrischer Ladungen ist das Quadrant-elektrometer. Seine Konstruktion ist im Grundriß in Abb. 108 dar-gestellt. In die Grundflächen einer zylindrischen Dose sind kreis-förmige Löcher geschnitten und die Dose danach in 4 Quadranten (A B C D) zerlegt. Im Innern der horizontal aufgestellten Dose ist ein flaches Aluminiumblech von der in der Abb. 108 angedeuteten Form an einem in seiner Mitte befestigten Draht so aufgehängt, daß es horizontal im Innern der Dose schwebt und in seiner Ruhelage, die durch die Torsionselastizität des Drahtes festgehalten wird, eine Stellung einnimmt, wie sie in Abb. 108 eingetragen ist. Je zwei gegenüberliegende Quadranten sind untereinander leitend verbunden, die beiden Quadrantenpaare jedoch voneinander isoliert. Den beiden

Quadrantenpaaren erteilt man zum Zweck der Benutzung des Instruments hohe gleiche und entgegengesetzte Ladungen; für unsere Abbildung sei angenommen, daß A C positiv, B D negativ geladen sei. Die Ladungen ändern an der Lage des Aluminiumblechs nichts, solange es keine Ladung besitzt. Führt man jetzt dem Aluminiumblech eine Ladung zu, was durch den Aufhängedraht geschehen kann, so werden die beiden Hälften des Bleches von den entgegengesetzt geladenen Quadranten angezogen, von den gleichnamig geladenen abgestoßen. Entsprechen die Ladungen den in der Abbildung angegebenen, so erfährt das Blech ein Drehmoment im Sinne der eingetragenen Pfeile. Das Blech wird in einer neuen Lage zur Ruhe kommen, bei der das von der Torsionselastizität des Aufhängedrahtes ausgeübte Drehmoment gleich dem Drehmoment auf Grund der Ladungen ist. Die Drehung des Bleches ist ein Maß für die Größe der ihm zugeführten Ladung, die Richtung der Drehung gibt außerdem das Vorzeichen der Ladung an, wenn die Vorzeichen der Ladungen der Quadrantenpaare bekannt sind.

Untersucht man, wie sich zwei gleiche Elektroskope mit durch den Ausschlag der Blättchen als gleich festgestellten Ladungen, von denen die eine durch Berührung mit geriebenem Glas, die andere durch Berührung mit geriebenem Siegellack hervorgerufen wurde, verhalten, wenn man sie in leitende Verbindung miteinander bringt, so findet man, daß nach der Herstellung der Verbindung keines der beiden Elektroskope mehr eine Ladung anzeigt. Die beiden Ladungen haben sich ausgeglichen. Es liegt nach diesem Versuch nahe, von den beiden Ladungen anzunehmen, daß die eine durch einen Überschuß, die andere durch einen Mangel an elektrischem Fluidum entstanden ist. Damit erhält die Bezeichnung der Ladungen als positive $(+)$ und negative $(-)$ einen tieferen Sinn. Wir wollen die Annahme hinzufügen, daß die positive Ladung durch einen Überschuß, die negative durch einen Mangel an Fluidum hervorgerufen wird. Diese spezielle Annahme ist willkürlich. Die gesamten Erscheinungen können in gleicher Art durch die umgekehrte Annahme erklärt werden.

Durch nähere Betrachtung der elektrischen Erscheinungen unter der Annahme des elektrischen Fluidums kann man, wenn man einige Zusatzannahmen festlegt, zu einer einheitlichen und logisch befriedigenden Erklärung zahlreicher elektrischer Vorgänge gelangen. Derartige Vorstellungen, die zu außerordentlichen Fortschritten in der Elektrizitätslehre geführt haben, wurden konsequent durchgeführt von Maxwell.

Zunächst machen wir die Annahme, daß das elektrische Fluidum inkompressibel und in allen Körpern ebenso wie im ganzen Raum in einer bestimmten „normalen" Dichte vorhanden ist. In guten Leitern ist das Fluidum leicht verschiebbar, während es in schlechten

Leitern nur gegen einen gewissen Reibungswiderstand, in Nichtleitern nur sehr schwer und in geringem Maß verschieblich ist. Aus der Annahme der Inkompressibilität folgt, daß ein bestimmter Raum stets nur die gleiche „normale" Menge Fluidum enthalten kann. In einem bestimmten Körper kann daher nur dann ein Überschuß von Fluidum hineingepreßt werden, wenn gleichzeitig die gleiche Menge in den umgebenden Isolator austritt. Eine nach diesen Annahmen durchgeführte Betrachtung einer elektrischen Ladung muß daher auch die Vorgänge in dem den geladenen Leiter, den wir als Konduktor bezeichnen wollen, umgebenden Isolator berücksichtigen. Durch Berücksichtigung der Vorgänge im Isolator kommt man zu einem Verständnis der Fernwirkungen der elektrischen Ladungen. Da die Ladungen durch Isolatoren hindurchwirken, bezeichnet man die Isolatoren auch als „Dielektrika". Betrachtet man den allseitig vom Dielektrikum umgebenen Konduktor C in Abb. 109a, welchem durch einen leitenden Draht L ein Überschuß von Fluidum zugeführt wird, so erkennt man, daß dieser Überschuß aus der Oberfläche des

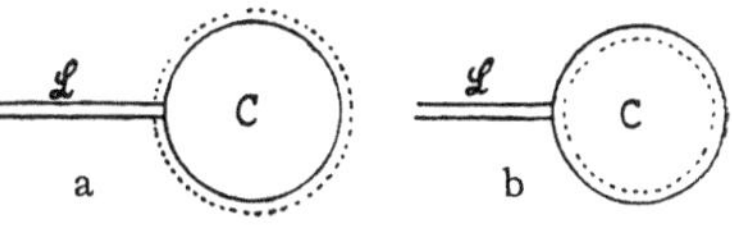

Abb. 109. Dielektrische Verschiebung.

Konduktors heraus ins Dielektrikum übertreten muß. Auch im Dielektrikum entsteht danach eine Verschiebung von Fluidum. Diese Verschiebung ist durch eine gestrichelte Linie angedeutet, welche die aus der Oberfläche des Konduktors herausgetretene Menge des Fluidums umgrenzen soll. Erfahrungsgemäß hat der geladene Konduktor die Tendenz, seine Ladung wieder abzugeben, d. h. wenn man ihn mit einem anderen großen Konduktor, z. B. der Erde, in leitende Verbindung bringt, so verschwindet die Ladung.

Offenbar wird also durch das Hineinpressen des Fluidums eine Kraft geweckt, die das Fluidum wieder aus dem Konduktor herauszupressen versucht. Die geweckte Kraft hat die Tendenz, die ursprünglichen Verhältnisse der Verteilung des Fluidums wieder herzustellen. Wir können sie daher vergleichen mit einer elastischen Kraft. Der Sitz der elastischen Kraft kann nicht im Leiter selbst gesucht werden, da es erfahrungsgemäß möglich ist, in einem geschlossenen Leiterkreis dauernd elektrisches Fluidum im Kreise herumzutreiben. Der Sitz der elastischen Kraft muß daher im Dielektrikum liegen. Anscheinend weckt jede Verschiebung des Fluidums im Dielektrikum eine Kraft, die das Fluidum in seine Ruhelage zurückzutreiben bestrebt ist. Die Verhältnisse liegen ähnlich wie bei einem unendlich ausgedehnten elastischen Körper (dem Dielektrikum), das einen mit Flüssigkeit gefüllten Hohlraum (den Konduktor) enthält, der durch eine Röhre (den Draht) in Verbindung mit einer Vorrichtung steht, die es gestattet, Flüssigkeit in den Hohlraum zu drücken bzw. herauszusaugen. In der Ruhe enthält der Hohlraum eine bestimmte Menge Flüssigkeit. Drückt man durch das Rohr einen Überschuß hinein (Abb. 109a), so dehnt sich der Hohlraum aus, in der elastischen Umgebung entstehen Spannungszustände, die den Flüssigkeitsüberschuß wieder aus dem Hohlraum hinauszudrücken suchen. Ebenso entsteht beim Heraussaugen (Abb. 109b) eines bestimmten Flüssigkeitsvolumens eine Kraft, die den Flüssigkeitsmangel wieder anzusaugen bestrebt ist. Die Spannungszustände im elastischen Körper sind am stärksten in der unmittelbaren Nähe des Hohlraums, da dort die Verschiebungen am stärksten sind, sie sind jedoch auch in großer Entfernung noch vorhanden, d. h. sie sind in mit der Entfernung abnehmender Stärke durch den ganzen elastischer Körper bis in die Unendlichkeit verbreitet. Die Ursache der durch die Verschiebung im Dielektrikum auftretenden Kraft, die das Fluidum in seine Ruhelage zurückzutreiben sucht, bezeichnet man, wegen der Analogie zur Elastizität, als „Dielektrische Elastizität".

b) Elektrischer Strom, Ladungsoberfläche, dielektrische Verschiebung.

Während der Zeit, in der die Aufladung des Konduktors in unserer Abb. 109 vor sich geht, muß sich in dem Zuleitungsdraht ein Vorgang abspielen, der nach der Theorie des elektrischen Fluidums darin besteht, daß Fluidum durch den Draht fließt. Ebenso spielt sich in einer Ableitung, durch die der Konduktor seine Ladung wieder abgibt, während des Verlustes der Ladung ein Vorgang ab, der bildlich durch das Fließen von Fluidum dargestellt ist. Man bezeichnet den im Draht ablaufenden Vorgang entsprechend der theoretischen Vorstellung als „elektrischen Strom" und schreibt dem Strom eine bestimmte Richtung zu. Man spricht im Fall der Aufladung des Konduktors mit positiver Elektrizität bzw. der Ableitung einer negativen Ladung von einem während der Aufladung bzw. Entladung zum Konduktor hinfließenden Strom, im Fall des Aufladens mit negativer Elektrizität bzw. beim Ableiten einer positiven Ladung von einem vom Konduktor wegfließenden Strom. Daß es sich in beiden Fällen tatsächlich um einen sonst gleichen, nur durch die Richtung verschiedenen Vorgang handelt, läßt sich durch später zu besprechende Versuche, in denen sich zeigt, daß der Draht während des Stromflusses bestimmte Wirkungen auf einen Magneten ausübt, sinnfällig nachweisen.

Die Darstellung der Ladung eines Konduktors in der Art, wie es in Abb. 109 geschehen ist, indem man die aus der Oberfläche des Leiters in das Dielektrikum ausgetretene bzw. die aus dem Dielektrikum in die Oberfläche des Leiters eingetretene Elektrizitätsmenge mit einer Linie umgrenzt, nennt man die Zeichnung der

Ladungsoberfläche. Der Abstand der Ladungsoberfläche von der Oberfläche des Konduktors ist gegenüber der tatsächlich vorstellbaren Größe der Verschiebung des Fluidums außerordentlich stark übertrieben gezeichnet. Außerdem muß man sich, um im Einklang mit der Wirklichkeit zu bleiben, vorstellen, daß auch der Vorgang des Zurücktretens der Ladungsoberfläche innerhalb der Oberfläche des Konduktors bei negativer Ladung ein Geschehnis nicht im Leiter, sondern im Dielektrikum ist. Bei der Aufladung wird nach den bisher entwickelten Vorstellungen Fluidum im Dielektrikum, wenn auch nur über sehr kleine Entfernungen verschoben. Die Verschiebung des Fluidums im Draht haben wir als elektrischen Strom bezeichnet. Ebenso kann man die Verschiebung, die im Dielektrikum statthat, als Strom bezeichnen, und zwar wird er in der Maxwellschen Theorie „Verschiebungsstrom" benannt. Während der positiven Aufladung fließt im Dielektrikum ein Verschiebungsstrom in der Richtung von der Oberfläche des Konduktors zum Dielektrikum, im umgekehrten Fall in umgekehrter Richtung. Der Verschiebungsstrom unterscheidet sich von dem Strom in einem Leiter dadurch, daß durch den Verschiebungsstrom im Dielektrikum Kräfte der dielektrischen Elastizität geweckt werden, während der Strom im Leiter keine elastischen Kräfte hervorruft, sondern nur Reibungskräfte überwinden muß. In Analogie mit der Elastizitätslehre kann man sich vorstellen, daß die Beanspruchung der Elastizität nur bis zu einem gewissen Grade möglich ist. Überschreitet die dielektrische Verschiebung einen bestimmten Betrag, so wird die Elastizitätsgrenze überschritten, d. h. das Dielektrikum reißt, und das elektrische Fluidum kann durch den Riß ebenso, wie in einem Leiter, nur unter Überwindung von Reibungskräften fließen. Das Reißen und damit Leitendwerden des Dielektrikums beobachtet man in Form des durch das Dielektrikum von einem Leiter zu einem anderen überspringenden Funkens.

c) Influenz.

Bringt man einen positiv geladenen Konduktor in die Nähe eines zweiten ungeladenen Konduktors, so kann man an der dem geladenen Körper zugekehrten Seite Erscheinungen beobachten, wie sie negativ geladenen Konduktoren zukommen. An der entgegengesetzten Seite beobachtet man positive Ladungserscheinungen. Das Elektrischwerden eines isolierten Konduktors bei der Annäherung eines geladenen Körpers wird als elektrische Influenz bezeichnet. Die Betrachtung der dielektrischen Verschiebung und ihre Darstellung in Form der Zeichnung der Ladungsoberflächen gibt Aufschluß über das Zustandekommen der Erscheinung. Der geladene Körper sei der runde Konduktor C, der durch Influenz elektrisierte habe eine längliche Form A B, wie es in Abb. 110a dargestellt ist.

Zwischen den beiden Konduktoren ist nur eine verhältnismäßig dünne Schicht des Dielektrikums, die zu beiden Seiten von Leitern begrenzt ist, in denen die Verschiebung des Fluidums möglich ist, ohne daß elastische Gegenkräfte auftreten. Die dielektrische Verschiebung auf Grund der Ladung von C wird daher an der A gegenüberliegenden Stelle größer werden als auf der übrigen Oberfläche des Konduktors. Die Ladungsoberfläche wird an dieser Stelle stärker aus der Oberfläche von C hervortreten als auf dem übrigen Umfang. Das verschobene Fluidum wird die Ladungsoberfläche in dem Leiter bei A zurückdrängen, und es entsteht demnach dort eine negative Ladung. Infolge der Inkompressibilität des Fluidums wird die in die Oberfläche bei A eingetretene Menge an anderer Stelle und zwar am stärksten auf der gegenüberliegenden Seite bei B aus der Oberfläche heraustreten und dort eine positive Ladung hervorrufen. Die genaueren Ladungs-

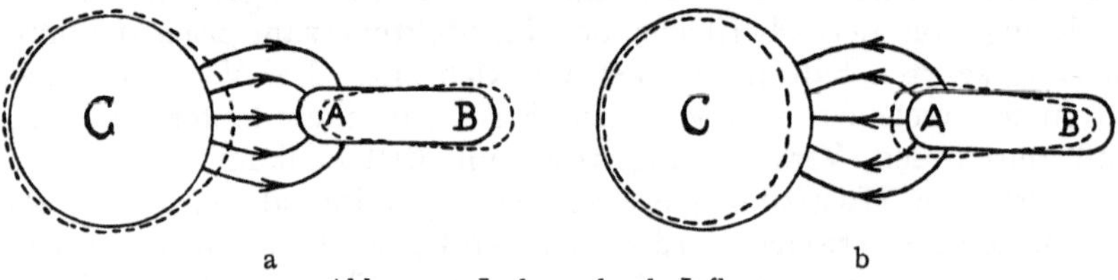

Abb. 110. Ladung durch Influenz.

verhältnisse gehen aus den in Abb. 110 a eingetragenen Ladungsoberflächen hervor. Die im Dielektrikum eingezeichneten Linien mit Pfeilspitzen geben die Richtung der dielektrischen Verschiebung und der sie bewirkenden Kräfte an. Die elastischen Gegenkräfte haben die entgegengesetzte Richtung. Die zu Abb. 110a analogen Erscheinungen der Influenzwirkung eines negativ geladenen Konduktors auf einen anderen Leiter zeigt Abb. 110b. Die dielektrische Verschiebung bei B weckt ihrerseits wieder elastische Gegenkräfte im Dielektrikum. Leitet man B zur Erde ab, so bewirken diese Gegenkräfte ein Abfließen des aus der Oberfläche bei B herausgedrückten Fluidums bzw. die Ergänzung des bei B bestehenden Mangels an Fluidum aus der Erde. Die elastischen Gegenkräfte bei B kommen dadurch in Wegfall und die Verschiebung zwischen C und A wird noch größer, als beim Fehlen der Ableitung. Entfernt man nunmehr die Ableitung, so besteht im ganzen im Fall der Abb. 110a ein Mangel an Fluidum, im Fall der Abb. 110b ein Überschuß an Fluidum im Konduktor A B. Entfernt man jetzt den influenzierenden Körper C, so wird sich dieser Überschuß bzw. Mangel über die ganze Oberfläche ausbreiten und den Körper A B in negativ bzw. positiv geladenen Zustand versetzen. Man kann danach durch Annäherung eines geladenen Körpers an einen Konduktor, vorübergehende Ableitung des Konduktors zur Erde und Beseitigung des geladenen Körpers einem Konduktor eine der Ladung des influenzierenden Körpers entgegengesetzte Ladung erteilen. Die Ladung durch Influenz kann experimentell leicht durchgeführt werden. Die beobachteten Erscheinungen stehen in bester Übereinstimmung mit den theoretischen Schlußfolgerungen.

d) Elektrizitätsmenge, Potential, Oberflächendichte einer Ladung, Kapazität, Dielektrizitätskonstante, Coulombsches Gesetz.

Unter Elektrizitätsmenge, die man einem Leiter zuführt oder entzieht, soll bei den weiteren Erörterungen entsprechend dem theoretischen Bild die Menge des elektrischen Fluidums, die dem Leiter zugeführt oder entzogen wird, verstanden werden. Die Elektrizitätsmenge könnte man vergleichen mit dem Volumen einer Flüssigkeit. Die Dimension der Elektrizitätsmenge ist tatsächlich nicht die eines Volumens. Die Anschaulichkeit des Vergleiches wird jedoch dadurch nicht beeinträchtigt.

Die Ladung eines Körpers ist bestimmt durch die Elektrizitätsmenge, die der geladene Körper zu viel oder zu wenig gegenüber dem ungeladenen Zustand enthält. Daß man durch Messung der anziehenden bzw. abstoßenden Kraft ein Maß für die Ladungsgröße erhalten kann, wurde bereits erwähnt. Die gesamte Ladung eines Körpers kann sich nur ändern, wenn dem Körper Elektrizität durch Leitung zugeführt oder entzogen wird. Da im Innern des geladenen Körpers, infolge der Inkompressibilität des Fluidums, die Elektrizitätsmenge pro Raumeinheit dieselbe ist wie bei ungeladenem Zustand, ist die Ladung im Innern eines Körpers, wie leicht experimentell nachgeprüft werden kann, stets gleich Null. Nur an der Oberfläche werden Ladungserscheinungen beobachtet. Die Ladung verteilt sich an der Oberfläche unter Umständen nicht gleichmäßig, wie aus den bisher gebrachten Darstellungen von Ladungsoberflächen bereits hervorgeht. Man kann daher von einer verschiedenen Dichte der Ladung an verschiedenen Stellen der Oberfläche eines Körpers sprechen und unter der Dichte der Ladung die Elektrizitätsmenge verstehen, die infolge der dielektrischen Verschiebung pro Quadratzentimeter der Oberfläche durch die Oberfläche getreten ist. Die Oberflächendichte der Ladung an verschiedenen Stellen der Oberfläche eines ringsum von unendlich ausgedehntem Dielektrikum umgebenen Konduktors ist abhängig von der Krümmung der Oberfläche. Sie ist um so stärker, je stärker die Oberfläche gekrümmt ist, am stärksten daher an spitzenförmigen Ausläufern eines geladenen Konduktors.

Wie wir oben darlegten (vgl. Abb. 110) wird die Oberflächendichte an einer bestimmten Stelle eines Körpers besonders groß, wenn

er nur durch eine dünne Schicht Dielektrikum getrennt einem zur
Erde abgeleiteten Leiter gegenübersteht. Flächenhaft ausgebreitete
Leiter, denen in kurzer Entfernung durch ein Dielektrikum getrennt
eine zweite Leiterfläche gegenübersteht, sind daher geeignet, verhältnismäßig große Elektrizitätsmengen aufzunehmen bzw. abzugeben.
Solche Anordnungen nennt man Kondensatoren. Um die Erscheinungen an einem Kondensator zu beschreiben und zu erklären,
stellen wir uns zwei leitende Platten A und B, die sich in kurzem
Abstand gegenüberstehen und durch ein Dielektrikum voneinander
getrennt sind, vor (Abb. 111). Wir führen der Platte A durch einen
Draht L Elektrizität zu. Entsprechend der dünnen Schicht des
Dielektrikums zwischen A und B
wird die zugeführte Elektrizitätsmenge im wesentlichen aus der B
zugekehrten Oberfläche austreten
und aus B die gleiche Elektrizitätsmenge verdrängen, die durch die
Ableitung D zur Erde abfließt.
Zwischen den beiden Platten hat die
dielektrische Verschiebung die Richtung der mit Pfeilspitzen versehenen
Linien. Die der dielektrischen Verschiebung entgegenwirkende elastische Kraft des Dielektrikums hat
die umgekehrte Richtung. Ver-

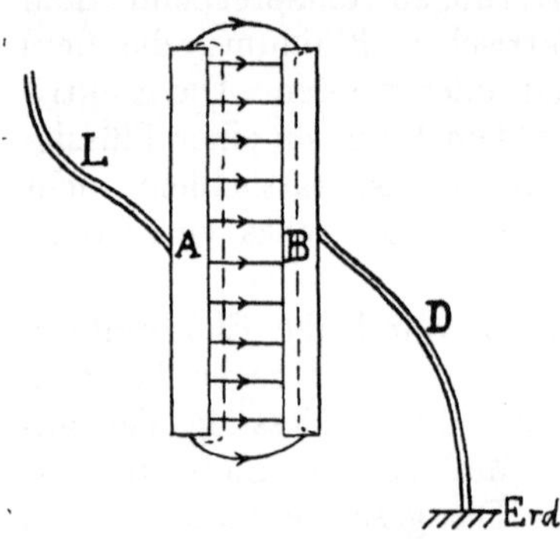

Abb. 111. Kondensator.

gleichbar würde sich eine aus zwei plattenförmigen, mit Flüssigkeit
gefüllten Hohlräume (A und B), die durch eine elastische Wand
(die Schicht des Dielektrikums zwischen A und B) voneinander
getrennt sind, bestehende Anordnung, verhalten. In den Hohlraum A
kann durch eine Röhre L Flüssigkeit zugeführt werden, aus B kann
durch eine Röhre D Flüssigkeit in ein unendlich großes Reservoir
(die Erde) ausfließen. Drückt man durch L Flüssigkeit in A ein, so
wird sich die elastische Wand nach B hin durchbauchen und Flüssigkeit aus B verdrängen. Die Menge Flüssigkeit, die in A eintritt, wird
abhängig sein von dem Druck, unter dem das Hineinpressen geschieht,
von der Größe und Dicke der elastischen Zwischenwand und dem
Elastizitätsmodul des Materials. Es wird unter dem gleichen Druck
um so mehr Flüssigkeit in A eintreten, je größer und dünner die
Zwischenwand und je niederer der Elastizitätsmodul ist. Unter sonst
gleichen Verhältnissen wird die eintretende Flüssigkeitsmenge um
so größer sein, je größer die Druckdifferenz zwischen A und B ist,
die das Hineinpressen bewirkt. Da B mit einem unendlich großen
Reservoir in Verbindung steht, ist dort der Druck konstant. Als
Maß des Fassungsvermögens einer derartigen Anordnung könnte
man das eingetretene Volumen dividiert durch die Druckdifferenz

zwischen A und B angeben. Als Analogon zum Flüssigkeitsvolumen hatten wir die Elektrizitätsmenge aufgefaßt, in Analogie zum Druck wollen wir einen neuen Begriff der Elektrizitätslehre einführen und ihn mit „Potential" bezeichnen. Auch das Potential hat nicht die Dimension eines Druckes, ebensowenig wie die Elektrizitätsmenge die eines Volumens, tatsächlich sind jedoch die Erscheinungen bei der Flüssigkeitsanordnung und dem Kondensator, wenn wir an Stelle von Volumen und Druckdifferenz die Begriffe Elektrizitätsmenge und Potentialdifferenz oder elektromotorische Kraft setzen, vollkommen übereinstimmend. Die beschriebenen Erscheinungen an der Flüssigkeitsanordnung auf den Kondensator übertragen lauten: Die in den Kondensator hineingehende Elektrizitätsmenge, d. h. die Ladung ist um so größer, je größer die Platten und je dünner die Schicht des zwischenliegenden Dielektrikums ist. Unter sonst gleichen Verhältnissen ist die Ladung um so größer, je größer die angelegte elektromotorische Kraft ist. Als Maß des Fassungsvermögens des Kondensators gilt die eingetretene Elektrizitätsmenge dividiert durch die elektromotorische Kraft, die die Ladung bewirkt.

Das Fassungsvermögen eines Kondensators wird als „Kapazität" bezeichnet. Die Kapazität ist $= \dfrac{\text{eingetretene Elektrizitätsmenge}}{\text{elektromotorische Kraft}}$.

Es bleibt noch eine Analogie zu finden zu dem Elastizitätsmodul der elastischen Scheidewand. Man muß zu diesem Zweck Kondensatoren sonst gleicher Art untersuchen, die sich nur durch die Art des zwischen den Platten liegenden Dielektrikums unterscheiden. Tatsächlich ist die Kapazität eines Kondensators, bei welchem man z. B. Paraffin als Dielektrikum zwischen die Platten bringt, erheblich höher als die des gleichen Kondensators, dessen Platten durch Luft voneinander getrennt sind.

Man kann durch solche Versuche die dielektrische Elastizität verschiedener Dielektrika miteinander vergleichen. Bezeichnet man die dielektrische Elastizität des luftleeren Raums mit 1, so kann man jedem Dielektrikum eine Zahl zuordnen, die angibt, wie vielmal das Fassungsvermögen eines sonst gleichen Kondensators größer ist beim Ersatz eines luftleeren Raums zwischen seinen Platten durch das betreffende Dielektrikum. Diese Zahl nennt man die Dielektrizitätskonstante. Sie ist für Luft und die meisten Gase sehr nahe gleich 1, für flüssige und feste Dielektrika durchweg erheblich höher.

Um nunmehr für die bisher besprochenen Begriffe tatsächliche Maßeinheiten, die in einfacher Beziehung zu den mechanischen Einheiten des C G S-Systems stehen, festzusetzen, betrachten wir die abstoßende Kraft eines punktförmigen geladenen Körpers auf einen gleichartigen, gleichnamig geladenen Körper, der ihm in der Entfernung r gegenübersteht. Bestimmt man diese Kraft experimentell, so findet man, daß sie proportional der Größe jeder der beiden

Ladungen der aufeinander wirkenden Körper und umgekehrt proportional dem Quadrat der Entfernung der beiden Körper voneinander ist (Coulombsches Gesetz).

Das Ergebnis wird verständlich durch die Betrachtung der dielektrischen Verschiebung in verschiedener Entfernung von einem geladenen Körper. Die abstoßende Kraft beruht auf der durch die dielektrische Verschiebung geweckten, elastischen Kraft. Die elastische Kraft ist proportional der Größe der linearen Verschiebung.

In Abb. 112 sei der kugelförmige Konduktor C mit der punktierten Ladungsoberfläche, die eine gleichmäßig verteilte Ladung anzeigt, allseitig von unendlich ausgedehntem Dielektrikum umgeben. Vermutlich ist in diesem Fall in einer bestimmten Entfernung r_1 vom Mittelpunkt von C, d. h. also auf einer gedachten Kugel vom Radius r_1 überall die gleiche Verschiebung im Dielektrikum vorhanden. Auf einer Kugelfläche vom Radius r_2 wird ebenfalls an allen Orten eine unter sich gleiche dielektrische Verschiebung bestehen. Infolge der Inkompressibilität des elektrischen Fluidums muß durch die Oberfläche der Kugel vom Radius r_2 im ganzen die gleiche Elektrizitätsmenge hindurch verschoben sein wie durch die Oberfläche der Kugel vom Radius r_1, oder durch die Oberfläche des Konduktors. Da die verschobenen Volumina in der Entfernung r_1 bzw. r_2 identisch sind, müssen sich die linearen Verschiebungen zueinander verhalten, umgekehrt wie die Oberflächen der Kugeln, d. h. wie $\dfrac{r_2^2}{r_1^2}$.

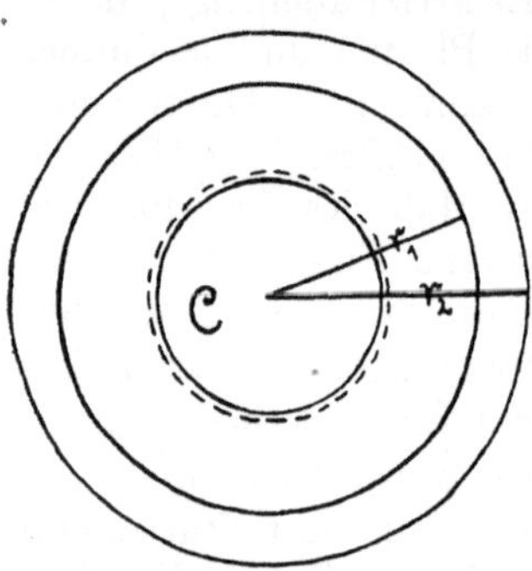

Abb. 112. Abnahme der dielektrischen Verschiebung mit dem Quadrat der Entfernung von einem geladenen Körper.

Mathematisch gefaßt lautet das Coulombsche Gesetz:

$$K = C\,\frac{\varepsilon_1\,\varepsilon_2}{r^2} \quad\ldots\ldots\ldots\ldots \quad (141)$$

K = abstoßende Kraft, ε_1, ε_2 = Elektrizitätsmengen, mit denen die beiden aufeinander wirkenden Körper geladen sind, r = Entfernung der beiden Körper voneinander, C = Konstante.

Setzt man fest, daß die abstoßende Kraft in Dynen, die Entfernung in Zentimetern gemessen werden soll, so ist das Maß der Elektrizitätsmenge bestimmt, wenn die Konstante C bestimmt ist. Man hat festgesetzt, daß C = 1 sein, das Coulombsche Gesetz also die einfache Form:

$$K = \frac{\varepsilon_1\,\varepsilon_2}{r^2} \quad\ldots\ldots\ldots\ldots \quad (142)$$

annehmen soll. Daraus ergibt sich als Elektrizitätsmenge eins diejenige, die eine ihr gleiche aus der Entfernung 1 cm mit der Kraft 1 Dyne abstößt, da $K = 1$ wird, wenn $\varepsilon_1 = \varepsilon_2 = 1$ und $r = 1$ wird. Die Dimension der Elektrizitätsmenge ist aus Gleichung (142) zu bestimmen. Wenn $\varepsilon_1 = \varepsilon_2 = \varepsilon$ ist, dann ist $\varepsilon = r \sqrt{K}$. Die Kraft K hat die Dimension $\dfrac{\text{cm} \times \text{g}}{\text{sec}^2}$, r die Dimension cm, daher ε die Dimension $\sqrt{\dfrac{\text{cm}^3\,\text{g}}{\text{sec}^2}}$ oder $\text{cm}^{3/2}\,\text{g}^{1/2}\,\text{sec}^{-1}$. Wir werden später noch eine andere Möglichkeit zur Definition einer mit den C G S-Einheiten in einfacher Beziehung stehenden Einheit der Elektrizitätsmenge kennen lernen, auf Grund der magnetischen Wirkung einer bewegten Elektrizitätsmenge. Diese Einheit heißt im Gegensatz zu der soeben definierten „elektrostatischen Einheit" der Elektrizitätsmenge die „elektromagnetische". In logischem Zusammenhang mit der elektromagnetischen und elektrostatischen Einheit der Elektrizitätsmenge kann man zwei in sich geschlossene Systeme von Einheiten definieren, von denen wir zunächst nur das elektrostatische berücksichtigen. Zum Verständnis der Definition der elektromotorischen Kraft kommt man am besten durch eine Betrachtung über den allgemeinen Begriff des Potentials, der für alle anziehenden oder abstoßenden Kräfte, die mit dem Quadrat der Entfernung abnehmen, von Bedeutung ist. Solche Kräfte werden z. B. außer von elektrischen Ladungen von Massen überhaupt (Gravitation) und Magneten ausgeübt. Die Gesamtheit der in die Ferne wirkenden Kräfte einer Masse stellt man sich vor als ein sog. „Feld" und spricht von Gravitationsfeldern, Magnetfeldern und elektrischen Feldern. Unter der „Feldstärke" eines solchen Kraftfeldes, z. B. eines Gravitationsfeldes an einem bestimmten Ort versteht man die Kraft, die an der betreffenden Stelle auf die Einheit der Masse ausgeübt wird. Entsprechend wäre die Feldstärke an einem Ort eines durch eine Ladung hervorgerufenen elektrischen Feldes durch die Kraft bestimmt, die an diesem Ort auf die Elektrizitätsmenge 1 wirkt. Die Einheit der Feldstärke (F) hat ein elektrisches Feld an einem Punkt, an dem auf die Elektrizitätsmenge 1 die Kraft 1 wirkt, demnach z. B. das durch einen mit der Elektrizitätsmenge 1 geladenen punktförmigen Körper hervorgerufene Feld in der Entfernung 1 cm von dem Körper. Die Dimension der Feldstärke ist $\text{cm}^{-1/2}\,\text{g}^{1/2}\,\text{sec}^{-1}$. Dem Feld kann man in jedem Punkt eine bestimmte Richtung zuschreiben, nämlich diejenige, in der an diesem Punkte die Kraft wirkt. Bei elektrischen Feldern bezeichnet man als Richtung die Richtung der Kraft, die auf eine positive Elektrizitätsmenge wirkt.

Als Potential einer Masse, die abstoßende oder anziehende Kräfte nach dem Quadrat der Entfernung ausübt, auf einen in der Nähe befindlichen Punkt bezeichnet man die Größe, deren „Gefälle" nach einer beliebigen Richtung gleich der auf die Masse 1 in dieser Richtung ausgeübten Kraft ist. Als Gefälle einer Größe in einer bestimmten Richtung bezeichnet man den Betrag, um den sie abnimmt, wenn man von einem Punkt zu einem in der betreffenden Richtung benachbarten fortschreitet, dividiert durch den Abstand der beiden Punkte. Unter dem Differentialquotienten einer Größe nach einer Richtung versteht man die Zunahme der Größe beim Fortschreiten in der Richtung dividiert durch die Größe des Fortschritts. Das Gefälle einer Größe in einer bestimmten Richtung ist demnach der negative Differentialquotient der Größe nach dieser Richtung. Als Potential einer elektrischen Ladung auf einen Punkt wird man entsprechend den Ausdruck bezeichnen, dessen Gefälle oder negativer Differentialquotient nach der Richtung gleich der Feldstärke ist.

Das Potential einer Ladung ε auf einen Punkt in der Entfernung r ist dementsprechend eine Größe, deren negativer Differentialquotient nach r_1 die Feldstärke ergibt. Die von der Ladung ε in der Entfernung r hervorgerufene Feldstärke ist $\frac{\varepsilon}{r^2}$. Die Größe, deren negativer Differentialquotient nach r $\frac{\varepsilon}{r^2}$ ergibt, ist $= \frac{\varepsilon}{r}$, denn $-\dfrac{d\left(\frac{\varepsilon}{r^2}\right)}{dr}$ ist nach den Regeln der Differentialrechnung $= \frac{\varepsilon}{r^2}$.

Die Einheit des Potentials kann sinngemäß definiert werden als das von der Elektrizitätsmenge 1 in der Entfernung 1 bewirkte Potential. Lädt man z. B. eine Kugel vom Halbmesser 1 cm mit einer auf der ganzen Oberfläche gleichmäßig verteilten Elektrizitätsmenge 1, so bewirkt diese Elektrizitätsmenge im Mittelpunkt der Kugel, da er von der Elektrizitätsmenge den Abstand 1 cm hat, das Potential 1. Die Dimension des Potentials ist $\dfrac{\text{Elektrizitätsmenge}}{\text{cm}}$, also cm $^{1/2}$ g $^{1/2}$ sec $^{-1}$.

Für die Bewegung einer Elektrizitätsmenge von einem Punkt vom Potential V_1 zu einem anderen vom Potential V_2 ist die Potentialdifferenz $V_1 - V_2$ von ausschlaggebender Bedeutung. Nimmt man z. B. an, daß das Potential über die ganze Entfernung r der beiden Punkte gleichmäßig abfalle, so ist die Kraft, die auf eine zwischen den beiden Punkten befindliche Elektrizitätsmenge wirkt, gleich $\frac{V_1 - V_2}{r}$, nämlich gleich der auf der ganzen Strecke konstanten Feldstärke. Die Kraft, die auf die Elektrizitätsmenge wirkt, ist danach um so größer, je größer die Potentialdifferenz pro Längeneinheit ist. Die Arbeit, die geleistet werden muß, um die Elektrizitätsmenge ε von einem Ort niederen Potentials zu einem solchen höheren zu bringen, ist gleich der Kraft auf Grund der Feldstärke, multipliziert mit der Entfernung; demnach, wenn die Potentiale V_1 und V_2 und die Entfernung r ist, gleich $\dfrac{\varepsilon\,(V_1 - V_2) \times r}{r} = \varepsilon\,(V_1 - V_2)$.

Der Vergleich der Potentialdifferenz mit der Druckdifferenz innerhalb einer Flüssigkeit ergibt sich nach dieser Erörterung zwanglos. Fragt man z. B. nach der Kraft, die auf die Volumeneinheit einer Flüssigkeit in einer zylindrischen Röhre von der Länge L und dem Querschnitt Q wirkt, zwischen deren Enden eine Druckdifferenz $p_1 - p_2$ herrscht, so findet man die auf den gesamten Inhalt der Röhre wirkende Kraft nach der Definition des Druckes als Kraft pro Flächeneinheit zu $(p_1 - p_2)\,Q$. Der Inhalt der Röhre beträgt $L\,Q$ cm³. Auf die Volumeneinheit wirkt demnach die Kraft $\dfrac{p_1 - p_2}{L}$, d. h. eine Kraft gleich der Druckdifferenz pro Längeneinheit. Analog wirkt auf die Elektrizitätsmenge 1 auf einer Strecke von der Länge r mit gleichmäßigem Abfall des Potentials von V_1 zu V_2 die Kraft $\dfrac{V_1 - V_2}{r}$.

Beim Transport eines Flüssigkeitsvolumens von einem Ort niederen Druckes zu einem solchen höheren muß eine Arbeit geleistet werden gleich dem Produkt aus Volumen und Druckdifferenz; beim Transport einer Elektrizitätsmenge von einem Ort niederen zu einem solchen höheren Potentials eine Arbeit gleich dem Produkt aus Elektrizitätsmenge und Potentialdifferenz. Vergleicht man die Elektrizitätsmenge mit einem Flüssigkeitsvolumen, so muß man sinngemäß die Potentialdifferenz mit der Druckdifferenz vergleichen.

Naturgemäß kann, nach dem Gesetz von der Erhaltung der Energie, eine von einem Ort höheren Potentials auf Grund der elektrischen Kraft nach einem solchen niederen Potentials strömende Elektrizitätsmenge die gleiche Arbeit leisten, die man beim umgekehrten Transport auf sie tun muß.

Unmittelbar gegeben sind aus den definierten Einheiten des Potentials und der Elektrizitätsmenge die Einheiten und Dimensionen der Flächendichte der Ladung und der Kapazität. Die Einheit der Flächendichte ist vorhanden, wenn pro cm² Oberfläche eine Einheit der Elektrizitätsmenge durch die Oberfläche getreten ist (Dimension der Flächendichte: cm $^{-1/2}$ g $^{1/2}$ sec $^{-1}$).

Die Einheit der Kapazität besitzt ein Körper, der durch die Einheit der Elektrizitätsmenge zum Potential 1 aufgeladen wird, also die oben erwähnte Kugel vom Halbmesser 1 cm. Die Dimension der Kapazität ist $\dfrac{\text{Elektrizitätsmenge}}{\text{Potential}}$, demnach gleich cm.

Damit die Ladung in einem Leiter in Ruhe ist, muß sie so verteilt sein, daß das Potential an allen Punkten gleich ist. Denn nur in diesem Fall wird nach der Definition die Feldstärke im Innern des Leiters gleich Null, d. h. es wirkt keine Kraft auf die Elektrizität.

Bei einer rund um von unendlich ausgedehntem Dielektrikum umgebenen Kugel ist bei gleichmäßiger Verteilung der Ladung über die ganze Oberfläche das Potential im Innern der Kugel konstant. Bei anderer Form des Leiters oder bei Leitern in der Nähe anderer Leiter (z. B. in einer Kondensatorplatte) ist die Konstanz des Potentials bei ungleichmäßiger Verteilung der Ladung, wie wir sie bei den verschiedenen Beispielen durch Zeichnung der Ladungsoberflächen gekennzeichnet haben, gegeben.

Zur Messung des Potentials kann man ein Elektroskop oder ein Quadrantenelektrometer benutzen. Bringt man nämlich ein Elektroskop bzw. den beweglichen Teil des Elektrometers in leitende Verbindung mit einem geladenen Körper, so wird solange Elektrizität in das Elektrometer eintreten bzw. aus ihm in den Körper eintreten, bis in dem Elektrometer das gleiche Potential herrscht wie in dem geladenen Körper. Ist die Kapazität des Elektrometers klein gegenüber der Kapazität des geladenen Körpers, so wird die Ladung des Körpers durch Abgabe bzw. Aufnahme der zur Ladung des Elektrometers notwendigen Elektrizitätsmenge nicht merklich verändert. Der Ausschlag des Elektrometers ist daher in diesem Fall ein Maß für das Potential des geladenen Körpers.

Wird das Potential eines Punktes durch die Wirkung verschiedener Ladungen bedingt, so erhält man das Potential durch Addition der durch die einzelnen Ladungen an dem betreffenden Punkt bewirkten Potentiale.

2. Kapitel: Dauernde elektrische Ströme.

a) Elektrisiermaschinen, Konvektionsströme.

Die einfachste Elektrisiermaschine beruht auf der maschinellen Ausgestaltung des Elektrisierungsvorgangs durch Reibung. Diese sog. Reibungselektrisiermaschinen bestehen meist aus einer runden Glasplatte, die mittels einer Kurbel um eine Achse drehbar ist. An die Glasplatte sind mit Leder überzogene Backen federnd angedrückt. Das Leder bestreicht man zweckmäßig mit einem Amalgam aus Zinn, Zink und Quecksilber. An einer anderen Stelle der Glasplatte stehen dieser zwei miteinander leitend verbundene Metallstücke mit nach der Glasplatte zu gerichteten Spitzen gegenüber. Sowohl die Reibebacken als auch die Spitzenkämme stehen in Verbindung mit je einem isoliert aufgestellten Konduktor. Beim Drehen entsteht auf der Glasplatte durch die Reibung eine Ladung. Die Ladung geht beim Passieren der Spitzenkämme, infolge der besonders hohen Oberflächendichte der influenzierten Ladung an den Spitzen, durch die dünne Schicht des Dielektrikums auf die Kämme und den Konduktor über. Da eine Ladung nur durch Zufuhr bzw. Entzug elektrischen Fluidums entsteht, muß die positive Aufladung der Glasplatte (Zufuhr von Elektrizität) gleichzeitig mit einer negativen Ladung der Reibebacken, denen die Elektrizität entzogen wird, einhergehen. Der mit dem Reibezeug verbundene Konduktor lädt sich infolgedessen entgegengesetzt zu dem mit den Spitzenkämmen verbundenen auf.

Maschinelle Ausgestaltungen des Ladungsvorganges durch Influenz stellen die Influenzmaschinen vor, von denen man zahlreiche Modelle konstruiert hat. Wohl am häufigsten wird die Influenzmaschine nach Wimshurst verwendet. Sie besteht aus zwei runden Platten aus Isoliermaterial (Glas oder Hartgummi), die auf einer Achse drehbar angeordnet sich nahe gegenüberstehen. Sie

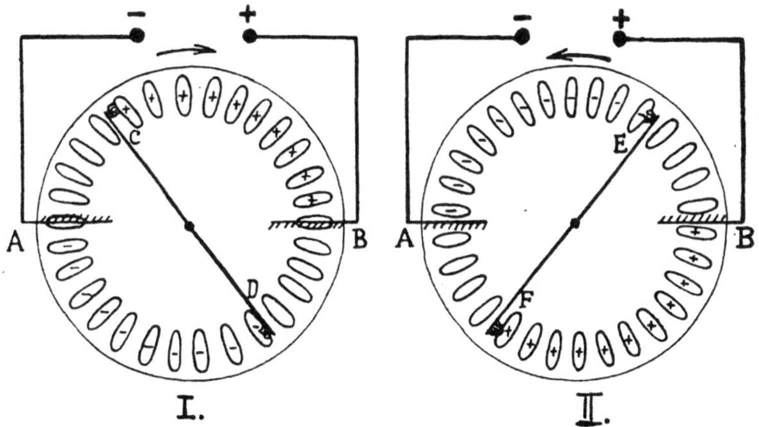

Abb. 113. Influenzmaschine nach Wimshurst.

können durch einen Übersetzungsmechanismus auf der Achse derart in Bewegung versetzt werden, daß sie in einander entgegengesetzter Richtung rotieren. Auf den einander abgekehrten Seiten der Platten sind zahlreiche Metallplättchen (meist Stanniol) in der Art befestigt, wie es Abb. 113 darstellt. Zur Zeichnung sind die Platten einfach auseinandergezogen gedacht. Die Metallblättchen der Platte II in Abb. 113 sind demnach auf die Rückseite der Zeichnung und durch die Platte hindurch gesehen zu denken. Einander gegenüberliegende Punkte der Anordnung sind mit dem gleichen Buchstaben bezeichnet. In schräger Richtung über die Platten sind feste, nicht mitrotierende Drähte (C D und E F) befestigt, die am Ende mit Bürsten aus Metalldraht versehen, jedesmal beim Vorbeigehen zwei diametral gegenüberliegende Metallplättchen für kurze Zeit in leitende Verbindung miteinander bringen. An zwei gegenüberliegenden Stellen der Platten (bei A und B) sind Spitzenkämme ähnlich wie bei der Reibungselektrisiermaschine angebracht, die mit den Polen + und − der

Maschine leitend verbunden sind. Nimmt man an, daß einige Blättchen der Platte I zwischen B und C aus irgendeinem Grund eine positive Ladung besitzen, so werden sie das gegenüber bei E auf der Platte II liegende Blättchen und infolge der leitenden Verbindung E F das Blättchen bei F derart influenzieren, daß E eine negative, F eine positive Ladung erhält. Die Ladung kann stärker sein als die ursprüngliche Ladung der Blättchen auf I, da mehrere Blättchen von I die Blättchen E und F auf II influenzieren. E und F werden alsbald durch die Rotation der Platten voneinander getrennt und behalten daher die Ladung. Nunmehr influenzieren sie die Blättchen bei C und D der Platte I. Die an den Spitzenkämmen bei A und B vorbeiwandernden Blättchen geben ihre Ladungen an die Spitzen ab. Die Ladung der Blättchen bietet kurze Zeit nach begonnener Rotation das in Abb. 113 dargestellte Bild. Es werden dauernd positive Ladungen von C nach B und von F nach B, negative Ladungen von D nach A und von E nach A transportiert. Der dauernde Transport von Elektrizität ist möglich, weil durch die Drähte C D und E F dauernd infolge der Influenz ein Strom von E nach F und von D nach C getrieben wird Der Elektrizitätstransport, der durch die Bewegung der geladenen Metallblättchen vor sich geht, kann ebenfalls als Strom bezeichnet werden. Man nennt einen solchen Strom im Gegensatz zu einer Elektrizitätsbewegung in einem zusammenhängenden Leiter und dem Verschiebungsstrom im Dielektrikum einen Konvektionsstrom. Ein Transport negativer Ladung durch einen bewegten geladenen Leiter entspricht einem Strom in umgekehrter Richtung der Bewegung.

Bringt man die Pole + und — der Maschine miteinander in leitende Verbindung, so sucht sich die zwischen beiden Polen herrschende Potentialdifferenz durch einen Strom von + nach — auszugleichen. Solange die Maschine bewegt wird, wird Elektrizität in einem geschlossenen Kreis herumgetrieben. Ein solcher Kreislauf der Elektrizität ist, wie wir schon früher betonten, nur möglich, wenn durch die Elektrizitätsverschiebung elastische Kräfte im Leiter nicht geweckt werden.

Erfahrungsgemäß sind bei einer Influenzmaschine immer genügend Ladungen vorhanden, daß sie beim Inbetriebsetzen alsbald einen dauernden Strom liefert. Nur können je nach dem Vorzeichen der ursprünglichen Ladungen die Pole bei verschiedenen Inbetriebsetzungen verwechselt sein, d. h. man kann vor der Inbetriebsetzung nicht mit Sicherheit voraussagen, welcher der beiden Pole positiv bzw. negativ wird.

b) Elektrischer Funke.

Die Elektrisiermaschinen sind imstande, sehr hohe Potentialdifferenzen hervorzurufen. Schon nach wenigen Umdrehungen kann man die Pole selbst einer kleinen Influenzmaschine auf eine

Entfernung von mehreren Zentimetern auseinanderziehen, ohne daß der Kreislauf der Elektrizität unterbrochen wird. Die Elektrizität springt unter Licht- und Wärmeentwicklung zwischen den Polen durch das Dielektrikum (die Luft) hindurch über. Wie schon erwähnt, kann die Funkenbildung mit dem Überschreiten der Elastizitätsgrenze eines elastischen Stoffs verglichen werden. Wird die dielektrische Verschiebung an einem Punkt zu groß, so reißt das Dielektrikum. Durch den Riß strömt die Elektrizität wie in einem Leiter, ohne andere als Reibungskräfte überwinden zu müssen. Durch Überwindung der Reibung entsteht Wärme und Licht. Die Größe der dielektrischen Verschiebung ist abhängig von dem Potential und der Form der Oberfläche des Konduktors. Die dielektrische Verschiebung, bei der das Dielektrikum reißt, wird unter Voraussetzung gleicher Form der Pole bei um so geringeren Potentialdifferenzen erreicht, je dünner die zwischen zwei entgegengesetzten Polen liegende Schicht des Dielektrikums ist. Die Funkenlänge wird daher ein Maß für die Potentialdifferenz zweier bestimmter Pole sein.

Der Ausgleich zweier Ladungen durch einen elektrischen Funken geschieht in sehr kurzer Zeit. Je nach dem durch den Riß im Dielektrikum eine größere oder kleinere Elektrizitätsmenge hindurchfließt, wird die Wärme- und Lichtentwicklung größer oder kleiner sein, d. h. die Dicke des Funkens ist ein Maß für die übergehende Elektrizitätsmenge.

Man kann diese Aussagen mittels Kondensatorenentladungen experimentell untersuchen und bestätigen. Lädt man z. B. Kondensatoren, wie sie in der Form der Leydener Flaschen viel verwandt werden, von verschiedenen Größenabmessungen mit der gleichen Elektrisiermaschine auf, so bedarf man zur völligen Ladung des größeren Kondensators, infolge des größeren Fassungsvermögens eine längere Zeit (mehr Umdrehungen der Elektrisiermaschine) als zur Ladung eines kleineren. Entlädt man dann durch eine Funkenstrecke zwischen den beiden Belegungen die Kondensatoren, so findet man, daß die Funkenlänge bei beiden Kondensatoren die gleiche ist, da die Potentialdifferenz, zu der die Kondensatorbelegungen aufgeladen werden, eine Funktion der ladenden Maschine und sonach in beiden Fällen identisch ist. Die Dicke des Funkens ist jedoch bei dem größeren Kondensator erheblich größer, da die überspringende Elektrizitätsmenge infolge der größeren Kapazität größer ist.

Der Riß im Dielektrikum, der durch das Überspringen eines elektrischen Funkens entsteht, schließt sich bei gasförmigen und flüssigen Dielektrikas nach Ausgleich der Ladungen sofort wieder. Bei festen Dielektrikas, z. B. Glas, schlägt der elektrische Funke ein Loch gleicher Art, wie es durch den Durchschlag eines Stückes Materie, z. B. eines Geschosses hervorgerufen wird. Die Größe des Loches ist abhängig von der Menge der überspringenden Elektrizität.

Eine Richtung des Durchschlages aus der Konfiguration des Loches zu erschließen, wie es bei materiellem Durchschlag eines festen Stoffes meist möglich ist, gelingt bei Löchern, die durch einen elektrischen Funken bewirkt wurden, nicht.

c) Stromstärke, Widerstand, Ohmsches Gesetz.

In geschlossenen Leiterkreisen kann die Elektrizität dauernd im Kreise herumgetrieben werden, wenn eine Kraft vorhanden ist, die die in dem Leiterkreis der Elektrizitätsbewegung entgegenwirkenden Widerstände, die wir in unserem Flüssigkeitsschema mit Reibungskräften verglichen haben, überwindet. Eine solche Kraft kann nur auf Grund einer im Innern des Leiters bestehenden Feldstärke, also eines Potentialgefälles innerhalb des Leiterkreises bestehen, das durch irgendwelche Maßnahmen, z. B. die Verbindung der Pole einer im Betrieb befindlichen Elektrisiermaschine mit den Enden eines Leitungsdrahtes dauernd unterhalten wird.

Nimmt man z. B. an, daß die Pole einer Elektrisiermaschine durch einen längeren Draht L miteinander in leitende Verbindung gebracht sind (vgl. Abb. 114), so wird während des Betriebs der Maschine ein dauernder Strom zwischen den Polen bestehen. Der Stromkreis ist geschlossen durch die Elektrisiermaschine. Ein Teil des Stromkreises wird in diesem Fall durch zwei Konvektionsströme (siehe oben) gebildet.

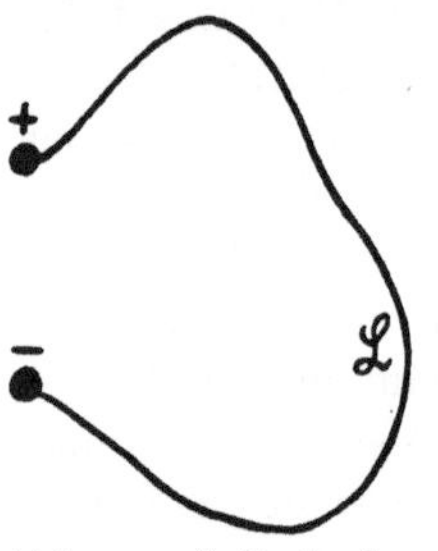

Abb. 114. Leiterkreis.

Greifen wir auf die Analogie mit einem Flüssigkeitssystem zurück, so entspricht eine solche Anordnung der Verbindung zweier Reservoire verschiedenen Niveaus (die Pole der Elektrisiermaschine) durch eine längere Röhre (den Draht L). Die Niveaudifferenz zwischen den beiden Reservoiren wird durch eine Pumpe (die Elektrisiermaschine), die die durch die Röhre strömende Flüssigkeit wieder in das höher gelegene Reservoir zurückpumpt, dauernd konstant gehalten. Der Niveaudifferenz der beiden Reservoire ist vergleichbar die Potentialdifferenz der beiden Pole. Durch den Draht L fließt ein konstanter Strom, solange die Potentialdifferenz konstant bleibt. Als Maß des im Draht fließenden Stroms kann man die in der Zeiteinheit durch einen beliebigen Querschnitt hindurchfließende Elektrizitätsmenge benutzen; in Analogie mit dem pro Sekunde durch den Querschnitt fließenden Flüssigkeitsvolumen bezeichnet man die Elektrizitätsmenge, die pro Sekunde durch den Draht fließt, als die Stromstärke des Stroms.

Aus der Inkompressibilität der Elektrizität folgt, daß bei konstant fließendem Strom die Stromstärke in einem geschlossenen Leiterkreis in allen Querschnitten die gleiche ist.

Wie schon mehrfach erwähnt, kann die Tatsache, daß ein Draht von einem elektrischen Strom durchflossen wird, festgestellt werden durch die Wirkung eines solchen Drahtes auf eine Magnetnadel. Eine in der Nähe eines Drahtes befindliche Magnetnadel erfährt beim Durchgang eines elektrischen Stroms durch den Draht eine Ablenkung. Aus Versuchen, in denen man die durch den Draht gehende Elektrizitätsmenge kennt, wie e. B. bei der Entladung einer bekannten Kapazität über einen Draht, kann man erschließen, daß die auf die Magnetnadel wirkende ablenkende Kraft proportional der Stromstärke ist. Durch Beobachtung der Ablenkung einer Magnetnadel durch einen von konstantem Strom durchflossenen Draht, kann man daher auf später noch näher zu besprechende Art die durch den Draht fließende Stromstärke bestimmen.

Verbindet man zwei Pole durch einen Draht und bestimmt die Potentialdifferenz der beiden Pole z. B. durch ein Elektroskop und bestimmt andererseits durch eine Magnetnadel die durch den Draht fließende Stromstärke, so findet man, daß die Stromstärke proportional der Potentialdifferenz ist, d. h. wenn die Potentialdifferenz der beiden Pole aus irgend einem Grund steigt oder sinkt, so steigt oder sinkt die Stromstärke im Draht in gleichem Verhältnis. Bestimmt man Potentialdifferenz und Stromstärke bei Verwendung verschiedener Drähte, so ergibt sich, daß bei gleicher Potentialdifferenz der Pole und gleichem Drahtmaterial die Stromstärke um so geringer ist, je länger der Draht und um so größer, je dicker der Draht ist. Außerdem kann man noch feststellen, daß bei Verwendung verschiedenen Drahtmaterials die Stromstärke abhängig ist von dem Material. Durch einen Kupferdraht fließt z. B. bei gleicher Potentialdifferenz eine merklich größere Stromstärke als durch einen Eisendraht gleicher Abmessungen. Die Analogie zwischen dem Verhalten der Stromstärke und Potentialdifferenz oder Spannung zu dem S. 50 beschriebenen Verhalten der Stromstärke und Druckdifferenz bei einer Flüssigkeitsströmung durch eine Röhre ist augenscheinlich. Dort wurde gefunden, daß die in der Zeiteinheit durch die Röhre fließende Flüssigkeitsmenge in gleicher Weise von der Druckdifferenz zwischen den Enden der Röhre, der Länge und Weite der Röhre abhängig ist, wie hier die Stromstärke von Potentialdifferenz, Länge und Dicke des Drahtes. Wir hatten dort diese Abhängigkeit darauf zurückgeführt, daß die Röhre der Flüssigkeitsströmung einen Reibungswiderstand entgegenstellt und hatten für die Abhängigkeit zwischen Druckdifferenz p, Stromstärke i und Widerstand w die Beziehung:

$$i = \frac{p}{w} \quad \dots \dots \dots \dots \quad (143)$$

aufgestellt. Diese Gleichung (143) wird das Ohmsche Gesetz genannt. Vollkommen analog wollen wir annehmen, daß jeder Leitungsdraht der Elektrizitätsbewegung einen Widerstand entgegenstellt und diesen Widerstand mit w bezeichnen. Die Potentialdifferenz wird allgemein mit e, die Stromstärke mit i bezeichnet. Wir setzen danach für die Beziehung zwischen Spannung an den Enden eines stromdurchflossenen Leiters, der durchfließenden Stromstärke und dem Widerstand analog mit Gleichung (143) das Ohmsche Gesetz an:

$$i = \frac{e}{w} \qquad \ldots \quad \ldots \quad \ldots \quad \ldots \quad (144)$$

Da wir die Einheiten der Stromstärke und der Spannung bereits definiert haben, ist durch das Ohmsche Gesetz die Einheit des Widerstandes unmittelbar gegeben. Die Einheit des Widerstandes besitzt ein Draht, durch den bei einer zwischen seinen Enden herrschenden Potentialdifferenz 1 in der Sekunde die Elektrizitätsmenge 1 fließt. Der Widerstand eines Drahtes gleichen Materials ist direkt proportional der Länge und umgekehrt proportional dem Querschnitt. Außerdem ist der Widerstand eines Drahtes noch abhängig von dem Material. Auch hierfür haben wir in der Hydrodynamik eine Analogie, indem der Widerstand eines von Flüssigkeit durchflossenen Rohres abhängig ist von der Glätte der Innenoberfläche der Röhre und der Viskosität der Flüssigkeit. Nur liegt der Grund einer ähnlichen Abhängigkeit beim elektrischen Strom zu keinem Teil in dem fließenden Fluidum, sondern ausschließlich in dem Material des durchflossenen Drahtes.

Wählt man ein Leiterstück bestimmter Abmessungen, z. B. von der Länge 1 cm und dem Querschnitt 1 cm^2, so kann man den Widerstand eines solchen Stückes der verschiedensten Leiter durch Beobachtung der Stromstärke und Spannung bestimmen. Die für die Stücke gefundenen Widerstände sind Materialkonstanten der untersuchten Leiter. Man nennt sie den „spezifischen Widerstand" des betreffenden Materials und bezeichnet den spezifischen Widerstand mit dem Buchstaben σ. Der reziproke Wert von σ, also $\frac{1}{\sigma}$ heißt das Leitvermögen oder die Leitfähigkeit des betreffenden Stoffs. Den Widerstand w eines Drahtes findet man aus einer Länge L, seinem Querschnitt Q und dem spezifischen Widerstand des verwandten Materials σ nach der Gleichung:

$$w = \sigma \frac{L}{Q} \qquad \ldots \quad \ldots \quad \ldots \quad (145)$$

Die Dimension des elektrostatisch definierten Widerstandes ergibt sich aus dem Zusammenhang mit den beiden Einheiten der Stromstärke und Spannung durch das Ohmsche Gesetz zu cm^{-1} sec.

d) Elektrische Arbeit.

Schon gelegentlich der Definition des Potentials (s. S. 215) wurde für den speziellen Fall eines linearen Potentialabfalls gezeigt, daß die Arbeit, die geleistet wird, wenn eine Elektrizitätsmenge ε von einem Ort mit dem Potential V_1 zu einem solchen mit dem Potential V_2 transportiert wird, gleich $\varepsilon\,(V_1 - V_2)$, oder wenn man die Potentialdifferenz $V_1 - V_2$ mit e bezeichnet gleich $\varepsilon \times e$ ist. Dieser Schluß ergibt sich allgemein für jede Form des Potentialabfalls nach der Definition, daß das Gefälle oder der negative Differentialquotient des Potentials nach der Länge gleich der auf die Elektrizitätsmenge 1 wirkenden Kraft ist. Auf die Elektrizitätsmenge ε wirkt auf Grund eines Potentialgefälles $-\dfrac{dV}{dr}$ die Kraft $-\varepsilon\,\dfrac{dV}{dr}$. Wirkt diese Kraft während des Transportes der Elektrizitätsmenge in der Richtung des Potentialgefälles über den kleinen Weg dr, so wird nach der Definition der Arbeit die kleine Arbeit $dA = -\varepsilon\,\dfrac{dV}{dr} \times dr = -\varepsilon\,dV$ geleistet. Die Arbeit, die beim Transport über eine längere Strecke, zwischen deren beiden Enden die Potentialdifferenz $V_1 - V_2 = e$ herrscht, geleistet wird, kann durch Integration von $\varepsilon\,dV$ zwischen den Grenzen V_1 und V_2 ermittelt werden:

$$A = \int_{V_2}^{V_1} -\varepsilon\,dV = \varepsilon\,(V_1 - V_2) = \varepsilon\,e \quad . \quad . \quad . \quad . \quad (146)$$

Auf die Elektrizitätsmenge muß eine Arbeit getan werden, wenn sie von einem Ort niederen zu einem solchen höheren Potentials transportiert werden soll, während sie im umgekehrten Fall eine Arbeit leisten kann. Die Arbeit, die der elektrische Strom beim Fließen leistet, besteht in der Überwindung des Widerstandes.

Ein elektrischer Strom leistet nach Gleichung (146) eine Arbeit gleich dem Produkt aus Spannung und Elektrizitätsmenge. Da die transportierte Elektrizitätsmenge gleich dem Produkt aus Stromstärke und der Dauer des Stromflusses ist, so findet man die Arbeit eines Stroms von der Stromstärke i, der zwischen zwei Punkten von der Potentialdifferenz e während der Zeit t fließt:

$$A = e \times i \times t \quad . \quad . \quad . \quad . \quad . \quad . \quad . \quad (147)$$

Daß die Dimension des Produktes e i t tatsächlich die einer Arbeit ist, kann leicht aus den früher angegebenen Dimensionen von e und i ermittelt werden.

Das Produkt $e \times i$ bedeutet die Arbeit des Stroms pro Zeiteinheit oder die Leistung des Stroms.

3. Kapitel: Magnetismus.

a) Pole, Richtungskraft, magnetisches Moment, magnetische Influenz.

Der weiteren Besprechung der elektrischen Erscheinungen seien die Grundlehren des Magnetismus vorausgestellt.

In der Natur findet man gelegentlich Eisenerze, die Eisenstücke und noch einige andere Stoffe mit erheblich größerer Kraft anziehen, als es auf Grund der allgemeinen Gravitation zu erwarten ist. Man nennt diese Eigenschaft Magnetismus, ein Eisen oder Metallstück, das die Eigenschaft der Anziehung besitzt, einen Magneten.

Bei näherer Untersuchung des Magnetismus findet man verschiedene Analogien zu den Beobachtungen, die man bei der Untersuchung der Anziehung elektrischer Ladungen macht. Man findet, daß die anziehende Kraft eines Magneten nicht an allen Stellen die gleiche ist, sondern an zwei Stellen Maxima besitzt, und be-

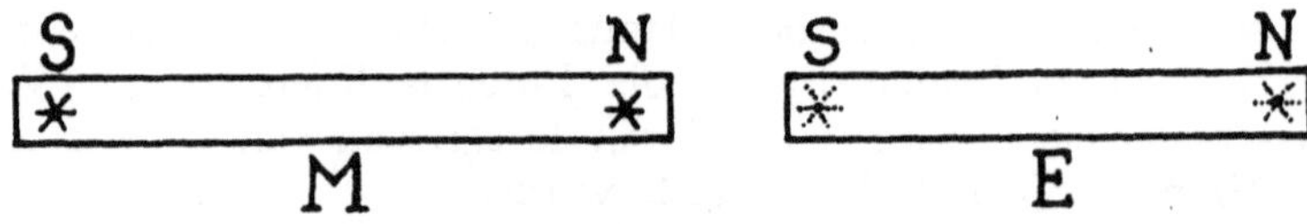

Abb. 115. Magnetische Influenz.

zeichnet die beiden Stellen als die Pole des Magneten. Die Untersuchung der zwischen den beiden Polen liegenden Strecke ergibt, daß die magnetische Kraft mit der Entfernung von einem Pol allmählich bis zum Wert 0 abnimmt, um sodann weiterhin bei Annäherung an den zweiten Pol zuzunehmen. Man kann Stücke bestimmter Metalle, vor allem Eisen- oder Stahlstücke, durch geeignete Maßnahmen magnetisieren, d. h. zu Magneten machen. Besonders leicht gelingt das bei im Verhältnis zur Dicke langen Stäben. Bringt man z. B. einen Magnetstab M, dessen Pole in der Nähe seiner Enden liegen, in die Nähe eines nicht magnetischen Eisenstabes E, in der Art, wie es Abb. 115 zeigt, und untersucht sodann das Stück E, so ergibt sich, daß E durch diese Annäherung in einen ähnlichen Zustand, wenn auch schwächeren Grades, geraten ist, wie der ursprüngliche Magnet, d. h. es besitzt die Fähigkeit Eisenstücke anzuziehen, und zwar maximal an zwei Polen in der Nähe seiner Enden und eine Indifferenzzone zwischen den beiden Polen. Die magnetischen Fähigkeiten des Stückes E sind um so stärker, je näher es an den Magneten herangebracht wird und werden maximal bei der Berührung zwischen E und M. Man bezeichnet die beschriebene Erscheinung als „magnetische Verteilung" oder wegen der Analogie mit der elektrischen Influenz als „magnetische Influenz". Handelt es

sich um ein Stück weichen Eisens, so gehen die magnetischen Fähigkeiten von E alsbald nach Entfernung von M wieder verloren, handelt
es sich um einen Stahlstab, so behält dieser nach Entfernung des
Magneten wenigstens einen Teil seiner magnetischen Eigenschaften
d. h. der Stahlstab ist seinerseits zu einem dauernden Magneten
geworden. Man kann den bleibenden Magnetismus eines Stahlstabes
verstärken, wenn man mit dem einen Ende eines Magneten, auf die
Mitte des Stahlstabes aufsetzend, langsam nach einem Ende hinstreicht,
dort absetzt und dieselbe Maßnahme mehrfach wiederholt.

Hängt man einen Magneten so auf, daß er um eine vertikale
Achse frei beweglich ist, so richtet er sich selbsttätig so, daß die Verbindungslinie seiner Pole näherungsweise in die Richtung Nord-Süd
zu liegen kommt. Man kann daher an jedem Magneten die beiden
Pole als different markieren und entsprechend der Einstellung den
nach Norden zeigenden Pol als Nord = oder + Pol, den anderen
als Süd- oder — Pol bezeichnen. Bestimmt man die Wirkung zweier
Magnete aufeinander, indem man gleich- und verschiedenartig benannte Pole einander gegenüberstellt, so findet man, daß gleichnamige Pole einander abstoßen, ungleichnamige einander anziehen.

Bei der magnetischen Influenz kann man meist feststellen, daß bei
einer Stellung, wie sie durch Abb. 115 dargestellt ist, in dem ursprünglich nicht magnetischen Stück E, an dem dem einen Pol des Magneten
M näher liegenden Ende ein diesem Pol entgegengesetzter Pol entsteht, wie es in der Abb. 115 durch die Bezeichnung der Pole mit
N und S angedeutet ist. Die Analogie der magnetischen Verteilung
mit der elektrischen Influenz wird dadurch noch auffälliger.

Die Richtung eines beweglichen Magneten in die Nord-Süd-
Richtung beweist, daß sich die Erde im ganzen wie ein Magnet verhält und in der Gegend des geographischen Nordpols einen magnetischen Südpol, in der Gegend des geographischen Südpols einen
magnetischen Nordpol besitzt. Die magnetischen Pole fallen nicht
vollständig zusammen mit den geographischen. Ein Magnet weist
mit der Verbindungslinie seiner Pole nach den magnetischen Polen.
Zur Beobachtung der Einstellung eines Magneten verwendet man
meist sogenannte Magnetnadeln, d. h. lange dünne, an den Enden
zugespitzte Magnete, deren Pole in der Nähe der Enden liegen. Die
Verbindungslinie der Pole einer solchen Magnetnadel stimmt sehr
nahe mit der Verbindungslinie ihrer Spitzen überein. Eine Magnetnadel weicht in ihrer Einstellung von der geographischen Nord-Süd-
Richtung etwas ab, da sie sich in die magnetische Nordsüdrichtung
stellt. Da die Magnetnadel als Kompaß ein außerordentlich ver-
breitetes Instrument zur geographischen Orientierung ist, hat man
die Abweichung ihrer Einstellung von der geographischen Nord-Süd-
Richtung an sehr zahlreichen Punkten der ganzen Erdoberfläche
bestimmt und ist daher über die „Mißweisung“ oder Deklination

der Magnetnadel fast an allen Orten der Erdoberfläche genau orientiert. Verbindet man Punkte gleicher Deklination miteinander, so erhält man Kurven, welche als „Isogonen" bezeichnet werden.

Eine um eine horizontale Achse drehbar aufgehängte Magnetnadel, deren Schwerpunkt in der Achse liegt, stellt sich in einem bestimmten Winkel zur Horizontalen ein. Diesen Winkel nennt man die „Inklination". Auch die Inklination der Magnetnadel ist für die ganze Erdoberfläche genau bekannt. Verbindungslinien von Punkten gleicher Inklination heißen Isoklinen.

Die Stärke verschiedener Magnetpole kann man messen, indem man die Kraft, mit der ein Pol auf einen anderen in einer gewissen Entfernung wirkt, bestimmt. In Analogie zur Definition der elektrostatischen Einheit der Elektrizitätsmenge kann man z. B. einem Magnetpol die Stärke 1 zuschreiben, der in der Entfernung 1 cm einen ihm gleichstarken Pol mit der Kraft 1 Dyne anzieht oder abstößt. Die Dimension diesr Einheit ist entsprechend der Definition identisch mit der Einheit der Elektrizitätsmenge elektrostatisch gemessen ($cm^{3/2} g^{1/2} sec^{-1}$).

Die magnetische Feldstärke an einem Ort des Raumes ist gegeben durch die Kraft, die an diesem Ort auf einen Pol von der Stärke 1 wirkt. Die Dimension der Feldstärke ist identisch mit der elektrostatischen Feldstärke ($cm^{-1/2} g^{1/2} sec^{-1}$). Die Einheit der Feldstärke wird von einem Pol von der Stärke 1 in der Entfernung 1 hervorgerufen. Die Einheit der magnetischen Feldstärke heißt ein „Gauß".

Da man über einen isolierten Magnetpol nicht wie über eine isolierte elektrische Ladung verfügen kann, sondern jeder Magnet zwei Pole besitzt, kann man die magnetischen Einheiten durch direkte Bestimmung der zwischen zwei Polen wirkenden Kraft weniger leicht bestimmen als die elektrischen. Es ist daher zweckmäßig, die Kraftwirkung zwischen isolierten Polen aus der Fernwirkung eines ganzen Magneten zu erschließen. Die Fernwirkung eines idealen Magnetstabes, der aus zwei punktförmigen, gleichstarken, entgegengesetzten Polen besteht, die einen Abstand L voneinander haben, ist erfahrungsgemäß proportional der Polstärke m und der Länge L. Das Produkt m L heißt das „magnetische Moment". Die Einheit des magnetischen Momentes besitzt ein aus zwei in der Entfernung 1 cm voneinander liegenden Polen ± 1 bestehender Stabmagnet.

Ein Magnet übt auf einen anderen in einer gewissen Entfernung r befindlichen eine Richtkraft aus. Nimmt man an, daß der eine von zwei Magneten kurz sei gegenüber dem zweiten und ordnet man die Magnete in der Art zueinander an, wie es Abb. 116 zeigt, so läßt sich unter der Voraussetzung, daß r groß sei gegenüber den Dimensionen der Magnete, errechnen, daß im Fall der Lage I der Abb. 116 der kurze Magnet ein Drehmoment

$$D = \frac{M_1 M_2}{r^3} \quad . \quad . \quad . \quad . \quad . \quad . \quad . \quad (148)$$

im Falle der Lage II ein solches

$$D = \frac{2 M_1 M_2}{r^3} \quad . \quad . \quad . \quad . \quad . \quad . \quad (149)$$

erfährt, worin M_1 und M_2 die magnetischen Momente der beiden Magnete bedeuten. Durch diese Beziehungen ist die Einheit des magnetischen Momentes bestimmt. Die Einheit besitzt ein Magnet, der auf einen anderen gleichen magnetischen Momentes aus der großen Entfernung r bei Lage I ein Drehmoment $\frac{1}{r^3}$, in Lage II ein solches

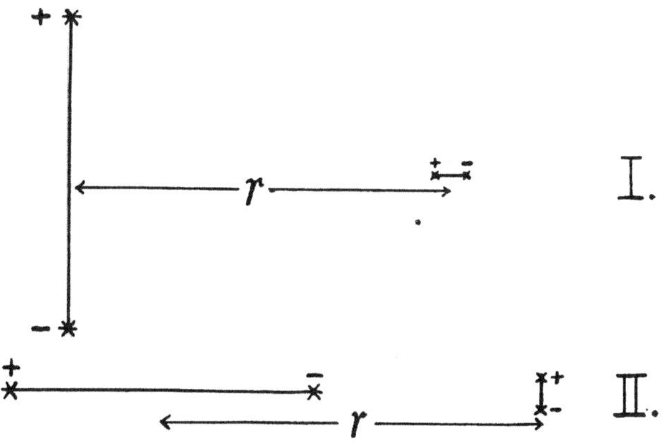

Abb. 116. Hauptlagen eines Magneten.

$\frac{2}{r^3}$ ausübt. Die Feldstärke eines Magnetfeldes an einem bestimmten Ort kann aus dem Drehmoment bestimmt werden, das auf einen kurzen zur Richtung der Feldkraft senkrecht stehenden Magneten vom magnetischen Moment 1 ausgeübt wird, und zwar ist dieses Drehmoment an einem Ort von der Feldstärke 1 gleich 1.

Als „spezifischer Magnetismus" oder die „Magnetisierung" wird das magnetische Moment eines Magneten dividiert durch sein Volumen bezeichnet (Dimension $cm^{-1/2} g^{1/2} sec^{-1}$). Die Magnetisierung hat für jedes Material eine obere Grenze. Stahlmagnete können maximal etwa einen spezifischen Magnetismus von 750 Einheiten haben, für Elektromagnete läßt sich höchstens etwa 1500 erreichen.

b) Para- und Dia-Magnetismus.

Wie schon oben erörtert, gewinnt ein Körper, der sich in einem Magnetfeld befindet, durch magnetische Verteilung selbst den Charakter eines Magneten. Die Stärke des erzeugten Magneten ist abhängig außer von der Stärke des Magnetfeldes an dem betreffenden

Ort von dem Material, aus dem der Körper besteht. Z. B. bekommt am gleichen Ort eines Magnetfeldes ein Stück Eisen ein wesentlich höheres magnetisches Moment als ein Stück Nickel gleicher Abmessungen. Man kann daher jedem Material eine Materialkonstante zuordnen, welche die Magnetisierung angibt, die das betreffende Material an einem Ort von der magnetischen Feldstärke 1 gewinnt. Man bezeichnet diese Zahl als den „Magnetisierungskoeffizienten" des betreffenden Materials.

Nicht alle Stoffe gewinnen in einem Magnetfeld einen Magnetismus entsprechend der durch Abb. 115 dargestellten magnetischen Verteilung, d. h. es entsteht nicht immer an dem dem + Pol des magnetisierenden Magneten nähergelegenen Ende eines länglichen Körpers ein — Pol, am entfernter gelegenen ein + Pol, sondern einige Stoffe gewinnen eine entgegengesetzte Polarität. Schreibt man dem Magnetfeld an jedem Ort eine Richtung zu, und zwar diejenige, in der ein Nordpol getrieben wird, so hat das von dem magnetisierten Körper hervorgerufene Feld die gleiche Richtung wie das magnetisierende Feld, wenn die Verteilung die in Abb. 115 dargestellte Wirkung hervorruft, in dem soeben erwähnten Fall jedoch die entgegengesetzte Richtung. Demnach kann man Stoffe unterscheiden, die in ein magnetisches Feld gebracht, dasselbe verstärken (paramagnetische Stoffe) und solche, die das Feld abschwächen (diamagnetische Stoffe). Man wird dementsprechend den Magnetisierungskoeffizienten paramagnetischer Stoffe mit positivem, den diamagnetischer Stoffe mit negativem Vorzeichen versehen. Wie durch Überlegung der auf Grund der Verteilung auftretenden Pole zu erschließen ist, wird ein Stab aus paramagnetischem Material sich in einem Magnetfeld mit seiner Längsachse in die Richtung des Feldes stellen, ein diagmatischer senkrecht zur Feldrichtung. Paramagnetische Stoffe sind beispielsweise Mangan, Palladium, Platin, Aluminium; diamagnetische Kupfer, Zink, Wasser, Silber, Quecksilber, Jod, Wismut.

Der Magnetisierungskoeffizient ist nur für diamagnetische und schwach paramagnetische Stoffe annähernd konstant, bei stark paramagnetischen, sogenannten ferromagnetischen Stoffen, wie Eisen und Stahl, ist er in erheblichem Maß von der Feldstärke des magnetisierenden Feldes abhängig.

c) Magnetische Kraftlinien, magnetische Permeabilität.

Ein Magnetfeld kann anschaulich dargestellt werden durch eine Anzahl Linien, deren Richtung überall mit der Richtung der magnetischen Kraft übereinstimmt. Wählt man die Dichte der Linien an jedem Ort proportional der dort wirkenden Kraft, so ist durch Richtung und Dichte der Linien das Magnetfeld vollständig beschrieben. Man bezeichnet solche Linien als Kraftlinien. Setzt man fest, daß man die Stärke I des Magnetfeldes an einem Ort dadurch charakterisieren will, daß pro cm² einer senkrecht zur Richtung der Kraftlinien gelegten Fläche eine Kraftlinie durch die Fläche ziehen

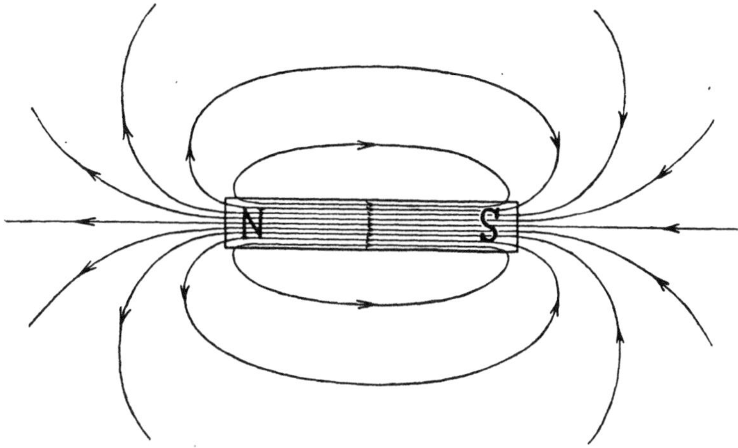

Abb. 117. Kraftfeld eines Stabmagneten.

soll, so hat man damit eine Einheit der Kraftlinie festgelegt (Dimension: Feldstärke $\times$ cm² $=$ cm$^{3/2}$ g$^{1/2}$ sec^{-1}), und kann aus dem Kraftlinienbild unmittelbar Stärke und Richtung des Magnetfeldes ablesen.

Das Kraftlinienbild eines Stabmagneten zeigt Abb. 117. Die Kraftlinien laufen in sich geschlossen im Innern des Magneten zurück.

Von einem isolierten punktförmigen Nordpol würden die Kraftlinien strahlenförmig in die Umgebung ausstrahlen, wie es Abb. 118 zeigt. Fragt man, wieviel Einheitskraftlinien von einem Magnetpol von der Stärke I ausgehen, so ergibt sich aus der Definition der Einheitskraftlinie, daß an den Orten der Feldstärke I, pro cm² einer zu der Richtung der Kraftlinien senkrecht stehenden Fläche, d. h. also in dem in Abb. 118 dargestellten Fall pro cm² einer um den Pol in der Entfernung I cm beschriebenen Kugeloberfläche

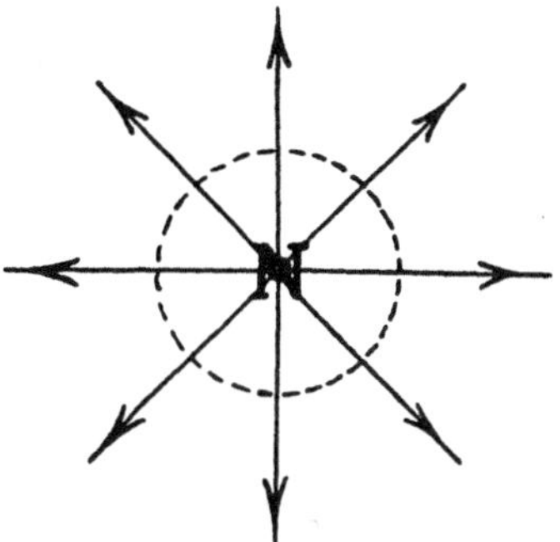

Abb. 118. Kraftfeld eines isolierten Nordpols.

eine Kraftlinie vorhanden sein muß. Die Anzahl der von dem Einheitspol in den Raum ausstrahlenden Einheitskraftlinien ist demnach gleich der Oberfläche einer Kugel vom Radius I d. h. $= 4\,\pi$.

Denkt man sich den Pol flächenhaft ausgebreitet, ohne Veränderung seiner Gesamtstärke, so kann man ebenso wie von einer Oberflächendichte elektrischer Ladung, von einer magnetischen Flächendichte sprechen und darunter die Polstärke pro cm² Oberfläche verstehen. Man verwendet in diesem Fall häufig statt des Wortes Polstärke die Bezeichnung „freier Magnetismus". Die Einheit der magnetischen Flächendichte ist vorhanden, wenn 1 cm² Oberfläche die Einheit der Polstärke oder des freien Magnetismus besitzt. Tatsächlich besteht ein wirklicher Magnet nicht aus zwei punktförmigen miteinander verbundenen Polen, sondern aus einem Stab, der an seiner ganzen Oberfläche freien Magnetismus besitzt. Bei der Herstellung eines Magneten entsteht stets gleichviel positiver und negativer Magnetismus. Der Magnetismus ist nicht gleichmäßig auf der Oberfläche verteilt, sondern es bestehen zwei Orte maximaler Oberflächendichte, die wir als die Pole des Magneten bezeichnen.

Häufig benötigt man eines Magnetfeldes, das in merklicher Ausdehnung von gleichmäßiger Stärke ist, d. h. welches durch parallel laufende Kraftlinien dargestellt ist. Annähernd besteht ein schwaches

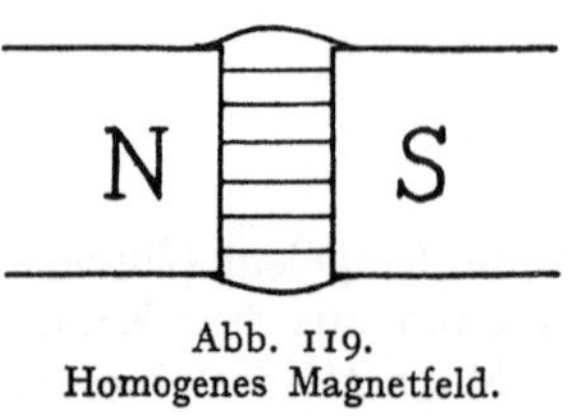

Abb. 119.
Homogenes Magnetfeld.

derartiges Feld in großer Entfernung von einem Stabmagneten, während in der direkten Nachbarschaft des Magneten, wie aus Abb. 117 hervorgeht, Stärke und Richtung des Magnetfeldes mit dem Ort stark wechselt. Will man starke homogene Magnetfelder erzeugen, so stellt man zweckmäßig zwei in Stärke und Oberfläche gleiche Pole in engem Abstand gegenüber. Eine solche Anordnung kann man z. B. erreichen durch hufeisenförmige Biegung eines Stabmagneten. Es gehen dann fast die gesamten Kraftlinien parallel zueinander von einem Pol zum anderen und es besteht zwischen beiden Polen ein homogenes Magnetfeld, dessen Stärke aus der Stärke m und der Fläche F der gegenüberliegenden Pole zu errechnen ist (vgl. Abb. 119). Es treten aus einem Pol von der Stärke m 4πm Kraftlinien aus. Dieselben verteilen sich auf den Querschnitt des Feldes, der gleich der Fläche F ist. Die Feldstärke ist demnach:

$$\mathfrak{H} = \frac{4\pi m}{F} \qquad \ldots \ldots \ldots \quad (150)$$

Wie schon erörtert, verstärkt oder schwächt ein in ein Magnetfeld gebrachter Körper, je nachdem er para- oder dia-magnetisch ist, das Magnetfeld, in dem er selbst zu einem Magneten gleich- bzw. entgegengerichteten Feldes wird. Ist $\mathfrak{H}$ die Stärke des Magnetfeldes, $\varkappa$ der Magnetisierungskoeffizient und F der Querschnitt eines langen Stabes, den man mit seiner Längsrichtung in die Richtung des Magnetfeldes bringt, so magnetisiert sich der Stab nach der Definition des Magnetisierungskoeffizienten pro Volumeneinheit bis zum Betrag $\varkappa \mathfrak{H}$. Am Ende besitzt er Pole von der Stärke $F \varkappa \mathfrak{H}$.

Von einem Pol dieser Stärke gehen nach dem Vorhergesagten $4\,\pi\,F\,\varkappa\,\mathfrak{H}$ Einheitskraftlinien aus. Außerdem ist die Stärke des ursprünglichen Magnetfeldes an der Stelle des Stabes nach der Ausgangsannahme gleich $\mathfrak{H}$. Auf den Querschnitt F des Stabmagneten kommen daher $\mathfrak{H}$ F Kraftlinien des magnetisierenden Magnetfeldes. Im ganzen vereinigt daher der Stab $4\,\pi\,F\,\varkappa\,\mathfrak{H} + \mathfrak{H}\,F = \mathfrak{H}\,F\,(1 + 4\,\pi\,\varkappa)$ Kraftlinien, die durch das Innere des Stabes ziehen. Den Wert $1 + 4\,\pi\,K$ bezeichnet man meist mit dem Buchstaben μ und nennt ihn die „magnetische Permeabilität". Die Einheit der Permeabilität hat der luftleere Raum. Ist K positiv (paramagnetische Körper), so ist $\mu > 1$, bei diagmetischen Stoffen ($\varkappa$ negativ) ist $\mu < 1$. μ ist danach ein jedem Stoff eigener Faktor, der ebenso wie $\varkappa$ dimensionslos, d. h. eine reine Zahl ist.

Man kann die abgeleitete Zahl der Kraftlinien in einem Stab von der Länge L und dem Querschnitt F in einem Magnetfeld von der Stärke $\mathfrak{H}$ als einen Fluß von Kraftlinien auffassen. Setzt man

$$\mathfrak{H}\,F\,\mu = \frac{\mathfrak{H}\,F\,\mu\,L}{L} \quad \ldots \quad \ldots \quad \ldots \quad (151)$$

und bezeichnet man in Analogie zu den elektrostatischen Einheiten $\mathfrak{H}$L als „magnetomotorische Kraft", $\dfrac{L}{\mu\,F}$ als „magnetischen Widerstand", so hat Gleichung (151) dieselbe Form wie das Ohmsche Gesetz. μ würde dann dem elektrischen Leitvermögen entsprechen und als magnetisches Leitvermögen zu bezeichnen sein. Die Einheitskraftlinie ist dann die Einheit des „magnetischen Flußes". Diese Einheit wird 1 „Maxwell" genannt.

Die Permeabilität für ferromagnetische Stoffe ist in erheblichem Maße von der Stärke des magnetisierenden Magnetfeldes abhängig. Bei schwachen Feldern steigt μ mit der Feldstärke an, erreicht bei stärkeren ein Maximum und sinkt dann mit weiter wachsender Feldstärke wieder allmählich bis zu 0 ab, d. h. allerstärkste Felder werden durch Einbringen ferromagnetischer Stoffe nicht mehr verstärkt. Die Größe der Permeabilität und ihre Abhängigkeit von der Feldstärke wird durch chemische Beimengungen (Legierungen), durch den mechanischen Zustand (Schmiedeisen, Gußeisen usw.) und die Temperatur beeinflußt.

d) Hysterese.

Ferromagnetische Stoffe, die durch Einbringen in ein Magnetfeld magnetisiert werden, verlieren bei Beseitigung des magnetisierenden Feldes ihre magnetischen Eigenschaften nicht wieder vollständig, sondern es bleibt ein gewisser „remanenter" Magnetismus. Will man den remanenten Magnetismus beseitigen, so gelingt das z. B. durch Ausglühen, mechanische Erschütterung, oder durch Magnetisierung bestimmter Stärke in umgekehrter Richtung. Als Ursache des remanenten Magnetismus nimmt man die sogenannte Koerzitivkraft an. Eine Vorstellung von dem Wirken dieser Kraft kann man sich machen, wenn man sich den Stoff aus kleinsten

Magneten von unveränderlichem Magnetismus zusammengesetzt denkt. In unmagnetischem Zustand liegen die Magnetchen ungeordnet durcheinander. Ein Magnetfeld nach außen tritt, da sich die Magnetfelder der einzelnen Magnetchen gegenseitig aufheben, nicht in Erscheinung. Durch die magnetische Influenz werden die Magnetchen in bestimmter Richtung geordnet. Da sich nunmehr ihre Magnetfelder addieren, entsteht ein nach außen wirksames Magnetfeld. Um die Ordnung der Magnetchen herbeizuführen, müssen gewisse Kräfte, die man sich als Reibungskräfte vorstellen kann, überwunden werden. Sind die Magnetchen einmal geordnet, so müssen zur Wiederherstellung der früheren ungeordneten Lage die gleichen Kräfte überwunden werden. Die Wiederherstellung der ungeordneten Lage kann man sich als durch elastische Kräfte, die die Magnetchen in ihre ursprüngliche Lage zurückzutreiben bestrebt sind, begünstigt vorstellen. Nach diesem Bild wird die Wiederherstellung des unmagnetischen Zustandes durch alle Maßnahmen gefördert werden, die als ein Durcheinanderrütteln der Teilchen aufgefaßt werden können. Solche Maßnahmen sind mechanische Erschütterung und Ausglühen. Beseitigt man den remanenten Magnetismus durch magnetisieren in umgekehrter Richtung, so würde das Bild des wahllosen Durcheinanderrüttelns nicht zutreffen, sondern man müßte annehmen, daß die Magnetchen durch das umgekehrte Magnetfeld zurückgedreht werden, und zwar auch bis zu einer Lage, in der sich die Magnetfelder gegenseitig aufheben; jedoch besteht dann noch immer eine gewisse Ordnung, die sich von der wahllosen Unordnung in bestimmter Weise unterscheidet. Tatsächlich kann man diesen Unterschied experimentell feststellen.

Bringt man z. B. ein durch Ausglühen unmagnetisch gemachtes Eisenstück in ein Magnetfeld wachsender Stärke, bestimmt jeweils die Stärke des magnetisierenden Feldes $\mathfrak{H}$ und die Stärke des spezifischen Magnetismus oder der Magnetisierung I des eingebrachten Körpers und trägt die $\mathfrak{H}$ als Abszissen, die zugehörigen I als Ordinaten in ein Koordinatensystem ein, so erhält man etwa die Kurve a in Abb. 120 als Darstellung der Abhängigkeit I von $\mathfrak{H}$. Läßt man nunmehr $\mathfrak{H}$ wieder abnehmen und bestimmt die I, so erhält man nicht die Kurve a, sondern etwa b, d. h. wenn $\mathfrak{H}$ wieder bis zu O abgenommen hat, besitzt der magnetisierte Körper noch den remanenten Magnetismus r. Erst wenn man nunmehr $\mathfrak{H}$ in umgekehrter Richtung ins Negative anwachsen läßt, wird I bei $\mathfrak{H} = O\,A_2$ wieder gleich O. Bei weiterem Negativwerden von $\mathfrak{H}$ entsteht dann ein umgekehrter Magnetismus, dessen Anwachsen sich als Fortsetzung der Kurve b ins Negative darstellt. Verändert man nun neuerdings die Feldstärke vom Negativen zum Positiven übergehend, so folgt die Magnetisierung dem Verlauf der Kurve C. Bei beliebiger Wiederholung folgt nunmehr I immer wieder den Kurven b und c.

Die Kurve a, die als „jungfräuliche“ Kurve bezeichnet wird, wird
nie wieder beobachtet. Nur durch Entmagnetisieren durch Ausglühen
kann man den jungfräulichen Zustand wiederherstellen. Die Stärke
des Magnetfeldes O A_1 bzw. O A_2, die die Beseitigung des remanenten
Magnetismus herbeiführt, wird als Maß der Koerzitivkraft betrachtet.

Die ganze durch Abb. 120 dargestellte Erscheinung wird als
„Hysterese“ bezeichnet. Das Flächenstück zwischen b und c ist
das Maß der Arbeit, die bei dem magnetischen Kreisprozeß pro
Volumeneinheit des magnetisierten Materials geleistet werden muß.
Sie wird, da wir sie uns zur Über-
windung von Reibungskräften
verbraucht denken müssen, in
Form einer Erwärmung des Materials in Erscheinung treten.

Die Koerzitivkraft weichen
Eisens ist verhältnismäßig gering,
d. h. die Fläche zwischen den
Kurven b und c ist verhältnismäßig klein. Bei gewissen Stahl-
sorten ist der remanente Magnetismus sehr groß, die Hysteresisschleife kann eine fast rechteckige
Form annehmen. Die Arbeitsleistung, die bei häufig wieder-
holtem Magnetisieren in verschie-

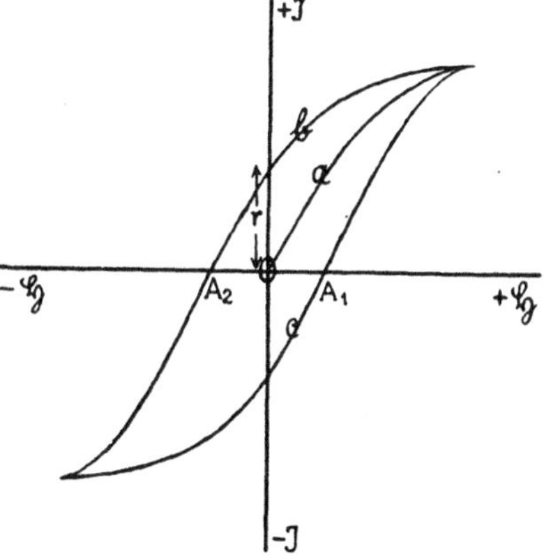

Abb. 120. Hysterese.

dener Richtung in Form von Wärme vergeudet wird, ist bei einer
solchen Form der Hysteresisschleife sehr hoch. Beim Betrieb mancher
elektromagnetischer Maschinen wird ein magnetischer Kreisprozeß
dauernd wiederholt. Um Energievergeudung in Form unerwünschter
Erwärmung zu vermeiden, ist es daher wichtig, zu solchen Maschinen
Eisen möglichst geringer Hysterese zu verwenden.

e) Messung des erdmagnetischen Feldes.

Richtung und Stärke des Magnetfeldes der Erde zu bestimmen,
ist häufig von Bedeutung, da feine magnetische Bestimmungen
dieses überall vorhandene Magnetfeld berücksichtigen müssen. Die
Richtung ist bekannt durch Bestimmung der Deklination und Inklination. Die Stärke kann bestimmt werden durch Feststellung des
Drehmomentes, das auf einen Magneten bekannten magnetischen
Momentes ausgeübt wird. Auf einen senkrecht zur Kraftrichtung
stehenden Magneten mit dem Polabstand L und der Polstärke m,
demnach dem magnetischen Moment m L wird nach der Definition
durch die Feldstärke ℌ das Drehmoment m L ℌ ausgeübt. Bildet
die Verbindungslinie der Pole mit der Kraftrichtung einen Winkel φ,

so besteht ein Drehmoment m L $\mathfrak{H}$ sin φ. Für kleine Winkel φ wird dieser Wert zu m L $\mathfrak{H}$ φ. In der Nähe der Ruhelage einer Magnetnadel (kleine Winkel φ) ist dies die Nadel zu ihrer Ruhelage zurücktreibende Drehmoment demnach proportional dem Winkel φ. Ist das Trägheitsmoment der Nadel bekannt, so kann man aus der Richtkraft m L $\mathfrak{H}$ und dem Trägheitsmoment D nach bekannten Grundsätzen (siehe S. 28) die Schwingungszahl der Magnetnadel errechnen:

$$N = \frac{1}{2\pi} \sqrt{\frac{m\,L\,\mathfrak{H}}{D}} \quad \ldots \ldots \ldots \quad (152)$$

Nach dieser Gleichung (152) kann man, da auf der rechten Seite alles außer $\mathfrak{H}$ bekannt ist, durch Beobachtung der Schwingungszahl einer um ihre Gleichgewichtslage schwingenden Magnetnadel die Stärke des erdmagnetischen Feldes bestimmen. Häufig bestimmt man die Schwingungszahl einer um eine vertikale Achse drehbaren Magnetnadel im Magnetfeld der Erde. Aus dieser Beobachtung erhält man naturgemäß nicht die Totalintensität des erdmagnetischen Feldes, sondern nur deren horizontale Komponente die sogenannte Horizontalintensität.

4. Kapitel: Elektromagnetismus, Messung von Stromstärke, Spannung und Widerstand.

a) Magnetische Wirkung eines elektrischen Stroms.

Befindet sich in der Nähe eines Leitungsdrahtes A B eine Magnetnadel N S in der von Abb. 121 angegebenen Stellung, so erfährt die Magnetnadel während der Dauer des Fließens eines elektrischen Stromes durch A B eine Ablenkung. Der Sinn der Ablenkung läßt sich ermitteln nach der Ampèreschen Schwimmerregel, die besagt: Denkt man sich mit dem elektrischen Strom schwimmend, das Gesicht der Magnetnadel zugekehrt, so wird der Nordpol der Nadel in der Richtung des linken Armes abgelenkt. Man kann die gleiche Regel in einer anderen Form aussprechen, die lautet: Legt man die rechte Hand so in den Strom, daß der Strom an der Handwurzel ein-, an den Fingerspitzen austritt und die Handfläche der Magnetnadel zugekehrt ist, so wird der Nordpol der Magnetnadel in der Richtung des Daumens abgelenkt. Fließt also z. B. durch den Draht A B in Abb. 121 ein Strom in der Pfeilrichtung, so wird der Nordpol der Nadel N S nach hinten abgelenkt.

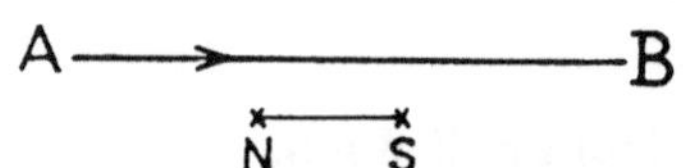

Abb. 121. Wirkung eines stromdurchflossenen Leiters auf einen Magneten.

Die Wirkung eines Stroms auf einen Magneten bedeutet nichts

anderes, als daß durch das Fließen des Stroms ein Magnetfeld erzeugt wird. Dieses Magnetfeld kann in gleicher Weise beschrieben werden, wie ein von einem Magneten hervorgerufenes Feld, d. h. man kann die Kraft der Wirkung auf einen Pol bestimmter Stärke und die Richtung der Kraft für jeden Ort des Feldes durch Kraftlinien angeben, deren Richtung und Dichte der Richtung und Stärke der auf einen Magnetpol 1 ausgeübten Kraft entspricht. Um die Art des durch einen stromdurchflossenen Draht hervorgebrachten Magnetfeldes zu bestimmen, untersucht man zweckmäßig zunächst die Wirkung eines kurzen geraden Drahtstückes von der Länge L auf einen isoliert gedachten Nordpol N, der sich in einer, im Verhältnis zur Länge des Drahtstückes großen Entfernung r von dem Draht befindet (vgl. Abb. 122). Zunächst findet man, daß die Kraft, die auf den Magnetpol wirkt, stets senkrecht auf einer durch das Drahtelement und den Pol gelegten Ebene, in unserem Fall der Zeichenebene steht. Die Kraft ist unter sonst gleichen Umständen proportional der Stärke des Pols, der Länge des Drahtelementes und der durch den Draht fließenden Stromstärke. Bei gleicher Entfernung r des Pols vom Draht ist sie proportional dem Sinus des Winkels φ, d. h. sie ist maximal, wenn die Verbindungslinie vom Pol zur Mitte des Drahtelementes senkrecht zur Drahtrichtung steht. Bei unverändertem Winkel φ ist die Kraft umgekehrt proportional dem Quadrat der Entfernung r.

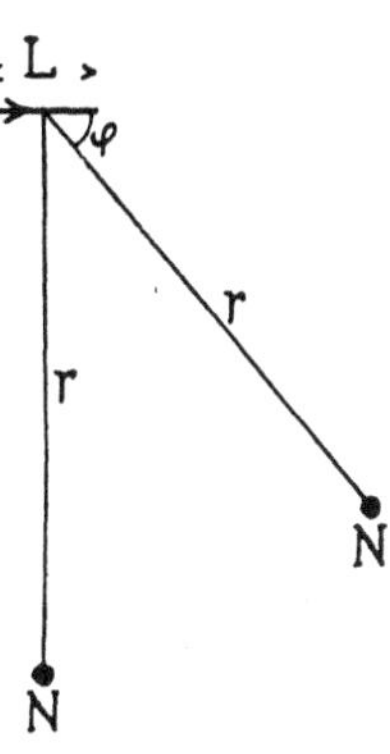

Abb. 122. Wirkung eines kurzen Leiterstücks auf einen Magnetpol.

Faßt man die beschriebenen Beobachtungen in eine Formel, so findet man die Kraft K, die auf den Pol N in Abb. 122 senkrecht zur Zeichenebene nach hinten wirkt:

$$K = C \frac{m\,L\,i\,\sin\varphi}{r^2} \qquad \ldots \ldots \quad (153)$$

m = Stärke des Magnetpols, i = Stromstärke; C = Konstante.

Gleichung (153) ist die formelle Fassung des Gesetzes von Biot und Savart. Im Falle $\varphi = 90^{\circ}$ geht Gleichung (153) über in:

$$K = C \frac{m\,L\,i}{r^2} \qquad \ldots \ldots \quad (154)$$

Die besprochenen Erscheinungen besagen, daß ein isolierter beweglicher Nordpol im Kreis um ein stromdurchflossenes Drahtstück herumgetrieben würde. Die magnetischen

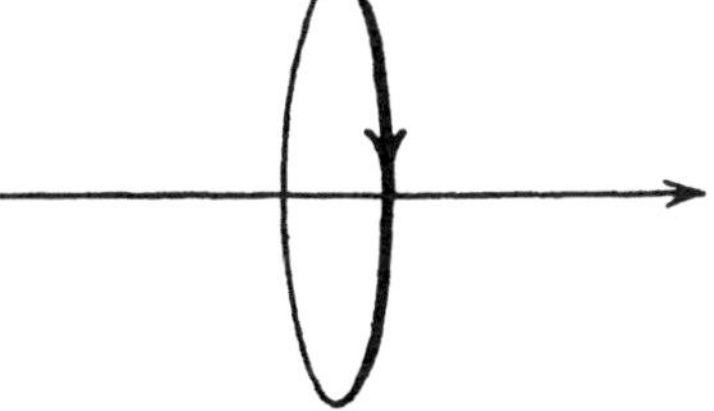

Abb. 123. Stromrichtung und Richtung der magnetischen Kraftlinien.

Kraftlinien des Drahtes sind daher Kreise um die Stromrichtung als Achse. Stromrichtung und Richtung der Kraftlinien in ihrer Beziehung zueinander zeigt Abb. 123.

b) Elektromagnetische Einheit der Stromstärke, magnetische Wirkung einer Stromschleife.

Da die Einheiten der Kraft und der Länge im C G S - System festgelegt sind, und auf Grund elektrostatischer Versuche und analoger magnetischer schon eine Einheit der Stromstärke und der magnetischen Polstärke definiert wurde, wäre die Konstante C in Gleichung (154) zu bestimmen, sie wäre $= \dfrac{K\,r^2}{m\,L\,i}$ und hätte die Dimension $\dfrac{\text{sec}}{\text{cm}}$. Die Größe von C könnte durch experimentelle Bestimmung der magnetischen Wirkung eines nach elektrostatischem Maß gemessenen Stroms ermittelt werden. Führt man eine solche Messung durch, so findet man $C = 3 \times 10^{10}$. Will man jedoch in Gleichung (154) die Konstante verschwinden, d. h. gleich 1 werden lassen, so muß entweder die Einheit der Stromstärke oder die der Polstärke anders definiert werden. Aus Zweckmäßigkeitsgründen hat man die Einheit der Stromstärke nach den elektromagnetischen Versuchen neu definiert, und zwar entsprechend dem geforderten Verschwinden von C in Gleichung (154) als Einheit der Stromstärke diejenige Stromstärke gewählt, die durch ein Drahtstück von der Länge 1 cm fließend auf einen in der Entfernung 1 cm befindlichen Pol von der Stärke 1 mit der Kraft 1 Dyne wirkt. Um die Entfernung 1 cm vom Pol für die ganze Länge des Drahtes und das Senkrecht-Stehen der Verbindungslinie Pol-Drahtmitte tatsächlich zu verwirklichen, hat man sich das Drahtstück in Form eines Kreisbogens vom Radius 1 cm, in dessen Mittelpunkt der Pol steht, gebogen zu denken. Die so neu definierte elektromagnetische Einheit ist 3×10^{10} mal so groß, als die früher definierte elektrostatische. Die Dimension der elektromagnetischen Einheit der Stromstärke ist nach dem Vorstehenden gleich der Dimension der elektrostatischen Einheit ($\text{cm}^{3/2}\,\text{g}^{1/2}\,\text{sec}^{-2}$) multipliziert mit $\dfrac{\text{sec}}{\text{cm}}$, demnach gleich $\text{cm}^{1/2}\,\text{g}^{1/2}\,\text{sec}^{-1}$. Das Verhältnis der elektromagnetischen zur elektrostatischen Einheit ist nach der Maxwellschen Theorie des Lichts gleich der Fortpflanzungsgeschwindigkeit des Lichts im luftleeren Raum.

Bei den weiteren Betrachtungen soll ausschließlich die elektromagnetische Einheit angewandt werden.

Die Art der Wirkung einer zu einem vollständigen Kreis geschlossenen Drahtwindung, in deren Mittelpunkt ein Pol steht, ergibt sich aus Gleichung (154). Nimmt man einen Kreis vom Radius r, in dessen Mittelpunkt ein Pol P von der Stärke m steht (siehe Abb. 124) und schickt einen Strom i durch den Kreis, so wird die Kraftwirkung K auf den Pol:

$$K = \frac{2\,\pi\,r\,m\,i}{r^2} = \frac{2\,\pi\,m\,i}{r} \quad . \quad . \quad . \quad . \quad (155)$$

Die Kraft steht senkrecht auf der Ebene der Windung. In der gleichen Richtung wirkt die Kraft an jeden beliebigen Punkt dieser Ebene. Außerhalb der Ebene wird die Richtung der Kraft, solange der Pol auf der durch den Kreismittelpunkt auf die Ebene gezogenen Senkrechten (Achse des Kreises) liegt, stets gleich bleiben und nur die Stärke der Kraft wird mit der Entfernung von der Ebene abnehmen. Seitlich von der Achse wird die Kraftrichtung von der Richtung der

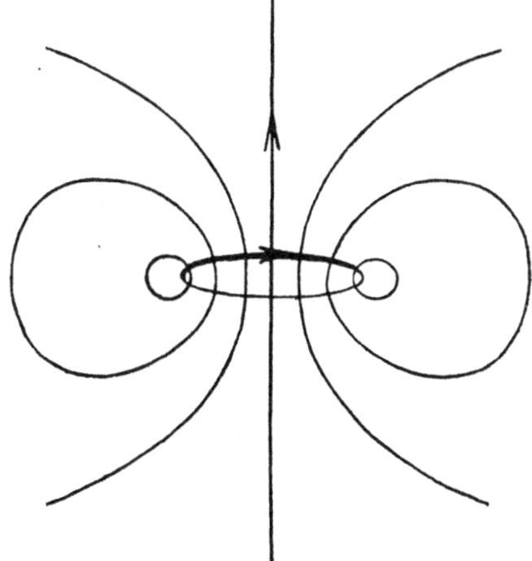

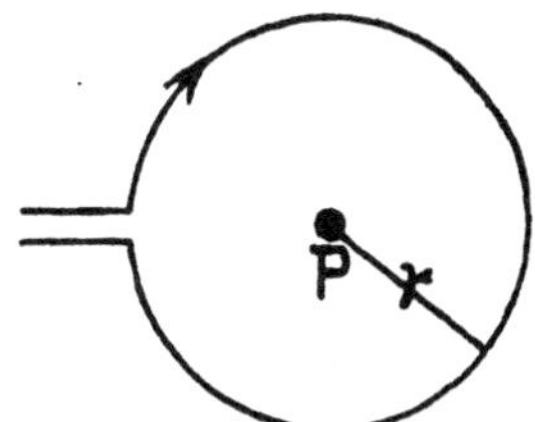

Abb. 124. Wirkung einer kreisförmigen Leiterschleife auf einen Magnetpol.

Abb. 125. Magnetische Kraftlinien einer Leiterschleife.

Achse abweichen. Stellt man die gesamte Magnetwirkung der Windung in Form magnetischer Kraftlinien dar, so werden die Kraftlinien zu der Drahtschleife in einer Beziehung stehen, wie ein Bündel mehr oder weniger gebogener Stäbe (die Kraftlinien) zu einer sie zusammenhaltenden Schnur (die Drahtschleife). Um das Kraftlinienbild zeichnen zu können, denke man sich die in Abb. 124 dargestellte Schleife um 90° gedreht. Die Stromrichtung sei dabei so, daß in der Zeichnung vorn der Strom von links nach rechts fließt. Das Kraftlinienbild entspricht dann etwa der Abb. 125. Durch Vergleich der Abb. 125 mit Abb. 117 erkennt man, daß das Kraftlinienbild einer Stromschleife ähnlich dem eines sehr kurzen durch die Schleife gesteckten Magneten ist. Ein vollkommen gleiches Kraftlinienbild wie in Abb. 125 würde man erhalten, wenn man die Ebene der Windung durch zwei in kurzem Abstand voneinander stehende Flächen gleicher Größe ersetzt denkt, von denen die eine gleichmäßig mit Nord-Magnetismus, die andere mit der gleichen Menge

Süd-Magnetismus belegt ist. Die in Abb. 125 nach oben liegende
Fläche wäre nordmagnetisch, die nach unten liegende südmagnetisch
zu denken, d. h. wenn man die Drahtschleife von der Seite betrachtet, von der aus man den Strom im Sinne des Uhrzeigers fließen
sieht, sieht man auf die südmagnetische Fläche.

In im Verhältnis zu ihrem Radius großer Entfernung wirkt die
Schleife wie ein Magnet, wie sich experimentell leicht feststellen
läßt. Die Stärke des sie ersetzenden Magneten läßt sich berechnen.

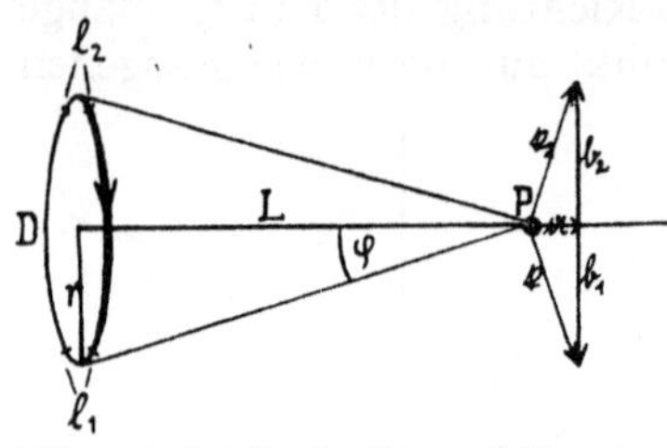

Abb. 126. Stärke des Magnetfeldes einer
Leiterschleife.

In Abb. 126 sei D eine kreisförmige
Drahtschleife vom Radius r, P ein
Nordpol von der Stärke 1, der auf
der Achse der Schleife liegt. Die
Entfernung des Pols vom Mittelpunkt der Schleife L sei groß gegenüber r. Die Entfernung des Pols
vom Draht ist überall gleich und
beträgt $\sqrt{L^2 + r^2}$. Die Wirkung eines
kleinen Stückes des Drahtes z. B.
des markierten Stückchens l_1 steht
senkrecht auf der durch Pol und Drahtstückchen gelegten Ebene,
hat also die Richtung des Vektors $\mathfrak{k}_1$. Die Größe von $\mathfrak{k}_1$ sei k_1; sie
ist nach Gleichung (154):

$$k_1 = \frac{l_1\, i}{L^2 + r^2} \quad \cdots \quad \cdots \quad (156)$$

i = Stromstärke, elektromagnetisch gemessen in der Schleife.
Der Vektor $\mathfrak{k}_1$ läßt sich zerlegen in die Vektoren $\mathfrak{a}_1$ und $\mathfrak{b}_1$, von denen
$\mathfrak{a}_1$ die Richtung der Achse, $\mathfrak{b}_1$ die dazu senkrechte besitzt, denn $\mathfrak{a}_1$
ist nach dem Vektorbild $= \mathfrak{k}_1 - \mathfrak{b}_1$. Der Zahlenwert von $\mathfrak{a}_1$ sei a_1;
es ist dann:

$$a_1 = k_1 \sin \varphi = k_1 \frac{r}{\sqrt{L^2 + r^2}} = \frac{l_1\, i\, r}{(L^2 + r^2)^{3/2}} \quad \cdots \quad (157)$$

Ein l_1 diametral gegenüber liegendes gleichgroßes Drahtstückchen l_2 wird entsprechend auf den Pol mit der Kraft $\mathfrak{k}_2$ wirken. Die
Komponenten von $\mathfrak{k}_2$ sind entsprechend $\mathfrak{a}_2$ und $\mathfrak{b}_2$; $|\mathfrak{a}_2| = a_2$; $|\mathfrak{b}_2| = b_2$.
Die Komponenten $\mathfrak{b}_1$ und $\mathfrak{b}_2$ heben sich gegenseitig als gleichgroß
und entgegengesetzt gerichtet auf $\mathfrak{a}_1$ und $\mathfrak{a}_2$ addieren sich algebraisch,
da sie gleiche Richtung haben. Die Wirkung $\mathfrak{H}$ der ganzen Schleife
auf den Pol wird die Richtung von $\mathfrak{a}_1$ und $\mathfrak{a}_2$, d. h. die Richtung der
Achse haben und sein:

$$\mathfrak{H} = \frac{2\,\pi\,r\,i\,r}{(L^2 + r^2)^{3/2}} = \frac{2\,\pi\,r^2\,i}{(L^2 + r^2)^{3/2}} \quad \cdots \quad \cdots \quad (158)$$

Ist L groß gegen r, so ist $L^2 + r^2 = L^2$, demnach:

$$\mathfrak{H} = \frac{2\,\pi\,r^2\,i}{L^3} \quad \cdots \quad \cdots \quad \cdots \quad (159)$$

Wirkt ein Magnetfeld auf einen Pol 1 mit der Kraft 1 Dyne, d. h. hat es die Feldstärke 1, so übt es, wie oben (siehe S. 229) erörtert, auf einen Magneten vom magnetischen Moment 1 ein Drehmoment 1 aus. Gleichung (159) sagt demnach aus, daß die Drahtschleife in der großen Entfernung L auf einen Magneten vom magnetischen Moment 1 ein Drehmoment $\dfrac{2\,\pi\,r^2\,i}{L^3}$ ausübt. Durch Vergleich dieses Wertes mit Gleichung (149) erkennt man, daß die Drahtschleife wirkt wie ein durch sie hindurchgesteckter Magnet vom magnetischen Momont $\pi r^2 i$. Die Stärke des an Stelle der Drahtschleife zu setzenden Magneten ist proportional der Stromstärke und der von der Schleife umgrenzten Fläche. Man kann nach Gleichung (159) auch die elektromagnetische Einheit der Stromstärke definieren, indem man $\pi r^2 = 1$ setzt und aussagt: Die Stromstärke 1 ist diejenige, die in einem Draht eine Fläche von 1 cm² umfließend in die Ferne wie ein Magnet vom magnetischen Moment 1 wirkt. Die Definition ist mit der früher gegebenen identisch, da $\mathfrak{H}$ in Gleichung (159) auf Grund der früher definierten Einheit berechnet wurde.

c) Magnetische Wirkung eines langen geraden Drahtes und einer Drahtspule.

Stärke und Richtung eines von einem unendlich langen Draht hervorgebrachten Magnetfeldes läßt sich unschwer ableiten. Es sei z. B. A B in Abb. 127 ein langer Draht, der in der Pfeilrichtung von einem elektrischen Strom i durchflossen werde. Zunächst kann man aus der Angabe über die Wirkung eines kurzen Drahtstückes schließen, daß die magnetischen Kraftlinien Kreise um den Draht als Achse sein werden. Die Stärke des Kraftfeldes an einem Ort P wird bestimmt durch die gesamte Wirkung des Drahtes auf

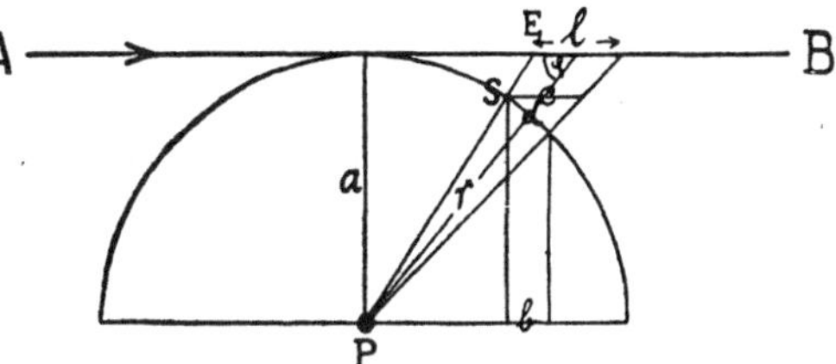

Abb. 127. Magnetfeld eines langen geraden Drahtes.

einen dort gedachten Pol von der Stärke 1. Die gesamte Wirkung setzt sich zusammen aus der Wirkung der einzelnen Stücke des Drahtes. Die Wirkung k des Stückes l z. B. ist nach Gleichung (153):

$$k = \frac{l\,i \sin \varphi}{r^2} \quad \text{oder da } \frac{a}{r} = \sin \varphi : \quad k = \frac{l\,i\,a}{r^3} \quad . \quad . \quad (160)$$

Die Wirkung des ganzen Drahtes $\mathfrak{H}$ auf P ist dann der Summe der Wirkung aller den Draht bildenden Stücke gleichzusetzen:

$$\mathfrak{H} = i\,a\,\Sigma\,\frac{1}{r^3} \quad . \quad . \quad . \quad . \quad . \quad . \quad (161)$$

Um die Summe $\Sigma \frac{l}{r^3}$ auszuwerten, ziehe man eine Parallele zu A B durch P und beschreibe mit a um P einen Kreis. Außerdem verbinde man die Enden von l mit P. Die beiden Verbindungslinien schneiden aus dem Kreis das Stück d aus. Fällt man von den Enden von d zwei Senkrechte auf die durch P zu A B gezogene Parallele, so begrenzen sie dort das Stückchen b. Außerdem sei durch den Schnittpunkt S eine Parallele zu A B gezogen. Die beiden Verbindungslinien von P zu den Enden von l begrenzen auf ihr das Element c. Das kleine Stück des Kreisbogens d kann als gerade Linie senkrecht zu r betrachtet werden. Nach einfachen geometrischen Regeln findet man: $\frac{d}{c} = \sin \varphi$; $\frac{b}{d} = \sin \varphi$ und $\frac{c}{l} = \frac{a}{PE}$. Wenn L sehr klein wird, wird P E = r und damit $\frac{c}{l} = \frac{a}{r} = \sin \varphi$. Aus diesen 4 Gleichungen ergibt sich $l = \frac{br^3}{a^3}$. Setzt man diesen Wert in Gleichung (161) ein, so erhält man:

$$\mathfrak{H} = i\, a \Sigma \frac{b}{a^3} = \frac{i}{a^2} \Sigma b \quad . \quad . \quad . \quad . \quad . \quad . \quad (162)$$

Die Summe aller Stückchen b ist aber gleich dem Durchmesser des Kreises mit dem Radius a und die gesamte auf den Pol wirkende Kraft demnach:

$$\mathfrak{H} = \frac{2\,i}{a} \quad . \quad . \quad . \quad . \quad . \quad . \quad . \quad . \quad (163)$$

Da der Draht unendlich lang gedacht ist, so ist die Stärke des Magnetfeldes in gleicher Entfernung vom Draht, also auf jeder um den Draht als Achse gedachten Zylinderfläche, an allen Stellen gleich groß. Die Richtung der Kraftlinien ist durch die Ampèresche Schwimmerregel gegeben, d. h. Richtung der Kraftlinien und Stromrichtung stehen in der Beziehung zu einander, wie sie Abb. 123 angibt.

Weiterhin sei die magnetische Wirkung einer stromdurchflossenen Drahtspule behandelt. Drahtspulen stellt man her, indem man zahlreiche Windungen eines mit isolierender Schicht umgebenen Drahtes dicht nebeneinanderliegend aufwickelt. Unter Umständen können mehrere derartige Schichten übereinander gelegt werden. Die magnetische Wirkung einer Spule setzt sich aus der Wirkung der einzelnen Windungen zusammen. Bei der Wickelung in mehreren Lagen wirken die äußeren Lagen für sich im wesentlichen ebenso, als ob die inneren Lagen nicht vorhanden wären. Untersucht man das Kraftlinienbild einer solchen Spule experimentell, so findet man, daß dasselbe außerordentlich ähnlich dem Kraftlinienbild eines Magneten von einer der Spule gleichen Form ist, dessen Pole in der Mitte der beiden Endflächen der Spule liegen. Nach dem Seite 241 Gesagten ist es unmittelbar verständlich, daß die Stärke des der Spule äquivalenten Magneten proportional der Stromstärke und dem Querschnitt des von der Spule umfaßten Raums ist. Jede Windung entspricht für sich nach Gleichung (159) einem Magneten vom magnetischen Moment F i, worin F die Fläche der Windung bedeutet. Besteht eine Spule aus N Windungen und hat sie die Länge L, so stehen die einzelnen Windungen in einer Entfernung $a = \dfrac{L}{N}$ voneinander. Die Wirkungen der einzelnen Windungen neutralisieren sich bis auf die der beiden Endwindungen. Das magnetische Moment jeder dieser Endwindungen ist gleich Fi. Die Polstärke eines Magneten gleichen Momentes von der Länge a ist gleich $\dfrac{Fi}{a} = \dfrac{FiN}{L}$, oder wenn man $\dfrac{N}{L} = n$ als die Windungszahl pro Längeneinheit bezeichnet, ist die Polstärke des der Spule äquivalenten Magneten:

$$P = ni\,F \quad . \quad . \quad . \quad . \quad . \quad . \quad . \quad (164)$$

Von einem Pol dieser Stärke gehen nach Gleichung (150) 4π ni F Einheitskraftlinien aus. Diese ziehen im Innern der Spule im wesentlichen unter sich parallel und in gleichem Abstand voneinander von der einen Endfläche zur anderen. Im Innern der Spule herrscht daher eine magnetische Feldstärke

$$\mathfrak{H} = \frac{\text{Kraftlinienzahl}}{\text{Querschnitt}} = 4\pi\,ni \quad . \quad . \quad . \quad . \quad (165)$$

Füllt man die Höhlung der Spule mit einem paramagnetischen Stoff mit der magnetischen Permeabilität μ aus, so wird die Stärke des von der Spule erzeugten Magneten mit μ multipliziert.

Eine Drahtspule, deren Höhlung mit weichem Eisen ausgefüllt ist, nennt man einen Elektromagneten. Die stärksten überhaupt erzeugbaren Magnetfelder werden durch Elektromagnete hervorgerufen. Die leichte Möglichkeit durch Änderung des die Spule durchfließenden Stroms die Stärke des Magneten rasch zu verändern, bedingt die vielfache Anwendungsmöglichkeit der Elektromagneten.

Als eine der zahlreichen Anwendungen sei die Übermittlung von Nachrichten durch den Telegraphen erwähnt. Der Telegraph besteht grundsätzlich aus einem Stromkreis, in den ein Elektromagnet, eine Stromquelle und eine Einrichtung, die die willkürliche Schließung und Öffnung des Stroms gestattet, eingeschaltet sind. Schließt man den Strom, so wird der Elektromagnet magnetisch und kann ein bewegliches in seiner Nähe befindliches Eisenstück anziehen. Durch die Bewegung des Eisenstückes kann eine Schreibvorrichtung betätigt werden, die durch eine Marke auf einem dauernd bewegten Papier die Dauer des Stromschlusses markiert. Durch die Festlegung, daß bestimmte Aufeinanderfolgen von kürzeren und längeren Zeichen bestimmte Bedeutung, z. B. die von Buchstaben haben sollen (Morse-Alphabet) kann man durch eine solche Einrichtung vermittels des elektrischen Stromes Nachrichten übermitteln.

Das Verhalten eines stromdurchflossenen Drahtes oder einer Drahtspule in einem homogenen Magnetfeld ergibt sich aus den besprochenen Erscheinungen. Es sei A B in Abb. 128 ein von einem Strom i durch-

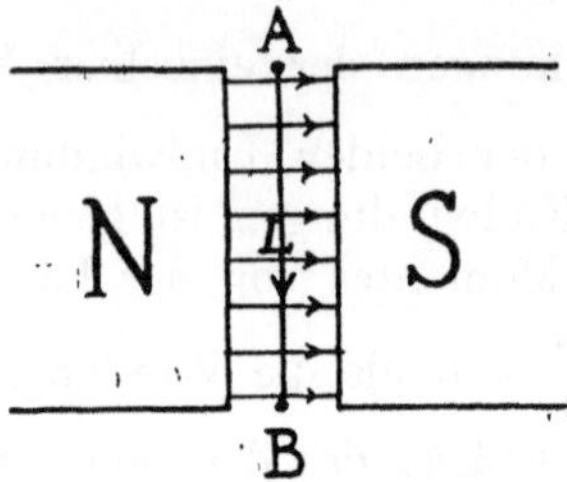

Abb. 128. Leiterdraht im homogenen Magnetfeld.

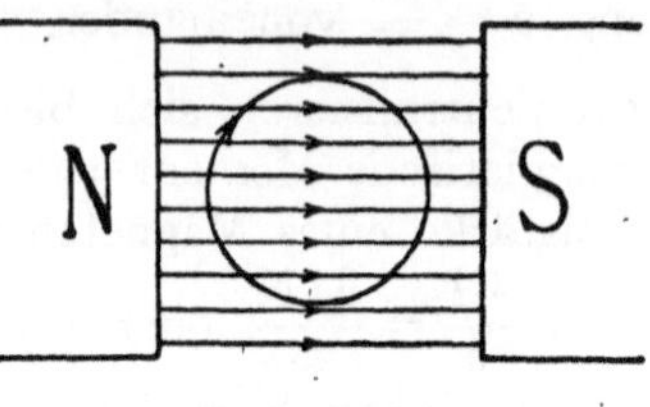

Abb. 129. Leiterschleife im homogenen Magnetfeld.

flossener Leiter, der in einem durch Gegenüberstellung der gleichstarken Pole N und S erzeugten homogenen Magnetfeld von der Stärke $\mathfrak{H}$ verlaufe. Nach der Ampèreschen Schwimmerregel wirkt der Draht auf N und S mit der gleichen, der Drahtlänge L, der Stromstärke i und der Feldstärke $\mathfrak{H}$ proportionalen, in Abb. 128 nach hinten gerichteten Kraft. Die Kraft wirkt zwischen dem Draht und den Polen,

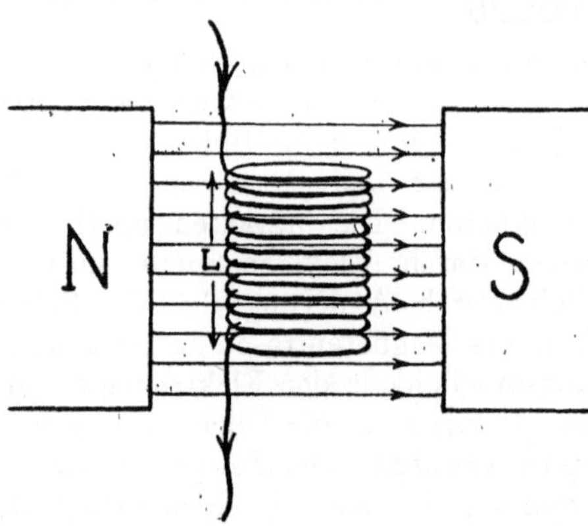

Abb. 130. Spule im homogenen Magnetfeld.

d. h. sie kann, je nach der Bewegungsmöglichkeit, entweder eine Bewegung der Pole nach hinten, oder des Drahtes nach vorn hervorbringen. Solange der Draht sich in dem homogenen Kraftfeld befindet, hat die Kraft die gleiche Größe i L $\mathfrak{H}$.

Bringt man an Stelle des Drahtes eine Drahtschleife, die von einem Strom durchflossen wird, in der in Abb. 129 skizzierten Art in ein homogenes Magnetfeld, so wirkt die Kraft zwischen Magnetfeld und Schleife in dem Sinne, daß sie die Fläche der Schleife senkrecht zu dem Verlauf der Kraftlinien zu stellen sucht und zwar so, daß die Kraftlinienrichtung und Stromrichtung in der durch Abb. 123 dargestellten Art zueinander liegen. Die Beziehung zwischen Stromfluß und Richtung der Kraftlinien des Magnetfeldes bei der Ruhelage, in die sich die Schleife einstellt, ist die gleiche, wie zwischen Drehung und Fortbewegung einer rechtsgängigen Schraube oder eines Korkziehers. Man kann daher zu jeder Stromrichtung eine „passende" Kraftlinienrichtung angeben und sagen: Die Schleife stellt sich so in das Magnetfeld, daß Strom und Kraftlinienrichtung zueinander passen.

Das Drehmoment, das ein homogenes Magnetfeld auf eine Draht-spule ausübt, läßt sich aus der Stärke des Magnetfeldes und den Konstanten der Spule angeben. Es befinde sich z. B. in dem homogenen Magnetfeld von der Stärke $\mathfrak{H}$ eine Spule von der Länge L und der Windungszahl n pro Längeneinheit, die vom Strom i durch-flossen wird (vgl. Abb. 130). Das magnetische Moment der Spule ist nach Gleichung (164) gleich n i F L, worin F den Querschnitt der Spule bedeutet. Das Drehmoment D des Feldes auf einen Magneten diesen Momentes ist, wenn er zur Kraftlinienrichtung senkrecht steht:

$$D = n\,i\,F\,L\,\mathfrak{H} \quad\ldots\ldots\ldots \quad (166)$$

In anderer Stellung der Spule zur Kraftlinienrichtung ist D außerdem nach dem Seite 236 Gesagten proportional dem Sinus des Winkels, den die Längsrichtung der Spule mit der Kraftlinienrichtung bildet.

d) Galvanometer.

Auf Grund der Wirkung stromdurchflossener Leiter auf Magnete sind zahlreiche Instrumente konstruiert worden zum Zweck der Messung elektrischer Ströme. Solche Instrumente heißen Galvano-meter. Die grundsätzlich wich-tigsten Arten sind Magnetnadel-instrumente, Drehspulengalvano-meter und Saitengalvanometer.

Magnetnadelinstrumente be-stehen in ihrer einfachsten Form aus einer Magnetnadel, die von einer Leiterschleife umgeben ist, in der Art, wie es Abb. 131 dar-stellt. Die Magnetnadel nimmt bei Stromlosigkeit der Schleife die Stellung Nord-Süd ein. Fließt ein Strom durch den Draht, so wirken

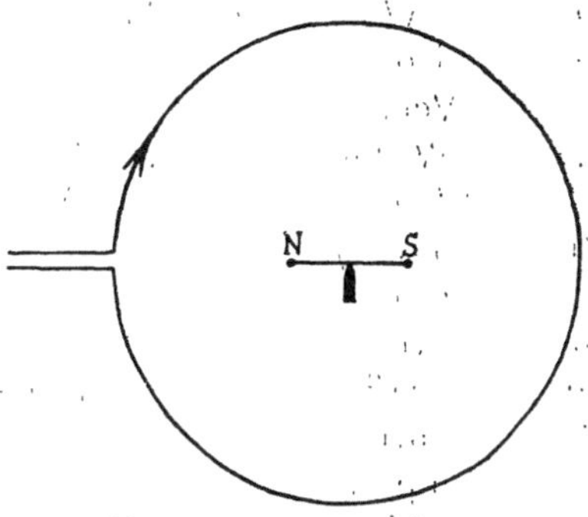

Abb. 131. Tangentenbussole.

auf die Pole der Magnetnadel Kräfte, deren Größen proportional der Stromstärke sind. Die Nadel wird sich in eine neue Ruhelage einstellen, die durch die Bedingung bestimmt ist, daß die Dreh-momente, die einerseits das erdmagnetische Feld, andererseits die elektromagnetische Wirkung der Drahtschleife auf die Nadel ausüben, einander gleich sind. Aus dem Ausschlag der Nadel und dem Radius der Windung kann man die Stromstärke angeben, die durch die

Windung fließt. Die Stromstärke ist nicht einfach proportional dem Winkelausschlag der Nadel, sie ist unter bestimmten Bedingungen, nämlich dann, wenn die Ebene der Windung mit dem erdmagnetischen Meridian zusammenfällt und der Radius der Windung groß ist gegenüber dem Ausschlag der Nadelpole, proportional dem tangens des Winkelausschlags. Man nennt aus diesem Grund Instrumente, die nach der Skizze in Abb. 131 konstruiert sind, Tangentenbussolen.

Die Empfindlichkeit eines Magnetnadelinstrumentes kann erheblich gesteigert werden dadurch, daß man die Richtkraft des erdmagnetischen Feldes auf die Nadel möglichst verringert. Das gelingt, indem man zwei tunlichst gleiche Magnetnadeln in feste Verbindung miteinander bringt in der Art, daß der Nordpol der einen senkrecht über den Südpol der anderen zu liegen kommt. Ein solches „astatisches" Nadelpaar wird in der von Abb. 132 angegebenen Art drehbar aufgehängt und mit Drahtwindungen umgeben, so daß der Strom in der Hauptsache nur auf eine Nadel wirken kann. Die Richtkraft des erdmagnetischen Feldes auf diese Anordnung ist äußerst gering, da die richtende Wirkung auf die beiden Nadeln sich aufhebt, während die Wirkung der Drahtwindungen auf das Nadelpaar nicht wesentlich

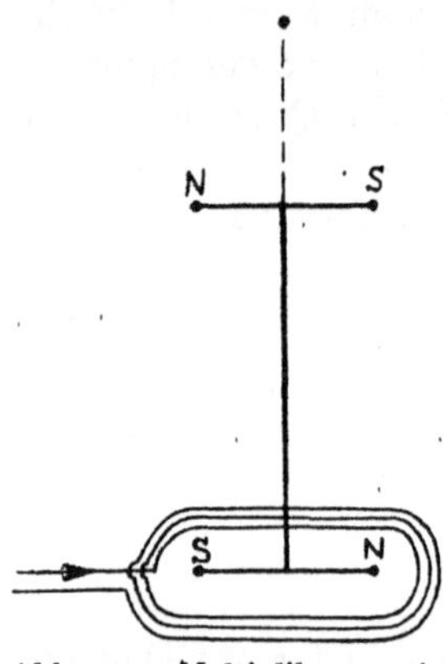

Abb. 132. Multiplikator mit astatischer Doppelnadel.

von der Wirkung der Windungen auf eine einzelne Magnetnadel unterschieden ist.

Bei Verwendung zahlreicher Windungen an Stelle einer einzelnen ist die Wirkung der gesamten Wickelung gegenüber der Wirkung einer Windung etwa der Windungszahl proportional vergrößert (Multiplikator).

Verwendet man Instrumente mit zahlreichen dicht um die Magnetnadel gewickelten Windungen, so ist die Beziehung des Ausschlags zur Stromstärke nicht mehr so einfach, wie bei der Tangentenbussole. Die Bedeutung der Angaben solcher Instrumente wird daher zweckmäßig empirisch bestimmt, d. h. sie werden geaicht. Eine gute Proportionalität zwischen Ausschlag und Stromstärke läßt sich bei Magnetnadelinstrumenten meist nur in engem Ausschlagsbereich erzielen.

Weit besser und in viel ausgedehnterem Bereich läßt sich Proportionalität zwischen Ausschlag und Stromstärke bei Drehspulengalvanometern erzielen. Sie bestehen aus einer Drahtschleife oder Drahtspule in einem homogenen starken Magnetfeld etwa entsprechend den Abb. 129 und 130. Durch geeignete zu einander passende Formen der Magnetpole und der Wickelung kann man es erreichen, daß das von dem Magnetfeld auf die stromdurchflossene Wickelung ausgeübte Drehmoment im wesentlichen unabhängig von der Stellung der Spule ist. Der Einfluß des Magnetfeldes der Erde ist bei solchen Anordnungen belanglos, da es gegenüber der Wirkung des starken durch Gegenüberstellung starker Magnetpole erzeugten Magnetfeldes von verschwindender Größe ist.

Ebenso zeigt eine Anordnung, die analog Abb. 128 aus einem einfachen gespannten Draht in einem starken homogenen Magnetfeld besteht, gute Proportionalität zwischen Ausschlag und Stromstärke, solange die Durchbiegung des Drahtes nicht allzu groß wird. Man benutzt solche als Saitengalvanometer bezeichnete Apparate besonders dann, wenn es sich um Feststellung rasch wechselnder Stromschwankungen handelt, da es möglich ist, durch Verwendung sehr dünner Drähte, Saitengalvanometer mit hoher Eigenschwingungszahl zu konstruieren, die imstande sind, rasche Stromwechsel bei hoher Empfindlichkeit des Galvanometers richtig wiederzugeben.

e) Elektromagnetische Maßeinheiten und praktische Maßeinheiten.

Bei der elektromagnetischen Definition der Stromstärke (siehe S. 238) wurde festgestellt, daß die elektromagnetische Einheit C mal so groß ist als die elektrostatische. C hat die Dimension $\frac{sec}{cm}$. Durch die neue Definition der Stromstärke ist man gezwungen, um zu einem in sich geschlossenen System von Einheiten zu gelangen, auch die anderen Einheiten neu zu definieren. Die Definition der Einheiten auseinander bleibt dieselbe, wie beim elektrostatischen Maßsystem. Man kann daher die Dimensionen der elektromagnetischen Einheiten und ihr Verhältnis zu den elektrostatischen unmittelbar auf Grund der Ausführungen in Kapitel 1 und 2 der Elektrizitätslehre angeben.

Es errechnet sich aus der elektromagnetischen Einheit der Stromstärke, die wie oben erörtert, die Dimension $cm^{1/2}\, g^{1/2}\, sec^{-1}$ hat, die Elektrizitätsmenge gleich Stromstärke $\times$ Zeit $= cm^{1/2}\, g^{1/2}$.

Als Potential auf einen Punkt nach einer Richtung wurde definiert, die Größe, deren negativer Differentialquotient nach der betreffenden Richtung an dem betreffenden Punkt gleich der auf die Elektrizitätsmenge 1 ausgeübten Kraft oder gleich der Feldstärke ist. Die Feldstärke hat die Dimension $\frac{\text{Elektrizitätsmenge}}{cm^2}$, demnach im elektromagnetischen System $cm^{1/2}\, g^{1/2}\, sec^{-2}$. Das Potential hat die Dimension Feldstärke $\times\, cm = cm^{3/2}\, g^{1/2}\, sec^{-2}$.

Weiterhin ergibt sich die Dimension der Kapazität gleich $\frac{\text{Elektrizitätsmenge}}{\text{Potential}} = cm^{-1}\, sec^2$.

Die Dimension des Widerstandes findet man aus dem Ohmschen Gesetz zu $\dfrac{\text{Potential}}{\text{Stromstärke}} = \text{cm sec}^{-1}$, d. h. gleich der Dimension einer Geschwindigkeit.

Die Einheit der Stromleistung ist, wie früher besprochen (S. 225), gleich dem Produkt aus Stromstärke und Spannung, demnach von der Dimension $\text{cm}^2\,\text{g sec}^{-3}$, wie sich auch aus der mechanischen Definition der Leistung (S. 31) identisch ergibt.

Das Verhältnis $\dfrac{\text{elektromagnetische Einheit}}{\text{elektrostatische Einheit}}$ ist durch die Konstante C bestimmt und zwar ist dieses Verhältnis z. B. für

die Elektrizitätsmenge   gleich C,

das Potential   gleich $\dfrac{1}{C}$,

den Widerstand   gleich $\dfrac{1}{C^2}$.

C ist, wie bereits erwähnt, sehr nahe gleich 3×10^{10}.

In der Praxis werden fast allgemein andere Einheiten angewandt als die bisher definierten. Die praktischen Einheiten stehen in einfachen zahlenmäßigen Beziehungen zu den absoluten elektromagnetischen Einheiten und entsprechen in ihrer Größe den praktischen Bedürfnissen. Die Bezeichnungen der praktischen Einheiten und ihre Größe gibt die folgende Tabelle.

	Name der Einheit	Buchstabenbezeichnung	Eine elektromagn. C G S-Einheit ist gleich
Elektrizitätsmenge . .	Coulomb		10 Coul.
Stromstärke	Ampère	A	10 A
Spannung	Volt	V	10^{-8} V
Widerstand	Ohm	Θ oder Ω	10^{-9} Θ
Kapazität	Farad		10^9 Farad
Leistung	Watt		10^{-7} Watt

f) Messung von Stromstärke und Spannung.

Stromstärke und Spannung zu messen ist ein häufig vorkommendes Bedürfnis. Die zu diesem Zweck verwandten Apparate sind meist Galvanometer. Inwiefern man aus den Angaben eines Galvanometers, je nachdem auf die Stromstärke in einem gegebenen Stromkreis, oder auf die Spannung zwischen zwei Punkten eines gegebenen Stromkreis schließen kann, sei an einigen Beispielen gezeigt.

In Abb. 133 seien + und — zwei Pole, zwischen denen durch irgendeine Vorrichtung E eine Potentialdifferenz dauernd unterhalten wird. Sie seien über zwei Widerstände w_1 und w_2 miteinander leitend verbunden. Die Widerstände der Zuleitungsdrähte seien zu vernachlässigen gegenüber w_1 und w_2. Die Aufgabe bestehe darin, die Stromstärke zu messen, die im Stromkreis fließt. Schaltet man in einem Zuleitungsdraht das Galvanometer G, so wird G einen Ausschlag zeigen proportional der Stromstärke, die durch das Galvanometer fließt. Diese Stromstärke wird jedoch von der Stromstärke, die vor der Einschaltung des Galvanometers in dem Stromkreis floß, verschieden sein, da zu den Widerständen w_1 und w_2 und dem Widerstand der Vorrichtung E noch der Widerstand des Galvanometers hinzugekommen ist. Soll die Angabe des Galvanometers Auskunft geben über die Stromstärke, die im Stromkreis ohne Galvanometer vorhanden ist, so muß sein

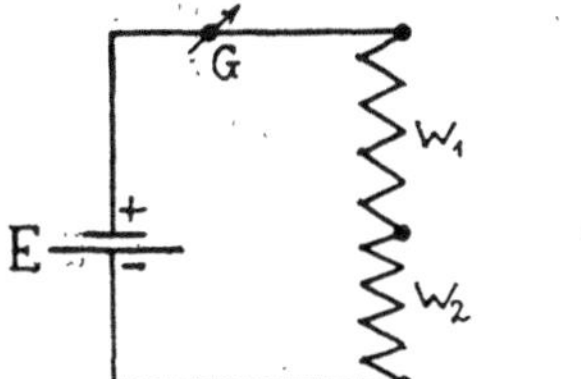

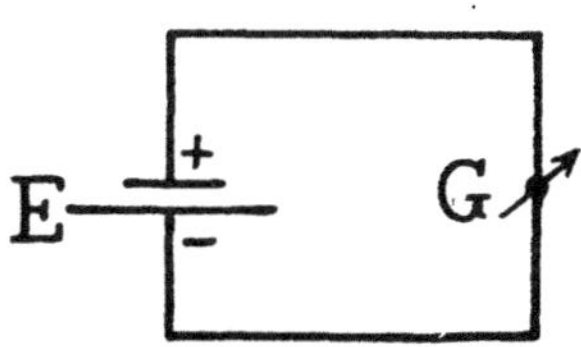

Abb. 133. Schaltung eines Ampèremeters. Abb. 134. Schaltung eines Voltmeters.

Widerstand so klein sein, daß seine Einschaltung an dem Gesamtwiderstand des Stromkreises nichts Merkliches ändert. Stromstärke messende Instrumente (Ampèremeter) müssen daher stets einen kleinen Widerstand gegenüber dem in dem zu messenden Stromkreis vorhandenen Gesamtwiderstand besitzen und direkt in den Stromkreis eingeschaltet werden.

In einem zweiten Fall sei die Aufgabe gestellt, die Spannung zwischen zwei Polen, die durch die Vorrichtung E hervorgebracht wird, zu messen (s. Abb. 134). Wir verbinden zu diesem Zweck die Pole über das Galvanometer G miteinander. Der Ausschlag des Galvanometers wird proportional der Stromstärke sein. Zwischen der Spannung e, dem Widerstand w des Galvanometers und der Stromstärke i besteht die Beziehung $i = \dfrac{e}{w}$. Der Ausschlag des Galvanometers ist demnach proportional der Spannung e. Die Spannung e ist jedoch nicht dieselbe, die zwischen den Polen vor der Einschaltung des Galvanometers herrschte, sondern sie ist kleiner. Zwischen der von der Vorrichtung E hervorgebrachten Spannung, dem Gesamtwiderstand des geschlossenen Stromkreises und der Stromstärke i besteht nämlich ebenfalls die Beziehung des Ohmschen Gesetzes, d. h. die aus dem Widerstand des Galvanometers und i erschlossene Spannung e verhält sich zu der gesuchten Spannung der Vorrichtung, wie der Widerstand des Galvanometers zu dem

Widerstand des Galvanometers plus dem der Vorrichtung E. Soll e der gesuchten Spannung annähernd gleich sein, so muß der Widerstand des Galvanometers groß sein gegenüber den sonst in dem Stromkreis vorhandenen Widerständen. Spannungsmessende Galvanometer (Voltmeter) müssen daher einen hohen Widerstand besitzen und werden unmittelbar an die beiden Punkte, zwischen denen die Spannung bestimmt werden soll, angeschlossen. Will man z. B. in einer der Abb. 133 entsprechenden Anordnung, wie sie in Abb. 135 neuerdings skizziert ist, durch die Angabe eines Galvanometers die Spannung zwischen den Punkten A und B bestimmen, so schaltet man das Galvanometer unmittelbar an die beiden Punkte A und B. Der Widerstand des Galvano-

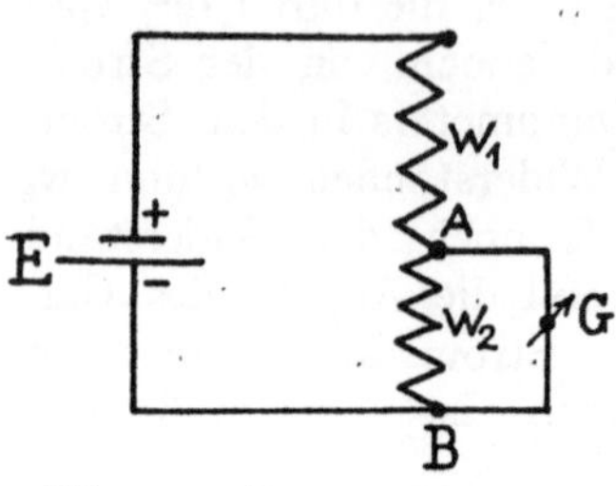

Abb. 135. Spannungsmessung zwischen zwei Punkten eines Stromkreises.

meters muß, wie aus einer der soeben durchgeführten ähnlichen Überlegung hervorgeht, groß gegenüber w_2 sein. Nur in dem Fall ändert sich die Spannung zwischen A und B nicht wesentlich durch die Einschaltung des Galvanometers und der Ausschlag von G ist unmittelbar ein Maß für die zwischen A und B bei fehlendem Galvanometer herrschende Spannung.

g) Schaltungen hintereinander und nebeneinander. Kirchhoffsches Gesetz der Stromverteilung.

Schaltet man zwei oder mehrere Stromleiter in der Art, wie in Abb. 133 das Galvanometer und die Widerstände w_1 und w_2 geschaltet sind, so sagt man, die einzelnen Leiter sind „hintereinander" geschaltet, Apparate, die zueinander geschaltet sind, wie das Galvanometer und w_2 in Abb. 135 heißen „nebeneinander" oder „parallel" geschaltet. Der Widerstand mehrerer hintereinander geschalteter Widerstände ist einfach gleich der Summe der einzelnen Widerstände. Der Widerstand mehrerer nebeneinander geschalteter Widerstände ist im ganzen stets kleiner als jeder der einzelnen Widerstände. Die genauere Beziehung zwischen dem Gesamt-

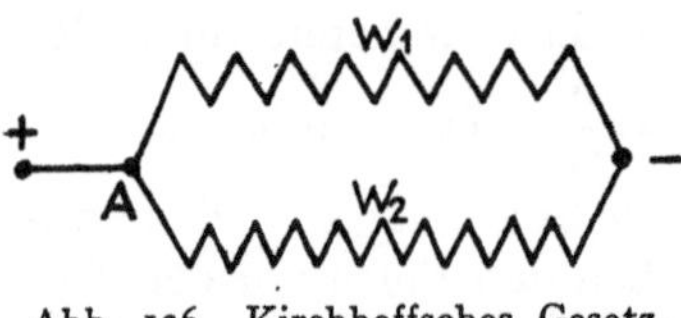

Abb. 136. Kirchhoffsches Gesetz.

widerstand mehrerer nebeneinander geschalteter Widerstände und den einzelnen Widerständen läßt sich aus dem Kirchhoffschen Gesetz der Stromverteilung ermitteln.

Angenommen, es seien die Pole + und —, zwischen denen die Potentialdifferenz e herrsche, in der Art miteinander verbunden, wie es

Abb. 136 angibt, d. h. die Widerstände w_1 und w_2 seien einander
parallel geschaltet. Der Widerstand des Zuleitungsdrahtes von $+$
nach A sei zu vernachlässigen.

Das Kirchhoffsche Gesetz der Stromverteilung besagt, daß in
diesem Fall die durch w_1 und w_2 fließenden Stromstärken i_1 und i_2
sich umgekehrt zueinander verhalten wie die Widerstände, d. h. es
besteht die Gleichung:

$$\frac{i_1}{i_2} = \frac{w_2}{w_1} \qquad \ldots \ldots \ldots \quad (167)$$

Die Beziehung ergibt sich aus der Anwendung des Ohmschen
Gesetzes für jeden Leiterzweig. Zwischen $+$ und $-$ herrsche die
Spannung e. Unter dem Einfluß dieser Spannung fließt durch w_1
ein Strom $i_1 = \dfrac{e}{w_1}$, durch w_2 der Strom $i_2 = \dfrac{e}{w_2}$. Durch Division der
beiden Gleichungen durcheinander erhält man Gleichung (167). Im
ganzen fließt durch die beiden Stromzweige zusammen, also auch in
dem Drahtstück von $+$ nach A der Strom $i_1 + i_2$. Er sei mit i bezeichnet. Fragt man, welchen Gesamtwiderstand die beiden Leiter-
zweige haben, so bedeutet diese Frage die Frage nach einem Widerstand, der, in eine einzelne Verbindung zwischen $+$ und $-$ gebracht,
dieselbe Stromstärke durchläßt, wie die beiden Widerstände w_1 und
w_2 in Schaltung nebeneinander. Die Antwort ergibt sich wieder
aus dem Ohmschen Gesetz. Der Widerstand, durch den bei der
Potentialdifferenz e die Stromstärke $i = i_1 + i_2$ fließt, ist:

$$W = \frac{e}{i_1 + i_2} \qquad \ldots \ldots \ldots \quad (168)$$

Durch Einführen von $i_1 = \dfrac{e}{w_1}$ und $i_2 = \dfrac{e}{w_2}$ folgt aus Gleichung (168):

$$W = \frac{e}{\dfrac{e}{w_1} + \dfrac{e}{w_2}} = \frac{w_1 \times w_2}{w_1 + w_2} \qquad \ldots \ldots \quad (169)$$

Die Werte von i_1 und i_2 aus dem gesamten i und den Widerständen w_1
und w_2 findet man aus den Gleichungen $\dfrac{i_1}{i_2} = \dfrac{w_2}{w_1}$ und $i_1 + i_2 = i$,
nämlich:

$$i_1 = \frac{i\,w_2}{w_1 + w_2}; \quad i_2 = \frac{i\,w_1}{w_1 + w_2} \qquad \ldots \ldots \quad (170)$$

Für mehr als zwei parallel geschaltete Widerstände lassen sich
analoge Gleichungen ableiten, da stets die Gesamtstromstärke gleich
der Summe der in den einzelnen Zweigen fließenden Stromstärken ist,
und für eine beliebige Anzahl von Stromzweigen das Gesetz gilt,
daß die Stromstärken umgekehrt proportional den Widerständen sind.

h) Wheatstonesche Brücke, Poggendorffs Methode der Spannungsmessung.

Aus der Tatsache, daß das Ohmsche Gesetz für jedes beliebige Stück eines stromdurchflossenen Leiters gilt, folgt, daß die Spannung e zwischen den Enden eines von einem Strom i durchflossenen Widerstandes ohne Rücksicht auf die sonstigen Verhältnisse im Stromkreis gleich i w ist. Bei dauerndem Stromfluß ist die Stromstärke an jedem Querschnitt durch den Stromkreis dieselbe. Die Spannung zwischen den Enden beliebiger Stücke des Stromkreises ist daher proportional dem Widerstand der Stücke. Mißt man demnach z. B. die Spannung e_1 zwischen den Punkten A und B und die Spannung e_2 zwischen C und D

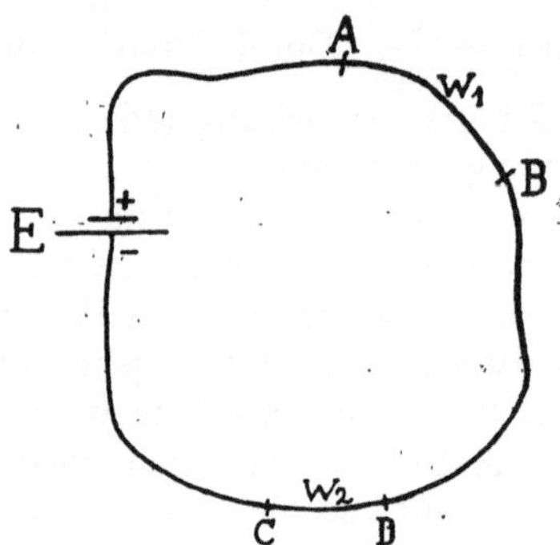

Abb. 137. Spannungsabfall in einem Stromkreis.

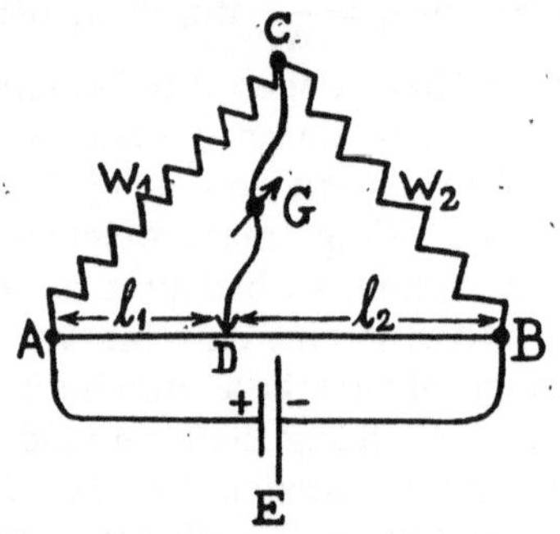

Abb. 138. Wheatstonesche Brücke.

an einem Stromkreis, wie ihn Abb. 137 darstellt, so verhält sich $\frac{e_1}{e_2} = \frac{w_1}{w_2}$. Stellt man einen Stromkreis aus einem durchweg gleichdicken Draht aus homogenem Material her, so ist der Widerstand jeden Stückes dieses Drahtes proportional der Länge. In Abb. 138 sei AB ein solcher Draht. Der Widerstand der Zuleitungsdrähte von der Stromquelle E nach A und B sei zu vernachlässigen. Längs des Drahtes A B besteht dann ein linearer Potentialabfall, d. h. beim Fortschreiten auf dem Draht um eine bestimmte Strecke ändert sich das Potential um einen der Strecke proportionalen Betrag. Der Potentialabfall längs des Drahtes stimmt überein mit dem in Abb 37 dargestellten Druckabfall in einer flüssigkeitdurchströmten gleichweiten Röhre. Legt man zwischen A und B einen zweiten Stromzweig, der aus den Widerständen w_1 und w_2 besteht, so verhält sich die Spannung zwischen A und C zu der zwischen C und B wie w_1 zu w_2. Auf dem Draht A B muß sich ein Punkt befinden, der ein gleiches Potential wie C besitzt. Dieser Punkt D ist infolge des linearen Potentialabfalls längs A B dadurch bestimmt, daß er die

Strecke A B im Verhältnis $\dfrac{w_1}{w_2}$ unterteilt. Verbindet man die Punkte C
und D leitend über ein Galvanometer G miteinander, so wird kein
Strom durch diese Verbindung und das Galvanometer fließen.
Die in Abb 138 skizzierte Anordnung kann zur Vergleichung der
Widerstände w_1 und w_2 miteinander dienen, wenn die Verbindungs-
stelle D auf dem Draht A B verschiebbar ist. Man verschiebt D
so lange auf A B, bis das Galvanometer den Ausschlag Null zeigt
und weiß dann, daß:

$$\frac{w_1}{w_2} = \frac{l_1}{l_2} \quad \cdots \cdots \cdots \quad (171)$$

ist. Ist einer der beiden Widerstände bekannt, so kann man den
anderen nach Gleichung (171) berechnen. Es ist dazu nicht notwendig den Widerstand des Drahtes A B zu kennen. Die beschriebene
Anordnung wird als Wheatstone-
sche Brücke bezeichnet und vielfach zur Messung von Widerständen
verwandt.

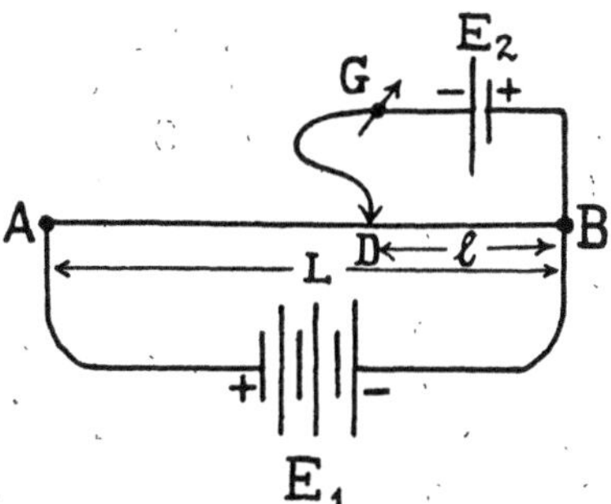

Abb. 139. Poggendorffsche Methode der
Spannungsmessung.

Nach ähnlichem Prinzip ist es
möglich, die Spannung einer Stromquelle zu messen. Es seien z. B.
die Pole der Stromquelle E_1 durch
einen Draht A B von der Länge L
miteinander verbunden. Das Potentialgefälle im Draht ist linear.
Verbindet man nunmehr die Pole
einer zweiten Stromquelle E_2 in
der Art mit einem Galvanometer G
und dem Draht A B, wie es Abb. 139 angibt, so kann in dem
Stromzweig D G E_2 B entweder ein Strom in der Richtung von D
nach B, oder von B nach D fließen, oder es kann der Zweig D G E_2 B
stromlos sein. Letzteres wird dann der Fall sein, wenn die Spannung
zwischen D und B auf Grund des von E_1 gelieferten, durch A B
fließenden Stroms gleich der von E_2 gelieferten Spannung ist. Die
beiden Spannungen wirken nämlich bezüglich des Stromzweiges
D G E_2 B in entgegengesetzter Richtung; sind sie einander gleich,
so besteht in diesem Stromzweig keine Elektrizitätsbewegung und
das Galvanometer zeigt keinen Ausschlag. Ist die Kontaktstelle D
auf A B verschieblich, so kann man diesen Zustand durch Verschiebung
von D und Beobachtung des Galvanometers leicht herbeiführen.
Die Spannung zwischen D und B ergibt sich dann aus L, der Länge l
und der Spannung e zwischen A und B; sie ist gleich $\dfrac{e\,l}{L}$. Die gefundene
Spannung entspricht der Potentialdifferenz zwischen den Enden

der offenen Stromquelle E_2, da sie in dem beobachteten Zustand
keinerlei Strom abgibt und sich daher ebenso verhält, als bestände
zwischen ihren Polen keinerlei leitende Verbindung.

Die besprochene Methode heißt die Poggendorffsche Methode
und wird zur Messung der Spannung der verschiedenartigsten Stromquellen oft angewandt.

i) Elektromotoren.

Auf Grund der elektromagnetischen Kräfte kann man Maschinen
konstruieren, die imstande sind, elektrische Ströme in mechanische
Arbeit umzusetzen. Grundsätzlich besteht schon in allen Fällen, in
denen Magnetfelder durch elektrische Ströme erzeugt werden, bei
geeigneter Anfangsstellung einer Drahtschleife oder einer Spule zu
einem Magnetfeld, oder einem para- bzw. diamagnetischen Körper,
die Möglichkeit, durch einen elektrischen Strom einen Körper in
Bewegung zu setzen. Im einfachsten Fall wird z. B. ein frei bewegliches
Stück Eisen, das in einer gewissen Entfernung von einer Drahtspule
steht, dann wenn die Spule von einem Strom durchflossen wird, auf
Grund des entstehenden Magnetfeldes der Spule und seiner eigenen
magnetischen Eigenschaften, die es durch magnetische Induktion
gewinnt, je nach der Bewegungsmöglichkeit eine Bewegung ausführen. Die Bewegung endet mit einer Ruhelage. Sollen dauernde
Bewegungen durch einen elektrischen Strom hervorgebracht werden,
so muß das Erreichen dieser Ruhelage vermieden werden, d. h. es
müssen zu dem Zeitpunkt des Erreichens der Ruhelage die Verhältnisse des ganzen Systems derart geändert werden, daß es einer neuen
Ruhelage zustrebt. Beim Erreichen der neuen Ruhelage muß neuerdings eine Änderung eintreten, d. h. es muß ähnlich, wie es bei einer
thermodynamischen Maschine der Fall ist, ein Kreisprozeß unterhalten werden.

Einen solchen Kreisprozeß zu unterhalten gelingt auf die ver-
schiedenste Art. Zwei Beispiele sollen zunächst die Erzeugung einer
dauernden Bewegung durch einen stets in gleicher Richtung fließenden
Strom erläutern.

In Abb. 140 sei M eine zur Verstärkung ihres Magnetfeldes um
ein Stück weiches Eisen gewickelte Drahtspule. Dem einen Pol
dieses „Elektromagneten" gegenüber steht ein Stück Eisen A, das
an einer Metallfeder F befestigt ist. A liegt an einer Metallspitze K
an. Von einer Stromquelle E sei ein Pol an das Ende der Drahtspule,
das andere an die Metallspitze K angelegt. Das andere Ende der
Spule steht in leitender Verbindung mit dem Ende der Feder F.
Wie aus der Abbildung ersichtlich, ist der Stromkreis geschlossen;
M wird magnetisch und zieht A an. Durch die Bewegung von A
entfernt sich A von K und der Strom wird unterbrochen. Durch die

Unterbrechung des Stroms geht der Magnetismus von M verloren, A federt zurück, bis es K wieder berührt; sodann beginnt das Spiel von neuem. A wird in eine schwingende Bewegung geraten, der Strom wird in dem Rhythmus dieser Schwingung unterbrochen und wieder geschlossen. Ähnliche als Wagnersche oder Neefsche Hämmer bezeichnete Apparate werden sowohl zur Erzeugung mechanischer Bewegung durch elektrische Ströme (elektrische Klingel) als auch zur rhythmischen Unterbrechung eines Gleichstroms angewandt.

Als zweites Beispiel denke man sich ähnlich wie in Abb. 141 skizziert eine Leiterschleife in einem homogenen Magnetfeld. Die beiden Enden der Leiterschleife seien an einem aus zwei voneinander isolierten Metallstücken von Halbzylinderform C_1 und C_2 bestehenden

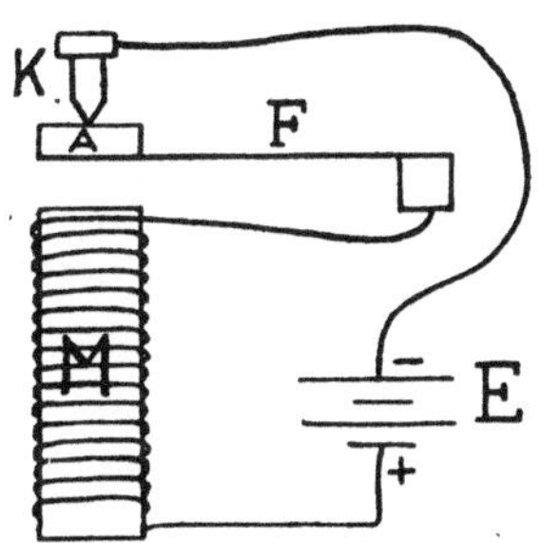

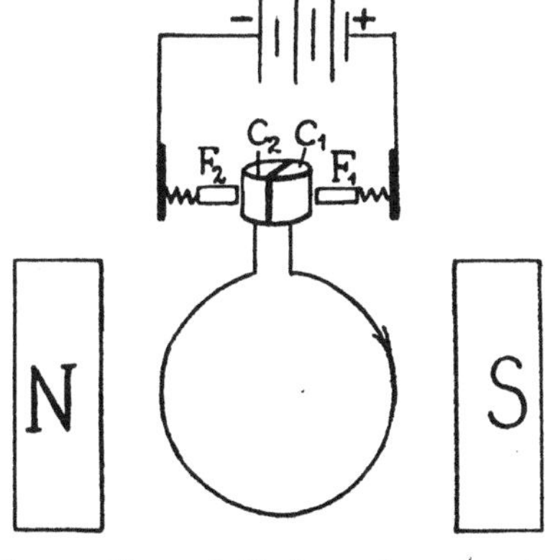

Abb. 140. Wagnerscher Hammer. Abb. 141. Dauernde Drehung einer stromdurchflossenen Leiterschleife in einem Magnetfeld.

Zylinder angebracht. Die Leiterschleife und dieses Zylinderstück seien um eine Achse senkrecht durch die Mitte des Zylinders (in der Zeichenebene senkrecht zu den Kraftlinien von oben nach unten) drehbar. An dem Zylinder schleifen zwei durch Federdruck angepreßte Kontakte F_1 und F_2, zu denen der Strom einer Stromquelle zugeführt wird. In der von der Abbildung dargestellten Lage fließt der Strom in der Pfeilrichtung. Durch diesen Strom entsteht an der Vorderfläche der Schleife ein Südpol, auf der Rückseite ein Nordpol. Die Spule wird sich infolge der gegenseitigen Wirkung von Magnetfeld und Elektromagnetismus um die senkrechte Achse, von oben gesehen im Sinne des Uhrzeigers drehen, und zwar so lange, bis die Fläche der Schleife senkrecht zur Kraftlinienrichtung steht. Kraftlinienrichtung und Stromrichtung passen in dieser Lage zueinander. Infolge der Zuführung des Stroms durch Schleifkontakte zu dem sich mitdrehenden geteilten Zylinder, wird jedoch gerade in dieser Lage der Kontakt F_1 von C_1 auf C_2, der Kontakt F_2 von C_2 auf C_1 gleiten, d. h. der Strom wird in der Schleife gewendet. Stromrichtung und Kraft-

linienrichtung passen nicht mehr zueinander; die nunmehr nord-
magnetische Fläche der Spule steht dem Nordpol gegenüber. Tatsächlich wirkt in dieser Lage allerdings kein Drehmoment auf die
Spule, solange ihre Fläche genau senkrecht auf der Kraftlinienrichtung steht; wird die Schleife jedoch nur um den geringsten
Betrag über diese Lage hinausgebracht, was auf Grund der Trägheit
der in Bewegung befindlichen Schleife sicher geschieht, so wirkt ein
Drehmoment auf sie ein, das so lange wirkt, bis Stromrichtung
und Kraftlinienrichtung wieder zueinander passen, d. h. bis sie sich
um 180 Grad gedreht hat. In diesem Moment wird der Strom wiederum
gewendet und die Bewegung geht weiter. Die Spule wird demnach,
solange der Strom fließt, dauernd, von oben gesehen im Sinne des Uhrzeigers, rotieren. Man kann an Stelle der Schleife eine Draht-spule verwenden und ihre Höhlung zur Verstärkung des von ihr erzeugten magnetischen Feldes mit Eisen ausfüllen. Daß es von Wichtigkeit ist, daß dieses Eisenstück möglichst frei von Hysterese ist, wurde schon S. 235 erwähnt.

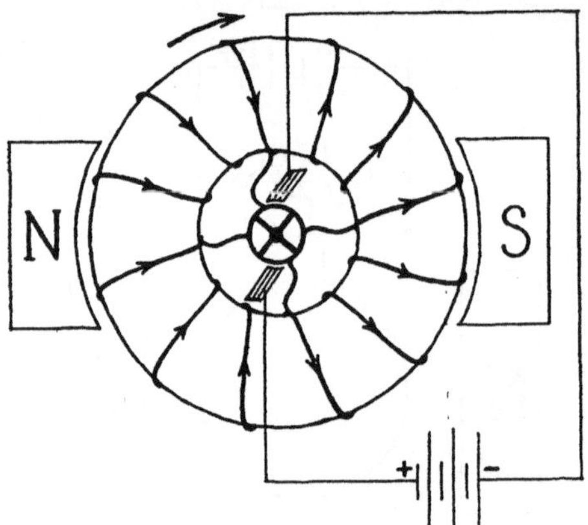

Abb. 142. Grammescher Ring.

Die Wirkungsweise eines aus mehreren Spulen nach
dem Prinzip des sog. Grammeschen Ringes gebauten Elektromotors
zeigt Abb. 142. Dort sind auf einen Eisenring mehrere Spulen auf-
gewickelt. Die Stromzuführung geschieht durch Schleifkontakte auf
einem Zylinder, der aus ebensovielen von einander isolierten Metallstücken besteht, als Spulen vorhanden sind. Jedes dieser Metallstücke
steht mit dem Ende einer und dem Anfang der nächsten Spule in
leitender Verbindung. Die Drähte der Spulen bilden daher im ganzen
eine in sich geschlossene, um den Ring gelegte Wickelung. Infolge der
Stromzuführung durch die Schleifkontakte fließt jedoch der Strom auf
der rechten Seite des Ringes in umgekehrter Richtung wie auf der linken
(s. Pfeile in Abb. 142). Beide Stromrichtungen wirken in dem Sinne,
den Ring an seiner oberen Seite nord-, an seiner unteren Seite südmagnetisch zu machen. Durch die Magnetisierung des Rings wird
bewirkt, daß das Magnetfeld auf ihn ein Drehmoment im Sinne des
Uhrzeigers ausübt. Durch die Drehung des Ringes ändert sich jedoch
der Stromfluß, da sich der Zylinder unter den Schleifkontakten mit-
dreht, derart, daß das Bild trotz der Drehung dauernd der Abb. 142
entspricht. Das auf den Ring ausgeübte Drehmoment bleibt deshalb

fortgesetzt wirksam und der Ring dreht sich ununterbrochen weiter. Das Drehmoment ändert sich dabei in seiner Stärke um so weniger, je häufiger die Ringwickelung unterteilt ist.

Den drehbaren Teil eines Elektromotors nennt man den Anker. Um besonders starke Magnetfelder herzustellen, kann man statt eines permanenten Magneten einen entsprechend geformten Elektromagneten verwenden. Zur Erregung dieses Elektromagneten, den man als Feldmagneten bezeichnet, benutzt man Strom aus derselben Stromquelle, die den Anker speist. Anker und Feld können dabei hintereinander, wie Abb. 143a zeigt, oder parallel, wie in Abb. 143b angegeben, geschaltet werden. Motoren mit einer Schaltung entsprechend Abb. 143a heißen Hauptschlußmotoren, solche mit einer Schaltung, wie sie Abb. 143b darstellt, Nebenschlußmotoren. Es sei noch darauf hingewiesen, daß eine gleichzeitige Umkehr der Stromrichtung in Anker und Feld keine Änderung der Richtung des auf den Anker ausgeübten Drehmomentes veranlaßt, d. h. wenn man gleichzeitig die Stromrichtung in Anker und Feld umkehrt, ändert der Motor seine Drehrichtung nicht. Eine Änderung der Drehrichtung wird nur durch Änderung der Stromrichtung im Anker bei unveränderter Stromrichtung im Feld bzw. durch Umkehr des Feldstroms bei unveränderter Richtung des Ankerstroms bewirkt.

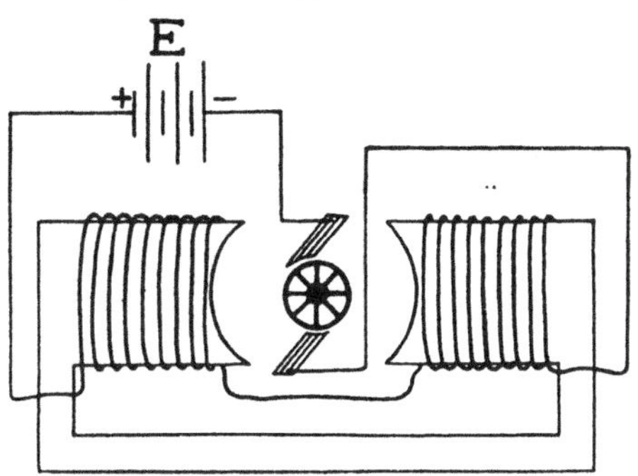

Abb. 143a. Hauptschlußmotor.

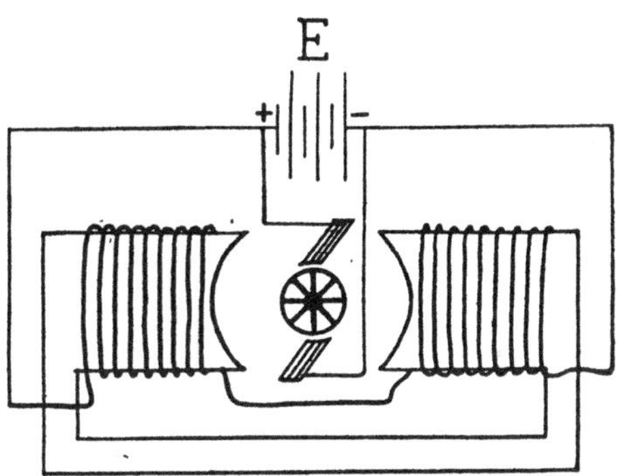

Abb. 143b. Nebenschlußmotor.

5. Kapitel: Induktionsströme.

a) Entstehung elektrischer Ströme durch Magnetfelder.

Durch Bewegung eines Leiters relativ zu einem Magnetfeld können unter Umständen elektrische Ströme erzeugt werden. Um die Bedingungen, unter denen solche als „Induktionsströme" bezeichnete Ströme auftreten, kennen zu lernen, geht man zweckmäßig von den experimentellen Erfahrungen an einfachen Versuchsanordnungen aus.

Befindet sich z. B. in einem homogenen Magnetfeld, das durch die Kraftlinien in Abb. 144 dargestellt sei, ein grader Draht A B, dessen Enden mit einem Galvanometer G verbunden sind, das die Feststellung gestattet, ob in dem geschlossenen Stromkreis ein Strom fließt, so kommt, solange der Draht in dem Magnetfeld ruht, an dem Galvanometer kein Strom zur Beobachtung; ebensowenig, wenn man den Draht parallel mit der Kraftlinienrichtung oder in seiner Längsrichtung verschiebt. Verrückt man jedoch den Draht so, daß er bei seiner Bewegung Kraftlinien durchschneidet, so zeigt das Galvanometer einen Ausschlag, und zwar während der ganzen Dauer der Bewegung.

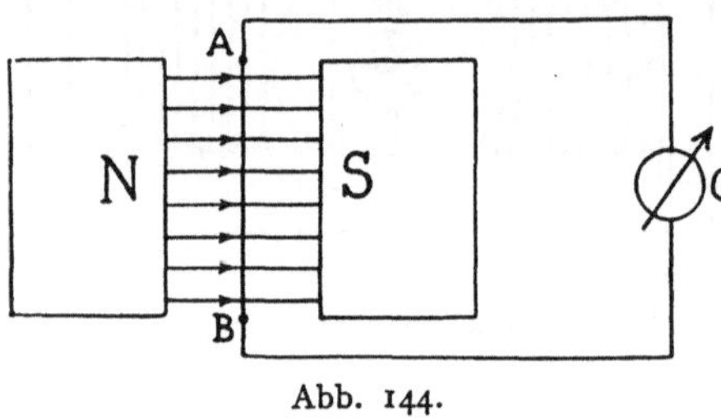

Abb. 144.

Um möglichst einfache Bedingungen zu haben sei angenommen, daß die Zuleitungsdrähte von A und B zu dem Galvanometer außerhalb des Magnetfeldes verlaufen. Richtung und Stärke des Induktionsstromes beim Verschieben des Drahtes im Magnetfeld kann an dem Galvanometer abgelesen werden. Richtet man das Augenmerk auf die während der ganzen Dauer des Stroms transportierten Elektrizitätsmenge, indem man die jeweils beobachtete Stromstärke mit der Zeit, während der sie fließt, multipliziert, so findet man, daß sie proportional der vom Draht bei seiner Bewegung durchschnittenen Kraftlinienzahl ist. Die Richtung des Induktionsstroms ist, wie die Beobachtung zeigt, abhängig von der Richtung der Bewegung des Drahtes. Die Beziehung zwischen der Richtung des Induktionsstroms, der Bewegungsrichtung des Drahtes und der Richtung der Kraftlinien ist durch den Grundsatz gegeben, daß die infolge des fließenden Induktionsstroms von dem Magnetfeld auf den Draht ausgeübte Kraft der Bewegung entgegenwirkt.

Seite 244 wurde auseinandergesetzt, daß ein Magnetfeld auf einen Draht in einer Anordnung, wie sie Abb. 144 zeigt, im Falle des Stromflusses von A nach B eine Kraft senkrecht auf der Zeichenebene nach vorn ausübt. Diese Kraft wirkt einer Bewegung des Drahtes A B von vorn nach hinten entgegen. Bewegt man daher den Draht von vorn nach hinten quer durch die Kraftlinien, so entsteht ein Induktionsstrom, der im Draht von A nach B fließt. Bei der entgegengesetzten Bewegung fließt der Induktionsstrom von B nach A.

Für die Stromstärke, d. h. die pro Zeiteinheit transportierte Elektrizitätsmenge des Induktionsstroms kann aus der mitgeteilten

Beobachtung, daß die transportierte Elektrizitätsmenge proportional der Anzahl der geschnittenen Kraftlinien ist, unmittelbar geschlossen werden, daß sie proportional der in der Zeiteinheit geschnittenen Zahl der Kraftlinien ist. Während einer bestimmten kurzen Zeit d t ist die Stromstärke i proportional der in dieser Zeit geschnittenen Zahl der Kraftlinien d N dividiert durch d t, d. h. proportional dem Differentialquotient $\frac{dN}{dt}$. Außerdem ist nach dem Ohmschen Gesetz die Stromstärke umgekehrt proportional dem Widerstand in dem induzierten Stromkreis.

Zu dem gleichen Resultate wie bei der beschriebenen Beobachtung kann man auf Grund einer theoretischen Überlegung, die in einer Anwendung des Gesetzes der Erhaltung der Energie besteht, gelangen. Durch die Induktionswirkung hervorgerufen, fließt ein Strom i im Draht A B, als Folge einer im ganzen Stromkreis entstehenden Potentialdifferenz e. Die Leistung dieses Stromes ist, wie S. 225 besprochen, gleich e i; die von ihm während einer kleinen Zeit d t geleistete Arbeit ist e i d t. Diese Arbeit kann nur in Erscheinung treten auf Grund einer bei der Verschiebung des Drahtes zu leistenden Arbeit; es ist naheliegend, diese Arbeit in der Überwindung der als Folge des Stromflusses von dem Magnetfeld auf den Draht ausgeübten Kraft zu suchen. Angenommen, der Draht werde senkrecht zur Kraftrichtung bewegt; die Kraft ,die ein Magnetfeld von der Stärke $\mathfrak{H}$ auf einen Draht von der Länge L, der von einem Strom i durchflossen wird, senkrecht zur Kraftlinienrichtung ausübt, ist gleich i $\mathfrak{H}$·L. Diese Kraft wird während der Bewegung über den Weg s überwunden; es muß die Arbeit i $\mathfrak{H}$ L s geleistet werden. L s ist die von dem Draht bestrichene Fläche. $\mathfrak{H}$ ist gegeben durch die Zahl der Kraftlinien pro cm² einer Fläche senkrecht zur Kraftlinienrichtung. $\mathfrak{H}$ L s gibt demnach die Gesamtzahl der von dem Draht bei seiner Bewegung geschnittenen Kraftlinien an. An Stelle von $\mathfrak{H}$ L s kann man daher die Kraftlinienzahl d N setzen. Die bei der Bewegung zu leistende Arbeit ist demnach, wenn man von der kinetischen Energie, die der Draht gewinnt, absieht, gleich i d N. Setzt man die beiden Arbeiten einander gleich, indem man sinngemäß für beide Arbeiten entgegengesetzte Vorzeichen wählt, so ergibt sich die Gleichung:

$$e\, i\, dt = -\, i\, dN$$

oder:
$$e = -\frac{dN}{dt} \quad \cdot \quad \cdot \quad \cdot \quad \cdot \quad \cdot \quad (172)$$

Statt e kann man nach dem Ohmschen Gesetz das Produkt Stromstärke mal Widerstand iw setzen und erhält somit:

$$i = -\frac{1}{w} \times \frac{dN}{dt} \quad \cdot \quad \cdot \quad \cdot \quad \cdot \quad \cdot \quad (173)$$

Die Übereinstimmung dieses Resultates mit dem Ergebnis der experimentellen Untersuchung zeigt, daß tatsächlich die in Form des Induktionsstroms auftretende Energie das Äquivalent der Arbeit ist, die bei der Bewegung des Drahtes durch das Magnetfeld geleistet werden muß.

b) Dynamomaschinen.

Betrachtet man einen der Abb. 141 analogen Fall einer Drahtschleife in einem Magnetfeld und analysiert auf Grund der beschriebenen Induktionswirkung eines Magneten auf einen bewegten Leiter, die bei der Bewegung auftretenden Induktionsströme, so findet man, daß nur dann ein Induktionsstrom entsteht, wenn die Schleife so bewegt wird, daß sich die Zahl der durch die Schleife hindurchgehenden Kraftlinien ändert, und daß die Stromstärke des Induktionsstroms proportional der Geschwindigkeit ist, mit der sich diese Zahl ändert. Über die Richtung des Stromes gibt wiederum am einfachsten eine Überlegung an Hand des schon ausgesprochenen Satzes Auskunft, daß die Kraft, die infolge des fließenden Induktionsstroms vom Magnetfeld auf die Schleife ausgeübt wird, der Bewegung entgegenwirkt. Drückt man das Resultat der Überlegung in der Art aus, daß man die Stromrichtung in Beziehung zur Kraftlinienrichtung setzt, indem man die eine Richtung des Stroms entsprechend den Erörterungen S. 245 als zur Kraftlinienrichtung passend, die entgegengesetzte Stromrichtung als nicht passend bezeichnet, so erhält man die als „Lenzsches Gesetz" bezeichnete Regel, welche lautet: Bewegt man eine Stromschleife derart in einem Magnetfeld, daß sich die Zahl der von ihr umfaßten Kraftlinien ändert, so entsteht ein Induktionsstrom, dessen Richtung zu der Richtung der Kraftlinien paßt, wenn die Zahl der umfaßten Kraftlinien abnimmt, hingegen nicht paßt, wenn die Kraftlinienzahl zunimmt. Aus dem Lenzschen Gesetz folgt, daß bei allen früher beschriebenen Anordnungen von Leitern in Magnetfeldern dann, wenn man den stromlosen Leiter durch äußere Kräfte in Bewegung relativ zum Magnetfeld setzt, Induktionsströme entstehen, die dem Strom entgegengesetzt gerichtet sind, der die gleiche Bewegung hervorrufen würde. Dreht man z. B. den in Abb. 142 dargestellten Grammeschen Ring in der Pfeilrichtung im Magnetfeld, so entsteht ein Induktionsstrom in der Bewickelung des Ringes, der den Pfeilen entgegengesetzt ist. Der Grammesche Ring kann daher als Stromquelle dienen, wenn er mechanisch in Rotation versetzt wird. Als Magnetfeld kann das Feld eines permanenten Magneten oder eines Elektromagneten verwendet werden. Die Erregung des Elektromagneten kann durch den erzeugten Ankerstrom oder einen Zweig desselben erfolgen, vollkommen analog der Abb. 143 a. u. b. Da der Elektromagnet stets einen gewissen remanenten Magnetismus behält, ist es nicht notwendig ihn zu Beginn der Rotation durch einen besonderen Strom zu erregen; die ersten Bewegungen des Ankers erzeugen einen, wenn auch geringen Strom, dieser Strom verstärkt das Magnetfeld, dadurch wächst bei gleichbleibender Rotationsgeschwindigkeit die Stärke des Induktionsstroms, der seinerseits wieder das Magnetfeld verstärkt usf. bis zur magnetischen Sättigung des Feldmagneten.

Man nennt solche Anordnungen Dynamomaschinen. Jeder mechanisch in Rotation versetzte Elektromotor wirkt als Dynamomaschine. Der Unterschied zwischen den als Motoren oder als Stromgeneratoren verwandten Maschinen besteht meist nur in dem Widerstand der Wickelungen des Ankers und des Feldes, der nach den speziellen Anforderungen, die an die Maschine gestellt werden, bemessen ist.

c) Wechselstrom, Drehstrom.

Erfolgt bei einer Dynamomaschine die Ableitung des Stroms von einem unterteilten Zylinder, wie es in Abb. 142 dargestellt ist, durch Schleifkontakte, so liefert die Maschine einen Strom, der stets in gleicher Richtung fließt (Gleichstrommaschine). Der Strom schwankt

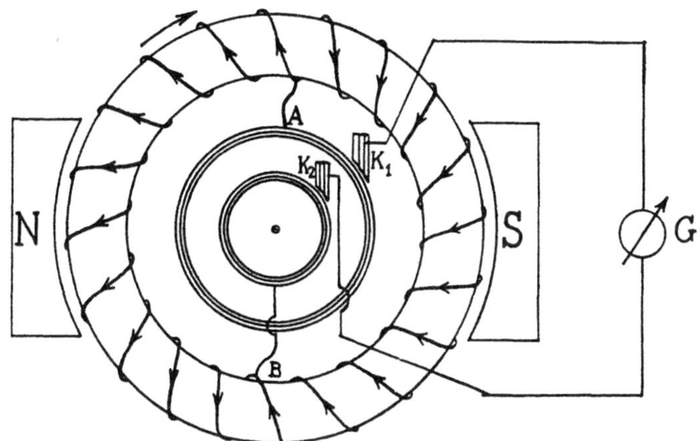

Abb. 145. Wechselstromdynamo.

um so weniger in seiner Stärke, je häufiger die Ankerwickelung unterteilt ist.

Leitet man den Strom so ab, daß stets die gleiche Drahtstelle der Ankerwickelung mit dem gleichen Schleifkontakt in Verbindung steht, indem man eine Stelle (A in Abb. 145) der Ankerwickelung einem in sich geschlossenen, isoliert um die Achse des Ankers gelegten Schleifring zuführt, auf dem der Kontakt K_1 bei der Rotation schleift, und eine diametral dieser Ableitungsstelle gegenüber liegende Stelle der Ankerwicklung (B in Abb. 145) mit einem zweiten isolierten Schleifring verbindet, der mit dem Kontakt K_2 in Berührung steht, so entspricht der Stromfluß in der Ankerwicklung dauernd dem in der Abb. 145 durch die Pfeile gekennzeichneten Bild; der in dem Ankerstromkreis fließende Strom wechselt jedoch während der Umdrehung des Ringes Richtung und Stärke. Schaltet man den Anker in einen Stromkreis mit einem Galvanometer, so kann man diese Schwankungen beobachten, man kann ihren Verlauf jedoch auch theoretisch erschließen: zu einem mit o bezeichneten Zeitpunkte der Rotation sei die Stellung des Ankers die in Abb. 145 angegebene. In diesem Moment fließt, wie sich aus der Zeichnung ergibt, durch das Galvanometer G ein Strom in der Richtung von K_2 nach K_1. Hat sich der Ring nach der halben Umlaufszeit des Ringes $(\frac{T}{2})$ um 180 Grad gedreht, so fließt ein Strom gleicher Stärke in umgekehrter Richtung von K_1 nach K_2. In den beiden Stellungen, bei denen A bzw. B gegenüber N bzw. S steht, d. h. zur Zeit $t = \frac{T}{4}$ und $t = \frac{3}{4} T$, fließt überhaupt kein Strom im Ankerstromkreis. Ein Stromfluß im Sinne der angegebenen Pfeile ist nämlich aus dem Grunde nicht möglich, weil an den in der Abbildung bei diesen Stellungen oben und unten gelegenen Punkten eine Ableitung nicht vorhanden ist, und die Kräfte, die die Elektrizität von B nach A bzw. von A nach B treiben (im linken oberen und rechten unteren Quadranten des Ringes), gleich denen sind, die die Elektrizität von A nach B bzw. von B nach A zu treiben suchen (im rechten oberen und linken unteren Quadranten). Das Maximum des Stromflusses ist vorhanden bei einer der Abbildung entsprechenden Stellung und der von ihr um 180 Grad verschiedenen. Zwischen den Maximis der Stromstärke und den Punkten, an denen kein Strom fließt, nimmt die Stromstärke allmählich ab bzw. zu. Um den Stromfluß im Ankerstromkreis im Laufe einer Umdrehung des Ankers anschaulich darzustellen, wählen wir die Aufzeichnung derselben als Funktion der Zeit. Die Richtung des Stromes von K_2 nach K_1 sei als positiv, die von K_1 nach K_2 als negativ eingetragen. Nach dem bisher Erörterten hat zur Zeit $t = o$ die Stromstärke ein positives, zur Zeit $t = \frac{1}{2} T$ ein negatives Maximum und ist zur Zeit $t = \frac{1}{4} T$ und $t = \frac{3}{4} T$ gleich Null. Der Verlauf der Kurve der Stromstärken zwischen diesen ausgezeichneten Punkten entspricht, wie sich nachweisen läßt, einer cosinus- bzw. sinus-Kurve, d. h. die Stromstärke ist proportional dem sinus des Winkels, den der Durchmesser A B mit der Verbindungslinie N S bildet. Eine entsprechend der Abb. 145 abgeleitete Dynamomaschine liefert demnach einen sinusförmigen Wechselstrom entsprechend Abb. 146, dessen

Periodendauer gleich der Umlaufzeit des Ankers ist. Zur Erregung des Feldmagneten kann der von der Maschine gelieferte Strom nicht verwandt werden, sondern es ist eine besondere Gleichstromerregung hierzu notwendig.

Wickelt man auf den Anker einer Dynamomaschine mehrere von einander unabhängige Spulen und bringt die Ableitungen an diesen Spulen so an, daß sie von dem Umfang des Ankers in gleichem Abstand voneinander abzweigen, also z. B. an der von Abb. 145 dargestellten Maschine eine zweite Wickelung, deren Ableitungsstellen auf einem senkrecht zu A B stehenden Durchmesser liegen, so erhält man von dieser

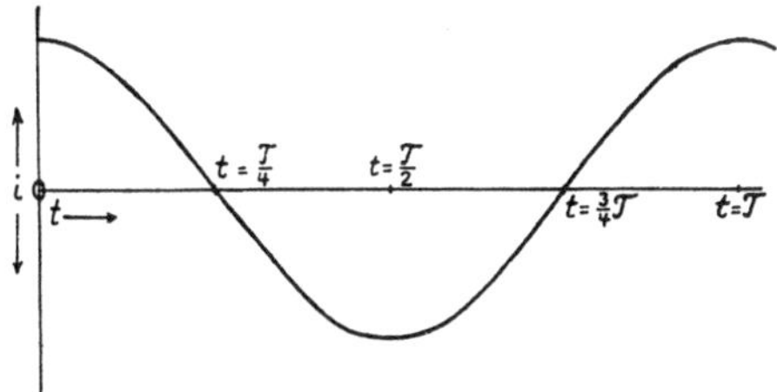

Abb. 146. Sinusstrom.

Wickelung einen dem durch Ableitung von A und B gewonnenen Strom in bezug auf Wechselzahl und Stromstärke gleichen Wechselstrom, der sich von dem der ersten Wickelung nur dadurch unterscheidet, daß er sein Maximum erreicht, wenn der erste Strom gleich Null ist, und gleich Null wird in dem Moment, in dem der erste Strom sein Maximum erreicht; d. h. der sonst gleiche Strom der zweiten Wickelung zeigt gegen den der ersten eine Phasenverschiebung von $^1/_4$-Periodendauer. Wickelt man 3 Spulen auf den Anker, deren Ableitungsstellen je einen Winkel von 120 Grad miteinander bilden, so erhält man drei Wechselströme gleicher Periode, die eine Phasenverschiebung von je ein Drittel Periodendauer gegeneinander zeigen. Würde man für jede der 3 Ankerwickelungen einen gesonderten Stromkreis herstellen, so würden die 3 Wechselströme, die in den

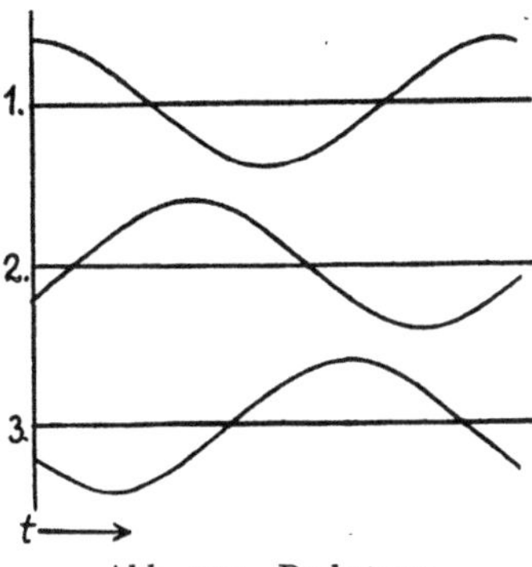

Abb. 147. Drehstrom.

3 Kreisen fließen, in ihrem zeitlichen Verlauf in der von Abb. 147 dargestellten Beziehung zueinander stehen. Die Summe der drei Ströme ist, wovon man sich an der Abbildung überzeugen kann, zu jeder Zeit gleich Null, d. h. wenn man zur Rückleitung einen gemeinsamen Draht verwenden würde, so würde in diesem kein Strom fließen. Man kann demnach den Rückleitungsdraht weglassen und die gesamte von den 3 Wickelungen gelieferte Energie durch 3 Leitungen fortleiten, wenn man die einen Enden der Wickelungen miteinander verbindet und die anderen Enden zu 3 Leitungsdrähten ableitet. Die Schaltung entspricht dann der schematisch in Abb. 148a dar-

gestellten. Man kann die Wickelungen auch in der Art, wie es Abb. 148 b zeigt, verbinden und ableiten, ohne daß dadurch etwas Wesentliches an den in den Drähten fließenden Strömen geändert wird.

Maschinen, die mehrere gleiche, nur durch die Phase unterschiedene Ströme liefern, bezeichnet man als Mehrphasenmaschinen; solche mit speziell 3 Phasen als Drehstrommaschinen. Der Name ist deshalb gewählt, weil man durch geeignete Schaltung der drei Ströme einen Elektromagneten erzeugen kann, der in seiner Wirkung vollständig der Wirkung eines mechanisch in Rotation versetzten Magneten gleicht. Leitet man z. B. die drei Phasen eines Drehstroms in der Art, wie es Abb. 149 zeigt, um einen ringförmigen Eisenkern der skizzierten Form, so ist zu einem Zeitpunkt, der dem Nullpunkt der Abb. 147 entspricht, bei A ein Nordpol. Nach Verlauf von ein Drittel Periodendauer des Wechselstroms ein Nordpol

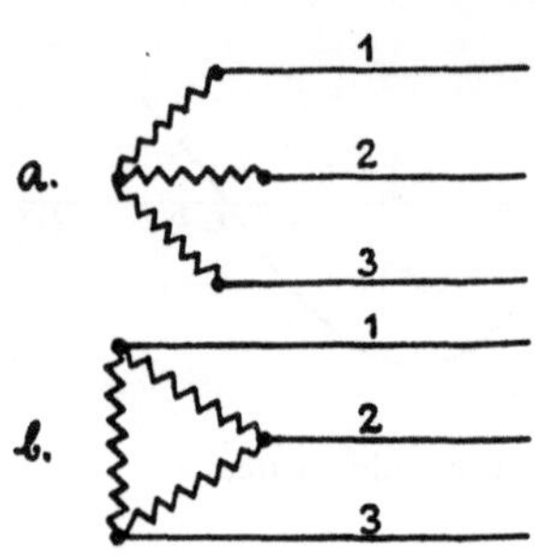

Abb. 148. Schaltung von Drehstrommaschinen.

bei B, nach zwei Drittel Periodendauer ein solcher bei C, d. h. der Nordpol scheint im Sinne des Pfeils mit der Rotationsgeschwindigkeit der stromliefernden Maschine im Kreise herumzulaufen.

Grundsätzlich funktioniert eine Dynamomaschine, wenn der Anker stillsteht und das Feld rotiert, ebenso wie in den bisher beschriebenen Fällen stillstehender Felder und rotierender Anker, da es nur auf die relative Bewegung von Anker und Magnet ankommt. Tatsächlich werden Wechselstrommaschinen sehr häufig mit stehendem Anker und rotierendem Feld gebaut.

Wechselstrommaschinen können ebenso wie Gleichstrommaschinen als Motoren laufen. Es ist jedoch hierzu notwendig, daß der Motor mit einer ganz bestimmten,

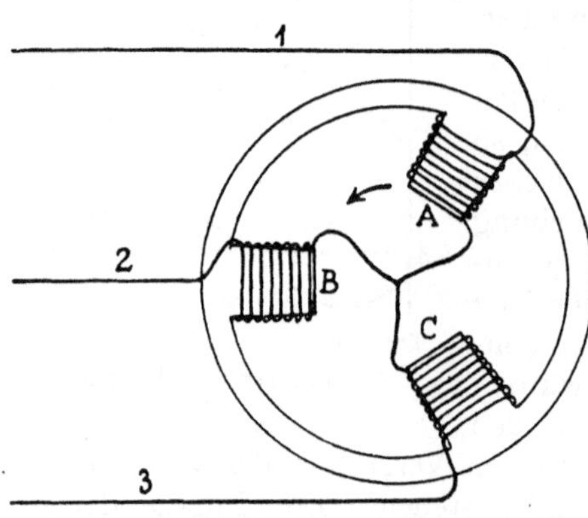

Abb. 149. Drehfeld.

zur Wechselzahl des Wechselstroms passenden Umlaufsgeschwindigkeit läuft (Synchronmotoren). Der Motor muß daher vor Einschaltung des Betriebsstroms auf andere Art auf eine bestimmte Umlaufszahl gebracht werden. Auf die Methoden, die es gestatten Wechselstrommotoren zu konstruieren, bei denen eine bestimmte Umlaufzahl nicht notwendig ist (Asynchronmotoren) kann im

Rahmen unseres Buches nicht eingegangen werden. Es möge daher nur erwähnt werden, daß die in Abb. 143 dargestellten Motoren grundsätzlich auch als Wechselstrommotoren benutzt werden können, und zwar aus dem dort schon erwähnten Grund, daß die gleichzeitige Umkehr der Richtung des Anker- und Feldstroms keine Änderung in der Umlaufsrichtung des Motors bedingt, und daß tatsächlich besonders kleinere Motoren in großer Zahl im Gebrauch sind, die sowohl als Gleichstrommotoren, als auch als Wechselstrommotoren verwandt werden können. Die Schwierigkeiten, die sich einer allgemeinen Verwendung der nach dem Prinzip des Grammeschen Rings gebauten Motoren für Wechselstrom entgegenstellen, können hier nicht näher besprochen werden.

Es sei an dieser Stelle noch darauf hingewiesen, daß, wie aus dem bisher Gesagten hervorgeht, ein in Rotation befindlicher Motor infolge der Rotation einen Induktionsstrom erzeugt, der dem betreibenden Strom entgegengesetzt gerichtet ist, d. h. beim laufenden Motor wird der Ankerstrom um so mehr durch entgegengesetzte Induktionsströme geschwächt, je rascher der Motor umläuft. Um auch bei rascher Rotation eine bestimmte Stromstärke im Anker zu haben, muß daher der Ankerwiderstand erheblich kleiner sein, als nach dem Ohmschen Gesetz dieser Stromstärke entspricht. Bei ruhendem oder langsam laufendem (anlaufendem oder zu stark belastetem) Motor wird dann aber die Ankerstromstärke sehr groß sein. Um zu große Ankerstromstärken beim Anlaufen zu vermeiden, schaltet man daher häufig Vorschaltwiderstände vor den Anker, die mit zunehmender Rotationsgeschwindigkeit allmählich kurz geschlossen werden.

d) Induktion zweier nebeneinander liegender Leiter. Transformatoren. Selbstinduktion.

Auf der Erzeugung von Induktionsströmen, infolge Veränderung der durch eine Stromschleife oder Spule hindurchgehenden Kraftlinienzahl, beruhen außer den Dynamomaschinen noch verschiedene wichtige und häufig angewandte Apparate. Bisher wurden in der Hauptsache die Induktionsströme behandelt, die durch Bewegung eines Leiters relativ zu einem konstanten Kraftfeld entstehen, und dabei die Stärke des Induktionsstroms in einer Stromschleife proportional der Geschwindigkeit der Änderung der Kraftlinienzahl, die von der Schleife umfaßt werden, gefunden. Seite 236 wurde gezeigt, daß stromdurchflossene Leiter magnetische Felder erzeugen, und von dem möglichen Ersatz eines Magneten durch einen Elektromagneten wurde dauernd Gebrauch gemacht. Das Magnetfeld eines Elektromagneten oder eines stromdurchflossenen Leiters ist, wie schon gesagt, abhängig von der Stromstärke, die durch die Wickelung des Magneten bzw. den Leiter geht. Wechselt die Stromstärke, so ändert sich die Feldstärke und die sie darstellende Zahl der Kraftlinien in gleicher Weise. Befindet sich daher in der Nähe einer stromlosen Leiterschleife ein stromdurchflossener Leiter in der Art angeordnet, daß ein Teil seiner Kraftlinien durch die Leiterschleife hindurchgeht, so wird sich die Zahl der durch die Schleife gehenden Kraftlinien ebenso wie die Feldstärke ändern, d. h. es liegen grundsätzlich gleichartige Bedingungen vor, wie wenn die Schleife in geeigneter Weise gegen ein konstantes Magnetfeld bewegt wird. Aus der Gleichartigkeit der Bedingungen ist zu schließen, daß auch in diesem Falle in der Leiterschleife Induktionsströme entstehen. Betrachtet man zunächst den einfachen Fall zweier Stromkreise, die zu einem Teil aus dicht nebeneinander liegenden Drähten gebildet sind, während der Rest der Stromkreise beliebig, jedoch in verhältnismäßig großer Entfernung voneinander verläuft, so läßt sich die Induktionswirkung des einen Kreises auf den anderen verhältnismäßig leicht angeben. In Abb. 150 sei E eine Stromquelle, die einen nach Stärke und Richtung wechselnden Strom liefert, G ein Galvanometer, das die Induktionsströme im Kreis C D G zu beobachten gestattet. A B E sei als der primäre,

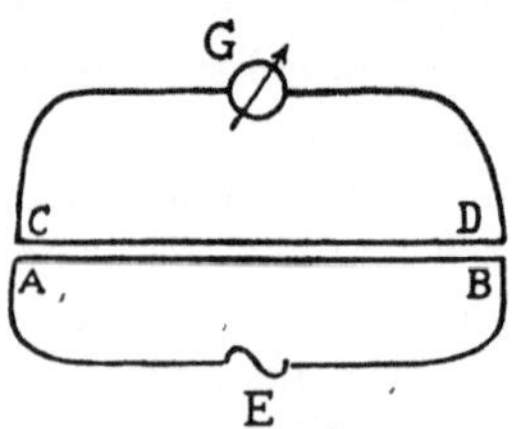

Abb. 150. Gegenseitige Induktion zweier benachbarter Drähte.

C D G als der sekundäre Stromkreis bezeichnet. Die Kraftlinien eines geraden stromdurchflossenen Leiters sind, wie S. 241 erörtert, Kreise um den Draht als Achse. Je nach der Lage von C D zu A B geht ein größerer oder kleinerer Teil der Kraftlinien von A B durch den sekundären Stromkreis. Die Zahl der Kraftlinien ist proportional der Stromstärke, die Geschwindigkeit der Änderung der Kraftlinienzahl proportional der Geschwindigkeit der Änderung der Stromstärke. Der im sekundären Stromkreis entstehende Induktionsstrom ist demnach proportional $C\dfrac{di}{dt}$. Der Koeffizient C ist abhängig von der Lage der Drähte A B und C D zueinander, und von der Länge der benachbarten Strecken der Stromkreise. Nimmt die Stromstärke in A B zu, so nimmt die Zahl der Kraftlinien zu, es entsteht daher ein Induktionsstrom, dessen Richtung zur Richtung der Kraftlinien nicht paßt, d. h. dem Strom in A B entgegengesetzt ist. Bei Abnahme der Stromstärke im primären Kreis entsteht ein Induktionsstrom, der dem primären Strom gleichgerichtet ist.

Um möglichst lange Strecken eines primären und eines sekundären Stromkreises in enge Nachbarschaft zueinander zu bringen, wickelt man zweckmäßig eine primäre und eine sekundäre Spule, deren Durchmesser so bemessen sind, daß sie gerade übereinander geschoben werden können. Dadurch besteht auch die Möglichkeit, verschieden lange Stücke des primären und sekundären Drahtes nebeneinander

zu bringen, da man die Spulen aus verschieden dickem Draht wickeln
kann. Es gelingt auf solche Art unter Umständen, viele Kilometer
eines dünnen Drahtes in gleicher Richtung neben wenige Meter eines
dicken zu legen. Die Induktionswirkung zweier Spulen aufeinander
wird dadurch erheblich verstärkt, daß man ihre innere Höhlung mit
Eisen ausfüllt, da die Stärke eines von einer Spule hervorgebrachten
Magnetfeldes, wie S. 243 erörtert, durch Einbringen eines paramagnetischen Stoffes auf das μfache gebracht wird. Zweckmäßig
wird dieser Eisenkern aus einzelnen dünnen Drähten, die in schlecht-
leitender Verbindung miteinander stehen, zusammengesetzt. Ist ein
homogener Eisenkern vorhanden, so entstehen in ihm Induktionsströme komplizierter Art, die den Wechsel des Kraftfeldes der primären Spule und damit die Induktionswirkung verändern. Um diese
Ströme zu verhindern, vermeidet man homogene Kerne.

Als Form der primären und sekundären Spule wählt man Zylinder-
oder Ringform.

Fließt in der primären Spule ein Wechselstrom, so wird in der
sekundären Spule ebenfalls ein Wechselstrom entstehen. Die Stromstärke des sekundären Stroms wird proportional der Geschwindigkeit der Änderung der primären Stromstärke sein, das Maximum
der Stromstärke im sekundären Kreis ist gegenüber dem Maximum
der Stromstärke im primären zeitlich verschoben. Die elektromotorische Kraft und Stromstärke des sekundären Stroms ist ebenfalls
von der des primären verschieden. Die aus der sekundären Spule
zu entnehmende Energie kann im günstigsten Fall der der primären
Spule zugeführten gleichkommen, wenn die Verluste in Gestalt
von Wärme (z. B. durch Hysteresis) sehr klein sind. Da die Apparate
dazu dienen, einen Strom in einen anderen mit anderen Eigenschaften
umzuformen, so nennt man sie Transformatoren oder Umformer.
Speziell als Induktionsapparate bezeichnet man Transformatoren,
die besonders zu dem Zweck gebaut sind, Stromstöße hoher Spannungen zu erzeugen. Dies wird dadurch erreicht, daß man eine
sekundäre Spule sehr großer Windungszahl über eine primäre
verhältnismäßig kleiner Windungszahl schiebt, und durch die primäre
Spule plötzlich beginnende und endende Gleichstromstöße schickt.
Beim Öffnen und Schließen des primären Stroms entsteht ein Induktionsstrom in der sekundären Spule. Die Schließung und Öffnung
des primären Stroms, zum Zweck der Erzeugung einzelner Induktions-
schläge, kann durch Betätigung eines Stromschlüssels bewirkt
werden. Rhythmische Stromstöße ruft man hervor, indem man den
primären Strom durch eine maschinelle Einrichtung (Motor) oder
den S. 254 beschriebenen Wagnerschen Hammer in dem gewünschten
Rhythmus schließt und wieder öffnet. Bei einem Wagnerschen
Hammer kann die Unterbrechungszahl durch Wahl der Ankerfeder
und durch Einstellen der Kontaktschraube variiert werden.

Bei Induktionsapparaten, welche mit verhältnismäßig großen primären Stromstärken arbeiten, werden häufig elektrolytische Unterbrecher (Wehnelt), deren Wirkung weiter unten (s. S. 289) erörtert ist, angewandt.

Bei Induktionsapparaten mit sehr großer sekundärer Windungszahl gelingt es durch Beschickung der primären Spule mit einem Strom von wenigen Volt Spannung, in der sekundären Spule eine derartige elektrische Wirkung hervorzurufen, daß die sekundären Stromstöße eine Luftschicht von vielen Zentimetern Länge als Funken durchschlagen (Funkeninduktoren).

Beobachtet man an einem Induktionsapparat die Induktionsströme, die bei der Schließung und Öffnung des primären Stroms entstehen, durch ein in den sekundären Stromkreis eingeschaltetes Galvanometer, so kann man feststellen, daß sich der Schließungs- und Öffnungsinduktionsstrom nicht nur durch die Richtung, sondern auch bezüglich ihrer Dauer und Stärke unterscheiden, und zwar ist der Öffnungsinduktionsschlag stärker und kürzer als der Schließungsinduktionsstrom. Um diese Erscheinung zu verstehen, muß man berücksichtigen, daß die primäre Spule nicht nur auf die sekundäre Spule, sondern auch auf sich selbst induzierend wirkt. Jede Windung der primären Spule erzeugt in jeder anderen einen Induktionsstrom, der nach dem oben Gesagten bei der Schließung des primären Stroms, dem primären entgegengerichtet, bei der Öffnung gleichgerichtet ist. Diese als Selbstinduktion bezeichnete Wirkung verzögert das Anwachsen des primären Stroms auf seine volle Stärke. Der Wechsel der Stromstärke erfolgt daher weniger rasch als beim Öffnen, der sekundäre Strom wird infolgedessen weniger stark; andererseits dauert er länger, da das Anwachsen des primären Stroms über eine längere Zeit ausgedehnt wird, als das Verschwinden beim Öffnen des Stroms. Beim Öffnen des Stroms entsteht ein Selbstinduktionsstrom in gleicher Richtung wie der primäre Strom, die Selbstinduktion sucht die Elektrizitätsbewegung noch fortdauern zu lassen. Da der Stromkreis unterbrochen ist, kann jedoch eine Elektrizitätsbewegung nicht mehr stattfinden, sondern es steigt nur die Potentialdifferenz an der Unterbrechungsstelle. Die Potentialdifferenz kann dabei so groß werden, daß beim Unterbrechen an der Unterbrechungsstelle Fünkchen überspringen.

Die Selbstinduktionsströme bei Induktionsapparaten bezeichnet man auch als Extraströme. Die Fünkchen sind der Ausdruck des Öffnungsextrastroms.

Selbstinduktion besitzen die meisten Leiterkreise in mehr oder minder großem Maße, da außer für den Fall eines kurzen geraden Drahtstückes stets die einzelnen Teile eines Stromkreises Kraftlinien erzeugen, die in anderen Teilen desselben Stromkreises eine

Induktionswirkung entfalten. Die Erscheinungen, die sich aus diesem Verhalten ergeben, sind besonders für Wechselströme von Bedeutung.

Angenommen, es ändere sich die Stromstärke zu einem bestimmten Zeitpunkte in einem beliebigen Stromkreis mit der Geschwindigkeit $\frac{di}{dt}$, so wird der Selbstinduktionsstrom unter allen Umständen, ebenso wie jeder andere Induktionsstrom proportional $\frac{di}{dt}$ sein. Außerdem ist die Stromstärke dem Widerstande des Stromkreises umgekehrt proportional. Fügen wir noch einen Proportionalitätsfaktor L, der von den Abmessungen und der Gestalt des Stromkreises abhängig ist, hinzu, so haben wir für die Stromstärke des Selbstinduktionsstroms den Wert $\frac{L}{w} \times \frac{di}{dt}$. Für den Strom ohne Extrastrom würde im Stromkreis zwischen der elektromotorischen Kraft e, der Stromstärke und dem Widerstand das Ohmsche Gesetz gelten. Die gesamte Stromstärke i ist gleich der algebraischen Summe dieses Stroms und des Extrastroms, d. h. zwischen ihr, e und dem Widerstand w besteht die Beziehung:

$$i = \frac{e}{w} - \frac{L}{w}\frac{di}{dt} = \frac{1}{w}\left(e - L\frac{di}{dt}\right) \quad \ldots \ldots \quad (174)$$

Das negative Vorzeichen von $\frac{L}{w} \times \frac{di}{dt}$ bedeutet, daß der Induktionsstrom der Richtung der Stromänderung entgegengerichtet ist, wie es im Lenzschen Gesetz zum Ausdruck kommt. L ist das Maß der Selbstinduktion des Stromkreises. Man wird sinngemäß die Einheit der Selbstinduktion einem Stromkreis zuschreiben, dessen Extrastrom bei der Änderungsgeschwindigkeit 1 des Stroms, die elektromotorische Kraft 1 erhält. Der Koeffizient L hat, wie leicht ersichtlich, die Dimension Widerstand mal Zeit, d. h. im elektromagnetischen System die einer Länge, im elektrostatischen die Dimension $\frac{\text{sec}^2}{\text{cm}}$. Im absoluten elektromagnetischen System wird demnach L nach Zentimeter gemessen; im praktischen Maßsystem ist die Einheit der Selbstinduktion ein „Henry", d. i. gleich Ohm mal Sekunde, oder 10^9 mal so groß wie die absolute Einheit.

Daß die Anwesenheit von Eisen in der Nähe eines Stromkreises mit Selbstinduktion die Selbstinduktion erhöht, ist nach dem früher Gesagten ohne weiteres verständlich.

Aus Gleichung (174) seien noch zwei Folgerungen gezogen, die für die Leitung von Wechselströmen in Leitern mit Selbstinduktion von großer praktischer Bedeutung sind. Um eine bessere Übersicht zu bekommen, wird w in Gleichung (174) auf die andere Seite gebracht, und so erhalten:

$$i\,w = e - L\frac{di}{dt} \quad\ldots\ldots\ldots \quad (175)$$

Aus dieser Gleichung geht zunächst hervor, daß in einem Stromkreis mit Selbstinduktion Stromstärke und Spannung nicht mehr die gleiche Phase besitzen. Nehmen wir beispielsweise einen Wechselstrom an, dessen Stromstärke sinusförmig mit der Periodendauer T wechselt, so hat offenbar $L\frac{di}{dt}$ ein Maximum, wenn i gleich Null ist, und ist andererseits gleich Null, wenn i ein Maximum hat. Das Glied $L\frac{di}{dt}$ hat gegen i eine um $\frac{1}{4}$ T verschobene Phase. e kann demnach auch nicht die gleiche Phase wie i besitzen. Sehr übersichtlich werden die Phasenverhältnisse, wenn man einen Stromkreis annimmt, dessen Widerstand so klein ist, daß das Glied i w wegfällt. Man erhält dann:

$$e = L\frac{di}{dt} \quad\ldots\ldots\ldots \quad (176)$$

d. h. die Änderungsgeschwindigkeit der Stromstärke hat die gleiche Phase wie die Potentialdifferenz. Die Änderungsgeschwindigkeit der Stromstärke eines Sinusstroms eilt der Stromstärke selbst um $^1/_4$ T in der Phase voraus, demnach bleibt in diesem Fall die Stromstärke um $^1/_4$ T hinter der Potentialdifferenz zurück.

Setzt man e in Gleichung (176) gleich $a \sin 2\pi\frac{t}{T}$, d. h. nimmt man einen sinusförmigen Wechsel der Potentialdifferenz mit der Amplitude a und der Periodendauer T an, so kann aus der sich ergebenden Gleichung:

$$L\frac{di}{dt} = a \sin 2\pi\frac{t}{T} \quad\ldots\ldots\ldots \quad (177)$$

die Stromstärke i nach den Regeln der Integralrechnung berechnet werden:

$$i = \frac{a}{L}\int \sin 2\pi\frac{t}{T}\,dt = -\frac{a\,T}{2\pi L}\cos 2\pi\frac{t}{T} \quad\ldots\ldots \quad (178)$$

Die Phasendifferenz $^1/_4$ T von i gegen e kommt in diesem Resultat darin zum Ausdruck, daß die Stromstärke nach dem negativen cosinus desselben Winkels wechselt, nach dessen sinus die Potentialdifferenz schwankt. Die Amplitude der Stromstärke ist $\frac{a\,T}{2\pi L}$, d. h. sie ist um so kleiner, je größer die Selbstinduktion L ist, und um so größer, je größer die Periodendauer ist. Es fließt demnach um so weniger Strom durch den Stromkreis, je größer die Wechselzahl des Wechselstroms ist. Man kann daher durch Einschaltung einer Selbstinduktion Wechselströme verschiedener Wechselzahl in verschiedenem Maß schwächen. Verzweigt man z. B. einen von Wechselströmen verschiedener Wechselzahl durchflossenen Stromkreis in einen Zweig mit Selbstinduktion (B in Abb. 151a) und einen ohne Selbstinduktion (A), so wird von den Wechselströmen hoher Wechselzahl der Hauptanteil durch A und fast nichts durch B fließen, während solche geringer Wechselzahl oder Gleichstrom in viel stärkerem Umfang den Weg durch B wählen.

Die Selbstinduktion wirkt in diesem Fall direkt entgegengesetzt einer Kapazität. Schaltet man z. B. in A einen Kondensator (s. Abb. 151b), so verhindert dieser einen Gleichstromfluß durch A, da der Strom aufhört, sowie der Kondensator aufgeladen ist.

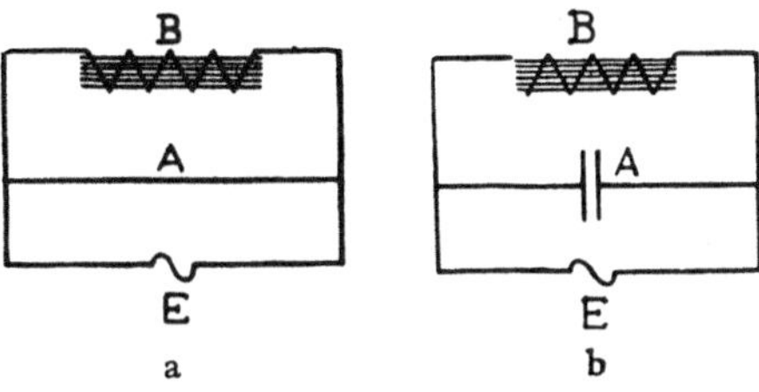

Abb. 151. Schaltungen von Kapazitäten und Selbstinduktionen.

Wechselströme passieren jedoch die Kapazität, und zwar in um so stärkerem Maß, je höher ihre Wechselzahl ist.

Man benutzt ähnliche Schaltungen von Selbstinduktionen und Kapazitäten häufig, um in gleichem Stromkreis fließenden Gleich- und Wechselströmen bzw. Wechselströmen verschiedener Frequenz verschiedene Wege anzuweisen.

e) Telephon, Mikrophon.

Ein außerordentlich weitverbreiteter Apparat, der auf der Erzeugung von Induktionsströmen durch wechselnde Magnetfelder beruht, ist das Telephon. Es besteht aus einem mit einer Drahtwickelung umgebenen Stahlmagneten von Stab- oder Hufeisenform. Vor dem Magneten befindet sich eine dünne Eisenplatte (M), die am Rande eingespannt ist (vgl. Abb. 152). Der Kraftlinienverlauf am Ende des Magneten wird von dieser Eisenplatte durch magnetische Influenz beeinflußt,

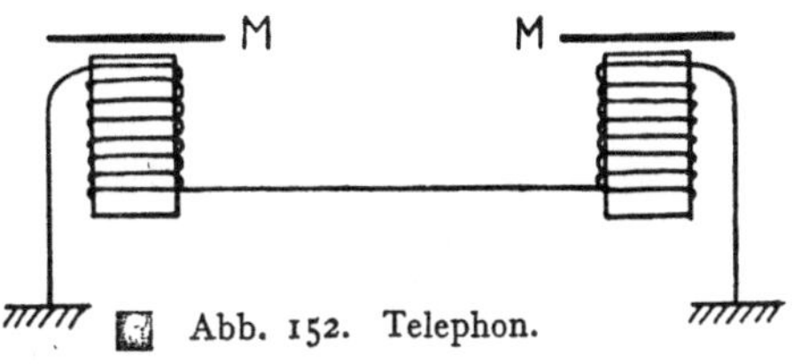

Abb. 152. Telephon.

und ist abhängig von der Entfernung der Platte von dem Magneten. Wechselt diese Entfernung, so ändert sich der Kraftlinienverlauf und damit die von der Spule umfaßte Kraftlinienzahl; in der Spule entstehen Induktionsströme. Leitet man die Induktionsströme durch Drahtleitungen, von denen eine durch die Erde ersetzt sein kann, einem gleichartigen Telephon zu, so bewirken

sie dort einen Wechsel in der Stärke des Magneten; die dort vor dem
Magneten befindliche Eisenplatte wird entsprechend der Stärke und
Richtung der Induktionsströme mehr oder weniger angezogen; da
sie beweglich ist, wird sie sich bewegen, und zwar im gleichen Rhythmus, in welchem die Bewegungen der ersten Platte erfolgen. Bewirkt
man die Bewegungen der ersten Platte durch akustische Einwirkungen,
so wird die zweite ein dem einwirkenden akustischen Phänomen
gleichartiges erzeugen. Das Telephon
kann daher in dieser einfachen Anordnung zur Übertragung von Sprache
und Schall anderer Art benutzt werden.

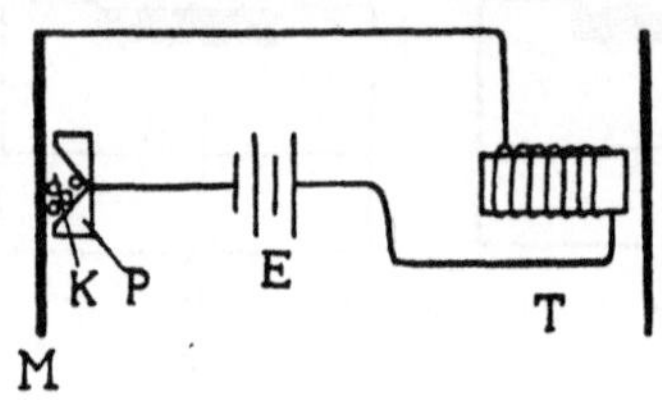
Abb. 153. Schaltung von Mikrophon
und Telephon.

Die durch das Telephon erzeugten
Induktionsströme sind im allgemeinen
so schwach, daß sie zur Überwindung
großer Drahtlängen mit merklichem
Widerstand nicht ausreichen. Als
Sender verwendet man daher heut-
zutage durchweg andere, als Mikrophone bezeichnete Anordnungen
und eine Stromquelle. Die Mikrophone beruhen auf der Tatsache,
daß der Widerstand der Berührungsstelle zweier Kohlestücke stark
abhängig ist von der Kraft, mit der die Kohlestücke aneinander-
gepreßt werden; sie bestehen meist aus einer dünnen, am Rande
eingespannten Kohleplatte (M), die durch zwischenliegende Kohlestücke in Kugel- oder Staubform (K)
in Verbindung steht mit einem Kohle-
klotz (P) (vgl. Abb. 153). Bewegt sich
unter dem Einfluß einer Schallwelle
die Platte M, so werden die Kohlestücke mehr oder weniger stark zu-
sammengepreßt. Infolgedessen ändert
sich der Widerstand der Mikrophon-
anordnung. Liegt das Mikrophon mit
einer Stromquelle E und einem Telephon T in einem geschlossenen Strom-

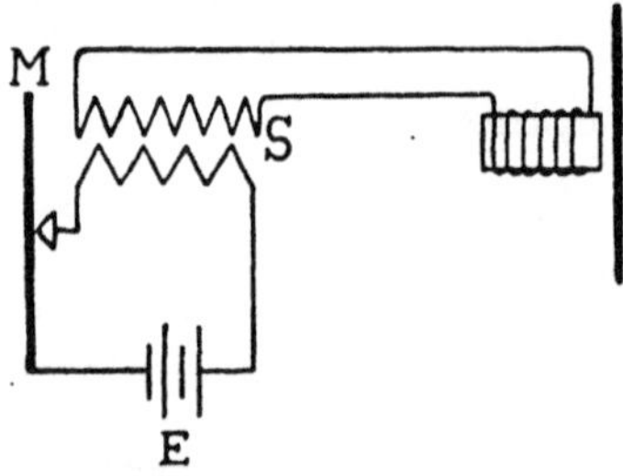
Abb. 154. Ortsbatterieschaltung.

kreis, so wechselt in diesem Stromkreis entsprechend den Wider-
standsänderungen die Stromstärke, und verändert den Magnetismus
des Telephonmagneten im Rhythmus der Bewegungen der Mikrophonplatte; die Telephonplatte erzeugt eine Schallerscheinung, die
im wesentlichen mit der auf die Mikrophonplatte einwirkenden übereinstimmt.

Zur Überwindung sehr großer Strecken werden die Mikrophon-
ströme zweckmäßig in kleinem Stromkreis durch die primäre Spule
eines Induktionsapparates (S in Abb. 154) geleitet, und die auf höhere
Spannung transformierten Ströme dem Telephon zugeleitet (vgl.
Abb. 154).

6. Kapitel: Galvanische Elemente, Polarisationsströme, Elektrolyse.

a) Potentialdifferenz bei der Berührung zweier Metalle und an der Grenze zwischen festen und flüssigen Leitern.

Bringt man zwei Stücke verschiedener Metalle miteinander in Berührung, so kann man unter bestimmten Vorsichtsmaßregeln beobachten, daß die beiden Metalle verschiedene Potentiale annehmen. Eine Versuchsanordnung, die diese Beobachtung ermöglicht, zeigt z. B. Abb. 155. An einem Elektroskop sei eine Kupferplatte Cu angebracht. Legt man auf diese Kupferplatte, durch eine dünne Schicht eines Isolators getrennt, eine Zinkplatte Zn, verbindet die beiden Platten durch einen Draht D, der aus einem der beiden Metalle besteht, und entfernt nach Aufhebung der Verbindung die Platte Zn, so zeigt das Elektroskop eine Ladung. Den Vorgang bei diesem Versuch kann man sich vorstellen, wenn man annimmt, es seien Kräfte vorhanden, die die Elektrizität von einem zum anderen Metall treiben. Die Kräfte können, da im Innern eines Leiters das Potential überall gleich ist, nur an der Berührungsstelle der beiden Metalle vorhanden sein, d. h. es muß dort eine plötzliche Änderung des Potentials,

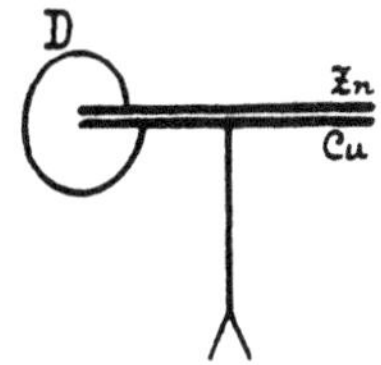

Abb. 155. Potential-differenz bei der Be-rührung zweier Metalle.

ein „Potentialsprung" bestehen. Die Potentialdifferenz, die bei der Berührung zweier bestimmter Metalle beobachtet wird, ist stets die gleiche. Ihre Größe ist außer von der Natur der Metalle nur von der Temperatur abhängig. Die Beobachtung der auftretenden Potentialdifferenz ist im allgemeinen nur deshalb so schwer möglich, weil die transportierten Elektrizitätsmengen nur gering sind, und daher nur geringe Ladungen auftreten. Bei der in Abb. 155 skizzierten Anordnung wirken die beiden Platten als Belegungen eines Kondensators. Es wird daher infolge der bei der Berührung auftretenden Potentialdifferenz eine verhältnismäßig große Elektrizitätsmenge von einer zur anderen Platte transportiert. Entfernt man nach Aufhebung der Berührung die eine Platte, so breitet sich die Ladung über die ganzen Platten aus und es tritt ein Ausschlag des Elektroskops in Erscheinung.

Die nähere Untersuchung des Potentialsprungs an der Berührungsstelle zweier Metallgegenstände hat ergeben, daß die Potentialdifferenz zwischen denselben Metallen stets die gleiche ist, gleichgültig, ob sie unmittelbar oder durch Vermittlung eines dritten Metallstückes beliebiger Art miteinander in Verbindung gebracht werden. Ebenso wird die Potentialdifferenz zwischen zwei verschiedenen Metallen, die durch eine Kette von Metallstücken beliebiger Art verbunden werden, die gleiche, wie bei unmittelbarer Berührung der gleichen Metalle. Bestehen die Enden einer solchen Kette aus demselben Metall, so besteht zwischen den Enden niemals eine Potentialdifferenz, ohne Rücksicht darauf, daß die Verbindungsglieder aus anderen Metallen bestehen.

Die Abhängigkeit der beschriebenen Erscheinung von der Temperatur zeigt, daß die Kräfte, die die Elektrizität an einer Grenzfläche von einem zum anderen Metall treiben, in Zusammenhang stehen mit den Wärmebewegungen der kleinsten Teilchen der Stoffe.

Ersetzt man in einer Aufeinanderfolge von mehreren verschiedenen, sich berührenden Metallen, deren Enden von dem gleichen Metall gebildet werden, ein Zwischenglied durch einen flüssigen Leiter, also eine flüssige Säure, Base, Salz, oder der Lösung einer dieser Stoffe, so kann man beobachten, daß eine Potentialdifferenz zwischen den Enden der Kette besteht. Besonders deutlich wird die Potentialdifferenz, wenn die beiden mit dem flüssigen Leiter in Verbindung stehenden Glieder aus verschiedenen Metallen bestehen, z. B. bei einer Anordnung, wie sie schematisch in Abb. 156 dargestellt ist, bei der als Verbindungsglied zwischen Kupfer und Zink Schwefelsäure gewählt ist. Die nähere Untersuchung zeigt, daß die Potentialdifferenz in diesem Fall ebenfalls zustande kommt durch Potentialsprünge an den Grenzflächen. Die Potentialdifferenz oder Spannung zwischen den Enden der Kette ist gegeben durch die Summe der Potentialsprünge an allen Berührungsflächen (in der Abb. 156 bei 1, 2, 3). Die einzelnen Potentialsprünge können entgegengesetzte Richtung haben. Während aber bei einer Kette zwischen gleichartigen Enden, die ausschließlich aus Metallen besteht, die Summe der Potentialsprünge gleich 0 ist, ist sie bei der Zwischenschaltung eines flüssigen Leiters fast nie gleich Null.

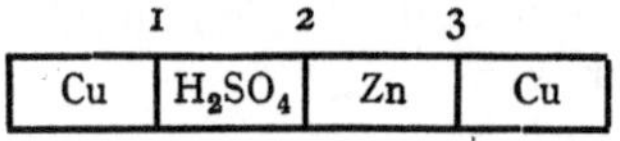

1	2	3	
Cu	H$_2$SO$_4$	Zn	Cu

Abb. 156. Kette aus festen und flüssigen Leitern.

b) Galvanische Elemente.

Einrichtungen, die aus sich berührenden festen und flüssigen Leitern bestehen und befähigt sind, eine Potentialdifferenz zwischen gleichartigen Metallstücken zu bewerkstelligen, nennt man „galvanische Elemente". Die Erfahrung hat gezeigt, daß zwei beliebige feste Leiter, in einen flüssigen Leiter eingetaucht, als galvanisches Element wirken. Selbst zwei gleichartige Metallstücke zeigen, in einen flüssigen Leiter gebracht, in der überwiegenden Mehrzahl der Fälle eine Potentialdifferenz, d. h. sie wirken als galvanisches Element. Zahlreiche galvanische Elemente der verschiedenartigsten Zusammenstellung wurden von den verschiedensten Autoren angegeben. Sie bestehen zum Teil nicht nur aus einem flüssigen und zwei festen Leitern, sondern aus zwei flüssigen und zwei festen Leitern. An der Berührungsstelle zweier flüssiger Leiter bildet sich gleichfalls eine Potentialdifferenz aus, die bei der Beurteilung der gesamten von dem Element gelieferten Potentialdifferenz berücksichtigt werden muß. Eine Berührung zwischen zwei Flüssigkeiten, die sich nicht oder nur langsam miteinander vermischen sollen, erzielt man meist dadurch, daß man die beiden Flüssigkeiten durch eine poröse Tonwand voneinander trennt. Von den bekannten Elementen seien erwähnt: Das Element von Volta besteht aus Kupfer und Zink in verdünnter Schwefelsäure, das Element von Bunsen aus Zink und Kohle in verdünnter Schwefelsäure, die mit Kaliumbichromat versetzt ist, das Element von Daniell aus Zink in Zinksulfat und Kupfer in Kupfersulfat, das Element von Leclanché aus Zink und in Braunstein eingebetteter Kohle in einer Salmiaklösung.

Die aus der Flüssigkeit hervorragenden Teile der festen Leiter in einem Element nennt man die Pole des Elementes. Zink ist in allen Fällen der negative Pol, d. h. wenn die beiden Pole durch einen Draht miteinander verbunden werden, fließt auf Grund der bestehenden Potentialdifferenz ein Strom im Draht zum Zink.

Verbindet man die Pole eines Elementes über ein Galvanometer leitend miteinander, so kann man die Stromstärke messen, die durch die Verbindung fließt. Die Elektrizität wird bei einer solchen Anordnung dauernd im Kreise vom einen Pol durch das Galvanometer zum anderen Pol und durch die Flüssigkeit zurückgetrieben. Mißt man die Potentialdifferenz der beiden Pole des Elementes während des Stromflusses und zu einer Zeit, in der die Pole nicht durch einen Draht miteinander verbunden sind, so findet man einen Unterschied zwischen den beiden Messungen, und zwar ist die Potentialdifferenz zwischen den Polen während des Stromflusses geringer als bei dem gleichen keinen Strom liefernden Element. Der Unterschied ist dadurch bedingt, daß man bei offenem Element die gesamte vom Element gelieferte Spannung mißt, während im Falle der Verbindung der Pole durch einen Draht nur derjenige Teil der Spannung gemessen wird, der dem Widerstand des Drahtes entspricht, d. h. die bei geschlossenem Element gemessene Potentialdifferenz verhält sich zu der bei offenem gemessenen, wie der Widerstand der Drahtverbindung zum Gesamtwiderstand des ganzen Stromkreises, d. h. der Summe aus dem Widerstand des Drahtes und inneren Widerstand des Elementes, da zwischen dem gesamten Widerstand des Stromkreises, der vom Element gelieferten Spannung und der Stromstärke das Ohmsche Gesetz gilt.

Die Spannung, die ein Element liefert, ist nur abhängig von der Natur der das Element zusammensetzenden Stoffe, unabhängig von der Größe und Form der Berührungsflächen zwischen festen und flüssigen Leitern, der innere Widerstand jedoch ist um so geringer, je größer die Berührungsflächen sind. Ein Element, bei welchem größere Leiterplatten in die Flüssigkeit eintauchen, wird daher bei gleichem Außenstromkreis eine größere Stromstärke liefern als ein gleichartiges Element mit kleineren Platten. Die gleiche Wirkung wie durch Vergrößerung der Platten kann erzielt werden durch Verbindung der gleichen Platten mehrerer gleichartiger Elemente untereinander und Anlegen eines Außenstromkreises zwischen den beiden Verbindungsdrähten, d. h. durch Parallelschaltung mehrerer Elemente. Schematisch ist eine solche Schaltung in Abb. 157a mit einem Galvanometer G im Außenstromkreis dargestellt. Schaltet man mehrere Elemente in der Art, wie es Abb. 157b angibt, so beobachtet man zwischen den verschiedenen Endpolen des ersten und letzten der hintereinander geschalteten Elemente eine Spannung, die um sovielmal größer ist, als die Spannung eines einzelnen Elementes, als Elemente hintereinandergeschaltet wurden. Der innere Widerstand dieser Anordnung ist im gleichen Maße gestiegen. Soll durch eine Schaltung von Elementen in einem Außenstromkreis ein möglichst starker Strom hervorgerufen werden, so ist auf diese Verhältnisse Rücksicht zu nehmen. In einem Stromkreis, der einen im Verhältnis zum inneren Widerstand der Elemente kleinen Widerstand besitzt, wird die Stromstärke am meisten vergrößert durch Parallelschaltung von Elementen. Ist der Widerstand im Außenstromkreis groß gegenüber dem Widerstand eines Elementes, so erzielt man die günstigste Wirkung durch Hintereinanderschaltung der Elemente.

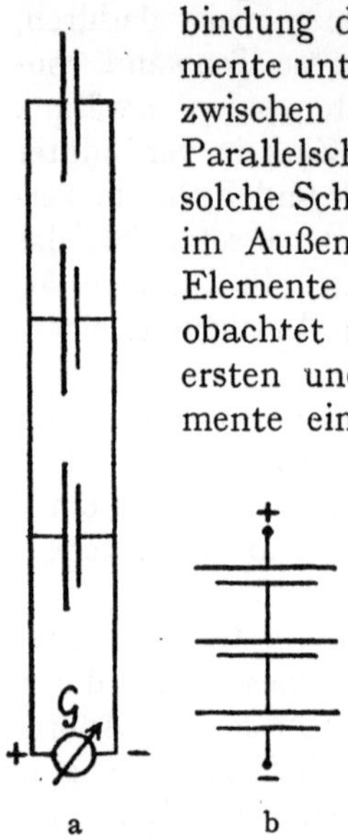

Abb. 157. Schaltung von Elementen.

c) Polarisation von Elementen.

Schließt man ein Voltasches Element über ein Galvanometer und beobachtet die Stromstärke, so findet man, daß sie im Augenblick des Stromschlusses einen bestimmten, durch Spannung des Elementes und Widerstand des Gesamtstromkreises bestimmten Wert annimmt, nach einiger Zeit jedoch abzusinken beginnt und schließlich erheblich geringer wird als zu Beginn. Die Abschwächung des Stromes hat ihren Grund in chemischen Vorgängen im Innern des Elementes, die durch den elektrischen Strom veranlaßt werden. Man beobachtet, daß sich die Kupferplatte des Elementes mit Gasbläschen bedeckt, während das Zink zum Teil aufgelöst wird. Die Gasbläschen erweisen sich bei näherer Untersuchung als Wasserstoff, von dem gelösten Zink kann man feststellen, daß es in Form von Zinksulfat in Lösung gegangen ist. Gleichzeitig kann man beobachten daß eine der Bildung von Zinksulfat äquivalente Menge freier Schwefelsäure verschwunden ist. Die Abschwächung des Stroms im Verlauf eines längeren Stromflusses bezeichnet man als „Polarisation" des Elementes und schreibt sie der Abscheidung des Wasserstoffs an der Kupferelektrode zu da eine Beseitigung der dort abgeschiedenen Gasbläschen sofort die ursprüngliche Stromstärke wieder auftreten läßt.

Über die Erscheinung der Polarisation eines Elementes durch Abscheidung von bestimmten Produkten an den in der Flüssigkeit stehenden festen Leitern geben die Beobachtungen näheren Aufschluß, die bei der Zufuhr eines Stroms zu einem flüssigen Leiter durch zwei gleichartige feste Leiter gemacht werden. Die in die Flüssigkeit eingetauchten festen Leiter heißen „Elektroden", und zwar die Elektrode, an der der Strom in die Flüssigkeit eintritt, „Anode", die, an der der Strom aus der Flüssigkeit austritt „Kathode". Schickt man in einer Anordnung, die z. B. aus zwei in Schwefelsäure eingetauchten Platinblechen bestehen möge, einen von einer beliebigen Stromquelle gelieferten Strom durch die Schwefelsäure, so scheiden sich an beiden Elektroden Gasblasen ab. Dabei nimmt die ursprünglich durch die Flüssigkeit fließende Stromstärke ab. Unterbricht man nach einiger Zeit den Strom, und verbindet nunmehr die Elektroden mit einem Galvanometer, so findet man, daß ein Strom auftritt, der in umgekehrter Richtung durch die Flüssigkeit fließt, wie der vorher hindurchgeschickte Strom, d. h. es tritt ein Strom an der früheren Anode aus der Flüssigkeit aus, an der früheren Kathode ein. Während des Fließens dieses sog. „Polarisationsstroms" verschwinden die Gasblasen an den Elektroden und der Polarisationsstrom erlischt, wenn die Gasblasen vollständig verschwunden sind. Es ist naheliegend, gleichartige Vorgänge für die Abnahme des durch einen flüssigen Leiter geschickten Stroms, die Abnahme des Stroms eines galvanischen Elementes und den Polarisationsstrom verantwortlich zu machen. In allen Fällen erzeugt der durch die Flüssigkeit fließende Strom anscheinend eine Potentialdifferenz, die dem fließenden Strom entgegenwirkt. Im flüssigen Leiter gehen bei der Entwicklung dieser Potentialdifferenz Zersetzungserscheinungen vor sich, und die Abscheidung der Zersetzungsprodukte ist die Ursache der auftretenden Polarisation. Man bezeichnet die unter dem Einfluß eines elektrischen Stroms in einem flüssigen Leiter zur Beobachtung kommenden Zersetzungserscheinungen als „Elektrolyse", die flüssigen Leiter als Elektrolyte oder Leiter zweiter Klasse.

Bei den galvanischen Elementen ist die Polarisation eine die Wirkung des Elementes störende Erscheinung. Man sucht sie deshalb durch geeignete Wahl der Bestandteile der Elemente zu vermeiden. Die schon früher erwähnten Elemente von Bunsen, Daniell, Leclanché u. a. zeigen keine Polarisationserscheinungen; sie werden daher als unpolarisierbare oder konstante Elemente bezeichnet. Die Spannung, die bestimmte konstante Elemente liefern, ist in so hohem Maße konstant, daß man ihre Spannung als Maßstab der Potentialdifferenz verwendet. Solche „Normalelemente" sind das von Clark, welches aus Zinkamalgam und Quecksilber in Zinksulfat besteht, und das Westonsche, welches in gleicher Weise aus Kadmiumamalgam, Kadmiumsulfat und Quecksilber zusammengesetzt ist. Die Oberfläche des Quecksilbers ist bei diesen Elementen von einer festen Schicht von Merkurosulfat überzogen. Die Spannung eines Westonschen Elementes ist genau ein Volt.

d) Elektrolyse, Ladung der Ionen, Akkumulatoren.

Die grundsätzlichen Feststellungen über die Elektrolyse können an einer Anordnung gemacht werden, die ähnlich der oben beschriebenen aus zwei gleichartigen Elektroden in einem Elektrolyten besteht. Man muß nur darauf achten, daß die eintauchenden Elektroden nicht mit dem Elektrolyten chemisch reagieren, da sonst die Verhältnisse komplizierter werden. Diese Vorbedingung ist für die weitaus größte Mehrzahl der Elektrolyte durch die Verwendung von Platin als Elektrodenmaterial gegeben. Schickt man bei einer solchen Anordnung einen Strom, dessen Stärke gemessen werden kann, durch den Elektrolyten, so wird der Elektrolyt in zwei Bestandteile zerlegt, von denen der eine an der Anode, der andere an der Kathode auftritt. Die an den Elektroden auftretenden Spaltungsprodukte sind jedoch nicht immer die tatsächlichen Spaltungsprodukte, sondern in vielen Fällen reagiert das eigentliche Spaltungsprodukt mit dem Wasser der Lösung und es erscheint ein anderer, nicht unmittelbar durch Spaltung des Elektrolyten entstandener Stoff. Benutzt man z. B. verdünnte Schwefelsäure zur Elektrolyse, so erscheint an der Kathode Wasserstoff, an der Anode Sauerstoff; es scheint also, als ob nicht die Schwefelsäure, sondern das Wasser durch den elektrischen Strom zersetzt würde. Tatsächlich wird jedoch sicher die Schwefelsäure zersetzt, da absolut reines Wasser den elektrischen Strom so gut wie nicht leitet, und zwar zersetzt sich die Schwefelsäure in Wasserstoff und das Radikal SO_4. Das an der Anode auftretende SO_4 bildet jedoch mit dem vorhandenen Wasser sofort wieder Schwefelsäure, und der aus dem Wasser freiwerdende Sauerstoff scheidet sich an der Anode als Gas ab.

Bestimmt man die in einer bestimmten Zeit abgeschiedenen Mengen bei verschiedenen Stromstärken und das Verhältnis der an beiden Elektroden erscheinenden Mengen der abgeschiedenen Produkte, so findet man:

1. In der gleichen Zeit abgeschiedene Mengen sind der Stromstärke proportional.

2. An den beiden Elektroden werden stets in gleicher Zeit chemisch äquivalente Mengen abgeschieden.

3. Bei der Elektrolyse verschiedener Elektrolyte, bei der eins der beiden Abscheidungsprodukte das gleiche ist, scheidet sich bei der gleichen Stromstärke in der gleichen Zeit immer die gleiche Menge dieses Produktes ab. Wasserstoff und Metalle erscheinen stets an der Kathode.

Nach der ersten Feststellung kann man die in der Zeiteinheit abgeschiedene Menge eines Stoffes als Maß der Stromstärke verwenden, z. B. kann die Elektrolyse von verdünnter Schwefelsäure, bei der Sauerstoff und Wasserstoff als Zersetzungsprodukte auftreten, da beide Produkte gasförmig sind und ihre Menge durch Auffangen der Gase in einer geeichten Röhre und Ablesen des Volumens leicht bestimmt werden kann, als Instrument zur Messung der Stromstärke verwandt werden. Man bezeichnet eine Einrichtung, die dazu dient, durch Ablesen der pro Zeiteinheit durch Elektrolyse entwickelten Gasmenge die Stromstärke zu bestimmen, als Voltameter (nicht zu verwechseln mit Voltmeter, eine Bezeichnung, die für jedes spannungmessende Instrument auf elektromagnetischer Grundlage angewandt wird).

Der zweite Satz besagt, daß die Mengen der abgeschiedenen Produkte in demselben Verhältnis zueinander stehen wie die Mengen derselben Produkte, die sich in einer chemischen Verbindung vereinigen können. Erscheint z. B. Wasserstoff und Sauerstoff, so verhält sich die abgeschiedene Wasserstoffmenge zu der in gleicher Zeit ausgeschiedenen Sauerstoffmenge wie 2,016:16. Im gleichen Mengenverhältnis stehen Wasserstoff und Sauerstoff in ihrer Verbindung Wasser zueinander. Offenbar werden in gleicher Zeit an der Kathode stets 2 Atome Wasserstoff (H_2), an der Anode 1 Atom Sauerstoff (O) ausgeschieden.

Grundsätzlich gleichartiges läßt sich bei jeder Elektrolyse feststellen. Die durch einen bestimmten Strom in einer bestimmten Zeit elektrolytisch abgeschiedene Menge ist nach dieser und der in Satz 3 ausgesprochenen Erfahrung eine Materialkonstante des betreffenden Produktes, nahe verwandt mit der in der Chemie als Verbindungsgewicht bezeichneten Konstanten. Die durch einen Strom von einem Ampère in einer Sekunde zersetzte oder abgeschiedene Menge eines Stoffes oder Radikals heißt das „elektrochemische Äquivalent" des Stoffes; für Wasserstoff beträgt es 0,00001044 g, für Silber 0,001118 g.

Um die Erscheinungen der Elektrolyse zu erklären, hat man angenommen, daß die Moleküle eines Elektrolyten aus zwei Teilen bestehen, die eine verschiedene elektrische Ladung besitzen. Verschiedene Beobachtungen drängen zu der Annahme, daß die beiden Teile der Moleküle in einer Elektrolytlösung bzw. einem flüssigen Elektrolyten stets zum Teil, bei stark verdünnten Lösungen fast vollständig, voneinander getrennt sind, und sich die Lösung eines Elektrolyten daher in vieler Hinsicht so verhält, als ob in ihr eine weit größere Anzahl selbständiger Moleküle vorhanden sei, als sich aus der molekularen Konzentration ergibt. Aus der Annahme der in der Lösung eintretenden Spaltung der Elektrolyten in zwei verhältnismäßig selbständige Teile findet z. B. auch das früher erwähnte (S. 68) abweichende Verhalten des osmotischen Druckes der Lösungen dieser Stoffe eine Erklärung. Die elektrisch geladenen Teile, in die der Elektrolyt zerfällt, nennt man Ionen, die Erscheinung des Zerfalls selbst bezeichnet man als „elektrolytische Dissoziation". Das Verhältnis der Zahl der dissoziierten Moleküle zur Gesamtzahl der vorhandenen heißt „Dissoziationsgrad". In stark verdünnten Lösungen sind die meisten Elektrolyte vollkommen dissoziiert.

Die Elektrolyse besteht nach diesen Annahmen darin, daß die dissoziierten Ionen auf Grund ihrer Ladung von den entgegengesetzt geladenen Elektroden angezogen werden und zu ihnen hinwandern; die positiv geladenen Ionen wandern zur Kathode, die negativ geladenen zur Anode. Man nennt die positiven Ionen daher auch Kationen, die negativen Anionen. Der Stromdurchgang durch einen Elektrolyten kommt dadurch zustande, daß die Ionen an den Elektroden ihre Ladung abgeben, und so ein dauernder Transport von negativer Ladung zur Anode, von positiver zur Kathode unterhalten wird. Von dem Stromdurchgang durch einen metallischen Leiter (Leiter I. Klasse) unterscheidet sich dieser Stromfluß dadurch, daß der Elektrizitätstransport stets mit der Bewegung von Stoff verbunden ist. Der Stromdurchgang durch einen Elektrolyten ist daher als Konvektionsstrom aufzufassen.

Über die Ladung der Ionen kann nach dem bisher Besprochenen verschiedenes ausgesagt werden:

Die Ladung der beiden Ionen, in die der Elektrolyt zerfällt, muß gleich und entgegengesetzt sein, da der undissoziierte Elektrolyt elektrisch neutral ist. Die Ladung eines chemisch mehrwertigen Atoms muß um so vielmal größer sein als die eines einwertigen, als die Wertigkeit angibt; so hat z. B. das Ion O die doppelte Ladung des Ions H, da stets zwei H-Ionen gleichzeitig mit einem O-Ion abgeschieden werden. Die Ladung desselben Ions ist in allen Fällen, gleichgültig aus welchem Elektrolyten es entsteht, dieselbe, da von dem gleichen Stoff stets in gleicher Zeit von der gleichen Stromstärke die gleiche Menge abgeschieden wird. Die Ladung aller einwertigen Ionen ist dieselbe, da unter allen Umständen durch gleiche Stromstärken in gleicher Zeit chemisch äquivalente Mengen ausgeschieden werden. Die Ladung eines Radikals läßt sich aus seiner Wertigkeit angeben; das Radikal SO_4 hat z. B. die doppelte Ladung wie ein H-Ion, da es zwei H-Ionen äquivalent ist. Die Ladung eines einwertigen Ions ist danach eine universelle Konstante. Man kann aus den mitgeteilten elektrochemischen Äquivalenten angeben, welche Elektrizitätsmenge mit einem Gramm-Atom eines einwertigen Ions transportiert wird. Die Ladung eines beliebigen Ions ist dann durch diese Angabe und die Wertigkeit bestimmt.

Durch einen Strom von 1 Ampère wird in einer Sekunde 0,00001044 g Wasserstoff ausgeschieden. Beim Ausscheiden von 0,00001044 g Wasserstoff wird demnach ein Coulomb Elektrizität transportiert. Der Abscheidung eines Gramm-Atoms Wasserstoff (1,008 g) entspricht eine den Elektrolyten durchfließende Elektrizitätsmenge e:

$$e = \frac{1,008}{0,00001044} = 96500 \text{ Coulomb} \quad . \quad . \quad . \quad . \quad (179)$$

Die Ladung eines Gramm-Atoms ionisierten Wasserstoffs beträgt tatsächlich 96500 Coulomb [1]. Die Ladung der Ionen ist danach eine enorm große. Die Elektrizitätsmenge 96500 Coulomb würde z. B. eine Kugel vom Durchmesser der Erde auf ein Potential von etwa 140 Millionen Volt aufladen.

Das elektrochemische Äquivalent eines beliebigen Ions kann nunmehr aus der Konstanten 96500 Coulomb, dem Atom- bzw. Molekulargewicht und der chemischen Wertigkeit errechnet werden. Wie ohne weiteres verständlich wird von jedem einwertigen Ion $\frac{1}{96\,500} = 0,00001036 \times$ seinem Atom- bzw. Molekular-Gewicht durch einen Strom von einem Ampère in einer Sekunde ausgeschieden; von einem mehrwertigen Ion derselbe Betrag dividiert durch die Wertigkeit, d. h. das elektrochemische Äquivalent jeden Stoffs oder Radikals ist:

$$E = \frac{0,00001036 \times m}{W} \quad . \quad . \quad . \quad . \quad . \quad . \quad (180)$$

worin m das Atom- bzw. Molekulargewicht, W die chemische Wertigkeit bedeutet. Das elektrochemische Äquivalent eines zusammengesetzten Stoffes ist gleich der Summe der elektrochemischen Äquivalente seiner Ionen, für Wasser also z. B. gleich 0,00001044 + 0,0000829 = 0,0000933.

---

[1] Der Trugschluß, daß die Ladung eines Gramm-Ions nur die Hälfte der 96 500 Coulomb betrage, da von der gesamten transportierten Elektrizitätsmenge je die Hälfte vom Anion und Kation transportiert wird, wird leicht durchschaut, wenn man überlegt, daß die ankommenden Anionen, die eine negative Ladung infolge Mangels an Elektrizität besitzen, die gesamte zu transportierende Elektrizitätsmenge an der Anode aufnehmen, die Kationen die gleiche Elektrizitätsmenge an der Kathode abgeben müssen.

Nach den besprochenen Annahmen ist nunmehr die Lieferung eines dauernden Stromes durch ein galvanisches Element erklärlich; sie beruht darauf, daß die Ionen durch andere als elektrische Kräfte, die als „chemische“ bezeichnet seien, zu den Elektroden gezogen werden, dabei ihre Ladung mitnehmen und an den Elektroden abgeben. Steht z. B. Kupfer und Zink in Schwefelsäure, so zieht das Zink das Ion SO_4 mit erheblicher Kraft an, um sich mit ihm zu $Zn\,SO_4$ zu verbinden; die SO_4-Ionen geben ihre Ladung an das Zink ab, das dadurch eine negative Ladung erhält. Auf Grund dieser Ladung werden nunmehr die SO_4-Ionen elektrostatisch abgestoßen. Die Reaktion der Auflösung des Zinkes in Form von Zinksulfat wird zum Stillstand kommen, wenn die abstoßenden Kräfte gleich den chemischen Anziehungskräften sind, was bei offenem Element, infolge der hohen Ladung der Ionen, alsbald der Fall sein wird. Verbindet man jedoch das Zink durch einen Leiterkreis mit der anderen Elektrode, so kann sich die Ladung des Zinkes ausgleichen und die chemische Anziehungskraft wieder wirksam werden, d. h. sowie man das Element schließt, wird die Reaktion wieder beginnen und so lange weitergehen, als noch Zink und Schwefelsäure vorhanden ist. Die durch die chemischen Anziehungskräfte in der Flüssigkeit transportierten Elektrizitätsmengen fließen durch den Draht immer wieder vom Kupfer zum Zink und gleichen die Ladungen der Elektroden untereinander aus. Das Gesetz der Erhaltung der Energie wird dabei gewahrt, indem das Element an chemischer Energie einen Betrag gleich der vom Strom geleisteten Arbeit verliert. Bei geeigneter Wahl der Elektroden und des Elektrolyten kann man den Vorgang umkehren, d. h. man kann durch die Leistung eines, von einer fremden Stromquelle gelieferten Stroms die chemische Energie einer Einrichtung vergrößern. Solche Anordnungen heißen Akkumulatoren. Der am meisten in Gebrauch befindliche Akkumulator besteht aus zwei Bleiplatten in verdünnter Schwefelsäure, welche außerdem Bleisulfat enthält. Schickt man durch diese Anordnung einen elektrischen Strom, so wird die Schwefelsäure in H_2 und SO_4 zerlegt. H_2 erscheint an der Kathode und reagiert mit dem vorhandenen Bleisulfat zu Schwefelsäure und Blei, das SO_4-Ion tritt an der Anode in Erscheinung und reagiert mit dem vorhandenen Wasser zu Schwefelsäure und Sauerstoff, der sich seinerseits mit dem Blei zu Bleisuperoxyd (PbO_2) verbindet. Als Resultat findet man nach längerem Stromdurchgang die Anode mit einer Schicht von braunem PbO_2 bedeckt, während die Kathode aus reinem Blei besteht. Unterbricht man nunmehr den Strom und verbindet die Elektroden durch einen Leiterkreis miteinander, so beobachtet man den schon früher erwähnten Polarisationsstrom, der die Flüssigkeit in der umgekehrten Richtung durchfließt, wie der ursprüngliche Strom. H_2 wandert nunmehr zum Bleisuperoxyd, SO_4 zum Blei. Die Reaktionen verlaufen in umgekehrter Richtung wie vorher. Der Polarisationsstrom dauert so lange, bis sämtliches Bleisuperoxyd reduziert ist. Den Vorgang, der sich bei der Bildung des Bleisuperoxyds abspielt, nennt man das Laden des Akkumulators; die durch den Strom gelieferte elektrische Arbeit dient zur Vergrößerung der chemischen Energie der Anordnung; es wird durch die Stromleistung ein galvanisches Element hergestellt, welches nun seinerseits so lange elektrischen Strom liefern kann, bis die aufgespeicherte chemische Energie wieder in Form elektrischer Arbeit verbraucht ist.

e) Wanderungsgeschwindigkeit der Ionen, Leitfähigkeit von Elektrolyten, Konzentrationsketten.

Aus der Annahme der elektrolytischen Dissoziation und des Stromtransports durch Ionenwanderung hat man verschiedene. Schlüsse über die Art und Geschwindigkeit der Ionenwanderung gezogen, die infolge der guten Übereinstimmung mit den experimentellen Ergebnissen zu einem wesentlichen, gut gestützten Ausbau der Ionentheorie geführt haben.

Stellt man sich einen flüssigen Elektrolyten ausschließlich aus dissoziierten Molekülen zusammengesetzt vor, so muß man, um die Tatsache des Fehlens von Potentialdifferenzen im Innern der Flüssigkeit zu erklären, annehmen, daß die verschiedenen Ionen überall gleichmäßig verteilt in gleicher Anzahl vorhanden sind. Den einzelnen Ionen muß, um die Erscheinungen der Diffusion und der Osmose zu erklären, eine lebhafte, oszillierende Bewegung zugeschrieben werden. Bei diesen Bewegungen ist jedoch, infolge der häufigen Zusammenstöße mit anderen Molekülen keine bestimmte Richtung bevorzugt, d. h. die Bewegung führen im allgemeinen nicht zu einer Trennung der einzelnen Ionen. Wird dem Elektrolyten durch zwei Elektroden ein Strom zugeführt, so addiert sich zu der ungeordneten eine gerichtete Bewegung, da die positiven Ionen von der Kathode, die negativen von der Anode angezogen werden, und die Anziehungskräfte die Ionen in den entsprechenden Richtungen treiben. Die oszillierenden Bewegungen werden deshalb nicht aufhören, die Ionen demnach auch weiterhin fortgesetzt mit anderen Ionen oder Molekülen zusammenstoßen; sie werden daher auf ihrer Bewegung in der Richtung zu den Elektroden beträchtlichen Widerstand erfahren, und ihre mittlere Geschwindigkeit in dieser Richtung wird nach kurzer Zeit der Beschleunigung in eine konstante übergehen. Da wir den verschiedenen Ionen verschiedene Eigenschaften bezüglich ihrer Größe und Masse zuschreiben müssen, werden die mittleren Geschwindigkeiten, mit der die verschiedenen Ionen wandern, nicht gleich sein, auch dann nicht, wenn die auf zwei verschiedene Ionen einwirkenden Kräfte die gleichen sind, wie es z. B. für Anion und Kation bei einer bestimmten Elektrolyse der Fall ist. Ebensowenig kann man annehmen, daß verschiedene Anionen bzw. Kationen unter sonst gleichen Verhältnissen die gleiche mittlere Geschwindigkeit erreichen.

Es sei angenommen, daß sich in einem bestimmten Elektrolyten in einer bestimmten Anordnung beim Anlegen einer bestimmten Spannung an die Elektroden, das Anion mit der mittleren Geschwindigkeit v, das Kation mit der Geschwindigkeit u bewege. Um rechnerisch zunächst möglichst einfache Verhältnisse zu haben, denke man sich den Elektrolyten zwischen zwei Elektroden, die einander parallel und zur Stromrichtung senkrecht in einem Abstand von 1 cm voneinander stehen, so daß der für die Betrachtung in Frage kommende Elektrolyt einen Raum von Würfelform und 1 cm³ Inhalt einnimmt. In dem betrachteten Kubikzentimeter Flüssigkeit seien n-Mole eines Elektrolyten vorhanden, d. h. die molare Konzentration des Elektrolyten sei gleich n. Die Anzahl der tatsächlich vorhandenen Moleküle ist dann $nL = N$, worin L die Loschmidtsche Zahl bedeutet. An die Elektroden werde eine derartige Spannung angelegt, daß ein Strom von i Ampère durch den Elektrolyten fließt. Gleichzeitig mit dem Stromdurchgang wird dann an jeder Elektrode 0,00001036 g‑Ion ausgeschieden. Die Ionen wandern während des Stromflusses mit den Geschwindigkeiten u bzw. v in entgegengesetzter Richtung durch die Flüssigkeit. Denkt man sich eine beliebige Ebene, die zwischen den Elektroden den Elektrolyten in zwei Teile teilt, so wird durch diese Ebene ein Strom von i Ampère fließen; der Stromfluß wird zum Teil durch Wanderung von positiven, zum Teil durch Wanderung von negativen Ionen bewirkt. Es passieren in der Sekunde Nv Anionen die Ebene in der einen Richtung, Nu Kationen in der entgegengesetzten Richtung. Jedes Ion transportiert die Elektrizitätsmenge $\dfrac{96\,500}{L}$ Coulomb. Die gesamte in der Zeiteinheit die Ebene passierende Elektrizitätsmenge E ist gleich der Summe der von den Anionen und den Kationen transportierten Elektrizitätsmengen, d. h.

$$E = \frac{N u \times 96\,500}{L} + \frac{N v \times 96\,500}{L} \quad \text{oder da } N = nL \qquad (181)$$

$$E = 96\,500\,n\,(u + v)$$

Die bei einer Stromstärke von i Ampère in 1 Sekunde transportierte Elektrizitätsmenge ist i Coulomb, daher:

$$i = 96\,500\,n\,(u + v) \quad . \quad . \quad . \quad . \quad . \quad . \quad (182)$$

Nach Gleichung (182) kann man die Summe der Ionengeschwindigkeiten aus der molaren Konzentration eines Elektrolyten durch Bestimmung der durch eine Anordnung von bestimmten Abmessungen fließenden Stromstärke ermitteln.

Die Aussage, daß die Größe der Geschwindigkeiten proportional der auf die Ionen wirkenden Kraft ist, sagt nichts weiter aus, als daß die Stromstärke proportional der Spannung ist, d. h. daß für den Elektrolyten das Ohmsche Gesetz gilt. Die Beobachtung der angelegten Spannung und der fließenden Stromstärke bestätigt diese Behauptung. Der Widerstand w der beschriebenen Anordnung ist aus der angelegten Spannung und der beobachteten Stromstärke zu errechnen: $w = \dfrac{e}{i}$. Benutzt man eine Anordnung von den angegebenen Dimensionen, so entspricht der aus dem beobachteten e und i ermittelte Widerstand der S. 224 gegebenen Definition des spezifischen Widerstandes, d. h. man mißt in dieser Anordnung unmittelbar den spezifischen Widerstand des betreffenden Elektrolyten. Bestimmt man in gleicher Art den Widerstand eines Elektrolyten zwischen zwei einander parallel und senkrecht zur Stromrichtung im Abstande 1 voneinander stehenden gleichgroßen Elektroden von der Flächengröße Q, so ergibt sich aus dem gemessenen Widerstand der spezifische Widerstand durch Multiplikation mit dem Quotienten $\dfrac{Q}{1}$. Der reziproke Wert des spezifischen Widerstandes heißt die Leitfähigkeit $\varkappa$. $\dfrac{1}{Q}$, d. h. der Faktor, mit dem man den spezifischen Widerstand des Elektrolyten multiplizieren muß, um den Widerstand eines zylindrischen Raumes vom Querschnitt Q und der Länge 1 zu finden, heißt die „Widerstandskapazität" dieses Raumes. Setzt man in Gleichung(182) statt $i \dfrac{e}{w}$ ein, und rechnet nach $u + v$ aus, so ergibt sich:

$$u + v = \frac{e}{96\,500\,w\,n} = \frac{\varkappa\,e}{96\,500\,n} \quad \cdots \quad (183)$$

w bedeutet darin den spezifischen Widerstand, $\varkappa$ die Leitfähigkeit des Elektrolyten.

Durch Bestimmung der Leitfähigkeit eines Elektrolyten beliebiger Konzentration kommt man demnach zur Kenntnis von $u + v$ für eine bestimmte Spannung e. Die Leitfähigkeit kann durch Bestimmung des Widerstandes einer Anordnung beliebiger Dimensionen mit bekannter Widerstandskapazität bestimmt werden. Da $u + v$ proportional der Spannung wächst, können die Ionengeschwindigkeiten, wenn sie bei einer beliebigen Spannung bekannt sind, für jede Spannung angegeben werden. Meist gibt man $u + v$ für einen Potentialabfall von 1 Volt pro Zentimeter Länge an, d. h. diejenigen Zahlen, die an der ursprünglich beschriebenen Anordnung (Q = 1, 1 = 1) unmittelbar gefunden werden beim Anlegen einer Spannung von 1 Volt an die Elektroden.

Zur Kenntnis von u sowohl als v kann man gelangen auf Grund der Beobachtung, daß außer der Ausscheidung der Spaltprodukte an den Elektroden, im Verlauf eines längeren Stromflusses in einem

Elektrolyten örtliche Konzentrationsverschiedenheiten auftreten. Um diese Konzentrationsänderungen begreiflich zu machen, sei der Vorgang der Ionenwanderung etwas näher betrachtet. Abb. 158a stelle schematisch den Zustand vor, in dem sich die Moleküle eines von keinem Strom durchflossenen Elektrolyten befinden; die Moleküle sind vollkommen dissoziiert, die verschiedenen Ionen (schwarz und weiß gezeichnet) gleichmäßig über die ganze Flüssigkeit verteilt. Bei Stromschluß beginnen die Ionen in einander entgegengesetzter Richtung zu wandern, und zwar mit den Geschwindigkeiten u und v. In unserer Abbildung ist u größer als v angenommen. Nach t Sekunden sind, wenn in einem Kubikzentimeter N-Moleküle vorhanden sind, durch eine beliebige zwischen den Elektroden gedachte Ebene

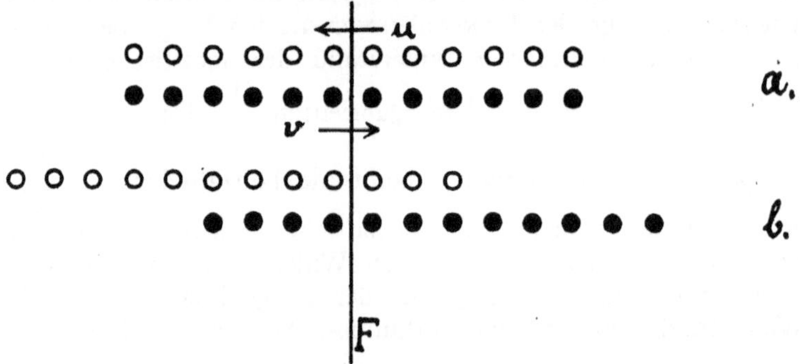

Abb. 158. Wanderung der Ionen.

(in der Abb. F) pro Quadratzentimeter dieser Ebene Nut Ionen nach links Nvt nach rechts gewandert. Ausgeschieden werden an jeder Elektrode pro Quadratzentimeter Oberfläche N t (u + v) Ionen oder n L t (u + v) Grammäquivalente des Stoffes (L = Loschmidtsche Zahl). Außer dieser Ausscheidung ist jedoch noch eine Verschiebung des übrig gebliebenen, nicht in Form von Zersetzungsprodukten abgeschiedenen Elektrolyten relativ zu der gedachten Ebene vor sich gegangen. Vor Beginn des Stromflusses (vgl. Abb. 158a) war in jedem Kubikzentimeter der Flüssigkeit die Anzahl der vorhandenen Elektrolytmoleküle die gleiche, d. h. die Konzentration war überall dieselbe; nachdem der Strom t Sekunden lang geflossen ist (vgl. Abb. 158b); ist die Anzahl der Elektrolytmoleküle, d. h. die Konzentration rechts von der gedachten Ebene geringer als links, da N u t Ionen pro Quadratzentimeter nach links die Ebene passiert haben, während nur N v t Ionen nach rechts hinübergewandert sind. Rechts befinden sich noch N—Nut, links N—Nvt Moleküle. Wenn die molare Konzentration ursprünglich überall $n = \dfrac{N}{L}$ war, so ist sie nach der Zeit t rechts der Ebene n (1 — u t), links n (1 — v t).

Die Konzentration zu beiden Seiten einer gedachten Ebene nach einer bestimmten Zeit kann experimentell bestimmt werden, indem man nach einem Stromfluß von der betreffenden Dauer durch eine eingeschobene Scheidewand an der Stelle der gedachten Ebene den Elektrolyten teilt, und die Konzentration jeden Teiles für sich bestimmt. Die Konzentrationen, die gefunden werden, verhalten sich zueinander wie $\dfrac{1-ut}{1-vt}$.

Aus einer solchen **Bestimmung** können die Geschwindigkeiten jeden einzelnen Ions errechnet werden. Es ist nicht schwierig, die Versuchsbedingungen so zu wählen, daß die Geschwindigkeiten bei einem Spannungsabfall von 1 Volt pro Zentimeter unmittelbar bestimmt, bzw. aus den gefundenen Werten, durch Berücksichtigung der Dimensionen der Anordnung und der angelegten Spannung, berechnet werden können.

Bestimmungen der Geschwindigkeiten von verschiedenen Ionen haben ergeben, daß das gleiche Ion im gleichen Lösungsmittel, bei gleichem Spannungsabfall stets mit der gleichen Geschwindigkeit wandert, wenn man dafür Sorge trägt, daß die Temperatur ebenfalls die gleiche ist. Unter sonst gleichen Bedingungen wächst die Geschwindigkeit mit steigender Temperatur. Für einige Ionen seien die Geschwindigkeiten in wässeriger Lösung bei einem Spannungsabfall von 1 Volt pro Zentimeter und einer Temperatur von 18 Grad angeführt:

Kationen u in $\dfrac{cm}{sec}$		Anionen v in $\dfrac{cm}{sec}$	
OH	1800×10^{-6}	H	3260×10^{-6}
Cl	679×10^{-6}	Na	451×10^{-6}
NO_3	640×10^{-6}	Ag	564×10^{-6}

Wie aus der Tabelle ersichtlich, sind die Geschwindigkeiten absolut genommen klein; sie bewegen sich in der Größenordnung von $\dfrac{1}{100}$ mm pro Sekunde.

Da die Leitfähigkeit einer Lösung von 1 Mol im Kubikzentimeter nach Gleichung (182) gleich 96 500 $(u + v)$ ist, wird dieses Produkt als das Äquivalentleitvermögen bezeichnet und häufig an Stelle der Summe der absoluten Wanderungsgeschwindigkeiten angegeben; statt u und v in Zentimeter pro Sekunde werden dann die Produkte 96 500 u und 96 500 v angeführt. Man nennt diese Zahlen, die den Anteil der beiden Ionen am Äquivalentleitvermögen bedeuten, die Überführungszahlen (Hittorf) der Ionen.

Die Bestimmung des Leitvermögens eines Elektrolyten in einem Gefäß von bekannter Widerstandskapazität kann nach der Methode der Wheatstoneschen Brücke (s. S. 252) erfolgen. Zur Bestimmung darf jedoch Gleichstrom nicht verwandt werden, da die bei Stromdurchgang alsbald auftretenden Polarisationserscheinungen das Resultat fälschen. Man wählt daher in diesem Fall Wechselstrom ziemlich hoher Frequenz (mehrere Hundert Wechsel pro Sekunde), den man durch einen Wagnerschen Hammer und eine Induktionsspule herstellt, als Meßstrom. Der häufige Richtungswechsel des Stroms verhindert das Auftreten von Polarisationserscheinungen. An Stelle eines Galvanometers benutzt man dann zweckmäßig ein Telephon, in welchem der Wechselstrom als Ton von einer der Wechselzahl entsprechenden Tonhöhe gehört wird, und stellt auf Schweigen des Telephons ein.

Durch die Verschiedenheit der Wanderungsgeschwindigkeiten der Ionen ist es bedingt, daß sich zwischen zwei verschieden konzentrierten Lösungen desselben Elektrolyten, die sich berühren, eine Potentialdifferenz ausbildet, deren Größe von der Konzentrationsverschiedenheit und dem Unterschied der Wanderungsgeschwindigkeiten der Ionen, in die der Elektrolyt zerfällt, abhängt. Die Ursache dieser Potentialdifferenz ist verständlich, wenn man erwägt, daß die Ionen bei der Diffusion dieselben Widerstände überwinden müssen, wie bei der Wanderung auf Grund eines elektrischen Stroms, ihre Diffusionsgeschwindigkeiten daher dieselben Verschiedenheiten zeigen, wie die Wanderungsgeschwindigkeiten. Ein Ion mit größerer Wanderungsgeschwindigkeit wird rascher diffundieren als ein solches mit geringerer. Hat z. B. das positive Ion die größere Diffusionsgeschwindigkeit, so wird nach kurzer Zeit der Diffusion zwischen zwei verschieden konzentrierten Lösungen desselben Elektrolyten, eine größere Anzahl positiver Ionen in die weniger konzentrierte Lösung übergetreten sein, als negative, d. h. die konzentriertere Lösung ist elektrisch negativ gegenüber der verdünnteren geworden. Die durch die Potentialdifferenz der Lösungen auf die Ionen ausgeübten Kräfte werden nun ihrerseits im Sinne einer Verzögerung der Diffusion der positiven, einer Beschleunigung der negativen Ionen wirken. Wenn durch diese Einwirkung die Diffusionsgeschwindigkeiten beider Ionen gleich geworden sind, wird die Potentialdifferenz nicht mehr weiterwachsen.

Einrichtungen, die auf Grund der Berührung von Elektrolytlösungen verschiedener Konzentration eine Potentialdifferenz zeigen, nennt man Konzentrationsketten; die Berührung von Lösungen bei erhaltener Diffusionsmöglichkeit, unter Ausschluß der Möglichkeit rascher Vermischung durch Strömung, bewerkstelligt man durch Trennung der Lösungen durch poröse Wände.

Erwähnt sei an dieser Stelle, daß es möglich ist, durch elektrolytische Zersetzung eine rhythmische Unterbrechung eines Stromes zu erzeugen. Verwendet man als zwei einem Elektrolyten zugeführte

Elektroden eine große Platte und einen kleinen Stift, und schaltet diese Anordnung mit einer Stromquelle und einer Selbstinduktion, z. B. der primären Rolle eines Induktionsapparates hintereinander, so tritt beim Beginn des Stromflusses Gasentwicklung an den Elektroden ein. Das entstehende Gas bedeckt in kurzer Zeit den kleinen Stift vollständig und unterbricht, da Gase stets schlechte Leiter sind, den Strom. Der infolge der Unterbrechung auftretende Extrastrom der Selbstinduktion durchschlägt jedoch die Gasblase sofort wieder und beseitigt sie, so daß das Spiel alsbald von neuem beginnt. Die Zahl der Unterbrechungen pro Sekunde, die durch einen solchen elektrolytischen Unterbrecher bewirkt werden, ist um so größer, je kleiner der Elektrodenstift im Verhältnis zur Stromstärke ist. Die Veränderlichkeit der Elektrodenstiftgröße kann dadurch erreicht werden, daß man einen längeren Stift im Innern einer bis auf ein kleines Loch geschlossenen Glas- oder Porzellan-Röhre unterbringt und den Stift durch das Loch in den Elektrolyten ragen läßt. Durch Vorschieben und Zurückziehen des Stiftes im Loch kann die wirksame Stiftlänge und damit die Unterbrechungszahl verändert werden.

7. Kapitel: Elektrizität und Wärme.

a) Erzeugung von Wärme durch den elektrischen Strom.

Durch den elektrischen Strom kann auf verschiedene Art Wärme erzeugt werden. Beim Überspringen elektrischer Funken beobachtet man z. B. das Auftreten von Licht und Wärme. Eine sehr lebhafte Entwicklung von Wärme und Licht kann man beobachten, wenn man zwei leitende Stäbe, die durch eine Stromquelle auf einer Spannungsdifferenz von mehr als etwa 50 Volt gehalten werden, miteinander in Berührung bringt, und sie dann wieder voneinander entfernt; es entsteht bei dem Auseinanderziehen eine blendende Lichterscheinung, die mit sehr starker Wärmeentwicklung einhergeht, der sog. Lichtbogen. Die Wärmeentwicklung im Lichtbogen ist so stark, daß als Pole verwendete Metallstäbe in kurzer Zeit an ihren Enden schmelzen. Benutzt man als Pole Retortenkohle, so geraten die Kohlenstäbe, zwischen denen der Lichtbogen besteht, in Weißglut und brennen allmählich ab. Der Lichtbogen bleibt so lange bestehen, als die Entfernung zwischen den Polen eine Länge von etwa 1 cm nicht überschreitet, um bei weiterer Zunahme der Entfernung plötzlich zu erlöschen. Die Spannung, die imstande ist, einen dauernden Lichtbogen von mehreren Millimetern Länge zu unterhalten, kann als Funke nur eine Strecke von einem kleinen Bruchteil eines Millimeters durchschlagen; der Lichtbogen muß daher etwas vom elektrischen Funken grundsätzlich Verschiedenes sein. Eine charakteristische Eigenart der merkwürdigen Erscheinung des Lichtbogens kann man beobachten, indem man während des Bestehens eines Lichtbogens mit zwei geeignet geschalteten Galvanometern (ein Voltmeter und ein Ampèremeter nach dem Schaltschema von Abb. 159) die durch den Lichtbogen fließende Stromstärke und die Spannung, die zwischen den beiden durch den Lichtbogen miteinander verbundenen Polen besteht, bestimmt, und durch einen veränderlichen Widerstand W (vgl. Abb. 159) den Widerstand des gesamten Stromkreises verändert. Ändert man bei gleichbleibendem Abstand der Pole den Widerstand W, so beobachtet man, daß die Stromstärke sich mit der Zu- oder Abnahme des Widerstandes W ändert, die Spannung zwischen den Enden des Lichtbogens jedoch fast konstant bleibt. Die Spannung zwischen den Polen des Lichtbogens kann nur durch Veränderung des Abstandes der beiden Pole verändert werden, jedoch auch nur in bescheidenen Grenzen, d. h. etwa zwischen 40 und 60 Volt. Der Lichtbogen verhält sich nach diesem Versuchsergebnis nicht wie eine Leiterstrecke bestimmten Widerstandes, sondern so, daß man annehmen muß, daß zur Unterhaltung des Bogens unabhängig von der Stromstärke eine bestimmte Spannung notwendig ist, deren Größe von dem Abstand der Pole, zwischen denen der Lichtbogen besteht, abhängt.

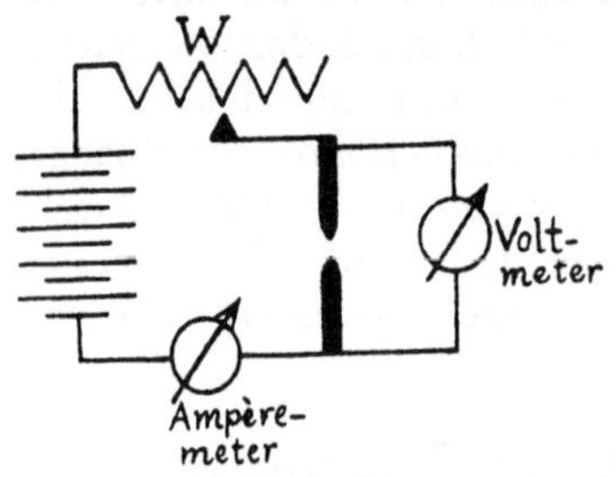

Abb. 159. Spannung und Stromstärke in einem Stromkreis mit bestehendem Lichtbogen.

Für den Rest des nach Abzug des Lichtbogens übrig bleibenden Stromkreises bestimmt sich die Stromstärke durch Spannung und Widerstand nach dem Ohmschen Gesetz, wie sich leicht an der in Abb. 159 skizzierten Anordnung nachweisen läßt. Die Stromstärke in einem Stromkreis, der zum Teil aus einem Lichtbogen besteht, errechnet sich danach in der Art, daß man von der gesamten von der Stromquelle gelieferten Spannung etwa 50 Volt abzieht und den Spannungsrest durch den im Stromkreis vorhandenen Widerstand dividiert.

Die sehr intensive Lichterscheinung des Lichtbogens geht, wie man beim Schutz des Auges durch genügend dichtes Grauglas, oder an einer lichtschwachen Abbildung des Bogens beobachten kann, nicht oder nur zum geringsten Teil von dem eigentlichen Bogen, sondern von den weißglühenden Polkohlen aus; der positive Pol glüht erheblich stärker als der negative. Auf der Oberfläche der Polkohlen sieht man dauernd kleine Tröpfchen entstehen, herumwandern und verschwinden. Es erscheint wahrscheinlich, daß die im Lichtbogen erreichte Temperatur die Schmelztemperatur bzw. Siedetemperatur der Kohle erreicht.

Läßt man die durch einen Leiterdraht fließende Stromstärke

durch Vergrößerung der an die Enden des Drahtes angelegten Spannung progressiv wachsen, so beobachtet man, daß sich der Draht mehr und mehr erwärmt, rotglühend, später weißglühend wird und schließlich schmilzt bzw. verbrennt. Die Erwärmung des Drahtes wird offenbar durch den Durchfluß der Elektrizität hervorgerufen. Die Erscheinung ist im Einklang mit dem Vergleich des Widerstandes, den ein Draht dem elektrischen Strom entgegensetzt, mit Reibungskräften, die einer Bewegung entgegenwirken, da bekanntlich bei der Überwindung von Reibungskräften ebenfalls Wärme entsteht. Die Temperatur, die der Draht erreicht, ist von verschiedenen Bedingungen abhängig. Nimmt man an, daß durch die Überwindung des Widerstandes pro Zeiteinheit eine bestimmte Wärmemenge geliefert wird, so dient diese Erwärmung teilweise zur Erwärmung des Drahtes, teilweise wird sie an die Umgebung des Drahtes abgegeben; die Temperaturerhöhung wird um so größer sein, je kleiner die Masse des Drahtes und die spezifische Wärme des Drahtmaterials ist. Hat der Draht eine Temperaturdifferenz gegenüber seiner Umgebung erreicht, so wird eine Wärmemenge entsprechend der Temperaturdifferenz abgegeben. Bei einer bestimmten pro Zeiteinheit vom elektrischen Strom gelieferten Wärmemenge wird sich eine Temperaturkonstanz des Drahtes dann einstellen, wenn die Temperaturdifferenz gegenüber der Umgebung so groß ist, daß eine der gelieferten Menge gleiche Wärmemenge pro Zeiteinheit an die Umgebung abgegeben wird.

b) Bestimmung des mechanischen Wärmeäquivalentes.

Wie schon früher Seite 225 erörtert, leistet ein Strom, durch den die Elektrizitätsmenge E von einem Ort zu einem anderen transportiert wird, der ein um e geringeres Potential besitzt, die Arbeit Ee, oder ein Strom von der Stromstärke i, der das gleiche Potentialgefälle durchfließt, leistet pro Zeiteinheit die Arbeit e i. Es ist naheliegend anzunehmen, daß es diese Arbeitsleistung ist, die in Wärme verwandelt, die Temperaturerhöhung des Drahtes bewirkt. Nach dem Gesetz von der Erhaltung der Energie muß die auftretende Wärmemenge der geleisteten Arbeit äquivalent sein. Mißt man die Stromstärke und Spannung in absolutem Maß, so ergibt das Produkt e i die Arbeit pro Sekunde in E r g. Die in einem Draht beim Durchgang eines Stroms i, während zwischen seinen Enden die Potentialdifferenz e herrscht, pro Zeiteinheit erzeugte Wärmemenge kann in einem Kalorimeter gemessen werden. Man kann demnach aus einer solchen Messung das mechanische Wärmeäquivalent errechnen. Tatsächlich findet man, daß durch einen Strom von der in elektromagnetischen C G S-Einheiten gemessenen Stromstärke 1, der zwischen zwei Punkten von der Potentialdifferenz 1 (in elektromagnetischen C G S-Einheiten gemessen) fließt, eine Wärmemenge von $0{,}239 \times 10^{-7}$

Kalorien erzeugt wird. Diese Zahl bedeutet, daß 1 Kalorie der Arbeitsleistung von $\dfrac{10^7}{0,239} = 418,5$ Erg entspricht; das Ergebnis ist mit der auf anderem Weg gewonnenen Angabe über das mechanische Wärmeäquivalent identisch.

Die praktischen Einheiten sind, wie Seite 248 angegeben, 1 Volt $= 10^8$ elektromagnetische C G S-Einheiten, 1 Ampère $= \dfrac{1}{10}$ elektromagnetische C G S-Einheit; die praktische Leistungseinheit 1 Watt ist demnach gleich $10^7 \dfrac{\mathrm{Erg}}{\mathrm{sec}}$. 1 Watt liefert pro Sekunde 0,239 Kalorien Wärme. Die von einem Strom von i Ampères und e Volt in der Sekunde gelieferte Wärmemenge beträgt daher 0,239 i e, oder, wenn man statt e nach dem Ohmschen Gesetz i w setzt:

$$0,239\, i^2\, w \quad . \quad . \quad . \quad . \quad . \quad . \quad . \quad (184)$$

d. h. in einem bestimmten Widerstand wächst die pro Sekunde erzeugte Wärmemenge proportional dem Quadrat der Stromstärke.

c) Verwendung der vom elektrischen Strom gelieferten Wärme: Elektrische Heizung, Bogenlampen, Glühlampen, Sicherungen.

Die durch elektrischen Strom erzeugte Wärme findet vielseitige praktische Verwendung, sowohl zur Erzugung von glühenden Körpern, die als Lichtquellen dienen, als auch zum Zweck der Wärmeproduktion zu Heizungszwecken.

Der Lichtbogen wird zu beiden Zwecken verwandt, als Heizung im elektrischen Ofen, der es gestattet, sehr hohe Temperaturen zu erzielen, als auch als Beleuchtung in der Form der Bogenlampen. Bogenlampen bestehen aus zwei stabförmigen Kohlestiften, deren Dicke im allgemeinen nach der Stromstärke, mit der die Bogenlampe betrieben werden soll, bemessen ist, und einem Vorschaltwiderstand. Wird die Bogenlampe mit Gleichstrom gespeist, so brennt die positive Kohle rascher ab als die negative; sollen die beiden Kohlen gleichschnell abbrennen, so muß die positive merklich dicker als die negative gewählt werden. Bei Wechselstrombetrieb brennen zwei gleichdicke Kohlen gleichschnell ab. Die Entfernung der Kohlen muß nach der durch kurze Berührung erfolgten Entzündung für die Dauer des Betriebes annähernd konstant erhalten werden; dies geschieht entweder durch eine Einrichtung, die es gestattet, mit der Hand die Kohlenstifte um den durch Abbrennen verlorenen Betrag nachzuschieben, oder durch automatische Reguliervorrichtungen, deren Funktion darauf beruht, daß die Spannung zwischen den Enden des Lichtbogens mit der Länge des Bogens wächst; durch das Steigen der Spannung über einen bestimmten Betrag wird dann eine Nachschiebvorrichtung in Betrieb gesetzt.

Zum Zweck elektrischer Beleuchtung werden vor allem Glühlampen verwendet, die aus einem dünnen Draht bestehen, der durch den Strom bis zur Weißglut erhitzt wird. Da die Helligkeit eines glühenden Drahtes von der Temperatur abhängt, sind die zweckmäßigsten Lampen diejenigen, die es gestatten, mit möglichst geringer Energie möglichst hohe Temperaturen des Leuchtdrahtes zu erzielen. Da die vom elektrischen Strom erzeugte Wärmemenge proportional $i^2 w$ ist, die erreichte Temperatur aber von der gelieferten Wärmemenge und der Wärmekapazität des erwärmten Drahtes abhängt, so werden diejenigen Drähte den Zweck der Beleuchtung am besten erfüllen, die bei möglichst hohem Widerstand eine möglichst geringe Wärmekapazität besitzen, d. h. möglichst dünne Drähte. Außerdem muß das Schmelzen und das Abbrennen des Drahtes verhindert werden; das Drahtmaterial muß daher einen hohen Schmelzpunkt haben. Das Verbrennen wird dadurch verhütet, daß man den Draht in ein luftleer gepumptes oder mit sauerstofffreiem Gas (Stickstoff) gefülltes Glasgefäß (die Glühbirne) einschließt. Die besten Glühlampen bestehen aus sehr dünnen Drähten von Osmium-, Iridium-, Tantal- oder Platin-Legierungen in stickstoffhaltigen Birnen; diese Lampen benötigen etwa pro Normalkerze des von ihnen gelieferten Lichtes $^1/_2$—1 Watt.

Benutzt man elektrischen Strom zur Heizung, so kommt es im allgemeinen weniger auf das Erreichen sehr hoher Temperaturen, als auf die abgegebene Wärmemenge an. Man wählt daher als Heizkörper Widerstandsdrähte, deren Dimensionen so gewählt sind, daß ihre Erwärmung nur bis zu schwacher Rotglut geht und ordnet sie so an, daß die Bedingungen für die Wärmeabgabe an die Umgebung möglichst günstig sind.

Die Überbelastung von bestimmten Stromzweigen wird in der Praxis verhindert durch sog. Sicherungen; dieselben bestehen aus kurzen Stücken dünnen Drahtes aus leicht schmelzbarem Metall, die in den zu sichernden Stromkreis eingeschaltet werden. Steigt die Stromstärke über einen bestimmten Betrag, so wird der Sicherungsdraht über den Schmelzpunkt hinaus erwärmt, und das Schmelzen des Drahtes unterbricht den Strom. Durch geeignete Dimensionierung der Sicherung kann die Belastungsmöglichkeit eines bestimmten Stromzweiges auf eine bestimmte Maximalzahl von Ampères begrenzt werden.

Auf der Erwärmung eines Drahtes durch einen Strom beruhen außerdem Instrumente, die es gestatten, Stromstärken von Wechselströmen zu messen, da die Erwärmung unabhängig von der Richtung des Stromes ist. Die Länge eines Drahtes hängt infolge der thermischen Ausdehnung von der Temperatur des Drahtes ab; durchströmt man einen Draht mit einem elektrischen Strom, so ändert sich seine Temperatur und damit seine Länge mit der Stromstärke des fließenden Stroms. Durch geeignete Übertragungseinrichtungen kann ein Zeiger mit dem Draht in Verbindung gebracht werden, dessen Stand die Länge des Drahtes anzeigt. Eicht man ein solches Instrument empirisch, indem man bekannte Stromstärken durch den Draht schickt und die sich einstellenden Zeigerstellungen auf einer Skala mit den die Stromstärken angebenden Zahlen bezeichnet, so besitzt man ein Ampèremeter, dessen Angaben sich unabhängig von der Stromrichtung nur auf die Stromstärken beziehen.

d) Thermoelektrizität.

Der Umsatz von Wärme in elektrischen Strom ist möglich durch Thermoelemente. Thermoelemente bestehen aus zwei aneinander gelöteten Stücken verschiedener Metalle. Lötet man z. B. einen Platindraht mit einem Zinkdraht zusammen und verbindet die freien Enden der Drähte mit einem Galvanometer nach Art des Schaltschemas in

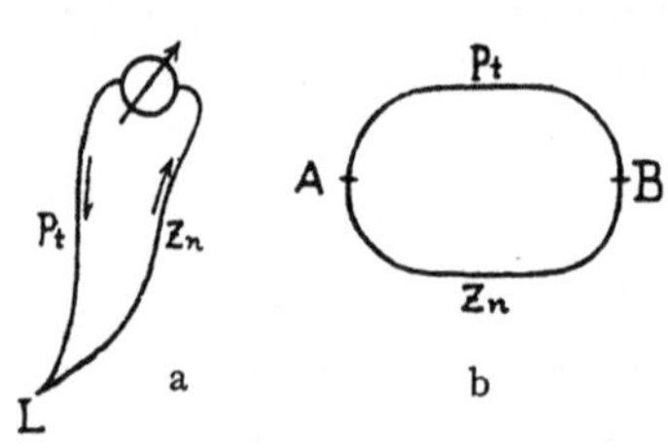

Abb. 160. Thermoelemente.

Abb. 160a, so kann man beim Erwärmen bzw. Abkühlen der Lötstelle L einen Ausschlag des Galvanometers beobachten, der im Falle der Erwärmung der Lötstelle einem in der Richtung der Pfeile, im Falle der Abkühlung einem in umgekehrter Richtung fließenden Strom entspricht. Stellt man aus einem Platindraht und einem Zinkdraht einen geschlossenen Stromkreis nach Art der Abb. 160b her, so fließt in diesem Kreis kein Strom, solange sich die beiden Lötstellen auf der gleichen Temperatur befinden. Besteht jedoch zwischen den Stellen A und B eine Temperaturdifferenz, so fließt ein Strom durch den Kreis, dessen Richtung durch die Angabe bestimmt ist, daß an der wärmeren Stelle der Strom vom Platin zum Zink fließt. Man nennt die durch thermische Beeinflussung einer Lötstelle zwischen zwei Metallen entstehenden Ströme Thermoströme. Die Ursache der Thermoströme ist anscheinend die gleiche, die die früher erwähnte Potentialdifferenz zweier Metalle bei ihrer Berührung hervorbringt (vgl. Seite 273). Kräfte, die mit den Wärmebewegungen der Moleküle im Zusammenhang stehen, treiben die Elektrizität von einem Metall zum anderen. Die elektromotorischen Kräfte sind in diesen Fällen abhängig von der Temperatur, und zwar innerhalb eines bestimmten Bereichs proportional der Temperatur. Man kann sämtliche Metalle in eine Reihe, die thermoelektrische Reihe ordnen, mit der Maßgabe, daß an einer Berührungsstelle die Elektrizität von jedem in der Reihe höher stehenden zu jedem in der Reihe tiefer stehenden Metall getrieben wird. Ein Teil dieser Reihe ist z. B.

<table>
<tr><td>Wismut,</td><td>Gold,</td></tr>
<tr><td>Platin,</td><td>Silber,</td></tr>
<tr><td>Blei,</td><td>Zink,</td></tr>
<tr><td>Kupfer,</td><td>Kadmium.</td></tr>
</table>

In einem geschlossenen Stromkreis entsprechend der Skizze in Abb. 160b bestehen bei Temperaturgleichheit an den beiden Stellen A und B gleichgroße und entgegengesetzt gerichtete Kräfte, die die Elektrizität vom Platin zum Zink treiben; der Stromkreis bleibt infolgedessen stromlos. Bringt man die eine Berührungsstelle auf eine höhere Temperatur, so wird die dort wirkende Kraft überwiegen, und daher ein Strom durch den Kreis fließen, dessen Richtung derart ist, daß er an der wärmeren Stelle von dem in der thermoelektrischen Reihe höherstehenden Metall zum tieferstehenden fließt.

Setzt man einen Stromkreis aus mehreren Stücken verschiedener Metalle zusammen, so ist die gesamte im Stromkreis wirkende elektromotorische Kraft gleich der algebraischen Summe der an den einzelnen Berührungsstellen wirkenden Kräfte; diese Summe ist, wenn die Temperatur aller Berührungsstellen die gleiche ist, stets gleich Null. Erhöht man die Temperatur nur einer Berührungsstelle, so ist die Zunahme der elektromotorischen Kraft an dieser Stelle die alleinige Ursache für den in dem Stromkreis fließenden Strom; sie ist demnach bei der Erwärmung einer bestimmten Lötstelle, ohne Rücksicht auf die Zusammensetzung des übrigen Stromkreises, stets die gleiche.

Die Stromstärke in einem Stromkreis, in dem thermoelektrische Kräfte wirksam sind, ist durch das Ohmsche Gesetz aus der Größe der elektromotorischen Kraft und des Widerstandes bestimmt. Da in bestimmtem Bereich die Zunahme der elektromotorischen Kraft proportional der Temperatur ist, kann eine Anordnung, wie sie Abb. 160a zeigt, zur Messung von Temperaturen dienen, indem die Lötstelle L an den zu messenden Ort gebracht und dafür Sorge getragen wird, daß der Rest des Stromkreises auf einer bestimmten konstanten Temperatur bleibt. Bei hohen Temperaturen nimmt bei gewissen Thermoelementen die elektromotorische Kraft nicht mehr proportional der Temperatur zu; in manchen Fällen kann sie sogar, nachdem sie bei einer bestimmten Temperatur ein Maximum erreicht hat, bei weiterer Temperaturzunahme wieder absinken.

Lötet man eine Anzahl Drahtstücke zweier verschiedener Metalle so aneinander, wie es Abb. 161 zeigt und erwarmt die auf einer Seite liegenden Lötstellen, während man die Lötstellen der anderen Seite auf einer niederen Temperatur hält, so addieren sich die entstehenden elektromotorischen Kräfte der einzelnen Thermoelemente, und man beobachtet an den Enden der Kette eine Potentialdifferenz gleich der Summe der elektromotorischen Kräfte der einzelnen Elemente. Man benutzt solche Anordnungen, die man als Thermobatterien bezeichnet, als Stromquellen oder in Verbindung mit einem hochempfindlichen Galvanometer zur Messung geringer Temperaturdifferenzen. Hält man eine Lötstelle auf der Temperatur von 100 Grad, während der Rest des Stromkreises eine solche von 0 Grad besitzt, so liefert ein aus Platin und Zink bestehendes Thermoelement eine Spannung von 0,00075 Volt, ein Thermoelement aus Kupfer und Nickel 0,00234 Volt.

Durchströmt man eine Lötstelle zwischen zwei verschiedenen Metallen mit einem von einer fremden Stromquelle gelieferten Strom,

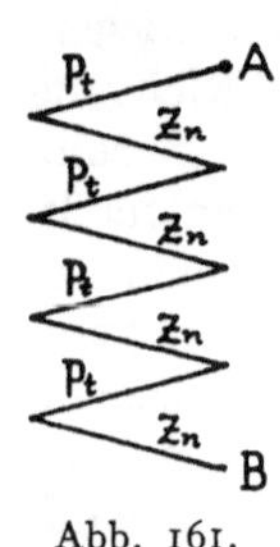

Abb. 161.
Thermo-
batterie.

so kann man an der Lötstelle, je nach der Stromrichtung eine Erwärmung oder Abkühlung beobachten; eine Abkühlung tritt in Erscheinung, wenn der Strom an der Lötstelle von dem in der thermoelektrischen Reihe höher stehenden Metall zum tieferstehenden fließt, eine Erwärmung beim Stromfluß in umgekehrter Richtung. Man bezeichnet diese Erscheinung als Peltier-Effekt. Der durch Erwärmung einer Lötstelle auftretende Thermostrom wird naturgemäß ebenfalls einen Peltiereffekt erzeugen; der Thermostrom hat demnach die Tendenz, die ihn erzeugende Erwärmung rückgängig zu machen. Selbst bei vollkommener Verhinderung des Wärmeaustausches einer erwärmten Lötstelle mit der Umgebung kühlt sich daher die Lötstelle durch Peltiereffekt wieder ab; um einen dauernden Thermostrom zu unterhalten, muß demnach einer Lötstelle dauernd Wärme zugeführt werden. Diese Notwendigkeit ist im übrigen, wie leicht zu verstehen, eine Forderung des Gesetzes der Erhaltung der Energie. Es läßt sich dann auch zeigen, daß die in Form des Thermostroms auftretende elektrische Energie der zugeführten Wärmemenge äquivalent ist.

Die durch Peltiereffekt an einer Lötstelle erzeugte bzw. der Lötstelle entzogene Wärmemenge ist im Gegensatz zu der in einem Draht durch Überwindung des Widerstandes entstehenden Wärme, die als Joulesche Wärme bezeichnet wird und wie oben erwähnt, proportional dem Quadrat der Stromstärke ist, nur einfach proportional der Stromstärke. Auf Grund dieser Tatsache kann man unter Umständen die durch Peltiereffekt erzeugte Wärme von Joulescher Wärme unterscheiden.

8. Kapitel: Elektrische Schwingungen.

a) Periodizität einer Funkenentladung.

Den elektrischen Funken kann man sich nach den früher entwickelten Vorstellungen als einen Vorgang denken, der dann in Erscheinung tritt, wenn die dielektrische Verschiebung an der Oberfläche eines Leiters einen gewissen Betrag überschreitet, und erklären als ein Reißen des Dielektrikums; durch den entstehenden Riß im Dielektrikum strömt die Elektrizität wie in einem Leiter nur unter Überwindung von Reibungskräften; durch Überwindung von Reibungswiderständen entsteht Wärme, die zu starker Erwärmung und damit zu Lichterscheinungen führt. Nachdem der Ausgleich der Spannungen stattgefunden hat, schließt sich der Riß im Dielektrikum wieder. Das Überspringen des Funkens geht mit einem Geräusch einher, das je nach der überspringenden Elektrizitätsmenge von schwachem Knistern bis zu starkem Knall wächst. Einen einzelnen Funken kann man auslösen, indem man zwei in einem gewissen Abstand voneinander stehende Konduktoren in Verbindung mit den Belegungen eines Kondensators bringt, der auf eine Potentialdifferenz geladen ist, die zum Durchschlagen des Abstandes der Konduktoren ausreicht. Man bezeichnet zwei Konduktoren, die zum Zweck der Erzeugung elektrischer Funken einander gegenüberstehen, als eine Funkenstrecke. Zum näheren Studium der Erscheinung des elektrischen Funkens kann eine

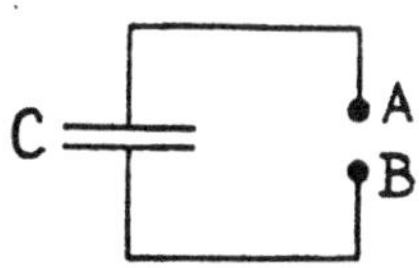

Abb. 162. Anordnung zur Auslösung eines einzelnen Funkens.

einfache Anordnung, die aus einem Kondensator und einer Funkenstrecke besteht, dienen nach dem Schema der Abb. 162. Ist der Abstand der beiden Konduktoren A und B veränderlich, so kann die Aufladung der Kapazität C durch eine beliebige Einrichtung vorgenommen werden, während A B so groß ist, daß die von der Elektrizitätsquelle gelieferte Spannung nicht zum Durchschlagen der Funkenstrecke ausreicht; nähert man nach Abschluß der Ladung A und B einander bis zu der Länge, bei der die bestehende Potentialdifferenz die Entfernung durchschlägt, so beobachtet man die bekannte einmalige Erscheinung des Funkens. Ist der Funken übergesprungen, so zeigt der Kondensator keine wesentliche Ladung mehr.

Die Gesamtdauer des Funkens ist außerordentlich kurz. Näherer Aufschluß über den zeitlichen Ablauf der Erscheinung kann durch eine photographische Aufnahme des Funkens auf einer rasch bewegten Platte gewonnen werden. Technisch leichter erzielt man die Aufnahme, wenn man statt die Platte zu bewegen, vermittels eines Hohlspiegels ein reelles Bild des Funkens auf einer feststehenden Platte entwirft und den Spiegel während der Aufnahme um eine senkrecht zur optischen Achse liegende Achse rasch rotieren läßt. Das Bild wandert dann mit einer durch die Rotationsgeschwindigkeit des Spiegels und den Abstand Spiegel—Platte bestimmten Geschwindigkeit über die Platte. Steht die Bewegungsrichtung des Bildes senkrecht zur Längsausdehnung des Funkens, so wird auf der Platte ein geschwärzter Streifen entstehen, dessen Länge der Funkendauer, dessen Breite der Funkenlänge entspricht; die Dauer des Funkens in Sekunden kann aus der Geschwindigkeit, mit der sich das Bild über die Platte bewegt und der Länge des geschwärzten Streifens ohne weiteres angegeben werden. Stellt man ein solches Bild her von einem Funken, der in einer Anordnung entsprechend Abb. 162 erzeugt wird, so zeigt das Bild keineswegs einen einheitlichen Streifen von bestimmter Länge, sondern man findet mehrere in gleichem Abstand voneinander stehende immer schwächer werdende Streifen; der Funke besteht demnach nicht aus einem einheitlichen Vorgang, sondern aus einer in rhythmischer Folge an- und abschwellenden, allmählich abklingenden Erscheinung. Die naheliegende Erklärung für diese Beobachtung bietet die Annahme, daß der Ausgleich der Potentialdifferenz durch den Funken in Form einer gedämpften Schwingung geschieht, d. h. daß zunächst mehr Elektrizität überspringt als zum Ausgleich der ursprünglichen Potentialdifferenz notwendig ist, die dadurch entstehende Potentialdifferenz umgekehrter Richtung sich neuerdings durch einen Übergang von Elektrizität in umgekehrter Richtung mehr als ausgleicht, und die ganze Elektrizitätsbewegung erst nach mehreren Hin- und Hergängen zur Ruhe kommt. Um einen solchen Vorgang begreiflich zu machen, muß man annehmen, daß der Elektrizität eine Eigenschaft, die der Trägheit einer Masse vergleichbar ist, zukommt. Es wurde schon früher erörtert (S. 268), daß solche Wirkung der Selbstinduktion eines Stromkreises zukommt, d. h. nicht im Wesen der Elektrizität selbst, sondern in der Anordnung der stromführenden Leiter begründet ist. Man wird daher die hypothetische Trägheit der Elektrizität zwanglos als die Wirkung der im Stromkreis vorhandenen Selbstinduktion auffassen.

Die Schwingungszahl der durch den Funken ausgelösten elektrischen Schwingung kann aus dem Abstand der Maxima, der Schwärzung im Funkenbild auf der Platte ermittelt werden.

Für die Schwingungszahl einer Masse m, die durch elastische Kräfte in einer Ruhelage festgehalten wird, gilt, wie schon mehrfach erwähnt, die Gleichung:

$$N = \frac{1}{2\,\pi} \sqrt{\frac{E}{m}} \quad \ldots \ldots \ldots \quad (185)$$

worin N die Schwingungszahl und E die elastische Kraft dividiert durch die Entfernung aus der Ruhelage bedeutet. Setzt man an die Stelle der Masse m die Selbstinduktion L, und sinngemäß für den Elastizitätsfaktor E den reziproken Wert der Kapazität C, so gibt die Gleichung:

$$N = \frac{1}{2\,\pi} \sqrt{\frac{1}{LC}} \quad \ldots \ldots \ldots \quad (186)$$

tatsächlich die Schwingungszahl der elektrischen Schwingung an.

Der Nachweis der Richtigkeit der Gleichung (186) ist experimentell unschwer zu führen; sie folgt im übrigen aus theoretischen Überlegungen auf Grund der früher entwickelten Anschauungen über die elektrische Elastizität und dielektrische Verschiebung, die der Ableitung der für mechanische Schwingungen geltenden Gleichung (185) analog durchgeführt wurden. Mißt man Selbstinduktion und Kapazität in elektromagnetischen C G S-Einheiten, so gibt Gleichung (186) die Schwingungszahl unmittelbar in Sekunden; wird L in der praktischen Einheit „Henry" und C in „Farad" angegeben, so resultiert ebenfalls unmittelbar die Schwingungszahl pro Sekunde, da ein Farad $= 10^{-9}$, ein Henry $= 10^9$ elektromagnetischen C G S-Einheiten, das Produkt beider demnach mit dem Produkt der C G S-Einheiten identisch ist.

b) Hertzsche Wellen.

Aus der Feststellung, daß der Funke eine periodische Entladung ist, folgt, daß in einer Anordnung entsprechend Abb. 162 für die Dauer eines Funkens ein Wechselstrom hoher Frequenz fließt, dessen Wechselzahl nach Gleichung (186) durch die im Stromkreis vorhandene Selbstinduktion und Kapazität bestimmt ist. Der Wechselstrom muß als eine gedämpfte Schwingung des Stromkreises aufgefaßt werden. Die Entstehung von Eigenschwingungen in einem mit Abb. 162 bis auf die Funkenstrecke identischen Stromkreis muß möglich sein, da die Vorbedingungen hierzu, nämlich das Vorhandensein von Selbstinduktion und Kapazität, gegeben sind. Der Funke ist nur zur Auslösung der Eigenschwingung notwendig, indem er einen plötzlichen

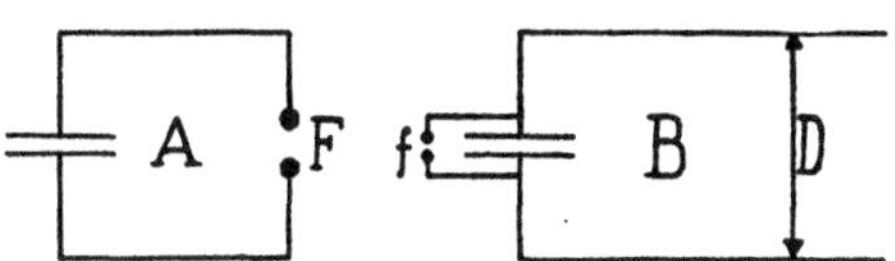

Abb. 163. Erregung einer Schwingung in einem geschlossenen Stromkreis.

Schluß des vorher offenen Stromkreises bewirkt. Wird die Elektrizität in einem geschlossenen Stromkreis mit Kapazität und Selbstinduktion durch einen anderen Anlaß angestoßen, so werden vermutlich ähnliche Schwingungserscheinungen auftreten. Der Anstoß einer Elektrizitätsbewegung in einem geschlossenen Stromkreis ist durch Induktion möglich. Ein Beispiel einer Anordnung, die eine Schwingungserregung durch Induktion gestattet, zeigt Abb. 163.

A sei ein zur Erzeugung von elektrischen Schwingungen geeigneter Kreis; in einiger Entfernung von A sei ein ähnlicher Kreis B mit annähernd gleicher Kapazität ohne Funkenstrecke aufgestellt, dessen Selbstinduktion durch Verschieben des Drahtes D auf zwei einander parallel laufenden Drähten verändert werden kann. Zur Feststellung des Vorhandenseins von elektrischen Schwingungen im Kreise B seien von den Kondensatorbelegungen zwei kurze Drähte zu der kleinen Funkenstrecke f geführt. Treten im Kreise B Schwingungen auf, so läd sich die Kapazität des Kreises in periodischem Wechsel auf; steigt hierbei die Potentialdifferenz zwischen den Kondensatorbelegungen über die Durchschlagspannung von f, so wird bei f ein Fünkchen auftreten. Verbindet man die Funkenstrecke des Kreises A mit der sekundären Wickelung eines Funkeninduktors, oder mit den Polen einer Elektrisiermaschine, so werden in rascher Folge Funken bei F überspringen. Die Zahl der in der Zeiteinheit überspringenden Funken wird abhängig sein von der Zeit, die die Elektrizitätsquelle benötigt, um die Kapazität bis zur Durchschlagspannung von F aufzuladen, demnach um so größer sein, je größer die von der Elektrizitätsquelle in der Zeiteinheit gelieferte Elektrizitätsmenge und um so größer, je kleiner die Kapazität des Kreises ist. Im allgemeinen

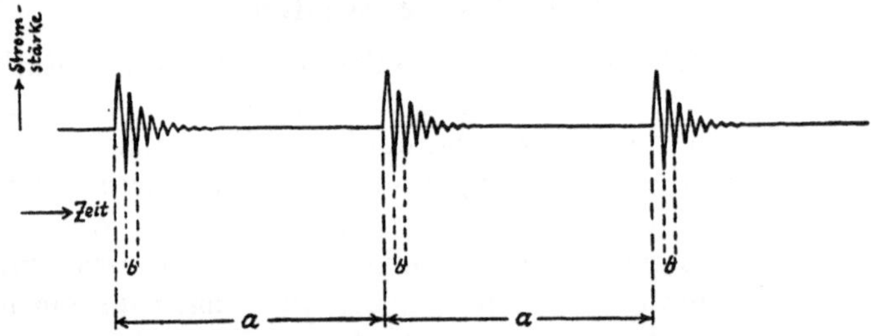

Abb. 164. Periodische Funkenfolge in einem Schwingungskreis.

liegt die Zahl der pro Sekunde übersteigenden Funken, je nach diesen Verhältnissen zwischen wenigen Funken, die noch deutlich als getrennt wahrgenommen werden, und einigen Hundert Funken. Bei höherer Funkenfrequenz vereinigen sich die vorher getrennt hörbaren Entladungsknalle zu einem knarrenden Geräusch; geht die Funkenfrequenz noch höher, so nimmt man einen Ton wahr, dessen Tonhöhe der Funkenfrequenz entspricht.

Nach dem früher Gesagten löst jeder Funke in A einen Schwingungsvorgang aus, der aus mehreren Hin- und Hergängen der Elektrizität besteht; nimmt man an, daß jeder dieser Schwingungsvorgänge in seinem zeitlichen Ablauf dem Verlauf einer gedämpften Schwingung entspricht, so besteht die graphische Darstellung der Elektrizitätsbewegung in A beim Übergang zahlreicher Funken pro Sekunde aus einer Folge von gedämpften Schwingungen im zeitlichen Abstand der Funkenfrequenz, etwa der Art, wie es Abb. 164 zeigt. Die Zeit a entspricht dem Zeitabstand der einzelnen Funken, b ist die durch Kapazität und Selbstinduktion bestimmte Eigenschwingungszeit des Kreises A in Abb. 163. Jeder der Schwingungszüge ist ein Wechselstrom, der nach den Gesetzen der Induktion in B einen Wechselstrom gleicher Frequenz induziert. Die Stärke des in B induzierten Wechsel-

stroms ist nun, wie sich an der beschriebenen Versuchsanordnung
(Abb. 163) leicht zeigen läßt, in hohem Maße abhängig von der Größe
der Selbstinduktion und der Kapazität des Kreises B. Verschiebt
man den Draht D während des Funkenüberspringens bei F, so findet
man, daß die Funkenstrecke f bei einer ganz bestimmten Stellung
von D in Tätigkeit tritt, und daß bei dieser Stellung von D regelmäßig
beim Überspringen eines Funkens bei F auch ein solcher bei f überspringt. Vergleicht man die Konstanten der Kreise A und B bei der
Einstellung, für die nach Ausweis der Fünkchen bei f die Elektrizitätsbewegung in B maximal ist, so findet man, daß dieser Fall eintritt,
wenn für A und B der Wert $\sqrt{LC}$ der gleiche, d. h. wenn die Eigenschwingungszahl der beiden Kreise dieselbe ist.

Die beobachtete Erscheinung erklärt sich in vollkommener Übereinstimmung mit den Beobachtungen, die bei zwei schwingungsfähigen mechanischen Systemen, die in irgendeiner Art miteinander
gekoppelt sind, gemacht werden, als Resonanzphänomen. Die Koppelung zwischen den beiden schwingungsfähigen Stromkreisen besteht
durch Vermittlung des Dielektrikums, dessen vom erregenden Stromkreis hervorgerufene Verschiebungen die Elektrizität im zweiten
Stromkreis in Bewegung versetzen. Die Amplitude der erzwungenen
Schwingung im zweiten Stromkreis wird maximal, wenn die Schwingungszahl der erregenden Schwingung mit der Eigenschwingungszahl
des erregten Stromkreises übereinstimmt, d. h. im Resonanzfall.
Bei mechanischen Schwingungen ist das Resonanzphänomen um so
ausgeprägter, je ungedämpfter die Eigenschwingung der zu erregenden
schwingungsfähigen Masse ist; bei einer Anordnung entsprechend
Abb. 163 findet man das Resonanzphänomen um so ausgeprägter,
je geringer der im Stromkreis B vorhandene Ohmsche Widerstand
ist. Man schließt daraus, daß die Dämpfung eines elektrischen
Schwingungskreises um so größer ist, je größer der Ohmsche Widerstand des Kreises ist.

Resonanzerscheinungen der beschriebenen Art zwischen zwei
elektrischen Schwingungskreisen lassen sich bei einer sehr großen
Entfernung der beiden Kreise beobachten, wenn zur Feststellung
des Auftretens der Schwingung empfindlichere Einrichtungen als
die in Abb. 163 eingetragene Funkenstrecke gewählt werden. Solche
Einrichtungen sind die Kohärer und Detektoren.

Der Kohärer besteht aus kleinen wahllos durcheinander liegenden
Eisenstücken, die in einer Röhre zwischen zwei Leiterpolen lose auf-
gehäuft sind. Die sich an zahlreichen Stellen berührenden Eisen-
stückchen stellen eine leitende Verbindung zwischen den Leiterpolen
her. Geht durch die Anordnung vorübergehend ein hochfrequenter
Wechselstrom, so ändert sich ihr Widerstand erheblich im Sinne
einer Verringerung. Der verringerte Widerstand bleibt auch nach
Aufhören des Wechselstroms bestehen, steigt jedoch sofort auf den

ursprünglichen Wert, wenn die Röhre durch einen geringen Stoß erschüttert wird. Zum Nachweis elektrischer Schwingungen in einem Schwingungskreis wird der Kohärer in der Art verwandt, daß die Röhre in den Schwingungskreis geschaltet und gleichzeitig mit einem von einer Gleichstromquelle gespeisten Stromkreis verbunden wird, der außerdem eine Apparatur enthält, die die Zunahme der Stromstärke im Gleichstromkreis während der Widerstandsabnahme des Kohärers anzeigt. Zweckmäßig verwendet man im Gleichstromkreis eine elektrische Klingel, welche so eingerichtet ist, daß sie bei dem durch den unerregten Kohärer fließenden Strom noch nicht anspricht, während sie in Tätigkeit tritt, wenn der Widerstand des Kohärers durch eine elektrische Schwingung vermindert wird. Ist die Anordnung so gewählt, daß der Klöppel der elektrischen Klingel bei seinen Be-

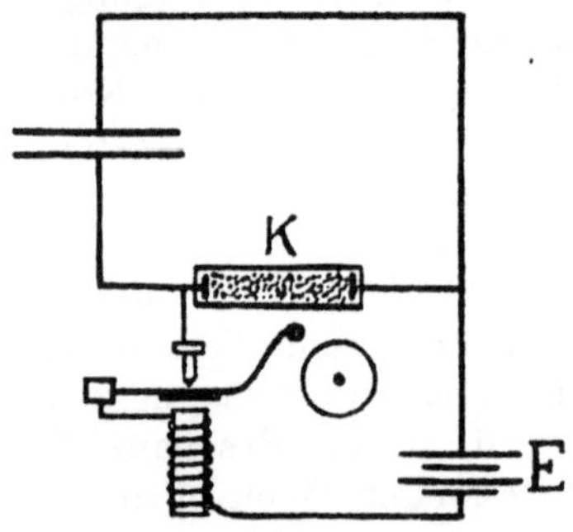

wegungen an die Kohärerröhre schlägt, so versetzen die Anschläge des Klöppels den Kohärer alsbald wieder in seinen ursprünglichen Zustand, wenn die elektrische Schwingung beendet ist, d. h. die Klingel tönt nur für die Dauer der bestehenden Schwingung. Die beschriebene Schaltung eines Kohärers K mit einer Stromquelle E in einem Schwingungskreis ist schematisch in Abb. 165 dargestellt.

Abb. 165. Schaltung eines Kohärers in einem Schwingungskreis.

Als Detektoren werden verschiedenartige Einrichtungen verwendet, deren Gemeinsames darin besteht, daß sie einem Wechselstrom gegenüber als Gleichrichter wirken. Solche Einrichtungen sind z. B. eine kleine Berührungsstelle zwischen einer Metall- oder Graphitspitze und leitenden Kristallen (z. B. Bleiglanz, Schwefelkies u. a.) und eine kleine Berührungsstelle zwischen einem Platindraht und einem Elektrolyten. Derartige Berührungsstellen zwischen zwei verschiedenen Leitern zeigen die Eigentümlichkeit, daß beim Durchgang eines Wechselstroms die beiden Leiter gegeneinander eine Potentialdifferenz konstanter Richtung gewinnen. Für die Wirkung einer Berührungsstelle zwischen festen Leitern (Kristalldetektoren) läßt sich eine voll befriedigende Erklärung bisher nicht geben. Die Annahme, daß an der Berührungsstelle durch den Wechselstrom Wärme und dadurch ein Thermostrom entsteht, erklärt die Beobachtungen nicht in vollem Umfang.

Eine Berührungsstelle zwischen einem Metalldraht und einem Elektrolyten wirkt gegenüber einem Wechselstrom als Gleichrichter, infolge der auftretenden Polarisation. Die Voraussetzung für diese Wirkung ist, daß die eine Zuleitungselektrode zu dem Elektrolyten eine im Verhältnis zu anderen sehr kleine Oberfläche hat, so daß

Polarisationserscheinungen im wesentlichen nur an der kleineren Elektrode auftreten. Weitere Formen der Detektoren sind die später zu behandelnden Elektronenröhren (s. Kap. 10 c).

Schaltet man einen Detektor in einen Schwingungskreis und parallel zum Detektor ein Telephon T nach dem Schema der Abb. 166, so wird beim Durchgang eines hochfrequenten Wechselstroms durch den Detektor der Wechselstrom dort einen Gleichstrom erzeugen, der sich infolge der im Schwingungskreis vorhandenen Kapazität C nicht über diesen ausgleichen kann, sondern durch das Telephon fließt. Der hochfrequente Wechselstrom wird in der Hauptsache durch den Detektor und nicht durch das parallel liegende Telephon gehen, da die hohe Selbstinduktion des Telephons einen sehr hohen scheinbaren Widerstand für den Wechselstrom darstellt (vgl. S. 271).

Durch das Telephon wird in dieser Anordnung demnach für die Dauer einer im
Schwingungskreis auftretenden Schwingung ein Gleichstrom fließen. Entsprechen die Schwingungsvorgänge dem
in Abb. 164 dargestellten Bild, d. h.
werden in rhythmischer Folge gedämpfte
Schwingungen im Schwingungskreis er-

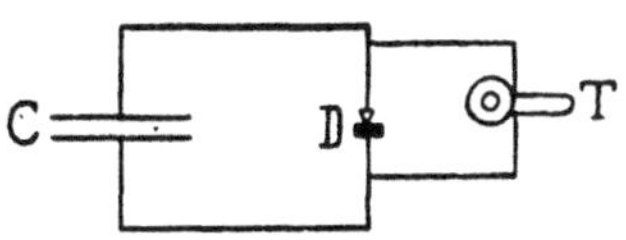

Abb. 166. Schaltung eines Detektors mit einem Telephon in einem
Schwingungskreis.

zeugt, so fließen durch das Telephon rhythmische Gleichstromstöße, deren Frequenz der Funkenfrequenz im erregenden Schwingungskreis entspricht, d. h. man hört im Telephon eine Folge von kurzen Knack-geräuschen im zeitlichen Abstand der Funkenfrequenz, bezw. bei höherer Funkenzahl einen Ton, dessen Höhe durch die Zahl der pro Sekunde überspringenden Funken bestimmt ist.

Die Beobachtung von Resonanzerscheinungen zwischen zwei auf gleiche Schwingungszahl abgestimmten elektrischen Schwingungs-kreisen gelingt bei Anwendung von Kohärern oder Detektoren auf Entfernungen, in welchen eine Beobachtung dielektrischer Verschie-bungen mittels elektrostatischer Versuche (elektrostatische Ab-stoßung bzw. Anziehung geladener Konduktoren) auch mit empfind-lichsten Anordnungen längst nicht mehr möglich ist. Die Auslösung der Resonanzerscheinungen auf diese Entfernungen muß jedoch auf dielektrischen Verschiebungen beruhen. Die dielektrischen Ver-schiebungen in großer Entfernung von einem Leiter, in welchem periodischer Ladungswechsel vor sich geht, sind demnach anscheinend unter sonst gleichen Umständen wesentlich größer als bei einer ruhenden Ladung desselben Leiters. Eine solche Verschiedenheit ist nur denkbar, wenn die durch die periodische Elektrizitätsbewegung hervorgerufenen dielektrischen Verschiebungen wellenartig fort-schreiten. Der Nachweis, daß periodische Elektrizitätsbewegungen in einem Leiterkreis Wellen im Dielektrikum erzeugen, die sich mit einer bestimmten Geschwindigkeit fortpflanzen und ihrerseits beim

Auftreten auf geeignet gestaltete Leiterkreise in diesen periodische Elektrizitätsbewegungen erzeugen, läßt sich tatsächlich führen. Vor allem läßt sich zeigen, daß die Wellen, die die Verbindung zwischen zwei in großer Entfernung voneinander aufgestellten Schwingungskreisen herstellen, sich im luftleeren Raum mit der Geschwindigkeit $\dfrac{3\,000\,000\ \text{km}}{\text{sec.}}$ fortpflanzen, und daß sie auch in Hinsicht auf Interferenz, Reflexion, Brechung und Beugung den Lichtwellen gleichartige Erscheinungen zeigen. Ebenso wie für das Licht läßt sich für diese Wellen nachweisen, daß sie transversaler Natur sind.

Mit der Kenntnis der Fortpflanzungsgeschwindigkeit und der Schwingungszahl kennt man die Wellenlänge. Die von elektrischen Schwingungskreisen ausgesandten Wellen unterscheiden sich vom Licht nur durch die viel kleinere Schwingungszahl, demnach viel größere Wellenlänge. Während die Wellenlängen des Lichtes in der Größenordnung von mehreren Zehntausendstel eines Millimeters liegen, können durch verschieden dimensionierte elektrische Schwingungskreise Wellen von der Wellenlänge von etwa $^1/_2$ cm bis zu vielen Kilometern erzeugt werden.

Die rhythmischen Verschiebungen im Dielektrikum, die wir für das Entstehen der beschriebenen Wellen verantwortlich machen, dokumentieren sich in Änderungen eines elektrischen Kraftfeldes. Änderungen eines elektrischen Kraftfeldes sind nach den früher erörterten Gesetzen untrennbar und ursächlich verbunden mit Änderungen eines magnetischen Kraftfeldes. Man kann daher, ohne sich auf eine mechanische Vorstellung, wie es die Vorstellung der dielektrischen Verschiebung ist, einzulassen, aussagen, daß durch periodische Elektrizitätsbewegungen in einem Leiter im umgebenden Isolator ein wellenartig fortschreitender Wechsel eines elektrischen und eines magnetischen Kraftfeldes erzeugt wird, der den Charakter einer transversalen Welle hat. Man bezeichnet diese Wellen als elektromagnetische Wellen und nimmt an, daß Licht und die behandelten „Hertzschen" Wellen gleichartige, nur durch die Wellenlänge unterschiedene, elektromagnetische Wellen sind. Elektromagnetische Wellen nach kürzerer Wellenlänge als Licht werden wir noch in Form der Röntgenstrahlen und der γ-Strahlen der radioaktiven Stoffe kennen lernen.

c) Drahtlose Telegraphie und Telephonie.

Hertzsche Wellen werden in großem Umfang zur Übermittlung von Nachrichten in der Form der drahtlosen Telegraphie und Telephonie verwandt. Die einfachste Einrichtung zum Absenden und Empfang drahtloser Telegramme besteht aus zwei Anordnungen, dem Sender und dem Empfänger, die grundsätzlich mit den in Abb. 163 skizzierten Anordnungen übereinstimmen. Als Empfangskreis verwendet man dabei zweckmäßig einen Kreis nach Abb. 166. Die Reichweite, d. h. der Abstand zwischen den beiden Anordnungen, bei dem eine Übermittlung von Zeichen vom Sender zum Empfänger noch möglich ist, hängt zunächst davon ab, welcher Teil der im Sendekreis durch Aufladung angesammelten Energie, die nach der Auslösung des Funkens in der elektrischen Schwingung vorhanden ist, an das Dielektrikum in Form einer Welle abgegeben wird, sodann von der Energiemenge, die der Empfangskreis aus der Welle aufnehmen kann; diese letztere ist vor allem von der Genauigkeit, mit der die Schwingungszahl des Sende- und Empfangskreises miteinander übereinstimmen, d. h. der Schärfe der Abstimmung, und schließlich von der Dämpfung des Empfangskreises abhängig, da die Amplitude

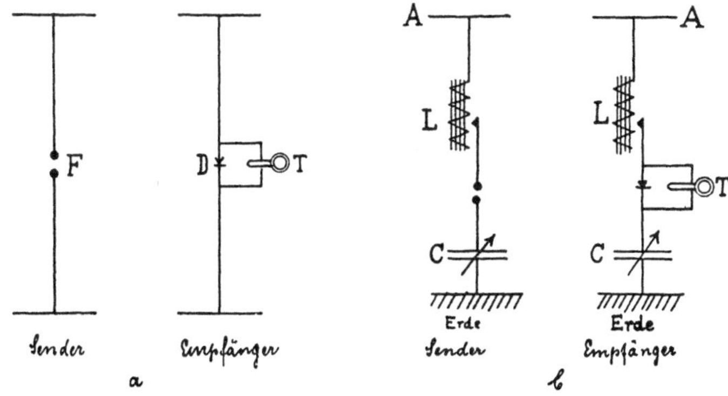

Abb. 167. Sender und Empfänger für stark gedämpfte Schwingungen.
F = Funkenstrecke, D = Detektor, T = Telephon, L = veränderliche Selbstinduktionen, C = veränderliche Kapazitäten.

der durch die Welle im Empfangskreis erregten elektrischen Schwingung um so größer ist, je genauer seine Eigenschwingungszahl mit der Schwingungszahl der Welle übereinstimmt, und je geringer die Dämpfung der Eigenschwingung ist. Erfahrungsgemäß steigt die vom Sendekreis abgegebene Energie, wenn man statt der in Abb. 163 und 166 dargestellten geschlossenen Schwingungskreise offene Schwingungskreise verwendet, indem man die Drahtschleife streckt und die beiden Kondensatorbelegungen voneinander entfernt, so daß ein solcher offener Schwingungskreis aus einem geraden Draht, an dessen Enden Konduktoren angeschlossen sind, besteht. Eine einfachste Einrichtung zur Übermittlung von Nachrichten durch drahtlose Telegraphie würde demnach der Abb. 167a entsprochen. Die Schwingungszahl der in Abb. 167a dargestellten offenen Schwingungskreise ist ebenso, wie die der früher beschriebenen geschlossenen, gegeben durch Kapazität und Selbstinduktion der Schwingungskreise. Um über eine leichte Veränderlichkeit der Eigenschwingungszahl der Kreise zu verfügen, kann man veränderliche Selbstinduktionen, oder veränderliche Kondensatoren, oder beides in die Kreise einschalten. Den am einen Ende der offenen Schwingungskreise angeschalteten Konduktor bezeichnet man als „Gegengewicht" und ersetzt ihn häufig durch eine Verbindung mit der Erde, so daß Schaltbilder entsprechend Abb. 167 b entstehen. Die Reichweite ist erfahrungsgemäß in erheblichem Maße abhängig von der Lage und Form des am Ende des Schwingungskreises angebrachten Konduktors A. Man stellt diese Konduktoren aus Kombinationen von Drähten her und bringt sie in möglichst großer Höhe über der Erde an; sie werden als „Antennen" bezeichnet. Die vielfachen praktischen Erfahrungen über die zweckmäßigste Form und Lage der Antennen, die mit der Ausbreitungsart der Wellen zusammenhängen, zu erörtern, liegt außerhalb des Rahmens dieses Buches.

Bei den in Abb. 167 dargestellten Einrichtungen beobachtet man stark gedämpfte Schwingungen des Senders und schlechte Abstimmbarkeit des Empfängers. Die starke Dämpfung des Senders beruht darauf, daß die Funkenstrecke, die einen hohen Widerstand darstellt, unmittelbar in den Sendekreis eingeschaltet ist; die schlechte Abstimmbarkeit des Empfängers beruht auf der unmittelbaren Einschaltung des Detektors, der ebenfalls meist einen sehr hohen Widerstand besitzt, in den Empfangskreis.

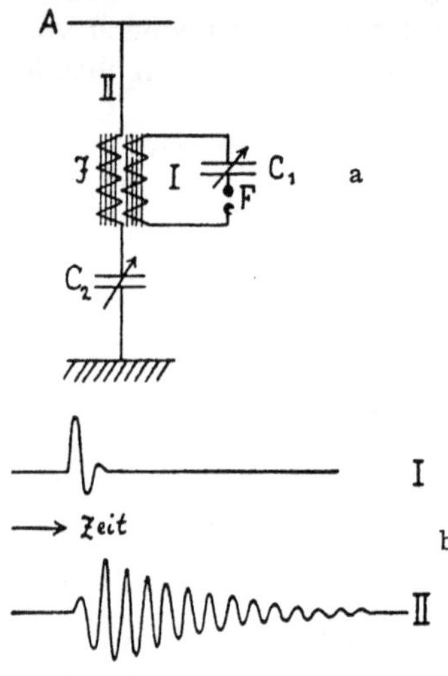

Abb. 168. Sendeeinrichtung für schwach gedämpfte Schwingungen.

A = Antenne, J = Induktionsspule, C_1, C_2 = veränderliche Kondensatoren, F = Funkenstrecke.

Eine weit größere Reichweite wird erzielt, wenn der Sende- und Empfangskreis wesentlich schwächer gedämpft ist, da dadurch der Prozentsatz der in Wellenform ausgestrahlten und bei scharfer Abstimmung des Empfängers von diesem aufgenommenen Energie erheblich steigt.

Das Senden von Schwingungen schwächerer Dämpfung kann dadurch erreicht werden, daß man die Funkenstrecke aus dem eigentlichen Sendekreis entfernt und den nunmehr infolge geringeren Widerstandes geringer gedämpften Kreis durch einen geschlossenen Schwingungskreis, der die Funkenstrecke enthält, durch Induktion anstößt. Die Schaltung einer solchen Sondereinrichtung mit Stoßerregung zeigt Abb. 168a. Die Koppelung der Kreise I und II ist durch die Induktionsspule J bewirkt. Die Abstimmbarkeit der beiden Kreise ist durch die beiden veränderlichen Kondensatoren C_1 und C_2 möglich. Man kann selbstverständlich die Abstimmung beider oder eines Kreises auch durch Anbringen einer veränderlichen Selbstinduktion erzeugen. Die beste Wirkung erzielt man mit einer Sendeeinrichtung nach Abb. 168, wenn die Kreise I und II auf die gleiche Schwingungszahl abgestimmt sind. Im Stromkreis I entsteht auf Grund eines bei F überspringenden Funkens eine stark gedämpfte Schwingung, die durch Induktionswirkung auf den Stromkreis II übertragen wird. Die Amplitude der Schwingung im Stromkreis II wächst mit jedem folgenden Schwingungsausschlag im Stromkreis I. Ist die gedämpfte Schwingung im Stromkreis I abgeklungen, so hat die Schwingung im Stromkreis II ihre maximale Amplitude erreicht

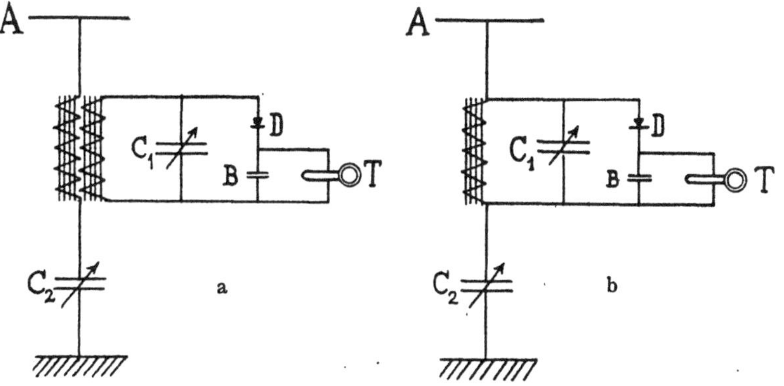

Abb. 169. Empfängerschaltung für schwach gedämpfte Schwingungen.

und klingt nunmehr mit der dem Schwingungskreis II eigenen geringeren Dämpfung ab. Der zeitliche Stromverlauf in den beiden Stromkreisen ist in Abb. 168b schematisch dargestellt. Die Erzeugung einer möglichst kurzdauernden Stoßerregung im Stromkreis I ist bei solchen Anordnungen wichtig, da der Kreis I zur Zeit des Erreichens der maximalen Amplitude in Kreis II bereits unterbrochen sein muß, weil anderenfalls Stromkreis II einen Teil seiner aufgenommenen Energie wieder an Stromkreis I zurückgibt. Das Entstehen von Funken, die nach wenigen Hin- und Hergängen der Elektrizität erlöschen, wird durch die sog. Löschfunkenstrecke begünstigt, die in einer Unterteilung der ganzen Funkenstrecke in mehrere kleinere Funkenstrecken besteht, und als Funkenpole tellerartige Metallscheiben mit erhöhten, einander zugekehrten, scharfen Rändern besitzt. Als gut abstimmbaren Empfänger verwendet man für den Empfang schwachgedämpfter Wellen einen mit dem Sendekreis in Abb. 168 übereinstimmenden Empfangskreis, an den ein Detektorkreis induktiv oder galvanisch angekoppelt ist, d. h. eine Anordnung nach Abb. 169a oder b. Schaltet man das Telephon, wie dort angegeben, hinter den Detektor, so muß, da das Telephon infolge seiner hohen Selbstinduktion für die Hochfrequenzströme einen sehr hohen Widerstand darstellt, ein kleiner Kondensator B parallel zum Telephon gelegt werden, um den Hochfrequenzströmen den Ausgleich über diesen zu gestatten.

Durch das Empfangstelephon fließt, infolge der Gleichrichterwirkung des Detektors, wie schon S. 303 erörtert, für die Dauer der Erregung eines hochfrequenten Wechselstroms im Detektor ein Gleichstrom, d. h. wenn im Detektorkreis ein Strom nach Abb. 168b II erzeugt wird, fließt durch das Telephon ein Gleichstromstoß; man hört daher beim Empfang einer rhythmischen Folge von schwach gedämpften Wellen im Telephon einen Ton mit der von der Funkenfrequenz des Senders bestimmten Tonhöhe. Durch Verwendung einer Löschfunkenstrecke kann die Funkenfrequenz des Senders und damit die Tonhöhe des Empfangstones sehr viel höher gewählt werden als bei Verwendung einer gewöhnlichen Funkenstrecke; an Stelle des von dieser gelieferten „Knarrfunkens" erzielt man einen „tönenden" Funken, was den Empfang merklich erleichtert. Durch Kombination von Funkenfolgen verschiedener Dauer, d. h. Tönen von verschiedener Länge, welche die Punkte und Striche des Morsesystems repräsentieren, kann man mittels solcher Einrichtungen Nachrichten auf große Entfernungen drahtlos übermitteln.

Schaltet man in einen Schwingungskreis an Stelle der Funkenstrecke einen Lichtbogen, so entstehen ebenfalls Schwingungen, die sich von den durch das Überspringen von Funken ausgelösten dadurch unterscheiden, daß sie nicht in Form einer gedämpften Schwingung abklingen, sondern mit unveränderter Amplitude als ungedämpfte Schwingung während der ganzen Dauer des Bestehens des Lichtbogens fortdauern. Besonders gut gelingt die Erzeugung ungedämpfter Schwingungen in einem Schwingungskreis durch einen Lichtbogen, der in einer Wasserstoffatmosphäre erzeugt wird. Eine andere Methode zur Herstellung ungedämpfter elektrischer Schwingungen wird noch später besprochen werden; sie besteht in der Anordnung von sog. Glühkathodenröhren mit Rückkoppelung (s. Kap. 10 c).

Die elektrischen Vorgänge in einem Schwingungskreis, in dem eine ungedämpfte Schwingung besteht, unterscheiden sich grundsätzlich nicht von denen in einem Stromkreis, der mit einer Wechselstrommaschine verbunden ist, d. h. es fließt im Schwingungskreis ein dauernder Wechselstrom. Der Unterschied besteht meist nur in der Wechselzahl der Wechselströme, da es sich in einem Schwingungskreis, in dem durch Lichtbogen oder Glühkathodenröhre ein Wechselstrom erzeugt wird, meist um Wechselzahlen von vielen Tausenden pro Sekunde handelt, während die Wechselstrommaschinen im allgemeinen nur Wechselströme von etwa 50 Wechseln pro Sekunde liefern; es ist jedoch auch gelungen, Wechselstrommaschinen zu bauen, die Wechselströme sehr hoher Frequenz liefern und daher unmittelbar als Schwingungsgeneratoren von Sendestationen für ungedämpfte Hertzsche Wellen dienen können.

Koppelt man an einen geschlossenen Schwingungskreis, in dem eine ungedämpfte Schwingung besteht, einen offenen Sendekreis, der aus Antenne, Selbstinduktion, Kapazität und Gegengewicht bzw. Erdverbindung besteht (ähnlich wie in Abb. 168), und stimmt diesen Sendekreis durch Veränderung der Selbstinduktion oder Kapazität auf den primären Schwingungskreis ab, so sendet dieser Sender eine ungedämpfte Welle. Der zeitliche Verlauf der Elektrizitätsbewegung im Sender entspricht etwa der Darstellung der Abb. 170a.

Verwendet man eine Empfangsschaltung nach Abb. 169, so wird im Empfangstelephon ein Strom erzeugt, der etwa der Darstellung in Abb. 170b entspricht, d. h. im Telephon wird für die Dauer des Empfangs einer ungedämpften Welle ein Gleichstrom konstanter Stärke fließen. Ein Gleichstrom konstanter Stärke in einem Telephon wird während des Fließens akustisch nicht wahrgenommen, sondern nur der Beginn und der Schluß des Stromflusses erzeugt ein Knacken im Hörer.

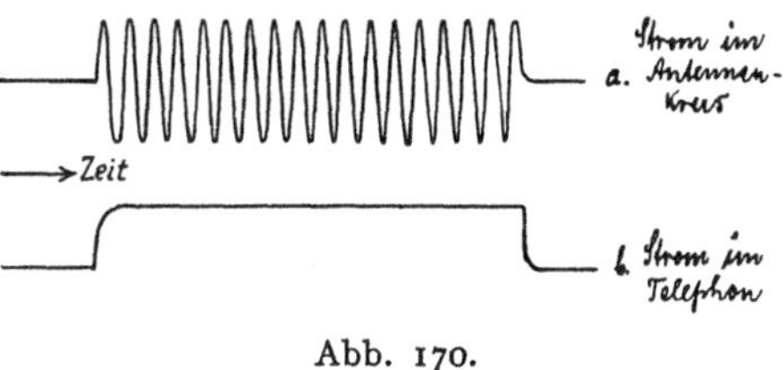

Abb. 170.

Um den Empfang eines mit ungedämpften Wellen gesendeten Telegramms mit einer Anordnung nach Abb. 169 zu bewerkstelligen, ist es daher notwendig, das Bestehen eines Gleichstroms im Telephonstromkreis sinnfällig zu machen. In einfachster Form ist das möglich, indem man in den Telephonstromkreis einen mechanischen Unterbrecher einschaltet; solange kein Strom im Telephonstromkreis fließt, wird man die Unterbrechungen des dauernd laufenden Unterbrechers nicht hören, sobald aber ein Strom fließt, wird ein Ton mit der durch die Unterbrecherfrequenz gegebenen Tonhöhe wahrgenommen werden.

Eine sehr zweckmäßige und deshalb viel verwandte Anordnung, die den Empfang ungedämpfter Wellen mit einer Anordnung ähnlich Abb. 169 gestattet, ist eine Einrichtung, welche dauernd eine schwache ungedämpfte Welle mit einer nur wenig von der zu empfangenden Welle verschiedenen Schwingungszahl aussendet. Die ankommende Welle interferiert dann mit der gesendeten und es entstehen Schwebungen; die Zahl der pro Sekunde auftretenden Schwebungen ist gleich der Differenz der Schwingungszahlen der ankommenden und der vom Empfänger ausgesandten Welle. Die Detektoreinrichtung richtet die Hochfrequenzströme gleich, d. h. es entsteht infolge der Detektorwirkung ein periodischer Gleichstrom mit einer Periodenzahl, die gleich der Zahl der pro Sekunde auftretenden Schwebungen ist;

man nimmt somit im Telephon einen Ton wahr, dessen Höhe durch die Schwebungsfrequenz gegeben ist. Besonders leicht sind Anordnungen zum Schwebungsempfang mit Glühkathodenröhren herzustellen, da diese Röhren sowohl als Sender für ungedämpfte Wellen, als auch als Detektor wirken können. Es sollen solche Schwebungsempfänger daher im Anschluß an die Behandlung der Glühkathodenröhren näher besprochen werden.

Einrichtungen zum Senden ungedämpfter Wellen können zur drahtlosen Telephonie, d. h. zur Übermittlung akustischer Phänomene verwandt werden. Schaltet man z. B. in den Sendekreis einer Anordnung, die dauernd eine ungedämpfte Welle aussendet, ein Mikrophon, d. h. einen Apparat, der unter dem Einfluß akustischer Druck-

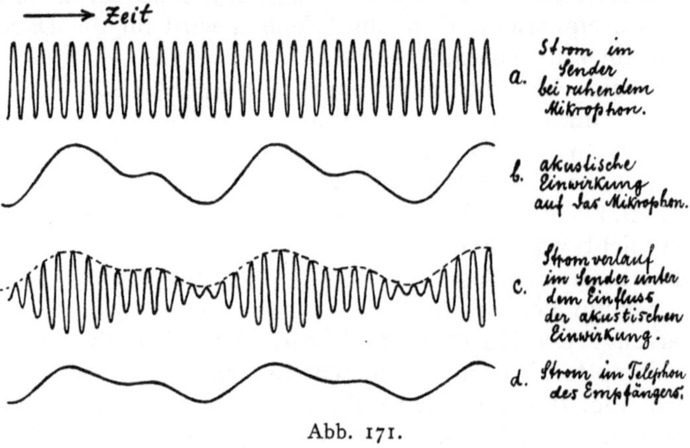

Abb. 171.

schwankungen seinen Widerstand im Rhythmus der einwirkenden Tonwellen ändert, so wird die Amplitude der ungedämpften Schwingung, deren Frequenz die akustischen Frequenzen um das 100- oder mehrfache übertrifft, im Rhythmus der akustischen Frequenzen wechseln, d. h. während der zeitliche Ablauf der ungedämpften Welle bei ruhendem Mikrophon etwa das Bild der Abb. 171a darstellt, wird sich das Bild unter dem Einfluß einer der Kurve 171b entsprechenden akustischen Einwirkung, in der Art, wie es Abb. 171c zeigt, verändern. Erzeugt nun eine Welle entsprechend dem Bild der Abb. 171c eine ihr analoge elektrische Schwingung in einer Empfangseinrichtung mit Detektor (Anordnung wie Abb. 169), so wird im Telephonstromkreis, infolge der Gleichrichterwirkung des Detektors, ein periodischer Gleichstrom vom zeitlichen Ablauf der Abb. 171d fließen, d. h. das Telephon wird unter dem Einfluß dieses Gleichstroms, der in seinem Ablauf die Schalleinwirkung wiedergibt, einen Schall hervorbringen, der im wesentlichen mit der Schalleinwirkung auf das Mikrophon des Senders übereinstimmt. Andere

Möglichkeiten, die Amplitude einer ungedämpften Sendeschwingung im Rhythmus akustischer Frequenzen zu beeinflussen, werden noch später, im Anschluß an die Beschreibung der Glühkathodenröhren (s. Kap. 10c) besprochen werden. Der Empfang drahtloser Telephonie geschieht, wie aus dem Gesagten hervorgeht, mit den gleichen Apparaten, die zum Empfang gedämpfter Wellen Verwendung finden, d. h. u. a. mit einfachen Detektorschaltungen entsprechend Abb. 169.

d) Teslaströme.

Hochfrequenzströme sehr hoher Spannung bezeichnet man häufig als Teslaströme. Man kann Teslaströme herstellen, indem man z. B. die in einem elektrischen Schwingungskreis durch Funkenüberspringen ausgelösten, in ihrer Wechselzahl der Schwingungszahl des Schwingungskreises entsprechenden, hochfrequenten Wechselströme auf Spannung transformiert. In Abb. 172 ist eine Anordnung zur Erzeugung von Teslaströmen skizziert: Eine Schleife D eines Schwingungskreises F C D ist als primäre Spule eines Transformators verwandt, dessen sekundäre Spule S zahlreiche Windungen besitzt. Setzt man die Funkenstrecke F durch Anschluß an die Pole eines Funkeninduktors oder einer Elektrisiermaschine in Betrieb, so sieht man an den freien Enden A und B der sekundären Spule büschelförmige Funkenerscheinungen, die nach allen Seiten in den

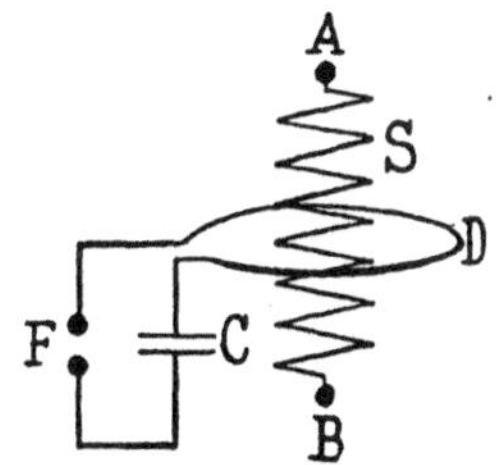

Abb. 172. Anordnung zur Erzeugung von Teslaströmen.

Raum ausstrahlen; die Isolation durch die Luft versagt gegenüber den erzeugten hochfrequenten Wechselströmen, und zwar strömt die Elektrizität in durch Lichterscheinungen an den Stellen größter Stromdichte sinnfällig werdenden Bahnen so durch die Luft, als ob diese ein Leiter sei. Daß überall in der Umgebung der Anordnung elektrischer Strom durch die Luft strömt, kann leicht nachgewiesen werden. Hängt man z. B. eine der noch später zu besprechenden Geißlerschen Röhren an einer beliebigen Stelle frei im Raume auf, so leuchtet sie ebenso, wie wenn man ihre Elektroden mit den Polen eines Funkeninduktors verbindet; es fließt demnach ein Strom durch die Röhre. Die Stärke des Aufleuchtens hängt ab von der Stellung der Röhre im Raum; die Stellung maximalen Aufleuchtens wird dann erreicht, wenn die Richtung, in der der Strom die Röhre passieren kann (meistens die Langsrichtung der Röhre) mit der Richtung des Stromflusses in der Luft an der betreffenden Stelle übereinstimmt. Infolge ihrer hohen Wechselzahl kann man an Teslaströmen in ausgesprochenster Form die Erscheinung beobachten, daß Kondensatoren, die in den Stromkreis eingeschaltet sind, die Ströme voll passieren lassen, während Selbstinduktionen einen hohen scheinbaren Widerstand für sie darstellen. Die Gründe für dieses Verhalten sind in Kap. 5 d eingehend erörtert.

Von besonderem physiologischen Interesse ist es, daß man Teslaströme sehr erheblicher Stromstärke durch den menschlichen oder tierischen Körper schicken kann, ohne daß unangenehme Wahrnehmungen oder Reizerscheinungen an Nerven und Muskeln (Krämpfe) diesen Stromdurchgang begleiten. Wechselströme niederer Frequenz erregen bekanntlich schon bei sehr geringen Stromstärken die Nerven und Muskeln des Menschen und der Tiere; das Durchleiten solcher Ströme wird daher sehr unangenehm wahrgenommen und führt unter Umständen zu schweren dauernden Schädigungen des Organismus oder gar zum Tod. Hochfrequente Wechselströme hingegen kann man mit einer solchen Stromstärke dem Körper zuleiten, daß die Gewebe durch die von dem fließenden Strom erzeugte Joulesche Wärme merklich erwärmt werden, ohne daß eine andere Erscheinung dabei beobachtet wird, als das subjektiv angenehme Gefühl einer innerlichen Erwärmung in den vom Strom durchflossenen Körperteilen. Teslaströme finden daher in der Medizin zur inneren Erwärmung bestimmter Körperteile vielfache Verwendung in Form der sog. „Diathermie‟. Steigert man die Stromdichte an einer Stelle des Körpers, durch Verwendung einer Zuleitungselektrode geringen Querschnitts, so weit, daß die entstehende Joulesche Wärme zur örtlichen Erwärmung des Gewebes bis zu hohen Temperaturgraden führt, so wird an diesen Stellen das Gewebe zerstört bzw. bei noch höheren Temperaturen verbrannt. Auch diese Art der Anwendung von Teslaströmen ist in manchen Gebieten der Medizin gebräuchlich, verlangt jedoch eine außerordentliche Vorsicht, da der Umfang der hervorgebrachten Gewebszerstörung nur unsicher beurteilt werden kann.

9. Kapitel: Entladungserscheinungen in verdünnten Gasen.

a) Geißlerröhren, Kathodenstrahlen, Kanalstrahlen.

Verbindet man die Pole eines Funkeninduktors oder einer Elektrisiermaschine mit zwei in eine Röhre eingeschmolzenen Elektroden und verdünnt durch Auspumpen die in der Röhre enthaltene Luft, so beobachtet man, daß dann, wenn der Luftdruck bis auf wenige Millimeter Hg gesunken ist, Lichterscheinungen zwischen den Elektroden auftreten. Abb. 173 stellt eine solche (Geißlersche) Röhre vor mit der Anode A und der Kathode K. Bei fortschreitender Evakuierung der Röhre beobachtet man zunächst ein bläuliches Leuchten, das von der Anode ausgeht und sich bis in die Nähe von K erstreckt;

dabei weist es meist mehrere hellere und dunklere Schichten auf. Die Farbe des Leuchtens hängt von der Natur des in der Röhre vorhandenen Gases ab; durch Füllen der Geißlerröhre mit verschiedenartigen stark verdünnten Gasen kann man daher die verschiedensten Farbeffekte erzielen. In der Nähe der Kathode beobachtet man gleichfalls eine zunächst geringfügige Leuchterscheinung (f in Abb. 173), das sog. „negative Glimmlicht", das durch eine dunkle Schicht von der Kathode getrennt ist.

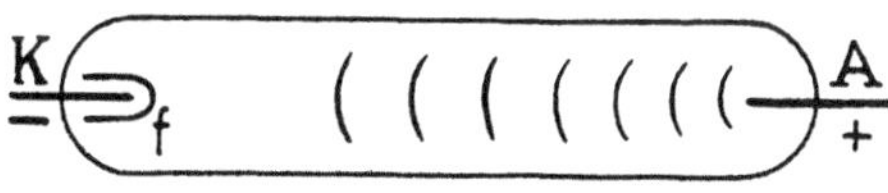

Abb. 173. Geißlersche Röhre.

Treibt man die Luftverdünnung bis zu höheren Graden, so treten die Leuchterscheinungen an der Anode immer mehr in den Hintergrund, während das negative Glimmlicht sich allmählich immer mehr von der Kathode entfernt und immer lebhafter wird; schließlich erreicht es die Glaswand, die nunmehr in lebhaftem grünlichem Fluoreszenzlicht erstrahlt.

Die Ursache der grünlichen Fluoreszenz der Glaswand kann am leichtesten festgestellt werden, wenn als Kathode eine kleine Platte gewählt und die Anode an irgendeiner seitlichen Stelle der Röhre angebracht wird. Man beobachtet dann, daß die Fluoreszenz der Glaswand an der der Kathodenfläche gegenüberliegenden Stelle weitaus am stärksten ist. Bringt man einen Metallgegenstand oder eine Metallblende (in Abb. 174 bei B angedeutet) zwischen

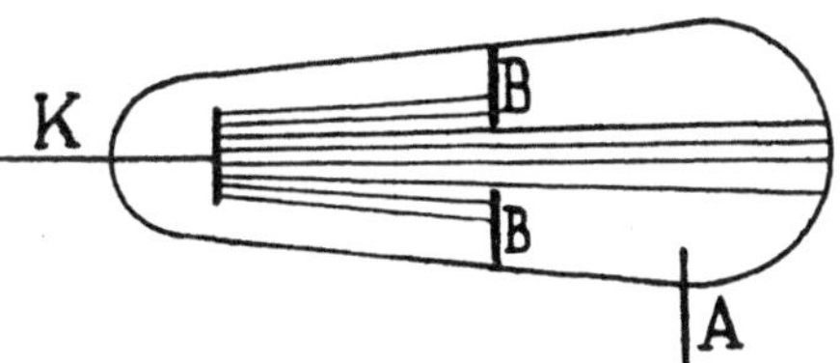

Abb. 174. Kathodenstrahlen.

Kathodenblech und Glaswand, so entsteht auf der Glaswand ein deutliches Schattenbild des Gegenstandes. Man muß aus diesem Schattenbild schließen, daß vom Kathodenblech Strahlen gradlinig ausgehen, deren Auftreffen auf der Glaswand die Fluoreszenz des Glases hervorruft. Man bezeichnet diese Strahlen als „Kathodenstrahlen". Aus den verschiedenartigen Beobachtungen geht hervor, daß die Kathodenstrahlen senkrecht von der Oberfläche der Kathode ausgehen und sich ohne Rücksicht auf die Lage der Anode geradlinig fortpflanzen.

Verwendet man als Kathode ein durchlöchertes Blech, so kann man unter Umständen auf der anderen Seite der Kathode ähnliche Strahlen beobachten, die aus den Löchern der Kathode hervorkommen und sich geradlinig in der entgegengesetzten Richtung wie die Kathodenstrahlen fortpflanzen. Man bezeichnet diese Strahlen, da ihr Entstehen an das Vorhandensein von Kanälen in der Kathode gebunden ist, als „Kanalstrahlen".

b) Röntgenstrahlen.

Kathodenstrahlen und Kanalstrahlen sind offenbar nicht imstande, die Glaswand zu durchdringen, da man außerhalb der Röhre von ihnen nichts mehr beobachten kann. Außerhalb einer Röhre, die bis zum Auftreten der grünlichen Fluoreszenz der Glaswand evakuiert ist, kommen jedoch Strahlen zur Beobachtung, die sich grundsätzlich von den Kathoden- und Kanalstrahlen unterscheiden. Sie wurden von Röntgen entdeckt und heißen nach ihm „Röntgenstrahlen". Röntgenstrahlen sind für das Auge unmittelbar nicht wahrnehmbar, sie haben jedoch, ebenso wie die unsichtbaren ultravioletten Strahlen, die Eigenschaft, bestimmte Stoffe, wie z. B. Bariumplatinzyanür, zum Floreszieren zu veranlassen und die photographische Platte zu schwärzen. Bringt man z. B. in einem dunklen Raum einen mit Bariumplatinzyanür bestrichenen Papierschirm in die Nähe der beschriebenen Röhre, so beobachtet man, daß er aufleuchtet. Daß die Fluoreszenz des Schirms durch Strahlen hervorgerufen wird; die von der fluoreszierenden Röhrenwand ausgchen, läßt sich zeigen, indem man zwischen Röhre und Schirm einen Gegenstand bringt; es entsteht dann auf dem Schirm ein deutliches Schattenbild des Gegenstandes. Bei solchen Versuchen kann man unmittelbar feststellen, daß sich die Röntgenstrahlen von allen bisher bekannten Strahlenarten durch eine außerordentliche Durchdringungsfähigkeit unterscheiden. Entwirft man z. B. das Schattenbild einer Hand oder eines anderen Körperteils mittels Röntgenstrahlen auf dem Leuchtschirm, so sieht man deutlich das Schattenbild des Knochenskeletts, während der Schatten der Weichteile nur schwach angedeutet ist. Ebenso wie die Weichteile des tierischen Körpers werden viele andere für Licht und ultraviolette Strahlen undurchdringliche Stoffe, so z. B. Holz, Leder, Papier selbst in dicken Schichten von Röntgenstrahlen durchdrungen. Sogar Metallfolien in einer Dicke von mehreren Zehntelmillimeter lassen einen merklichen Teil der auf sie auftreffenden Röntgenstrahlen passieren. Am relativ undurchdringlichsten sind die Schwermetalle, während z. B. Aluminium noch in Schichten von mehr als Zentimeterdicke merklich durchdrungen wird.

Verwendet man an Stelle des Leuchtschirms eine photographische Platte, die in schwarzes Papier eingewickelt ist, und entwickelt sie, nachdem man sie längere Zeit dem Einfluß der Röntgenstrahlen, unter Zwischenlagerung eines Gegenstandes, von dem man eine Röntgenphotographie zu erhalten wünscht, ausgesetzt hat, so weist die Platte ein photographisch fixiertes Schattenbild des betreffenden Gegenstandes auf, das die gleichen Eigentümlichkeiten wie das Leuchtschirmbild zeigt. Da es sich bei den Röntgenbildern um Schattenbilder handelt, muß man, um möglichst scharfe Bilder zu erhalten, den abzubildenden Gegenstand möglichst nahe an die Platte heranbringen.

Nähere Untersuchungen haben gezeigt, daß Röntgenstrahlen immer dann entstehen, wenn Kathodenstrahlen auf ein Hindernis auftreffen, also z. B. beim Auftreffen der Kathodenstrahlen auf die Glaswand der Röhre. Von den Röntgenstrahlen konnte gezeigt werden, daß sie sich mit der gleichen Geschwindigkeit wie Licht und Hertzsche Wellen $\left(300\,000\ \dfrac{\mathrm{km}}{\mathrm{sec}}\right)$ durch den Raum fortpflanzen, daß sie jedoch nicht in gleicher Art wie Licht reflektiert und gebrochen werden. Weitere Untersuchungen haben gezeigt, daß man Röntgenstrahlen als transversale elektromagnetische Wellen, d. h. also mit Licht und Hertzschen Wellen wesensgleiche Erscheinung auffassen muß, die jedoch eine kürzere Wellenlänge besitzen, als selbst das kurzwelligste ultraviolette Licht. Näheres hierüber ist in dem Abschnitt „Elektromagnetische Wellen aller Wellenlängen" zu finden (s. V. Abschnitt).

Die ungeheuere wissenschaftliche und praktische Bedeutung der Röntgenstrahlen vor allem auch für die Medizin hat zu einer raschen Entwicklung der technischen Einrichtungen geführt, die zu ihrer Erzeugung geeignet sind; dabei ist man bald dazu übergegangen, dem von der Kathode ausgehenden Kathodenstrahlenbündel durch Ausbildung der Kathode zu einer konkaven Schale eine konzentrische Form zu erteilen und dieses konzentrische Strahlenbündel an seiner engsten Stelle auf eine im Innern der Röhre angebrachte Metallplatte auftreffen zu lassen, so daß an einer ganz bestimmten, engbegrenzten Stelle Röntgenstrahlen beträchtlicher Intensität entstehen. Man bezeichnet die Platte, auf der die auftreffenden Kathodenstrahlen Röntgenstrahlen erzeugen, als die „Antikathode" und gibt den Röntgenröhren etwa die Abb. 175 skizzierte Form.

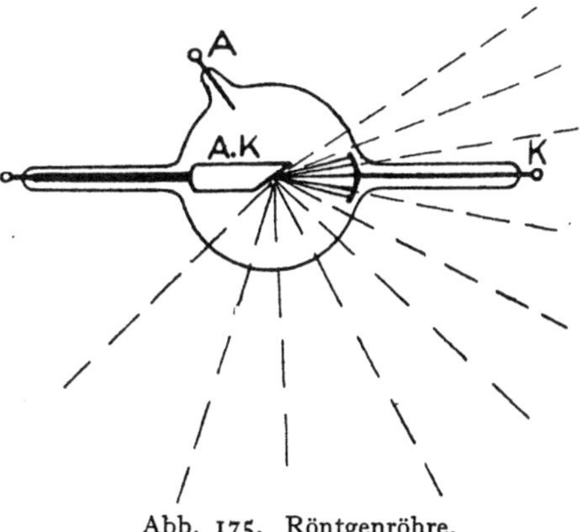

Abb. 175. Röntgenröhre.

A = Anode, K = Kathode, A.K. = Antikathode, ⟪ = Kathodenstrahlen, ⟪ = Röntgenstrahlen.

Stellt man Röntgenröhren sonst gleichartiger Konstruktion her, die sich nur durch das mehr oder minder vollkommene Vakuum im Innern der Röhre voneinander unterscheiden, so beobachtet man, daß die von einer stark evakuierten Röhre gelieferten Strahlen eine größere Durchdringungsfähigkeit besitzen als die einer Röhre reichlicheren Luftinhalts. Durch geeignete Bemessung des Vakuums kann daher die Durchdringungsfähigkeit der Röntgenstrahlen in

einem bestimmten Bereich willkürlich verändert werden. Strahlen
hoher Durchdringungsfähigkeit bezeichnet man auch als „harte",
solche relativ geringer Durchdringungsfähigkeit als „weiche" Strahlen
und spricht, je nach der Härte der von einer Röhre gelieferten Strahlen,
von harten und weichen Röhren.

Wird eine weiche Röhre längere Zeit betrieben, so kann man feststellen, daß mit der Länge der Betriebsdauer die Härte der Strahlen
allmählich zunimmt, ohne daß sich nach der Außerbetriebsetzung
die frühere Weichheit wieder einstellt. Untersucht man das Vakuum
der durch langen Betrieb hart gewordenen Röhre, so findet man,
daß der Luftinhalt abgenommen hat; es ist demnach durch den
Betrieb anscheinend Luft aus der Röhre verschwunden. Nähere
Untersuchungen haben gezeigt, daß die verschwundene Luft von
der Glaswand der Röhre absorbiert wurde, und daß es möglich ist,
durch Erwärmung der ganzen Röhre, die Luft aus dem Glas wieder
in das Röhreninnere zu treiben und so die frühere Weichheit einer
durch langen Betrieb hart gewordenen Röhre wieder herzustellen.
Da man für bestimmte Zwecke häufig Röntgenstrahlen ganz bestimmter Härte notwendig hat, ist das Erweichen einer hart gewordenen
Röhre ein häufiges Bedürfnis. Das Erwärmen einer ganzen Röntgenröhre ist jedoch stets umständlich und mit der Gefahr des Zerspringens
der Röhre verbunden; man hat daher an den Röhren Einrichtungen
der verschiedensten Art angebracht, die es gestatten, dem Röhren-
inhalt geringe Luftmengen zuzuführen, um so hartgewordene Röhren
wieder zu „regenerieren".

c) Ionisation von Gasen durch Röntgenstrahlen.

Stellt man in der Nähe einer Röntgenröhre ein geladenes Elektroskop auf, so bemerkt man, daß bei der Inbetriebnahme der Röhre
die Blättchen des Elektroskops mehr oder weniger rasch zusammenfallen; das Elektroskop entläd sich. Die Entladung des Elektroskops
muß dem Umstand zugeschrieben werden, daß die Luft unter dem
Einfluß der Röntgenstrahlen eine gewisse Leitfähigkeit gewinnt und
die Ladung ableitet. Der Nachweis dieser Tatsache kann dadurch
erbracht werden, daß man die Umgebung des Elektroskops vor der
unmittelbaren Einwirkung der Röntgenstrahlen durch einen Schirm
aus Bleiblech schützt; das Elektroskop bewahrt dann seine Ladung
auch während des Betriebs der Röntgenröhre. Bläst man jedoch
die dem Einfluß der Röntgenstrahlen unmittelbar ausgesetzte Luft
nach dem Elektroskop hin, so gibt es seine Ladung ab.

Die Leitung des Stroms in der durch Röntgenstrahlen leitend
gewordenen Luft hat viele Ähnlichkeit mit der Leitung des Stroms
in Elektrolytlösungen, obwohl die von der Luft erworbene Leitfähigkeit immer noch erheblich geringer ist als die einer sehr stark verdünnten Elektrolytlösung. Man nimmt daher an, daß unter dem Ein-

fluß der Röntgenstrahlen, die Gase einen ähnlichen Zustand erwerben, wie ihn die flüssigen Elektrolyte besitzen, d. h. sich in positiv und negativ geladene Teilchen spalten. Man nennt diese Teilchen in Analogie zu den Ionen der Elektrolyte „Gasionen" und vermutet, daß die unter dem Einfluß der Röntgenstrahlen entstehenden Gasionen den Elektrizitätstransport übernehmen.

Die Zahl der pro Zeiteinheit in einer bestimmten Luftmenge entstehenden Gasionen ist um so größer, je größer die Intensität der Röntgenstrahlen an dem betreffenden Ort ist. Die Entladung des Elektroskops geht um so rascher vor sich, je mehr Ionen zum Elektrizitätstransport zur Verfügung stehen. Die Geschwindigkeit, mit der die Blättchen des Elektroskops zusammenfallen, ist somit ein Maß der Intensität der Röntgenstrahlen am Standort des Elektroskops. Apparate, die auf diesem Prinzip beruhen, werden zur Intensitätsmessung einer Röntgenstrahlung an einem bestimmten Ort häufig verwandt und führen den Namen „Iontenquantimeter". Überläßt man die ionisierte Luft einige Zeit sich selbst, so verliert sie ihre Leitfähigkeit wieder; die Ionen vereinigen sich wieder zu neutralen Molekülen.

d) Das Verhalten der Kathoden- und Kanal-Strahlen im elektrischen und magnetischen Feld.

Durch geeignete Maßnahmen kann man den Verlauf eines Kathodenstrahlenbündels bzw. eines Kanalstrahlenbündels in einer Röhre sichtbar machen. Verwendet man z. B. als Kathode eine flache Schale, so entsteht ein annähernd paralleles Kathodenstrahlenbündel. Blendet man durch einen Schlitz in einer Metallscheibe (in Abb. 176 mit B bezeichnet) ein schmales Bündel aus und läßt dieses auf einen zum Verlauf der Kathodenstrahlen schräg in die Röhre gestellten, mit einer unter dem Einfluß der Kathodenstrahlen fluoreszierenden Substanz (z. B. Zinksulfid) bestrichenen Schirm fallen, so markiert sich der

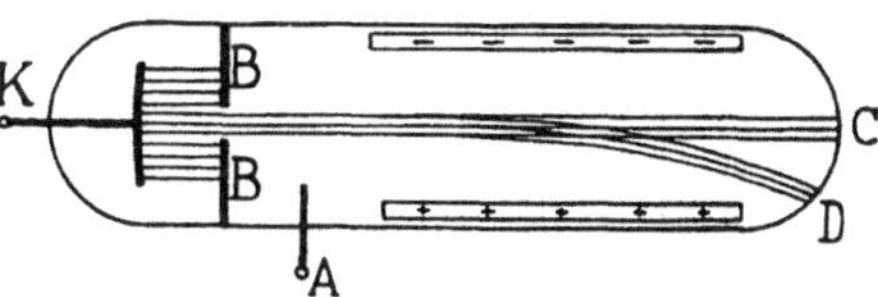

Abb. 176. Ablenkung der Kathodenstrahlen durch ein elektrisches Kraftfeld.

Verlauf des Kathodenstrahlenbündels durch einen fluoreszierenden Streifen auf dem Schirm. Ist eine solche Röhre anderweitigen Einflüssen entzogen, so ist der Fluoreszenzstreifen durchaus gerade und steht zur Kathode senkrecht, d. h. er entspricht dem Streifen B C in Abb. 176. Erzeugt man jedoch in der Röhre ein elektrisches Feld, indem man z. B., wie in der Abbildung angedeutet, einen auf ein negatives Potential geladenen Leiter oberhalb und eine auf positives Potential geladene Leiterplatte unterhalb der Röhre anbringt, so erfährt der Kathodenstrahl eine Ablenkung; der Fluoreszenzstreifen folgt nunmehr etwa dem Weg B D. Ebenso kann eine Ablenkung der Kathodenstrahlen durch ein Magnetfeld bewirkt werden. Bringt man z. B. einen Nordpol vor die Röhre, einen Südpol hinter die Röhre, so daß in der Röhre ein magnetisches Kraftfeld entsteht, dessen Kraftlinien in Abb. 176 senkrecht von vorn nach hinten durch die Zeichenebene verlaufen, so wird der Kathodenstrahl ebenfalls nach unten, d. h. in ähnlicher Art abgelenkt, wie es in Abb. 176 als Folge des elektrischen Feldes, dessen Kraftlinien in der Zeichenebene von unten nach oben verlaufen, gezeichnet ist. Analoge Versuche kann man mit Kanalstrahlen anstellen und findet dabei, daß diese Strahlenart ebenfalls durch magnetische und elektrische Kraftfelder von ihrer gradlinigen Bahn abgelenkt werden. Die Ablenkung der Kanalstrahlen erfolgt jedoch bei gleichartiger Anordnung in der umgekehrten Richtung, wie die der Kathodenstrahlen und ist bei Anwendung gleicher Kraftfelder in ihrer Größe von der Ablenkung der Kathodenstrahlen verschieden.

10. Kapitel: Die Elektronentheorie im Zusammenhang mit den durch sie zu erklärenden Erscheinungen.

a) Masse und Ladung des Elektrons.

Um einen logischen Zusammenhang zwischen den im 9. Kapitel besprochenen Vorgängen herzustellen, muß man zu Anschauungen greifen, die von den früher über das elektrische Fluidum ausgesprochenen abweichen, und unter dem Namen der Elektronentheorie gerade in neuester Zeit eine immer zunehmende Bedeutung gewonnen haben.

Schon die im 6. Kapitel beschriebenen Ergebnisse der Versuche über Elektrolyse, vor allem die merkwürdige Tatsache, daß jedes einwertige Gramm-Ion die gleiche Ladung von 9650 elektro-magnetischen Einheiten oder 96 500 Coulomb, jedes mehrwertige Ion ein seiner Wertigkeit entsprechendes ganzzahliges Vielfaches dieser Ladung besitzt, läßt es naheliegend erscheinen, der Elektrizität, ebenso wie der Materie eine atomistische Struktur zuzuschreiben und anzunehmen, daß jedem einwertigen Ion ein positives oder negatives Elektrizitätsatom zukommt, jedes mehrwertige Ion seiner Wertigkeit entsprechend mehrere Elektrizitätsatome besitzt. Jedes Elektrizitätsatom stellt nach dieser Annahme die gleiche Ladung dar; kommen ein positives und ein negatives Elektrizitätsatom zusammen, so neutralisieren sie sich, da sie gleiche und entgegengesetzte Ladungen besitzen. Da uns die Zahl der in einem Grammatom tatsächlich vorhandenen Atome bekannt ist (Loschmidtsche Zahl $L = 0{,}606 \times 10^{24}$), so kann aus den Elektrolyseversuchen die Ladung der gedachten Elektrizitätsatome angegeben werden; sie ist offenbar gleich $\frac{e}{L}$, worin e = 9650 ist, d. h. ein Elektrizitätsatom repräsentiert die Ladung von 1,591 $\times$ 10^{-20} abs. elektr. magn. Einheiten oder von 15,91 $\times$ 10^{-20} Coulomb.

Die Leitung eines elektrischen Stroms in einem Leiter I. Klasse kann man sich nach dieser Vorstellung als den Transport von Elektrizitätsatomen innerhalb des Leiters vorstellen, also als einen Vorgang, der von der Leitung in einem Elektrolyten nur dadurch unterschieden ist, daß in dem Leiter I. Klasse die Elektrizitätsatome allein, im Elektrolyten aber gebunden an materielle Atome verschoben werden. Es setzt die Vorstellung der atomistischen Struktur der Elektrizität also voraus, daß die Elektrizitätsatome auch von den materiellen Atomen getrennt werden können. Der Nachweis, daß das wenigstens für das negative Elektrizitätsatom möglich ist, kann geführt werden. An sich kann man sich einen Strom in einer bestimmten Richtung sowohl durch das Wandern positiver Elektrizitätsatome in der betreffenden Richtung, als auch als das Wandern negativer Elektrizitätsatome in der entgegengesetzten Richtung hervorgerufen denken.

Betrachtet man das Verhalten der Kathoden- und Kanalstrahlen in einem elektrischen und in einem magnetischen Feld, so erkennt man, daß die Ablenkung der Kathodenstrahlen in der gleichen Richtung erfolgte wie die eines Drahtes, der von einem Strom durchflossen wird in der Richtung auf die Kathode zu; die Ablenkung der Kanalstrahlen entspricht der eines Drahtes, in dem ein Strom von der Kathode wegfließt. Der Unterschied zwischen den Kathoden- bzw. Kanalstrahlen und entsprechend gerichteten Strömen besteht nur darin, daß die Kathoden- und Kanalstrahlen frei durch den Innenraum der Röhre strömen. Es ist naheliegend anzunehmen, und diese Annahme würde die an den Kathoden- und Kanalstrahlen beobachteten Erscheinungen zureichend erklären, daß man in diesen Strahlen freie Elektrizitätsatome vor sich hat, die mit einer bestimmten Geschwindigkeit von der Kathode weggeschleudert werden.

Untersucht man den Spannungsabfall im Innern einer Röhre, in der Kathoden- und Kanalstrahlen bestehen, was durch geeignete Versuchsanordnungen, die hier nicht näher beschrieben werden sollen, möglich ist, so findet man, daß in unmittelbarer Nähe der Kathode ein außerordentlich starkes Potentialgefälle besteht, demgegenüber die sonst im Innenraum der Röhre zu beobachtenden Potentialdifferenzen klein sind. Man gewinnt durch solche Beobachtungen die Ansicht, daß die Elektrizitätsatome auf Grund dieses starken Potentialabfalls in der Nähe der Kathode eine bestimmte hohe Geschwindigkeit erhalten und weiterhin ohne wesentliche Änderung ihrer Geschwindigkeit nach dem Gesetz der Trägheit gradlinig weiter-

fliegen. Die Ursache der den positiven Teilchen erteilten Geschwindigkeit muß ebenfalls in dem Potentialabfall an der Kathode auf der
Seite des Entstehens der Kathodenstrahlen gesucht werden, da
Kanalstrahlen nur dann entstehen, wenn den positiven Elektrizitätsatomen durch Löcher in der Kathode die Möglichkeit geboten ist,
mit der im Potentialgefälle vor der Kathode erworbenen Geschwindigkeit in der Richtung durch die Kathode hindurch zu fliegen.

Die Tatsache, daß es sich bei Kathoden- und Kanalstrahlen um
mit gleichförmiger Geschwindigkeit bewegte geladene Teilchen
handelt, kann aus der Form der Ablenkung
der Strahlen unter dem Einfluß elektrischer
und magnetischer Felder erschlossen werden.

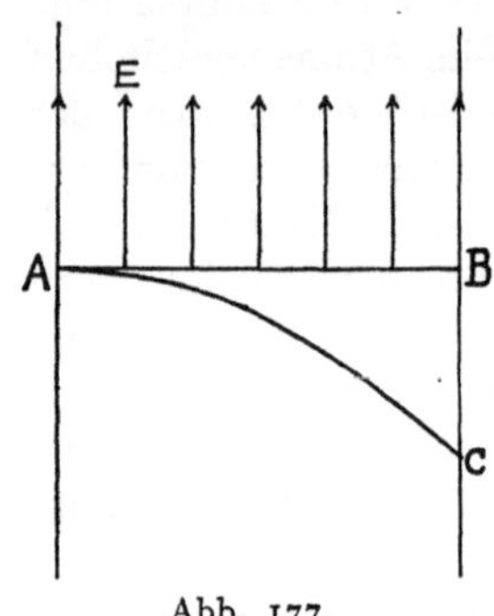

Abb. 177.

Nimmt man an, daß sich ein Teilchen
von der Masse m und der negativen Ladung e
mit der gleichförmigen Geschwindigkeit v in
der Richtung A B der Abb. 177 bewege und
läßt auf dieses Teilchen während der Zurück-
legung des ganzen Wegs ein elektrisches
Feld von der Stärke und Richtung E einwirken, so wirkt nach den Gesetzen der
Elektrostatik auf das Teilchen dauerd eine
Kraft in einer E entgegengesetzten Rich-
tung, d. h. senkrecht zu A B, deren Größe gleich e E ist. Das
Teilchen erhält auf Grund dieser Kraft eine Beschleunigung b, die
nach Gleichung (10) anzusetzen ist:

$$b = \frac{e\,E}{m} \quad \ldots \ldots \ldots \ldots \quad (187)$$

Das Teilchen bewegt sich auf Grund seiner gleichförmigen Geschwindigkeit und der senkrecht dazu stehenden gleichförmigen Beschleunigung auf der Bahn A C, die eine Parabel sein muß, wie leicht aus dem
Vergleich der die Bewegung von A nach C erzeugenden Bedingungen
mit den gleichartigen Bedingungen, unter denen ein im Schwerefeld
der Erde in horizontaler Richtung mit einer bestimmten Geschwindigkeit weggeschleuderter Körper seine bekanntlich parabolische Bahn
beschreibt, zu erkennen ist.

Die Strecke A B wird von dem Teilchen mit der Geschwindigkeit v
in der Zeit

$$t = \frac{A\,B}{v} \quad \ldots \ldots \ldots \ldots \quad (188)$$

zurückgelegt. In dieser Zeit legt das Teilchen in der senkrechten
zu A B stehenden Richtung auf Grund der Beschleunigung b nach
Gleichung (4) den Weg:

$$s = \tfrac{1}{2}\,b\,t^2 = \frac{e\,E\,(A\,B)^2}{2\,m\,v^2} \quad \ldots \ldots \ldots \quad (189)$$

zurück. Der Weg s ist aber die Strecke B C, demnach aus Gleichung (189):

$$\frac{e}{m\,v^2} = \frac{2\,(B\,C)}{E\,(A\,B)^2} \quad \cdot \qquad \cdot \quad \cdot \quad \cdot \quad \cdot \quad \cdot \quad (190)$$

d. h. man kann aus der Ablenkung B C der Kathodenstrahlen durch ein elektrisches Feld von bekannter Stärke einen Wert für

$$\frac{e}{m\,v^2} \quad \cdot \quad \cdot \quad \cdot \quad \cdot \quad \cdot \quad \cdot \quad \cdot \quad (191)$$

der in den Kathodenstrahlen bewegten Elektrizitätsatome angeben.

Unterwirft man denselben Kathodenstrahl der Einwirkung eines Magnetfeldes von der Stärke $\mathfrak{H}$, dessen Kraftlinien senkrecht von vorn nach hinten durch die Zeichenebene der Abb. 178 verlaufen, so erfährt der Kathodenstrahl ebenfalls eine Ablenkung nach unten. Die Kraft, mit der ein Magnetfeld auf einen elektrischen Strom, oder was dasselbe ist, auf eine bewegte Ladung wirkt, steht stets senkrecht auf der Richtung des Stroms bzw. der Richtung der Bewegung. Ist die Größe der Ladung wiederum e und die Geschwindigkeit des Teilchens wiederum v, so ist die Kraft, die auf das Teilchen wirkt, gleich $\mathfrak{H}\,v\,e$. Unter dem Einfluß dieser Kraft beschreibt das Teilchen die Bahn A C in Abb. 178. Die Kraft hat an jeder Stelle die Richtung senkrecht zur Bahn, wie es in Abb. 178 durch die an verschiedenen Stellen an der Bahn angebrachten Vektoren kon

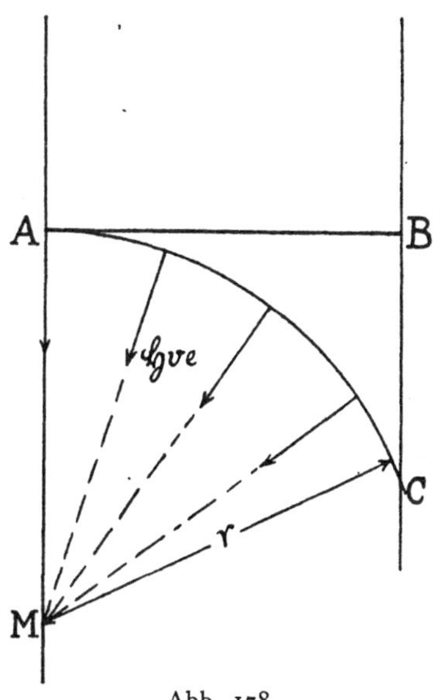

Abb. 178.

stanter Größe angedeutet ist. Eine Bewegung, die durch das Zusammenwirken einer konstanten Geschwindigkeit und einer konstanten stets zur Bahnrichtung senkrecht stehenden Kraft hervorgerufen wird, ist kreisförmig. Die Kraft $\mathfrak{H}\,v\,e$ ist die Zentripetalkraft dieser Kreisbewegung. Kennt man den Radius des Kreises r, so kann man nach Gleichung (28) die Zentrifugalkraft der mit der Geschwindigkeit v auf dem Kreis fortschreitenden Masse m angeben; sie ist gleich:

$$\frac{m\,v^2}{r} \quad \cdot \quad \cdot \quad \cdot \quad \cdot \quad \cdot \quad \cdot \quad \cdot \quad (192)$$

Die Zentripetalkraft ist gleich der Zentrifugalkraft, demnach:

$$\mathfrak{H}\,v\,e = \frac{m\,v^2}{r}$$

oder:

$$\frac{mv}{e} = \mathfrak{H}\,r \qquad\qquad (193)$$

Mißt man demnach den Radius des Kreisbogens, den der Kathodenstrahl unter dem Einfluß eines Magnetfeldes bekannter Stärke
beschreibt, so kann man einen Wert für

$$\frac{mv}{e} \qquad\qquad (194)$$

angeben. Aus den in Gleichung (191) und (194) angeschriebenen
Werten läßt sich offenbar sowohl die Geschwindigkeit v der bewegten
Teilchen, als auch das Verhältnis $\frac{e}{m}$ errechnen.

Daß die Bahnen, die ein Kathodenstrahl unter dem Einfluß eines
elektrischen bzw. eines magnetischen Feldes zurücklegt, tatsächlich
parabolische bzw. Kreisform haben, läßt sich besonders bei Kathodenstrahlen relativ geringer Geschwindigkeit, deren Erzeugung
später besprochen wird, leicht erkennen und durch Ausmessung
der Bahnen einwandfrei nachweisen.

Durchaus gleichartig lassen sich die beschriebenen Messungen
an Kanalstrahlen ausführen und daraus entsprechende Werte für
die Geschwindigkeit und für $\frac{e}{m}$ der positive Elektrizitätsatome
gewinnen.

Die Geschwindigkeiten, die man auf diese Art für die in den
Kathodenstrahlen bewegten negativen Teilchen findet, sind unter
Umständen sehr hoch; sie können bis zu etwa $\frac{1}{3}$ Lichtgeschwindigkeit
betragen. Der Wert $\frac{e}{m}$ wird bei den Messungen an Kathodenstrahlen,
ohne Rücksicht auf die gefundenen Geschwindigkeiten und die
sonstigen Versuchsbedingungen, stets konstant gefunden; es beträgt
nach den besten Messungen:

$$\frac{e}{m} = 1{,}796 \times 10^7 \qquad\qquad (195)$$

Für die in den Kanalstrahlen bewegten Teilchen findet man im
allgemeinen wesentlich geringere Geschwindigkeiten und wesentlich
kleinere Werte für $\frac{e}{m}$; der bei ihnen gefundene Wert $\frac{e}{m}$ ist im übrigen
nicht konstant, sondern außer von verschiedenen Bedingungen unter-
geordneter Bedeutung abhängig von der Natur des in der Röhre vorhandenen Gases, und zwar findet man $\frac{e}{m}$ um so kleiner, je größer das
Atomgewicht des in der Röhre vorhandenen Gases ist. Füllt man die
Röhre mit verdünntem Wasserstoff, so ergibt sich meist:

$$\frac{e}{m} = 9649 \qquad\qquad (196)$$

d. h. ein fast 2000 mal kleinerer Wert als bei Kathodenstrahlen.
Den gleichen Wert erhält man, wenn man die Ladung eines Gramm-
ions Wasserstoff (9650) durch das Atomgewicht des Wasserstoffs (1)
dividiert, d. h. wenn man aus den Daten, die bei Elektrolyseversuchen
gewonnen wurden, den Quotienten $\frac{\text{Ladung}}{\text{Masse}}$ für Wasserstoff ausrechnet. Füllt man die Röhre z. B. mit Quecksilberdampf (Atom-
gewicht 200), so findet man meist aus der Ablenkung der in dieser
Röhre zur Beobachtung kommenden Kanalstrahlen für $\frac{e}{m}$ eine
200 mal kleinere Größe als bei Wasserstofffüllung.

Da die Ladung der positiven und negativen Teilchen als untereinander gleich und gleich der aus den Elektrolyseversuchen gewonnenen Ladung einwertiger Ionen angenommen wurde, so folgt aus
den Messungen, daß man in den positiven, in den Kanalstrahlen
bewegten Teilchen nichts anderes zu sehen hat als Ionen, d. h. es ist
anscheinend nicht möglich, die positive Elektrizität von gewöhnlicher
Materie zu trennen. Andererseits erkennt man, daß die in den
Kathodenstrahlen vorliegenden negativ geladenen Teilchen bei
gleicher Ladung etwa $\frac{1}{2000}$ der Masse eines Wasserstoffatoms besitzen.
Diese kleinen Massen repräsentieren die von der gewöhnlichen Materie
losgelöste negative Elektrizität; man bezeichnet die aus den Versuchen an Kathodenstrahlen nach Masse und Ladung bekannten
negativen Elektrizitätsatome als „Elektronen". Die charakteristischen
Konstanten des Elektrons, die sich aus den gemessenen Daten ergeben,
sind in der folgenden Tabelle mit den gleichartigen Konstanten
eines Wasserstoffatoms zusammengestellt.

	Elektron	H Ion	
$\frac{e}{m} =$	$1{,}769 \times 10^7$	9650	Loschmidtsche Zahl
$e =$	$1{,}591 \times 10^{-20}$	$1{,}591 \times 10^{-20}$	$L = 0{,}606 \times 10^{24}$
$m =$	$0{,}899 \times 10^{-27}$	$1{,}649 \times 10^{-24}$	

b) Radioaktivität, Atomzerfall und Atombau.

Zahlreiche, besonders in neuerer Zeit entdeckte Elemente besitzen
die merkwürdige Eigenschaft, dauernd nach allen Seiten Strahlen
auszusenden, die ähnlich den Röntgenstrahlen hohe Durchdringungsfähigkeit besitzen, Fluoreszenz erregen, die photographische Platte
schwärzen und Gase durch Ionisation leitend machen. Die Stoffe,

an denen diese Eigenschaft zuerst beobachtet wurden, sind das Uran und das aus Pechblende isolierte Radium, von denen sich das letztere durch besonders intensive Strahlung auszeichnet. Man bezeichnet daher die Eigenschaft der Strahlung als „Radioaktivität“ und die Stoffe, die diese Eigenschaft besitzen, als „radioaktive“ Stoffe.

Stellt man die Durchdringungsfähigkeit radioaktiver Strahlungen quantitativ fest, so findet man, daß sie die Durchdringungsfähigkeit härtester Röntgenstrahlen noch erheblich übertrifft, jedoch sind Metalle, vor allem die Schwermetalle, auch für diese Strahlen relativ am undurchdringlichsten. Man kann daher durch Einschließen eines radioaktiven Stoffs in eine Bleikapsel, die ein Loch besitzt, ein dünnes Strahlenbündel ausblenden, das man ähnlichen Versuchsbedingungen unterwerfen kann, wie die in einer evakuierten Röhre durch den elektrischen Strom erzeugten Strahlen. In Abb. 179 ist schematisch der Verlauf eines ausgeblendeten Strahlenbündels eingezeichnet, das in gleicher Art, wie es von den Kathoden- und Kanalstrahlen beschrieben wurde, dem Einfluß eines magnetischen Kraftfeldes unterworfen ist, dessen Kraftlinien senkrecht von vorn nach hinten durch die Ebene der Zeichnung verlaufen. Unter der Wirkung des Magnetfeldes teilt sich das Strahlenbündel in 3 wohl voneinander unterschiedene Bündel, von denen das eine nach der einen, das andere nach der anderen Seite von der ursprünglichen Bahn abgelenkt wird, während das 3. Bündel unbeeinflußt von der Wirkung des Magnetfeldes seine ursprüngliche Bahn beibehält. Die auf diese Art voneinander getrennten Strahlenarten, aus denen sich die Gesamtstrahlung zusammensetzt, werden als α-, β- und γ-Strahlen bezeichnet. Welchen Strahlen die einzelnen Bezeichnungen zugelegt werden, geht aus Abb. 179 hervor.

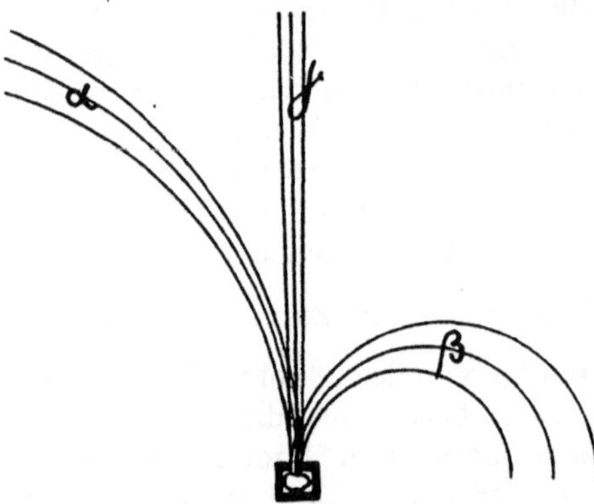

Abb. 179. Radioaktive Strahlung unter dem Einfluß eines Magnetfeldes.

Unterwirft man die Gesamtstrahlung der Wirkung eines elektrischen Feldes, dessen Kraftlinien in der Zeichenebene der Abb. 179 von rechts nach links verlaufen, so kann man die gleiche Teilung der Strahlen beobachten, nur ändert sich die Form der Bahn der abgelenkten Strahlen, und zwar beobachtet man, daß beim Einfluß eines Magnetfeldes die Bahnen näherungsweise kreisförmig gebogen sind, während beim Einwirken eines elektrischen Feldes dieselben parabolische Form besitzen. Die Ablenkung der α- und β-Strahlen erfolgt demnach durchaus analog der Ablenkung der Kanal- und Kathodenstrahlen.

Die Erscheinung der α- und β-Strahlen kann zureichend erklärt werden durch die Annahme, daß es sich um mit großer Geschwindigkeit von dem radioaktiven Stoff in den Raum geschleuderte elektrisch geladene Teilchen handelt, und zwar bei den α-Strahlen um positiv geladene Teilchen, bei den β-Strahlen um negativ geladene Teilchen. Man bezeichnet diese hypotetischen Teilchen als α- und β-Teilchen. Man gibt demnach für die α-Strahlen eine Erklärung, die mit der Erklärung der Kanalstrahlen übereinstimmt, und erklärt die β-Strahlen in gleicher Art wie die Kathodenstrahlen. Die volle Identität der verschiedenen Strahlenarten könnte als erwiesen gelten, wenn die Messung der Masse und Ladung der α- und β-Teilchen dieselben Werte ergeben würde wie für die in den Kanal- und Kathodenstrahlen bewegten Teilchen.

Aus der Messung der Ablenkung der α- und β-Strahlen in einem magnetischen und einem elektrischen Feld kann man ebenso wie bei Kanal- und Kathodenstrahlen einen Wert für die Geschwindigkeit der Teilchen und für $\frac{e}{m}$ bestimmen. Die gefundenen Geschwindigkeiten sind bei den radioaktiven Strahlen etwa 10mal so hoch als bei Kanal- und Kathodenstrahlen; die Geschwindigkeit der α-Teilchen liegt etwa in der Größenordnung $10^9 \frac{cm}{sec}$, die der β-Teilchen kann unter Umständen der Lichtgeschwindigkeit $\left(3 \times 10^{10} \frac{cm}{sec}\right)$ sehr nahe kommen. Für $\frac{e}{m}$ der β-Teilchen findet man den gleichen Wert wie für die Elektronen der Kathodenstrahlen, d. h. es besteht kein Zweifel, daß es sich bei den β-Strahlen um Kathodenstrahlen sehr hoher Geschwindigkeit, d. h. um ausgeschleuderte Elektronen handelt. Für $\frac{e}{m}$ der α-Teilchen wird eine Größe gefunden, die die Hälfte des für Wasserstoffkanalstrahlen gefundenen Wertes beträgt. Nennt man die Ladung eines Elektrons bzw. eines einwertigen Ions die „Elementarladung" und nimmt an, daß in Übereinstimmung mit den früher beschriebenen Beobachtungen eine elektrische Ladung nur ein ganzzahliges Vielfaches dieser Elementarladung sein kann, so könnte der für die α-Strahlen gefundene Wert von $\frac{e}{m}$ auf drei verschiedene Arten erklärt werden: Man könnte annehmen, 1. daß die α-Teilchen mit einer Elementarladung geladene Wasserstoffmoleküle (Molekulargewicht 2) seien; 2. es könnte sich um einfach geladene Ionen eines bisher unbekannten Elementes mit dem Atom-

gewicht 2 handeln; 3. es könnten doppelt geladene Ionen des
Edelgases Helium (Atomgewicht 4) sein. Ausgedehnte Untersuchungen haben gezeigt, daß die 3. Möglichkeit der Wirklichkeit
entspricht.

Nähere Untersuchungen der γ-Strahlen haben erwiesen, daß es
sich hier um transversale elektromagnetische Wellen, also um mit
Hertzschen Wellen, Wärmestrahlen, Licht und Röntgenstrahlen
wesensgleiche Wellen mit auch noch gegenüber der Wellenlänge
der Röntgenstrahlen kurzen Wellenlängen handelt.

Die radioaktiven Stoffe zeigen nach diesen Beobachtungen das
eigenartige Verhalten, daß sie dauernd Helium und Elektronen in
Form der α- und β-Strahlen abgeben. Man kann gleichzeitig feststellen, daß die Masse des radioaktiven Elements dauernd abnimmt
und an Stelle des verschwundenen Stoffs, außer dem in Form der
α-Strahlen auftretenden Helium andere chemische Elemente entstehen, die ebenfalls radioaktiv sind. Es liegt demnach hier der
Fall vor, daß ein Element in andere Elemente zerfällt, eine Beobachtung, die mit den früher in der Chemie herrschenden Grundsätzen der Unteilbarkeit der Atome und der Unveränderlichkeit
der Elemente in direktem Widerspruch steht. Man spricht daher
vom Atomzerfall und hat die verschiedenen durch radioaktive
Strahlung auseinander entstehenden Elemente und die Art
des Entstehens möglichst eingehend untersucht. Dabei hat sich
ergeben, daß innerhalb einer bestimmten Zeit stets der gleiche Prozentsatz eines bestimmten radioaktiven Elementes zugrunde geht;
die Zeit, innerhalb der die Hälfte eines Elementes zerfällt, hat man
als das Maß der Lebensdauer des betreffenden Elementes angenommen
und diese „Halbwertszeit" aller radioaktiven Elemente festgestellt.
Manche der radioaktiven Elemente strahlen beim Zerfall nur α-
Strahlen, manche nur β-Strahlen, manche α- und β-Strahlen und
manche alle drei Strahlenarten aus; es zerfällt demnach das Atom
eines radioaktiven Elementes stets in ein neues Atom und Helium
oder Elektronen bzw. Helium und Elektronen. Weiterhin hat sich
herausgestellt, daß die Elemente, aus denen die radioaktiven Stoffe
auf dem Wege des Atomzerfalls alle entstehen, gerade die Elemente
mit den höchsten Atomgewichten sind, und zwar kennt man zwei
„Stammbäume" radioaktiver Elemente; an der Spitze des einen
steht das Uran, an der des anderen das Thorium. Am Ende der
beiden Stammbäume stehen Verbindungen, die vermutlich mit Blei
identisch sind. In der folgenden Tafel sind die beiden Stammbäume
untereinander mit sämtlichen aufeinanderfolgenden Umwandlungs-
produkten und den Halbwertszeiten der einzelnen Produkte aufge-
führt; die neben den Pfeilen angeschriebenen Buchstaben α, β, γ
geben die Art der Strahlung an, durch die die Umwandlung vor
sich geht.

Stammbaum der radioaktiven Elemente.

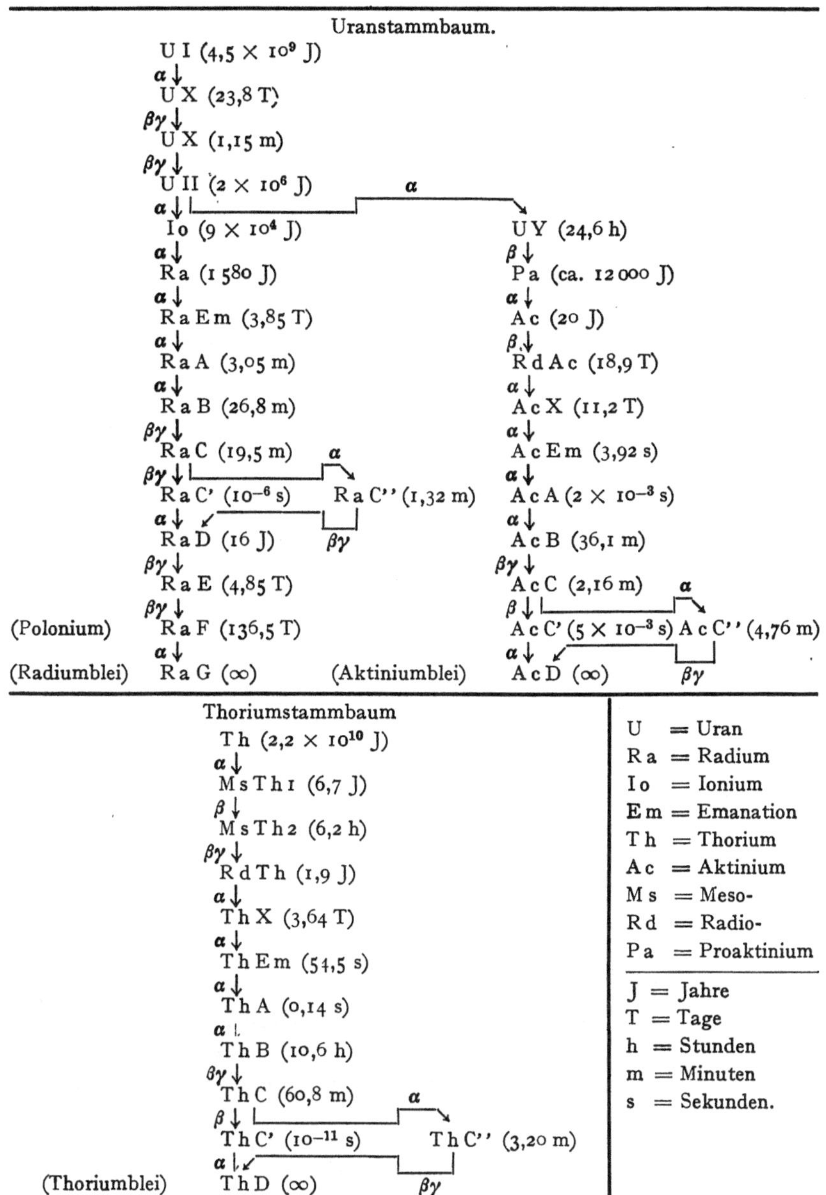

Die Beobachtung des Atomzerfalls läßt die uralte Ansicht von der Zusammensetzung der gesamten Materie aus einem oder wenigen Urstoffen wieder als wahrscheinlich erscheinen. Gestützt wird diese Ansicht noch durch die auffallende Tatsache, daß die Atom-

gewichte in sehr erheblichem Umfange ganzzahlig sind, d. h. daß die
tatsächlichen Gewichte der verschiedenen Atome in der Hauptsache
ganzzahlige Vielfache des Gewichtes des Wasserstoffatoms sind.
Man ist auf Grund der Beobachtungen beim Atomzerfall und zahlreicher sehr genauer Messungen der Wellenlängen der von den verschiedenen Elementen ausgesandten elektromagnetischen Wellen,
die in dem diesen Wellen gewidmeten Abschnitt V noch näher besprochen werden, zu der Ansicht gekommen, daß die Atome sämtlicher Elemente aus nur zwei Grundstoffen, und zwar aus positiv
geladenen Wasserstoffionen und Elektronen zusammengesetzt sind.
Auch über den intimeren Bau der Atome aus diesen Bausteinen hat
man einiges ermitteln können, und zwar ebenfalls hauptsächlich
aus genauen Strahlenforschungen; es hat sich als wahrscheinlich
herausgestellt, daß jedes Atom aus einem positiv geladenen Kern
und so vielen Elektronen besteht, daß die Ladung des Kerns durch
die Summe der Ladungen der um den Kern herum angeordneten
Elektronen gerade neutralisiert wird.   Den Kern allein muß man
sich wiederum aus positiv geladenen Wasserstoffionen und Elektronen
zusammengesetzt denken, nur muß angenommen werden, um im
Einklang mit der Erfahrung zu bleiben, daß die Kernelektronen in sehr
viel festerer Verbindung mit den Wasserstoffionen stehen, als die den
Kern umhüllenden, seine Ladung neutralisierenden Elektronen der
„Hülle", so daß von den letzteren durch verschiedene Maßnahmen
einzelne oder mehrere Elektronen abgespalten, oder ihnen zugeführt
werden können, und dadurch Ionen des betreffenden Elementes entstehen.   Die chemische Individualität eines Elementes ist nach dieser
Vorstellung bestimmt durch den Kern, und zwar nicht durch die
Zahl der Einzelbestandteile, aus denen der Kern besteht, sondern
durch die Größe der Ladung des Kerns, durch die auch die Zahl der
Elektronen der Hülle bestimmt ist.   Tatsächlich konnte gezeigt werden,
daß verschiedene chemische durchaus gleichartige „Isotope" desselben
Elementes existieren, die sich durch das Atomgewicht voneinander
unterscheiden.   Die Kerne der Atome der Isotopen desselben Elementes sind anscheinend aus einer verschiedenen Zahl von Wasser-
stoffinonen und Elektronen derart zusammengesetzt, daß die aus der
Summe der positiven und negativen Elementarladungen zusammengesetzte Gesamtladung des Kerns für alle Isotope desselben Elementes
dieselbe ist.

Man ordnet auf Grund dieser Anschauungen und der Spektral-
linienmessung neuerdings die Elemente nach der Kernladungszahl;
diese Ordnung stimmt bis auf wenige Ausnahmen mit der Ordnung
nach dem Atomgewicht überein, und paßt allerbestens zu der Ordnung,
die man den Elementen nach ihren chemischen Eigenschaften im
sog. periodischen System gegeben hat.   Weiteres hierüber wird im
V. Abschnitt zu besprechen sein.

Entsprechend der Ansicht, daß die Atome aller Elemente aus den gleichen Bausteinen zusammengesetzt sind, erscheint die Möglichkeit, ein Element in ein anderes zu verwandeln, gegeben. Tatsächlich konnte in neuester Zeit von Rutherford die Zerstörung des Stickstoffatoms und die Herstellung von Wasserstoff aus Stickstoff bewerkstelligt, und von Miethe das Entstehen von Gold aus Quecksilber, welches nur eine Kernladung mehr besitzt als das Gold, unter bestimmten Einflüssen beobachtet werden.

c) Glühkathodenröhren.

Gelegentlich der ersten Besprechung der Entstehung der Röntgenstrahlen (s. S. 315) wurde erwähnt, daß die Röntgenstrahlen immer härter werden, je vollkommener das Vakuum der Röhre ist. Mißt man an verschieden stark evakuierten Röhren die Spannung, die notwendig ist, um einen Stromdurchgang durch die Röhre und damit das Entstehen von Kathodenstrahlen und Röntgenstrahlen zu bewirken, so findet man, daß die Entladungsspannung immer höher wird, je höher das Vakuum ist. Mißt man die Geschwindigkeit der Elektronen in den Kathodenstrahlen, so findet man, daß sie um so höher ist, je höher die notwendige Entladungsspannung ist. Die Ursache des Austritts der in den Kathodenstrahlen bewegten Elektronen aus der Kathode ist, wie schon erwähnt, in dem starken Potentialgefälle in unmittelbarer Nähe der Kathode zu suchen. Bei diesem Austritt erhalten die Elektronen gleichzeitig ihre hohe Geschwindigkeit, mit der sie dann als Kathodenstrahlen weiterfliegen. Stoßen die Elektronen auf ihrem Weg auf einen Widerstand, so wird ihre Geschwindigkeit gebremst und bei diesem Vorgang entstehen die Röntgenstrahlen. Röntgenstrahlen haben ebenso wie manche andere elektromagnetische Wellen die Fähigkeit, Gasmoleküle in Ionen und Elektronen zu zerlegen; dieser Fähigkeit schreibt man die Gasionisation durch Röntgenstrahlen zu.

Die Geschwindigkeit der Elektronen ist um so höher, je höher die an die Röhre angelegte Spannung ist. Die Härte der Röntgenstrahlen ist um so größer, je größer die Geschwindigkeit der Elektronen, diese um so größer, je größer die Entladungsspannung ist; von dieser hatten wir aber erwähnt, daß sie um so höher ist, je höher das Vakuum in der Röhre ist. Die Härte einer Röntgenröhre könnte nach den bisher beschriebenen Vorstellungen daher nur durch die Wahl des Vakuums willkürlich beeinflußt werden.

Verschiedene Beobachtungen haben jedoch gezeigt, daß unter dem Einfluß kurzwelliger elektromagnetischer Wellen und bei hoher Temperatur aus jedem beliebigen Material Elektronen austreten. Bringt man daher die Kathode einer evakuierten Röhre auf hohe Temperatur, so kann man nunmehr beobachten, daß selbst bei vollständigem Vakuum eine verhältnismäßig sehr geringe Spannung genügt, um einen Stromdurchgang durch die Röhre zu bewirken. Während man selbst zum Betrieb einer Geißlerröhre stets Spannungen von Tausenden von Volt notwendig hat, läßt eine fast völlig evakuierte Röhre mit hellrot glühender Kathode schon bei Spannungen von etwa 100 Volt Strom passieren. Diese Tatsache ist so zu erklären, daß infolge der hohen Temperatur Elektronen aus der Kathode austreten, die die Leitung des Stroms übernehmen. Die Zahl der austretenden Elektronen ist um so höher, je höher die Temperatur ist. Legt man an diese Röhre eine bestimmte Spannung, so werden sich die Elektronen in Bewegung setzen; ihre Geschwindigkeit wird proportional der angelegten Spannung sein. Die Menge der pro Zeiteinheit durch die Röhre transportierten Elektrizität, d. h. die durch die Röhre gehende Stromstärke wird von der Zahl der den Elektrizitätstransport vermittelnden Elektronen und ihrer Geschwindigkeit abhängen, jedoch niemals einen bestimmten Maximalwert, der durch die Zahl der pro Zeiteinheit aus der Kathode austretenden Elektronen gegeben ist, überschreiten können (Sättigungsstrom). Der Sättigungsstrom wird um so höher sein, je größer die Zahl der pro Sekunde aus der Kathode austretenden Elektronen, d. h. je höher die Temperatur der Kathode ist.

Legt man demnach bei gleicher Temperatur der Kathode verschiedene Spannungen an die Elektroden, so ändert sich die Geschwindigkeit der Elektronen, ändert man die Temperatur der Kathode bei gleicher Spannung, so ändert sich die durch die Röhre gehende Stromstärke.

Die Härte der Röntgenstrahlen ist, wie gesagt, von der Geschwindigkeit der auf ein Hindernis auftreffenden Elektronen abhängig. Erhitzt man demnach in einer hoch evakuierten Röhre die Kathode, so ist es möglich, durch Änderung der angelegten Spannung die Härte der erzeugten Röntgenstrahlen zu verändern. Ändert man bei gleicher angelegter Spannung die Temperatur der Kathode, so wird sich bei unveränderter Härte der Röntgenstrahlen die Menge der erzeugten Strahlen, d. h. die Intensität der Strahlung, ändern. Durch Verwendung von Röntgenröhren mit erhitzter Kathode (Coolidge-Röhren) ist man daher in der Lage, Härte und Intensität der Röntgenstrahlen in einem gewissen Bereich beliebig zu variieren. Die technische Einrichtung dieser Röhren ist meist so getroffen, daß die Kathode durch eine besondere in ihrem Innern angebrachte elektrische Heizvorrichtung auf beliebige Temperaturen gebracht werden kann; die vom Funkeninduktor gelieferte Spannung kann entweder durch Veränderung des primären Stroms, oder durch Veränderung des Übersetzungsverhältnisses des Transformators verändert werden.

Da bei der Verwendung einer glühenden Kathode in einer praktisch luftleeren Röhre die zum Stromtransport notwendigen Elektronen bereits vorhanden sind, ist es erklärlich, daß schon verhältnismäßig geringe Spannungen einen Stromdurchgang durch die Röhre bewirken; die Spannung setzt die frei vorhandenen Elektronen in Bewegung. Bei niederer Spannung ist jedoch die Geschwindigkeit der Elektronen so gering, daß ihre Bremsung nicht zur Erzeugung von Röntgenstrahlen führt. Glühkathodenröhren mit geringer Elektronengeschwindigkeit finden jedoch eine vielfache anderweitige Verwendung. Unter Verzicht auf die Darstellung der technischen Entwicklung sei die Konstruktion dieser Röhren, wie sie zur Zeit meist verwandt werden, beschrieben.

Abb. 180 sei der Durchschnitt durch eine luftleere Röhre. Die Kathode K, ein Metalldraht, wie er als Glühdraht für Glühbirnen verwandt wird, sei durch einen von der Stromquelle H gelieferten Strom zu heller Rotglut erhitzt. Zwischen der Anode A und der Kathode K sei durch das Anlegen einer Stromquelle A B (Anodenbatterie) eine Potentialdifferenz hergestellt. Auf Grund dieser Potentialdifferenz bewegen sich die Elektronen, die aus der Glühkathode austreten, mit einer bestimmten Geschwindigkeit von K nach A; durch die Röhre fließt

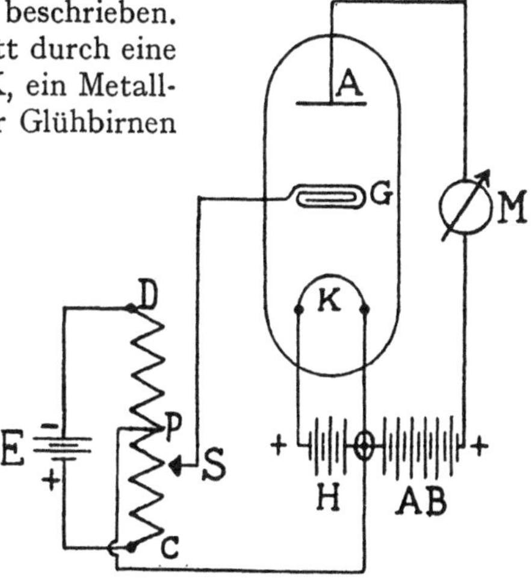

Abb. 180. Schaltung zur Feststellung der Charakteristik einer Glühkathodenröhre.

dauernd ein Strom, dessen Stärke an dem Meßinstrument M abgelesen werden kann (Anodenstrom). Bringt man in die Röhre eine dritte Elektrode G (Gitter) zwischen der Kathode und Anode an, die, um den Elektronen ungehinderten Durchtritt zu gewähren, Gitterform besitzt, so kann die Stärke des Anodenstroms durch das Potential des Gitters beeinflußt werden.

In dem in Abb. 180 skizzierten Schaltungsschema kann das Gitter durch Vermittlung der Elektrizitätsquelle E auf ein höheres oder niedrigeres Potential gebracht werden, als die Kathode; durch Verschiebung des Schiebers S auf dem Widerstand C D kann das Gitterpotential beliebig verändert werden. Anodenspannung und Gitterspannung wirken gleichzeitig auf die Elektronen, und zwar je nachdem, in gleicher oder entgegengesetzter Richtung. Die Geschwindigkeit der Elektronen und damit die Stromstärke im Anodenkreis ist bedingt durch die algebraische Summe der Wirkung von Anode und Gitter. Bei unveränderter Anodenspannung kann daher die Strom-

stärke im Anodenkreisstrom durch Veränderung der Gitterspannung
verändert werden. Die experimentelle Ermittlung dieser Abhängigkeit
ist in einer der Abb. 180 entsprechenden Schaltung möglich. Verschiebt
man den Schieber S von C nach D, so ändert sich die Potentialdifferenz
zwischen Gitter und Kathode; das Gitterpotential ist zunächst
positiv gegen die Kathode und geht, bei der Stellung des Schiebers bei
P über o zu einem negativen Wert über. Beobachtet man gleichzeitig die Veränderung des Gitterpotentials und des Anodenstroms
und trägt die zusammengehörigen Werte in ein rechtwinkliges Koordinatensystem ein, so erhält man eine der Abb. 181 ähnliche Kurve,
die die Abhängigkeit der Anodenstromstärke vom Gitterpotential

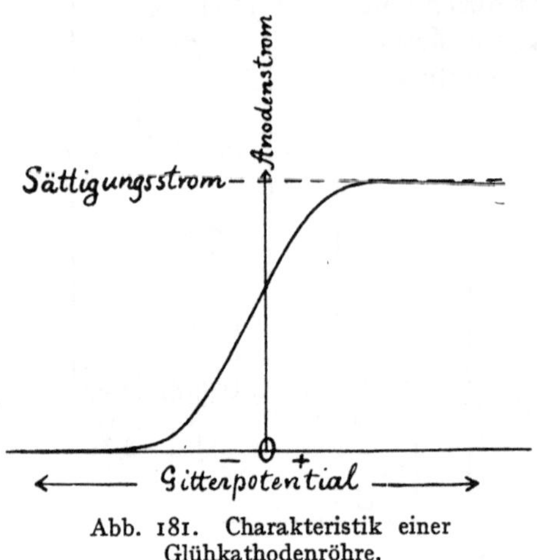

Abb. 181. Charakteristik einer
Glühkathodenröhre.

darstellt. Als Gitterpotential
ist das Potential des Gitters
gegenüber dem mit o bezeichneten Punkt angenommen.
Wird das Gitterpotential
immer stärker negativ, so
wird der Anodenstrom immer
schwächer und schließlich
zu o. Wird das Gitterpotential positiv gegenüber der Kathode, so steigt der Anodenstrom, bis der Sättigungsstrom erreicht ist. Weiteres
Steigen des Gitterpotentials
erhöht dann den Anoden-
strom nicht mehr, bewirkt
im Gegenteil meist eine ge-
ringe Verminderung des Anodenstroms, da dann eine immer an-
steigende Anzahl von Elektronen vom Gitter aufgenommen wird. Man
nennt eine Kurve entsprechend der Abb. 181, die die charakteristischen
Eigenschaften einer Glühkathodenröhre versinnbildlicht, die Charakteristik der Röhre.

Eine Glühkathodenröhre mit Gitter kann nach der Art eines
Relais zur Auslösung eines relativ starken Stroms durch einen
schwachen benutzt werden, da nach dem Gesagten Schwankungen
des Anodenstroms durch Schwankungen des Gitterpotentials hervorgerufen werden. Solange sich die Schwankungen des Gitterpotentials
im Bereich des gradlinigen Verlaufs der Charakteristik bewegen,
stimmen die Schwankungen des Anodenstroms in ihrem zeitlichen
Ablauf mit den Schwankungen des Gitterpotentials überein. Die Mitte
des gradlinigen Verlaufs der Charakteristik liegt meist bei einem Gitterpotential, das in geringem Maß negativ gegenüber der Kathode ist.

Das die Mitte der Charakteristik festlegende Potential kann dem
Gitter dauernd erteilt werden, wenn man als Heizbatterie eine solche

wählt, die eine höhere Potentialdifferenz liefert, als zur Heizung der Kathode notwendig ist, und einen Vorschaltwiderstand vor dem Glühdraht schaltet, so daß etwa die Schaltung der Abb. 182 entsteht.

In den Heizstromkreis (0, 1, 2, 3) ist der Widerstand W eingeschaltet. Zwischen der Anode A und dem Punkt 0 besteht die durch die Klemmspannung der Anodenbatterie gegebene Potentialdifferenz. Der Kathodenglühdraht (1—2) hat gegen Punkt 0 positives Potential. Die Potentialdifferenz zwischen 1 und 0 verhält sich zu der Klemmspannung der Heizbatterie, wie der Widerstand W zum Gesamtwiderstand des Stromkreises 0, 1, 2, 3. Das Gitter G sei über die Induktionsspule J mit dem Punkt 0 verbunden, so daß sein Potential mit dem des Punktes 0 übereinstimmt. Die Potentialdifferenz zwischen Anode und dem Punkt 1 der Kathode ist um die Potentialdifferenz zwischen 1 und 0 kleiner, als die von der Anodenbatterie gelieferte Spannung. Durch geeignete Bemessung des Widerstandes W und der Klemmspannung von H kann die Potentialdifferenz Gitter-Kathode nach Belieben so bemessen werden, daß der Ruhezustand der Röhre der Mitte der Charakteristik entspricht. Schickt man nun

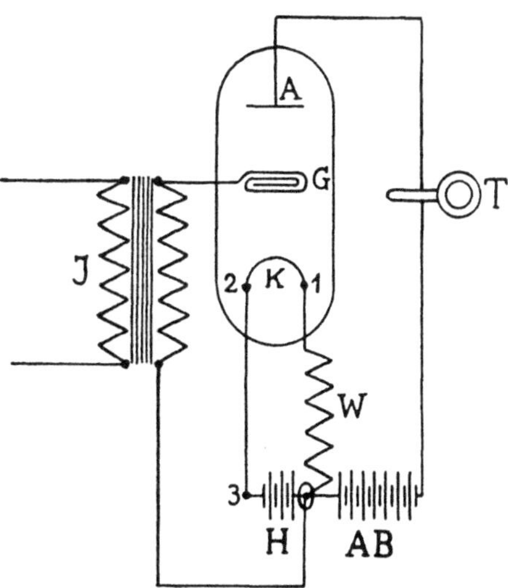

Abb. 182. Glühkathodenröhre als Verstärker.

durch die primäre Wicklung der Induktionsspule J einen Wechselstrom beliebigen zeitlichen Ablauf, so schwankt das Gitterpotential um seinen Ruhewert im Rhythmus des Wechselstroms; im gleichen Rhythmus wird dann der Anodenstrom schwanken, jedoch kann die Größe der Schwankung des Anodenstroms, je nach der Steilheit der Charakteristik der Röhre, ein Vielfaches der ursprünglichen Stromschwankung in der Induktionsspule J betragen. Da bei diesem Relais keine Massen, sondern nur Elektronen in Bewegung gesetzt werden, ist es frei von Trägheit und kann bei geeigneter Wahl der elektrischen Konstanten des Systems Wechselströmen beliebig hoher Frequenz folgen. Der Abb. 182 ähnliche Schaltungen werden häufig zur Verstärkung schwacher Wechselströme (z. B. durch lange Leitung geschwächter Telephonströme oder schwacher drahtloser Empfangstöne) verwandt. Mit einer einfachen Röhre kann man etwa eine Verstärkung auf das 10—12fache erzielen. Reicht diese Verstärkung für den gewünschten Zweck nicht aus, so kann der Anodenstrom einer ersten Röhre dem Eingangstransformator einer zweiten, deren Anodenstrom einer dritten Röhre usw. zugeführt werden. Auf diese Art kann man eine vieltausendfache Verstärkung eines schwachen Stroms ohne erhebliche Veränderung seines zeitlichen Ablaufs bewirken; allerdings wird es mit jeder weiteren Röhre fortschreitend schwieriger, eine verzerrungsarme Verstärkung zu erzielen.

Röhren durchaus gleichartiger Konstruktion können als Detektoren zum Empfang drahtloser Telegraphie und Telephonie Verwendung finden. Liegt nämlich das Ruhepotential des Gitters nicht auf dem linearen mittleren Teil der Charakteristik, sondern auf dem gebogenen am Anfang oder Ende des Kurvenverlaufs, so wird die Wirkung einer

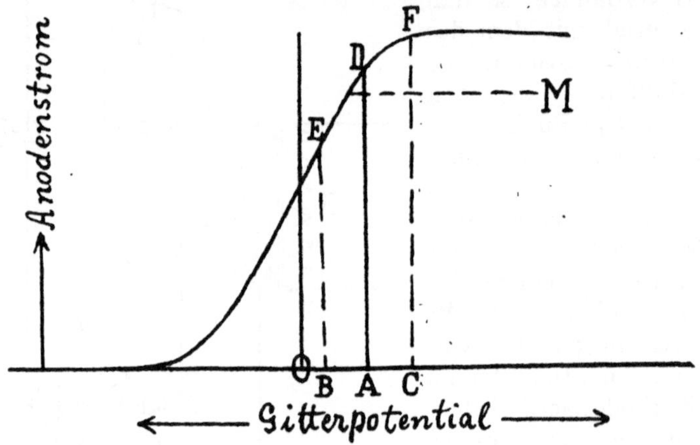

Abb. 183. Detektorwirkung einer Glühkathodenröhre.

dem Gitter zugeführten Potentialschwankung auf den Anodenstrom quantitativ verschieden sein, je nach der Richtung der zugeführten Schwankung. Die Erklärung für dieses Verhalten sei an der Hand der Abb. 183 gegeben. Entspricht z. B. das Ruhepotential des Gitters der Abzisse O A in der die Charakteristik einer als Detektor verwandten Röhre darstellenden Abb. 183, so ist der Anodenstrom der ruhenden Röhre gleich A D. Wirkt nun z. B. auf die primäre Wicklung der Induktionsspule des Gitterstromkreises ein Wechselstrom, der eine Schwankung des Gitterpotentials um seine Ruhelage hervorruft, die nach beiden Seiten gleich groß ist, d. h. z. B. zwischen den durch die Abszissen O B und O C bestimmten Werten erfolgt, so schwankt der Anodenstrom zwischen den Größen B E und C F. Die Schwankung des Anodenstroms nach unten (D E) ist merklich größer, als die nach oben erfolgende (D F). Infolgedessen entsprechen die Schwankungen des Anodenstroms in ihrer Frequenz allerdings den Schwankungen des Gitterpotentials, sie erfolgen jedoch um einen Mittelwert M, der tiefer liegt als der Ruhestrom; der mittlere Anodenstrom erfährt eine Änderung nach einer Seite, deren Größe um so beträchtlicher ist, je größer die Amplitude der Schwankung des Gitterpotentials ist. Wirkt auf das Gitter z. B. eine Folge von Hochfrequenzströmen von der Form der Abb. 184a, die man sich in einem einfachen Empfangskreis, der mit dem Gitter der Röhre gekoppelt ist, durch Hertzsche Wellen hervorgerufen denken kann, so wird der Anodenstrom Schwankungen von der Form der Abb. 184b zeigen. Ist in den Anodenstromkreis zu dem in Abb. 182 eingetragenen Fernhörer ein Kondensator parallel geschaltet, so werden im Telephon, infolge seiner hohen Selbstinduktion, nur die langsamen Schwingungen des mittleren Anodenstroms zur Wirkung kommen, während die auf diese Schwankungen aufgesetzten Hochfrequenzströme sich über den

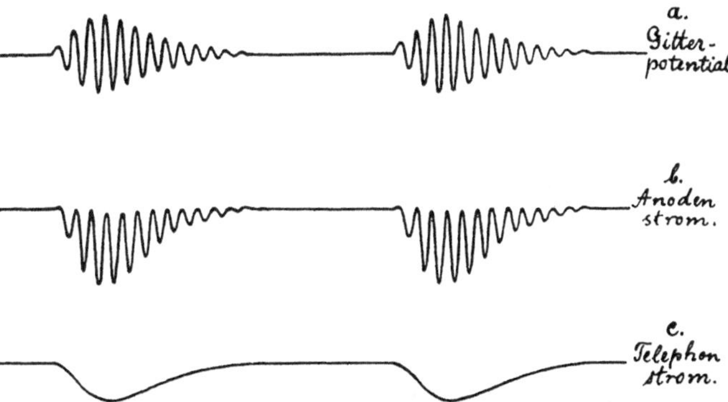

Abb. 184. Schwankungen des Gitterpotentials, des Anodenstroms und des Telephonstroms in einer Audionschaltung.

Kondensator ausgleichen. Im Fernhörer wird bei jedem Hochfrequenzschwingungszug ein Knacken, oder wenn die Zahl der Wellenzüge höher liegt als die untere Tongrenze, ein Ton zu hören sein, dessen Tonhöhe durch die Zahl der Wellenzüge bestimmt ist. Die Röhre hat in diesem Fall die gleiche Wirkung wie die früher beschriebenen Detektoren, und kann demnach zum Empfang gedämpfter Hertzscher Wellen oder drahtlos telephonischer Nachrichten verwandt werden.

Durch geeignete Schaltung kann eine Glühkathodenröhre zur Erzeugung beliebig gedämpfter und ungedämpfter elektrischer Schwingungen veranlaßt werden. In Abb. 185 sei der Anodenstromkreis durch die veränderliche Induktionsspule J_1 mit dem Gitterstromkreis derselben Röhre rückgekoppelt. Angenommen durch einen äußeren Anlaß entstehe auf dem Gitter eine Potentialschwankung in positiver Richtung; der Anodenstrom erfährt infolgedessen eine Verstärkung; die Schwankung des Anodenstroms induziert im Gitterstromkreis eine neuerliche Potentialschwankung, die bei richtiger Einschaltung der Induktionsspule J_1 in einer der ursprünglichen Schwankung entgegengesetzten Richtung erfolgt. Diese Schwankung des Gitterpotetnials beeinflußt den Anodenstrom im Sinne einer Verminderung, die infolge der Rückkoppelung ein neuerliches Ansteigen des Gitterpotentials bewirkt. Es folgen demnach der primären Schwankung rhythmische Schwankungen des Gitterpotentials, denen ebenfalls rhythmische Schwankungen des Anodenstroms parallel gehen. Die Frequenz der Schwankungen ist von den

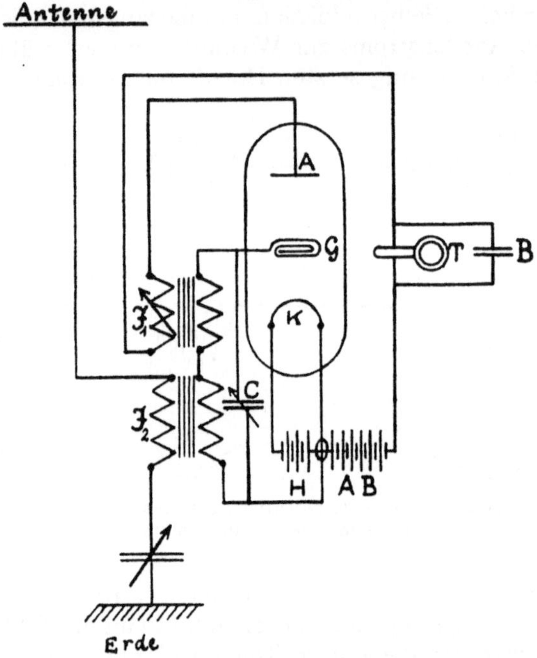

Abb. 185. Glühkathodenröhre mit Rückkoppelung.

elektrischen Konstanten der Schaltung abhängig. Schaltet man z. B. parallel zu den Induktionsspulen J_1 und J_2 einen variablen Kondensator C, so ist die Frequenz der Schwankung nach Gleichung (186) durch die Größe des Kondensators C und der im Kreis C J_1 J_2 vorhandenen Selbstinduktion bestimmt. Ist die Induktionsspule J_1 so gewählt, daß die von einer primären Schwankung auf dem Umweg über die Beeinflussung des Anodenstroms reinduzierte, der primären entgegengesetzte, Schwankung des Gitterpotentials gerade ebenso groß ist wie die primäre Schwankung, so pendelt das Gitterpotential dauernd zwischen den gleichen Grenzwerten hin und her; es besteht eine ungedämpfte Schwingung, deren Amplitude gleich der Größe des Anstoßes, deren Schwingungszahl gleich der Schwingungszahl des am Gitter angeschalteten Schwingungskreises ist. Ist die Koppelung (J_1) schwächer, als dem soeben beschriebenen Zustand entspricht, so klingt die angestoßene Schwingung allmählich ab, sie ist gedämpft; ist die Rückkoppelung stärker, so wächst die Amplitude der Schwingung, sie hat eine negative Dämpfung. Das Anwachsen findet eine Grenze, wenn die Amplitude so groß geworden ist, daß der Anodenstrom zwischen o und dem Sättigungsstrom der Röhre schwankt.

Durch Veränderung der Größe der Rückkoppelung kann demnach der schwingungsfähigen Anordnung in Abb. 185 eine beliebige Dämpfung erteilt werden; dementsprechend können solche Anordnungen mit Vorteil zu den verschiedensten Zwecken Verwendung finden.

Stellt man die Rückkoppelung so ein, daß eine schwachgedämpfte Schwingung resultiert und bemißt das Ruhepotential des Gitters so, daß die vorher beschriebene Detektorwirkung der Röhre zur Geltung kommt, so besitzt man, wenn man durch eine weitere Induktionsspule J_2 einen offenen Schwingungskreis an die Röhrenanordnung anschaltet, eine, infolge ihrer geringen Dämpfung äußerst empfindliche Anordnung zum Empfang gedämpfter Hertzscher Wellen und drahtloser Telephonie.

Verändert man J_1 derart, daß eine eben ungedämpfte Schwingung entsteht, so kann die gleiche Anordnung als Sender für ungedämpfte Wellen verwandt werden. Sendet man eine Welle, deren Schwingungszahl wenig verschieden ist von der Schwingungszahl einer ankommenden ungedämpften Welle, so entstehen Schwebungen zwischen der ankommenden und der ausgesandten Welle; die Schwebungsfrequenz entspricht der Differenz der Schwingungszahlen der beiden interferierenden Wellen. Entfaltet die Röhre auf Grund der richtigen Bemessung des Ruhepotentials des Gitters gleichzeitig ihre Detektoreigenschaften, so entstehen Schwankungen des mittleren Anodenstroms im Rhythmus der Schwebungsfrequenz, die in einem Telephon wahrgenommen werden können. Der Empfangston einer solchen Empfangsanlage für ungedämpfte Wellen kann beliebig eingestellt werden, da die Schwebungsfrequenz bei festliegender Schwingungszahl der ankommenden Welle nur abhängig ist von der Schwingungszahl der von der Empfangsanlage ausgesandten Welle.

Schließlich kann eine Anordnung ähnlich der Abb. 185 ohne große Umänderung als Sender für drahtlose Telephonie dienen. Von den zahlreichen Möglichkeiten in einer solchen Anordnung die Amplitude der ausgesandten Welle im Rhythmus akustischer Frequenzen zu beinflussen, sei nur eine erwähnt. Schaltet man in den Gitterstromkreis eine weitere Induktionsspule, auf deren primäre Spule Niederfrequenzströme wirken, die von einer Mikrophonschaltung unter dem Einfluß akustischer Phänomene geliefert werden, so erfährt das Gitterpotential Schwankungen im Rhythmus der Niederfrequenzströme, d. h. im Rhythmus der auf das Mikrophon einwirkenden

Schallwellen. Die Amplitude der von der rückgekoppelten Röhre gelieferten ungedämpften Hochfrequenzschwingung ist von der Lage des mittleren Gitterpotentials, um das die Hochfrequenzschwingungen erfolgen, auf der Charakteristik der Röhre abhängig, und zwar ist unter sonst gleichen Bedingungen die Amplidute um so größer, je steiler die Charakteristik im Bereich der Schwingungen ist; maximal ist die Amplitude der Hochfrequenzschwingung, wenn das mittlere Gitterpotential in der Mitte der Charakteristik liegt, sie wird gleich o, wenn sich das mittlere Gitterpotential auf den horizontalen Stellen am Anfang und am Ende der Charakteristik befindet. Da die Potentialschwankungen akustischer Frequenzen langsam gegenüber den Hochfrequenzschwingungen sind, bedeuten sie für diese eine Verschiebung der Mittellage des Gitterpotentials. Wählt man als absolute Ruhelage des Gitterpotentials ein etwa an der Stelle der stärksten Krümmung der Charakteristik liegendes, so wird, wenn beim Bestehen ungedämpfter Schwingungen Wechselströme akustischer Frequenz dem Gitter zugeführt werden, das mittlere Gitterpotential im Rhythmus dieser Ströme zwischen steileren und weniger steilen Stellen der Charakteristik schwanken, d. h. die Amplitude der ungedämpften Hochfrequenzschwingung wird im Rhythmus der akustischen Frequenzen schwanken, in der Art, wie es in Abb. 171 dargestellt ist.

V. Abschnitt: Elektromagnetische Wellen aller Wellenlängen.

1. Kapitel: Wellennatur der Hertzschen Wellen, der ultraroten, Licht-, ultravioletten, Röntgen- und γ-Strahlen.

a) Hertzsche Wellen.

Im Verlauf der Darstellung der verschiedenen Gebiete der Physik wurden eine ganze Reihe von Erscheinungen beschrieben, die sich mit der Geschwindigkeit $300\,000\,\frac{\text{km}}{\text{sec}}$ im luftleeren Raum ausbreiten. Es handelt sich um Hertzsche Wellen, ultrarote, Licht-, ultraviolette, Röntgen- und γ-Strahlen; es wurde mehrfach erwähnt, daß alle diese Erscheinungen als Wellen grundsätzlich gleichartiger Natur aufgefaßt werden; daß es sich tatsächlich um Wellen handelt, kann aus den verschiedensten Beobachtungen geschlossen werden.

Unmittelbar ergibt sich die Wellennatur der Hertzschen Wellen aus der Art ihres Entstehens. Die Periodizität der diese Wellen erzeugenden elektrischen Vorgänge in elektrischen Schwingungskreisen kann, wie im 8. Kap. des II. Abschnittes beschrieben ist, direkt beobachtet, die Schwingungszahl bestimmt und aus der Kapazität und Selbstinduktion berechnet werden. Die beobachteten Resonanzerscheinungen und Schwebungsvorgänge sprechen eindeutig für die Wellennatur der Hertzschen Wellen; man kann außerdem durch geeignete Maßnahmen mittels hochfrequenter Wechselströme stehende Wellen erzeugen, die Knoten und Bäuche dieser Wellen feststellen und die Wellenlängen unmittelbar messen. Die gefundenen Wellenlängen Hertzscher Wellen betragen, je nach den Dimensionen der sie erzeugenden Schwingungskreise, viele Kilometer bis zu wenigen Zentimetern. Die Herstellung sehr kurzwelliger Wellen stößt auf technische Schwierigkeiten, da die Möglichkeit Selbstinduktion und Kapazität eines Schwingungskreises immer kleiner zu machen, dadurch begrenzt ist, daß die Schwingungskreise dabei mikroskopische Dimensionen annehmen müßten. Immerhin gelingt es durch besondere Maßnahmen, Hertzsche Wellen von einer Wellenlänge einiger Bruchteile eines Millimeters herzustellen.

b) Interferenz und Beugungserscheinungen des Lichtes.

Nicht ohne weiteres erkennbar ist die Wellennatur der Gesamtheit der Strahlen, die bei der spektralen Zerlegung des Lichtes durch Brechung zur Beobachtung kommen, nämlich der ultraroten, sichtbaren und ultravioletten Strahlen, die in der Folge im allgemeinen als Licht bezeichnet werden. Erregende Schwingungen mit bestimmbaren Schwingungszahlen können als Ursache dieser Strahlen nicht unmittelbar beobachtet werden; der Beweis für die Wellennatur der Strahlen kann daher nur erbracht werden dadurch, daß man an ihnen für Wellen charakteristische Erscheinungen, vor allem Interferenzphänomene nachweist. Die weitere Diskussion soll in der Art erfolgen, daß die Wellennatur der Lichtstrahlen als gegeben angenommen und unter dieser Voraussetzung versucht wird, die verschiedenen experimentell gefundenen Tatsachen zu erklären.

Eine auffallende hierher gehörende Beobachtung ist die, daß bei der Reflexion von Licht an dünnen Blättchen Farben auftreten. Spaltet man z. B. Glimmer, der sich infolge seiner eigenartigen Struktur leicht in sehr dünne Blättchen mit glatten planparallelen Ebenen zerlegen läßt, so beobachtet man, daß Blättchen, die dicker als etwa $^5/_{1000}$ mm sind, bei schiefer Betrachtung in auffallendem weißen Licht, weißes Licht reflektieren, d. h. farblos sind; sind die Blättchen jedoch merklich dünner, so erscheinen sie gefärbt, und zwar um so intensiver, je geringer ihre Dicke ist. Untersucht man die von den gefärbten Blättchen reflektierten Lichtstrahlen im Spektralapparat, so findet man, daß in ihrem Spektrum bestimmte Farben fehlen.

Die Erklärung der Farben dünner Blättchen ist durch die Auffassung des Lichtes als Wellen und die Annahme gegeben, daß den verschiedenen Spektralfarben verschiedene Wellenlängen entsprechen. Es falle z. B. auf das Blättchen B in Abb. 186 mit den planparallelen Grenzflächen 1 und 2 ein Lichtstrahl A, so wird er teilweise an der Fläche 1 reflektiert, teilweise dringt er in das Blättchen ein und wird an der Fläche 2 reflektiert. Die beiden reflektierten Strahlen folgen nach der Reflexion den Wegen R_1 und R_2. Nimmt man an, daß alle Wellen im Lichtstrahl A gleiche Phasen haben, so müssen die Wellen in R_1 und R_2 verschiedene Phasen besitzen, da R_2 einen etwa um die doppelte Blättchendicke weiteren Weg zurückgelegt hat als R_1 und

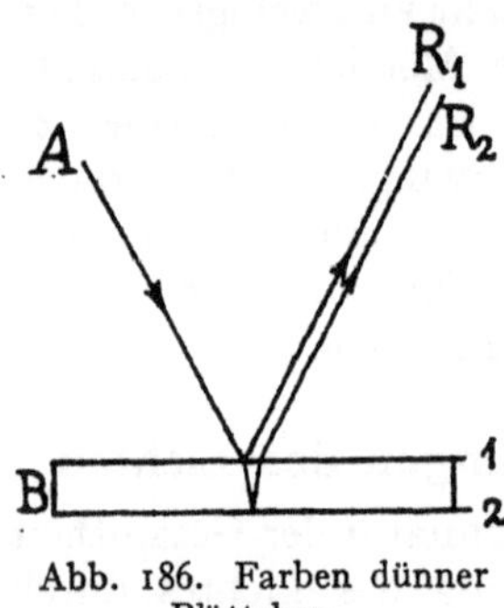

Abb. 186. Farben dünner Blättchen.

außerdem die Reflexionsbedingungen für R_1 und R_2 verschieden sind. R_1 wird beim Übergang von dünnerem zum dichteren Medium, R_2 beim Übergang vom dichteren ins dünnere Medium reflektiert. Wie im 2. Kapitel des II. Abschnittes erörtert, ist die Reflexion für diese beiden Fälle verschieden, und zwar erhalten auf Grund dieser Verschiedenheit die Strahlen eine Phasendifferenz von $1/2$ Wellenlänge. Die Phasendifferenz der beiden Strahlen R_1 und R_2 beträgt demnach $1/2$ Wellenlänge + doppelte Blättchendicke, wenn man davon absieht, daß außerdem noch die Verzögerung der Fortpflanzung des Lichts innerhalb des Blättchens eine geringe Phasenverschiebung bewirkt.

Die beiden Strahlen R_1 und R_2 interferieren miteinander. Besitzt eine einfallende Welle die Wellenlänge λ und ist das Blättchen $1/2\ \lambda$, λ, $3/2\ \lambda$ usw. dick, so haben die beiden reflektierten Wellen R_1 und R_2 eine Phasendifferenz von $1/2$ Wellenlänge, d. h. sie vernichten sich; ist die Dicke des Blättchens $1/4\ \lambda$, $3/4\ \lambda$, $5/4\ \lambda$ usw., so haben die reflektierten Wellen gleiche Phasen und verstärken sich. Besteht der einfallende Strahl aus einem Wellengemisch verschiedener Wellenlängen, so werden bestimmte Wellenlängen durch Interferenz vernichtet, andere verstärkt; in der reflektierten Welle fehlen bestimmte Wellenlängen oder Farben, andere sind relativ verstärkt; das reflektierte Licht ist farbig und seine Farbe hängt von der Dicke des Blättchens ab.

Die Richtigkeit dieser Behauptung kann u. a. an Blättchen ungleichmäßiger Dicke, die in den verschiedensten Farben schillern, beobachtet werden.

Ähnlich wie ein Blättchen ungleichmäßiger Dicke wirkt auch der enge Luftraum L zwischen einer ebenen Glasplatte und der konvexen Fläche einer flachen Linse, wenn man die beiden Gegenstände in der Art wie in Fig. 187 skizziert aneinanderdrückt. An der Berührungsstelle der beiden Flächen ist die Dicke des Luftraums o und nimmt mit dem Abstand von der Berührungsstelle zu. Betrachtet man die Anordnung von oben in auffallendem weißem Licht, so sieht man um die schwarze Berührungsstelle herum konzentrische Kreise in allen Spektralfarben, die sog. Newtonschen „Farbenringe".

Die Farben dünner Blättchen werden, wie schon erwähnt, nur bei Blättchen sehr geringer Dicke beobachtet. Der Grund hierfür ist einzusehen, wenn man berücksichtigt, daß die Bedingungen für die vollständige Vernichtung bei einer bestimmten Blättchendicke nur für ganz bestimmte Wellenlängen gegeben sind. Wellenlängen, die nicht erheblich von diesen bestimmten Wellenlängen verschieden sind, werden sich nicht vollständig aber doch zum Teil vernichten, wenn ihre Phasendifferenz näherungsweise $\frac{1}{2}$ Wellenlänge beträgt; das ist für solche Wellen der Fall, für die der Unterschied zwischen der doppelten Blättchendicke $+\frac{1}{2}$Wellenlänge und dem nächst kleineren ganzzahligen Vielfachen ihrer Wellenlänge etwa zwischen $\frac{3}{8}$ und $\frac{5}{8}$ Wellenlänge

Abb. 187. Newtonsche Farbenringe.

liegt. Diese Bedingung ist jedoch für einen um so kleineren Bereich von Wellenlängen erfüllt, je größer die Blättchendicke im Verhältnis zu den vorkommenden Wellenlängen ist. Der Ausfall ganz bestimmter Wellenlängen würde bei der spektralen Zerlegung des Lichts in Form schmaler schwarzer Linien, ähnlich den Fraunhoferschen Linien zum Ausdruck kommen; solche geringe Ausfälle im Spektrum ändern aber, wie aus dem, trotz der Fraunhoferschen Linien, weißen Aussehen des Sonnenlichtes hervorgeht, die Farbe des Gesamtlichtes nicht merklich. Farben dünner Blättchen werden daher nur beobachtet, wenn die Blättchendicke nicht mehr groß gegenüber den im Licht vorkommenden Wellenlängen ist; auf Grund dieser Überlegung kann aus der Messung der Blättchendicken, bei denen Farben auftreten, geschlossen werden, daß die Wellenlängen des Lichts etwa in der Größenordnung von $\frac{1}{1000}$ mm sein müssen.

Eine wichtige Eigenschaft des Lichts, auf der die ganzen im III. Abschnitt dargestellten Entwicklungen beruhen, ist die geradlinige Fortpflanzung. Soll die Wellentheorie eine befriedigende Erklärung für das Licht sein, so muß sich vor allem diese Eigenschaft aus ihr folgern lassen.

Beleuchtet man eine kreisförmige Blende senkrecht durch eine punktförmige Lichtquelle und stellt hinter der Blende parallel zu ihr einen Schirm auf, so beobachtet man auf dem Schirm einen beleuchteten Kreis, dessen Begrenzung der Schnittlinie der durch die Lichtquelle als Spitze und die Blende als Grundfläche gelegten Kegelfläche mit dem Schirm entspricht. Bei genügender Größe der Blende und nicht zu großer Entfernung des Schirms von der Blende

wird die Begrenzungslinie des beleuchteten Kreises scharf wahrgenommen und demnach auf geradlinige Fortpflanzung des Lichts
geschlossen. Verwendet man sehr kleine Blenden, so beobachtet
man eine unschärfere Begrenzung des hellen Kreises und bemerkt
im übrigen auch außerhalb der, der geradlinigen Fortpflanzung entsprechenden, Begrenzungslinie Licht; mit abnehmender Blendengröße stimmen die Erscheinungen immer weniger zu der Annahme
der geradlinigen Fortpflanzung und nähern sich immer mehr den
Erscheinungen, die man beobachtet, wenn man in die Blendenöffnung
eine punktförmige Lichtquelle bringt, d. h. eine beleuchtete sehr kleine
Blende wirkt ähnlich wie eine punktförmige Lichtquelle. Man bezeichnete die beschriebene Abweichung des Lichtes von dem Gesetz
der geradlinigen Fortpflanzung als „Beugung" des Lichts. Merkliche
Beugung des Lichts tritt ein an allen kleinen Öffnungen.

Eine Welle entsteht nach den im 2. Kapitel des II. Abschnittes
behandelten Vorstellungen infolge aufeinanderfolgender gleichartiger
Schwingungen einzelner nebeneinander liegender Teilchen. Die
Schwingungen eines Teilchens innerhalb eines Wellenzuges unterscheiden sich grundsätzlich nicht von den Schwingungen, die das
die Welle erregende Teilchen ausführt; man kann daher jeden Punkt
eines Wellenzuges als ein Erregungszentrum auffassen, von dem eine
Welle ausgeht. Wäre die beschriebene Öffnung so klein, daß in ihr
nur ein einziges Teilchen schwingen könnte, so würde sich die Blende
wie das Erregungszentrum einer neuen Welle verhalten, d. h. es würde
von ihr eine neue Kugelwelle ausgehen. Aus dieser Überlegung geht
hervor, daß sich ein einziger Wellenzug in einem homogenen Medium
überhaupt nicht fortpflanzen kann. Die anscheinend geradlinige
Fortpflanzung des Lichts muß also auf den sich aus der Fortpflanzung
zahlreicher Wellen ergebenden Verhältnissen beruhen.

Die Wirkung einer beleuchteten Öffnung kann man nach dem
Prinzip, das jeden Punkt einer Welle als neues Wellenzentrum auffaßt, dem sog. „Huygensschen Prinzip" analysieren.

In Abb. 188 sei B ein Schirm mit der schlitzförmigen Blende von
der Breite a b, die von der punktförmigen Lichtquelle L senkrecht
beleuchtet werde; S sei ein parallel zu B gestellter Schirm, der durch
den Schlitz ab Licht erhält. Nach den Vorstellungen über die Ausbreitung einer Welle geht von L eine Kugelwelle derart aus, daß die
gleichweit von L, d. h. auf einer Kugelfläche um L liegenden Teilchen
stets gleiche Bewegungszustände besitzen, also Schwingungen gleicher
Phase ausführen. Von L sei durch den Mittelpunkt von a b eine
Gerade bis zum Punkt o gezogen. L sowohl als o seien soweit von B
entfernt, daß die Differenzen La—Lc bzw. Lb—Lc und oa—oc
bzw. o b—o c bedeutend kleiner seien als die Wellenlänge des zunächst
als einwellig, d. h. nur eine bestimmte Spektralfarbe enthaltend, gedachten Lichtes der Lichtquelle L. Unter diesen Umständen liegt die

gerade Verbindungslinie a b auf einer konzentrisch um L gelegten Kugelfläche, d. h. alle schwingenden Teilchen auf dieser Verbindungslinie haben gleiche Phase. Nach dem Huygensschen Prinzip ist jeder zwischen a und b liegende Punkt als ein neues Wellenzentrum aufzufassen. Betrachtet man von diesem Standpunkt aus die Wellenzüge, die von den Punkten zwischen a und b ausgehend am Punkt o ankommen, so findet man, daß, da die Entfernungen von o zu jedem Punkt zwischen a und b als gleich angenommen wurden, daß o von allen Punkten zwischen a und b Wellen gleicher Phase erhält; er wird demnach beleuchtet sein. Betrachtet man einen Punkt P_1, der so gewählt ist, daß $P_1a - P_1b$ gleich einer Wellenlänge λ des Lichtes ist, so wird in diesem Punkte Dunkelheit herrschen; wenn die Differenz $P_1a - P_1b = \lambda$ ist, so ist $P_1a - P_1c = \frac{1}{2}\lambda$ und ebenso $P_1c - P_1b = \frac{1}{2}\lambda$, d. h. die von a und c ausgehenden Wellen vernichten sich im Punkte P_1. Eine von einem Punkt rechts von a ausgehende Welle wird von der Welle, die von einem ebenso weit rechts von c liegenden Punkte ausgeht, in P_1 vernichtet, da auch für diese beiden Punkte die Differenz der Entfernungen von P_1 gleich $\frac{1}{2}\lambda$ ist. So kann für jeden Punkt zwischen a und c ein entsprechender zwischen c und b angegeben werden, der zu ihm in der Beziehung steht, daß die von ihm ausgehende Welle die von dem ersten Punkt ausgehende in P_1 vernichtet, d. h. im ganzen vernichten die

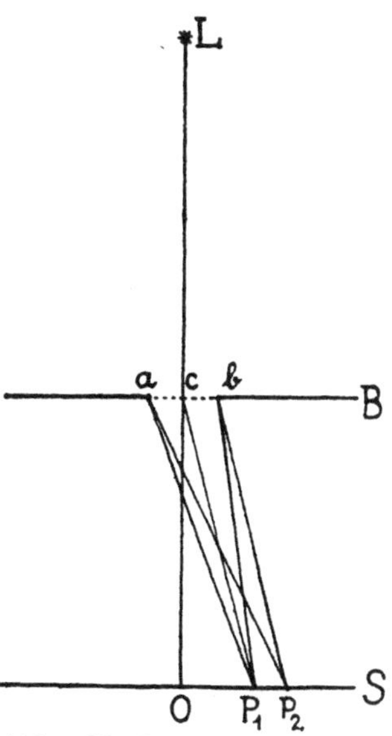

Abb. 188. Beugung des Lichts.

von der Hälfte a c und der Hälfte c b des Schlitzes ausgehenden Wellen sich durch Interferenz im Punkte P_1. Man kann nun in ähnlicher Weise ableiten, daß in einem Punkt P_2, der so liegt, daß $P_2a - P_2b = \frac{3}{4}\lambda$ ist, wieder Helligkeit herrschen wird; die Helligkeit an diesem Punkte wird jedoch nicht so groß sein, wie die im Punkte o, da dieser Punkt nicht von allen Punkten von a b Licht erhält, sondern nur von $\frac{1}{3}$ der Punkte zwischen a und b, während die von den anderen zwei Dritteln von a b ausgehenden Wellen sich gegenseitig durch Interferenz vernichten. In einem Punkt P_3, für den $P_3a - P_3b = 2\lambda$ ist, herrscht wieder Dunkelheit; weiterhin folgen dann noch andere Punkte, an denen wieder Licht, jedoch mit einer bei jedem weiteren Punkt geringeren Helligkeit beobachtet wird. Die auf dem Schirm beobachtete Lichterscheinung wird demnach die sein, daß in der Mitte bei o ein heller Streifen liegt, der zu beiden Seiten von in ihrer Helligkeit abnehmenden

Lichtstreifen, die durch dunkle Streifen voneinander getrennt sind, umgeben ist.

Benutzt man an Stelle der Spaltblende eine kreisförmige Blende, so entsteht auf dem Schirm ein mittlerer kleiner heller Fleck, der von einer Anzahl, durch dunkle Kreise voneinander getrennten Kreisen abnehmender Helligkeit umgeben ist.

Von dem Abstand der hellen Streifen bzw. der hellen Kreise voneinander läßt sich theoretisch zeigen, daß er immer kleiner wird, je größer die Blendenöffnung ist. Ist die Blendenöffnung groß gegenüber der Wellenlänge, so liegen die Streifen bzw. Kreise so nahe beieinander, daß sie nur bei starker Vergrößerung beobachtet werden können und es läßt sich zeigen, daß außerhalb einer Kegelfläche mit der Lichtquelle als Spitze und der Blende als Grundfläche überhaupt merkliche Lichterscheinungen nicht mehr beobachtet werden können, da für alle Punkte außerhalb dieser Fläche sich alle von der Blendenöffnung ausgehenden Wellen durch Interferenz vernichten; eine größere Blende wirft demnach in Übereinstimmung mit der Erfahrung nach der Wellentheorie einen scharfen Schatten.

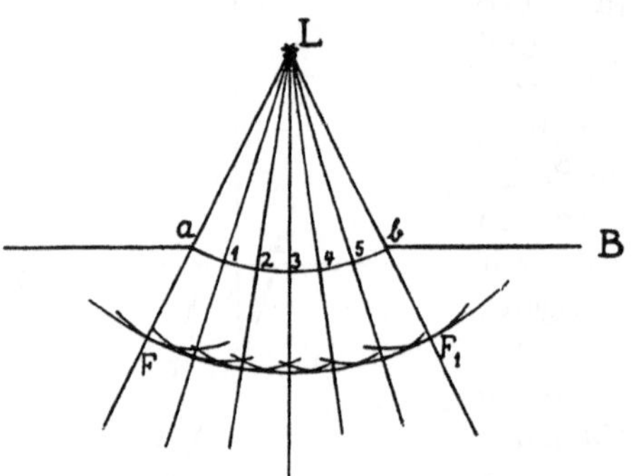

Abb. 189. Wirkung einer großen Blende.

Verwendet man zur Beleuchtung eines engen Spaltes statt einwelligen Lichtes weißes Licht, so beobachtet man an Stelle der hellen und dunklen Beugungsstreifen farbige Streifen in der Reihenfolge der Spektralfarben; diese farbigen Beugungsstreifen sind der Beweis dafür, daß die Spektralfarben durch verschiedene Wellenlängen ausgezeichnete Wellen sind; für verschiedene Wellenlängen nämlich ergibt sich der vorhergehenden Ableitung entsprechend eine verschiedene Lage der Punkte, an denen Dunkelheit herrscht. Die Reihenfolge der Farben im Spektrum entspricht der Aufeinanderfolge der Größe der Wellenlängen, und zwar läßt sich aus der Beobachtung ableiten, daß die Wellenlänge der roten Strahlen am größten, die der violetten am kleinsten ist.

Zu dem mitgeteilten Ergebnis der Ableitung der Wirkung einer im Verhältnis zur Wellenlänge großen Blende sei noch folgendes hinzugefügt. Punkte, in denen phasengleiche Schwingungen herrschen, liegen stets auf Kugelflächen um das Schwingungszentrum. Wird demnach die Blende ab in Abb. 189 von der punktförmigen Lichtquelle L beleuchtet, so führen alle auf der durch a und b um L gelegten Kugelfläche liegenden, also z. B. bei a, 1, 2, 3, 4, 5, b gelegenen

Teilchen Schwingungen gleicher Phase aus. Nach dem Huygensschen Prinzip können alle diese Punkte als Wellenzentrum angesehen werden. Die von den einzelnen Punkten ausgehenden Kugelwellen seien „Elementarwellen" genannt. Beschreibt man um die genannten Punkte Kugelflächen gleicher Radien, so haben die Schwingungen aller auf diesen Kugelflächen liegender Teilchen auf Grund der Elementarwellen gleiche Phasen. Die von den verschiedenen Punkten ausgehenden Elementarwellen interferieren nun derart miteinander, daß alle auf einer die sämtlichen Kugelflächen berührenden, oder die sämtlichen Kugelflächen „einhüllenden" Fläche liegenden Teilchen in gleicher Phase schwingen, und daß auf dieser Fläche nur zwischen den Grenzen F und F_1 merkliche Schwingungen bestehen, während außerhalb dieser Begrenzungen, die durch die geradlinige Verbindung der Lichtquelle mit dem Rand der Blende gegeben ist, alle Elementarwellen sich gegenseitig vernichten. Man kann nun tatsächlich sagen, daß die z. B. vom Punkt 1 ausgehende Bewegung in der Fläche FF_1 an der Stelle gefunden wird, an der die um 1 beschriebene Kugel die Fläche FF_1 berührt. Die Fläche FF_1 ist ebenso wie die Fläche a b eine sog. „Wellenfront" die Fortpflanzung des Lichtes erfolgt an jeder Stelle eines Lichtstrahlenbündels senkrecht zu der durch diese Stelle gehenden Wellenfront. Solche Wellenfronten kann man unendlich viele nach dem Huygensschen Prinzip konstruieren, indem man von einer bekannten Wellenfront ausgehend um die einzelnen Punkte der Front Kugeln mit Radien, die den vom Licht in einer gleichlangen Zeit zurückgelegten Wegen entsprechen, beschreibt; die diese Kugeln einhüllende Fläche ist wiederum eine Wellenfront. Die aus der Wellenfront abgeleiteten Wellenfronten haben die gleichen Eigenschaften wie die Fronten eines Lichtbündels, die im 2. Kapitel des III. Abschnittes zum Zweck der Ableitung des Brechungsgesetzes aus der Änderung der Fortpflanzungsgeschwindigkeit beim Übergang in ein anderes Medium definiert und verwandt wurden. Man kann den dort definierten Begriff der Fronten eines Strahlenbündels demnach durch den aus der Wellentheorie, auf Grund der Ableitungen nach dem Huygensschen Prinzip gefolgerten Begriff der Wellenfronten ersetzen.

Die Ableitungen auf Grund der Wellentheorie stehen demnach in denkbar bester Übereinstimmung mit den Beobachtungen über die Fortpflanzung des Lichts und erklären die Tatsache der Beugung, der Farben dünner Blättchen und der Newtonschen Farbenringe. Man kann nun außerdem auf Grund der Wellentheorie aussagen, daß nur solche Gegenstände Schatten werfen, deren Größe groß gegenüber den Wellenlängen des Lichtes ist, und daß nur solche Punkte als getrennt gesehen werden können, deren Abstand voneinander nicht wesentlich kleiner ist als eine Wellenlänge des Lichtes, mit dem die Punkte beleuchtet werden, oder das sie aussenden. Die Möglichkeit durch Vergrößerung mittels optischer Instrumente feine Einzelheiten an Objekten zu unterscheiden, d. h. z. B. die Auflösungsvermögen eines Mikroskops, findet demnach eine Grenze, die durch die Wellenlänge des beleuchtenden Lichtes gegeben ist.

c) Messung der Wellenlängen des Lichtes, Gitterspektren.

Die grundsätzlichen Gesichtspunkte, die zu einer Möglichkeit der Messung der Wellenlängen des Lichts führen, sind bereits bei der Beschreibung der Beugungserscheinungen und ihrer theoretischen Begründung erwähnt.

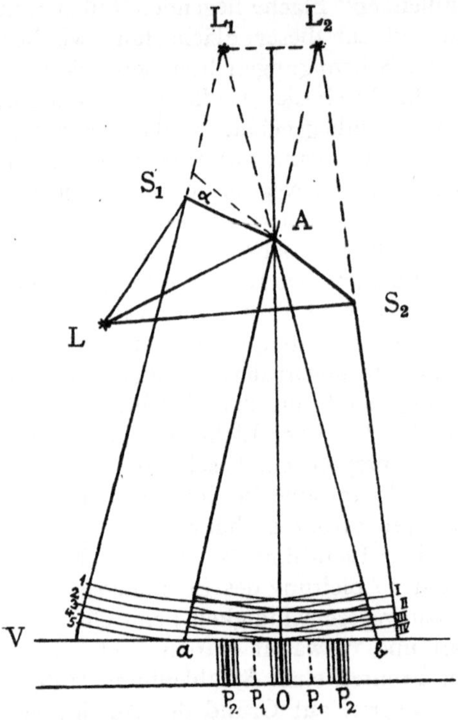

Eine Anordnung, die es gestattet, Lichtwellenlängen zu messen, ist z. B. der in Abb. 190 skizzierte Fresnelsche Spiegelversuch. S_1 und S_2 seien zwei ebene Spiegel, die bei A unter einem geringen Winkel a aneinanderstoßen. L stelle eine senkrecht zur Zeichenebene stehende linienförmige Lichtquelle vor. Das von L ausgehende Licht sei einwellig und habe die Wellenlänge λ; es wird von S_1 und S_2 so reflektiert, als ob es von den Orten L_1 und L_2 ausginge. In den Gang der reflektierten Lichtstrahlen sei der Schirm V parallel zu der Verbindung $L_1 L_2$ aufgestellt. V erhält zwischen

Abb. 190. Fresnelscher Spiegelversuch.

den Orten a und b von beiden Spiegeln Licht. Da alles Licht von der Lichtquelle L geliefert wird, schwingen die auf Kugelflächen um L_1 und L_2 mit gleichen Radien liegenden Teilchen, also z. B. die auf den Kreisen I und I, 2 und II, 3 und III, 4 und IV liegenden Teilchen in gleichen Phasen. Angenommen, der Abstand zwischen zwei aufeinanderfolgenden Kreisen sei gerade gleich einer Wellenlänge, so ersieht man aus der Konstruktion, daß an den Punkten o und P_2 stets die von den beiden Spiegeln ausgehenden Wellen gleicher Phase zusammentreffen, an den Punkten P_1 jedoch solche Wellen miteinander interferieren, die eine Phasendifferenz von $^1/_2$ Wellenlänge besitzen. Auf dem Schirm V, der in die Ebene der Zeichnung umgeklappt gezeichnet ist, wird daher bei o und P_2 größte Helligkeit, bei P_1 Dunkelheit beobachtet werden müssen. Tatsächlich beobachtet man nun in einer Anordnung entsprechend Abb. 190, wenn man Natriumlicht als Lichtquelle verwendet, abwechselnd dunkle und helle Streifen; von dem Ort o sinkt die Helligkeit kontinuierlich bis zur völligen Dunkelheit bei P_1 ab, um dann wieder bis zu P_2 anzusteigen. Die Abstände zwischen den Maximis und Minimis der Helligkeit können gemessen werden, d. h. es können die Entfernungen o P_1 bzw. o P_2 angegeben werden. Ist der Winkel a, den die Spiegel miteinander bilden, und die Lage von L und V zu den Spiegeln bekannt, so können die Entfernungen $L_1 P_1$ und $L_2 P_1$ bzw. die Entfernungen $L_1 P_2$ und $L_2 P_2$ angegeben werden. Die Differenz $L_1 P_1 - L_2 P_1$ ist nach der Konstruktion gleich $^1/_2\ \lambda$, die Differenz $L_1 P_2 - L_2 P_2$ gleich λ. Man kann demnach auf Grund der Messung der Abstände der dunklen und hellen Streifen voneinander die Wellenlänge des verwandten Lichts errechnen.

Natriumlicht sendet, wie schon erwähnt, nur eine Spektralfarbe aus, die Wellenlänge dieses Lichtes kann durch einen Fresnelschen Spiegelversuch festgestellt werden.

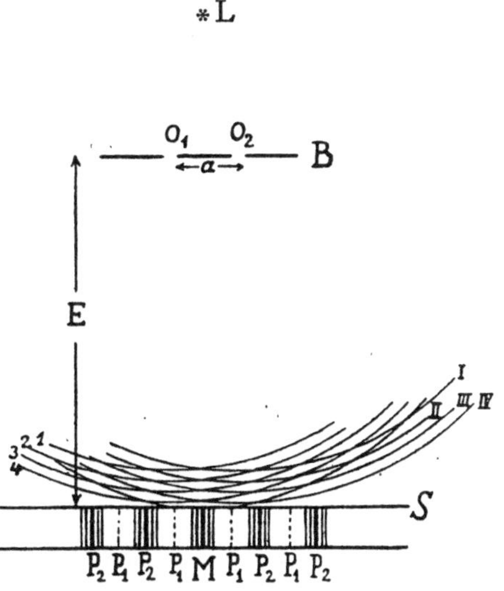

Abb. 191. Messung von Wellenlängen durch Beugung.

Man findet sie zu 0,000059 cm. $^1/_{1000}$ mm wird meist als ein μ bezeichnet, die Wellenlänge des Natriumlichtes beträgt demnach 0,59 μ.

Verwendet man in einem Fresnelschen Spiegelversuch eine weißes Licht liefernde Lichtquelle, so beobachtet man an Stelle der hellen und dunklen Streifen, Streifen in den verschiedenen Spektralfarben, als Ausdruck dafür, daß die verschiedenen Spektralfarben verschiedenen Wellenlängen entsprechen.

Grundsätzlich auf demselben Prinzip beruht die Messung von Lichtwellenlängen durch Beugung. In Abb. 191 seien O_1 und O_2 zwei kleine im Abstand a voneinander im Schirm B angebrachte Öffnungen, die von der gleichweit von O_1 und O_2 entfernten Lichtquelle L mit einwelligem Licht beleuchtet seien. Parallel mit B sei im Abstande E der Schirm S aufgestellt. Wie früher besprochen wirkt eine kleine beleuchtete Öffnung ähnlich wie das Wellenzentrum einer Kugelwelle.

Von O_1 und O_2 geht daher je eine Welle aus. Die Schwingungen in O_1 und O_2 haben, da sie gleichweit von der Lichtquelle entfernt sind, gleiche Phase; demnach besitzen die auf Kugelflächen mit gleichen Radien um O_1 und O_2 liegenden Teilchen gleiche Phase auf Grund der von den beiden Öffnungen ausgehenden Wellen. Flächen gleicher Radien werden durch die Kreise 1 und I, 2 und II, 3 und III usw. dargestellt. Der Abstand zwischen benachbarten Flächen sei wiederum genau eine Wellenlänge. Die Kreise schneiden sich an den Stellen die den Punkten M und P_2 auf dem Schirm S entsprechen; an diesen Stellen kommen daher Wellenzüge gleicher Phase zusammen, M und P_2 sind beleuchtet. An den zwischenliegenden Stellen P_1 interferieren Wellen mit einer Phasendifferenz von $^1/_2$ Wellenlänge, dort herrscht Dunkelheit. Das Interferenzbild auf dem Schirm entspricht daher dem unter S gezeichneten Schema.

Durch Messung der Abstände MP_1 bzw. MP_2 kann, wenn E und a bekannt ist, die Differenz $P_2O_1 - P_2O_2$ berechnet werden, die gleich der Wellenlänge des verwandten Lichtes ist. Die für den

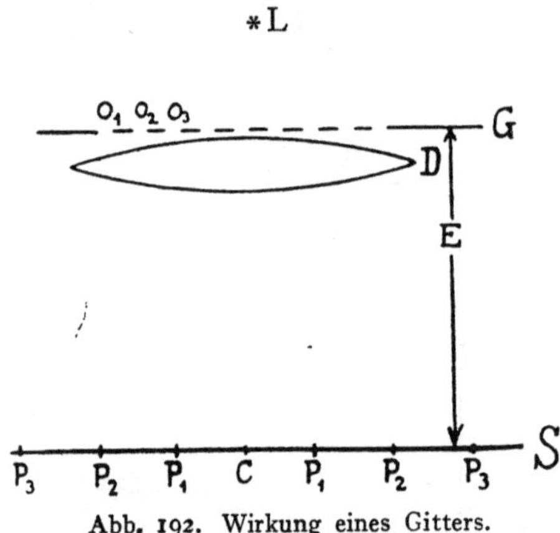

Abb. 192. Wirkung eines Gitters.

Fresnelschen Spiegelversuch über die bei Verwendung weißen Lichtes zu beobachtenden farbigen Streifen gemachten Angaben gelten auch in diesem Fall.

Bringt man hinter einen Schirm G mit zahlreichen gleichgroßen, in gleichem Abstand voneinander befindlichen Öffnungen O_1, O_2 usw., die von der Lichtquelle L beleuchtet sind, eine Konvexlinse D, in der Art, wie es in Abb. 192 skizziert ist, und stellt in die Ebene, in der durch die Linse das Bild von L entworfen wird, den Schirm S, so findet man, daß in Übereinstimmung mit den aus der theoretischen Ableitung gezogenen Folgerungen an bestimmten Punkten des Schirms (C, P_1, P_2 usw.) Helligkeit beobachtet wird, während zwischen diesen Punkten an allen Stellen Dunkelheit herrscht. Die Begrenzung der hellen Punkte ist um so schärfer, je mehr Öffnungen im Schirm G sind; bei dieser Anordnung erfolgt demnach kein kontinuierlicher Übergang von den Orten maximaler Helligkeit zu den Orten völliger Dunkelheit, sondern die Orte der Helligkeit sind nach einem je nach der Zahl der vor der Linse stehenden Öffnungen, mehr oder minder unvermittelten Übergang überall von völliger Dunkelheit umgeben. Der Abstand der hellen Punkte voneinander wird immer größer, je näher die Öffnungen aneinander stehen. Mit der Entfernung der Punkte P von C wächst außerdem der Abstand zweier benachbarter Punkte, d. h. es ist $P_3 P_2 > P_2 P_1 > P_1 C$. Die Lage der Punkte P ist unter sonst gleichen Umständen verschieden je nach der Wellenlänge der einfallenden Welle. Aus dem Abstand der Öffnungen O voneinander, der Entfernung E des Schirms vom Gitter und dem Abstand der Punkte P voneinander kann die Wellenlänger der einfallenden Welle berechnet werden. Die Punkte P liegen um so näher an C, je kürzer die Wellenlänge der Welle ist. Verwendet man Licht, das aus verschiedenen Spektralfarben zusammengesetzt ist, so erhält man an Stelle jedes Punktes P verschiedene Punkte verschiedener Farbe in verschiedenen Entfernungen von C; verwendet man weißes Licht, so beobachtet man an Stelle jeden Punktes P eine längere Linie, deren Farbe von Violett, durch das ganze Spektrum hindurch, bis zu Rot kontinuierlich wechselt. Die an Stelle des Punktes P_3 auftretende Linie ist länger als die an Stelle des Punktes P_2 auftretende, die an Stelle des Punktes P_2 beobachtete länger als die bei P_1 auftretende.

Verwendet man an Stelle der Öffnungen einander parallele Schlitze, so entstehen statt der farbigen Linien farbige Streifen, die den durch Brechung zu erzeugenden Spektren weißen Lichtes ähnlich sind. Man nennt eine Reihe solcher Schlitze ein „Beugungsgitter" und die durch ein Gitter entworfenen Spektren „Gitterspektren". Das am nächsten an C liegende Gitterspektrum heißt das Spektrum erster Ordnung, das folgende das zweiter Ordnung usf.

Aus dem Gesagten geht hervor, daß die Gitterspektren um so länger werden, je näher die Spalte des Gitters aneinander liegen; der Abstand zweier benachbarter Spalte voneinander heißt die „Gitterkonstante". Außerdem geht aus dem Gesagten hervor, daß die Begrenzung der einer bestimmten Wellenlänge entsprechenden Linie des Spektrums um so schärfer ist, je mehr Spalte das Gitter besitzt. Gemischtes Licht wird daher um so besser in die einzelnen Wellenlängen, aus denen es besteht, zerlegt, je mehr Spalte das Gitter besitzt und je kleiner die Gitterkonstante ist.

Es läßt sich nun zeigen, daß eine merkliche Länge der Gitterspektren nur beobachtet werden kann, wenn die Gitterkonstante nicht groß gegenüber der Wellenlänge ist. Andererseits darf die Gitterkonstante nicht kleiner als die Wellenlänge sein.

Es ist gelungen, Gitter herzustellen, die ausgedehnte Lichtspektren entwerfen, und zwar dadurch, daß man auf Glasplatten in kurzem Abstand voneinander zahlreiche dünne Striche einritzte. Die Striche entsprechen den Zwischenräumen zwischen den Gitterspalten, die zwischen den Strichen liegenden Streifen unverletzten Glases den Gitterspalten. Durch Präzisionsmaschinen gelingt es viele Hunderte von Strichen innerhalb der Länge eines Millimeters zu ziehen; die von solchen Gittern entworfenen Spektren stehen hinter den durch Brechung entstandenen in keiner Weise zurück und gestatten die Messung der Wellenlängen der verschiedenen Spektralfarben mit hoher Genauigkeit vorzunehmen. So sind die Wellenlängen der den Fraunhoferschen Linien entsprechenden Spektralfarben und die der Linien der von den verschiedenen glühenden Gasen entworfenen Linienspektren durchweg auf 4—6 Dezimalstellen bekannt. Die gemessenen Wellenlängen des sichtbaren Spektrums sinken vom äußersten Rot, das eine Wellenlänge von 0,77 μ besitzt, bis zum äußersten Violett, dem eine Wellenlänge von 0,39 μ zukommt, kontinuierlich ab.

Durch die Verwendung von Steinsalz- bzw. Quarzgittern und Beobachtung der Temperatur bzw. durch Photographie des unsichtbaren Spektrums hat man gefunden, daß den ultraroten Strahlen Wellenlängen von 0,77—0,90 μ, den ultravioletten solche von 0,39 bis 0,185 μ entsprechen.

Ähnliche, jedoch kompliziertere Zerlegungen von Wellengemischen in die einzelnen Wellenlängen gelingen durch „Flächengitter", d. h. Flächen, in denen zahlreiche kleine Öffnungen in konstantem Abstand voneinander angebracht sind, und durch „Raumgitter", d. h. räumliche Anordnungen von Trennungslinien, die kleine Räume gleichartiger Form und Größe umgrenzen. Auch beim Durchgang durch solche Gitter ist der Weg, den die Wellen durch die Gitter nehmen, verschieden, je nach der Wellenlänge. Strahlen verschiedener Wellenlänge, die in der gleichen Richtung auf die Gitter einfallen, verlassen die Gitter auf verschiedenen durch die Wellenlänge gegebenen Wegen. Die Größe der Ablenkung der Strahlen von ihrem ursprünglichen Weg ist auch in diesen Fällen durch das Verhältnis der Gitterkonstante, d. h. des Abstandes der Öffnungen voneinander, zu der Wellenlänge gegeben.

d) Gitterspektren von Röntgen- und γ-Strahlen.

Versuche, die Wellenlängen der Röntgen- und γ-Strahlen in gleicher Art, wie die der Lichtstrahlen, durch Beugung zu bestimmen, wurden alsbald nach der Entdeckung dieser Strahlen unternommen, jedoch mit negativem Erfolg. Es mußte allerdings auf Grund der Eigenschaften der Röntgen- und γ-Strahlen angenommen werden, daß ihre Wellenlängen wesentlich kürzer als die der kurzwelligsten ultravioletten Strahlen sind; der negative Erfolg der Beugungsversuche wurde daher mit Recht darauf zurückgeführt, daß die Gitterkonstante der angewandten Gitter im Verhältnis zur Wellenlänge der Strahlen zu groß sei. Bei Verwendung eines einzelnen Spaltes, der nicht voneinander parallelen Rändern begrenzt war, sondern sich keilförmig bis zur Breite 0 verjüngte, gelang es schließlich durch genaues Ausphotometrieren des von diesem Spalt auf einer photographischen Platte mittels Röntgenstrahlen entworfenen Schattenbildes nachzuweisen, daß dicht an dem spitz zulaufenden Ende des Spaltes Beugungserscheinungen auftraten; man konnte bei diesen Versuchen bereits zeigen, daß die Beugungserscheinungen bei weichen Röntgenstrahlen bedeutender waren als bei harten, daß die Härte der Strahlen demnach von ihrer Wellenlänge abhängt. Als Wellenlänge ergab sich schätzungsweise ein Wert, der $^1/_{10\,000}$ der Lichtwellenlänge betrug, d. h. in der Größenordnung 10^{-8}—10^{-9} cm lag.

Ein vollständiges Zerlegen der Röntgenstrahlen in Spektren und eine genaue Messung der in den Röntgenstrahlen vorkommenden Wellenlängen gelang erst, nachdem man entdeckt hatte, daß die Natur in Gestalt der Kristalle Raumgitter darbietet, deren Gitterkonstanten in einem zur Beugung der Röntgen- und γ-Strahlen geeigneten Verhältnis zur Wellenlänge dieser Strahlen stehen.

Der den ursprünglichen Versuchen dieser Richtung zugrunde liegende Gedanke war der, daß in den Kristallen die einzelnen Atome in einer regelmäßigen räumlichen Anordnung stehen müßten; von den einzelnen Atomen wurde angenommen, daß sie an den Ecken regelmäßiger, gleichgroßer und gleichartiger kleiner Körper, deren Form in der äußeren Kristallform zum Ausdruck kommt, stehen. Eine solche räumliche Anordnung von Punkten wirkt einer Welle gegenüber wie ein Raumgitter, wenn der Abstand der einzelnen Punkte voneinander, der der Gitterkonstanten entspricht, nicht groß im Verhältnis zur Wellenlänge und nicht kleiner als die Wellenlänge ist.

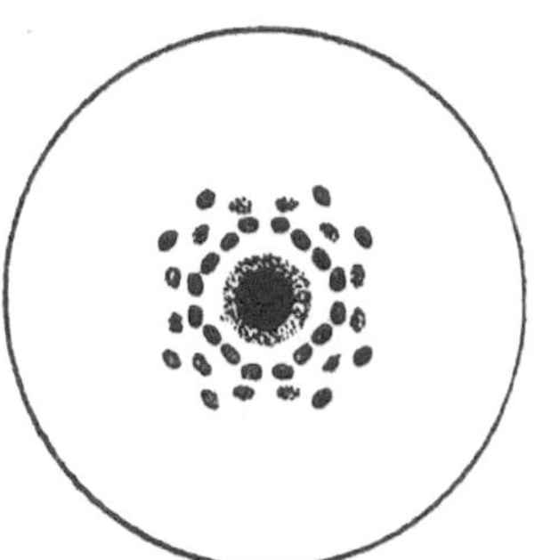

Abb. 193. Beugung der Röntgenstrahlen beim Durchgang durch einen Kristall.

Läßt man ein Röntgenstrahlenbündel, das durch Ausblenden mittels eines feinen Loches aus den Strahlen einer Röntgenröhre ausgesondert ist, durch eine Kristallplatte gehen und auf eine photographische Schicht auftreffen, so erhält man charakteristische Bilder, die nur als Beugungserfolge gedeutet werden können. Ein typisches Bild, wie es beim Durchgang von Röntgenstrahlen durch einen Kristall erhalten wurde, zeigt Abb. 193.

Man sieht in diesen Bildern rund um den Fleck, der von den geradlinig durch den Kristall hindurchgehenden Röntgenstrahlen hervorgebracht wird, symmetrisch regelmäßig angeordnete Punkte. Durch Messung der Ablenkung der einzelnen Strahlen, die diese Punkte erzeugen, lassen sich nun nicht nur die Wellenlängen der Strahlen errechnen, sondern auch zahlenmäßige Angaben über die Gitterkonstanten und die räumliche Anordnung der Gitterpunkte machen. Man erhält aus den Aufnahmen daher tatsächlichen Aufschluß über die gegenseitige Stellung der Atome in den Kristallen und über ihren Abstand voneinander, und damit ganz neuartige und wichtige Aufschlüsse über den Bau der Kristalle. Unter anderem wurde durch solche Aufnahmen der Unterschied zwischen der Anordnung der Kohlenstoffatome im Graphit und im Diamanten sinnfällig erwiesen.

Ein einfaches Ergebnis einer Kristallanalyse durch Röntgenstrahlen möge Abb. 194 erläutern, die die Stellung der Na- und Cl-Ionen in einem Kochsalzkristall darstellt, wie sie sich aus dem Beugungsbild einer Röntgenaufnahme ergibt. Die Ionen stehen in regelmäßigem Wechsel an den Ecken von Würfeln.

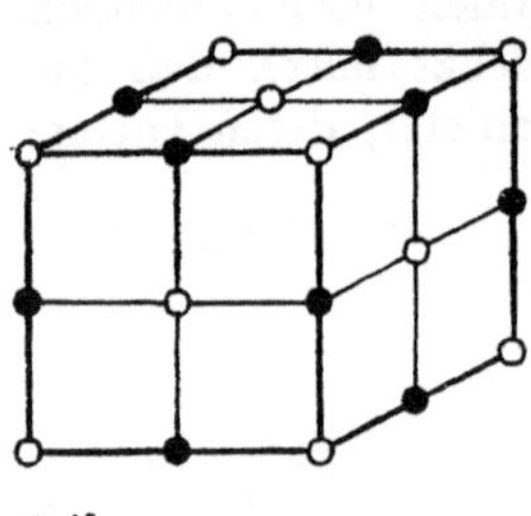

Abb. 194. Stellung der Na- und Cl-Ionen in einem Kochsalzkristall.

Durch diese oder ähnliche Kristallformen kann man verschiedene Ebenen legen, die ein unendliches Netz von Atompunkten schneiden; jede solche Ebene kann eine mögliche Begrenzungsfläche des Kristalls sein; solche Ebenen sind z. B. in Abb. 194 die Ebenen parallel mit der Zeichenebene und die senkrecht zu diesen Ebenen stehenden mit Atomen besetzten Ebenen. Man nennt eine solche Ebene eine „Netzebene" des Kristalls. Zu jeder Netzebene kann man eine unendliche Anzahl paralleler Netzebenen angeben, die alle voneinander den gleichen Abstand haben, der durch den Abstand der Atome voneinander gegeben ist.

Es läßt sich nun zeigen, daß die Beugung der Strahlen im Kristall so erfolgt, daß die Richtung jedes austretenden Strahls mit der des eintretenden einen solchen Winkel bildet, als wäre der Strahl an einer Netzebene des Kristalls nach dem Reflexionsgesetz reflektiert worden. Läßt man daher auf eine natürliche Begrenzungsfläche eines Kristalls Röntgenstrahlen schräg auffallen, so werden nach der Beugung Strahlen derart aus dem Kristall austreten, als wären sie an der betreffenden Fläche, oder an einer der hinter ihr parallel verlaufenden Netzebenen reflektiert.

In Abb. 195 seien G_1 und G_2 zwei einander parallele Netzebenen; ihr Abstand voneinander sei a. Ein Röntgenstrahlenbündel falle unter einem Winkel α auf die Fläche G_1. Ein Strahl dieses Bündels tritt derart aus dem Kristall aus, als wäre er an G_1 bei S_1 reflektiert, ein anderer so, als wäre er bei S_2 an G_2 reflektiert. Die Richtung der austretenden Strahlen ist $S_1 B_1$ bzw. $S_2 B_2$. Der Strahl $A B_2$ legt gegenüber $A B_1$ im Kristall einen um $C S_2 + S_2 D$ längeren Weg zurück. Die beiden Strahlen interferieren nach dem Austritt miteinander; sie besitzen einen Gangunterschied, der gleich dem Wegunterschied ist; der Wegunterschied ergibt sich aus einfachen geometrischen Beziehungen der Abb. 195:

$$C S_2 + S_2 D = 2\,a \sin \alpha.$$

Ist $C S_2 + S_2 D$ ein ganzzahliges Vielfaches der Wellenlänge λ, d. h. ist

$$n\,\lambda = 2\,a \sin \alpha \quad \ldots \ldots \ldots \quad (197)$$
$$n = \text{ganze Zahl}$$

so verstärken sich die beiden Strahlen. Liegen hinter G_2 noch mehrere Netzebenen im gleichen Abstand a voneinander, so ist der Gang-unterschied zwischen je zwei an aufeinanderfolgenden Netzebenen anscheinend reflektierten Strahlen immer der gleiche, d. h. alle Strahlen, deren Wellenlänge mit dem gegenseitigen Abstand der Netzebenen in der Beziehung der Gleichung (197)

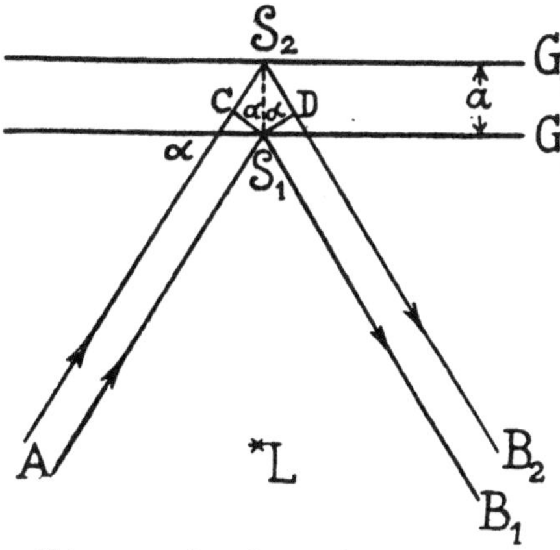

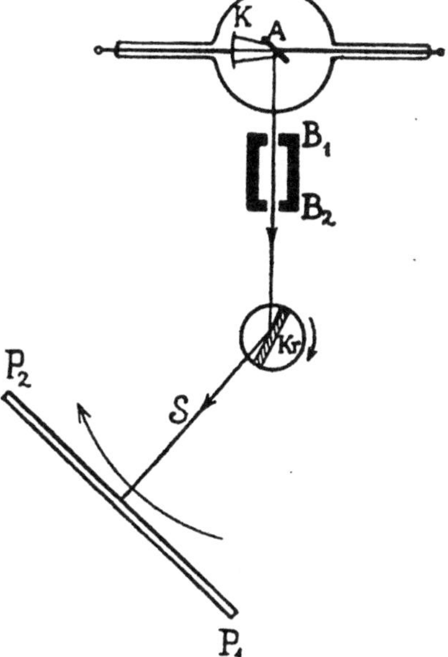

Abb. 195. Interferenz der aus einem Kristall austretenden gebeugten Strahlen.

Abb. 196. Entwerfen eines Röntgenstrahlenspektrums durch einen Drehkristall.

stehen, verstärken einander. Alle Strahlen anderer Wellenlängen vernichten einander. Fällt daher auf eine natürliche Kristallebene unter einem bestimmten Winkel ein Wellengemisch, so tritt aus der Auffalls-ebene ein Strahlenbündel in einer solchen Richtung aus, als wäre es von der Kristallfläche oder einer ihr parallel liegenden Netzebene reflektiert; die anscheinend reflektierten Strahlen enthalten aber nur eine Welle ganz bestimmter Wellenlänge des einfallenden Wellengemisches, und zwar die, die mit dem Abstand der Netzebenen und dem Einfalls-winkel in der durch Gleichung (197) gegebenen Beziehung steht. Wechselt der Einfallswinkel, so wechselt die Richtung der anscheinend reflektierten Strahlen in gleicher Art, es wechselt aber auch die Wellenlänge des austretenden Strahlenbündels, d. h. es tritt ein Teil anderer Wellenlänge des einfallenden Wellengemisches in der Richtung des anscheinend reflektierten Strahls aus.

Aus diesen Betrachtungen ergibt sich die Möglichkeit, Röntgenstrahlen durch einen sich drehenden Kristall in die in ihnen enthaltenen Strahlen verschiedener Wellenlängen zu zerlegen. Eine Einrichtung, die das Entwerfen eines Röntgenstrahlenspektrums gestattet, zeigt Abb. 196 im Grundriß.

Aus den von der Antikathode A der Röntgenröhre R ausgehenden Röntgenstrahlen wird durch die spaltförmigen Blenden B_1 und B_2 ein schmales Bündel ausgeblendet, das auf den Kristall Kr fällt. Der Kristall ist auf einer Anordnung angebracht, die es gestattet, ihn mit gleichförmiger Geschwindigkeit langsam in der Pfeilrichtung zu drehen. Der anscheinend reflektierte Strahl S fällt auf die photographische Platte $P_1 P_2$. Mit der Drehung des Kristalls wandert der anscheinend reflektierte Strahl in der Pfeilrichtung von P_1 nach P_2. Einer bestimmten Stellung des Kristalls ent-

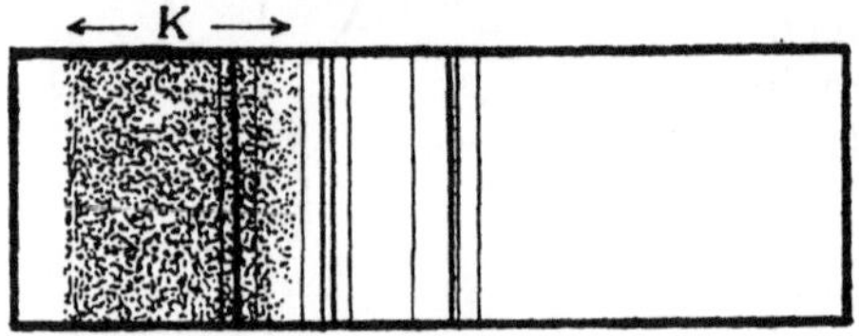

Abb. 197. Röntgenstrahlenspektrum.

spricht ein bestimmter Einfallswinkel, demnach eine bestimmte Wellenlänge und eine bestimmte Stellung der anscheinend reflektierten Strahlen auf der Platte. Die verschiedenen im einfallenden Wellengemisch vorhandenen Wellenlängen werden daher auf der Platte auseinandergezogen, und zwar markieren sich die längsten Wellenlängen in der Nähe von P_1, die kürzesten in der Nähe von P_2. Entwickelt man die Platte, nachdem man sie durch eine einmalige Drehung des Kristalls belichtet hat, so gewinnt man ein Bild ähnlich der Abb. 197. Man erkennt auf der Aufnahme einen breiten kontinuierlichen geschwärzten Streifen (K) und eine Anzahl scharfer Linien verschiedener Stärke, die der kontinuierlichen Schwärzung überlagert sind.

Die kontinuierliche Schwärzung entspricht einem kontinuierlichen Spektrum, d. h. einer Folge von Strahlen kontinuierlich abnehmender Wellenlänge, die Linien einem Linsenspektrum, in dem nur ganz bestimmte Wellenlängen vorhanden sind.

Von den Ergebnissen der Röntgenspektroskopie seien einige kurz erwähnt.

Die Wellenlängen der Röntgenstrahlen werden je nach der Härte der Röhre etwa zwischen 8 und $0,2 \times 10^{-8}$ cm gefunden. Die im 9. Kapitel des IV. Abschnittes als Härte bezeichnete Eigenschaft der verschiedenen Durchdringungsfähigkeit der Röntgenstrahlen entspricht der Wellenlänge, die härteren Strahlen sind die geringerer Wellenlänge. Von der Härte wurde schon früher erwähnt, daß sie von der Geschwindigkeit der Elektronen in den die Röntgenstrahlen

erzeugenden Kathodenstrahlen abhängig ist. Durch die Röntgen-
strahlenspektroskopie wurde nun erkannt, daß nur die Wellenlängen
des kontinuierlichen Teils des Spektrums von der Elektronengeschwindigkeit der Kathodenstrahlen abhängig sind, und daß der
vom kontinuierlichen Spektrum umfaßte Wellenlängenbereich im
ganzen um so kurzwelliger ist, je größer die Elektronengeschwindigkeit
ist. Unabhängig von der Elektronengeschwindigkeit ergibt sich jedoch
die Lage der Linien im Röntgenstrahlenspektrum. Lage und Anordnung der Linien ist abhängig von dem Material, aus dem die Antikathode besteht und zwar sind die Linienspektren charakteristisch
für die atomare Zusammensetzung des Antikathodenmaterials. Die
Wellenlänge der beobachteten Linien ist im allgemeinen um so
kürzer, je höher das Atomgewicht des Antikathodenmaterials ist.

Ordnet man die Elemente nach ihrer Kernladungszahl (vgl.
IV. Abschnitt, 10. Kapitel) und vergleicht die Härte des Linienspektrums, das man bei Verwendung der verschiedenen Elemente
als Antikathodenmaterial findet, so beobachtet man, daß die Wellenlängen der Linien in erstaunlich regelmäßiger Abhängigkeit mit
steigender Kernladungszahl der Elemente abnehmen.

Von den γ-Strahlen radioaktiver Stoffe können durch Kristalle
ähnliche Spektren wie von Röntgenstrahlen entworfen werden. Ihre
Wellenlängen betragen etwa $^1/_{10}$ der Wellenlängen der Röntgenstrahlen;
sie schließen sich unmittelbar an die Wellenlängen der härtesten
Röntgenstrahlen an; ihre Größe wechselt zwischen etwa 0,2 und
$0,01 \times 10^{-8}$ cm.

2. Kapitel: Nachweis der transversalen Natur der Wellen.

a) Polarisation des Lichtes bei der Reflexion.

Die Wellennatur der Licht-, Röntgen- und γ-Strahlen geht aus
den im vorigen Kapitel beschriebenen Interferenzerscheinungen
eindeutig hervor, und es besteht kein Zweifel, daß die auf Grund der
Interferenzbeobachtungen gemessenen Wellenlängen den tatsächlichen
Wellenlängen der Wellen entsprechen. Die beschriebenen Interferenzerscheinungen geben jedoch keinen Aufschluß darüber, ob es
sich bei den verschiedenen Strahlenarten um longitudinale oder
transversale Wellen handelt, da die Interferenzerscheinungen für beide
Wellenarten dieselben sind.

Im 2. Kapitel des II. Abschnittes wurde auseinandergesetzt, daß die
Unterscheidung zwischen transversalen und longitudinalen Wellenzügen durch Beobachtung der Erscheinungen, die bei der Drehung
eines Wellenzuges um seine Fortpflanzungsrichtung auftreten, getroffen werden kann. Ändert sich bei einer dieser Drehung gleich-

kommenden Maßnahme irgend etwas, so ist das ein Beweis dafür, daß der Wellenzug nicht rund um die Fortpflanzungsrichtung symmetrisch ist; longitudinale Wellenzüge sind rund um die Fortpflanzungsrichtung symmetrisch; die Beobachtung einer Änderung erweist daher, daß der betreffende Wellenzug zum mindesten teilweise transversaler Natur ist.

Die Beobachtungen, die die transversale Natur der Lichtwellen erweisen, sind die folgenden:

Läßt man einen Lichtstrahl L auf einen Spiegel S_1 aus poliertem schwarzem Glas fallen unter einem Einfallswinkel von 55 Grad

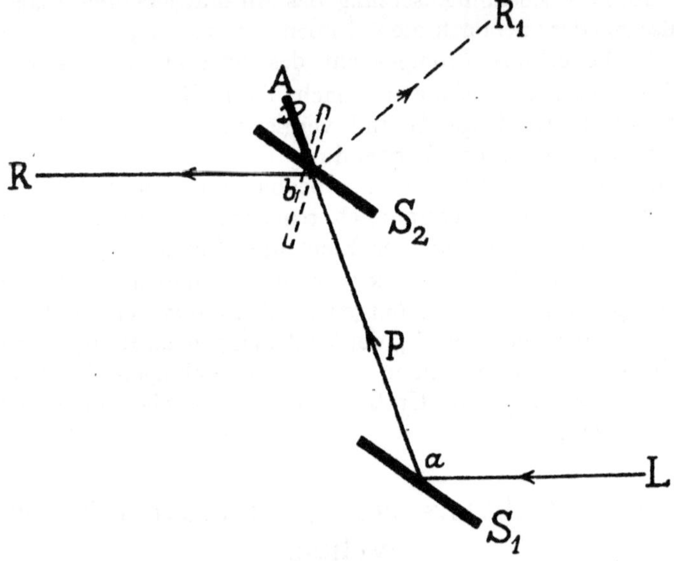

Abb. 198. Polarisation des Lichts bei der Reflexion.

(vgl. Abb. 198), so wird er teilweise in der Richtung P nach dem Reflexionsgesetz reflektiert. Fällt der Strahl P unter dem gleichen Winkel (55°) auf einen mit S_1 gleichartigen Spiegel S_2, der um eine Achse A, deren Verlängerung in die Richtung des Strahls P fällt, drehbar ist, so wird der Strahl von diesem Spiegel wiederum nach dem Reflexionsgesetz reflektiert. Hat der Spiegel S_2 die in der Abbildung dargestellte Stellung, so erfolgt die Reflexion in der Richtung R. Dreht man den Spiegel um A in der Pfeilrichtung, so dreht sich der reflektierte Lichtstrahl auf einem Kegelmantel, dessen Spitze bei b liegt, ohne daß sich dabei der Einfallswinkel des Strahls P ändert. Bei der Drehung erfährt nun die Helligkeit des reflektierten Strahls eine periodische Änderung; bei der in der Zeichnung dargestellten Stellung des Spiegels S_2 hat der Strahl R eine maximale Helligkeit; hat sich S_2 um 90° gedreht, so daß der Strahl in einer Ebene liegen müßte, die senkrecht nach hinten durch die Zeichenebene gelegt ist, so ist der reflektierte Strahl verschwunden; S_2 reflektiert den Strahl P überhaupt nicht mehr. Bei weiterer Drehung von S_2 erscheint der reflektierte Strahl wieder, erreicht bei der punktierten Stellung des Spiegels, die einer Drehung von 180° gegenüber der Ausgangsstellung entspricht, wieder maximale Helligkeit, verschwindet bei einer Drehung um 270°, bei der er nach vorn gerichtet sein müßte, wiederum, um schließlich bei der Rückkehr des Spiegels in seine Ausgangsstellung wieder in voller Helligkeit zu erscheinen.

Die Drehung des Spiegels S_2 um die Achse A entspricht einer Drehung des Strahls P um seine Fortpflanzungsrichtung relativ zur Spiegelebene, ohne daß dabei der Einfallswinkel geändert wird. Die Beobachtung kann beschrieben werden durch die Angabe der Stellung der Einfallsebenen der Strahlen auf S_1 und S_2 zueinander. Die Einfallsebene auf S_1 ist die Ebene der Zeichnung, die Einfallsebene auf S_2 ist gegeben durch P und R. Stimmt die Einfallsebene auf S_2 mit der Einfallsebene auf S_1 überein, so wird der Strahl mit maximaler Helligkeit reflektiert; stehen die beiden Einfallsebenen aufeinander senkrecht, so wird der Strahl von S_2 nicht mehr reflektiert. Der Strahl P hat die Eigenschaften, die sein eigenartiges Verhalten gegenüber der Drehung des Spiegels S_2 bedingen, durch die Reflexion an S_1 gewonnen. Aus der Änderung des Verhaltens bei der Reflexion, je nach der Stellung der Einfallsebene zur Spiegelebene, geht hervor, daß der Strahl P nicht rund um die Fortpflanzungsrichtung symmetrisch ist, demnach einer Welle transversalen Charakters entspricht.

Bei transversalen Wellen kann die Schwingungsrichtung der einzelnen Teilchen in jeder Richtung der zur Fortpflanzungsrichtung senkrecht stehenden Ebenen liegen. Ein Gemisch von Wellenzügen, unter denen alle Schwingungsrichtungen in diesen Ebenen vertreten sind, wird keine Asymmetrie rund um die Fortpflanzungsrichtung aufweisen. Den beschriebenen Vorgang wird man daher so aufzufassen haben, daß aus einem Wellengemisch, in dem alle Schwingungsrichtungen vorhanden sind, durch die Reflexion an S_1 die Wellen einer bestimmten Schwingungsrichtung ausgesondert werden, deren transversale Natur sich dann bei erneuter Reflexion an S_2 offenbart.

Man bezeichnet Licht, das die für den Strahl P beschriebenen Eigenschaften bei der Reflexion an einem schwarzen Glasspiegel zeigt, als „polarisiertes" Licht; seine Eigenschaften erklärt man durch die Annahme, daß polarisiertes Licht nur Wellenzüge einer bestimmten Schwingungsrichtung enthält. Aus verschiedenen Beobachtungen, die hier nicht näher besprochen werden können, ist im übrigen zu schließen, daß im Strahl P nur Schwingungen in einer Richtung senkrecht zur Einfallsebene L a P vorkommen, daß also bei der Reflexion Schwingungen, deren Richtung in der Einfallsebene liegt, nicht reflektiert werden. Als „Polarisationsebene" bezeichnet man die Ebene senkrecht zur Schwingungsrichtung des polarisierten Lichts. Die Polarisationsebene eines durch Reflexion polarisierten Lichtstrahls ist demnach die Einfallsebene.

Der Einfallswinkel, bei welchem die Polarisation des reflektierten Strahls beobachtet wird (für Glas 55^0), heißt der „Polarisationswinkel". Für Spiegel aus anderem Material als aus Glas findet man andere Polarisationswinkel. Keinerlei Polarisationserscheinungen werden bei der Reflexion an polierten Metallflächen beobachtet.

Ein Spiegel aus schwarzem Glas, der in der Art, wie es in Abb. 198 bei S_2 skizziert ist, um eine Achse drehbar ist, kann, wie aus den bisherigen Erörterungen hervorgeht, zur Feststellung der Tatsache der Polarisation eines Lichtstrahls und zur gleichzeitigen Feststellung der in dem polarisierten Strahl vorhandenen Schwingungsrichtung verwandt werden, er kann als „Analysator" für polarisiertes Licht dienen. Untersucht man mittels eines Analysators das Licht, das unter anderen Einfallswinkeln als dem Polarisationswinkel von einem Spiegel reflektiert wird, so beobachtet man auch jetzt Helligkeitsschwankungen des reflektierten Strahls bei der Drehung des Analysatorspiegels, die aber nicht bis zum völligen Verschwinden des Strahls führen. Der Strahl ist teilweise polarisiert, d. h. er enthält Schwingungen der verschiedensten Richtungen; unter diesen überwiegen jedoch solche einer bestimmten Schwingungsrichtung.

Verwendet man an Stelle eines schwarzen Spiegels eine planparallele Glasplatte und läßt Licht unter dem Polarisationswinke auf eine ihrer Flächen auffallen, so wird ein Teil des auffallenden Lichts reflektiert, ein anderer Teil geht durch die Platte hindurch. Untersucht man den reflektierten Strahl so findet man, daß er total polarisiert ist; da der reflektierte Strahl zum Teil aus den an der Vorderseite der Glasplatte, zum Teil aus den an der Rückseite reflektierten Strahlen besteht, geht aus dieser Beobachtung hervor, daß auch bei der Reflexion an einer Grenzfläche beim Übergang vom dichteren ins dünnere Medium Polarisation auftritt. Untersucht man diejenigen Strahlen, die durch die Glasplatte hindurch gegangen sind, so kann man feststellen, daß sie teilweise polarisiert sind, und zwar in einer Polarisationsebene, die senkrecht zur Polarisationsebene der reflektierten Strahlen steht. Die Beobachtung teilweiser Polarisation der die Glasplatte passierenden Strahlen erscheint verständlich, wenn man berücksichtigt, daß aus der Gesamtheit der unpolarisierten Strahlen durch die Reflexion Strahlen einer ganz bestimmten Schwingungsrichtung ausgesondert werden, die naturgemäß in dem Rest der Strahlen fehlen; in den durchgehenden Strahlen müssen daher Wellen einer Schwingungsrichtung überwiegen, die senkrecht zur Schwingungsrichtung der durch die Reflexion ausgesonderten Wellen liegt.

Verwendet man an Stelle einer einzelnen Glasplatte einen Satz zahlreicher einander parallel stehender Glasplatten, so beobachtet man, daß die durchgehenden Strahlen ebenso wie die reflektierten vollkommen polarisiert sind, und zwar mit zueinander senkrecht stehenden Polarisationsebenen. Die gesamten Strahlen werden demnach in diesem Fall durch das Auftreffen auf eine Reihe von Glasplatten, die man eine „Glassäule" nennt, in zwei Hälften geteilt, von denen jede nur noch Schwingungen einer einzigen Schwingungsrichtung enthält; die Schwingungsrichtungen der beiden Hälften stehen aufeinander senkrecht. Diese Zerlegung der in allen Richtungen erfolgenden Schwingungen des ursprünglichen Lichts in zwei, durch die Stellung der Glassäule gegebene, zueinander senkrecht stehende Komponenten wird begreiflich, wenn man die Ausführungen im I. Kapitel des II. Abschnittes über gleichzeitige Schwingungen eines Teilchens in verschiedenen Richtungen beachtet. Es wurde dort gezeigt, daß aus der gleichzeitigen Schwingung eines Teilchens in zwei verschiedenen Richtungen, je nach der Phasendifferenz, Richtung und Amplitude der beiden Schwingungen entweder eine lineare Schwingung in einer dritten Richtung, oder eine periodische Bewegung auf einer Elipse oder einem Kreis resultiert; entsprechend kann man Schwingungen beliebiger Richtung oder periodische Bewegung auf einem Kreis oder einer Ellipse, d. h. jede mögliche Schwingungsart theoretisch in zwei senkrecht zueinander stehende Schwingungen bestimmter Amplitude und Phasendifferenz zerlegen. Eine solche Zerlegung der sämtlichen in einem gewöhnlichen Lichtstrahl vorhandenen Schwingungsrichtungen in zwei senkrecht zueinander stehende Komponenten erfolgt durch eine Glassäule tatsächlich.

b) Polarisation des Lichtes durch doppelt brechende Kristalle.

Verschiedene Kristalle, u. a. Kalkspat, zeigen gegenüber einfallenden Lichtstrahlen ein Verhalten, das von dem der meisten durchsichtigen Medien abweicht. Trifft auf eine Fläche eines solchen Kristalls ein Lichtstrahl und tritt in den Kristall ein, so teilt er sich in zwei Strahlen, von denen jeder gegenüber dem einfallenden Strahl eine Brechung aufweist. Man nennt Kristalle, die diese Eigenschaft besitzen, „doppeltbrechende" Kristalle. Der Strahlendurchgang durch eine aus einem doppeltbrechenden Kristall geschnittenen Platte mit planparallelen Wänden entspricht etwa dem in Abb. 199a dargestellten. Aus der Brechung des einen der beiden gebrochenen Strahlen bei verschiedenen Einfallswinkeln läßt sich ein Brechungsindex bestimmen, d. h. dieser in der Abbildung mit I bezeichnete Strahl folgt dem Brechungsgesetz; er wird daher der gewöhnliche oder „ordinäre" Strahl genannt. Für den zweiten Strahl, der in der Abbildung mit II bezeichnet ist, läßt sich ein Brechungsindex nicht angeben, seine Ablenkung von der Richtung des einfallenden Strahls ist in komplizierterer Form von der Größe des Einfallswinkels abhängig, als es das Brechungsgesetz verlangt. Das außergewöhnliche Verhalten dieses Strahls geht besonders sinnfällig hervor aus der Beobachtung, daß er für den Fall senkrechten Auftreffens auf die Kristallplatte, wie es in Abb. 199b gezeichnet ist, noch eine Ablenkung erfährt; er wird daher der „extraordinäre" Strahl genannt.

Nach der Erklärung der Brechung des Lichtes durch die Änderung der Lichtgeschwindigkeit bedeutet die Erscheinung der Doppelbrechung, daß in doppelt brechenden Medien das Licht mit verschiedener Geschwindigkeit fortschreiten kann. Nur eine bestimmte Richtung in einem Kristall wird in vielen Fällen beobachtet, in der die Möglichkeit der Fortpflanzung des Lichtes mit zwei verschiedenen Geschwindigkeiten nicht besteht. Verläuft ein Lichtstrahl in dieser Richtung, die als die „optische Achse" des Kristalls bezeichnet wird, so durchläuft er denselben, ohne in ordinären und extraordinären Strahl zerlegt zu werden. Die Richtung der optischen Achse steht in einfacher Beziehung zur Kristallform und kann aus der Kristallform erschlossen werden.

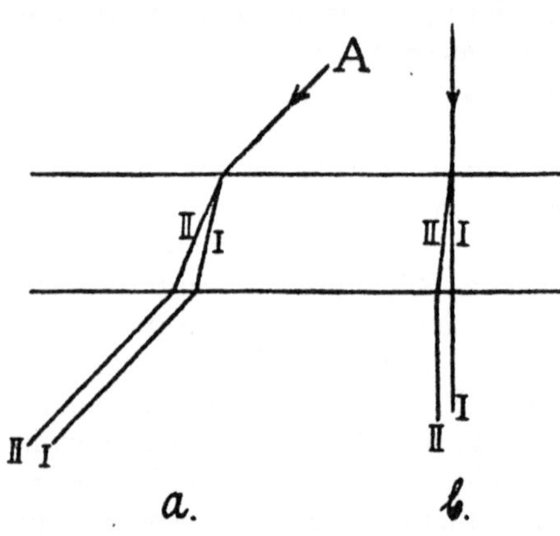

Abb. 199. Doppelbrechung.

Der Grund, warum sich zwei verschiedene Teile desselben Lichtstrahls in einem doppelbrechenden Kristall mit verschiedenen Geschwindigkeiten fortpflanzen, wird erkannt, wenn man die durch Doppelbrechung entstandenen Strahlen mittels eines Analysatorspiegels auf Polarisation untersucht. Man entdeckt, daß jeder der beiden Strahlen vollkommen polarisiert ist, und daß die Polarisationsebenen der beiden Strahlen aufeinander senkrecht stehen. Die verschiedene Fortpflanzungsgeschwindigkeit der beiden Strahlen hängt daher anscheinend mit der Schwingungsrichtung der Lichtwellen zusammen. Der Kristall ist offenbar in zwei verschiedenen Richtungen von verschiedener optischer Dichte, und je nachdem die Lichtschwingungen in der einen oder der anderen dazu senkrecht stehenden Richtung erfolgen, pflanzen sie sich mit verschiedener Geschwindigkeit fort.

Aus der Größe der Brechung kann die Lichtgeschwindigkeit des ordinären und extraordinären Strahls, bei verschiedenem Verlauf dieser Strahlen relativ zur optischen Achse, bestimmt werden. Aus solchen Bestimmungen findet man, daß der Unterschied zwischen der Fortpflanzungsgeschwindigkeit der beiden aufeinander senkrecht stehenden Schwingungen des ordinären und extraordinären Strahls in einer bestimmten Richtung innerhalb des Kristalls um so größer ist, je größer der Winkel zwischen dieser Richtung und der optischen Achse ist. In der Richtung der optischen Achse pflanzen sich die Schwingungen beider Richtungen gleich rasch fort, der Unterschied der Fortpflanzungsgeschwindigkeiten wird hingegen maximal in einer Richtung senkrecht zur optischen Achse; beim Strahlendurchgang in der Richtung der optischen Achse wird daher keine, beim Strahlendurchgang senkrecht zur optischen Achse maximale Doppelbrechung beobachtet. Bei Strahlen, die den gleichen Winkel mit der optischen Achse bilden, findet man das gleiche Verhältnis der Fortpflanzungsgeschwindigkeiten der beiden Schwingungsrichtungen zueinander und für ihre absolute Größe je einander gleiche Werte; der Kristall verhält sich demnach rund um seine optische Achse symmetrisch. Die Schwingungsrichtungen des ordinären und des extraordinären Strahls werden daher vermutlich durch die Richtung der optischen Achse bestimmt sein. Durch Bestimmung der Polarisationsebenen der beiden Strahlen läßt sich nun zeigen, daß die Schwingungsrichtung im ordinären Strahl senkrecht zu einer durch den Strahl parallel zur optischen Achse gelegten Ebene, die im extraordinären Strahl in dieser Ebene liegt.

Die Erscheinungen der Doppelbrechung werden an Kristallen des hexagonalen Systems (Kalkspat, Quarz) in der beschriebenen Art beobachtet. Es gibt außerdem aber noch andere doppelt brechende Kristalle, bei denen die Symmetrie um eine optische Achse nicht mehr vorhanden und eine Unterscheidung zwischen ordinärem und extraordinärem Strahl nicht mehr möglich ist. Kristalle der ersten Art nennt man „einachsig", solche der letzteren Art „zweiachsig".

Das verschiedene Verhalten doppelbrechender Kristalle gegenüber Lichtwellen verschiedener Schwingungsrichtung drückt sich im übrigen auch in meßbaren Verschiedenheiten des Elastizitätsmoduls der Kristalle in verschiedenen Richtungen aus. Durch Messung des Elastizitätsmoduls in verschiedenen Richtungen kann man feststellen, daß einachsige Kristalle symmetrische elastische Eigenschaften rund um die optische Achse besitzen, während zweiachsige Kristalle eine solche Symmetrie der Eigenschaften relativ zu einer Achse nicht besitzen.

Doppelbrechende Körper ganz allgemein werden „anisotrope" Körper genannt. Außer bei den Kristallen, bei denen die die Doppelbrechung verursachende Inhomogenität eine durch die Kristallstruktur gegebene regelmäßige ist, wird auch durch jede beliebige Maßnahme, die eine Inhomogenität eines durchsichtigen Körpers erzeugt, Anisotropie hervorgerufen; solche Maßnahmen sind z. B.

das Zusammendrücken einer Glasplatte nur in einer Richtung, das rasche und ungleichmäßige Abkühlen einer flüssigen Glasmasse u. a. m.

Die Zerlegung gewöhnlichen Lichts in zwei senkrecht zueinander polarisierte Strahlen durch doppelbrechende Kristalle gibt die Möglichkeit, Apparate zur Herstellung polarisierten Lichts zu konstruieren. Einer der häufigst angewandten Kombinationen, bei der der Austritt des polarisierten Strahls annähernd in der Richtung des einfallenden Strahls erfolgt, ist das „Nicolsche Prisma". Es besteht aus zwei gleichartigen Kalkspatprismen der in Abb. 200 skizzierten Form. Die Flächen CC der beiden Prismen sind mit Kanadabalsam, einem durchsichtigen Harz, zusammengekittet. Die Prismen sind derart aus Kalkspatkristallen geschnitten, daß ein in der Richtung E auf das Prisma P_1 fallender Strahl in die Strahlen I und II zerlegt wird, deren Verlauf annähernd senkrecht zur optischen Achse des Kalkspats steht, da für diesen Fall die maximale Divergenz der beiden Strahlen beobachtet wird. Die beiden Strahlen I und II fallen unter verschiedenen Winkeln auf die Grenzfläche CC; deren Richtung ist nun so gewählt, daß totale Reflexion des ordinären Strahls I in der Richtung R erfolgt, während der unter geringerem Winkel auf die Grenzfläche auffallende extraordinäre Strahl II in die dünne Kanadabalsamschicht eindringt und sie ohne merkliche Veränderung seiner Richtung passiert; er tritt aus P_2 in der Richtung A, die parallel mit E und nur um einen geringen Betrag gegen E verschoben ist, aus. Der Strahl A ist vollkommen polarisiert. Der total reflektierte Strahl R fällt auf die Umhüllung des Prismas, die, schwarz gefärbt, den Strahl absorbiert. Die beschriebene Prismenkombination wird ein Nicolsches Prisma genannt.

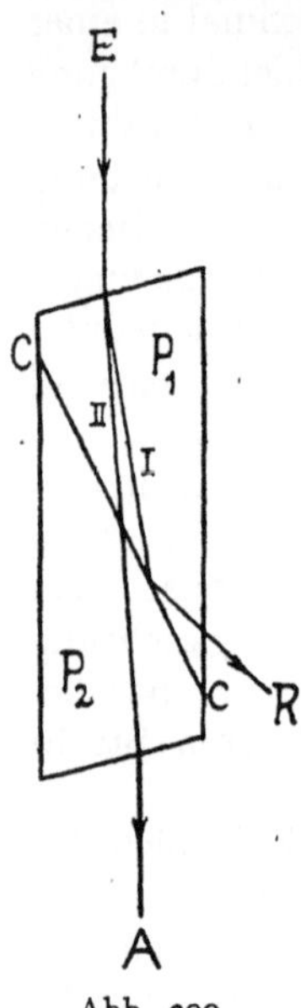

Abb. 200.
Nicolsches Prisma.

Die Polarisationsebene des ein Nicolsches Prisma passierenden Strahls A ist durch die Lage der optischen Achse der Prismen und die Einfallsrichtung E gegeben; sie ist die durch den einfallenden Strahl senkrecht zur optischen Achse gelegte Ebene. Man kann die senkrecht zur Polarisationsebene stehende Ebene als die Schwingungsebene des Prismas bezeichnen, da in dieser Ebene die Schwingungen des das Prisma passierenden Strahls liegen, und sie äußerlich an der Fassung des Prismas, z. B. durch einen senkrecht zur Richtung des Strahlendurchgangs angebrachten Stab markieren. Dreht man das Nicolsche Prisma um die Richtung des Strahlendurchgangs als Achse, so dreht man gleichzeitig die Schwingungsebene des austretenden Strahls, ohne daß sich die Richtung des austretenden Strahls verändert.

Eine Kombination aus zwei Nicolschen Prismen, die entsprechend der Skizze Abb. 201a hintereinander aufgestellt sind, und zwar so, daß das eine Prisma P_1 fest angebracht, das andere P_2 um die Richtung des Strahlendurchgangs drehbar ist, wird „Polarisationsapparat" genannt. Das feste Prisma P_1 heißt der „Polarisator", das drehbare P_2 „Analysator". Stehen Polarisator und Analysator so zueinander, daß ihre Schwingungsebenen miteinander übereinstimmen, so erfolgt der Strahlendurchgang nach dem Schema der Abb. 201a; der Analysator läßt den vom Polarisator erzeugten vollkommen polarisierten Strahl p passieren, da seine Schwingungsrichtung mit der Schwingungsrichtung des Analysators übereinstimmt, ohne ihn in ordinären und

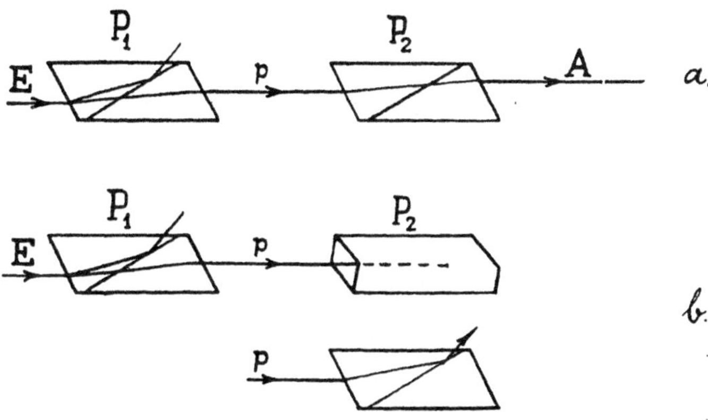

Abb. 201. Polarisationsapparat.

extraordinären Strahl zu zerlegen. In gleicher Art passiert p den Analysator vollständig, wenn p um 180° um die Richtung des Strahlendurchgangs gedreht ist, Steht jedoch der Analysator derart zum Polarisator, daß die Schwingungsrichtungen der beiden Nicols miteinander einen rechten Winkel bilden, wie es in Abb. 201b angedeutet ist, so steht die Schwingungsrichtung des Strahls p senkrecht zur Schwingungsrichtung des Analysators, d. h. sie liegt in der Richtung der Schwingungen des ordinären Strahls, der innerhalb des Analysators total reflektiert wird; der Strahl p folgt daher im Analysator dem Weg des ordinären Strahls und verfällt der totalen Reflexion. Den Verlauf des Strahls p im Analysator für diesen Fall zeigt die unter P_2 der Abb. 201b gezeichnete Skizze des aus einer in der Zeichenebene liegenden Richtung gesehenen Analysators. In dem von Abb. 201a dargestellten Fall, und in dem, der sich durch eine Drehung des Analysators um 180° von ihm unterscheidet, spricht man von „parallel" zueinander stehenden Nicols, in dem von Abb. 201b gekennzeichneten Fall von „gekreuzten" Nicols. Bilden die Schwingungsebenen der beiden Nicols einen von 0 und 90° verschiedenen Winkel miteinander,

so zerlegt der Analysator den einfallenden polarisierten Lichtstrahl
in zwei Komponenten, von denen die eine die mit der Schwingungsebene des Analysators übereinstimmende, die andere die senkrecht
zu dieser Richtung stehende Schwingungsrichtung besitzt, und läßt
nur die mit seiner Schwingungsrichtung übereinstimmende Schwingungsrichtung passieren, während die andere Komponente, dem
Weg des ordinären Strahls folgend, der totalen Reflexion verfällt.

Bei der Stellung des Analysators entsprechend der Abb. 201a
und einer um 180° von ihr verschiedenen Stellung hat der durch den
Polarisationsapparat gehende Strahl maximale Helligkeit. Bei der
Drehung des Analysators von einer dieser Stellungen in eine zu ihr
senkrecht stehende, d. h. bei einer Drehung des Analysators um 90°
geht die Helligkeit kontinuierlich in völlige Dunkelheit über.

c) Elliptisch und kreisförmig polarisiertes Licht.

Bringt man zwischen die gekreuzten Nicols eines Polarisationsapparates eine dünne Scheibe anisotropen Materials, also z. B. eine
aus einem doppeltbrechenden Kristall geschnittene planparallele
Platte, so beobachtet man unter Umständen, daß nunmehr Licht
durch den Analysator hindurchgeht. Um das Auftreten des Lichts
hinter dem Analysator zu erklären, muß auf die Vorgänge, die sich
beim Durchgang eines polarisierten Lichtstrahls durch eine anisotrope
Platte abspielen, eingegangen werden. Um verhältnismäßig einfache
Verhältnisse für diese Auseinandersetzung zu schaffen, sei angenommen, daß die anisotrope Platte aus einem einachsigen doppeltbrechenden Kristall geschnitten sei, und daß ihre Flächen parallel der optischen Achse des Kristalles seien. Abb. 202 stelle die Aufsicht auf
diese Platte vor; A sei die Richtung der optischen Achse. Die Erscheinung der Doppelbrechung wurde durch die Annahme erklärt,
daß die Lichtschwingungen in einem doppelt brechenden Kristall
in zwei senkrecht zueinander stehende Schwingungsrichtungen zerlegt werden, von denen eine parallel der optischen Achse liegt; von
den beiden durch diese Zerlegung entstehenden Lichtstrahlen wurde
angenommen, daß sie sich mit verschiedener Geschwindigkeit im
Kristall fortpflanzen.

Fällt auf die Platte in Abb. 202a bei 0 senkrecht von vorn ein
Lichtstrahl, so wird er zerlegt in zwei Komponenten, von denen die
eine die Schwingungsrichtung A, die andere die hierzu senkrecht
stehende Schwingungsrichtung S besitzt. Fällt ein polarisierter
Lichtstrahl in gleicher Art auf die Platte, so wird auch er in zwei
Komponenten mit den Schwingungsrichtungen A und S zerlegt,
wenn nicht seine eigene Schwingungsrichtung mit einer der beiden
Richtungen übereinstimmt. Im letzteren Fall passiert der polarisierte Strahl die Platte, ohne zerlegt zu werden; in dem Strahl hinter der

Platte wird nichts gegenüber dem Fall, in dem die anisotrope Platte überhaupt fehlt, geändert sein. Das Gesichtsfeld des Analysators, dessen Schwingungsrichtung als senkrecht zur Richtung der vom Polarisator durchgelassenen Schwingungen stehend angenommen wurde, wird dunkel bleiben und beim Drehen des Analysators dieselben Helligkeitsschwankungen zeigen, als ob die anisotrope Platte fehlte.

Dreht man aber bei gekreuzt stehenden Nicols die anisotrope Platte so, daß die Schwingungsrichtung des auffallenden polarisierten Strahls nicht mehr in die Richtung A oder S, sondern z. B. in die Richtung P fällt, so werden die Schwingungen des Strahls in zwei Komponenten zerlegt, deren Richtungen mit A und S übereinstimmen. Ist z. B. die Amplitude der Schwingung des auffallenden Strahls O p,

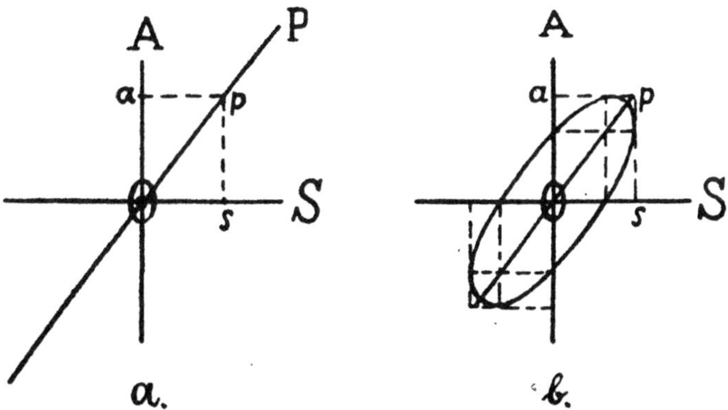

Abb. 202. Veränderung der Schwingungsrichtung eines polarisierten Lichtstrahls durch eine anisotrope Platte.

so sind die Amplituden der Komponenten O a und O s. Die Schwingungen O a und O s haben beim Eintritt in die Platte, da sie aus derselben linearen Schwingung O p entstehen, die gleiche Phase, sie pflanzen sich jedoch in der Platte mit verschiedener Geschwindigkeit fort und gewinnen daher im Verlauf der Fortpflanzung durch die Platte eine Phasendifferenz. Sie treten mit einem gewissen Gangunterschied, dessen Größe durch die Verschiedenheit der Fortpflanzungsgeschwindigkeit und die Dicke der anisotropen Platte gegeben ist, aus der Platte aus. Da die Platte als dünn und planparallel angenommen wurde, erfährt keiner der beiden Strahlen eine merkliche Ablenkung, sie treten in gleicher Richtung aus und interferieren miteinander, d. h. die beiden Schwingungen setzen sich beim Austritt aus der Platte wieder zu einer Schwingungsbewegung zusammen, die sich weiterhin unverändert fortpflanzt. Das Resultat der Interferenz zweier senkrecht zueinander stehender Schwingungen gleicher Schwingungszahl ist, wie schon im I. Kapitel des II. Abschnittes erörtert wurde, verschieden, je nach den Phasen der beiden interferierenden Schwingungen. Nimmt man z. B. an, die Schwingungen in der Richtung S erlangten gegenüber den mit der Schwingungsrichtung A fortschrei-tenden, im Verlauf der Fortpflanzung durch die Platte, eine Ver-spätung um $1/_8$ Wellenlänge, so setzen sich die Schwingungen beim Austritt aus der Platte zu einer Bewegung auf der in Abb. 202b dar-gestellten Ellipse zusammen; die Ellipse wird von den schwingenden Teilchen im Sinne des Uhrzeigers durchlaufen. In dem Lichtstrahl hinter der anisotropen Platte bewegen sich nun alle Teilchen in Bahnen, die dieser Ellipse gleichen; man nennt einen solchen Licht-strahl „elliptisch polarisiert". Der elliptisch polarisierte Lichtstrahl enthält aber eine Komponente, die zu der Schwingungsrichtung des polarisierten Strahls, aus dem er durch den Durchgang durch die anisotrope Platte entstanden ist, senkrecht steht, demnach mit der Schwingungsrichtung des Analysators übereinstimmt. Der Ana-lysator wird demnach diese Komponente durchlassen; das vorher dunkle Gesichtsfeld wird durch das Einschieben der anisotropen Platte zwischen die gekreuzten Nicols wieder erhellt.

In einem ganz bestimmten Fall, nämlich dann, wenn die Schwin-gungsrichtung P mit A und S einen Winkel von 45° bildet, und die im Verlauf des Durchgangs durch die anisotrope Platte gewonnene Phasen-differenz $1/_4$ bzw. $3/_4$ Wellenlänge beträgt, sind die Bahnen der Teilchen im Strahl hinter der anisotropen Platte kreisförmig. Eine Drehung des Analysators gibt in diesem Fall keinerlei Helligkeitsschwankungen des durch ihn hindurchgehenden Strahls. Die Kreisbahnen der einzelnen Teilchen werden bei solchem „kreisförmig" polarisierten Licht alle in derselben Umlaufsrichtung mit gleichförmiger Geschwin-digkeit durchlaufen.

Verwendet man zur Beleuchtung des Polarisationsapparates weißes Licht und bringt eine dünne anisotrope Platte derart zwischen die gekreuzten Nicols, daß die optische Achse der anisotropen Platte weder in der Schwingungsebene des polarisierten Strahls noch senk-recht zu ihr liegt, so passiert den Analysator gefärbtes Licht. Das Auftreten von Farben beruht darauf, daß die während der Fort-pflanzung durch die anisotrope Platte entstandene Gangdifferenz eine bestimmte Länge hat; je nach der Wellenlänge des Lichtes ent-spricht diese Länge einem größeren oder kleineren Teil der Wellen-länge. Strahlen verschiedener Wellenlänge erwerben demnach, in Bruchteilen der Wellenlängen ausgedrückt, verschiedene Phasen-differenzen. Lage und Form der Bahnellipsen der Teilchen im elliptisch polarisierten Licht sind demnach unter sonst gleichen Umständen der Erzeugung für die verschiedenen Farben nicht die gleichen; die den Analysator passierenden Komponenten der verschiedenen Farben sind daher auch nicht gleich. In dem den Analysator pas-sierenden Licht werden daher bestimmte Wellenlängen überwiegen und dem Licht ein farbiges Aussehen verleihen.

d) Drehung der Polarisationsebene.

Bringt man zwischen die gekreuzten Nicols eines mit Natriumlicht beleuchteten Polarisationsapparates ein Glasgefäß mit Rohrzuckerlösung, so beobachtet man, daß sich das vorher dunkle Gesichtsfeld des Analysators erhellt. Dreht man den Analysator, so findet
man völlige Dunkelheit bei einer Stellung, bei der die Schwingungsebene des Analysators nicht mehr senkrecht zur Schwingungsebene
des Polarisators steht. Im übrigen sind die Erscheinungen aber derart,
daß man annehmen muß, daß der Strahl, der die Rohrzuckerlösung
durchdrungen hat, immer noch linear polarisiert ist, und sich nur
durch seine Schwingungsrichtung von dem aus dem Polarisator
kommenden Strahl unterscheidet. Die Schwingungsrichtung des
Strahls hat sich anscheinend beim Durchlaufen der Zuckerlösung um
einen bestimmten Winkel gedreht. Die Größe des Drehungswinkels
kann dadurch bestimmt werden, daß man den Winkel mißt, um den
der vorher auf Dunkelheit eingestellte Analysator gedreht werden
muß, um nach dem Einbringen der Zuckerlösung wieder Dunkelheit
herzustellen. Führt man solche Bestimmungen aus an Lösungen
verschiedener Konzentration, so findet man, daß die Größe der
Drehung der Polarisationsebene unter sonst gleichen Umständen
proportional der Konzentration ist; außerdem kann man feststellen,
daß die Größe der Drehung unter sonst gleichen Bedingungen proportional der Dicke der vom polarisierten Strahl durchdrungenen
Schicht der Lösung ist.

Die Eigenschaft der Drehung der Polarisationsebene kommt zahlreichen vor allem organischen Verbindungen zu. Untersucht man
die chemische Konstitution dieser „optisch aktiven" Stoffe, so findet
man, daß sie alle ein sog. „asymmetrisches" Kohlenstoffatom besitzen, d. h. ein Kohlenstoffatom, an dessen 4 Valenzen vier verschiedene Atome oder Radikale gebunden sind. Manche optisch aktiven
Stoffe drehen die Ebene des polarisierten Lichts nach rechts, andere
nach links. Von einer Drehung nach rechts spricht man, wenn der
Beobachter beim Blick in den Analysator, den vorher auf Dunkelheit
eingestellten Analysator nach dem Einbringen der optisch aktiven
Substanz im Sinne des Uhrzeigers nachdrehen muß, um wiederum
Dunkelheit herzustellen; die Drehung im entgegengesetzten Sinn wird
als Linksdrehung bezeichnet. Da die Drehung unter Umständen
mehr als 90° betragen kann, ist der Drehsinn mit Sicherheit nur
dadurch zu bestimmen, daß man nacheinander den Versuch mit verschiedenen Schichtdicken derselben Substanz anstellt; der Drehsinn ist dann durch die Beobachtung der Richtung gegeben, nach
welcher der Drehwinkel mit Zunahme der Schichtdicke wächst.

Man kennt zahlreiche Paare von Verbindungen gleicher chemischer
Zusammensetzung, die sich nur dadurch unterscheiden, daß eine

Verbindung eines dieser Paare die Ebene des polarisierten Lichts nach rechts, die andere im gleichen Umfang nach links dreht. Man führt diese Verschiedenheit darauf zurück, daß man annimmt, die räumliche Anordnung der einzelnen Atome bzw. Atomgruppen zu dem für die optische Aktivität verantwortlichen asymmetrischen Kohlenstoffatom sei eine derartige, daß die beiden Verbindungen eines Paares nicht einander kongruent, sondern spiegelbildlich einander gleich seien.

Da die Stärke der Drehung unter sonst gleichen Umständen proportional der Konzentration der Lösung und der Dicke der durchdrungenen Schicht ist, ist sie offenbar proportional der Zahl der Moleküle, die das polarisierte Licht in seinem Verlauf trifft; man muß daher annehmen, daß jedes Molekül die Schwingungsebene des polarisierten Lichts um einen ganz bestimmten Betrag dreht.

Die Stärke und Richtung der Drehung der meisten optisch aktiven Stoffe ist bekannt; man kann daher die Bestimmung der Drehung der Ebene des polarisierten Lichts durch eine Schicht bestimmter Dicke sowohl zur Erkennung eines Stoffes, als auch zur Bestimmung der Konzentration der Lösung eines bekannten Stoffes benutzen.

Außer den optisch aktiven organischen Verbindungen drehen auch einige durchsichtige anorganische Stoffe die Ebene des polarisierten Lichts, so u. a. Quarz, wenn es in der Richtung der optischen Achse des Kristalls von einem polarisierten Lichtstrahl durchdrungen wird. Bei einem Strahlendurchgang in dieser Richtung tritt, wie schon mehrfach erwähnt, keine Doppelbrechung auf; eine planparallele Quarzplatte mit Ebenen senkrecht zur optischen Achse zeigt daher keinerlei Anzeichen von Anisotropie; sie dreht jedoch die Ebene des polarisierten Lichtes in erheblichem Umfang.

Verwendet man zur Beleuchtung des Polarisationsapparates nicht einwelliges Natriumlicht, sondern weißes Licht, so beobachtet man, daß das nach dem Einbringen einer optischen aktiven Substanz aus dem Analysator dringende Licht gefärbt ist. Die Farben wechseln mit der Drehung des Analysators. Die Erscheinung kommt dadurch zustande, daß die Größe der Drehung der Polarisationsebene durch dieselbe Substanz für verschiedene Wellenlängen verschieden ist. Die im weißen polarisierten Lichtstrahl alle in einer Ebene schwingenden Wellen verschiedener Wellenlängen schwingen daher nach der Drehung nicht mehr in der gleichen Ebene, sondern jede Wellenlänge schwingt in einer anderen Ebene; die Schwingungsebenen der Strahlen der verschiedenen Spektralfarben sind im gedrehten polarisierten Strahl fächerförmig ausgebreitet. Steht daher der Analysator auf der Ebene der Schwingung einer bestimmten Spektralfarbe senkrecht, so steht er nicht auch senkrecht zu den Ebenen der Schwingungen der anderen Farben; er läßt daher nur eine Farbe nicht, die anderen in geringerem oder größerem Umfang durch und gewinnt daher ein farbiges Aussehen.

e) Polarisation der Röntgen- und γ-Strahlen.

Die Polarisation des Lichts ist der eindeutige Beweis der für die transversale Natur der Lichtwellen. Die für Licht beschriebenen Polarisationserscheinungen lassen sich mit geringer Änderung der Methodik in gleicher Art für ultrarote und ultraviolette Strahlen nachweisen. Röntgen- und γ-Strahlen werden nicht wie Licht reflektiert und gebrochen; die zum Nachweis der Polarisationserscheinungen des Lichts verwandten Apparate versagen daher diesen Strahlenarten gegenüber.

Treffen Röntgenstrahlen auf einen beliebigen Körper, so kann man allerdings beobachten, daß von der Stelle des Auftreffens Röntgenstrahlen ausgehen; diese Röntgenstrahlen, die als „sekundäre" Röntgenstrahlen bezeichnet werden, folgen aber in ihrem Verlauf relativ zu den einfallenden Strahlen nicht dem Reflexionsgesetz, sondern sie strahlen von der Stelle des Auftreffens meistens nach allen Seiten gleichmäßig aus. Das Entstehen der sekundären Röntgenstrahlen erklärt man durch die Annahme, daß die auftreffenden Strahlen in dem getroffenen Körper Teilchen in Schwingungen versetzen, die nun ihrerseits die Zentren neuer

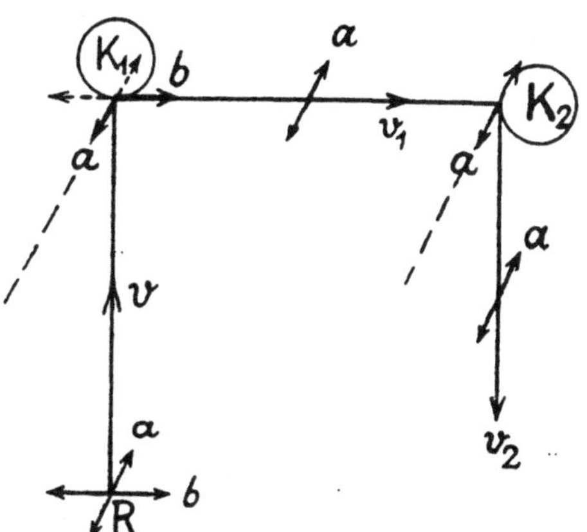

Abb. 203. Polarisation der Röntgenstrahlen.

Wellen werden. Von den sekundären Röntgenstrahlen, die von einem Körper bei Bestrahlung mit den von einer Röntgenröhre gelieferten „primären" Röntgenstrahlen ausgehen, läßt sich nun zeigen, daß sie, wenn man sie neuerdings auf einen Körper fallen läßt, wobei sie wiederum an der Stelle des Auftreffens Röntgenstrahlen erzeugen, ein Verhalten zeigen, das nur durch die Annahme vollkommener Polarisation der sekundären Röntgenstrahlen erklärlich ist.

An Hand der Abb. 203 seien die Beobachtungen beschrieben, die zu erwarten sind, wenn durch eine zunächst unpolarisierte transversale Welle in der beschriebenen Art Schwingungen von Teilchen in einem Körper hervorgerufen werden, und die von diesen Teilchen ausgehenden Wellen, auf einen weiteren Körper auffallend, neuerdings Wellenzentren in dem Körper erzeugen.

Der vom Punkt R in der Richtung v ausgehende transversale Wellenzug sei unpolarisiert, d. h. wenn man alle in ihm enthaltenen Schwingungen aus zwei senkrecht zueinander stehenden Komponenten zusammengesetzt denkt, so ist die Summe der Amplituden aller dieser Komponenten in den beiden senkrecht aufeinander stehenden Richtungen gleich. Die beiden Richtungen seien a und b. Der Strahl v falle auf den Körper K_1 und erzeuge dort Schwingungen von Teilchen. Die erregten Schwingungen der Teilchen erfolgen in den gleichen Richtungen a und b. Die Schwingungen der Teilchen erzeugen Wellen, die nach allen Seiten von K_1 ausgehen. Betrachtet man jedoch die Wellen, die in den Richtungen senkrecht zu dem einfallenden Strahl v in den Richtungen a und b fortschreiten, so können in den Wellen dieser Richtungen, wenn die Fortpflanzungsbedingungen solche sind, die zum Entstehen transversaler Wellen führen, nur Schwingungen vorhanden sein, die senkrecht zur Fortpflanzungsrichtung stehen, d. h. für die Fortpflanzung im Strahl v_1 kommen nur die Schwingungen der Teilchen in der Richtung a, für die Fortpflanzung in der Richtung a nur die Schwingungen der Teilchen in der Richtung b in Betracht; der Strahl v_1 enthält nur Strahlen mit der Schwingungsrichtung a, er ist vollkommen polarisiert. Die vollkommene Polarisation muß sich beim Auftreffen des Strahls v_1 auf einen zweiten Körper K_2 erweisen. Da v_1 nur Schwingungen in der Richtung a enthält, können in diesem Körper auch nur Schwingungen der Teilchen in der Richtung a erzeugt werden; von den in der Richtung a schwingenden Teilchen können transversale Wellen in der Richtung a jedoch nicht ausgehen, d. h. wenn der Strahl v_1 vollkommen polarisiert ist, kann K_2 in der Richtung a nicht strahlen, während die Ausstrahlung in der Richtung v_2 maximal sein muß.

Die Intensität einer Röntgenstrahlung kann wie S. 316 erörtert, durch Messung der von ihr hervorgebrachten Gasionisation bestimmt werden. Solche Messungen an Anordnungen entsprechend Abb. 203 haben tatsächlich gezeigt, daß von dem zweiten Körper K_2 Röntgenstrahlen maximaler Intensität in der Richtung v_2 ausgehen, während in der zu v_2 senkrecht stehenden Richtung die Intensität der Strahlung o ist.

Der Ausfall der Versuche erweist somit die totale Polarisation des Strahls v_1 und die transversale Wellennatur der Röntgenstrahlen.

Ähnliche Versuche haben im übrigen gezeigt, daß die von einer Röntgenröhre ausgehenden primären Röntgenstrahlen nicht vollkommen unpolarisiert, sondern teilweise polarisiert sind, und zwar ist eine Schwingungsrichtung in den primären Röntgenstrahlen bevorzugt, die mit der Richtung der Elektronenbewegung in den die Röntgenstrahlen erzeugenden Kathodenstrahlen in einer Ebene liegt.

Das von den Röntgenstrahlen bezüglich der Erzeugung sekundärer Strahlen und deren vollkommener Polarisation Gesagte gilt im übrigen im wesentlichen unverändert auch von den γ-Strahlen radioaktiver Stoffe, so daß an der Wesensgleichheit dieser Strahlen mit Röntgenstrahlen nicht zu zweifeln ist.

3. Kapitel: Fortpflanzung elektromagnetischer Wellen.

a) Theorie der Fortpflanzung; die Beziehung zwischen Brechungsindex und Dielektrizitätskonstante.

Die Theorie der Fortpflanzung elektromagnetischer Gleichgewichtsstörungen im Dielektrikum geht von der Fortpflanzung elektrischer Wechselströme in einer Drahtleitung aus. Bisher wurde stets angenommen, daß in einem Draht zu einem bestimmten Zeitpunkt durch jeden Querschnitt dieselbe Stromstärke fließt. Diese Annahme ist bei Wechselstromfrequenzen relativ geringer Schwingungszahl (Wechselströme von Dynamomaschinen, Wechselströme akustischer Frequenzen) und nicht allzu langen Drähten tatsächlich erfüllt. Bei höheren Frequenzen und sehr langen Drähten kann man jedoch Erscheinungen beobachten, die darauf hinweisen, daß die Annahme gleicher Stromstärke an allen Stellen des Drahtes zu einem bestimmten Zeitpunkt nicht mehr erfüllt ist, sondern daß die Stromschwankungen in Wellenform über den Draht fortschreiten. Um sich das Zustandekommen einer solchen Welle vorzustellen, kann man von der früher entwickelten Vorstellung über das elektrische Fluidum und die dielektrische Verschiebung ausgehen. Unter dem Gesichtspunkt dieser Vorstellungen ist ein allseitig von Dielektrikum umgebener Leiterdraht vergleichbar einer von elastischen Wänden (dem Dielektrikum) umgebenen Röhre (dem Draht), die mit Flüssigkeit (dem elektrischen Fluidum) angefüllt ist. Ein bekanntes Beispiel dafür, daß in einer solchen Anordnung ein wellenförmiges Fortschreiten von Druck- und Stromschwankugen möglich ist, ist die Fortpflanzung des Pulses in den elastischen tierischen und menschlichen Blutgefäßen. Unter dem Einfluß einer erzwungenen rhythmischen Druckschwankung des Inhalts an einer Stelle einer elastischen Röhre führt diese rhythmische Querschnittsschwankungen aus, die in der Längsrichtung der Röhre mit einer bestimmten Fortpflanzungsgeschwindigkeit wellenförmig fortschreiten. Infolge der Druckschwankungen entstehen Schwankungen der Stromstärke in der Röhre, die mit gleicher Fortpflanzungsgeschwindigkeit wellenförmig fortschreiten. Die Phase der Stromwelle ist dabei gegenüber der der Druckwelle verschoben. Auch für die Flüssigkeitswellen in elastischen Röhren gilt, wie für jede Welle, die bekannte Beziehung zwischen der Fortpflanzungsgeschwindigkeit v, der Schwingungszahl N der sich fortschreitenden Schwingung und der Wollenlänge λ:

$$N\lambda = v \qquad \ldots \qquad \ldots \qquad (198)$$

Ist die Schwingungszahl klein, so ist die Wellenlänge groß; ist die Länge der elastischen Röhre klein gegenüber der Wellenlänge, so besteht zu einem bestimmten Zeitpunkt an allen Punkten der Röhre der gleiche Druck und die gleiche Stromstärke.

Die Fortpflanzungsgeschwindigkeit der Welle kann theoretisch aus den elastischen Eigenschaften der Röhrenwand, den Dimensionen der Röhre, der Dichte der Flüssigkeit und den Reibungskräften, die die Flüssigkeit bei der Strömung in der Röhre zu überwinden hat, errechnet werden. Die Fortpflanzungsgeschwindigkeit ist um so rascher, je weniger dehnbar die Röhrenwand ist und um so rascher, je geringer die Dichte der Flüssigkeit ist. Die Reibung wirkt in erster Linie auf die Amplitude der Welle, indem sie eine Abnahme derselben mit dem Fortschreiten bewirkt; die Welle ist gedämpft, die Dämpfung ist um so stärker, je größer die Reibung ist. Auf die Fortpflanzungsgeschwindigkeit wirkt die Reibung im Sinne einer Verzögerung, jedoch ist dieser Einfluß um so geringer, je höher die Schwingungszahl der fortschreitenden Schwingung ist. Bei relativ sehr hohen Schwingungszahlen beeinflußt der Reibungswiderstand die Fortpflanzungsgeschwindigkeit nicht merklich.

Analog kann man sich das Fortschreiten einer Potentialschwankung und einer mit ihr zusammenhängenden Schwankung der Stromstärke in einem Draht denken. Den Querschnittsschwankungen der Röhre entsprechen Schwankungen der Ladungsoberfläche des Drahtes, den Druckschwankungen Potentialschwankungen, den Schwankungen der Stromstärke Schwankungen der Stromstärke. Der Elastizität der Röhrenwand entspricht die Kapazität des Drahtes, die durch die Dimension des Drahtes und die Dielektrizitätskonstante des umgebenden Dielektrikums gegeben ist; der Reibung der Flüssigkeit ist der Ohmsche Widerstand der Leitung vergleichbar. Die Wirkung der Dichte der Flüssigkeit ist ein Ausdruck für die bei den Bewegungen auftretenden Trägheitskräfte. Schon im Kapitel 5 d des IV. Abschnittes wurde darauf hingewiesen, daß die Wirkung der Selbstinduktion eines Drahtes mit Trägheit zu vergleichen ist, und es wurde dort erörtert, daß die Größe der Selbstinduktion abhängt von der magnetischen Permeabilität des im Magnetfeld eines Leiters vorhandenen Stoffes. Die Wirkung der Flüssigkeitsdichte wird daher vergleichbar sein der Selbstinduktion des Leiterdrahtes und deren Größe wird abhängig sein von der Größe der magnetischen Permeabilität des den Draht umgebenden Mediums.

Tatsächlich ergeben sich nun für die wellenförmige Fortpflanzung eines Wechselstroms in einem Draht ganz analoge Resultate, wie sie für die Fortpflanzung einer Flüssigkeitswelle in einer elastischen Röhre erwähnt wurden. Die Fortpflanzungsgeschwindigkeit der Welle ist um so größer, je geringer die Kapazität des Drahtes ist und um so geringer, je größer die Selbstinduktion der Leitung ist. Die Welle ist gedämpft, und zwar ist die Dämpfung um so stärker, je größer der Ohmsche Widerstand des Drahtes ist; der Einfluß des

Widerstandes des Drahtes auf die Fortpflanzungsgeschwindigkeit ist um so stärker, je geringer die Schwingungszahl der fortschreitenden Welle ist; bei sehr hohen Schwingungszahlen beeinflußt der Widerstand die Fortpflanzungsgeschwindigkeit nicht merklich.

Die zahlenmäßigen Beziehungen zwischen den erwähnten Größen lassen sich formell fassen und mathematisch entwickeln. Für den Grenzfall, daß es sich um die Fortpflanzung einer sehr langsamen Schwingung handelt, kann von der Selbstinduktion eines geraden Drahtes abgesehen werden; in diesem Fall findet man für die Geschwindigkeit v des Fortschreitens der Welle, wenn der Draht pro Zentimeter Länge eine Kapazität K und einen Widerstand w besitzt, und die fortschreitende Schwingung eine Schwingungszahl N hat:

$$v = 2\,C\,\sqrt{\frac{N\,\pi}{w\,K}} \quad\cdot\quad\cdot\quad\cdot\quad\cdot\quad\cdot\quad\cdot\quad (199)$$

C ist hierin das Verhältnis $\dfrac{\text{elektromagn. Einheit der Elektrizitätsmenge}}{\text{elektrostat. Einheit der Elektrizitätsmenge}}$. C tritt in Gleichung (198) auf, weil die Kapazität in elektrostatischem, der Widerstand in elektromagnetischem Maß gemessen angenommen wurde. Die Dämpfung dieser Welle ist stark und zwar nimmt die Amplitude beim Fortschreiten um eine Wellenlänge auf das $e^{-2\pi}$fache ab (e = Basis der natürlichen Logarithmen).

Die in Gleichung (199) angeschriebene Fortpflanzungsgeschwindigkeit wird von der Erfahrung bestätigt für Wechselströme akustischer Frequenzen. Bei Drähten von einigen Millimetern Durchmesser ergeben sich dabei Fortpflanzungsgeschwindigkeiten in der Größenordnung von etwa 50 000 km/sec.

Es sei noch darauf hingewiesen, daß die Kapazität eines Drahtes außerordentlich steigt, wenn er, wie es bei den Überseekabeln der Fall ist, nur durch eine dünne Schicht eines Isolators von dem leitenden Meerwasser getrennt ist; der Draht bildet dann mit dem Wasser einen Kondensator relativ sehr hoher Kapazität.

Bei sehr hohen Schwingungszahlen, wie sie in elektrischen Schwingungskreisen erzeugt werden, tritt ein anderer Grenzfall der Fortpflanzung ein, bei dem die Wirkung des Widerstandes des Drahtes auf die Fortpflanzungsgeschwindigkeit verschwindet. Es wird dann die Fortpflanzungsgeschwindigkeit auch unabhängig von den Dimensionen des Drahtes und nur noch bestimmt durch die Eigenschaften des den Draht umgebenden Dielektrikums. Man findet in diesem Grenzfall die Fortpflanzungsgeschwindigkeit:

$$v = \frac{C}{\sqrt{\mu\,D}} \quad\cdot\quad\cdot\quad\cdot\quad\cdot\quad\cdot\quad\cdot\quad (200)$$

C bedeutet hierin das mehrfach erwähnte Verhältnis zwischen der elektromagnetischen und elektrostatischen Einheit der Elektrizitätsmenge, μ die magnetische Permeabilität des Dielektrikums, die der Ausdruck für die bei der Fortpflanzung auftretenden magnetischen Kräfte ist und D die Dielektrizitätskonstante, die die dielektrische Elastizität des Dielektrikums charakterisiert und für die auftretenden elektrischen Kräfte maßgebend ist.

Für den luftleeren Raum ist sowohl μ als auch D gleich 1. Auf einem Draht im luftleeren Raum ist demnach nach Gleichung (200) die Fortpflanzungsgeschwindigkeit rascher elektrischer Schwingungen gleich C. C wurde experimentell sehr nahe gleich 3×10^{10}, d. h. zahlenmäßig gleich der Fortpflanzungsgeschwindigkeit der als transversale Wellen erkannten Hertzschen Wellen, der ultraroten, sichtbaren, ultravioletten, Röntgen- und γ-Strahlen gefunden. Aus der Theorie ergibt sich, daß auch beim Fehlen eines Drahtes Gleichgewichtsstörungen mit der durch Gleichung (200) gegebenen Fortpflanzungsgeschwindigkeit im Dielektrikum fortschreiten können. Bei der erörterten Fortpflanzung elektrischer Schwingungen in einem Draht erfolgen die in dem den Draht umgebenden Dielektrikum gedachten Bewegungsvorgänge transversal zur Fortpflanzungsrichtung der Welle; die dabei auftretenden Änderungen der magnetischen Kraft stehen ihrerseits wieder senkrecht auf den Änderungen der elektrischen Kraft. Den Wellenvorgang im Dielektrikum beim Fehlen eines Drahtes wird man daher, da er sich grundsätzlich von dem Wellenvorgang im Dielektrikum längs des Drahtes nicht unterscheidet, auch als transversale Welle auffassen müssen.

Nach alledem ist es naheliegend anzunehmen, daß es sich bei den Hertzschen Wellen und den verschiedenen Strahlen um wesensgleiche Erscheinungen und zwar um elektromagnetische Wellen handelt, deren Verschiedenheit nur auf der bekannten Verschiedenheit der den einzelnen Strahlenarten zukommenden Wellenlängen beruht. Trotz der außerordentlichen Fruchtbarkeit der auch bei unserer Darstellung immer wieder angewandten einfachen mechanischen Vorstellungen wird man zweckmäßig davon absehen, sich konkrete Vorstellungen von den die Wellen erzeugenden Bewegungen im Dielektrikum zu machen, und sich darauf beschränken, auszusagen, daß es sich bei den Hertzschen Wellen und den verschiedenen Strahlen um elektromagnetische Wellen transversaler Natur handelt, die durch zueinander und zur Fortpflanzungsrichtung senkrecht stehende Schwankungen der elektrischen und magnetischen Kraft hervorgerufen werden. Das, was bei den bisherigen und folgenden Darstellungen als die „Schwingungsrichtung" der verschiedenen elektromagnetischen Wellen bezeichnet wird, ist die Richtung der Änderung der elektrischen Kraft. Man könnte selbstverständlich ebenso gut und mit gleicher Berechtigung die zu dieser Richtung senkrechte Richtung der Änderung der magnetischen Kraft als die Schwingungsrichtung der Wellen bezeichnen.

Die Fortpflanzungsgeschwindigkeit der elektromagnetischen Wellen ist durch Gleichung (200) gegeben. Es geht aus dieser Gleichung hervor, daß die Fortpflanzung der Wellen nur in Stoffen merklicher dielektrischer Elastizität, d. h. in Isolatoren möglich ist. Tatsächlich sind auch gerade die guten Leiter, wie z. B. die Metalle, am undurchsichtigsten; für Wellen sehr geringer Wellenlänge sind allerdings, wie schon erwähnt, auch die Metalle bis zu einem gewissen Grade durchlässig; die Ursache für diese Durchlässigkeit ist in der durch die verschiedensten Beobachtungen als wahrscheinlich erwiesenen Anordnung der Atome in den Stoffen zu suchen. Die Atome stehen in den Stoffen nicht dicht beieinander, sondern in im Verhältnis zu ihrer eigenen Größe beträchtlichen Abständen voneinander; sehr kurzwellige Strahlen durchdringen daher auch die Metalle merklich, indem sie die zwischen den Atomen befindlichen Zwischenräume passieren.

Die magnetische Permeabilität aller Isolatoren ist sehr nahe gleich 1. Gleichung (200) kann daher auch angeschrieben werden:

$$v = \frac{C}{\sqrt{D}} \quad \ldots \ldots \ldots \ldots \quad (201)$$

Die Fortpflanzungsgeschwindigkeit der Welle ist um so geringer, je größer die Dielektrizitätskonstante des Stoffes ist, in dem sie fortschreitet. Die Dielektrizitätskonstante aller Stoffe ist größer als 1, d. h. größer als die des luftleeren Raums. In allen wägbaren Stoffen ist daher die Lichtgeschwindigkeit nach Gleichung (201) kleiner als im luftleeren Raum. Daß diese Behauptung mit den Beobachtungen übereinstimmt, wurde schon im 2. Kapitel des III. Abschnittes erwähnt, wo die Brechung des Lichts beim Übergang vom luftleeren Raum auf einen Stoff auf die Änderung der Lichtgeschwindigkeit zurückgeführt wurde. Vom Brechungsindex n eines Stoffes wurde gezeigt, daß er nichts anderes bedeutet als das Verhältnis $\frac{\text{Lichtgeschwindigkeit im leeren Raum}}{\text{Lichtgeschwindigkeit im Stoff}}$, d. h. der Brechungsindex wurde gesetzt:

$$n = \frac{v_1}{v_2}.$$

Die Lichtgeschwindigkeit v_1 im luftleeren Raum ist gleich C, die Lichtgeschwindigkeit v_2 in einem Stoff mit der Dielektrizitätskonstante D ist durch Gleichung (201) gegeben; es folgt daher für den Brechungsindex n:

$$n = \sqrt{D} \quad \ldots \ldots \ldots \ldots \quad (202)$$

d. h. der Brechungsindex ist gleich der Quadratwurzel aus der Dielektrizitätskonstante. Obwohl von dieser Gleichung (202) unter Umständen, aus verschiedenen Gründen bestimmte Abweichungen auftreten, wird sie doch im allgemeinen von der Erfahrung bestätigt.

b) Substrat der Fortpflanzung elektromagnetischer Wellen, Konstanz der Lichtgeschwindigkeit, Relativitätstheorie.

Die Schwierigkeiten, die sich den Vorstellungen bewegter Teilchen als Träger der elektromagnetischen Wellen entgegenstellen, kommen in der Fortpflanzung dieser Wellen im luftleeren Raum zum Ausdruck, da der Nachweis irgendwelcher Teilchen im leeren Raum nicht gelingt. Als Träger der Wellen im leeren Raum wurde daher ein unwägbarer Stoff, der sog. „Lichtäther" angenommen, und die Hypothese aufgestellt, daß der Äther überall im Weltraum gleichmäßig verteilt sei und alle Körper durchdringe. Aus verschiedenen Beobachtungen glaubte man schließen zu können, daß der Äther sich im Zustand der absoluten Ruhe befinde, und man glaubte auf Grund elektrodynamischer Messungen von einem Körper angeben zu können, ob er sich relativ zum ruhenden Äther in Ruhe oder gleichförmig gradliniger Bewegung befinde. Die mechanischen Vorgänge innerhalb eines Systems von Körpern, das im ganzen eine gleichförmig geradlinige Bewegung besitzt, erfolgen durchaus nach den gleichen Gesetzen, die in einem ruhenden System gelten, d. h. es hat vom Standpunkt der Mechanik keinen Sinn von Ruhe oder gleichförmiger Bewegung eines Körpers oder eines Systems von Körpern zu sprechen, ohne daß man angibt, relativ zu welchem anderen Körper oder System die Ruhe herrscht, oder die Bewegung erfolgt. Man kann einen Körper oder ein System durch die formelle Darstellung eines Raums, d. h. durch ein Koordinatensystem ersetzen und aussagen, daß es unmöglich ist, die gleichförmige geradlinige Bewegung eines Koordinatensystems auf Grund der Beobachtung mechanischer Vorgänge innerhalb des Systems zu erweisen.

Von den Beobachtungen, die zu beweisen schienen, daß ein solcher Nachweis durch elektrodynamische oder optische Feststellungen möglich sei, seien zwei erwähnt.

Die erste ist das Ergebnis eines von Fitzeau angestellten Versuchs, in welchem die Geschwindigkeit des durch ruhendes bzw. durch in der Richtung der Fortpflanzung des Lichts strömendes Wasser geleiteten Lichtes gemessen wurde. Die gefundene Lichtgeschwindigkeit war bei dem in strömendem Wasser fortschreitenden Licht nicht gleich der Summe der Lichtgeschwindigkeit im ruhenden Wasser und der Strömungsgeschwindigkeit des Wassers, sondern merklich geringer. Das Licht wird von dem strömenden Wasser nicht in vollem Maße mitgeführt, sondern nur in einem Umfang, der der Veränderung der Lichtgeschwindigkeit im Wasser relativ zur Lichtgeschwindigkeit im leeren Raum entspricht. Ist die Lichtgeschwindigkeit im leeren Raum C, der Brechungsindex des Wassers n, so ist bekanntlich die Lichtgeschwindigkeit im Wasser gleich $\dfrac{C}{n}$. Erteilt man dem Wasser die Geschwindigkeit s in der Richtung des Fortschreitens des Lichts, so findet man eine Lichtgeschwindigkeit:

$$\frac{C}{n} + s\left(1 - \frac{1}{n^2}\right) \quad\ldots\ldots\ldots \quad (203)$$

Die Mitführung des Lichts durch das strömende Wasser, die im zweiten Summanden von (203) zum Ausdruck kommt, läßt sich erklären durch die Wirkung der Kraftfelder der im Wassermolekül vorhandenen Elektronen. Die gleichen Elektronenfelder bewirken die Verzögerung der Lichtgeschwindigkeit im ruhenden Wasser, d. h. ihre Wirkung kommt im Brechungsindex zum Ausdruck; die Mitführung des Lichts durch das strömende Wasser wird daher auch durch den Brechungsindex bestimmt. Sieht man von der Wirkung der Elektronenfelder ab, so wird das Licht vom strömenden Wasser überhaupt nicht mitgeführt, d. h. das Licht pflanzt sich innerhalb des Wassers so fort, als wäre nicht das Wasser, sondern ein anderes, das Wasser durchdringendes Substrat, das die Strömung des Wassers nicht mitmacht, der Träger der Fortpflanzung. Dieses in Ruhe bleibende Substrat wäre der ruhende Äther.

Weiterhin läßt sich zeigen, daß auf der Erde eine bewegte elektrische Ladung ebenso magnetische Wirkungen entfaltet, wie ein fließender elektrischer Strom, während eine ruhende elektrische Ladung keinerlei Wirkung auf einen Magnetpol ausübt. Man könnte daher zu der Ansicht kommen, daß der Zustand der absoluten Ruhe einer elektrischen Ladung durch das Fehlen magnetischer Wirkungen charakterisiert ist. Der Zustand der absoluten Ruhe käme dem Äther zu und das im Äther ruhende Koordinatensystem wäre das ruhende Koordinatensystem. Alle Bewegungsvorgänge könnte man relativ zu diesem Koordinatensystem beschreiben.

Eingehende Untersuchungen der sich aus der Annahme eines ruhenden Äthers ergebenden Konsequenzen haben jedoch das Ergebnis gezeitigt, daß die Feststellung einer gradlinig gleichförmigen Bewegung eines Systems auch durch optische und elektrodynamische Beobachtungen innerhalb des Systems nicht möglich ist. Eine der hauptsächlichsten Folgen des ruhenden Äthers müßte u. a. sein, daß die Erde bei ihrer Bewegung um die Sonne den Äther nicht mitnimmt. Auf Grund der Bewegung der Erde um die Sonne müßte daher der Äther eine Relativgeschwindigkeit zur Erde besitzen. Die Lichtgeschwindigkeit relativ zur Erde in der Richtung der Erdbewegung müßte daher verschieden sein von der Lichtgeschwindigkeit relativ zur Erde in der umgekehrten Richtung und in der Richtung senkrecht zur Erdbewegung. Die auf Interferenzbeobachtung aufgebaute Versuchsanordnung des Michelsonschen Versuchs, der den Nachweis dieser Behauptung erbringen sollte, war so empfindlich, daß die Geschwindigkeitsunterschiede, infolge des „Ätherwindes" relativ zur

Erde, nachweisbar hätten sein müssen; der Versuch fiel jedoch negativ aus, d. h. die Lichtgeschwindigkeit wurde in allen Richtungen auf der Erde gleich groß gefunden; die Bewegung der Erde um die Sonne kann durch Lichtgeschwindigkeitsmessungen auf der Erde nicht nachgewiesen werden.

Stellt man auf der Erde einen geladenen Konduktor auf, so wird er, da er infolge der Erdbewegung relativ zum ruhend gedachten Äther eine bewegte elektrische Ladung vorstellt, einem Konvektionsstrom gleich zu achten sein; er müßte daher magnetische Wirkungen entfalten. In einer bestimmten Versuchsanordnung hätten diese magnetischen Kräfte einen sehr empfindlich aufgehängten Kondensator im geladenen Zustand gegenüber seiner Stellung im ungeladenen Zustand drehen müssen; aber auch dieser Versuch, die Bewegung der Erde relativ zum ruhenden Äther zu beweisen, fiel negativ aus. Es gelingt demnach auch durch optische oder elektrodynamische Messungen innerhalb eines Systems nicht eine gleichförmig lineare Bewegung des Systems nachzuweisen.

Diese Feststellung, die zunächst nur als eine Übertragung der in den Trägheitsgesetzen für mechanische Vorgänge ausgesprochenen „Relativität" der Bewegung auf optische und elektrodynamische Vorgänge erscheint, führt bei konsequenter Durchführung der sich aus ihr ergebenden Folgerungen, wenn man außerdem die „Konstanz der Lichtgeschwindigkeit" als eine durch vielfache Erfahrung bestätigte Tatsache annimmt, zu merkwürdigen Widersprüchen mit den klassischen Vorstellungen von Raum und Zeit. Die Beobachtung der Lichtgeschwindigkeit unter den verschiedensten Bedingungen lassen sich nur dann einheitlich erklären, wenn man annimmt, daß sich das Licht, wenn es einmal die Lichtquelle verlassen hat, nach allen Seiten mit gleicher Geschwindigkeit fortpflanzt, d. h. daß z. B. das von einer relativ zum einen System bewegten Lichtquelle ausgesandte Licht sich nach dem Verlassen der Lichtquelle in diesem System ebenso in Form einer Kugelwelle ausbreitet, wie das von einer relativ zum System ruhenden Lichtquelle ausgesandte. Diese Aussage wird als das Prinzip der Konstanz der Lichtgeschwindigkeit bezeichnet.

Eine einheitliche, in allen Zusammenhängen logische Beschreibung der Gesamtheit dieser Beobachtungen unter Beibehaltung der Hypothese des Äthers als Substrat der Fortpflanzung der elektromagnetischen Wellen und der klassischen Vorstellung von Raum und Zeit macht große Schwierigkeiten. Einen Versuch, diese Schwierigkeit durch Abänderung der Begriffe von Raum und Zeit unter Verzicht auf den Äther zu lösen, bedeutet die „Relativitätstheorie". Die Verschiedenheit der dieser Theorie zugrunde liegenden Beriffe gegenüber denen der klassischen Mechanik besteht vor allem in der Annahme einer „Relativität" der Zeit; es wird in der Relativitätstheorie jedem System ein eigener Zeitbegriff zugeschrieben, und eine Beziehung zwischen den in zwei relativ zueinander in Bewegung befindlichen Systemen geltenden Zeiten, der Relativgeschwindigkeit der beiden Systeme zueinander und der Lichtgeschwindigkeit angegeben. Nach den klassischen Vorstellungen von Raum und Zeit wird eine Bewegung durch die Änderung von 3 variablen Koordinaten eines Koordinatensystems im Verlauf der konstant fortschreitenden Zeit angegeben. Will man die in einem Koordinatensystem beschriebene Bewegungen in einem anderen Koordinatensystem, das relativ zu dem ersten eine bestimmte gleichförmige lineare Geschwindigkeit besitzt, beschreiben, so ändern sich bei dieser „Transformation" nur die 3 Koordinaten, nicht aber die Zeit. Bei der relativistischen Transformation wird außer den Koordinaten des Raums auch die Zeit geändert, so daß eine Bewegung nicht wie bisher durch Änderung von 3 Variablen, sondern durch Änderung von 4 Variabelen beschrieben wird. Formell gelingt es durch diese Darstellung die Vorgänge in der Natur so zu beschreiben, daß die Beschreibung für jedes beliebige Koordinatensystem gleich lautet.

Der speziellen Relativitätstheorie gelingt es, die Gleichberechtigung aller relativ zueinander gleichförmig linear bewegter Koordinatensysteme, die der Beobachtung der Unfeststellbarkeit der gleichförmigen Bewegung eines Systems durch Beobachtung innerhalb des Systems gerecht wird, darzustellen. Die allgemeine Relativitätstheorie geht einen Schritt weiter und findet eine Möglichkeit der Darstellung, die eine Gleichberechtigung aller Koordinatensysteme, also auch der rotierenden und beschleunigten, bedeutet.

Aus der Relativitätstheorie ergeben sich verschiedene Folgerungen, deren Nachprüfung durch die Beobachtung möglich ist. Die Übereinstimmung der Beobachtung mit den Forderungen der Theorie könnte die Entscheidung bringen, ob die relativistische Darstellung dem Naturgeschehen tatsächlich gerecht wird. Unter anderem fordert die Relativitätstheorie folgendes: 1. Die Masse eines Körpers muß um so größer beobachtet werden, je größer seine Geschwindigkeit relativ zum Beobachter ist. 2. Die Frequenz von Schwingungen, die von einem relativ zum Beobachter bewegten System ausgehen, muß verringert erscheinen (Rotverschiebung der Spektrallinien im Spektrum des Lichts von Himmelskörpern gegenüber den gleichen Linien im Spektrum irdischer Lichtquellen durch sogenannten Dopplereffekt II. Ordnung). 3. Die Lichtstrahlen müssen beim Durchgang durch ein Gravitationsfeld eine Ablenkung von ihrem geradlinigen Verlauf erfahren.

Die nach der Relativitätstheorie zu erwartenden angeführten Änderungen der Beobachtung werden theoretisch erst dann merklich, wenn Relativgeschwindigkeiten verschiedener Systeme in Betracht kommen, die nicht mehr klein relativ zur Lichtgeschwindigkeit sind. Selbst die Geschwindigkeiten der Weltkörper relativ zur Erde sind aber noch klein gegenüber der Lichtgeschwindigkeit. Es handelt sich daher bei den Beobachtungen zum Nachweis der „Richtigkeit" der Relativitätstheorie um Messungen sehr kleiner Größen; immerhin bestätigen die verschiedensten Messungen wenigstens qualitativ die von der Relativitätstheorie geforderten Abweichungen.

Die Relativitätstheorie bedeutet keineswegs die einzige Möglichkeit, die Schwierigkeiten der einheitlichen Darstellung der Konstanz der Lichtgeschwindigkeit und der Unfeststellbarkeit einer gleichförmig linearen Bewegung zu überwinden, und es bestehen bemerkenswerte Versuche, dieser Schwierigkeiten unter Beibehaltung der Hypothese des Äthers als Träger der elektromagnetischen Wellen Herr zu werden. Jedenfalls ist die Anschaulichkeit der Ätherhypothese so groß, daß man sie zur Beschreibung der Erscheinungen vorläufig kaum entbehren kann.

4. Kapitel: Entstehung und Wirkung elektromagnetischer Wellen.

a) Entstehen des Lichtes.

Die Entstehung elektromagnetischer Wellen als Folge bewegter elektrischer Ladungen, die als Hertzsche Wellen beobachtet werden, erscheint durch die Art, wie diese Wellen erzeugt werden, ohne weiteres verständlich. Die Wellenlängen der kürzesten Hertzschen Wellen liegen in der Größenordnung von $^1/_{10}$ mm. Die Wellenlängen der verschiedenen Strahlen sind sehr viel kürzer. Wenn daher diese Strahlen ebenfalls elektromagnetische Wellen sein sollen, so muß ihr Entstehen auf die Bewegung elektrischer Ladungen sehr geringer räumlicher Ausdehnung, die Schwingungen sehr hoher Schwingungszahl ausführen und dabei einen Teil ihrer Schwingungsenergie in Wellenform abgeben, zurückgeführt werden. Da zahlreiche Beobachtungen dafür sprechen, daß die strahlenerzeugenden Schwingungen innerhalb der Atome vor sich gehen, so wird man die Quelle der Strahlen in Bewegungen der kleinsten bekannten geladenen Teilchen, der Elektronen, die schon im 9. Kapitel des IV. Abschnittes als Bestandteile jeden Atoms beschrieben wurden, suchen. Es wurde dort schon erwähnt, daß man sich die Atome sämtlicher Elemente als aus einem positiv geladenen Kern und negativen Elektronen zusammengesetzt vorstellt. Über die Art der Verbindung der Elektronen mit dem Kern sollen vorläufig bestimmte Vorstellungen nicht entwickelt werden; tatsächlich hat man auch über die Art der Verbindung des Kerns mit den Elektronen konkrete Annahmen gemacht. Diese im letzten Kapitel des Buches zu besprechenden Annahmen gehen jedoch, im bewußten Gegensatz zu den klassischen Vorstellungen, von der Voraussetzung aus, daß ein mit gleichförmiger Geschwindigkeit auf einer Kreisbahn umlaufendes Elektron keine Strahlen aussende, während nach der klassischen Vorstellung Wellen durch schwingenden Bewegungen eines Teilchens erregt werden, zu denen auch die Bewegung eines Teilchens auf elliptischen und kreisförmigen Bahnen gehören, da sie in zwei senkrecht zueinander stehende einfache Schwingungen zerlegt werden können. Die Darstellung der verschiedenen bei der Entstehung der Strahlen beobachteten Erscheinungen ist jedoch einfacher und anschaulicher, wenn man von der klassischen Vorstellung ausgeht und sich die Bindung der Elektronen an den Kern ähnlich einer elastischen Befestigung denkt.

Ein im Atom elastisch befestigtes Elektron ist auf Grund seiner Befestigung imstande, dann wenn es angestoßen wird, Schwingungen auszuführen. Ein solches schwingendes Elektron wird, wenn es in Oszillationen versetzt wird, die Quelle einer elektromagnetischen Welle werden, da die Oszillationen Schwankungen elektrischer und magnetischer Kraft im umgebenden Dielektrikum erzeugen, die, wie bekannt, mit Lichtgeschwindigkeit als elektromagnetische Wellen fortschreiten. Ganz allgemein kann man aussagen, daß jede ungleichförmige bewegte elektrische Ladung elektromagnetische Gleichgewichtsstörungen erzeugt, die sich im Dielektrikum als Wellen ausbreiten. Eine gleichförmig geradlinig fortschreitende Ladung kann nicht zur Quelle einer elektromagnetischen Welle werden, da sie keine Schwankung der elektrischen und magnetischen Kraft im Dielektrikum hervorruft. Jedes ungleichförmig bewegte Elektron erzeugt demnach eine elektromagnetische Welle, d. h. es strahlt.

Wellen bestimmter Wellenlänge gehen nach dieser Vorstellung von Elektronen aus, die einfache Schwingungen ausführen, sodann von solchen, denen gleichzeitig mehrere einfache Schwingungen gleicher Schwingungszahl zukommen, also z. B. von Elektronen, die sich auf elliptischen und kreisförmigen Bahnen mit bestimmter Umlaufzeit bewegen.

Unregelmäßig bewegte Elektronen werden ebenfalls Wellenzüge aussenden, aber Wellenzüge unregelmäßiger Wellenform. Jede unregelmäßige Welle kann als die Summe unendlich vieler einfacher Wellen verschiedener Wellenlängen dargestellt werden. Unter den Wellenlängen der eine unregelmäßige Welle zusammensetzenden einfachen Wellen werden um so kurzwelliger sein, je stärkere Beschleunigungen in der unregelmäßigen Welle vorkommen.

Durch die spektrale Zerlegung der Strahlen werden die verschiedenen Wellenlängen eines Wellengemisches auseinandergezogen. Wellen, die von Elektronen ausgesandt werden, die einfache Schwingungen bestimmter Schwingungszahl ausführen, werden als Spektrallinien im Spektrum zum Vorschein kommen; ein Gemisch von solchen Wellen wird ein Linienspektrum entwerfen. Ein Gemisch aus unregelmäßigen Wellenzügen wird alle möglichen Wellenlängen enthalten,

d. h. bei der spektralen Zerlegung zu einem kontinuierlichen Spektrum auseinandergezogen werden. In dem kontinuierlichen Spektrum werden um so kurzwelligere Strahlen enthalten sein, je größere Beschleunigungen in den Bewegungen der die unregelmäßigen Wellen hervorrufenden unregelmäßig bewegten Elektronen vorhanden sind.

Strahlende Elektronen geben bei der Ausstrahlung einen Teil ihrer Schwingungsenergie in Wellenform ab, d. h. sie kommen, wenn ihnen keine neue Energie zugeführt wird, infolge der Strahlung zur Ruhe. Versetzt eine Strahlung Elektronen in Schwingungen, so nehmen die Elektronen Energie aus der Strahlung auf, d. h. sie absorbieren Strahlen.

Durch die Annahme der Erzeugung der Strahlen durch ungleichförmig bewegte Elektronen, können zahlreiche der von Licht-, Röntgen- und γ-Strahlen mitgeteilten Tatsachen erklärt werden. Zunächst seien die Ergebnisse der Beobachtungen des Lichtspektrums an der Hand der Annahme der Erzeugung der Lichtstrahlen durch innerhalb der Atome schwingende Elektronen kurz besprochen.

Wärme wird als Bewegung der Moleküle der Materie aufgefaßt. Die lebhaft hin- und hergehenden Moleküle stoßen aneinander, dabei werden den in den Atomen enthaltenen Elektronen Beschleunigungen erteilt. In festen und flüssigen Stoffen liegen die Moleküle verhältnismäßig nahe beieinander. Die Zahl der jedes einzelne Molekül treffenden Stöße ist daher pro Zeiteinheit sehr groß; die Elektronen erhalten durch diese Stöße unregelmäßige Beschleunigungen in den verschiedensten Richtungen und von verschiedenster Stärke, sie senden daher Wellen unregelmäßiger Form aus. Die im Durchschnitt vorkommenden Beschleunigungen werden um so größer sein, je lebhafter die Molekularbewegungen sind, d. h. je höher die Temperatur ist. Bei mäßiger Temperatur werden daher zunächst kontinuierliche Spektren der langwelligen Wärmestrahlen ausgesandt, bei höherer Temperatur kommen die roten Lichtstrahlen hinzu, bei weiter steigender Temperatur werden die kurzwelligeren Lichtstrahlen und schließlich die kurzwelligsten ultravioletten Strahlen im Spektrum der ausgesandten Strahlen auftreten.

Bei Gasen befinden sich die einzelnen Moleküle in relativ sehr großem Abstand voneinander. Bei ihren Wärmebewegungen werden sie daher viel seltener als in flüssigen und festen Körpern aneinander stoßen; die bei diesen Stößen angestoßenen Elektronen werden mit der ihnen auf Grund ihrer Befestigung und ihrer Masse zukommenden Eigenschwingungszahl schwingen, dabei Wellen entsprechender bestimmter Wellenlängen aussenden, zur Ruhe kommen, durch einen neuen Stoß wieder angestoßen werden usf. Heiße Gase werden daher Wellen bestimmter Wellenlängen, d. h. ein Linienspektrum aussenden. Die Schwingungszahlen der im Linienspektrum vorkommenden Wellen wird abhängig sein von der für die Atome bestimmter Elemente charakteristischen Art der Bindung der Elektronen im Atom, d. h. die ausgesandten Linienspektren werden charakteristisch sein für die Natur der sie aussendenden Atome.

Ein Elektron wird von einer es treffenden Welle besonders leicht in Schwingungen versetzt, wenn die Schwingungszahl der Welle übereinstimmt mit seiner Eigenschwingungszahl; ein Gas wird daher gerade die Wellenlängen am stärksten absorbieren, die es aussendet, sein Absorptionsspektrum wird gleich seinem Emissionsspektrum sein. Die von einer Welle angeregten Elektronenbewegungen können sich auf die ganzen Atome oder Moleküle übertragen, d. h. die absorbierte Strahlenenergie kann in Wärme umgesetzt werden.

Außerdem kann man sich vorstellen, daß unter dem Einfluß einer Welle Elektronen in Schwingungen geraten, deren Schwingungszahl nicht mit der der einwirkenden Wellen übereinstimmt, sondern der Eigenschwingungszahl der Elektronen entspricht. Die Schwingungen dieser Elektronen können nun neuerdings Wellen aussenden, deren Wellenlänge ihrer Schwingungszahl entspricht. Der von Strahlen getroffene Stoff wird dann Strahlen aussenden, die eine andere Farbe besitzen als die auftreffenden Strahlen (Fluoreszenz).

Weiterhin können durch Beleuchtung in Schwingung geratene Elektronen nach dem Aufhören der Beleuchtung noch nachschwingen und Wellen aussenden (Phosphoreszenz).

Im ganzen ist nach alledem die Erklärung der Herkunft der Lichtstrahlen von schwingenden Elektronen befriedigend.

b) Entstehen der Röntgen- und γ-Strahlen.

Zur Erklärung der Entstehung der Röntgen- und γ-Strahlen bedarf es keiner weiteren Annahmen, als sie zur Erklärung des Entstehens des Lichts notwendig waren. Auch bei den Röntgenspektren unterscheidet man kontinuierliche Spektren und Linienspektren. Analog der Erklärung der gleichartigen Lichtspektren wird man die Ausstrahlung von Linienspektren auf Strahlung von Elektronen bestimmter Eigenschwingungszahl zurückführen, die Ausstrahlung kontinuierlicher Spektren auf unregelmäßige Bewegungen von Elektronen. Entsprechend der gegenüber den Wellenlängen der Lichtstrahlen viel kürzeren Wellenlängen der Röntgenstrahlen wird man annehmen müssen, daß die Eigenschwingungszahl der Röntgenstrahlen aussendenden Elektronen viel höher ist, als die der lichtausstrahlenden. Die höhere Eigenschwingungszahl der Elektronen kann man sich durch festere Bindung der Elektronen im Atom bewirkt denken. Von den Strahlen des kontinuierlichen Röntgenspektrums muß man annehmen, daß sie von unregelmäßigen Elektronenbewegungen ausgehen, bei denen viel höhere Beschleunigungen vorkommen, als bei den Bewegungen, die ein kontinuierliches Lichtspektrum aussenden.

Die unregelmäßigen Elektronenbewegungen, die man für die Entstehung des kontinuierlichen Röntgenspektrums verantwortlich macht, wird man in der plötzlichen Bremsung der in den Kathodenstrahlen mit sehr hoher gleichförmiger Geschwindigkeit bewegten Elektronen beim Auftreffen auf die Antikathode suchen. Die bei der Bremsung auftretenden (negativen) Beschleunigungen werden um so größer sein, je größer die Geschwindigkeit der auftretenden Elektronen ist; die Wellenlängen eines kontinuierlichen Röntgenspektrums werden daher um so kürzer, d. h. die Röntgenstrahlen um so härter sein, je rascher die Elektronengeschwindigkeit in den Kathodenstrahlen ist. Im Sinne dieser Erklärung nennt man die Röntgenstrahlen des kontinuierlichen Röntgenspektrums „Bremsstrahlen". Die aus der Theorie des Entstehens der Bremsstrahlen über die Abhängigkeit ihrer Härte von der Elektronengeschwindigkeit in den Kathodenstrahlen gezogenen Schlüsse stehen mit den im 1. Kapitel dieses Abschnittes beschriebenen Beobachtungen in bester Übereinstimmung.

Die Strahlen des dem kontinuierlichen Röntgenspektrum überlagerten Linsenspektrums wird man als Strahlen auffassen, die von Elektronen ausgehen, die in den Atomen des Antikathodenmaterials enthalten sind. Diese Elektronen werden von den auftreffenden Elektronen der Kathodenstrahlen angestoßen und schwingen in der ihnen zukommenden Eigenschwingungszahl. Die Art des Linienspektrums ist daher von der atomaren Zusammensetzung des Antikathodenmaterials abhängig. Man bezeichnet daher diese Strahlen als die „Eigenstrahlen" des Antikathodenmaterials. Daß die Härte der Eigenstrahlen von dem Atomgewicht des Antikathodenmaterials abhängt, wurde ebenfalls schon im 1. Kapitel erwähnt.

Das Auftreten sekundärer Röntgenstrahlen beim Auftreffen von Röntgenstrahlen auf einen Körper wird man analog der Fluoreszenz erklären und demnach erwarten, daß in dem Spektrum der sekundären Röntgenstrahlen u. a. die für die Atome des sekundäre Röntgenstrahlen aussendenden Körpers charakteristischen Linien zu finden sind, die als Eigenstrahlung desselben Körpers bei seiner Verwendung als Antikathode beobachtet werden. Diese Erwartung wird von der Beobachtung vollinhaltlich bestätigt.

Die Wellenlängen der γ-Strahlen sind nochmals merklich kürzer, als die der härtesten Röntgenstrahlen. Bei ihrer spektralen Zerlegung findet man ebenfalls bestimmte Linien; ob diese Linien einem kontinuierlichen Spektrum überlagert sind, konnte bisher mit Sicherheit noch nicht entschieden werden. Die γ-Strahlen entstehen beim Zerfall der Atomkerne, die nach den im 9. Kapitel des IV. Abschnittes gemachten Ausführungen aus α-Teilchen und Elektronen zusammengesetzt gedacht werden. Daß bei dem Zerfall der Kerne ungleichförmige Bewegungen von Elektronen vorkommen, erscheint wahrscheinlich, und daß bei den Bewegungen der im Atom am festesten verankerten Kernelektronen die höchsten Beschleunigungen auftreten und damit die kürzesten Wellenlängen ausgesandt werden, ist verständlich. Die Quelle der γ-Strahlen wird man daher im Innersten der Atome, im Atomkern, suchen.

c) Zeemanneffekt und Starkeffekt.

Als ein unmittelbarer Beweis für die elektromagnetische Natur der Lichtstrahlen können die Beobachtungen gelten, die man macht, wenn man die Lichtquelle eines Linienspektrums dem Einfluß eines magnetischen oder elektrischen Feldes aussetzt. Bringt man eine ein Linienspektrum aussendende Gasflamme, z. B. eine Natriumflamme in der Art, wie es Abb. 204 zeigt, in ein starkes Magnetfeld, so beobachtet man, daß die vorher einfachen Linien des Spektrums in zwei bzw. drei Linien aufgespalten werden. Angenommen das Magnetfeld sei durch das Gegenüberstellen der beiden Pole N und S erzeugt und durch S sei ein Loch R gebohrt, das die Beobachtung der Flamme auch in der Richtung der Kraftlinien des Magnetfeldes ermöglicht, so sind die Beobachtungen in einem Spektralapparat verschieden, je nachdem man die Flamme aus der Richtung R oder einer zu R senkrecht stehenden Richtung, also z. B. in Abb. 204 senkrecht von vorn oder

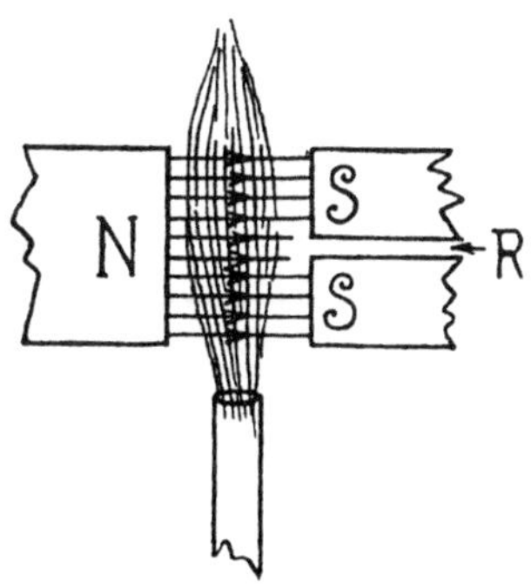

Abb. 204. Natriumflamme in einem homogenen Magnetfeld.

von hinten beobachtet. Entsprechend der Stellung der Beobachtungsrichtung zu der Richtung der magnetischen Kraftlinien sei die Beobachtung in der Richtung R „longitudinal", die in einer senkrecht zu R erfolgende Beobachtung „transversal" genannt. Das beobachtete Linienspektrum beim Fehlen des magnetischen Feldes und im Magnetfeld bei longitudinaler und transversaler Beobachtung zeigt Abb. 205 a b c. Die Pfeilkreise in Abb. 205 c unter den Linien geben an, daß das Licht der beiden Linien kreisförmig polarisiert ist, und zwar mit einer Umlaufsrichtung der Teilchen in der Pfeilrichtung. Die Doppelpfeile an und bzw. unter den Linien in Abb. 205 b bedeuten, daß das Licht der Linien linear polarisiert ist, und zwar mit einer Schwingungsrichtung entsprechend den Pfeilrichtungen, d. h. die beiden seitlichen Linien sind senkrecht zur Richtung der Kraftlinien des Magnetfeldes, die mittlere in der Richtung der Kraftlinien polarisiert.

Die eigenartige Aufspaltung einer Spektrallinie durch ein Magnetfeld heißt „Zeemanneffekt". Sie läßt sich befriedigend erklären durch die Annahme, daß das Licht der Gasflamme durch mit bestimmter Eigenschwingungszahl schwingende Elektronen erzeugt wird. Der Anstoß der Elektronenschwingungen erfolgt durch die Wärmebewegungen. Da hierbei keine bestimmte Anstoßrichtung bevorzugt ist, schwingen die Elektronen in allen möglichen Richtungen, jedoch alle mit der gleichen, ihnen zukommenden, von der Art der Atomzusammensetzung abhängigen Schwingungszahl. Das von der unbeeeinflußten Flamme ausgesandte Licht ist daher einwellig und unpolarisiert (Abb. 205 a). Jede in einer beliebigen Richtung des Raums erfolgende, demnach alle möglichen Schwingungen kann man

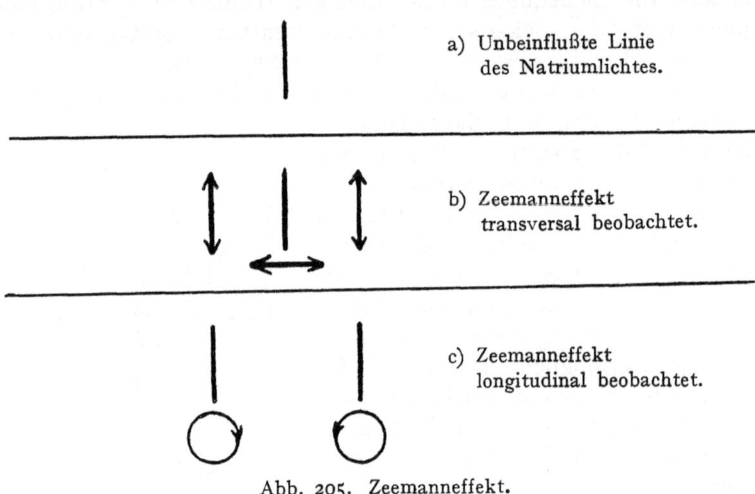

Abb. 205. Zeemanneffekt.

zusammengesetzt denken aus zwei Umläufen auf kreisförmigen Bahnen, deren Flächen einander parallel sind mit verschiedener Umlaufsrichtung und aus einer senkrecht zu den Kreisflächen stehenden einfachen Schwingung. Man kann daher den in der Flamme in allen Richtungen schwingenden Elektronen an Stelle ihrer Schwingungen drei bestimmte Bewegungsarten zuschreiben und zwar: I. Umläufe auf Kreisbahnen, deren Flächen senkrecht zu den Kraftlinien des Magnetfeldes stehen, und zwar von R aus gesehen, im Sinne des Uhrzeigers; 2. Umläufe auf Kreisbahnen gleicher Flächenrichtung, von R aus gesehen im umgekehrten Sinne des Uhrzeigers; 3. lineare Schwingungen in der Richtung der Kraftlinien. Die Schwingungszahl der linearen Schwingungen und die Umlaufzahl der Elektronen auf den Kreisbahnen ist bei fehlendem Magnetfeld die gleiche; sie kommt in der Wellenlänge des ausgesandten Lichts, d. h. in der Lage der ausgesandten Spektrallinie im Spektrum zum Ausdruck. Nach einer bestimmten Richtung des Raums strahlen nur die Komponenten der Bewegung, die senkrecht zu dieser Richtung stehen, da elektromagnetische Wellen rein transversalen Charakters sind. Die lineare Schwingung in der Richtung der Kraftlinien strahlt demnach in der Richtung der transversalen, nicht aber in der Richtung der longitudinalen Beobachtung. Die kreisförmigen Elektronenbewegungen strahlen nach allen Richtungen.

Ein auf einer Kreisbahn umlaufendes Elektron wirkt wie ein in einer Drahtschleife fließender Strom; es erzeugt daher ein Magnetfeld. Das Magnetfeld des Elektrons ist dem durch die Magnetpole erzeugten gleichgerichtet, wenn Umlaufsrichtung und Richtung der Kraftlinien in der durch Abb. 123 gegebenen Beziehung zueinander stehen. Das Magnetfeld wirkt in diesem Fall auf das bewegte Elektron im Sinne einer Beschleunigung seiner Umlaufgeschwindigkeit. Der Umlauf eines auf gleicher Bahn in umgekehrter Richtung umlaufenden Elektrons wird durch das gleiche Magnetfeld verzögert. Auf die in der Richtung der Kraftlinien schwingenden Elektronen wirkt das Magnetfeld überhaupt nicht. Das Resultat der Wirkung des Magnetfeldes wird demnach eine Verringerung der Umlaufszahl der, von R aus gesehen, im Sinne des Uhrzeigers umlaufenden Elektronen, eine Vergrößerung der im umgekehrten Sinn umlaufenden Elektronen und eine unveränderte Schwingungszahl der in der Richtung der Kraftlinien schwingenden Elektronen sein. Die Größe der Veränderung der Umlaufszahl läßt sich aus der Stärke des Magnetfeldes und der bekannten Masse und Ladung des Elektrons berechnen. In der transversalen Beobachtungsrichtung strahlen sämtliche Bewegungsarten, von den Kreisbewegungen jedoch nur die senkrecht zur transversalen Richtung stehenden Komponenten. Es werden daher in der transversalen Richtung 3 linear polarisierte Strahlen verschiedener Schwingungszahl ausgesandt. Die Wellenlänge der in der Richtung der Kraftlinien polarisierten Strahlen ist die gleiche, wie die des von der unbeeinflußten Flamme ausgesandten Lichtes; die Wellenlänge des einen der beiden senkrecht zur Kraftlinienrichtung polarisierten Strahlen ist länger, die des anderen kürzer als die des unbeeinflußten Lichts. Man beobachtet daher bei transversaler Beobachtung des Spektrums 3 Linien entsprechend Abb. 205 b. In der longitudinalen Richtung strahlt die in der Kraftlinienrichtung erfolgende, in ihrer Schwingungszahl unbeeinflußte, Schwingung nicht. Eine Linie an der Stelle der ursprünglichen Linie wird daher in diesem Fall nicht beobachtet. Die Bewegungen auf kreisförmiger Bahn strahlen in vollem Umfang; da die Verzögerung bzw. Beschleunigung der Umlaufszeit von der Umlaufsrichtung abhängig ist, werden die beiden Umlaufsrichtungen im Spektrum voneinander getrennt. Die beiden ausgesandten Strahlen verschiedener Wellenlänge sind daher in entgegengesetzter Richtung kreisförmig polarisiert. Das Spektrum bei transversaler Beobachtung entspricht demnach der Darstellung in Abb. 205 c.

Die zahlenmäßige Berechnung der Veränderung der Schwingungszahl aus der bekannten Ladung und Masse des Elektrons und der Stärke des Magnetfeldes ergibt Werte, die mit den beobachteten Veränderungen der Wellenlänge in bester Übereinstimmung stehen, so daß die Beobachtung auch quantitativ die Theorie bestätigt.

Eine ähnliche Zerlegung einer einfachen Spektrallinie in mehrere Linien kann außer durch ein Magnetfeld durch ein elektrisches Feld hervorgerufen werden; man bezeichnet diese Zerlegung als „Starkeffekt". Die theoretische Behandlung des Starkeffektes nach den gleichen einfachen Grundsätzen, wie sie bei der einfachen Theorie des Zeemanneffektes zur Anwendung kamen, liefert jedoch keine mit den Beobachtungen in befriedigender Übereinstimmung stehende Resultate. Nur unter Zuhilfenahme der alsbald zu besprechenden Quantenhypothese gelingt es zu einer mit der Erfahrung gut übereinstimmenden Theorie zu gelangen. Ebenso werden die Erscheinungen des Zeemanneffektes bei der Beeinflussung von Doppellinien, wie sie in den verschiedensten Linienspektren zu beobachten sind, (es sei an dieser Stelle erwähnt, daß die bisher immer als einfach beschriebene mit D bezeichnete Linie des Natriumspektrums sich bei genauer Beobachtung ebenfalls als Doppellinie erweist) nicht mehr so einfach, wie es nach der einfachen Theorie zu erwarten ist. Auch zur Theorie dieses „anomalen" Zeemanneffektes muß, um zu befriedigenden Ergebnissen zu gelangen, die Quantenhypothese zuhilfe genommen werden.

Jedenfalls erweisen Zeemann- und Starkeffekt eindeutig die elektromagnetische Natur der Lichtwellen. Das Versagen der klassischen Wellentheorie beim Starkeffekt und anomalen Zeemanneffekt zeigt, daß bei der Aussendung der Strahlen die Bedingungen zum Entstehen der Wellen in mancher Hinsicht andere sind, als sie nach der klassischen Theorie angenommen werden.

Einige diese Verschiedenheiten anzeigenden Beobachtungen sind noch im folgenden zu erörtern.

d) Lichtelektrischer Effekt, Quantenhypothese.

Treffen Lichtstrahlen auf eine Metallplatte, so kann man nachweisen, daß sich die Metallplatte positiv auflädt. Die Erscheinung wird um so auffallender, je kurzwelliger die auffallenden Strahlen sind. Die Ursache der Aufladung besteht, wie sich zeigen läßt, darin, daß unter dem Einfluß der Strahlen Elektronen aus dem Metall austreten, d. h. unter dem Einfluß der Strahlen entsendet das Metall Kathodenstrahlen. Man bezeichnet diese Erscheinung als den „lichtelektrischen Effekt". Die Masse und Geschwindigkeit der ausgeschleuderten Elektronen konnte bestimmt werden; es ergab sich die bekannte Masse der Elektronen und geringe Geschwindigkeiten, etwa von der Größenordnung, wie sie in Glühkathodenröhren vorkommen.

Von außerordentlicher Bedeutung war die Bestimmung der Zahl der pro Sekunde ausgeschleuderten Elektronen und ihrer Geschwindigkeit mit Rücksicht auf die Abhängigkeit dieser Größen von der Intensität und Wellenlänge der den lichtelektrischen Effekt hervorrufenden Strahlen. Bei diesen Untersuchungen fand man nämlich, daß die Anzahl der pro Sekunde ausgeschleuderten Elektronen proportional der Intensität der auffallenden Strahlen, die Geschwindigkeit der Elektronen aber unabhängig von der Intensität und nur abhängig von der Wellenlänge des Lichts ist. Je kurzwelliger die Strahlen sind, desto raschere lichtelektrische Kathodenstrahlen erzeugen sie; die raschesten Elektronen beobachtet man bei dem durch Radiumstrahlen hervorgerufenen lichtelektrischen Effekt.

Die Bedeutung dieser merkwürdigen Erscheinung tritt hervor, wenn man sie vom energetischen Standpunkt aus betrachtet. Die auffallenden Strahlen repräsentieren eine gewisse Energie; von dieser Energie wird ein Teil dazu verwendet, um den Elektronen, die in den lichtelektrischen Kathodenstrahlen beobachtete Geschwindigkeit zu erteilen. Der Teil der Wellenenergie, der auf diese Art in kinetische Energie der ausgeschleuderten Elektronen übergeht, muß aus der Energie der auffallenden Strahlen verschwinden, d. h. es muß diese Energie ein Teil der Strahlenenergie sein, die beim Auftreffen absorbiert wird. Dieser Teil der Energie der absorbierten Lichtstrahlen ist proportional der Energie der gesamten auffallenden Strahlung, deren Energieinhalt das Maß ihrer Intensität ist. Man sollte danach vermuten, daß bei zunehmender Intensität des auffallenden Lichts auch die kinetische Energie, d. h. die Geschwindigkeit der lichtelektrischen Elektronen steigt. Daß das nicht der Fall ist, und nur die Menge der freiwerdenden Elektronen durch die Intensität bestimmt ist, während die Geschwindigkeit von der Schwingungszahl abhängig ist, verlangt sehr merkwürdige Annahmen über die Aussendung und Absorption der Strahlen, die als Grundlage der „Quantenhypothese" von Planck ausgesprochen wurden.

Planck konnte bei dem Versuch der Ableitung des Strahlungszustandes, der sich im Innern eines von Körpern gleicher Temperatur umgebenen Raums ausbildet, aus thermodynamischen und elektrodynamischen Gesetzen nur im Einklang mit der Erfahrung bleiben, wenn er annahm, daß Strahlungsenergie nur in ganzzahligen Vielfachen eines elementaren Energiequantums s ausgesandt werden könne, und daß dieses Energiequantum abhängig sei von der Schwingungszahl ν der Strahlen, und zwar mit ihr in der einfachen Beziehung stehe:

$$s = h\nu \qquad \qquad (204)$$

worin, h eine universelle Naturkonstante, das sog. Planksche „Wirkungsquantum" bedeutet. Da s die Dimension der Energie, v die Dimension sec^{-1} besitzt, so hat h die Dimension Energie $\times$ sec oder cm^{2}g sec. h kann auf verschiedene Art bestimmt werden. Es ist

$$h = 6{,}55 \times 10^{-27}\, \text{erg} \times \text{sec} \quad\ldots\ldots\quad (205)$$

Die gleiche für diesen Fall der sog. „schwarzen" Strahlung notwendige Annahme muß zur Erklärung der merkwürdigen Abhängigkeit der Geschwindigkeit der lichtelektrischen Kathodenstrahlen von der Schwingungszahl der Strahlen gemacht werden.

Daß die Quantenhypothese mit den klassischen Anschauungen der Wellenlehre in merklichem Widerspruch steht, kann hier nur angedeutet werden; es ist ebenso schwer verständlich, wie es möglich ist, daß Wellenenergie, die sich bei ihrer gleichmäßigen Ausbreitung kontinuierlich verdünnt, an den Stellen, an denen sie absorbiert wird, in bestimmten Quanten zusammengeballt wird, wie es schwer mit den Vorstellungen über das Entstehen einer Welle vereinbar ist, daß eine Schwingung, die man sich mit jeder Amplitude vorstellen kann, bei der Ausstrahlung von Energie, diese in bestimmten Quanten abgibt. Die Quantentheorie hat sich jedoch in den verschiedensten Fällen derart gut bewährt und beschreibt zahlreiche Vorgänge in so ausgezeichneter Übereinstimmung mit der Erfahrung, daß man nicht daran zweifeln kann, daß ihren Grundannahmen irgendeine tatsächliche Wahrheit zugrunde liegen muß.

Auf Grund der Quantentheorie kann aus der Schwingungszahl der auffallenden Strahlen die Geschwindigkeit der lichtelektrischen Kathodenstrahlen berechnet werden, wenn man berücksichtigt, daß eine bestimmte Arbeitsleistung notwendig ist, um die Elektronen aus dem bestrahlten Material herauszutreiben; die Größe dieser Austrittsarbeit kann aus der Differenz der absorbierten Energie und der in Form kinetischer Energie der Elektronen auftretenden Energie erschlossen werden. Auf die Größe der Austrittsarbeit kann aber weiterhin aus der bei der Berührung zweier Metalle auftretenden Potentialdifferenz ein Schluß gezogen werden. Die Resultate dieser beiden Berechnungsarten der Austrittsarbeit stimmen gut miteinander überein.

e) Chemische Wirkung der verschiedenen Strahlen.

Die elektromagnetischen Strahlen greifen nach dem Gesagten bei ihrer Absorption in das innere Gefüge der Atome ein, und es erscheint daher verständlich, daß sie Veranlassung zu den verschiedensten chemischen Veränderungen geben können.

Wegen ihrer praktischen Bedeutung ist hier vor allem die Wirkung auf die Silbersalze Chlorsilber, Jodsilber, Bromsilber zu erwähnen. Unter Bestrahlung wird aus Chlorsilber Chlor abgeschieden, und es entsteht eine Verbindung die, weniger Chlor enthält, das sog. „Halb-chlorsilber". Die chemische Reaktion geht mit einer dunklen Ver-färbung des Chlorsilbers einher. In ähnlicher Art zersetzen sich Brom- und Jodsilber unter dunkler Verfärbung bei der Belichtung. Die chemischen Veränderungen bei der Bestrahlung gehen verhältnis-mäßig langsam vor sich und bedürfen langdauernder und intensiver Bestrahlung. Aber auch durch kurzdauernde Belichtungen gehen in den Silbersalzen Veränderungen vor sich, die sich in keinerlei sichtbarer Verfärbung dokumentieren, jedoch ein verschiedenes Ver-halten der belichteten Stoffe und der unbelichteten gegenüber be-stimmten chemischen Agentien bedingen. Belichtete Silbersalze werden unter dem Einfluß der verschiedensten Reduktionsmittel (Entwickler) zu metallischem Silber reduziert, während unbelichtete gleichartige Salze unter dem Einfluß gleichartiger Reagentien keinerlei Veränderungen erfahren. Auf dieser Eigenschaft beruht die Her-stellung photographischer Platten und Filme. Die mit Silbersalzen, die in einer Gelatineschicht aufgeschwemmt sind, bedeckten Platten oder Filme werden belichtet und entwickelt, sodann wird das noch vorhandene unveränderte Brom-, Jod- oder Chlorsilber aufgelöst. Auf der so behandelten Platte sind dann die belichteten Stellen durch einen Niederschlag metallischen Silbers geschwärzt, während die unbelichteten Stellen durchsichtig sind. Die Schwärzung ist in einem gewissen Bereich proportional der Belichtung. Ebenso wie beim lichtelektrischen Effekt zeigt sich auch hier eine besonders starke Wirkung der kurzwelligen Strahlen.

Weiterhin ist noch zu erwähnen, daß unter dem Einfluß von Lichtstrahlen das Blattgrün der Pflanzen die Kohlensäure der Luft unter Mitwirkung des Wassers zu Kohlehydraten aufbaut, wobei Sauerstoff frei wird.

5. Kapitel: Atombau und Spektrallinien.

a) Das Bohrsche Atommodell.

Im letzten Kapitel des IV. Abschnittes wurde erörtert, daß man aus den verschiedensten Gründen zu der Ansicht gekommen ist, daß alle Atome aus positiv geladenen Kernen und, in einer „Hülle" um den Kern liegenden Elektronen zusammengesetzt sind. Von den Kernen wird angenommen, daß sie aus α-Teilchen d. s. Wasserstoff-ionen und Elektronen bestehen. Die chemische Individualität eines Atoms ist durch die Zahl der vom Kern repräsentierten Elementar-ladungen bestimmt; das elektrisch neutrale Atom muß ebenso viele „Hüllenelektronen" besitzen, wie die Kernladungszahl angibt. Von den Elektronen der Hülle muß angenommen werden, daß sie in wesent-lich lockerer Verbindung mit dem Kern stehen, als die im Kern vorhandenen Elektronen, und daß sie sich in merklicher Entfernung vom Kern befinden. Da Elektronen und Kern sich infolge ihrer entgegengesetzten Ladung gegenseitig anziehen, ist das Vorhandensein von Elektronen in merklicher Entfernung vom Kern nur denkbar, wenn eine der Anziehung entgegenwirkende Kraft dieser das Gleichgewicht hält. In Analogie zum Planetensystem hat Bohr diese Kraft in der Zentrifugalkraft gesucht und angenommen, daß die Elektronen ebenso wie die Planeten um die Sonne, um den Kern kreisen, und zwar mit einer solchen Geschwindigkeit, daß die Zentrifugalkraft gleich der Anziehungskraft zwischen Kern und Elektronen ist.

Das einfachste nach diesem Bild mögliche Atom bestände aus einem einfach geladenen α-Teilchen, d. h. einem Wasserstoffion und einem um diesen Kern kreisenden Elektron. Die Anordnung würde das elektrisch neutrale Wasserstoffatom darstellen. Es sei angenommen daß das Elektron auf einer Kreisbahn um den Kern rotiere. Den Radius des Kreises kann man sich zunächst beliebig groß vorstellen wenn nur die Umlaufsgeschwindigkeit derart ist, daß die Zentrifugalkraft gleich der Anziehungskraft ist.

Nach den bisher erörterten Vorstellungen strahlt jedoch ein auf einer Kreisbahn umlaufendes Elektron eine elektromagnetische Welle aus, d. h. es gibt Energie in Wellenform ab; das umlaufende Elektron würde daher seine Geschwindigkeit durch die Ausstrahlung der Welle verlieren, und in den Kern fallen, wenn ihm nicht dauernd Energie zugeführt würde. Ein dauernder Umlauf eines Elektrons auf einer Kreisbahn ohne Energiezufuhr von außen ist nur möglich, wenn das Elektron widerstandslos auf seiner Bahn fortschreitet, d. h. nicht strahlt. Bohr hat nun im Widerspruch mit der klassischen Wellentheorie angenommen, daß auf Kreisbahnen bestimmter Radien das Elektron ohne Strahlung umlaufen kann, und daß das Vorhandensein dieser bevorzugten Bahnen die in der Quantenhypothese zum Ausdruck kommenden merkwürdigen Erscheinungen bei der Absorption und Ausstrahlung elektromagnetischer Wellen bedingt. Die Radien r der bevorzugten „Bohrschen Kreise" müssen daher außer von der Ladung des Kerns E, der Ladung des Elektrons e, durch die die Anziehung des Elektrons bestimmt ist, und der Masse m des Elektrons von dem Planckschen Wirkungsquantum h abhängen. Die Abhängigkeit kann theoretisch ermittelt werden; es ergibt sich für r:

$$ r = \frac{n^2\,h^2}{4\,\pi^2\,m\,e\,E} \quad \ldots \quad \ldots \quad \ldots \quad (206) $$

Die Geschwindigkeit des Elektrons v kann ebenfalls berechnet werden und wird gefunden:

$$ v = \frac{2\,\pi\,e\,E}{n\,h} \quad \ldots \quad \ldots \quad \ldots \quad (207) $$

n, die „Quantenzahl" bedeutet eine ganze Zahl; setzt man n = 1, so erhält man in r den Radius des ersten Bohrschen Kreises. Mit n = 2,3, 4 usw. ergeben sich aus Gleichung (206) die Radien des zweiten, dritten, vierten usw. Bohrschen Kreises. Die Radien der Kreise verhalten sich, wie ersichtlich, zueinander wie die Quadrate der Quantenzahlen. Für Wasserstoff ist E = e, d. h. die Ladung des Kerns ist gleich der Elementarladung des Elektrons.

Mit den bekannten Konstanten des Elektrons $e = 1{,}59 \times 10^{-20}$ elektromagnetische Einheiten $= 4{,}77 \times 10^{-10}$ elektrostatischen Einheiten, $m = 0{,}899 \times 10^{-27}$ und $h = 6{,}55 \times 10^{-27}$ ergibt sich aus Gleichung (206) der Radius des ersten Bohrschen Kreises des Wasserstoffatoms:

$$r_1 = 0{,}532 \times 10^{-8}\,\text{cm} \quad\quad\quad\quad (208)$$

e ist hier in elektrostatischen Einheiten gemessen gedacht, da in diesem Fall nach dem Coulombschen Gesetz die Anziehung nach Gleichung (142) die einfachste Form annimmt.

Auf Grund gaskinetischer Messungen kann man ebenfalls zu einem Wert für den Durchmesser der Atome kommen. Aus solchen Messungen ergibt sich der Durchmesser eines Wasserstoffatoms, der in der Größenordnung von 10^{-8} cm liegt. Der aus der Bohrschen Theorie errechnete Durchmesser des ersten Bohrschen Kreises stimmt ersichtlich mit dieser Angabe überein.

b) Das periodische System der Elemente.

Die Ordnung der chemischen Elemente nach ihrer Kernladungszahl stimmt bis auf wenige Ausnahmen mit der Ordnung nach dem Atomgewicht überein. Ordnet man die Elemente in einer Reihe nach der Kernladungszahl und berücksichtigt die wenigen Lücken, die in dieser Reihe noch bestehen, so findet man bekanntlich eine periodische Wiederholung der chemischen Wertigkeit und der sonstigen Eigenschaften der Elemente und zwar besteht die erste dieser Perioden nur aus Wasserstoff und Helium, sodann folgen zwei Perioden zu je 8 Elementen, daran schließen sich zwei große Perioden zu je 18 Elementen, und schließlich folgt eine ganz große Periode von 32 Elementen. Die periodische Wiederholung der chemischen Eigenschaften wird durch die Vorstellung des Aufbaus der Atome aus Kern und auf Kreisbahnen umlaufenden Elektronen verständlich.

Da die Bahnkreise eine bestimmte Größe haben, wird man es begreiflich finden, daß auf einem bestimmten Kreis nur eine bestimmte Anzahl von Elektronen umlaufen kann. Ist ein Kreis mit Elektronen voll besetzt, so kann ein weiteres Elektron nur auf einem weiter außen liegenden Kreis umlaufen. Das Element, dessen Kernladung z. B. um 1 größer ist als die Zahl der Elektronen, die auf dem ersten Bohrschen Kreis Platz finden, wird einen vollbesetzten ersten Kreis

besitzen, während auf einem zweiten Kreis nur ein Elektron umläuft. Der Kern plus dem besetzten ersten Kreis stellt grundsätzlich
einen allerdings größeren Kern mit der Gesamtladung 1 vor; um dieses
Zentrum rotiert auf einem Kreis ein Elektron, d. h. das Atom ist
äußerlich dem ähnlich, das aus dem Kern mit der Ladung 1 und einem
Elektron besteht; es ist daher das diesem Bild entsprechende Lithium-
atom dem Wasserstoffatom ähnlich. Weiterhin werden Atome, deren
Kernladungszahl sich um eine Zahl unterscheiden, die der Zahl der
im äußersten vollbesetzten Kreis des Atoms höherer Kernladungszahl Platz findenden Elektronen entspricht, ähnliche chemische Eigenschaften besitzen, da die äußersten Kreise sich bezüglich der Zahl
der auf ihnen umlaufenden Elektronen gleichen. Die Perioden des
periodischen Systems bedeuten daher im Sinne des Atommodells,
daß auf dem ersten Kreis 2 Elektronen, auf dem zweiten und dritten
je 8, auf dem vierten und fünften je 18 und auf dem sechsten 32 Elektronen Platz finden, und daß die chemischen Eigenschaften eines
Elementes im wesentlichen von der Zahl der auf dem äußersten
Kreis umlaufenden Elektronen abhängt.

Die Größe der Atome kann nach der Bohrschen Theorie aus dem
Durchmesser des äußersten noch mit Elektronen besetzten Kreises
berechnet werden. Aus Atomgewicht und Dichte eines Elementes
kann man zu einer Angabe des Atomvolumens gelangen. Die auf
beide Arten gewonnenen Angaben stehen in guter Übereinstimmung
miteinander.

c) Die Theorie der Balmerserie.

Die erstaunlichsten zahlenmäßigen Übereinstimmungen zwischen
der Theorie des Atombaus und den experimentellen Beobachtungen
werden jedoch gefunden, wenn man die Schwingungszahlen der von
einem nach der Theorie konstruierten Atom ausgesandten Welle unter

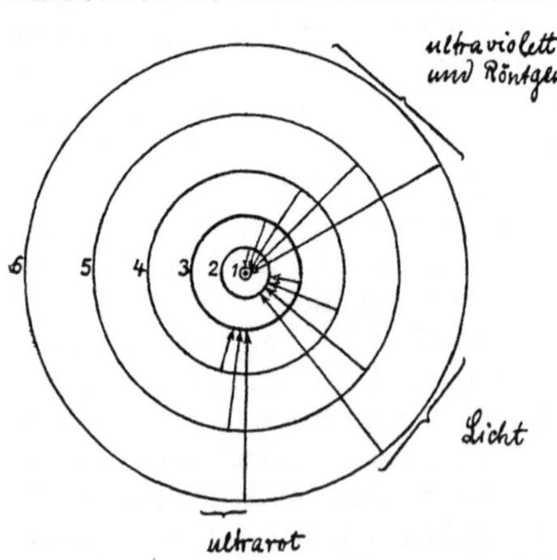

Abb. 206. Theorie der Balmerserie.

Zugrundelegen der Quantenhypothese berechnet. Die Art
der Berechnung dieser Schwingungszahlen sei an dem Mo-
dell eines Wasserstoffatoms
(Kernladungszahl = 1, Abb.
206) kurz erörtert. An sich
kann das eine Elektron des
Wasserstoffatoms auf jedem
Bohrschen Kreis, also z. B.
auf den Kreisen 1, 2, 3, 4,
5, 6 der Abb. 206 ohne Abgabe oder Aufnahme von
Energie dauernd rotieren,
d. h. ohne daß das Atom

dabei strahlt oder absorbiert. Dem auf einem bestimmten Kreis umlaufenden Elektron kommt eine durch seine Geschwindigkeit, die durch den Radius des betreffenden Kreises und die Anziehung zwischen Kern und Elektron gegeben ist, und durch seine Masse bestimmte kinetische Energie zu; außerdem besitzt es eine bestimmte potentielle Energie, die durch den Radius des Bohrschen Kreises und die Ladung von Kern und Elektron gegeben ist. Die gesamte Energie W des kreisenden Elektrons ist die Summe der kinetischen und potentiellen Energie. Die kinetische und potentielle Energie E_{kin} und E_{pot} eines auf dem n ten Kreis umlaufenden Elektrons kann aus den Gleichungen (206) und (207) berechnet werden. Es ist:

$$E_{kin} = \frac{1}{2}\, m\, v^2 = \frac{2\,\pi^2\, m\, e^2\, E^2}{n^2\, h^2}$$

$$E_{pot} = -\frac{e\, E}{a} = -\frac{4\,\pi^2\, m\, e^2\, E^2}{n^2\, h}$$

$$W = E_{kin} + E_{pot} = -\frac{2\,\pi^2\, m\, e^2\, E^2}{h^2} \times \frac{1}{n^2} \qquad . \quad . \quad (209)$$

Das negative Vorzeichen in Gleichung (208) erscheint zunächst sinnwidrig, da eine negative Energie nicht denkbar ist. Bei den weiteren Entwicklungen kommt es jedoch nur auf Energiedifferenzen an, bei denen das Vorzeichen keine Schwierigkeiten macht; es bringt zum Ausdruck, daß das Elektron von dem Kern angezogen wird, und daß man daher dem Elektron, um es von kleinerer Entfernung vom Kern auf größere zu bringen, Energie zuführen muß, während es Arbeit leisten kann, wenn es von einem Kreis größeren Radius auf einen solchen geringeren übergeht (Heben bzw. Fallen des Elektrons).

Nach dieser Vorstellung kann das Elektron beim Übergang von einem größeren Kreis auf einen kleineren Energie abgeben, d. h. strahlen, während es beim Übergang in umgekehrter Richtung Energie aufnehmen, d. h. absorbieren muß. Die ausgestrahlte bzw. absorbierte Energie muß gleich der Differenz der Energien sein, die das Elektron beim Umlauf auf den beiden Kreisen, zwischen denen der Übergang erfolgt, besitzt. Geht es z. B. vom Kreis mit der Quantenzahl z zu dem Kreis mit der Quantenzahl k über, so beträgt die Energiedifferenz $W_z - W_k$:

$$W_z - W_k = \frac{2\,\pi^2\, m\, e^2\, E^2}{h^2}\left(\frac{1}{k^2} - \frac{1}{z^2}\right) . \quad . \quad . \quad . \quad (210)$$

Nach der Quantenhypothese strahlt ein Atom nur nach ganzzahligen Vielfachen eines elementaren Energiequantums $h\nu$. Nimmt man an, daß beim Übergang eines einzelnen Elektrons von einem zu einem anderen Kreis ein Energiequantum ausgestrahlt wird, so ist zu setzen:

$$h\,\nu = \frac{2\,\pi^2\,\mathrm{m}\,\mathrm{e}^2\,\mathrm{E}^2}{\mathrm{h}^2}\left(\frac{1}{\mathrm{k}^2} - \frac{1}{\mathrm{z}^2}\right)$$

oder daraus die Schwingungszahl:

$$\nu = \frac{2\,\pi^2\,\mathrm{m}\,\mathrm{e}^2\,\mathrm{E}^2}{\mathrm{h}^3}\left(\frac{1}{\mathrm{k}^2} - \frac{1}{\mathrm{z}^2}\right) \quad . \quad . \quad . \quad . \quad . \quad (211)$$

ν ist die Schwingungszahl der ausgesandten Welle. Die Wellenlänge λ steht mit ν und der Lichtgeschwindigkeit C in der Beziehung $\nu\,\lambda = \mathrm{C}$. Die reziproke Wellenlänge $\frac{1}{\lambda}$ wird die „Wellenzahl" genannt; sie sei mit ν' bezeichnet. Es ist demnach $\nu' = \dfrac{\nu}{\mathrm{C}}$, oder nach Einsetzen des Wertes aus Gleichung (211):

$$\nu' = \frac{2\,\pi^2\,\mathrm{m}\,\mathrm{e}^2\,\mathrm{E}^2}{\mathrm{h}^3\,\mathrm{C}}\left(\frac{1}{\mathrm{k}^2} - \frac{1}{\mathrm{z}^2}\right) \quad . \quad . \quad . \quad . \quad . \quad (212)$$

Der nur aus Konstanten bestehende Bruch in Gleichung (212) sei mit R bezeichnet. Für Wasserstoff ist e = E und demnach:

$$\mathrm{R} = \frac{2\,\pi^2\,\mathrm{m}\,\mathrm{e}^4}{\mathrm{h}^3\,\mathrm{C}} \quad . \quad . \quad . \quad . \quad . \quad . \quad . \quad (213)$$

Daraus ergibt sich beim Einsetzen der bekannten Zahlenwerte:

$$\mathrm{R} = 1{,}09 \times 10^{-5}\,\mathrm{cm}^{-1} \quad . \quad . \quad . \quad . \quad . \quad . \quad (214)$$

Nimmt man an, daß bei der Anregung der Strahlung des Wasserstoffs alle möglichen Übergänge aus allen Kreisen in alle Kreise vorkommen, so wird der Wasserstoff eine unendliche Anzahl von Spektrallinien aussenden, deren Wellenzahlen ν' durch die Gleichung

$$\nu' = \mathrm{R}\left(\frac{1}{\mathrm{k}^2} - \frac{1}{\mathrm{z}^2}\right) \quad . \quad . \quad . \quad . \quad . \quad . \quad (215)$$

gegeben sind, wenn man an Stelle von k und z alle möglichen ganzen Zahlen setzt.

Lange vor der Aufstellung dieser Theorie wurde erkannt, daß das Linienspektrum des Wasserstoffs aus einer Serie von Linien, der sog. „Balmerserie" besteht und es wurde zur Beschreibung dieser Serie bereits empirisch die Formel (215) aufgestellt. Da die Wellenzahl von Spektrallinien sehr genau gemessen werden kann, wurde die Konstante R bis auf 6 Dezimalen genau bestimmt und gefunden:

$$\mathrm{R} = 1{,}09737 \times 10^{-5}\,\mathrm{cm}^{-1} \quad . \quad . \quad . \quad . \quad . \quad (216)$$

Man bezeichnet diesen Wert als die Rydberg-Ritzsche Konstante oder als die „Rydbergfrequenz".

Die Übereinstimmung der aus den Spektrallinienmessungen bestimmten Konstanten R in Gleichung (216) mit der aus den auf ganz andere Art gewonnenen Konstanten des Elektrons berechneten ist sicher erstaunlich und spricht entschieden für die in der Bohrschen Theorie enthaltene Naturwahrheit.

Im übrigen ergeben sich die verschiedenen Linien der Röntgenspektren und zahlreiche Einzelheiten der Feinstruktur der Spektrallinien ebenfalls aus der Energiedifferenz der in verschiedenen durch die Quantenhypothese bestimmten Bahnen umlaufenden Elektronen, und es zeigt sich, daß die Linienserien vom ultraroten bis zum Röntgenlicht kontinuierlich in dem von der Theorie geforderten Zusammenhang stehen. Man kommt auf Grund dieser Feststellung zu der Anschauung, daß die verschiedenen Gebiete der Wellenlängen der elektromagnetischen Wellen durch Elektronenübergänge aus den verschiedenen Bahnkreisen in die anderen entstehen. Die längsten ultraroten Wellenlängen werden ausgestrahlt bei dem Übergang der Elektronen zwischen den äußeren Bahnen, die kurzwelligen Licht- und ultravioletten Strahlen bei den Übergängen auf die mittleren Kreise, die Röntgenstrahlen schließlich beim Übergang auf die innersten Kreise. Die Art der bei den verschiedenen Übergängen entstehenden Strahlen ist in Abb. 206 durch die Pfeile zwischen den einzelnen Kreisen angedeutet. Nur die Erzeugung der γ-Strahlen muß den Elektronen im Kern zugeschrieben werden.

Als Normalzustand des Atoms ist der anzusehen, bei dem die Elektronen auf den kleinsten möglichen Kreisen umlaufen. Wird den Elektronen z. B. durch Wärmestöße Energie zugeführt, so werden sie in weiter vom Kern entfernte Kreise geschleudert; das gleiche kann durch Absorption von Strahlen geschehen. Fallen diese Elektronen nun in die engeren Kreise zurück, so strahlt das Atom. Der lichtelektrische Effekt und der Elektronenaustritt beim Glühen bedeutet, daß einzelne Elektronen so weit vom Kern abgeschleudert werden, daß sie aus der Anziehungssphäre des Kerns herausgeraten und frei im Raum vorhanden sind.

Sachregister.